中 国 国 家 标 准 汇 编

2017 年修订-48

中国标准出版社　编

中国标准出版社

北　京

图书在版编目(CIP)数据

中国国家标准汇编:2017年修订.48/中国标准出版社编.—北京:中国标准出版社,2019.5

ISBN 978-7-5066-9323-3

Ⅰ.①中… Ⅱ.①中… Ⅲ.①国家标准-汇编-中国-2017 Ⅳ.①T-652.1

中国版本图书馆CIP数据核字(2019)第118400号

中国标准出版社出版发行
北京市朝阳区和平里西街甲2号(100029)
北京市西城区三里河北街16号(100045)

网址 www.spc.net.cn
总编室:(010)68533533 发行中心:(010)51780238
读者服务部:(010)68523946

中国标准出版社秦皇岛印刷厂印刷
各地新华书店经销

*

开本 880×1230 1/16 印张 36.25 字数 1 097 千字
2019年5月第一版 2019年5月第一次印刷

*

定价 220.00 元

出 版 说 明

《中国国家标准汇编》是一部大型综合性国家标准全集。自1983年起，每年按国家标准顺序号分册汇编出版，分为“制定”卷和“修订”卷两种形式。

“制定”卷收入上一年度我国发布的、新制定的国家标准，视篇幅分成若干分册，封面和书脊上注明“20××年制定”字样及分册号，分册号一直连续。各分册中的标准是按照标准编号顺序连续排列的，如有标准顺序号缺号的，除特殊情况注明外，暂为空号。

“修订”卷收入上一年度我国发布的、被修订的国家标准，视篇幅分成若干分册，但与“制定”卷分册号无关联，仅在封面和书脊上注明“20××年修订-1，-2，-3，……”字样。“修订”卷各分册中的标准，仍按标准编号顺序排列(但不连续)；如有遗漏的，均在当年最后一分册中补齐。需提请读者注意的是，个别非顺延前年度标准编号的新制定国家标准没有收入在“制定”卷中，而是收入在“修订”卷中。

读者购买每年出版的《中国国家标准汇编》“制定”卷和“修订”卷则可收齐由我社出版的上一年度制定和修订的全部国家标准。

2017年我国制修订国家标准共3 811项。本分册为《中国国家标准汇编》“2017年修订-48”，收入新制修订的国家标准33项。

中国标准出版社

2019年3月

目　　录

ICS 35.240
L 67

中华人民共和国国家标准

GB/T 23000—2017

信息化和工业化融合管理体系 基础和术语

Integration of informatization and industrialization management systems—Fundamentals and vocabulary

2017-05-22 发布　　　　2017-05-22 实施

中华人民共和国国家质量监督检验检疫总局
中国国家标准化管理委员会　发布

前言

本标准按照GB/T 1.1—2009给出的规则起草。

本标准由中华人民共和国工业和信息化部提出并归口。

本标准起草单位：工业和信息化部电子科学技术情报研究所、中国企业联合会、工业和信息化部电子产品可靠性与环境试验研究所、中国信息通信研究院、工业和信息化部电子工业标准化研究院、清华大学、北京机械工业自动化研究所、浙江省企业信息化促进会、用友网络科技股份有限公司、徐州工程机械集团有限公司、潍柴动力股份有限公司、河北钢铁股份有限公司承德分公司、无锡市第一棉纺织厂、吴忠仪表有限责任公司。

本标准主要起草人：周剑、张文彬、赵国祥、郑永亮、于秀明、李清、黎晓东、陈杰、宋茂恩、刘小茵、李君、王志林、王涛、柳荣梦、周翼、周平、曹志月、张启亮、肖琳琳、郭利、杨宝刚、李忠福、傅正、陈希、丁惠珍、窦伟、马冬妍、陶铮、凌大兵、李俊宏、李亮、孙洁香、罗皓、郭伟、邱君降、窦克勤。

引　言

信息化和工业化融合(以下简称两化融合)管理体系系列标准包括基础和术语、要求、实施指南、评估规范、审核指南等,共同构成了一组密切相关的标准族,可引导各类组织建立、实施、保持和改进两化融合管理体系,也可供相关方评价组织两化融合管理体系的符合性和有效性。

本标准给出了两化融合管理体系的基础以及术语和定义,旨在帮助使用者理解和应用两化融合管理体系系列标准,以更有效地实现标准价值。

为系统指导标准应用,可进一步研制两化融合管理体系关键内容与框架、有关方法与工具标准,依据不同行业或不同领域的特色和需求制定分类标准,并给出相关参考模型。

信息化和工业化融合管理体系 基础和术语

1 范围

本标准确立了信息化和工业化融合(以下简称两化融合)管理体系的基础,包括理论说明、导向与原则、框架与方法、持续改进、GB/T 23001—2017与GB/T 23020—2013之间的关系,以及两化融合管理体系与其他管理体系之间的关系等内容,并界定了有关术语。

本标准规定的内容适用于两化融合管理体系系列标准,可为开展两化融合管理体系建设的组织,提供相关咨询、培训和审核服务的人员和机构,以及制定相关标准的人员提供帮助。

2 规范性引用文件

下列文件对于本文件的应用是必不可少的。凡是注日期的引用文件,仅注日期的版本适用于本文件。凡是不注日期的引用文件,其最新版本(包括所有的修改单)适用于本文件。

GB/T 23001—2017 信息化和工业化融合管理体系 要求

GB/T 23020—2013 工业企业信息化和工业化融合评估规范

3 两化融合管理体系基础

3.1 理论说明

随着信息化和工业化两大历史进程不断发展、交叉、渗透与融合,工业社会正在加速向信息社会演进,两化融合已经成为组织可持续发展的必由之路。组织应深刻认识两化融合的发展理念、战略目标和重点任务,建立适宜的推进方法和工作机制,从而在动态的竞争环境中加速转型变革,获取发展先机。

两化融合管理体系是引导组织强化变革管理、系统推进两化融合的管理方法论,明确了组织系统地建立、实施、保持和改进两化融合管理机制的通用方法。通过规范两化融合过程,并使其持续受控,引导组织充分发挥数据要素的创新驱动潜能,推动和实现数据、技术、业务流程、组织结构四要素的互动创新和持续优化,挖掘资源配置潜力,夯实新型工业化基础,抢抓信息化发展机遇,从而帮助组织不断打造信息化环境下的新型能力,获取与其战略相匹配的可持续竞争优势,实现创新发展、智能发展和绿色发展。

3.2 导向与原则

3.2.1 导向

按照两化融合的发展理念,引导组织围绕其战略,以获取可持续竞争优势为关注焦点,坚持数据为驱动、综合集成为突破口、流程化为切入点、服务化为方向,以打造新型能力为主线,稳定获取预期成效,持续提升总体效能效益。

3.2.2 原则

本标准提出的原则是两化融合管理体系标准的基础,应被确定为组织建立、实施、保持和改进两化融合管理体系的指导原则：

a） **以获取可持续竞争优势为关注焦点**

在工业化和信息化两个历史进程融合发展过程中，组织内外部环境日益复杂多变，个性化竞争优势成为组织生存和发展的必然要求。通过不断打造信息化环境下的新型能力，形成并保持动态竞争优势，是组织可持续发展的必然选择。因此，两化融合管理体系引导组织以获取可持续竞争优势为关注焦点，并将其作为两化融合工作的出发点和落脚点。

b） **战略一致性**

两化融合涉及理念的变革、发展要素的演变、模式的转型和技术的创新，服务于组织全面优化和升级发展。因此，组织应将两化融合提升到战略高度，确保两化融合工作与其战略的一致性和协调性，并为战略的实现和持续改进提供可管控的手段。

c） **领导的核心作用**

两化融合是一个需要持续改进的长期过程，涵盖业务和管理的优化与变革，覆盖组织的所有职能和层次。领导的理念意识、变革决心和领导能力，是两化融合管理体系有效运行的基本前提和坚实保障。最高管理者的战略决策、管理者代表的统筹落实、各级领导主观能动性的充分发挥以及对上级决策的有效执行，对于组织获取可持续竞争优势具有至关重要的作用和意义。

d） **全员参与，全员考核**

两化融合各项要求的全面贯彻落实，需要组织的全员达成共识、积极配合和充分参与。组织应应用新技术、新方法、新理念，不断加强员工赋能和绩效激励，以充分调动员工的积极性和创造力，更好地发挥其价值，实现个人与组织同步发展。

e） **过程管理**

采用过程方法，确保两化融合过程持续受控，提升两化融合的效率和效果。

f） **全局优化**

采用系统方法，加强两化融合过程之间的有机关联性，提升两化融合的整体有效性。

g） **循序渐进，持之以恒**

两化融合是一个长期的逐步优化过程，组织应不断识别和确定新型能力及目标，坚持持续改进，不断获取新的竞争优势。

h） **创新引领**

数据已经成为驱动经济社会发展的新要素，为组织发展开辟了新空间、创造了新机遇。组织应不断推进数据、技术、业务流程、组织结构的互动创新和持续优化，从而加速转型变革，抢占发展先机。

i） **开放协作**

信息化为组织带来了开放的机会和创新的潜能，组织应充分利用内外部资源，逐步探索、建立和完善信息化环境下的动态组织和价值网络。

3.3 框架与方法

3.3.1 基本框架

图1所示的基本框架阐释了通过两化融合管理体系引导组织持续推进战略循环（发展方向）、要素循环（融合路径）和管理循环（推进机制），以稳定实现可持续发展的理念、方法和机制。

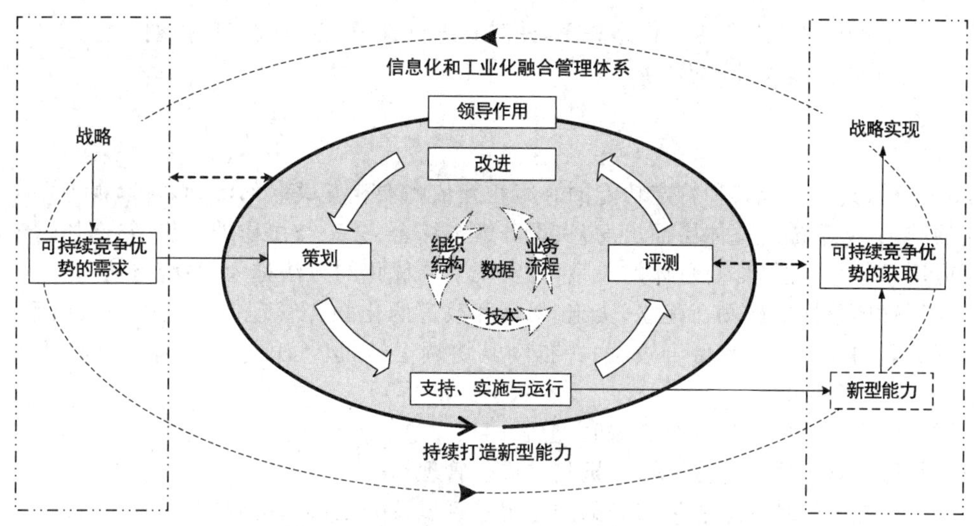

图 1 两化融合管理体系的基本框架

战略循环（战略—可持续竞争优势—新型能力）：组织的战略应充分融入两化融合的发展理念，识别内外部环境的变化，并明确与战略相匹配的可持续竞争优势需求，通过打造信息化环境下的新型能力，获取预期的可持续竞争优势，实现战略落地。通过对战略循环过程进行跟踪评测，寻求战略、可持续竞争优势、新型能力互动改进的机会。

要素循环（数据—技术—业务流程—组织结构）：围绕拟打造的新型能力及其目标，通过发挥技术（包括但不限于：信息通信技术、管理技术、服务技术、能源技术、应用领域技术等）的基础性作用，优化业务流程，调整组织结构，并通过技术来实现和规范新的业务流程和组织结构。不断加强数据开发利用，挖掘数据这一核心要素的创新驱动潜能，推动和实现数据、技术、业务流程、组织结构四要素的互动创新和持续优化。

管理循环（策划—支持、实施与运行—评测—改进）：围绕数据、技术、业务流程与组织结构四要素，充分发挥领导的核心作用，建立策划，支持、实施与运行，评测与改进管理机制，规范两化融合过程，推动新型能力的螺旋式提升，稳定获取预期的竞争优势。

注：“PDCA”的方法适用于所有过程。

P(Plan)——策划：围绕可持续竞争优势需求，识别和确定拟打造的信息化环境下新型能力及其目标，并据此策划两化融合过程；

D(Do)——支持、实施与运行：确保支持条件和资源的有效提供，并在受控条件下实现过程；

C(Check)——评测：对两化融合管理体系进行评估与诊断、监视与测量、审核、考核和管理评审；

A(Action)——改进：采取措施，包括纠正措施和预防措施等，以持续改进两化融合过程。

3.3.2 过程方法

过程是运用资源将输入转化为输出的一项或一组活动。为使组织有效运行，必须识别和管理许多相互关联和相互作用的过程。通常，一个过程的输出将成为下一个过程的输入。系统地识别和管理组织所应用的过程，特别是这些过程之间的相互作用，称为“过程方法”。

两化融合管理体系由相互关联的过程所组成。沿着打造信息化环境下新型能力这条主线，应采用过程方法提高两化融合管理体系的有效性，确定相应过程，确保其持续受控。

在两化融合管理体系中应用过程方法时，应强调：

a) 明确过程的输入和输出；

b) 明确过程的职责和权限；

c) 确定支持条件和资源；

d） 确定过程之间的联系和相互作用关系，并对其进行管理，以有效实现预期目标；

e） 监测、分析和持续改进过程。

3.3.3 系统方法

通过交互作用，共同完成某种特定功能的一组相互依赖和相互关联的活动，可以视为一个系统。为了获得预期的结果，从系统的整体层面出发，实现分解与综合、分工与协作的有机结合，加强定性与定量分析的交互应用，科学处理局部与总体的关系，以实现全局优化的方法称为"系统方法"。

两化融合管理体系标准鼓励在建立、实施、保持和改进两化融合管理体系过程中采用系统方法，确定和管理相互关联的一系列两化融合过程，并推动其协调运转，以提升过程的有机关联性和总体有效性，从而稳定获取预期结果。

在两化融合管理体系中应用系统方法时，应强调：

a） 将两化融合管理体系作为一个有机整体进行管理；

b） 明确两化融合管理体系总体与局部的分解关系以及分工协作机制；

c） 充分应用新技术、新方法、新理念，全面提升两化融合管理体系的有效性，实现全局优化。

3.4 持续改进

两化融合是一个需要循序渐进和不断完善的过程，持续改进是两化融合管理体系有效性得到确立、保持和提升的必然途径，适用于两化融合管理体系的所有相关过程。

改进是一系列持续的活动，包括但不限于：

a） 评估分析现状和问题以识别可改进的机会；

b） 确定改进目标，寻找可行方案以实现这些目标；

c） 评审并实施所选择的方案；

d） 对实施结果进行评估分析以确定改进目标的实现情况。

3.5 GB/T 23001—2017 与 GB/T 23020—2013 之间的关系

GB/T 23001—2017 与 GB/T 23020—2013 具有相通的理念和原则，这些理念和原则均源于对两化融合科学规律的共识，二者相辅相成、相互作用，可为组织提供实现持续改进的管理机制。但二者也存在区别，GB/T 23001—2017 为组织系统、有效地推进两化融合提供管理方法和手段；GB/T 23020—2013 为组织评判其两化融合现状、重点、方向和成效提供系统分析方法，可帮助组织评估两化融合管理体系的有效性及改进的机会。

3.6 两化融合管理体系与其他管理体系之间的关系

两化融合管理体系与其他管理体系都遵循 PDCA 方法，是系统提升过程有效性的管理方法论。但是，其他管理体系（如质量管理、环境管理、职业健康安全管理、信息安全管理、能源管理等）的应用范围都侧重于某一专业领域，其管理对象和管理内容相对固定。而两化融合管理体系拟探索推动工业时代向信息时代演进的新管理规律、管理方法和管理机制，其管理对象和管理内容覆盖了组织的全部活动，将随着组织的战略调整和内外部环境变化而动态改变。同时，两化融合管理体系系列标准在制定过程中充分考虑了与其他管理体系的相容性，可为组织开展多体系融合提供支持。

4 术语和定义

下列术语和定义适用于本文件。

4.1

组织 organization

为实现其目标，具有特定职能且具有职责、权限和相互关系的一个人或一组人。

注 1：组织包括但不限于公司、集团、商行、企事业单位、行政机构、合营公司、社团、慈善机构和研究机构，以及上述组织的部分或组合。无论其是否为法人组织，也无论其是公有还是私有。

注 2：改写 ISO 9000:2015，定义 3.2.1。

4.2

新型能力　enhanced capability

为适应快速变化的环境、不断形成新的竞争优势，整合、建立、重构组织的内外部能力，实现能力改进的结果。

注：新型能力原则上是影响组织全局的，其载体是组织的整体，是在组织成长历程中积累产生的，并随组织业务发展、环境变化等因素动态改变。新型能力相对于已有能力，可以表现为量的增长，也可以是质的跨越。

4.3

技术　technology

为实现某一目的所需的技能、方法、手段、工具、知识或规则的组合。

注：如信息通信技术、管理技术、服务技术、能源技术、应用领域技术等。

4.4

业务流程　business process

组织(或组织的一部分)在追求给定目标过程中，为了实现某一期望的结果，所执行的组织活动的部分有序集。

注：改写 GB/T 16642—2008，定义 3.4，以及改写 GB/T 18757—2008，定义 3.5。

4.5

组织结构　organizational structure

人员的职责、权限和相互关系的安排。

4.6

业务流程职责　responsibility of business process

业务流程的工作目标、范围和任务，以及在业务流程各环节相关任职者完成这些任务所需承担的相应责任。

注：相关任职者应包括组织所有职能与层次中与该业务流程相关的人员。

4.7

信息资源　information resources

在业务活动和过程中所产生、采集、处理、存储、传输和使用的数据、信息、知识等的总和。

4.8

文件化信息　documented information

组织需要控制和保持的信息及其载体。

注 1：文件化信息不限制格式、载体和来源。

注 2：文件化信息可包括：

——管理体系，包括相关过程；

——组织运转过程中所产生的信息；

——所达成结果的证据。

注 3：改写 ISO 9000:2015，定义 3.8.6。

参 考 文 献

[1] GB/T 16642 企业集成 企业建模框架

[2] GB/T 18757 工业自动化系统 企业参考体系结构与方法论的需求

[3] GB/T 18999 工业自动化系统 企业模型的概念与规则

[4] GB/T 19000 质量管理体系 基础和术语

[5] GB/T 19001 质量管理体系 要求

[6] GB/T 19004 追求组织的持续成功 质量管理方法

[7] GB/T 22080 信息技术 安全技术 信息安全管理体系 要求

[8] GB/T 22081 信息技术 安全技术 信息安全控制实践指南

[9] GB/T 23331 能源管理体系 要求

[10] GB/T 24001 环境管理 要求及使用指南

[11] GB/T 24405.1 信息技术 服务管理 第1部分:规范

[12] GB/T 28001 职业健康安全管理体系 要求

[13] ISO 9000:2015 Quality management systems—Fundamentals and vocabulary

ICS 35.240
L 67

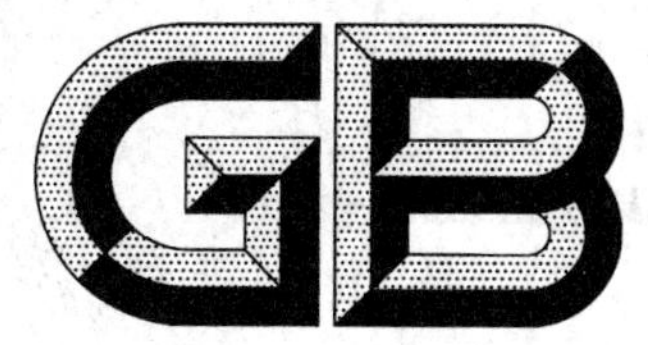

中华人民共和国国家标准

GB/T 23001—2017

信息化和工业化融合管理体系　要求

Integration of informatization and industrialization management systems—Requirements

2017-05-22 发布　　2017-05-22 实施

中华人民共和国国家质量监督检验检疫总局
中国国家标准化管理委员会　发布

前言

本标准按照GB/T 1.1—2009给出的规则起草。

本标准由中华人民共和国工业和信息化部提出并归口。

本标准起草单位:工业和信息化部电子科学技术情报研究所、中国企业联合会、工业和信息化部电子产品可靠性与环境试验研究所、中国信息通信研究院、工业和信息化部电子工业标准化研究院、清华大学、北京机械工业自动化研究所、浙江省企业信息化促进会、用友网络科技股份有限公司、徐州工程机械集团有限公司、潍柴动力股份有限公司、河北钢铁股份有限公司承德分公司、无锡市第一棉纺织厂、吴忠仪表有限责任公司。

本标准主要起草人:周剑、张文彬、赵国祥、郑永亮、于秀明、李清、黎晓东、陈杰、宋茂恩、刘小茵、李君、王志林、王涛、柳荣梦、周翼、周平、曹志月、张启亮、肖琳琳、郭利、杨宝刚、李忠福、傅正、陈希、丁惠珍、窦伟、马冬妍、陶铮、凌大兵、李俊宏、李亮、孙洁香、罗皓、郭伟、邱君降、窦克勤。

引　　言

当前，全球范围的新一轮技术革命和产业变革正在孕育兴起。我国正处在全面深化改革、加快转变经济发展方式、实现经济结构战略性调整的关键时期。紧紧抓住重大战略机遇期出现的新机遇，坚持走中国特色新型工业化、信息化、城镇化、农业现代化道路，牢固树立并切实贯彻创新、协调、绿色、开放、共享的发展理念，大力推进信息化和工业化深度融合，事关我国发展方式转变的成败，是实现中华民族伟大复兴的重大战略选择。

推进信息化和工业化融合(以下简称两化融合)，应把握数字化、网络化、智能化发展趋势，充分应用新技术、新方法、新理念，发挥数据要素的创新驱动潜能，推动和实现数据、技术、业务流程、组织结构四要素的互动创新和持续优化，挖掘资源配置潜力，夯实新型工业化基础，抢抓信息化发展机遇，实现创新发展、智能发展和绿色发展。

两化融合不仅涉及技术的融合，更是一个管理优化的过程。我国在技术创新方面已取得长足进步，但管理仍是一个薄弱环节，特别是信息化环境下的管理还处于探索阶段。通过总结提炼推动工业化向信息化演进的新管理规律、管理方法和管理机制，形成一套两化融合管理体系标准，可有效引导组织以融合和创新的理念推进两化融合，从而加速产业升级和中国特色新型工业化进程。

两化融合管理体系是组织系统地建立、实施、保持和改进两化融合过程管理机制的通用方法，覆盖了组织的全部活动，可引导组织强化变革管理、规范两化融合过程，并使其持续受控，从而不断打造信息化环境下的新型能力，获取与其战略相匹配的可持续竞争优势。

两化融合管理体系的提出基于以下工作基础和实践经验：我国信息化发展历程中积累的技术应用成果和管理创新经验；依据 GB/T 23020 在数万家企业开展两化融合评估诊断工作所提炼的方法和规律；在推广质量、环境、信息技术服务、信息安全、能源、职业健康安全等管理体系的过程中，形成的工作基础和应用环境。

两化融合管理体系提出了九项管理原则，包括：以获取可持续竞争优势为关注焦点，战略一致性，领导的核心作用，全员参与、全员考核，过程管理，全局优化，循序渐进、持之以恒，创新引领，开放协作。

两化融合管理体系构建了战略—可持续竞争优势—新型能力的战略循环、数据—技术—业务流程—组织结构的要素循环以及策划—支持、实施与运行—评测—改进的管理循环。这三个循环贯穿和覆盖了整个两化融合管理体系，如图 1 所示。

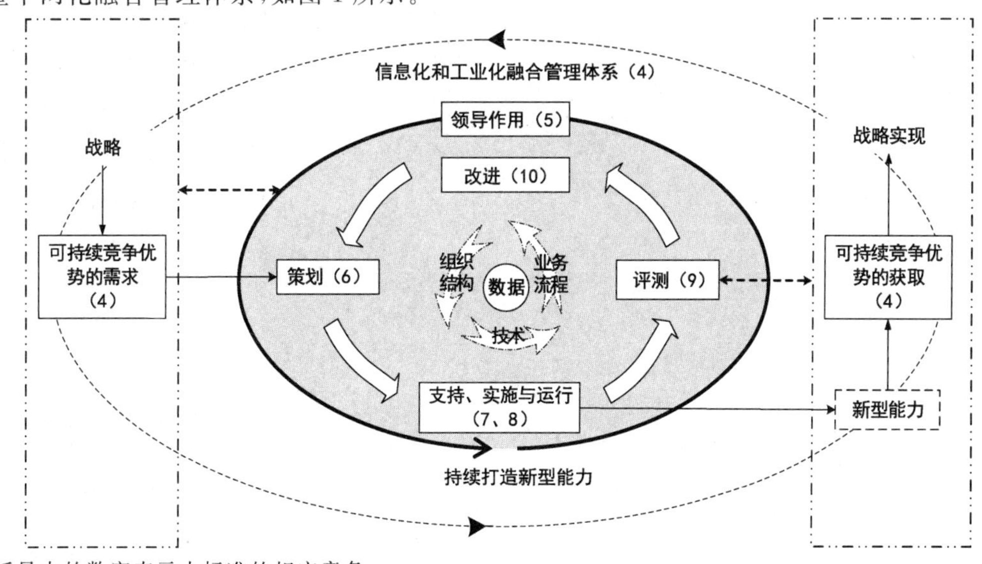

注：括号中的数字表示本标准的相应章条。

图 1　两化融合管理体系的三个循环和本标准的结构

两化融合管理体系系列标准包括基础和术语、要求、实施指南、评估规范、审核指南等，共同构成了一组密切相关的标准族，可引导各类组织建立、实施、保持和改进两化融合管理体系，也可供相关方评价组织两化融合管理体系的符合性和有效性。

为系统指导标准应用，可进一步研制两化融合管理体系关键内容与框架、有关方法与工具标准，依据不同行业或不同领域的特色和需求制定分类标准，并给出相关参考模型。

信息化和工业化融合管理体系　要求

1　范围

本标准规定了信息化和工业化融合(以下简称两化融合)管理体系中可持续竞争优势、领导作用、策划、支持、实施与运行、评测、改进的通用要求。

本标准适用于有下列需求的(各类)组织：

a)　通过两化融合管理体系的有效应用和持续改进,打造信息化环境下的新型能力；

b)　通过内部或外部(包括评定机构)评定其两化融合管理体系,以证实其在信息化环境下具有获取可持续竞争优势的能力。

2　规范性引用文件

下列文件对于本文件的应用是必不可少的。凡是注日期的引用文件,仅注日期的版本适用于本文件。凡是不注日期的引用文件,其最新版本(包括所有的修改单)适用于本文件。

GB/T 23000—2017　信息化和工业化融合管理体系　基础和术语

GB/T 23020—2013　工业企业信息化和工业化融合评估规范

3　术语和定义

GB/T 23000—2017 界定的术语和定义适用于本文件。

4　可持续竞争优势

4.1　总则

组织应深刻认识影响其可持续发展的内外部环境变化,按照本标准的要求,建立、实施、保持和改进两化融合管理体系,以打造信息化环境下的新型能力,获取与组织战略相匹配的可持续竞争优势。

4.2　识别组织的内外部环境

组织应识别与其战略、可持续竞争优势有关的各种外部和内部因素。

组织应对这些外部和内部因素的相关信息进行分析和确定。

注 1：这些因素可能包括优势、劣势、机遇和挑战,以及数字化、网络化、智能化所带来的影响。

注 2：外部环境相关的因素可能包括国内外文化、法律法规、政策、客户需求、合作伙伴、市场态势、竞争对手、行业标杆、技术发展趋势等。

注 3：内部环境相关的因素可能包括组织的愿景、使命、价值观、现状等。

4.3　以获取与组织战略相匹配的可持续竞争优势为关注焦点

4.3.1　识别和确定可持续竞争优势的需求

组织应将两化融合作为贯穿战略始终的重要内容。

组织应围绕其战略,考虑内外部环境的变化,按照所形成的规定对可持续竞争优势的需求进行识别、调整、评审和确定,并保留文件化信息。

组织确定的可持续竞争优势的需求,应与其战略相匹配。

4.3.2 获取可持续竞争优势

组织应按照所确定的可持续竞争优势的需求,对信息化环境下的新型能力进行策划、实施、运行、评测与改进,确保获取与组织的战略相匹配的可持续竞争优势。

4.4 两化融合管理体系

4.4.1 确定两化融合管理体系的范围

组织应确定两化融合管理体系的边界和适用性,以确定其范围,并通过文件化信息予以明确。

在确定范围时,组织应考虑:

a) 内外部环境,见 4.2;

b) 可持续竞争优势的需求,见 4.3.1;

c) 信息化环境下的新型能力及其所涉及的业务流程、组织单元和区域等。

4.4.2 两化融合管理体系及其过程

组织应按照本标准的要求,建立、实施、保持和持续改进两化融合管理体系,包括所需过程及其相互作用。

当组织确定需要对两化融合管理体系进行变更时,应考虑:

a) 变更目的及其潜在后果;

b) 两化融合管理体系的连续性和完整性;

c) 资源的可获得性;

d) 职责和权限的分配或再分配。

4.4.3 文件化信息

4.4.3.1 总则

两化融合管理体系文件化信息应包括:

a) 两化融合管理手册,包括两化融合管理体系的范围和边界,对两化融合管理体系过程及其相互作用的表述,以及文件化信息的查询途径;

b) 两化融合方针;

c) 可持续竞争优势;

d) 新型能力及其目标;

e) 本标准所要求的文件化信息;

f) 组织确定的为确保两化融合管理体系有效性所需的文件化信息。

4.4.3.2 文件化信息的创建与更新

在创建和更新文件化信息时,组织应确保必要的:

a) 标识和说明(如:标题、日期、作者、索引等);

b) 格式(如:语言、软件版本、图示)和载体(如:纸质、电子);

c) 评审和批准,以确保适宜性和充分性。

4.4.3.3 文件化信息的控制

组织应对本标准所要求的及其两化融合管理体系所需的内外部文件化信息予以识别、保护和控制,并得到有效使用。

为控制相关的内外部文件化信息，必要时，组织应进行下列活动：

a） 分发、访问、检索和使用；

b） 存储和防护，包括保持可读性；

c） 更改控制（如：版本控制）；

d） 保留和处置。

5 领导作用

5.1 最高管理者

最高管理者应承诺建立、实施和保持两化融合管理体系，并持续改进其有效性。通过以下活动予以落实：

a） 在组织的战略层面统筹推进两化融合，向全员传达本组织推进两化融合以获取可持续竞争优势的重要性和必要性；

b） 制定两化融合方针，确保有效获取与组织的战略相匹配的可持续竞争优势；

c） 在组织的决策层中任命两化融合管理者代表，并进行充分授权，以确保其有效发挥组织协调、统筹落实的领导作用；

d） 推动并支持其他相关管理者在其职责范围内有效发挥领导作用；

e） 建立健全职责与协调沟通机制；

f） 确保两化融合管理体系及其过程融入组织的经营管理活动；

g） 组织管理评审，推动持续改进；

h） 确保支持条件和资源保障到位。

5.2 两化融合方针

两化融合方针是组织推进两化融合以获取可持续竞争优势的宗旨，应：

a） 适应组织的战略；

b） 包括对持续改进两化融合管理体系有效性的承诺；

c） 遵循 GB/T 23000—2017 中 3.2.2 所述的原则，充分体现基于数据、技术、业务流程、组织结构四要素互动创新和持续优化的发展模式；

d） 在持续适宜性方面得到评审；

e） 在组织内得到全面沟通和理解，获得员工普遍认同。

5.3 管理者代表

两化融合管理者代表应确保两化融合管理体系得以建立、实施、保持和改进。通过以下活动予以落实：

a） 提出本组织的两化融合相关决策建议；

b） 组织识别信息化环境下的新型能力及其目标；

c） 统筹落实信息化环境下新型能力的策划、打造、保持、持续改进的过程，以确保其有效性；

d） 应用信息通信技术推动技术、业务流程、组织结构的优化、创新和变革，持续提升数据开发利用能力；

e） 向最高管理者报告两化融合管理体系的运行情况和改进建议；

f） 提升组织全员对打造信息化环境下新型能力的意识。

5.4 职责与协调沟通

5.4.1 职责与权限

组织应确保两化融合管理体系及其过程的相关角色(包括高层管理者在内的所有相关人员)的职责和权限得到合理划分、规定、沟通和理解,并得到有效执行。

5.4.2 协调与沟通

组织应确保:

a) 建立适当的协调机制,对两化融合管理体系的建立、实施、保持和改进进行协调;

b) 在组织的内部和外部建立适当的沟通机制,对两化融合管理体系的有效性进行沟通。

6 策划

6.1 新型能力的识别与确定

组织应围绕可持续竞争优势需求,按照所形成的规定对拟打造的新型能力及其关键指标进行识别、调整、评审和确定,并保留文件化信息。

组织确定的新型能力,应能够有效支撑其获取预期的可持续竞争优势。

为充分、稳定获取可持续竞争优势,组织宜规划并形成系统性的新型能力体系。

6.2 新型能力目标的确定

组织应根据拟打造的新型能力,建立新型能力目标,并按照所形成的规定进行调整、评审和确定。目标应是具体的、可测量的、可实现的且有时间要求的。

6.3 两化融合实施方案的策划

6.3.1 总则

组织应围绕拟打造的新型能力策划两化融合实施方案,明确数据、技术、业务流程、组织结构互动创新和持续优化的需求和实现方法,以有效实现预期目标。

组织应形成策划两化融合实施方案的规定,包括确定策划的方法与过程、责任人和参与人的职责和权限等。

6.3.2 策划的输入

策划的输入应包括但不限于:

a) 组织的内外部环境;

b) 业务需求;

c) 拟打造的新型能力及其目标;

d) 数据、技术、业务流程、组织结构现状;

e) 支持条件和资源现状。

6.3.3 策划的输出

策划的输出应包括但不限于:

a) 确定业务流程与组织结构的优化需求;

b) 确定技术实现的需求;

c) 确定数据开发利用的需求；

d) 确定支持条件和资源的需求；

e) 明确两化融合实施的职责、方法和进度等。

组织应根据策划的输入和输出形成两化融合实施方案。

6.3.4 评审、批准、更改与控制

组织应按照所形成的规定，对两化融合实施方案进行评审，并得到相关管理者的批准。

评审的参加者应包括与两化融合实施有关的专家和职能的代表。

组织应对两化融合实施方案的执行进行动态控制，必要时进行更改，并对更改进行评审和批准。更改、评审、批准和必要措施应保留文件化信息。

7 支持

7.1 总则

组织应识别两化融合管理体系及其过程所需要的内外部支持条件和资源，并围绕新型能力的打造进行统筹配置、评估、维护和优化。

为确保支持条件和资源的持续提供，组织应评估其适宜性和有效性，并寻找改进机会。

7.2 资金投入

组织应按照所形成的规定，围绕新型能力的打造、保持、持续改进对相关资金投入与使用进行统筹安排和优化调整，确保资金投入与使用的合理性、适度性和及时性。

组织应保留资金投入与使用的文件化信息。

7.3 人才保障

组织应：

a) 确保员工理解其职责和活动在两化融合管理体系中的意义及作用，以及如何为实现新型能力目标作出贡献；

b) 建立、保持和改进相应机制，确保员工充分参与；

c) 确定从事两化融合工作的员工所需的能力；

d) 提供培训或采取其他措施以帮助员工获得所需的能力；

e) 基于对员工在两化融合工作中的绩效，建立适当的激励制度；

f) 必要时，雇用外部专业人员；

g) 评价所采取措施的有效性。

组织应保留培训、激励以及所采取其他措施的文件化信息。

7.4 设备设施

组织应按照所形成的规定，明确设备设施相关方的责任和权限，统筹安排设备设施的提供、维护和升级改造，并形成文件化信息，以确保：

a) 设备设施的自动化、数字化、网络化和智能化水平与新型能力目标相适宜；

b) 设备设施的可用性、可维护性和完整性；

c) 设备设施的可靠性和安全性。

组织应识别和评价与设备设施相关的风险，采取措施降低风险，必要时制定应急预案。

7.5 信息资源

组织应将信息资源作为战略性基础资源予以管理。

组织应建立机制，以确保：

a） 不断推进信息资源的标准化；

b） 识别、采集、获取和存储数据、信息和知识，并确保其准确性和时效性；

c） 持续提高信息资源的传递和共享水平；

d） 适宜时，统一管理数据，并挖掘、提炼信息和知识；

e） 信息资源的可用性、完整性和保密性。

7.6 信息安全

组织应：

a） 采取适当措施，确保全员认识到信息安全的重要性和紧迫性，增强信息安全意识；

b） 确立信息安全责任制，完善管理和防范机制；

c） 提供必要的技术条件和设备设施保障；

d） 识别可能存在的信息安全风险，进行持续性管理，确保信息安全事件得到有效处理。

8 实施与运行

8.1 总则

组织应围绕拟打造的新型能力，根据两化融合实施方案，主动管理实施与运行过程，推动数据、技术、业务流程、组织结构的互动创新和持续优化，以确保稳定获取预期目标。

组织应确保：

a） 实施与运行过程的时效性和有效性；

b） 实施与运行过程持续受控；

c） 员工充分参与；

d） 与供方建立以有效实现预期目标为导向的沟通合作机制。

8.2 业务流程与组织结构优化

8.2.1 业务流程与组织结构优化方案

组织应制定业务流程与组织结构优化方案，方案应：

a） 明确业务流程与组织结构优化的实施主体及相关方的责任和权限，并制定计划；

b） 确保业务流程与组织结构优化的需求得到有效安排和沟通；

c） 确保拟打造新型能力涉及的业务流程职责、部门职责与岗位职责得到合理划分、规定和沟通，并建立职责协同机制；

d） 按照所形成的规定进行沟通和确认（包括与技术实现、数据开发利用相关的主管部门进行沟通和确认），并得到相关管理者的批准。

8.2.2 业务流程与组织结构优化的执行

组织应按照所形成的规定，管理业务流程与组织结构优化的执行过程，并保留文件化信息。在保证总体利益的前提下，组织应确保：

a） 兼顾相关职能和层次的利益；

b） 与相关方进行充分沟通，达成共识。

8.2.3 业务流程与组织结构优化的监督与控制

组织应在受控条件下进行业务流程与组织结构优化。受控条件应包括但不限于：

a） 确保获得优化过程中的动态信息；

b） 制定应对措施，确保优化过程中的冲突和风险得到有效预防和处理。

组织应保留监督与控制的文件化信息。

8.3 技术实现

8.3.1 技术方案

组织应制定技术方案，方案应：

a） 明确技术实现的主体及相关方的责任和权限，并制定计划；

b） 确保技术实现的需求得到有效安排和沟通；

c） 按照所形成的规定进行沟通和确认（包括与业务流程与组织结构优化、数据开发利用相关的主管部门进行沟通和确认），并得到相关管理者的批准。

8.3.2 技术获取

组织应按照所形成的规定，根据业务流程与组织结构优化方案和技术方案，管理技术获取过程，并保留文件化信息，确保：

a） 必要基础资源的数字化和标准化；

b） 所获取的技术的有效性；

c） 技术知识向应用主体有效转移。

注：技术获取方式包括自主开发、共同开发、外包、外购、租用等。

8.3.3 技术实现的监督与控制

组织应在受控条件下进行技术实现。受控条件应包括但不限于：

a） 获得技术实现过程中的动态信息；

b） 必要时，对技术实现过程实施监视和测量；

c） 制定适宜的措施，有效防范技术风险。

组织应保留监督与控制的文件化信息。

8.4 数据开发利用

8.4.1 数据开发利用方案

组织应采取适当措施，确保对数据开发利用的价值形成共识。

组织应制定数据开发利用方案，方案应：

a） 明确数据开发利用的主体及相关方的责任和权限，并制定计划；

b） 确保数据开发利用的需求得到有效安排和沟通；

c） 按照所形成的规定进行沟通和确认（包括与业务流程与组织结构优化、技术实现相关的主管部门进行沟通和确认），并得到相关管理者的批准。

8.4.2 数据的开发利用

组织应按照所形成的规定，有效地开发利用数据，加速技术、业务流程、组织结构的同步创新和持续优化,并保留文件化信息。

适用时,组织应:

a) 选择所需的数据,进行跨时间、跨职能、跨层次的累积、清理和重构;

b) 建立适用的数据应用模型,并进行评审和批准;

c) 在业务系统中部署相应的数据应用模型。

适宜时,组织应:

a) 利用外部的数据服务;

b) 开发内部的数据,为外部提供服务。

8.4.3 数据开发利用的监督与控制

组织应在受控条件下进行数据开发利用。受控条件应包括但不限于:

a) 确保获得数据开发利用过程中的动态信息;

b) 制定适宜的措施,有效防范数据开发利用风险。

组织应保留监督与控制的文件化信息。

8.5 匹配与规范

8.5.1 数据、技术、业务流程、组织结构的匹配性调整

组织应:

a) 明确在合理的时间范围内组织开展试运行;

b) 必要时,开展业务流程与组织结构的优化调整;

c) 必要时,开展技术实现的优化调整;

d) 必要时,开展数据开发利用的优化调整;

e) 确保在合理的时间范围内实现数据、技术、业务流程、组织结构的有效匹配。

组织应保留匹配性调整的文件化信息。

8.5.2 数据、技术、业务流程、组织结构的规范化与制度化

数据、技术、业务流程、组织结构匹配调整后,组织应:

a) 确立数据、技术、业务流程、组织结构的制度规范;

b) 按照所形成的规定,沟通、确认和批准这些制度规范。

8.6 运行控制

组织应采取适宜的措施确保 8.5.2 确立的制度、规范得以有效执行。

适用时,组织应形成适宜的规定,确保正式运行的风险得到有效防范。

组织应保留运行控制的文件化信息。

9 评测

9.1 总则

组织应策划以下方面所需的评测过程,并加以实施:

a) 通过两化融合所形成的新型能力以及所获取的可持续竞争优势;

b) 两化融合管理体系的符合性;

c) 持续改进两化融合管理体系有效性。

9.2 评估与诊断

组织应依据 GB/T 23020—2013，建立和完善数据采集和报送制度，按照策划的周期开展两化融合自评估和自诊断，并与同行业企业进行对标。适宜时，组织应参考 GB/T 23020—2013 制定个性化的两化融合评估体系。组织应采取适宜的方法，对以下方面进行评估、分析和诊断，寻找改进机会：

a） 业务流程与组织结构优化、技术实现、数据开发利用与打造的新型能力及其目标的适宜性；

b） 新型能力目标的达成情况；

c） 可持续竞争优势的获取结果。

为确保评估的充分性和有效性，组织应确定、收集和分析适当的数据。

9.3 监视与测量

组织应制定和实施监视与测量计划，确保对至少以下方面进行定期监视、测量和分析：

a） 新型能力目标的完成情况；

b） 两化融合实施方案的执行过程；

c） 数据、技术、业务流程、组织结构匹配调整后的制度规范执行过程。

当未能达到预期结果时，应采取适当的措施进行改进。

组织应保留监视与测量的文件化信息。

9.4 内部审核

组织应依据拟审核的过程与区域的状况和重要性，以及以往审核的结果，制定审核方案。

组织应按照所形成的规定进行内部审核，以确定两化融合管理体系是否：

a） 符合组织对两化融合工作以及本标准的要求；

b） 得到有效实施和保持。

所形成的规定应明确：

a） 策划和实施审核、报告审核结果等的职责和要求；

b） 审核的准则、范围、频次和方法。

审核员的选择和审核的实施应确保审核过程的客观性和公正性。

组织应保持内部审核及其结果的文件化信息。

9.5 考核

组织应建立两化融合管理体系及其过程相关的考核指标和考核制度，并纳入绩效考核体系。

考核指标至少应包括：

a） 评估与诊断结果；

b） 监视与测量结果；

c） 审核结果。

组织应采取适宜的方式反馈考核结果，并保留考核的文件化信息。

9.6 管理评审

9.6.1 总则

最高管理者应按照规定的周期进行两化融合管理体系评审，包括但不限于识别两化融合改进的机会和两化融合管理体系变更的需求，以确保其持续的适宜性、充分性和有效性。

组织应保留管理评审的文件化信息。

9.6.2 输入

管理评审的输入至少应包括：

a) 评估与诊断结果；

b) 监视与测量结果；

c) 审核结果；

d) 考核结果；

e) 相关方反馈；

f) 可能影响两化融合管理体系的内外部环境变化；

g) 以往管理评审的后续措施；

h) 纠正措施、预防措施的实施情况；

i) 改进建议。

9.6.3 输出

管理评审的输出至少应包括以下有关的决定和措施：

a) 两化融合管理体系及其过程有效性的改进；

b) 两化融合方针的变化；

c) 可持续竞争优势需求的调整；

d) 新型能力及其目标的变化；

e) 支持条件和资源分配的调整。

10 改进

10.1 不符合、纠正措施和预防措施

组织应按照所形成的规定处理实际或潜在的不符合，并采取纠正措施或预防措施。所形成的规定应明确以下要求：

a) 评审不符合或潜在的不符合；

b) 确定不符合或潜在不符合的原因；

c) 评估采取措施的需求，确保不符合不重复发生或不会发生；

d) 制定和实施所需要的适宜措施；

e) 评审所采取的纠正措施或预防措施的有效性。

组织应保留纠正措施或预防措施的文件化信息。

10.2 持续改进

组织应持续改进两化融合管理体系的适宜性、充分性和有效性。

组织应考虑评估与诊断、监视与测量、审核、考核、管理评审等结果，确定并选择持续改进的需求和机会，采取适宜措施，推动数据、技术、业务流程、组织结构四要素互动创新和持续优化，不断打造信息环境下的新型能力，稳定获取与组织战略相匹配的可持续竞争优势。

注：持续改进可包括纠正、纠正措施、预防措施、突破性变革、创新和重组。

参 考 文 献

[1] GB/T 16642 企业集成 企业建模框架

[2] GB/T 18757 工业自动化系统 企业参考体系结构与方法论的需求

[3] GB/T 18999 工业自动化系统 企业模型的概念与规则

[4] GB/T 19001 质量管理体系 要求

[5] GB/T 19004 追求组织的持续成功 质量管理方法

[6] GB/T 22080 信息技术 安全技术 信息安全管理体系 要求

[7] GB/T 22081 信息技术 安全技术 信息安全控制实践指南

[8] GB/T 23331 能源管理体系 要求

[9] GB/T 24001 环境管理体系 要求及使用指南

[10] GB/T 24405.1 信息技术 服务管理 第1部分:规范

[11] GB/T 28001 职业健康安全管理体系 要求

ICS 35.240
L 67

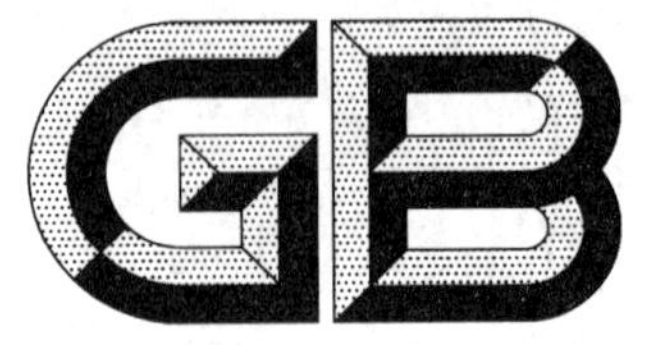

中华人民共和国国家标准

GB/T 23002—2017

信息化和工业化融合管理体系
实施指南

Integration of informatization and industrialization management systems—Implementation guidance

2017-11-01 发布　　　　2017-11-01 实施

中华人民共和国国家质量监督检验检疫总局
中国国家标准化管理委员会　发布

前　言

本标准按照 GB/T 1.1—2009 给出的规则起草。

本标准由中华人民共和国工业和信息化部提出并归口。

本标准起草单位：工业和信息化部电子科学技术情报研究所、中国企业联合会、工业和信息化部电子产品可靠性与环境试验研究所、中国信息通信研究院、工业和信息化部电子工业标准化研究院、清华大学、北京机械工业自动化研究所、浙江省企业信息化促进会、用友网络科技股份有限公司、徐州工程机械集团有限公司、潍柴动力股份有限公司、河钢股份有限公司承德分公司、无锡市第一棉纺织厂、吴忠仪表有限责任公司。

本标准主要起草人：周剑、张文彬、赵国祥、郑永亮、于秀明、李清、陈杰、宋茂恩、刘小茵、李君、黎晓东、王志林、王涛、柳荣梦、周翼、周平、曹志月、张启亮、肖琳琳、郭利、杨宝刚、李忠福、傅正、陈希、丁惠珍、窦伟、马冬妍、陶铮、凌大兵、李俊宏、李亮、孙洁香、罗皓、郭伟、邱君降、窦克勤。

引　言

信息化和工业化融合(以下简称两化融合)管理体系系列标准包括基础和术语、要求、实施指南、评估规范、审核指南等,共同构成了一组密切相关的标准族,可引导各类组织建立、实施、保持和改进两化融合管理体系,也可供相关方评价组织两化融合管理体系的符合性和有效性。

为系统指导标准应用,可进一步研制两化融合管理体系关键内容与框架、有关方法与工具标准,依据不同行业或不同领域的特色和需求制定分类标准,并给出相关参考模型。

本标准表述了两化融合管理体系的通用指南、指导性方法和实施建议,对相关条款进行补充解释说明。

信息化和工业化融合管理体系 实施指南

1 范围

本标准给出了组织落实信息化和工业化融合(以下简称两化融合)管理体系各项要求的通用指南、指导性方法和实施建议,对GB/T 23001—2017相关条款进行补充解释说明,但不增加、减少或修改要求。

本标准适用于任何规模、类型和性质的组织,用于帮助组织科学有效地建立、实施、保持和改进两化融合管理体系,确保新型能力目标的实现;可为开展两化融合管理体系建设的组织,提供相关咨询、培训及评定服务的人员和机构,以及制定相关标准的人员提供参考。

2 规范性引用文件

下列文件对于本文件的应用是必不可少的。凡是注日期的引用文件,仅注日期的版本适用于本文件。凡是不注日期的引用文件,其最新版本(包括所有的修改单)适用于本文件。

GB/T 23000—2017 信息化和工业化融合管理体系 基础和术语

GB/T 23001—2017 信息化和工业化融合管理体系 要求

GB/T 23020—2013 工业企业信息化和工业化融合评估规范

3 术语和定义

GB/T 23000—2017界定的术语和定义适用于本文件。

4 可持续竞争优势

4.1 总则

在当前信息革命的时代背景下,组织亟需顺应新趋势、把握新机会,形成覆盖全员、全要素、全过程、全方位的管理新模式,从而引领组织的战略转型变革,实现可持续发展。

GB/T 23001—2017规定的两化融合管理体系旨在引导组织持续推进战略循环、要素循环和管理循环,从而建立两化融合背景下的管理模式,以不断打造新型能力,获取可持续竞争优势。

4.2 识别组织的内外部环境

组织应对内外部环境的识别、分析和确定做出制度化安排,明确相关职责、流程、时机、频次和方法等。

所分析的内外部环境信息应全面、及时、准确,以动态优化组织的战略、明确差异化的可持续竞争优势。

4.3 以获取与组织战略相匹配的可持续竞争优势为关注焦点

4.3.1 识别和确定可持续竞争优势的需求

获取与组织战略相匹配的差异化可持续竞争优势是组织建立、实施、保持和改进两化融合管理体系的最终目标。随着内外部环境的快速变化，组织的战略应适时优化，组织确定的可持续竞争优势需求也应相应动态调整。

组织应对可持续竞争优势需求的识别和确定做出制度化安排，明确相关职责、流程和方法等。

4.3.2 获取可持续竞争优势

竞争优势是组织与其竞争对手相比所处的更有利的形势。只有不断打造信息化环境下的新型能力，才能保持竞争优势的可持续性。

4.4 两化融合管理体系

4.4.1 确定两化融合管理体系的范围

在信息化和工业化两大历史进程融合协调发展的时代背景下，组织应把握信息化带来的新机遇，以打造新型能力为主线，明确两化融合管理体系的范围和边界。

4.4.2 两化融合管理体系及其过程

在两化融合管理体系建立和实施阶段，应依据 GB/T 23001—2017，结合组织的个性化需求，顺应融合创新发展的趋势，识别和优化相关过程，明确过程之间的关系、过程控制方法、过程运作所需资源以及评测与改进方法，并形成系统化的两化融合管理体系。

在对两化融合管理体系的变更进行策划时，应考虑过渡期实施方案，使两化融合管理体系在变更中和变化后能够持续有效。

4.4.3 文件化信息

形成两化融合管理体系文件化信息的目的，是为了向员工和其他相关方提供所需的信息，传播和保护经验知识，提供必要的证据，确保理解和执行。

组织应依据 GB/T 23001—2017 中 4.4.3 要求的内容形成文件化信息，并根据所使用的方法、所需要的技能、所进行的培训及所要求的管理力度，确定文件化信息的详细程度。其中，对于两化融合管理体系及其过程的建立、运行和控制应有的途径和方法，是否形成文件化信息取决于能否确保这些过程有效。若组织决定对某一过程不形成文件化信息，则须通过交流或培训，使员工和其他相关方了解应达到的要求。

在文件化信息的采集、标识、存储、保护、检索、保留和处置等过程中，应充分应用信息技术手段，不断提升其动态性、实时性、准确性和全面性，并力求简便易行。

基于信息系统生成的文件化信息，应有一套适宜的验证方法，以证明其合规且无风险。

5 领导作用

5.1 最高管理者

最高管理者是在最高层指挥和控制组织的决策者或决策层，对两化融合管理体系的有效运行具有决定性作用。

最高管理者应充分认识到两化融合的必要性、紧迫性和长期性，以坚定不移的态度促使组织达成深入推进两化融合、打造新型能力的共识。

最高管理者应兼顾组织的长远发展和近期目标，审时度势，科学决策。

最高管理者的信心、决心和恒心对持续提升两化融合管理体系的充分性、适宜性和有效性至关重要。

最高管理者在决策层中任命的管理者代表，其职位级别应是该组织的副职及以上。

5.2 两化融合方针

两化融合方针确定了组织推进两化融合的行动纲领，应充分体现组织文化和管理模式的精髓，应为打造新型能力提供指导。

组织应结合自身特点制定或修订两化融合方针，将其传达至所有的职能和层次，并确保其有效贯彻落实。

5.3 管理者代表

为确保两化融合管理体系的有效执行，最高管理者应授予管理者代表足够的管理权限，包括必要的人力、财力、物资和信息资源的支配权以及相关的绩效考核权。

两化融合管理者代表宜具备如下条件：

a） 深入理解组织的业务和文化；

b） 准确把握组织的战略、可持续竞争优势和新型能力；

c） 能够主动应用信息技术推动组织的创新发展；

d） 协调能力和执行力强；

e） 在组织内具有较高的威望。

5.4 职责与协调沟通

5.4.1 职责与权限

两化融合管理体系及其过程的相关角色至少应包括战略循环、要素循环、管理循环以及新型能力识别和打造所涉及的组织单元和人员。

组织应围绕建立、实施、保持和改进两化融合管理体系及其过程，对相关角色的职责和权限进行合理划分、规定和沟通，并确保其得到相关方理解和有效执行。

5.4.2 协调与沟通

围绕建立、实施、保持和改进两化融合管理体系及其过程，组织应：

a） 建立协调与沟通的机制和方法，推动形成主动分享的意识和氛围；

b） 要求和鼓励相关职能和层次积极参与、反馈信息，并迅速响应员工及其他内外部相关方的建议和关注；

c） 充分应用信息技术手段，采用适宜的方式，确保协调和沟通的顺畅、简洁和高效。

6 策划

6.1 新型能力的识别与确定

组织应对新型能力及其关键指标的识别和确认做出制度化安排，明确相关职责、流程和方法等。

组织识别和确定的新型能力应是支撑获取可持续竞争优势最为关键、最为迫切、且切实可行的一个或一组核心能力及其对应的关键指标。新型能力的关键指标应能够全面、准确表征拟打造的新型能力。

围绕稳定获取预期的可持续竞争优势,组织应逐步构建具备战略性、系统性、全局性的新型能力体系,至少包括一组相关的新型能力及其对应的关键指标,以及这些新型能力之间的相互关系。

6.2 新型能力目标的确定

组织应对确定新型能力关键指标的目标值做出制度化安排,明确相关职责、流程和方法等。

新型能力关键指标目标值的达成应是实现新型能力、获取预期可持续竞争优势的充分且必要条件。

6.3 两化融合实施方案的策划

两化融合实施方案的策划是组织打造新型能力、实现新型能力目标的路线图和成败关键。

进行策划时,组织应首先以新型能力打造为主线,依据新型能力关键指标及其目标,考虑内外部环境、业务需求、支持条件和资源,基于数据、技术、业务流程、组织结构现状,结合组织的发展阶段和发展方向,利用适当的工具和方法进行分析,识别并确定实现新型能力目标的各项需求,制定两化融合实施方案。

围绕打造新型能力所形成的两化融合实施方案应是一个有机、融合、系统的解决方案,包括数据、技术、业务流程、组织结构四要素,既要明确业务流程与组织结构的优化需求、技术实现的需求、数据开发利用的需求,也要明确这些需求之间的相互关系及其实施路径、关键环节、突破口和切入点。两化融合实施方案还应明确必要的支持条件和资源的需求,以及两化融合实施过程的责任人、参与人、相关方职责、方法和进度要求等。策划的输出要形成文件化信息。

组织应对两化融合实施方案的策划做出制度化安排,明确相关职责、流程和方法等。在进行策划时,组织应确保各相关职能和层次的充分参与。在对两化融合实施方案进行评审时,参与评审的人员应能充分代表各方意见,可包括组织的领导层、相关职能部门代表、专家以及其他利益相关方。两化融合实施方案经授权管理者批准后方可正式实施。

7 支持

7.1 总则

组织应依据其两化融合发展阶段、水平现状,围绕打造新型能力建立长效机制,确保两化融合管理体系及其过程所需要的支持条件和资源切实供给,规避盲目投入。

组织应确保资金投入、人才保障、设备设施、信息资源、信息安全等支持条件和资源的相互协调与匹配,避免短板效应。

组织应探索建立内外部资源开放分享机制,加强支持条件和资源的共建共享。

7.2 资金投入

组织应对基于新型能力进行资金统筹管理做出制度化安排,明确相关职责、流程和方法等。

组织应围绕新型能力目标,进行相关资金的统筹安排、优化调整、协同管理和精准核算,确保资金投入的稳定性、持续性,避免投入不足、过度投入以及重建设轻维护等。

7.3 人才保障

最高管理者应采取有效措施,持续提升全员融合创新发展的意识。

组织应按照建设完善业务流程职责、部门职责和岗位职责协同机制的新要求，进行岗位职能设计。

组织应依据打造新型能力的动态要求，及时调整相关岗位职责并明确技能要求，通过构建网络化、平台化、柔性化、立体化的赋能机制，确保相关人员快速提升技能，满足岗位要求。

组织应开展两化融合相关的教育和培训，搭建适宜的学习和交流平台，采取交叉培养、轮岗锻炼等措施，持续提升相关人员岗位技能，培养复合型人才。

组织应将新型能力打造过程中相关人员的绩效纳入组织的绩效考核体系，并逐步探索形成以新型能力为主线的绩效考核、薪酬和晋升制度。

必要时，组织依据新型能力打造的需求，雇用外部专家顾问、技术人才等专业人员，以补充完善组织的人才保障体系。

7.4 设备设施

组织应围绕新型能力的建设，对设备设施的提供、维护和升级改造做出制度化安排，明确相关职责、流程和方法等。

组织应依据新型能力建设要求，对设备设施配置、改造、升级、更新换代等方面进行统筹部署，并持续评价设备设施满足新型能力建设要求的适宜性、充分性和有效性。

适用时，组织应逐步提高设备设施的自动化、数字化、网络化、智能化水平，加强现场数据采集、传递、协同共享和开发利用，不断提升设备设施的集成应用水平，确保相关新型能力的同步提升。

在设备设施的购置、调试、使用、维护和报废等生命周期全过程中，应确保其安全可控。

7.5 信息资源

信息资源逐渐成为支撑组织获取可持续竞争优势的战略性基础资源，最高管理者应确保采取有效措施，不断提高全员对信息资源重要性的认识。

组织应对信息资源管理做出制度化安排，明确相关职责、流程和方法等。

信息资源的标准化是两化融合的一项关键性工作，是信息资源有效开发利用的重要前提和坚实保障。

组织应充分应用信息技术手段，加强源数据的自动采集，注重开展数据的挖掘和分析，将数据转化为组织所需的信息，并进一步提炼为组织的知识资产。

7.6 信息安全

组织应加强教育和培训，不断提升全员的信息安全意识和技能。

组织应建立包括信息安全承诺、要求、实施、维持、监视、风险评估和管理的制度体系，明确信息安全管理的岗位和职责。

组织应建立信息安全事件管理规程，按照规程报告信息安全事件，并及时响应。

适用时，可参照 GB/T 22080—2016 和 GB/T 22081—2016 加强信息安全管理。

8 实施与运行

8.1 总则

组织应依据两化融合实施方案，充分运用过程方法和系统方法，以业务流程为导向，通过业务流程与组织结构优化、技术实现、数据开发利用、匹配与规范、运行控制等过程的全程受控和全局优化，开展新型能力建设，确保新型能力目标及时有效达成。

两化融合实施与运行过程中,业务流程与组织结构优化在安排上应优先于技术实现,加强数据、技术、业务流程与组织结构的适应性匹配和良性互动,特别要防止数据开发利用不足、技术过度超前、业务流程效率低下和组织结构变革滞后,从而大幅提升两化融合的效益和效果。

组织应高度重视数据开发利用,这对于实现技术、业务流程、组织结构三要素的同步创新和持续优化具有至关重要的作用。

形成新型能力后,组织仍需对新型能力相关活动的运行进行持续控制,从而有效保持新型能力。

在利用外部资源时,组织应围绕新型能力建设,积极与咨询、技术、系统集成、运行维护等供方沟通合作,确保合作过程有效可控。

8.2 业务流程与组织结构优化

8.2.1 业务流程与组织结构优化方案

组织应对业务流程与组织结构优化方案的制定、沟通和确认做出制度化安排,包括明确责任人及其职责、优化和调整的时机、组织和协调的机制、保障落实和监督机制等。

组织应以业务流程职责为主导,建立业务流程职责、部门职责、岗位职责的协调运转机制,以确保业务流程的高效运行。

组织应围绕新型能力目标,依据两化融合实施方案,梳理现有相关的业务流程,以及跟这些业务流程相关的部门和岗位,识别问题与差距,确定拟优化的关键点和调整范围,开展新的业务流程设计,并以业务流程职责为牵引,梳理和调整部门职责,将业务流程职责和部门职责落实到岗位职责,同时应注意跨部门业务流程衔接处的职责,在此基础上形成业务流程和组织结构优化方案。业务流程与组织结构优化方案还应明确业务流程与组织结构优化的责任部门和责任人、参与部门和参与人,参与部门和参与人应覆盖业务流程与组织结构优化相关的职能和层次,并包括负责技术实现和数据开发利用的部门和人员。

组织应通过适宜的方式,对业务流程与组织结构优化方案进行沟通和确认,确保业务流程与组织结构优化的相关方对优化方案达成共识,同时兼顾技术实现和数据开发利用的可行性。

组织在形成优化方案过程中,可借助外部咨询服务商的力量,但应确保组织内部相关职能和层次人员的充分参与。

8.2.2 业务流程与组织结构优化的执行

组织应对业务流程与组织结构优化的执行做出制度化安排,包括职责、流程和方法等。

业务流程与组织结构优化往往涉及到职能和利益的重新调整,因此,组织应采取适宜的措施,加强与相关方的充分沟通,妥善处理业务流程与组织结构优化执行过程中的利益分歧,达成共识。

8.2.3 业务流程与组织结构优化的监督与控制

组织应采取例会等适当的方式,掌握业务流程与组织结构优化的执行进度、变更、相关方反馈等动态信息,确保按优化方案设定的关键节点协调、有序地推进业务流程与组织结构优化。

在实施业务流程与组织结构优化过程中,应识别潜在的风险,制定应对措施以规避风险。

8.3 技术实现

8.3.1 技术方案

组织应对技术方案的制定、沟通和确认做出制度化安排,包括职责、流程和方法等。

组织应依据两化融合实施方案、业务流程与组织结构优化方案,评估现有相关的技术及其应用现状,开展技术需求分析,论证可选技术路线,明确性能参数要求等技术指标,编制投资概预算,确定技术实施范围,形成技术方案。技术方案还应明确技术实现的责任部门和责任人、参与部门和参与人,参与部门和参与人应覆盖业务流程与组织结构优化、数据开发利用相关的部门和业务骨干。

组织在形成技术方案过程中,可与外部技术服务提供商开展合作。

组织应明确技术的获取方式和开发、建设单位。

8.3.2 技术获取

技术获取是将技术方案付诸实际的过程,一般可包括实施准备、执行、安装部署、调试和测试等过程。

组织应对技术获取做出制度化安排,包括职责、流程和方法等。

基础资源的数字化和标准化等初始准备工作是否充分,对于所获取技术的有效性具有至关重要的作用。

技术知识转移是帮助应用主体有效应用所获取技术的必要条件,组织应采取有效手段(如网络平台),对相关人员提供持续培训(包括理念、方法和技术等),确保技术的开发建设单位将必要的技术知识及时、充分、有效的转移至应用主体。

组织应确保技术的应用主体全程参与技术获取过程。

8.3.3 技术实现的监督与控制

组织应采取例会、周报等适当的方式,必要时采用里程碑评审等监视与测量手段,跟踪和控制计划进度、质量、调整、变更等的执行情况以及相关方反馈等动态信息,确保技术方案有效实施。

在技术实现过程中,组织应加强风险点识别和风险控制,制定应对措施以规避风险。

8.4 数据开发利用

8.4.1 数据开发利用方案

数据开发利用是通过对数据的选取、分析和应用,进而全面实现数据价值的活动。组织应充分认识到数据开发利用是优化资源配置和运营管理的重要手段,并对其在打造新型能力、获取可持续竞争优势方面日益提升的价值形成共识。

组织应对数据开发利用方案的制定、沟通和确认做出制度化安排,包括职责、流程、方法等。

组织应依据两化融合实施方案,适用时还可依据业务流程与组织结构优化方案、技术方案,结合信息资源管理现状,开展数据开发利用需求分析,明确数据开发利用的范围、关键环节和实施路径,形成数据开发利用方案。数据开发利用方案还应明确数据开发利用的责任部门和责任人、参与部门和参与人,参与部门和参与人应覆盖业务流程与组织结构优化、技术实现相关的部门和业务骨干。

组织在形成数据开发利用方案过程中,可与外部服务提供商开展合作。

8.4.2 数据的开发利用

数据开发利用的价值可表现为有助于技术改进,如寻找最佳技术路线;有助于优化业务流程,如持续改进跨职能、跨层次的业务协同水平;也有助于改善组织结构,如不断提升岗位及其职能设置和业务流程需求的匹配程度等。组织通过对数据的开发利用,可以加速技术、业务流程、组织结构的同步创新和持续优化。同时,技术、业务流程与组织结构的改进也会为数据开发利用创造新的机会和起点。

组织应对数据开发利用做出制度化安排,包括职责、流程和方法等。

组织应不断拓展数据开发利用的深度和广度,探索开展跨时间、跨职能、跨层次的数据开发利用。

组织所构建的数据应用模型应充分融合其业务需求、业务逻辑和业务经验，并根据模型的运行情况和成效不断优化完善，解决新型能力建设的不确定性、多样性、复杂性问题，持续提高数据开发利用价值。

组织还应注重应用互联网、移动互联网、物联网、大数据、云计算等新技术，开展跨平台、跨产业的数据融合应用，不断挖掘数据开发利用潜能，探索和构建数据驱动的新模式新业态。

8.4.3 数据开发利用的监督与控制

组织应采取例会、月报等适当的方式，必要时采用里程碑评审等监视与测量手段，跟踪和控制计划执行情况、应用成效及相关方反馈等动态信息，确保数据开发利用方案有效实施。

在数据开发利用过程中，组织应加强风险点识别和风险控制，制定应对措施以规避风险。

8.5 匹配与规范

8.5.1 数据、技术、业务流程、组织结构的匹配性调整

试运行是实现数据、技术、业务流程与组织结构相互磨合、动态匹配的必要过程，也是检验两化融合实施方案实效性的关键环节。

在试运行（包括新旧系统切换、新系统上线、解决方案启用等）前，应制定试运行方案，确保试运行期间组织能够正常运转。组织应高度重视静态和动态数据初始化，包括数据转化、导入与校验等，需提前做好充分准备，确保快速、准确完成。

试运行期间，组织应确保全面、有效收集各方反馈意见，识别问题或缺陷，并采取适宜的措施，确保其得到及时解决。必要时，应制定调整方案，并在得到各相关方确认、批准后实施。

8.5.2 数据、技术、业务流程、组织结构的规范化与制度化

匹配性调整完成后，组织应通过确立相关制度，确保匹配后的数据、技术、业务流程与组织结构得以规范。

组织应对沟通、确认和批准与数据、技术、业务流程、组织结构有关的制度规范做出制度化安排，包括职责、流程和方法等。

8.6 运行控制

组织应不断加强运行控制，确保所确立的制度规范得以有效执行、运行风险得到有效控制、新型能力得到持续保持和改进。

适用时，组织应对运行控制过程中的风险防范做出制度化安排，识别、确认并管理风险。

9 评测

9.1 总则

组织应策划并建立一套完整、有效的评测体系。通过评估与诊断、监视与测量、内部审核、考核、管理评审等过程，对两化融合管理体系的持续符合性、适宜性、充分性、有效性进行全面评价和分析，确定新型能力目标的实现程度，寻找可以改进的机会，不断提升信息化环境下的新型能力，从而获取差异化的可持续竞争优势。

9.2 评估与诊断

按照 GB/T 23020—2013，组织可对其两化融合发展现状和问题进行全面评估、分析与诊断，并可借助中国两化融合服务平台，了解其总体及各项关键指标与行业标杆和平均水平的对比情况，明确持续改进的重点和方向。

组织宜对两化融合评估与诊断的职责、流程、周期、内容和方法等做出制度化安排。

组织依据自身特点和需求制定个性化的两化融合评估体系时，应保持与 GB/T 23020—2013 评估框架的一致性。评估应覆盖与新型能力相关的所有职能和层次。评估过程中应对指标的内涵、数据收集和选取的方法等进行明确，确保数据的真实性和准确性。

组织可在两化融合管理体系建立之前及新型能力打造之初，开展评估、诊断和对标，识别差距，明确两化融合的切入点和关键环节。

组织应按照策划的周期开展系统性评估，对照之前的评估结果、行业标杆和行业平均水平，对两化融合实施与运行过程的适宜性、新型能力目标的达成情况、可持续竞争优势的获取结果进行分析和诊断，寻找存在问题的原因和改进机会。

9.3 监视与测量

组织应对监视与测量活动做出制度化安排，至少包括明确监视与测量的对象、职责、方法、频次、改进等要求。

组织应在两化融合管理体系建立之前及新型能力打造之初考虑监视与测量的需求。监视与测量的关键指标应涵盖新型能力目标的完成情况，两化融合实施方案的执行过程，以及数据、技术、业务流程、组织结构匹配性调整后的制度规范执行过程等。

组织应充分应用智能传感、物联网、信息系统、服务平台等信息技术手段，提升监视与测量数据的及时性、准确性和完整性。适宜时，应从源头自动采集数据。

依据监视的结果，分析关键指标运行的趋势和异常。依据测量的结果，评价关键指标是否符合预期要求。

组织应对监视与测量的结果加以利用，包括但不限于与考核挂钩、与纠正措施或预防措施挂钩、用于数据开发利用、输入管理评审等。

9.4 内部审核

组织开展内部审核，主要用于评价两化融合管理体系的符合性和有效性，也可用于识别改进机会。

组织应对内部审核做出制度化安排，至少应规定策划和实施审核、报告审核结果等的职责和要求，以及审核的准则、范围、频次和方法等。

审核方案的制定应基于组织规模、性质、复杂程度及以往审核的结果。审核方式可采用集中式或滚动式，但应确保在一个审核周期内，覆盖所有应审核的对象。

组织的内部审核员应保持客观、公正，不应审核自己的工作。审核组应具备审核所需的专业能力，必要时，可借助内外部技术专家的帮助。

内部审核结果应形成并提交正式报告，并作为管理评审的输入。

对于审核发现的不符合，应及时采取必要的纠正措施。

9.5 考核

组织应建立两化融合管理体系及其过程相关的考核指标和考核制度，至少包括考核的职责、对象、指标、频次、激励措施等，并在组织内进行传达。

组织应将两化融合管理体系及其过程相关的考核指标和考核制度纳入组织的绩效考核体系，形成长效机制，确保考核的整体有效性。

组织应围绕新型能力打造制定考核指标，并将其分解至相关的部门和岗位，可逐步探索形成以新型能力为主线的绩效考核制度。

9.6 管理评审

管理评审是评价两化融合管理体系持续适宜性、充分性和有效性，并识别改进机会和变更需求的活动。

组织应对管理评审做出制度化安排，至少包括管理评审的责任主体(最高管理者)、参与部门、范围、周期、输入、输出、流程等。

最高管理者应按照策划的周期，定期主持管理评审活动。参加管理评审的人员至少应包括组织相关部门和职能的负责人。管理评审所采用的形式应适合组织的实际情况，并可与组织其他管理体系的管理评审和例行的年终总结活动相结合。

为确保管理评审的效果，最高管理者应对照管理评审输入内容的要求(见 GB/T 23001—2017 中 9.6.2)事先布置材料的准备工作，各相关部门应按照分工认真准备好相关材料。

在管理评审过程中，应从具体问题入手，评价两化融合管理体系是否：

a) 适宜——对于内外部环境的变化，组织现有的两化融合方针、新型能力、新型能力目标以及两化融合管理体系是否仍然适宜；

b) 充分——组织现有两化融合管理体系是否充分覆盖 GB/T 23001—2017 以及组织实际运作需求，对于实现组织的新型能力目标是否充分；

c) 有效——组织现有两化融合管理体系是否得到有效地实施和保持，并确保新型能力目标得以实现和持续提高。

管理评审的结果应形成正式的决议，决议内容应包括对两化融合管理体系持续适宜性、充分性和有效性评价的结论，识别出管理体系规定、执行以及资源配置等方面的问题，并提出具体的改进方向和要求。

对于管理评审提出的问题，应明确具体的责任部门、责任人和完成期限，进行原因分析并采取有效的纠正措施或预防措施。同时还应明确具体的责任部门和人员，对纠正措施或预防措施的实施情况和实施效果进行验证，并向最高管理者报告。

10 改进

10.1 不符合、纠正措施和预防措施

为了使两化融合管理体系持续有效，组织应当以系统的方法确定实际或潜在的不符合，并采取纠正措施或预防措施。这是两化融合管理体系实现闭环管理的一项至关重要的活动，组织对此务必予以高度重视，如该活动的实施流于形式将直接影响到组织能否有效打造信息化环境下的新型能力。

在评估与诊断、监视与测量、审核、管理评审等活动的实施过程中，对照预期的目标和要求进行评价，当发现管理体系的相关过程未按规定实施，或未达到预期的绩效要求时，即可视为不符合。对于可能导致潜在问题发生的不符合也应予以识别。

对于实际或潜在的不符合，应调查分析并确定其内在原因，针对消除该原因提出并落实切实可行的纠正措施或预防措施，以避免问题的重复发生或潜在问题的实际发生。

典型的纠正措施或预防措施，至少应包括规定为消除问题原因所需采取的具体措施及优先次序、职责划分、完成期限等内容。纠正措施或预防措施实施后，应由不符合的提出部门对措施的效果加以验证。适用时，在纠正措施或预防措施实施前应由不符合的提出部门对措施的充分性和可行性进行评审，对于涉及资源调整的措施还应由授权人员对资源调整的可行性进行认可。

当所采取的措施导致两化融合管理体系发生变化时，应确保通知相关人员。

10.2 持续改进

持续改进是组织为了不断提升信息化环境下的新型能力、获取差异化的可持续竞争优势，所采取的循环活动。通过评估与诊断、监视与测量、审核、考核、管理评审等机制发现已经发生的或潜在的问题，然后对问题的原因进行分析，并依托当前的资源针对导致问题的原因采取纠正措施或预防措施，从管理体系的规定和执行两方面实施持续改进，以确保两化融合管理体系的适宜性、充分性和有效性。

参 考 文 献

[1] GB/T 16642 企业集成 企业建模框架
[2] GB/T 18757 工业自动化系统 企业参考体系结构与方法论的需求
[3] GB/T 18999 工业自动化系统 企业模型的概念与规则
[4] GB/T 19001 质量管理体系 要求
[5] GB/T 19004 追求组织的持续成功 质量管理方法
[6] GB/T 22080 信息技术 安全技术 信息安全管理体系 要求
[7] GB/T 22081—2016 信息技术 安全技术 信息安全控制实践指南
[8] GB/T 23331—2016 能源管理体系 要求
[9] GB/T 24001 环境管理体系 要求及使用指南
[10] GB/T 24405.1 信息技术 服务管理 第1部分:规范
[11] GB/T 28001 职业健康安全管理体系 要求

ICS 29.140.30
K 71

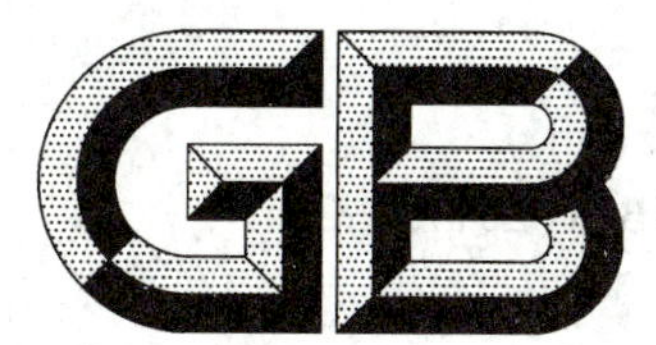

中华人民共和国国家标准

GB/T 23113—2017
代替 GB/T 23113—2008

荧光灯含汞量检测的样品制备

Sample preparation for measurement of mercury level in fluorescent lamps

(IEC 62554:2011,MOD)

2017-11-01 发布　　　　2018-05-01 实施

中华人民共和国国家质量监督检验检疫总局
中国国家标准化管理委员会　发布

前　言

本标准按照 GB/T 1.1—2009 给出的规则起草。

本标准代替 GB/T 23113—2008《荧光灯含汞量的测定方法》，与 GB/T 23113—2008 相比主要技术变化如下：

——增加了冷端法、汞的直接检测方法和有关信息，对直接破碎法、酸清洗法的程序进行了整理和调整；

——删除了样品溶液中汞的测试部分，直接引用汞的测试方法标准。

本标准使用重新起草法修改采用 IEC 62554：2011(1.0 版)《荧光灯含汞量检测的样品制备》。

本标准与 IEC 62554:2011 相比，技术变化如下：

——关于规范性引用文件，本标准做了具有技术性差异的调整，以使用最新有效的国际标准版本，并适应我国的技术条件，具体调整如下：

- 用 GB/T 6682—2008 分析实验室用水(ISO 3696:1987，MOD)代替 ISO 3696:1987；
- 由于 IEC 62321:2008 中汞检测部分已修订换版为 IEC 62321-4:2013，本标准在第 2 章“规范性引用文件”和第 5 章“5.3 分析测试”中用 IEC 62321-4:2013 使用 CV-AAS、CV-AFS、ICP-OES 和 ICP-MS 测定聚合物、金属和电子材料中的汞代替 IEC 62321:2008。

——删除了标准范围中关于被测样品“新灯”的要求，使该测试方法适用范围更广。

——考虑到我国化学试剂的等级分类和产品标注信息，在第 4 章“4.2 试剂”中对酸试剂的密度、质量百分数、纯度等级进行了更明确的要求。

——考虑到使用中硝酸(1∶1)比浓硝酸更安全，5.4.1.3 h)中使用“25 mL 硝酸(1∶1)(体积比)”代替浓硝酸。

本标准与 IEC 62554:2011 相比，结构变化如下：

——删除定义部分；

——将附录 A 与附录 B 的顺序进行了调整，使冷端法的相关信息提前。

本标准由中国轻工业联合会提出。

本标准由全国照明电器技术标准化技术委员会电光源及其附件分技术委员会(SAC/TC 224/SC1)归口。

本标准起草单位：国家电光源质量监督检验中心(北京)、北京市朝阳区高效照明技术中心、合肥本山电子科技有限公司。

本标准主要起草人：刘姝、王方、王有锁。

本标准所代替标准的历次版本发布情况为：

——GB/T 23113—2008。

荧光灯含汞量检测的样品制备

1 范围

本标准规定了几种用于检测荧光灯含汞量的样品制备方法。

本标准适用于检测荧光灯(包括单端、双端、自镇流和冷阴极荧光灯)灯管中汞含量(0.1 mg 或更多),但不适用于寿终的灯。

本标准不包括全部测量信息,详细测量部分在 IEC 62321-4 中说明。

2 规范性引用文件

下列文件对于本文件的应用是必不可少的。凡是注日期的引用文件,仅注日期的版本适用于本文件。凡是不注日期的引用文件,其最新版本(包括所有的修改单)适用于本文件。

GB/T 6682—2008 分析实验室用水(ISO 3696:1987,MOD)

GB/T 27025—2008 检测和校准实验室能力的通用要求(ISO/IEC 17025:2005,IDT)

IEC 62321-4:2013 使用 CV-AAS、CV-AFS、ICP-OES 和 ICP-MS 测定聚合物、金属和电子材料中的汞(Determination of certain substances in electrotechnical products—Part 4: Mercury in polymers, metals and electronics by CV-AAS, CV-AFS, ICP-OES and ICP-MS)

3 概述

荧光灯中的汞以下面几种状态存在:

a) 灯中的气态;

b) 液态金属;

c) 化合物;

d) 合金。

由于含汞装置的外形、位置及装置的组成和结构的不同,有多种定量注汞方案。尽管有些荧光灯以汞齐或固态汞合金的方式注汞,也有许多灯中注入的是液态汞。

汞齐灯中经常会有充当辅助汞齐的装置,这些装置的形状和放置位置非常多样化。

冷端将开管时蒸汽态汞的损失降至最低的说明参见附录 A。灯在工作状态下,灯管中所有汞将富集于冷端,这将有利于控制汞的回收。

以下第 4 章的程序中包含收集液态汞、化合态汞、汞合金和汞齐的方法。

测试液态汞、化合态汞、汞合金和汞齐来获得总的汞含量。

通过对测得样品溶液中汞的浓度、溶液定容体积和稀释因子进行计算得到含汞量。

汞含量检测不包括寿终的灯,因为灯在使用中汞逐渐扩散到玻璃壁内并发生反应。本标准中的测试方法不能回收已经扩散到玻璃管内壁或已发生反应或与灯管内壁不可逆地成为一体的汞。

4 从荧光灯中收集汞的程序

4.1 概述

测试的流程和环境条件,应符合 GB/T 27025—2008 的相关要求。

警告——使用本标准的人员应熟悉正规的实验室操作。本标准不对可能涉及到的安全问题进行单独说明。标准的使用者有责任建立适当的安全和健康措施以避免环境污染和确保符合国家的要求。

4.2 试剂

实验用水:GB/T 6682 中规定的一级水;

下列试剂中的汞质量分数应小于 1×10^{-9}:

——5%高锰酸钾溶液(质量体积比);

——硝酸:$\rho=1.4$ g/mL,65 %(质量分数);分析纯及以上;

——盐酸:$\rho=1.16$ g/mL,37 %(质量分数);分析纯及以上;

——氢氟酸:$\rho=1.18$ g/mL,40 %(质量分数);分析纯及以上。

4.3 化学实验器皿

应确保化学实验器皿不吸附汞。

化学实验器皿包括:

——(一次性)真空滤器和中速滤纸;

——(一次性)带旋盖的广口塑料瓶:125 mL, 250 mL, 500 mL, 1 000 mL, 2 000 mL;

——一次性广口塑料袋:500 mL, 1 000 mL;

——烧杯: 50 mL, 100 mL, 250 mL, 500 mL;

——容量瓶:50 mL, 100 mL, 250 mL, 500 mL;

——吸液管;

——药匙;

——塑料内衬的实验工作台面。

注:塑料袋可以是干净的聚乙烯或类似的防化学物质和酸的材料,通常厚度在 0.01 mm。合适的 1 000 mL 塑料袋是 200 mm×300 mm。生物实验室有一种"搅拌袋"或"胃袋"。袋子大小可以调整到适合被测灯的大小。

4.4 样品制备

样品制备过程中的操作应是连续的,不应有过多的中断。

4.4.1 冷端法

4.4.1.1 概述

冷端法是一种在局部冷凝自由汞的方法(参见附录 A)。

当低压放电管在正常条件下处于"ON"状态,同时放电管的一个小区域(冷端)持续处于低温状态时,汞将在此位置凝出。冷凝过程中应观察不到严重的灯管变黑现象。

当自由汞被完全收集后,灯的光输出将显著下降,放电管的颜色将转变为粉红色,自由汞凝出(冷端)过程完成。

注:0 ℃以下冷端的汞收集和对灯的控制装置进行操作,需要持续几天时间。

4.4.1.2 自镇流和单端紧凑型荧光灯的冷端制备

放电管(灯管)的切割操作应在广口塑料瓶的瓶口上方进行以减少材料的损失。

使用以下的样品容器:

——容器 1:250 mL 广口旋盖塑料瓶,用于盛放冷端部分;

——容器 2:125 mL 广口旋盖塑料瓶,用于盛放灯管两端(电极端);

——容器 3: 500 mL 或 1 000 mL 广口旋盖塑料瓶,使用最适合被测灯管尺寸的用于盛放灯管剩余的玻璃部分。

样品制备按照以下的操作步骤进行：

a) 如果外部有泡壳，将灯管与泡壳拆分开。

b) 用化学试剂擦拭灯管使其干净。

c) 用非破坏性的方式在灯管上作标记，作为第一部分。在冷端两边各 3 cm 处作标记。

d) 用冷端收集自由汞——见 5.4.1.1——直至确认自由汞已消耗殆尽。

e) 从冷凝器上取下灯。将灯保持在冷凝时的位置直至开始截管。

f) 将灯放在铺有实验室用塑料膜的切割工作台上，将塑料面向上，朝向灯。

g) 在最初的标记处划痕并在划痕处断开灯管，使拱形管内缓慢的充满空气以避免覆在灯管内壁的荧光粉被吹掉。

h) 先在容器 1 中加入约 25 mL 硝酸(1∶1)(体积比)，在第一个标记处断开灯管，迅速将冷端放入容器 1 中，轻轻晃动容器 1，使硝酸完全浸湿淹没灯管冷端。保持容器 1 在碎冰中直到消解结束。在进行下一步之前等待 5 min 使浮尘沉淀下来。按 5.5.2 对容器 1 的样品进行消解。

i) 下一步，将灯管与塑料件及电子器件分离。在尽可能靠近灯管的位置剪断灯管与塑料件和电子器件间的连接线，只有灯管用于含汞量检测。

j) 对所有排气管(tip offs)划痕并使其断裂，打开检查金属部分，用钳子将排气管压碎后放入容器 2 中。

k) 从距离灯管末端约 7 mm 处对有连接线的两个灯管端划痕。预先对步骤 n)将要处理的灯管片断划痕，用尽可能少的片断以便适合盛放在容器 3 中。

l) 在划痕处用热棒或热的金属丝割下含连接线的灯管端。

m) 检查灯管末端的所有玻璃并用钳子轻轻将它们放入容器 2 中，应谨慎操作以避免钳子碰到玻璃上的物质。将灯管的末端包括所有金属部分都放入容器 2 中，盖上盖子。

n) 在步骤 k)做好的划痕处用热棒或热的金属丝割将灯管断开。

o) 将灯管碎片放入容器 3。

p) 检查工作台面，将上面的所有材料都放入容器 3 中，然后盖好容器 3 的盖子。

q) 振荡容器 3 使灯管成为碎片，应保持 5 min 待漂浮的尘埃沉淀后再继续下一步操作。

样品已准备好，立即转到 4.5 进行样品消解。

4.4.1.3 直管荧光灯的制备——冷端法

样品容器包括：

——容器 1：250 mL 或 500 mL 广口旋盖塑料瓶，用于盛放冷端部分；

——容器 2：125 mL 广口旋盖塑料瓶，用于盛放灯管两端(电极端)；

——容器 3：250 mL、500 mL、1 000 mL、或 2 000 mL 广口旋盖塑料瓶，从中选择最适合被测灯管尺寸的用于盛放灯管剩余的玻璃部分。

样品制备应按照以下的操作步骤进行：

a) 如果外部有防碎保护罩，将灯管与保护罩拆分开。

b) 用非破坏性的方式在灯管上作标记，作为第一部分。从距离有标签的一端 12 cm 处作标记用作最初的切口，在冷端两边各 6 cm 处标记。

c) 用冷端收集自由汞——见 4.4.1.1——直至确认自由汞已消耗殆尽。

d) 从冷凝器上取下灯。保持灯处于水平，直至开始截管。

e) 将灯放在铺有实验室用塑料膜(Bench coat)的切割台上，将塑料面向上，朝向灯。

f) 在最初的标记处划痕并在划痕处断开灯管，使电弧管内缓慢地充满空气以避免覆在灯管内壁的荧光粉被吹掉。

g) 在剩余的两个标记处划痕并将灯管断开。将冷端(12 cm)迅速放入容器 1 中,盖好盖子,摇晃容器 1 使玻璃管破碎,将容器 1 放入碎冰中直至消解,应保持 5 min 待漂浮的尘埃沉淀后再继续下一步操作,立即转到 4.5.2 对容器 1 进行样品消解。
h) 下一步,拆分灯管与塑料件及电子元器件。在尽可能靠近灯管的位置剪断灯管与塑料件和电子器件间的连接线,只有灯管用于含汞量检测。
i) 从距离灯管末端约 7 mm 处对有连接线的两个灯管端划痕。预先对将要处理的灯管划痕,用尽可能少的部分来适合容器 3 盛放。
j) 在用热棒或热的金属丝割将灯管两端断开,划痕并断开电极端(tip offs)检查金属部分。用钳子将电极端剪碎后放入容器 2 中,检查灯管末端的所有玻璃并用钳子轻轻将它们放入容器 2 中,应谨慎操作以避免钳子碰到玻璃上的物质。将灯管的末端包括所有金属部分都放入容器 2 中,盖上盖子。
k) 在步骤 i)做好的划痕处用热棒或热的金属丝割将灯管断开。
l) 将灯管碎片放入容器 3 中。
m) 检查工作台面,将上面的所有材料都放入容器 3 中,然后盖紧容器 3。
n) 振荡容器 3 使灯管成为碎片,应保持 5 min 待漂浮的尘埃沉淀后再继续下一步操作,样品已准备好,立即转到 4.5 进行样品消解。

4.4.2 荧光灯样品制备方法——非冷端法

样品容器包括:

——容器 1:500 mL 或 1 000 mL 广口旋盖塑料瓶,根据被测放电灯管的尺寸,选择最适合的塑料瓶用于盛放灯管的玻璃部分;

——容器 2:125 mL 广口旋盖塑料瓶,用于盛放灯管两端(电极端)。

样品制备应按照以下的操作步骤进行:

a) 如果外部有泡壳,将灯管与泡壳拆分开;
b) 将灯管与塑料件及电子器件分离。在尽可能靠近灯管的位置剪断灯管与塑料件和电子器件间的连接线,只有灯管用于汞含量检测;
c) 用化学试剂擦拭干净灯管;
d) 将灯放在铺有实验室用塑料膜的工作台面上,将塑料向灯的方向折起;
e) 从距离灯管末端约 7 mm 处对有连接线的两个灯管端划痕。预先对将要处理的灯管划痕,用尽可能少的部分来适合容器 1 盛放;
f) 选择不含金属部件的一端,划痕并在划痕处断开灯管,使拱形管内缓慢的充满空气以避免覆在灯管内壁的荧光粉被吹掉。将这一端用钳子剪断后放入容器 2 中;
g) 划痕并断开所有的排气管并检查金属部分。用钳子将排气管剪断后放入容器 2 中;
h) 用热棒或热的金属丝割在划痕处断开含连接线的灯管末端;
i) 检查灯管末端的所有玻璃并用钳子轻轻将它们放入容器 2 中,应谨慎操作以避免钳子碰到玻璃上的物质。将灯管的末端包括所有金属部分都放入容器 2 中;
j) 在步骤 e)做好的划痕处用热棒或热的金属丝割将灯管断开;
k) 将灯管部分放入容器 1 中;
l) 检查塑料膜,将上面的所有材料都放入容器 1 中,然后盖好容器 1 的盖子;
m) 振荡容器 1 使灯管成为碎片。应保持 5 min 待漂浮的尘埃沉淀后再继续下一步操作。

样品已准备好,立即转到 4.5 进行样品消解。

4.4.3 荧光灯的样品制备—非冷端法(直接破碎法)

样品制备应按照以下的操作步骤进行:

a) 将灯管与塑料件及电子元器件分离。在尽可能靠近灯管的位置剪断灯管与塑料件和电子器件间的连接线，只有灯管用于含汞量检测；
b) 清洁灯管除去各种尘物；
c) 使用钳子打开荧光灯一端的排气管，让空气进入灯管内。把破碎的排气管放入塑料袋中；
d) 向灯管内注入少量(大约 3 mL)去离子水，润湿灯管内壁的荧光粉。这将防止当灯管被敲碎成碎片时附着在干燥荧光粉上的汞的损失；
e) 如果荧光灯是小的紧凑型(多管的单端荧光灯)，把整个灯管放进广口的厚塑料袋中。折上塑料袋开口使之临时密封。使用锤子小心敲打袋子外壁，使灯管成为碎片；
f) 如果荧光灯是线型，把灯管的第一部分放在广口的厚塑料袋中。用锤子小心敲打袋子外壁打碎灯管，同时不断把尚未破碎的灯管推进塑料袋中，直到所有线型灯管都在袋内。折上塑料袋的开口使之临时密封。使用锤子小心敲打袋子外壁，使灯管成为碎片；
g) 把塑料袋中的样品都倒入 4.4.2 一个合适大小的容器 1 中；
用少量的去离子水清洗塑料袋的内壁。这可以通过剪开塑料袋的密封底部，并将内容物直接冲洗直装有破碎灯管的容器中。

样品已准备好，立即按照 4.5.2 进行样品消解。如果按照 4.5.2 消解后还有不溶的金属，则按照 4.5.3来溶解。

4.4.4 直管荧光灯的样品制备——硝酸清洗法

容器 1:50 mL 或 100 mL 塑料烧杯，用于盛放灯管两端的电极端。

容器 2:250 mL 塑料烧杯。

样品制备应按照以下的操作步骤进行：

a) 如果外部有保护罩，将灯管与其保护罩拆分开。
b) 将灯管与塑料件及电子元器件(包括灯帽)分离。在尽可能靠近灯管的位置剪断灯管与塑料件和电子器件间的连接线。只有灯管用于汞含量检测。
c) 小心地打开排气管，压碎后收集放入容器 1 中，用不带针头的注射器向灯管内注入占灯管内 1/30 体积的浓硝酸。也可以使用以下的替代方法注入硝酸。把一根塑料管的一端连接排气管，另一端放在一个盛有适当体积硝酸的容器中。使用一对镊子小心断开塑料管内的排气管，灯管内的负压将使酸液虹吸至灯管内。

注 1：例如，合适的塑料管是内径 4.8 mm、外径 7.9 mm、长 30 cm 的聚乙烯或者 PVC 管。

d) 将灯放至近似水平位置，转动灯管使酸接触到灯管的所有内表面。将灯垂直放置 15 min。重复该操作至少 3 次。
e) 用热的金属丝或金刚石笔，从灯管上打开排气管的一端截取约 2 cm 长的一段，将其(包括其中包含的部件)放入容器 1 中。
f) 将灯管内的浓硝酸轻轻转移到容器 2 中，用水冲洗灯管内壁并将冲洗液转移到容器 2 中，至少冲洗 5 遍。
g) 用热的金属丝或金刚石笔，从灯管的另一端截取约 2 cm 长的一段，用钳子剪碎排气管将其放入容器 1 中，将 2 cm 灯管的其余部分也放入容器 1 中。在容器 1 中加入一定量的浓硝酸并放置至少 15 min。
h) 将容器 1 中的浓硝酸轻轻转移到容器 2 中去，用水冲洗容器 1 并将冲洗液转移到容器 2 中，至少冲洗 3 遍。
i) 将容器 1 中的所有玻璃部件转移到容器 2 中去，保留金属部件在容器 1 中。

注 2：将主要的玻璃样品从容器 1 中转移出去是很重要的，因为这将影响 HF(见 4.5.3)消解金属样品的结果。

j) 容器 1 按照 4.5.3 进行金属样品的消解。

k) 容器 2 按照 4.5.2 b)进行玻璃样品的消解。

立即转到 4.5 进行样品消解。

4.4.5 汞的直接检测

该方法适用于小直径荧光灯(如冷阴极荧光灯)。样品制备可以按照以下的操作步骤进行:

a) 从靠近玻璃密封处剪断连接线。去掉 EEFL 的外置电极。只有灯管用于汞含量检测;

注 1:任何粘附在导线上的焊料因其沸点低且粘稠都可能会在测试环节引发污染。彻底清除表面的油类物质以免在测试环节会引发污染。

b) 用化学试剂擦拭灯管使其干净;

c) 在靠近灯管两端的位置划痕并打开灯管。将灯管分成 10 mm 长的片断,将灯管的片断放入石英舟中。

注 2:在石英舟内小心谨慎地打开样品,避免汞扩散。

样品已经准备好,用电热气化原子吸收光谱仪进行测试。

4.4.6 其他荧光灯的样品制备

对于其他不同形状的荧光灯,自镇流荧光灯按照 4.4.1.2 处理,非自镇流荧光灯按照 4.4.1.3 处理。

4.5 样品消解

4.5.1 环境条件

样品消解在室温下进行。

4.5.2 玻璃样品(在 250 mL、500 mL、1 000 mL 或 2 000 mL 容器中)

样品已按照 4.4.1.2 h)、4.4.1.2 q) 、4.4.1.3 g) 、4.4.1.3 n)、4.4.2 k) 、4.4.3 h)和 4.4.4 k)制备好。

以下试剂用量适用于 250 mL 瓶子内的样品,对于 500 mL、1 000 mL、2 000 mL 瓶子内的样品只需适当扩大(2×,4×,8×)每种试剂的用量即可。

样品消解应按照以下的操作步骤进行:

a) 加入约 40 mL 硝酸(1∶1)(体积比)mL,混匀;

b) 加入 0.25 mL 5 %高锰酸钾,在通风橱内放置 16 h(过夜)。

注:为加快反应速度,允许将溶液在电热板上加热至 80 ℃,直至灯管玻璃上的荧光粉都掉下来。

4.5.3 金属样品(在 125 mL 容器中)

样品已按照 4.4.1.2 m)、4.4.1.3 j)、4.4.2. i)和 4.4.4 j)制备好。样品消解应按照以下的操作步骤进行:

a) 加入 3 mL 浓盐酸和 1 mL 浓硝酸;

b) 如果除钨丝外消解不完全,加入 2 mL HF,金属全部溶解后,加入 20 mL 硝酸、10 mL 水,混匀;

c) 加入 0.25 mL 5 %高锰酸钾,在通风橱内放置 16 h(过夜)。

注:为加快反应速度,允许将溶液在电热板上加热至 80 ℃,直至完全消解。

4.6 过滤

消解后的样品全部经过滤后转移到同一个 250 mL(500 mL,1 000 mL 或 2 000 mL)容量瓶中。使用过的过滤用品不可再次使用。

5 测试

5.1 空白测试

测试样品前，先进行空白测试，以确认空白值对样品的测试值无影响。

5.2 数据报告

每份提取液应重复测试 3 次，报告平均值，95 %置信区间。
汞含量测试值保留 2 位有效数字。

5.3 分析测试

分析测试程序应按照 IEC 62321-4 的要求进行。
对于 4.4.5 样品制备方法，使用电热蒸汽原子吸收光谱法（参见附录 B）。

附　录　A
（资料性附录）
冷端法的相关信息

A.1　冷端法收集单端或双端荧光灯中汞的概述

A.1.1　冷端法收集汞

冷端是指在荧光灯上被冷却到大约摄氏 0 ℃的一个特定区域。汞趋向于聚集到灯管内的最冷部位。

将汞收集到冷端的程序完成后，灯管中不再有自由汞，因此不再发出紫外光。灯的光输出变弱成为典型的粉色光，灯的这一状态被称作暗燃态，当观察到暗燃态状态时几乎所有的自由汞已被收集到冷端。

A.1.2　双端荧光灯

双端荧光灯通过冷凝系统制造出冷端。冷凝系统是使水和乙醇的混合物在大约摄氏 0 ℃时通过玻璃槽，环形玻璃槽则紧紧套住灯管。

A.1.3　单端荧光灯

单端荧光灯通过铜棒制造出冷端，铜棒与灯的表面紧密接触，铜棒则与双端灯使用过的相同或类似的玻璃槽和冷凝系统连接在一起（见 A.1.2）。

A.1.4　概述

通常取双端灯中部作为收集汞的部位（冷端），单端灯则取在其某一根玻璃管的中部。冷端收集自由汞时，应将灯放置在合适的控制装置上操作。

冷端面积的大小与灯的大小有关。典型的 120 cm 的荧光灯的冷端长度为 10 cm，更小一些的荧光灯有必要减小冷端的面积。玻璃片段的最终转移比冷端大小更重要。

A.1.5　液氮处理冷端

尽管富集过程结束后唯一应做到的是使冷端保持在冷的状态，但依靠液氮会使收集活动更有保障，做法是用棉絮将冷端表面紧密地包裹起来，液氮湿透棉絮 10 min。该项处理完成后，便已做好切割灯的准备。

A.1.6　移取冷端

最好使富集汞的冷端远离电极区域，这会使收集冷端时在电极区域与冷端中心之间有足够的富余。听到细微的噼啪声后空气冲入玻璃灯管，表明可以切割剩余灯管。

A.2　将自由汞富集到冷端的详细操作程序

A.2.1　双端荧光灯

样品制备应按照以下操作步骤进行：

a) 测量荧光灯的长度并在中间位置进行标记。

b) 将玻璃槽(如图 A.1)放置在中间标记处。确保玻璃槽非常适合地紧紧包裹住荧光灯。

图 A.1 玻璃槽

c) 用塑料软管将玻璃槽连接到制冷装置上。启动制冷装置,通过塑料软管给玻璃槽持续输入 0 ℃左右的水-乙醇冷却液。

d) 然后,将连有上述玻璃槽的灯转移到照明架上。

e) 连接制冷装置确保水-乙醇冷却液连续流过玻璃槽。

f) 正确选择控制装置将灯点亮使自由汞开始富集在冷端。

g) 当灯变暗时,关闭冷却装置并将玻璃槽同冷却装置分开。

h) 用毛巾将整个灯擦干,并迅速将冷端用棉絮包裹并用液氮冷却 10 min。

i) 然后将此灯转移到通风橱中。

j) 通过切开冷端两边来移取冷端部分。将灯冷端部分的左右两端分别进行切割,为保证汞原子最大程度的保留,切割动作尽可能迅速,要用合适的切割工具进行切割。首先,在冷端两边作出划痕使玻璃壳破裂,一旦玻璃管内气压同外界大气压平衡后,便可将灯打开。将冷端部分的玻璃片断迅速转移到容器中用于进一步分析。

A.2.2 单端荧光灯

样品制备应按照以下操作步骤进行:

a) 对荧光灯某一根管的中部进行标记。

b) 将冷却装置(铜棒+玻璃槽,如图 A.2)放置在荧光灯的标记位置。

c) 将连有制冷装置的荧光灯放置在支架上。

d) 用塑料软管将玻璃槽连接到制冷装置上,制冷装置通过塑料软管向玻璃槽输入 0 ℃左右的水-乙醇混液对其进行冷却。

e) 连接制冷装置确保水-乙醇冷却液连续流过玻璃槽。

f) 正确选择控制装置将灯点亮使自由汞开始富集在冷端。

g) 当灯变暗时,关闭冷却装置并将玻璃槽同冷却装置分开。

h) 将仍与荧光灯连接的冷却装置放入液氮中冷却 5 min。

i) 将灯转移至通风橱内。

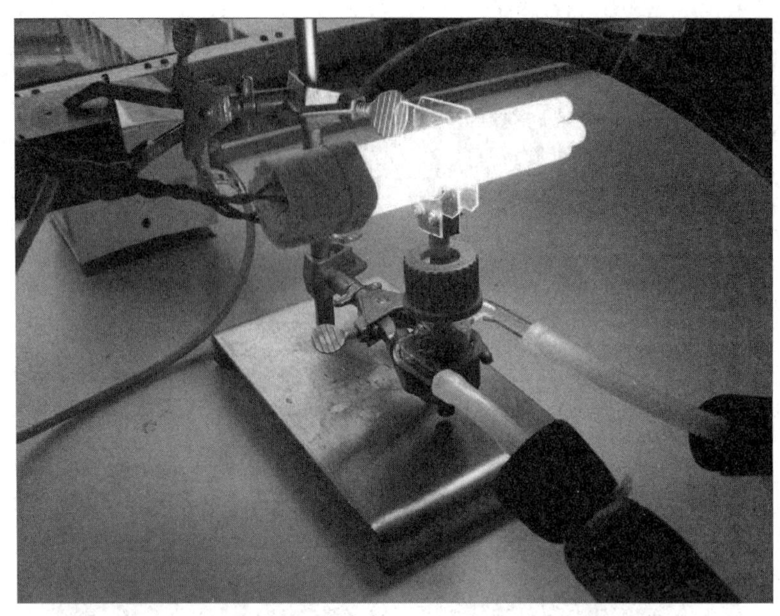

图 A.2 冷却装置

j) 通过切开冷端两边来移取冷端部分。将灯冷端部分的左右两端分别进行切割，为保证汞原子最大程度的保留，切割动作尽可能迅速，要用合适的切割工具进行切割。首先，在冷端两边作出划痕使玻璃壳破裂，一旦玻璃管内气压同外界大气压平衡后，便可将灯打开。将冷端部分的玻璃片断迅速转移到容器中用于进一步分析。

附　录　B
（资料性附录）
电热气化原子吸收光谱法(EVAAS)

B.1　电热气化原子吸收光谱仪

汞蒸气的发生装置通过加热破碎的灯管使汞气化，随这些汞蒸气被引入到原子吸收光谱仪中检测汞的总含量，原子吸收光谱仪在其检测的线性范围内应保持线性。控制器监测导入光谱仪的汞蒸气对紫外光的吸收，控制发生器的温度使其吸收不会超过光谱的线性范围，发生器可将整个加热阶段的紫外吸收信号累加起来。图B.1是EVAAS的测试图，图B.2举例说明了EVAAS的仪器测试设计图。

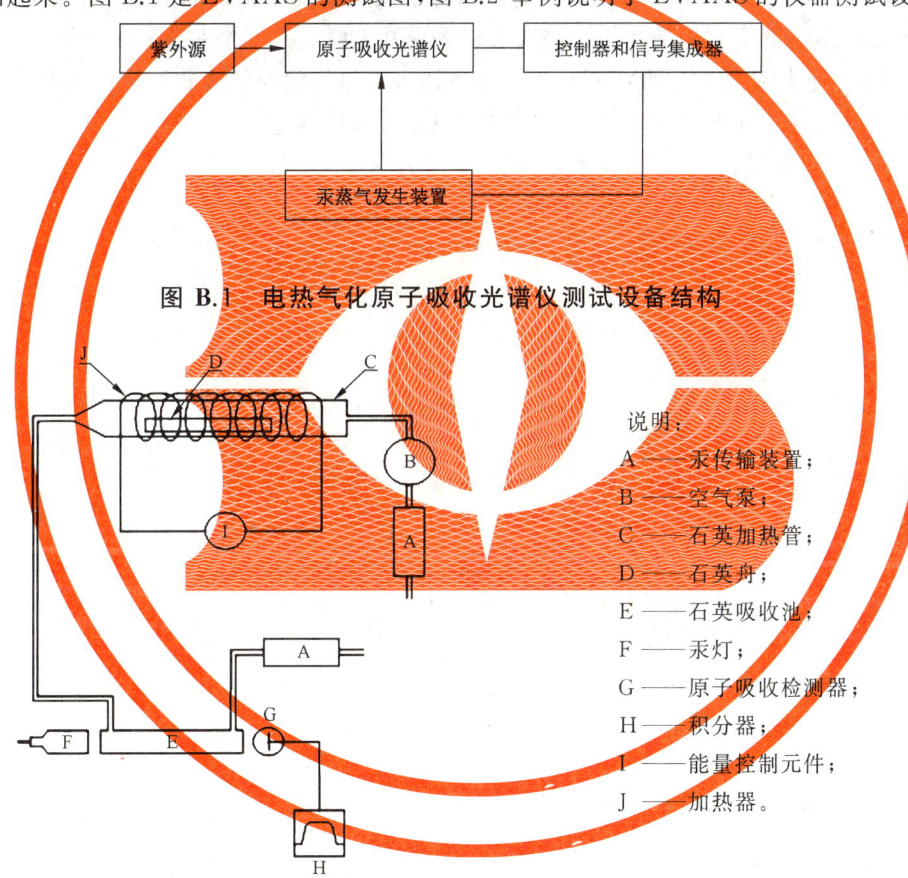

图 B.1　电热气化原子吸收光谱仪测试设备结构

图 B.2　电热气化原子吸收光谱仪测试设计图举例

B.2　试剂

B.2.1　水：在整个试验过程中应使用离子交换水或蒸馏水。

B.2.2　汞标准溶液：汞的纯度应该大于99%，在水中稀释配置成标准溶液。

B.2.3　应使用粒径范围在40 μm～2 000 μm的粒状或粉末状氧化铝。

B.3 测试

B.3.1 样品测试

将石英舟插入电热原子吸收光谱的石英加热管中，打开加热器、控制器、积分器，开始测试。一旦开始加热，就要对原子吸收光谱仪产生的紫外吸收信号进行集成（积分）。检测汞浓度时应控制加热器使温度保持在 240 ℃或更高，继续加热并集成信号直到无汞蒸气产生。

注：有时样品可能突然产生大量的汞以致超过原子吸收光谱的浓度测定范围。如果此类情况发生，可能会使测试结果偏低。

B.3.2 标准曲线

仪器的校准曲线在 0.01 mg～20 mg 的范围内应呈线性。使用汞的醋酸盐标准溶液来绘制标准曲线（汞的醋酸盐标准溶液应有标准物质证书或可以溯源）。在石英上放一层活性氧化铝，用微型移液器向活性氧化铝表上滴加适量的标准溶液。当石英舟插入电热气化原子吸收光谱仪的石英加热管中时立即开始测试，使温度保持在 360 ℃。通过从标准溶液中挥发的汞含量和测试集成得到的紫外吸收信号之间的关系绘制校准曲线。

ICS 97.180
Y 69

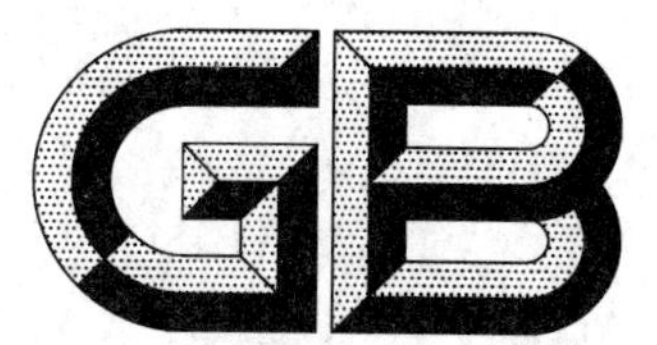

中华人民共和国国家标准

GB/T 23119—2017/IEC 60734:2012
代替 GB/T 23119—2008

家用和类似用途电器 性能测试用水

Household and similar electrical appliances—Water for performance testing

(IEC 60734:2012, Household electrical appliances—
Performance—Water for testing,IDT)

2017-10-14 发布 2018-05-01 实施

中华人民共和国国家质量监督检验检疫总局
中国国家标准化管理委员会 发布

前　　言

本标准按照 GB/T 1.1—2009 给出的规则起草。

本标准代替 GB/T 23119—2008《家用和类似用途电器　性能测试中使用的硬水》，与GB/T 23119—2008 的主要技术变化如下：

——标准名称的变化，由“家用和类似用途电器　性能测试中使用的硬水”改为“家用和类似用途电器　性能测试用水”。

——第 1 章将原来 3 类标准水增加为 4 类，从软到很硬，按照硬度、碱度和电导率进行划分。

——第 2 章增加有关电导率、碱度和 pH 值测定的规范性引用文件。

——第 3 章增加碱度和导电性的定义，以及碱度、电导率和硬度等性能的符号、单位和定义。

——第 4 章名称改为“测量和精度”，特别增加对硬度、碱度和电导率的附加要求。

——第 5 章名称改为“标准水”，对 4 种不同类型的水进行定义并提出附加要求。

——第 6 章的整体结构进行了调整，不再保留制备方法 A；增加制备方法 C3，将碱度和电导率考虑在内，是本次标准调整的重要内容。

——附录 A，将试验用水的硬度分类由原来 3 级改为 4 级。

本标准使用翻译法等同采用 IEC 60734:2012(Ed4.0)《家用电器　性能　测试用水》。

与本标准中规范性引用的国际文件有一致性对应关系的我国文件如下：

——GB/T 7477—1987　水质　钙和镁总量的测定　EDTA 滴定法(eqv ISO 6059:1984)

——GB/T 15451—2006　工业循环冷却水　总碱及酚酞碱度的测定(ISO 9963-1:1994,MOD)

——GB/T 22592—2008　水处理剂　pH 值测定方法通则(ISO 10523:1994,NEQ)

本标准做了下列编辑性修改：

——修改了标准名称。

本标准由中国轻工业联合会提出。

本标准由全国家用电器标准化技术委员会(SAC/TC 46)归口。

本标准起草单位：中国家用电器研究院、博西华电器(江苏)有限公司、佛山市顺德区美的洗涤电器制造有限公司、青岛海尔洗衣机有限公司、无锡小天鹅股份有限公司、松下家电研究开发(杭州)有限公司、国家家用电器质量监督检验中心。

本标准主要起草人：朱焰、熊好平、时妍玲、岳京松、贾春耕、李珊珊、管海燕、陈洁。

本标准所代替标准的历次版本发布情况为：

——GB/T 23119—2008。

引　言

本标准描述了用于家用电器试验用标准水的多种制备方法，以避免水质对相关试验结果重现性的影响。

本标准描述了A和B两种方法，用于制备3种不同硬度的水。这些方法应用的经验表明，对于某些目的，如果花费非常昂贵，或这些不适合生产大量硬水，则不必严格执行这些方法；此外一些给定的水硬度不符合性能标准要求，在这样的情况下，使用给定的补充方法C1和C2，允许使用软化后的水来代替自来水。

方法A用于制备总体符合硬度要求的硬水。将硬化用盐通过二氧化碳气泡的方式溶解入软化水中进行制备。

方法B使用类似的方式制备，但要使用其他种类的盐，此盐应不必使用二氧化碳即可溶解。此方法的制备结果，相比于方法A会产生过量离子。方法A、方法B都可以得出所需的临时硬度或永久硬度的硬水。

方法C1使用自来水，其硬度值比所要求值高。而方法C2使用经过硬化的自来水，依据自来水的成分，可以发现许多其他离子，限制某些离子的数量，可能影响洗衣机与洗碗机洗净试验的结果。不考虑暂时性要求，需提供永久硬度。

家用和类似用途电器　性能测试用水

1　范围

本标准规定了用于家用和类似用途电器(如洗衣机、洗碗机、干衣机、蒸汽电熨斗等)性能试验的4种不同硬度、电导率和碱度的水的制备过程。

本标准定义了4种不同标准水的性能及制备方法,也包含了所需的测量要求。

2　规范性引用文件

下列文件对于本文件的应用是必不可少的。凡是注日期的引用文件,仅注日期的版本适用于本文件。凡是不注日期的引用文件,其最新版本(包括所有的修改单)适用于本文件。

ISO 6059　水质　钙和镁总量的测定 EDTA 滴定法(Water quality—Determination of the sum of calcium and magnesium—EDTA titrimetric method)

ISO 7888　水质　电导率的测定(Water quality—Determination of electrical conductivity)

ISO 9963-1　水质　碱度的测定　第1部分:总碱及酚酞碱度的测定(Water quality—Determination of alkalinity—Part 1: Determination of total and composite alkalinity)

ISO 10523　水处理剂　pH 值测定方法通则(Water quality—Determination of pH)

3　术语和定义、符号

3.1　术语和定义

下列术语和定义适用于本文件:

3.1.1

水硬度　water hardness

表征水中碱土盐的含量(重碳酸盐、硫酸盐、氯化物等)。

3.1.2

总硬度　total hardness

水中钙镁离子的总量。

3.1.3

暂时硬度　temporary hardness

总硬度的一部分,等于重碳酸盐的含量。

3.1.4

永久硬度　permanent hardness

总硬度和暂时硬度的硬度差。

3.1.5

碱度　alkalinity

相当于以等量碳酸盐或碳酸氢盐溶液中和酸的能力,即等于溶液中碱性物质的化学计量和。

3.1.6

电导率 conductivity

溶液传导电流的能力，即电离于溶液中的离子的化学计量和。

3.2 符号

下列符号适用于本文件。

符号	单位	定义
A_0	mmol/L	初始碱度
A_{req}	mmol/L	目标碱度
$c_0(Fe)$	mg/L	初始铁含量
$c_{max}(Fe)$	mg/L	最大铁含量
$c_0(Cu)$	mg/L	初始铜含量
$c_{max}(Cu)$	mg/L	最大铜含量
$c_0(Mn)$	mg/L	初始锰含量
$c_{max}(Mn)$	mg/L	最大锰含量
$c_0(Cl^-)$	mmol/L	初始氯离子含量
$c_{max}(Cl^-)$	mmol/L	最大氯离子含量
$cond_0$	μS/cm	初始电导率
$cond_{req}$	μS/cm	目标电导率
dil	—	稀释因子
dil_{min}	—	能够使制备的标准水符合要求的最小稀释因子
$dil_{min(h,A,cond)}$	—	能够使制备的标准水符合总硬度、碱度和电导率要求的最小稀释因子
$dil_{min(Fe)}$	—	能够使制备的标准水符合最大铁含量要求的最小稀释因子
$dil_{min(Cu)}$	—	能够使制备的标准水符合最大铜含量要求的最小稀释因子
$dil_{min(Mn)}$	—	能够使制备的标准水符合最大锰含量要求的最小稀释因子
$dil_{min(Cl^-)}$	—	能够使制备的标准水符合最大氯含量要求的最小稀释因子
k_A	—	碱度常数
k_H	—	硬度常数
h_0	mmol/L	初始总硬度
h_{req}	mmol/L	目标总硬度
$addition_A$	mL	为达到要求的碱度所需加入的溶液量
$addition_H$	mL	为达到要求的总硬度所需加入的溶液量
$addition_{cond}$	mL	为达到要求的电导率所需加入的溶液量

4 测量和精度

按照本标准的要求，测量应符合表1的规定。

表1 测量规定

参数	单位	最小精度	附加要求和注意事项
总硬度	mmol/L	±2%	见ISO 6059的相关规定

表 1（续）

参数	单位	最小精度	附加要求和注意事项
碱度	mmol/L	±5%	测定 HCO_3^- 的离子浓度。如果盐酸滴定终点的 pH 值为 4.5，那么溶液的化学系数为 1。 见 ISO 9963-1 的相关规定
电导率	μS/cm	±5% 20 ℃	见 ISO 7888 的相关规定
pH 值	—	±0.05	应在 15 ℃～25 ℃的温度范围内达到要求的精度
铁、铜、锰或氯含量	—	—	这些参数是最大含量要求。测量精度应足以证明其符合要求

5 标准水

5.1 水的分类

表 2 列出按照总硬度水平进行分类的不同类型的水，并对其具体的总硬度、碱度、电导率和 pH 值水平做出规定。

表 2 软、中硬、硬和坚硬水的组成成分

属性	单位	水的类型			
		标准软水	标准中硬水	标准硬水	标准坚硬水
总硬度	mmol/L (Ca^{2+}/Mg^{2+})	0.50±0.20	1.50±0.20	2.50±0.20	3.50±0.20
碱度	mmol/L (HCO_3^-)	0.67±0.20	2.00±0.20	3.35±0.20	4.70±0.20
电导率(20 ℃)	μS/cm	150±50	450±100	750±150	1 050±250
pH 值(20 ℃)	—	8.0～8.5	7.5～7.9	7.3～7.7	—

参考本标准中规定的水的类型的其他试验方法或标准可能需要满足表 2 中所有或部分选定的属性。

注：借助对四种类型水的定义，可以选择一种或多种接近于当地自来水的标准水。如果需要任何其他硬度，可以通过对给定规格的水进行插值的类似方法进行制备。

5.2 附加要求

参考本标准中规定的水的类型的其他试验方法或标准可能要求满足表 3 中的任一或全部规定。

表 3 重金属离子和氯离子的最大含量

属性	单位	水的类型			
		标准软水	标准中硬水	标准硬水	标准坚硬水
c_{max}(Fe)	mg/L	0.1			

表 3（续）

属性	单位	水的类型			
		标准软水	标准中硬水	标准硬水	标准坚硬水
c_{max}(Cu)	mg/L	0.05			
c_{max}(Mn)	mg/L	0.05			
c_{max}(Cl^-)	mmol/L	4.5			不适用
注：如果水用于清洁目的，则其中的铁、铜、锰会影响漂白性能。洗碗机试验与氯离子含量具有相关性。标准坚硬水不满足氯离子含量要求。					

6 标准水的制备

6.1 自来水的软化

经过软化的自来水，其特定阻抗应达到或超过 100 000 Ω·cm（其电导率不超过 10 μS/cm）。这种水质可以通过使用阴阳离子交换树脂柱或反向渗透装置获得。

若离子交换树脂是新的，则最初一、二次制备的水不应使用，这不适用于正常过程中再生后的制备。

6.2 标准水制备方法 B

6.2.1 原则

在软化水中加入盐以达到规定的属性。

6.2.2 步骤

准备下列溶剂：

溶剂 1　　$NaHCO_3$　　67.2 g/L (800 mmol/L)

溶剂 2　　$MgSO_4 \cdot 7H_2O$　　38.0 g/L (154.2 mmol/L)

溶剂 3　　$CaCl_2 \cdot 2H_2O$　　65.6 g/L (446.1 mmol/L)

按表 4 规定的量将上述 3 种溶剂加入到 0.7 L 的软化水中，加水至 1.0 L 以制备 3 种不同硬度的标准硬水。如果要大量制备，可通过自动配制完成。在使用前加入 HCl 或 NaOH 使 pH 值在表 2 的范围之内。

表 4　制备 1 L 标准水所需的溶剂量

溶剂	水的类型			
	标准软水	标准中硬水	标准硬水	标准坚硬水
溶剂 1 ($NaHCO_3$)	0.83 mL	2.50 mL	4.17 mL	5.84 mL
溶剂 2 ($MgSO_4 \cdot 7H_2O$)	0.83 mL	2.50 mL	4.17 mL	5.84 mL
溶剂 3 ($CaCl_2 \cdot 2H_2O$)	0.83 mL	2.50 mL	4.17 mL	5.84 mL

6.2.3 方法 B 制备标准水的成分

水的暂时硬度由碳酸氢钙[$Ca(HCO_3)_2$]和碳酸氢镁[$Mg(HCO_3)_2$]组成。永久硬度的成分是氯化钙($CaCl_2$)、硫酸钙($CaSO_4$)、氯化镁($MgCl_2$)和硫酸镁($MgSO_4$)。方法 B 制备的标准水的成分见表 5。

表 5 使用方法 B 制备标准水的成分

离子	摩尔质量	水的类型			
		标准软水	标准中硬水	标准硬水	标准坚硬水
		离子浓度/(mmol/L)			
Ca^{2+}	40.0	0.37	1.11	1.85	2.59
Mg^{2+}	24.3	0.13	0.39	0.65	0.91
HCO_3^-	61.0	0.67	2.00	3.35	4.68
Cl^-	35.5	0.75	2.23	3.75	5.23
SO_4^{2-}	96.0	0.13	0.39	0.65	0.91
Na^+	23.0	0.67	2.00	3.35	4.68
暂时硬度/(mmol/L)		0.33	1.00	1.67	2.34

6.3 水制备方法 C1 和 C2

6.3.1 原则

方法 C1 和 C2 可以用自来水制备特定总硬度的标准水。这两种方法不调整碱度和电导率。

6.3.2 方法 C1 和 C2 制备标准水的成分

如果参考本标准规定的水的类型的试验方法或标准也要求满足表 3 中的任一或全部规定(重金属或氯离子的最大含量),应分析自来水的相应属性。如果铁、铜、锰或氯离子含量超出 5.2 规定的限值,可使用软化水进行稀释。

暂时硬度和永久硬度无差值。Ca^{2+} 和 Mg^{2+} 的比率应为 1.5~9。

通过分析自来水中钙、镁离子的含量以获得其硬度。如果钙和镁的比例在限值之外,则通过溶解一些可忽略的离子来调节,如 $CaCl_2 \cdot 2H_2O$ 或 $MgSO_4 \cdot 7H_2O$。

6.3.3 硬度调节法 C1

当自来水总硬度高于要求硬度时,使用方法 C1 调整。通过阳离子交换树脂或使用软化水稀释,将自来水软化,以钠离子替换钙、镁离子。如果 pH 值过低,应以起泡的方式去除一些 CO_2。

6.3.4 硬度调节法 C2

如果自来水太软,则使用该方法:将自来水与钙、镁盐混合以获得要求的硬度。

6.4 水制备方法 C3

6.4.1 原则

方法 C3 可以用自来水制备特定总硬度、碱度和电导率的标准水。

6.4.2 水的初始属性测定

分析自来水的总硬度 h_0、碱度 A_0 和电导率 $cond_0$。

如果参考本标准规定的水的类型的试验方法或标准也要求满足表 3 中的任一或全部规定(重金属离子或氯离子的最大含量),应特别分析自来水的相应属性:

$$c_0(\mathrm{Fe}), c_0(\mathrm{Cu}), c_0(\mathrm{Mn}),\ c_0(\mathrm{Cl^-})$$

6.4.3 软化水稀释

6.4.3.1 稀释因子的测定

根据测定的初始总硬度 h_0、碱度 A_0 和电导率 $cond_0$ 及其目标值,可通过以下公式计算最小稀释因子 $dil_{\mathrm{min(h,A,cond)}}$:

$$dil_{\mathrm{min(h,A,cond)}} = \frac{cond_0 - k_A A_0 - k_H h_0}{cond_{\mathrm{req}} - k_A A_{\mathrm{req}} - k_H h_{\mathrm{req}}}$$

其中,常数 k_A 和 k_H 为:

$$k_A = 100\ \frac{\mu\mathrm{S/cm}}{\mathrm{mmol/L}} \qquad k_H = 224\ \frac{\mu\mathrm{S/cm}}{\mathrm{mmol/L}}$$

只要根据 6.4.4 计算的加盐量数值大于或等于 0 mL,就可以得到制备特定总硬度、碱度和电导率的其他稀释因子 $dil_{\mathrm{min(h,A,cond)}}$。

如果参考本标准规定的水的类型的试验方法或标准也要求满足表 3 中的任一或全部规定(重金属或氯离子的最大含量),相应的最小稀释因子分别为:

$$dil_{\mathrm{min(Fe)}} = \frac{c_0(\mathrm{Fe})}{c_{\mathrm{max}}(\mathrm{Fe})} \quad dil_{\mathrm{min(Cu)}} = \frac{c_0(\mathrm{Cu})}{c_{\mathrm{max}}(\mathrm{Cu})} \quad dil_{\mathrm{min(Mn)}} = \frac{c_0(\mathrm{Mn})}{c_{\mathrm{max}}(\mathrm{Mn})} \quad dil_{\mathrm{min(Cl^-)}} = \frac{c_0(\mathrm{Cl^-})}{c_{\mathrm{max}}(\mathrm{Cl^-})}$$

总体所需的最小稀释因子为以上分别得到的最小稀释因子中的最大值:

$$dil_{\mathrm{min}} = \max\{dil_{\mathrm{min(h,A,cond)}};dil_{\mathrm{min(Fe)}};dil_{\mathrm{min(Cu)}};dil_{\mathrm{min(Mn)}};dil_{\mathrm{min(Cl^-)}}\}$$

根据计算结果,可得到两种情况:

$dil_{\mathrm{min}}>1$	应稀释软化水。此时最小稀释因子为计算出的 dil_{min} 值
$dil_{\mathrm{min}}\leqslant 1$	无须稀释。此时最小稀释因子等于 1

要求的最小稀释因子 dil_{min} 的既定值表示了能够使制备的水符合全部要求的最低稀释度。基于现实原因,比如为了使用整数的稀释因子进行试验,也可能选择任何大于 dil_{min} 的稀释因子。在接下来的制备步骤中的计算公式均基于实际选择的稀释因子:

$$dil \geqslant dil_{\mathrm{min}}$$

6.4.3.2 稀释

用软化水稀释自来水以达到选定的稀释因子 dil。

6.4.4 所需加盐量的测定

6.4.4.1 概述

用高浓度盐溶液调节碱度、总硬度和电导率。加盐以调节相应的参数。加水使盐溶于其中,表示稀释。但是,当所得到的稀释因子非常接近 1(由于是高浓度溶液)时,可忽略不计。

6.4.4.2 调节碱度

如需调节碱度,应以浓度为 800 mmol/L(67.2 g/L)的碳酸氢钠($NaHCO_3$)溶液加入软化水中。

每升水中所加的溶液量为：

$$addition_{A}=\frac{A_{req}-\frac{A_{0}}{dil}}{0.8\ mmol/mL}$$

注：根据初始碱度、目标碱度以及所选的稀释因子，计算所得的溶液量也可能为 0 mL/L。

6.4.4.3 调节总硬度

如需调节总硬度，应以浓度为 446.1 mmol/L(65.6 g/L)的二水合氯化钙($CaCl_2 \cdot 2H_2O$)溶液加入软化水中。

每升水中所加的溶液量为：

$$addition_{H}=\frac{h_{req}-\frac{h_{0}}{dil}}{0.446\ 1\ mmol/mL}$$

注：根据初始总硬度、目标总硬度以及所选的稀释因子，计算所得的溶液量也可能为 0 mL/L。

6.4.4.4 调节电导率

如需调节电导率，应以浓度为 500 mmol/L(29.22 g/L)的氯化钠(NaCl)和500 mmol/L(71.02 g/L)的硫酸钠(Na_2SO_4)溶液加入软化水中。

每升水中所加的溶液量为：

$$addition_{cond}=\frac{(cond_{req}-k_{A}A_{req}-k_{H}h_{req})-\frac{(cond_{0}-k_{A}A_{0}-k_{H}h_{0})}{dil}}{120\ \mu S/cm}(mL/L)$$

注：根据初始电导率、目标电导率以及所选的稀释因子，计算所得的溶液量也可能为 0 mL/L。

6.4.4.5 调节 pH 值

使用前用盐酸(HCl)或氢氧化钠(NaOH)将 pH 值调节到表 2 规定的范围内。

7 标准水的贮存

7.1 概述

标准水更为合理的贮存方法是置于排出空气和避光的密闭水箱中，以防止 CO_2 的流失以及防止污染物和有机物生长。若水箱保持密闭状态，贮存期为 1 个月，但如果水箱打开，贮存期大约为 1 天。

7.2 热量对标准水的影响

当标准硬水从 20 ℃被加热到 90 ℃时，视加热速率，约在 85 ℃开始结晶。若以一个较低的温度持续加热，也可能结晶。超过 60 ℃时将会形成晶文石，低于 40 ℃时将会形成结晶方解石。

注：晶文石体积较大，针状结构，且能迅速堵塞细小开口。结晶方解石体积较小，但质地坚硬。

8 检验

使用前检查水的所有参数。

附　录　A
（资料性附录）
水硬度换算表

A.1　水硬度相关单位

1 mmol/L＝2.0 毫(克)当量＝2 mval/L

1 mmol/L＝100 ppm 的 $CaCO_3$

1 mmol/L＝100 000 分之 10

1 mmol/L＝10 个法国度(°f)

1 mmol/L＝7.0 个英国度(°e)

1 mmol/L＝5.6 个德国度(°dH)

1 mmol/L＝5.8 个美国格令/加仑(gpg)

A.2　转换为不同硬度

表 A.1 为法国度、英国度、德国度、美国格令/加仑与本标准使用硬度值的换算。

表 A.1　水硬度单位换算表

总硬度 mmol/L	法国度	英国度	德国度	美国格令/加仑
0.50	5	3.5	2.8	2.9
1.50	15	10.5	8.4	8.8
2.50	25	17.5	14.0	14.6
3.50	35	24.5	19.6	20.5

ICS 97.195
Y 87

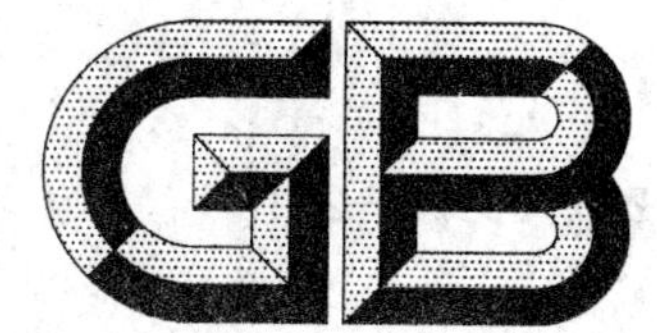

中华人民共和国国家标准

GB/T 23172—2017
代替 GB/T 23172—2008

藤编制品

Plaited rattan products

2017-12-29 发布　　2018-07-01 实施

中华人民共和国国家质量监督检验检疫总局
中国国家标准化管理委员会　发布

前　　言

本标准按照 GB/T 1.1—2009 给出的规则起草。

本标准代替 GB/T 23172—2008《藤编制品》。本标准与 GB/T 23172—2008 相比，除编辑性修改外主要技术变化如下：

——修改了规范性引用文件(见第 2 章，2008 年版的第 2 章)；

——增加了术语和定义(见第 3 章)；

——修改了外观中的表面、边要求(见 5.1.1、5.1.2，2008 年版的 4.1.1、4.1.2)；

——增加了外观中的刺绣和印花要求(见 5.1.3)；

——修改了规格尺寸要求(见 5.2，2008 年版的 4.2)；

——增加了填充物要求和试验方法(见 5.3 和 6.3)；

——修改了含水率的试验方法(见 6.4，2008 年版的 5.3)；

——修改了甲醛含量要求和试验方法(见 5.5 表 1 和 6.5.1，2008 年版的 4.4.1 和 5.4.1)；

——增加了 pH 值要求和试验方法(见 5.5 表 1 和 6.5.2)；

——修改了色牢度要求和试验方法(见 5.5 表 1 和 6.5.3，2008 年版的 4.4.3 和 5.4.3)；

——增加了重金属元素含量要求和试验方法(见 5.5 表 1 和 6.5.4)；

——修改了可分解致癌芳香胺染料要求和试验方法(见 5.5 表 1 和 6.5.5，2008 年版的 4.4.2 和 5.4.2)；

——修改了型式检验规则(见 7.3，2008 年版的 6.2.2)；

——修改了标志要求(见 8.1，2008 年版的 7.1)；

——增加了附录 A 和参考文献。

请注意本文件的某些内容可能涉及专利。本文件的发布机构不承担识别这些专利的责任。

本标准由中国轻工业联合会提出并归口。

本标准起草单位：宁波市鄞州区蔺业经济联合总会、北京市轻工产品质量监督检验一站、宁波开诚工艺品有限公司、宁波华备编织品有限公司、宁波黄古林工艺品有限公司、宁波市海曙兴明工艺编织品有限公司、宁波丝享家居科技有限公司、宁波华业纤维科技有限公司、宁波市鄞州集士港金土地工艺编织品厂、宁波市鄞州兴艺家居用品厂、益阳市产商品质量监督检验研究院。

本标准主要起草人：李传和、余自生、李秉刚、陈广家、俞斌、方明法、王绍剑、陈向敏、秦扬飞、杨加兴、熊国红、魏晓英、张麓茜、胡娜。

本标准所代替标准的历次版本发布情况为：

——GB/T 23172—2008。

藤 编 制 品

1 范围

本标准规定了藤编制品的分类、技术要求、试验方法、检验规则、标志、包装、运输及贮存。

本标准适用于用藤材或以藤材为主配以织物材料编织而成的藤编制品。

2 规范性引用文件

下列文件对于本文件的应用是必不可少的。凡是注日期的引用文件,仅注日期的版本适用于本文件。凡是不注日期的引用文件,其最新版本(包括所有的修改单)适用于本文件。

GB/T 2828.1—2012 计数抽样检验程序 第1部分:按接收质量限(AQL)检索的逐批检验抽样计划

GB/T 2829—2002 周期检验计数抽样程序及表(适用于对过程稳定性的检验)

GB/T 2912.1 纺织品 甲醛的测定 第1部分:游离和水解的甲醛(水萃取法)

GB/T 3920 纺织品 色牢度试验 耐摩擦色牢度

GB/T 3922 纺织品 色牢度试验 耐汗渍色牢度

GB 6675.4 玩具安全 第4部分:特定元素的迁移

GB/T 7573 纺织品 水萃取液 pH 值的测定

GB/T 17592 纺织品 禁用偶氮染料的测定

GB/T 23344 纺织品 4-氨基偶氮苯的测定

GB 31701—2015 婴幼儿及儿童纺织产品安全技术规范

3 术语和定义

下列术语和定义适用于本文件。

3.1

藤编制品 plaited rattan products

用藤材或以藤材为主配以织物材料编织而成的各种制品。

3.2

婴幼儿藤编制品 plaited rattan products for infants

年龄在36个月及以下的婴幼儿使用的藤编制品。

4 产品分类

按产品的用途分为藤席、藤垫、藤枕等。

5 要求

5.1 外观

5.1.1 表面

5.1.1.1 产品表面应光滑平整，色泽基本一致，不应有明显的藤条断裂、污迹和发霉现象。

5.1.1.2 产品表面应编织紧密、均匀，无明显瑕疵。

5.1.1.3 产品表面应图案清晰，层次分明。

5.1.2 边

5.1.2.1 卷边应整齐、平顺，无破裂。

5.1.2.2 包边应平顺、牢固，不起皱、不翻毛边。

5.1.2.3 除装饰缝制针码外，针码应均匀、无跳针，每 30 mm 内针码不应少于 5 针。

5.1.3 刺绣和印花

5.1.3.1 针码平服，无线头；图案花型变化自然，疏密适当；绣面洁净、平整，无污渍，贴绣平服，无明显漏绣。

5.1.3.2 印花应清晰，无污渍，无漏印。

5.2 规格尺寸

5.2.1 产品上应明示长度、宽度或直径的尺寸(异形产品除外)。

5.2.2 长度、宽度、直径允差均为±20 mm。

5.3 填充物

填充物应干净，整洁，不外漏，不应有除原料、填充材料外的其他杂质。

5.4 含水率

含水率应不大于 12%。

5.5 卫生安全

产品的卫生安全要求见表 1。

表 1

<table>
<tr><th colspan="3">项目</th><th>单位</th><th>婴幼儿藤编制品</th><th>席、枕片、枕套、枕头</th><th>座垫、靠垫、其他非直接接触皮肤的藤编制品</th></tr>
<tr><td colspan="3">甲醛含量</td><td>mg/kg</td><td>≤20</td><td>≤75</td><td>≤300</td></tr>
<tr><td colspan="3">pH 值</td><td>—</td><td>4.0～7.5</td><td>4.0～8.5</td><td>4.0～9.0</td></tr>
<tr><td rowspan="4">色牢度[a]</td><td>耐酸汗渍</td><td>变色、沾色</td><td rowspan="4">级</td><td>≥3-4</td><td>≥3</td><td>≥3</td></tr>
<tr><td>耐碱汗渍</td><td>变色、沾色</td><td>≥3-4</td><td>≥3</td><td>≥3</td></tr>
<tr><td rowspan="2">耐摩擦</td><td>干摩擦</td><td>≥4</td><td>≥3</td><td>≥3</td></tr>
<tr><td>湿摩擦</td><td>≥3-4</td><td>≥3</td><td>≥3</td></tr>
</table>

表 1（续）

<table>
<tr><th colspan="2">项目</th><th>单位</th><th>婴幼儿
藤编制品</th><th>席、枕片、
枕套、枕头</th><th>座垫、靠垫、其他
非直接接触皮肤的
藤编制品</th></tr>
<tr><td rowspan="3">重金属元素
含量[b]</td><td>可溶性铅</td><td>mg/kg</td><td colspan="3">≤90</td></tr>
<tr><td>可溶性镉</td><td>mg/kg</td><td colspan="3">≤75</td></tr>
<tr><td>可溶性铬</td><td>mg/kg</td><td colspan="3">≤60</td></tr>
<tr><td>重金属元素
含量[b]</td><td>可溶性汞</td><td>mg/kg</td><td colspan="3">≤60</td></tr>
<tr><td colspan="2">可分解致癌芳香胺染料[c]</td><td>mg/kg</td><td colspan="3">禁用</td></tr>
<tr><td colspan="2">针头及金属异物</td><td>—</td><td colspan="3">无</td></tr>
<tr><td colspan="6">[a] 未经染色的藤编制品席面不考核色牢度。
[b] 仅适用于色漆涂饰或着色的藤编制品。
[c] 限量值≤20 mg/kg,未经染色的藤编制品席面不考核可分解致癌芳香胺染料。</td></tr>
</table>

6 试验方法

6.1 外观

平铺在自然光线下或在 40 W 日光灯下目测检验。

6.2 规格尺寸

目测并用分度值为 1 mm 的钢卷尺进行测量。

6.3 填充物

将产品拆开后进行目测检验。

6.4 含水率

按附录 A 规定的方法进行测试。

6.5 卫生安全

6.5.1 甲醛含量

按 GB/T 2912.1 规定的方法进行测试。

6.5.2 pH 值

按 GB/T 7573 规定的方法进行测试。

6.5.3 色牢度

6.5.3.1 耐酸、碱汗渍色牢度按 GB/T 3922 规定的方法进行测试。

6.5.3.2 耐摩擦色牢度按 GB/T 3920 规定的方法进行测试。试样尺寸不足时，则用脱脂纱布（干摩擦）和充分浸透纯净水的脱脂纱布（湿摩擦）分别在有色部位 100 mm 以内用力往返擦拭 10 次。

6.5.4 重金属元素含量

按 GB 6675.4 规定的方法进行测试。

6.5.5 可分解致癌芳香胺染料

按 GB/T 17592 规定的方法进行测试，当检出苯胺和/或 1,4-苯二胺时，再按 GB/T 23344 检测。

6.5.6 针头及金属异物

用检针器进行测试。

7 检验规则

7.1 检验分类

产品检验分为出厂检验和型式检验。

7.2 出厂检验

7.2.1 凡提出交货的产品均应进行出厂检验。产品应经生产厂质量部门检验合格后方可出厂，并附有质量检验合格标识。

7.2.2 出厂检验按 GB/T 2828.1—2012 的规定进行，采用一般检验水平Ⅰ的正常检验一次抽样方案，其检验项目、要求、试验方法及接收质量限（AQL）见表 2。

表 2

序号	检验项目	要求	试验方法	AQL
1	外观	5.1	6.1	6.5
2	规格尺寸	5.2	6.2	
3	针头及金属异物	5.5	6.5.6	

7.2.3 一项不合格判定为出厂检验单件产品不合格。

7.3 型式检验

7.3.1 发生下列情况之一时，应进行型式检验：

a） 新产品或老产品转厂生产的试制定型鉴定时；
b） 正式生产后，如材料、工艺等有较大变动，可能影响产品性能时；
c） 正常生产后，对批量产品进行抽样检查，每 12 个月至少一次；
d） 产品停产超过 6 个月，恢复生产时；
e） 出厂检验结果与上次型式检验结果有较大差异时；
f） 国家产品质量监督检验机构提出进行型式检验要求时。

7.3.2 型式检验的样本应从经过出厂检验的合格批中抽取，按 GB/T 2829—2002 规定进行，采用判别水平Ⅱ的一次抽样方案，检验项目、要求、试验方法、样本大小、不合格质量水平（RQL）及判定数组见表 3 和 7.3.3、7.3.4。

表 3

序号	检验项目	要求	试验方法	样本大小	RQL	判定数组	
						Ac	Re
1	外观	5.1	6.1	3	100	1	2
2	规格尺寸	5.2	6.2				
3	填充物	5.3	6.3				
4	色牢度	5.5	6.5.3	3	50	0	1
5	针头及金属异物	5.5	6.5.6				

7.3.3 含水率应符合 5.4 的要求，否则判定为不合格。

7.3.4 甲醛含量、pH 值、重金属元素含量、可分解致癌芳香胺染料应符合表 1 中的相关要求，否则判定为不合格。

7.3.5 一项不合格判定为型式检验不合格。

8 标志、包装、运输、贮存

8.1 标志

产品或销售单位包装上应标有如下中文内容：

a) 产品名称；

b) 生产厂厂名、厂址；

c) 产品质量检验合格标识；

d) 产品执行标准编号；

e) 规格尺寸；

f) 含有填充材料的产品应标明填充材料主要成分的通用名称；

g) 婴幼儿藤编制品应标注“婴幼儿”或“36 个月及以下” 或按照 GB 31701—2015 中 4.1.4 的规定标注“GB 31701 A 类”；

h) 席类产品应有使用说明。

8.2 包装

产品包装物应牢固，无破损，防挤压、防潮。

8.3 运输

产品搬运时应轻装轻卸，防止雨淋和重压。

8.4 贮存

产品应贮存在干燥、通风的仓库内，避免阳光直射。

附 录 A
（规范性附录）
含水率的测试方法

A.1 原理

产品试样中所包含水分的质量与全干试样的质量之比，表示试样中水分的含量。

A.2 仪器设备

A.2.1 天平，精度应达到 0.001 g。
A.2.2 烘箱，应能保持在（103±2）℃。
A.2.3 玻璃干燥器和称量瓶。

A.3 试样

截取试样尺寸约为 20 mm×20 mm。

A.4 试验步骤

A.4.1 将取到的试样尽快称量（m_1），精确至 0.001 g。
A.4.2 将试样放入称量瓶，置于烘箱内，在（103±2）℃的温度下烘 8 h 后称量其质量后再放入烘箱内，以后每隔 2 h 称量试样一次，至最后两次称量之差不超过试样质量的 0.5％时，即认为试样达到全干。
A.4.3 在（103±2）℃的温度下烘 8 h 后，从中选定 2 个～3 个试样进行一次试称，以后每隔 2 h 称量所选试样一次，至最后两次称量之差不超过试样质量的 0.5％时，即认为试样达到全干。
A.4.4 用干燥的镊子将试样从烘箱中取出，放入装有干燥剂的玻璃干燥器内的称量瓶中，盖好称量瓶和干燥器盖。
A.4.5 试样冷却至室温后，用干燥的镊子将试样自称量瓶中取出称量（m_0）。

A.5 结果的表示

含水率按式（A.1）计算，精确至 0.1％。

$$W=\frac{m_1-m_0}{m_0}\times 100 \qquad \cdots\cdots(\text{A.1})$$

式中：
W ——试样含水率，％；
m_1——试样初始时的质量，单位为克（g）；
m_0——试样全干时的质量，单位为克（g）。

参 考 文 献

[1] GB 18401—2010 国家纺织产品基本安全技术规范

ICS 67.140.10
X 55

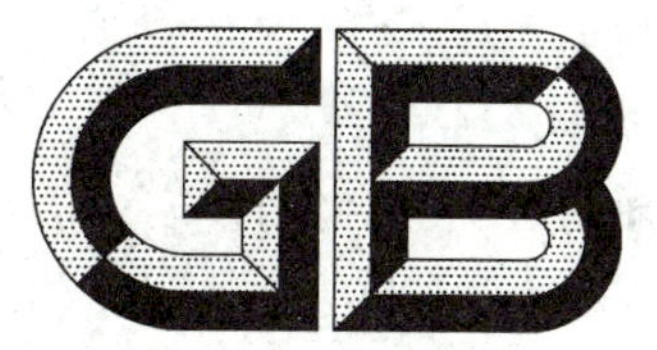

中华人民共和国国家标准

GB/T 23193—2017
代替 GB/T 23193—2008

茶叶中茶氨酸的测定　高效液相色谱法

Determination of theanine in tea—Using high performance liquid chromatography

2017-11-01 发布　　2018-05-01 实施

中华人民共和国国家质量监督检验检疫总局
中国国家标准化管理委员会　发布

前　言

本标准按照GB/T 1.1—2009给出的规则起草。

本标准代替GB/T 23193—2008《茶叶中茶氨酸的测定　高效液相色谱法》。与GB/T 23193—2008相比，主要技术差异如下：

——测定原理及前处理过程完全不一样；

——样品处理差异：0.5 g样品加水100 mL，80 ℃水浴浸提45 min，修改为1.0 g样品加沸水100 mL，浸提30 min；

——无净化及衍生步骤，过0.45 μm膜后，直接进样。

本标准由中华全国供销合作总社提出。

本标准由全国茶叶标准化技术委员会(SAC/TC 339)归口。

本标准起草单位：中华全国供销合作总社杭州茶叶研究院、国家茶叶质量监督检验中心、国家食品质量安全监督检验中心、泉州出入境检验检疫局综合技术服务中心、福建日春实业有限公司。

本标准起草人：周卫龙、徐建峰、刘小力、陆小磊、石维妮、叶美君、刘相真、黄伙水、王启灿。

本标准所代替标准的历次版本发布情况为：

——GB/T 23193—2008。

茶叶中茶氨酸的测定 高效液相色谱法

1 范围

本标准规定了用高效液相色谱法测定茶叶中茶氨酸含量的方法。

本标准适用于茶叶中茶氨酸的测定。

2 规范性引用文件

下列文件对于本文件的应用是必不可少的。凡是注日期的引用文件,仅注日期的版本适用于本文件。凡是不注日期的引用文件,其最新版本(包括所有的修改单)适用于本文件。

GB/T 6682 分析实验室用水规格和试验方法

GB/T 8302 茶 取样

GB/T 8303 茶 磨碎试样的制备及其干物质含量测定

3 原理

茶叶样品中茶氨酸经沸水加热提取、净化处理后,采用分离强极性化合物的 RP-18 柱,检测波长 210 nm,用高效液相色谱仪进行测定,与标准系列比较定性、定量。

4 试剂

4.1 除非另有说明,在分析中所使用试剂均为分析纯,用水为 GB/T 6682 规定的三级水。

4.2 乙腈:色谱级。

4.3 茶氨酸标准品(L-theanine):纯度≥99%。

4.4 HPLC 流动相

4.4.1 流动相 A:100%纯水。

4.4.2 流动相 B:100%乙腈(4.2)。

4.5 茶氨酸标准储备溶液

4.5.1 茶氨酸标准储备溶液

称取 0.05 g 茶氨酸(精确到 0.000 1 g),用水溶解后移入 50 mL 容量瓶中,稀释至刻度,混匀,此溶液每毫升含 1 mg 茶氨酸。有效期为一年。

4.5.2 茶氨酸标准使用液

分别准确吸取茶氨酸标准储备溶液(4.5.1)0.0 mL、0.1 mL、0.2 mL、0.5 mL、1.0 mL、1.5 mL、2.0 mL,用水定容至 10 mL,得到浓度分别为 0.0 mg/mL、0.01 mg/mL、0.02 mg/mL、0.05 mg/mL、0.10 mg/mL、0.15 mg/mL、0.20 mg/mL 的茶氨酸标准使用溶液。有效期为一年。

4.6 0.45 μm 水相滤膜。

5 仪器

5.1 高效液相色谱仪:包含梯度洗脱、紫外检测器及色谱工作站。

5.2　分析天平:感量 0.000 1 g。

5.3　恒温水浴锅。

5.4　离心机:转速 13 000 r/min。

6　测定步骤

6.1　样品处理

6.1.1　取样

按 GB/T 8302 的规定。

6.1.2　试样制备

按 GB/T 8303 的规定。

6.1.3　干物质含量测定

按 GB/T 8303 的规定。

6.1.4　样品制备

茶叶样品经磨碎混匀后,称取 1.0 g(准确至 0.01 g)磨碎试样(或茶叶)于 200 mL 烧杯中,加沸蒸馏水 100 mL。置于 100 ℃的恒温水浴锅(5.3)中浸提 30 min,过滤,转移到 100 mL 容量瓶中,冷却后,用水定容至刻度,混匀。用 0.45 μm 水相滤膜(4.6)过滤,或者取 1 mL 样品,在 13 000 r/min 条件下高速离心 10 min,然后进液相色谱分析。

6.2　测定

6.2.1　色谱条件

色谱条件如下:

——色谱柱:RP-18 (粒径 5 μm,250 mm×4.6 mm);

——流速:0.5 mL/min～1.0 mL/min;

——柱温:35 ℃± 0.5 ℃;

——进样量:10 μL～20 μL;

——检测波长:210 nm;

——梯度洗脱条件:如表 1 所示。

表 1　梯度洗脱条件

时间/min	A/%	B/%	备注
0	100	0	分析
10	100	0	分析
12	20	80	洗柱
20	20	80	洗柱
22	100	0	平衡
40	100	0	平衡
注:A:100%纯化水;B:100%乙腈。			

6.2.2 测定

待流速和柱温稳定后，进行空白运行。准确吸取 10 μL 茶氨酸标准使用液注射入 HPLC。在相同的色谱条件下注射 10 μL 测试液。测试液以峰面积定量。由色谱峰的峰面积可从标准曲线上求出相应的茶氨酸的浓度。测试液中的茶氨酸的响应值均应在仪器测定的线性范围之内。色谱图参见附录 A。

7 分析结果的计算

茶叶中茶氨酸含量按式(1)进行计算：

$$X = \frac{c \times V \times 1\,000}{m \times w \times 1\,000} \quad \cdots\cdots\cdots\cdots (1)$$

式中：

X ——样品中茶氨酸的含量，单位为克每千克(g/kg)；

c ——样品浓度，单位为毫克每毫升(mg/mL)；

V ——最终定容后样品的体积，单位为毫升(mL)；

m ——样品的质量，单位为克(g)；

w ——样品的干物质含量(质量分数)，%。

如果符合重复性(第 8 章)的要求，取两次测定的算术平均值作为结果，计算结果保留小数点后两位有效数字。

8 重复性

在重复条件下获得的两次独立测定结果的绝对差值不得超过算术平均值的 10%。

附 录 A
（资料性附录）
茶氨酸标准样品液相色谱图

茶氨酸标准样品液相色谱图见图 A.1。

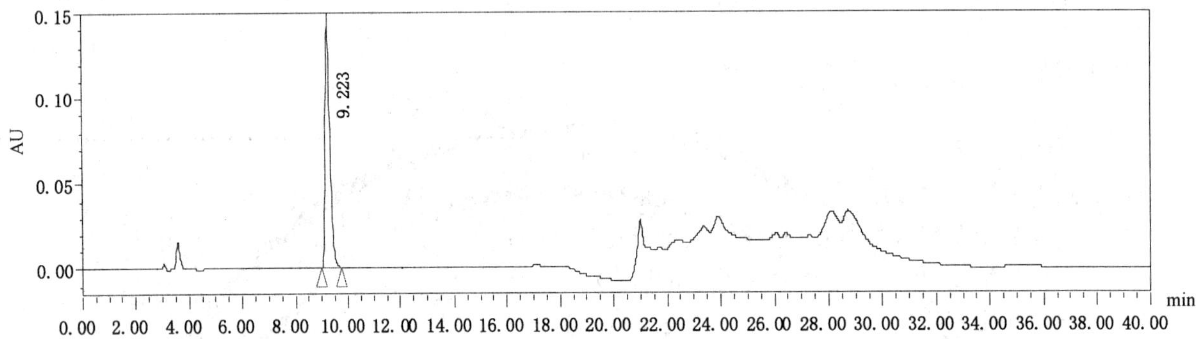

图 A.1 茶氨酸标准样品液相色谱图

ICS 75.200
E 98

中华人民共和国国家标准

GB/T 23257—2017
代替 GB/T 23257—2009

埋地钢质管道聚乙烯防腐层

Polyethylene coating for buried steel pipeline

2017-05-12 发布　　2017-12-01 实施

中华人民共和国国家质量监督检验检疫总局
中国国家标准化管理委员会　发布

前　言

本标准按照 GB/T 1.1—2009 给出的规则起草。

本标准代替 GB/T 23257—2009《埋地钢质管道聚乙烯防腐层》。与 GB/T 23257—2009 相比，主要技术变化如下：

——调整了范围中挤压聚乙烯防腐层分类的最高温度定义，由“最高使用温度”调整为“最高设计温度”，温度值分别由 50 ℃调整为 60 ℃，70 ℃调整为 80 ℃（见第 1 章）；

——增加了术语和定义（见第 3 章）；

——修改了环氧粉末涂料热特性指标（见表 2）；

——修改了聚乙烯专用料的拉伸性能要求（见表 5）；

——补充修改了聚乙烯防腐层的性能要求（见表 7）；

——补充修改了热收缩带补口材料的性能要求（见表 11）；

——增加了补口施工准备和补口工艺评定要求（见 9.2）；

——修订了部分附录试验方法（见附录 B、附录 K）；

——增加了附录试验方法（见附录 G、附录 M、附录 Q）。

本标准由中国石油天然气集团公司提出。

本标准由全国石油天然气标准化技术委员会（SAC/TC 355）归口。

本标准负责起草单位：中国石油集团工程技术研究院、中国石油集团海洋工程有限公司。

本标准参加起草单位：宝鸡石油钢管有限责任公司、大庆油田工程建设有限公司天宇设计院。

本标准主要起草人：张其滨、刘金霞、赫连建峰、温宏伟、陈守平、史惠辉。

本标准所代替标准的历次版本发布情况为：

——GB/T 23257—2009。

埋地钢质管道聚乙烯防腐层

1 范围

本标准规定了钢质管道挤压聚乙烯防腐层及辐射交联聚乙烯热收缩带(套)补口的最低技术要求。

本标准适用于埋地钢质管道挤压聚乙烯防腐层的设计、生产和检验,及其现场补口的设计、施工和检验。其他敷设形式的管道挤压聚乙烯防腐层可参照执行。

挤压聚乙烯防腐层可分为最高设计温度不超过60 ℃的常温型(N)和最高设计温度不超过80 ℃的高温型(H)两类。

2 规范性引用文件

下列文件对于本文件的应用是必不可少的。凡是注日期的引用文件,仅注日期的版本适用于本文件。凡是不注日期的引用文件,其最新版本(包括所有的修改单)适用于本文件。

GB/T 1040.2 塑料 拉伸性能的测定 第2部分:模塑和挤塑塑料的试验条件

GB/T 1408.1 绝缘材料电气强度试验方法 第1部分:工频下试验

GB/T 1410 固体绝缘材料体积电阻率和表面电阻率试验方法

GB/T 1633 热塑性塑料维卡软化温度(VST)的测定

GB/T 1725 色漆、清漆和塑料 不挥发物含量的测定

GB/T 1842 塑料 聚乙烯环境应力开裂试验方法

GB/T 3682 热塑性塑料熔体质量流动速率和熔体体积流动速率的测定

GB/T 4472 化工产品密度、相对密度的测定

GB/T 5470 塑料 冲击法脆化温度的测定

GB 6514 涂装作业安全规程 涂漆工艺安全及其通风净化

GB/T 6554 电气绝缘用树脂基反应复合物 第2部分:试验方法 电气用涂敷粉末方法

GB/T 7124 胶粘剂 拉伸剪切强度的测定(刚性材料对刚性材料)

GB 7692 涂装作业安全规程 涂漆前处理工艺安全及其通风净化

GB/T 8923.1 涂覆涂料前钢材表面处理 表面清洁度的目视评定 第1部分:未涂覆过的钢材表面和全面清除原有涂层后的钢材表面的锈蚀等级和处理等级

GB/T 13021 聚乙烯管材和管件炭黑含量的测定(热失重法)

GB/T 15332 热熔胶粘剂软化点的测定 环球法

GB/T 18570.3 涂覆涂料前钢材表面处理 表面清洁度的评定试验 第3部分:涂覆涂料前钢材表面的灰尘评定(压敏粘带法)

GB/T 18570.9 涂覆涂料前钢材表面处理 表面清洁度的评定试验 第9部分:水溶性盐的现场电导率测定法

GB/T 50087 工业企业噪声控制设计规范

GB 50369 油气长输管道工程施工及验收规范

3 术语和定义

下列术语和定义适用于本文件。

3.1

挤压聚乙烯防腐层　extruded polyethylene coating

在挤出机中通过加热、加压使聚乙烯以流动状态连续通过挤出口模成型包覆在管道上而形成的防腐层，包覆方式包括纵向挤出包覆和侧向缠绕包覆。

3.2

最高设计温度　maximum design temperature

在管道运输、搬运、施工及运行过程中防腐层可能达到的最高温度。

3.3

最高运行温度　maximum operation temperature

管道或者管线系统在运行过程中所达到的最高温度。

注：最高运行温度不超过最高设计温度。

3.4

低温涂敷环氧粉末涂料　low temperature applied epoxy powder coating

用作本标准规定的三层结构聚乙烯防腐层底层，并可在低于200 ℃以下涂敷施工的环氧粉末涂料。

3.5

断裂标称应变　nominal tensile strain at break

与拉伸断裂应力相对应的拉伸标称应变。

3.6

内聚破坏　cohesive failure

胶粘层自身破裂，在两个被粘物表面均有胶粘剂粘结存在。

3.7

界面破坏　interfacial failure

胶粘层与被粘物界面处发生目视可见的破坏现象。

4　防腐层结构

4.1　挤压聚乙烯防腐层分二层结构和三层结构两种。二层结构的底层为胶粘剂层，外层为聚乙烯层；三层结构的底层通常为环氧粉末涂层，中间层为胶粘剂层，外层为聚乙烯层。DN500以上的管道不宜采用两层结构聚乙烯防腐层。

4.2　防腐层的最小厚度应符合表1的规定。焊缝部位的防腐层厚度不应小于表1规定值的80%。应根据管道建设环境和运行条件，选择防腐层等级。

表1　防腐层的厚度

钢管公称直径 DN	环氧涂层[a] μm	胶粘剂层 μm	防腐层最小厚度 mm	
			普通级(G)	加强级(S)
DN≤100	≥120	≥170	1.8	2.5
100<DN≤250			2.0	2.7
250<DN<500			2.2	2.9
500≤DN<800	≥150		2.5	3.2
800≤DN≤1 200			3.0	3.7
DN>1 200			3.3	4.2

[a] 不适用于二层结构聚乙烯防腐层。

5 材料

5.1 钢管

5.1.1 钢管应符合现行有关钢管标准或订货技术条件的规定，并有出厂合格证。

5.1.2 应对钢管逐根进行外观检查。外观质量应符合现行有关标准或订货技术条件的规定，不合格的钢管不应涂敷防腐层。

5.2 防腐层材料

5.2.1 一般规定

5.2.1.1 防腐层各种原材料均应有出厂质量证明书及检验报告、使用说明书、安全数据单、出厂合格证、生产日期及有效期。环氧粉末涂料供应商应提供产品的热特性曲线等资料。

5.2.1.2 防腐层的各种原材料均应包装完好，应按产品说明书的要求存放。

5.2.1.3 每种牌(型)号的环氧粉末涂料、胶粘剂以及聚乙烯专用料，在使用前均应由通过国家计量认证的检验机构，按5.2规定的相应性能项目进行检测。性能检测结果达到本标准规定要求的材料方可使用。

5.2.2 环氧粉末涂料

环氧粉末涂料及其涂层的性能应符合表2和表3的规定。涂敷厂对每一生产批(不超过20 t)环氧粉末涂料均应按表2和表3(不包括65 ℃，30 d阴极剥离)的规定进行质量复检，表3第3项应不定期复检。钢管有低温涂敷要求时，应采用低温涂敷环氧粉末涂料，性能应符合表2和表3的规定。

表2 环氧粉末涂料的性能指标

项目		性能指标	试验方法
粒径分布 %		150 μm筛上粉末≤3.0 250 μm筛上粉末≤0.2	GB/T 6554
不挥发分含量(105 ℃) %		≥99.4	GB/T 6554
密度 g/cm^3		1.30～1.50且符合厂家给定值±0.05	GB/T 4472
胶化时间 s		≥12且符合厂家给定值±20%	GB/T 6554
固化时间 min		≤3	附录A
热特性	ΔH J/g	≥45	附录B
	Tg_2 ℃	≥98	

注：环氧粉末涂料胶化时间和固化时间的测试温度为产品说明书指定的涂敷温度。未指定时，常温涂敷粉末试验温度为200 ℃，低温涂敷粉末试验温度低于200 ℃。

表 3 熔结环氧涂层的性能指标

项目	性能指标	试验方法
附着力 级	1	附录 C
阴极剥离(65 ℃,48 h) mm	≤5	附录 D
阴极剥离(65 ℃,30 d) mm	≤15	附录 D
抗弯曲(−20 ℃,2.5°)	无裂纹	附录 E
注：实验室喷涂试件的涂层厚度应为 300 μm～400 μm,涂敷温度为产品说明书指定的温度。未指定时,常温涂敷粉末涂敷温度为 200 ℃,低温涂敷粉末涂敷温度低于 200 ℃。		

5.2.3 胶粘剂

胶粘剂的性能应符合表 4 的规定。涂敷厂对每一生产批(不超过 30 t)胶粘剂均应按照表 4 的规定进行质量复检。二层结构聚乙烯防腐层采用热熔胶型胶粘剂时,应根据工程要求确定适当的技术性能指标。

表 4 胶粘剂的性能指标

项目	性能指标	试验方法
密度 g/cm³	0.920～0.950	GB/T 4472
熔体流动速率 (190 ℃,2.16 kg) g/10 min	≥0.7	GB/T 3682
维卡软化点(A_{50},9.8 N) ℃	≥90	GB/T 1633
脆化温度 ℃	≤−50	GB/T 5470
氧化诱导期(200 ℃) min	≥10	附录 F
含水率 %	≤0.1	附录 G
拉伸强度[a] MPa	≥17	GB/T 1040.2
断裂标称应变[a] %	≥600	GB/T 1040.2
[a] 拉伸速度 50 mm/min。		

5.2.4 聚乙烯

聚乙烯专用料及其压制片材的性能应符合表5和表6的规定。涂敷厂对每一生产批(不超过500 t)聚乙烯专用料,应对表5规定的前5项和表6规定的前4项性能进行质量复验,需要时,也可对其他性能进行复验。

表5 聚乙烯专用料的性能指标

项目	性能指标	试验方法
密度 g/cm^3	0.940～0.960	GB/T 4472
熔体流动速率(190 ℃,2.16 kg) g/10 min	≥0.15	GB/T 3682
碳黑含量 %	≥2.0	GB/T 13021
含水率 %	≤0.1	附录G
氧化诱导期(220 ℃) min	≥30	附录F
耐热老化[a](100 ℃,4 800 h) %	≤35	GB/T 3682
[a] 耐热老化指标为试验前与试验后的熔体流动速率变化率。		

表6 聚乙烯专用料的压制片材性能指标

项目	性能指标	试验方法
拉伸屈服强度[a] MPa	≥15	GB/T 1040.2
拉伸强度[a] MPa	≥22	GB/T 1040.2
断裂标称应变[a] %	≥600	GB/T 1040.2
维卡软化点(A_{50},9.8 N) ℃	≥110	GB/T 1633
脆化温度 ℃	≤−65	GB/T 5470
电气强度 MV/m	≥25	GB/T 1408.1
体积电阻率 Ω·m	$\geq 1\times 10^{13}$	GB/T 1410
耐环境应力开裂(F_{50}) h	≥1 000	GB/T 1842

表 6（续）

项目	性能指标	试验方法
压痕硬度 mm （23 ℃） （60 ℃或 80 ℃）[b]	 ≤0.2 ≤0.3	附录 H
耐化学介质腐蚀[c]（浸泡 7 d） % 10%HCl 10%NaOH 10%NaCl	 ≥85 ≥85 ≥85	附录 I
耐紫外光老化[c]（336 h） %	≥80	附录 J

[a] 拉伸速度 50 mm/min。
[b] 常温型，试验条件为 60 ℃；高温型，试验条件为 80 ℃。
[c] 耐化学介质腐蚀及耐紫外光老化指标为试验后的拉伸强度和断裂标称应变的保持率。

5.3 工艺评定试验

5.3.1 涂敷厂应用所选定的防腐层材料在涂敷生产线上进行工艺评定试验，并对防腐层性能进行检测。当防腐层材料生产厂家或牌(型)号或钢管管径改变或壁厚增大时，应重新进行工艺评定试验。工艺评定试验合格后，涂敷厂应按照工艺评定试验确定的工艺参数进行防腐层涂敷生产。

5.3.2 聚乙烯层及防腐层性能应符合表 7 和表 8 的规定。

5.3.2.1 按确定的工艺参数涂敷聚乙烯层并进行性能检测，用于性能检测的聚乙烯层应不含胶和环氧粉末层，结果应符合表 7 的规定。

表 7　聚乙烯层的性能指标

项　　目		性能指标	试验方法
拉伸强度[a]	轴向 MPa	≥20	GB/T 1040.2
	周向 MPa	≥20	
	偏差[b] %	≤15	
断裂标称应变[a] %		≥600	GB/T 1040.2
压痕硬度 mm （23 ℃） （60 ℃或 80 ℃）[c]		 ≤0.2 ≤0.3	附录 H

表 7（续）

项　　目	性能指标	试验方法
耐环境应力开裂(F_{50}) h	≥1 000	GB/T 1842
热稳定性[d] | ΔMFR | %	≤20	GB/T 3682
[a] 拉伸速度 50 mm/min。 [b] 偏差为轴向和周向拉伸强度的差值与两者中较低者之比。 [c] 常温型，试验条件为 60 ℃；高温型，试验条件为 80 ℃。 [d] 聚乙烯挤出前后熔体流动速率变化率。		

5.3.2.2 从防腐管或在同一工艺条件下涂敷的试验管段上截取试件对防腐层整体性能进行检测，检测结果应符合表 8 的规定。

表 8　防腐层的性能指标

项　　目	性能指标		试验方法
	二层结构	三层结构	
剥离强度 N/cm (20 ℃±5 ℃) (60 ℃±5℃)	≥70 ≥35	≥100(内聚破坏) ≥70(内聚破坏)	附录 K
阴极剥离 (65 ℃,48 h) mm	≤15	≤5	附录 D
阴极剥离(最高运行温度,30 d) mm	≤25	≤15	附录 D
环氧粉末底层热特性 玻璃化温度变化值 | ΔTg | ℃	—	≤5	附录 B
冲击强度 J/mm	≥8		附录 L
抗弯曲(−30 ℃,2.5°)	聚乙烯无开裂		附录 E
耐热水浸泡(80 ℃,48 h)	翘边深度平均≤2 mm 且最大≤3 mm		附录 M

6 防腐层涂敷

6.1 钢管表面处理应符合下列要求：

a) 在防腐层涂敷前，先清除钢管表面的油脂和污垢等附着物，然后进行抛(喷)射除锈。在进行抛(喷)射除锈前，钢管表面温度应不低于露点温度以上 3 ℃。除锈质量应达到 GB/T 8923.1

中规定的 Sa2½级要求,锚纹深度达到 50 μm～90 μm。钢管表面的焊渣、毛刺等应清除干净。

b） 应将钢管表面附着的灰尘及磨料清扫干净。钢管表面的灰尘度应不低于 GB/T 18570.3 规定的 2 级。

c） 抛(喷)射除锈后的钢管应按 GB/T 18570.9 规定的方法或其他适宜的方法检测钢管表面的盐分含量,钢管表面的盐分不应超过 20 mg/m^2。如果钢管表面盐分含量超过 20 mg/m^2,应采用适宜的方法处理至合格。

d） 钢管表面处理后应防止钢管表面受潮、生锈或二次污染。表面处理后的钢管最迟应在 4 h 内进行涂敷,超过 4 h 或当出现返锈或表面污染时,应重新进行表面处理。

6.2 开始防腐层涂敷时,先用试验管段在生产线上依次调节预热温度及防腐层各层厚度,各项参数达到要求后方可开始正式涂敷。

6.3 应用无污染的热源对钢管加热至确定的涂敷温度,最高加热温度应低于钢管加热温度限制。

6.4 环氧粉末应均匀涂敷在钢管表面。回收环氧粉末的使用及其添加比例应按表 2 和表 3 规定的性能进行检验后确认。

6.5 胶粘剂涂敷应在环氧粉末胶化过程中进行。

6.6 采用侧向缠绕工艺时,应确保搭接部分的聚乙烯及焊缝两侧的聚乙烯完全辊压密实无空洞,辊压时应避免损伤聚乙烯层表面。

6.7 聚乙烯层包覆后应用水冷却至钢管温度不高于 60 ℃,并确保熔结环氧涂层固化完全。

6.8 防腐层涂敷完成后,应除去管端部位的防腐层。管端预留长度宜为 100 mm～150 mm,并满足实际焊接和检验要求。聚乙烯层端面应形成不大于 30°的倒角,聚乙烯层端部外宜保留 10 mm～30 mm 的环氧粉末涂层。

6.9 涂敷采用热熔胶的二层结构聚乙烯防腐层时,应根据涂敷作业线的特点制定详细可行的工艺方案,并在涂敷作业中严格执行。

7 质量检验

7.1 钢管表面处理的质量检验应符合下列要求:

a） 抛(喷)射除锈后的钢管应逐根进行表面除锈等级检验,用 GB/T 8923.1 中相应的照片或标准板进行目视比较,表面除锈质量应达到 Sa2½级的要求;表面锚纹深度应每班(不超过 12 h)至少测量两次,每次测量两根钢管,宜采用粗糙度测量仪或锚纹深度测试纸测量,锚纹深度应达到 50 μm～90 μm;表面处理前的钢管表面温度应进行监测,钢管表面温度应不低于露点温度以上 3 ℃。

b） 钢管表面灰尘度应每班(不超过 12 h)至少检测两次,每次检测两根钢管。应按照 GB/T 18570.3 规定的方法进行表面灰尘度评定,表面灰尘度应不低于 2 级。

c） 每批进厂的钢管在表面处理后应至少抽测 2 根钢管表面的盐分。钢管经海运、海边堆放或涂敷施工现场处于盐碱地带时,每班(不超过 12 h)应至少检测 2 根钢管表面的盐分。按照 GB/T 18570.9 规定的方法或其他适宜的方法进行钢管表面盐分的测定,钢管表面的盐分应不超过 20 mg/m^2。

7.2 除锈后,应检查钢管表面缺陷,钢管表面缺陷和不规则(重皮、损伤、划伤等)未经修复后不应涂敷。

7.3 涂敷过程中应对钢管加热温度进行连续监测,钢管的加热温度等工艺参数应符合确定的参数。

7.4 防腐层外观应逐根目测检查。聚乙烯层表面应平滑,无暗泡、无麻点、无皱折、无裂纹,色泽应均匀,防腐管端应无翘边。

7.5 防腐层的漏点应按采用在线电火花检漏仪进行连续检查,检漏电压为 25 kV,无漏点为合格。单管有两个或两个以下漏点时,可按第 9 章的规定进行修补;单管有两个以上漏点或单个漏点沿轴向尺寸大于 300 mm 时，该防腐管为不合格。

7.6 连续生产的钢管防腐层厚度至少应检测第 1 根、第 5 根、第 10 根，之后每 10 根至少测一根。宜采用磁性测厚仪或电子测厚仪测量钢管 3 个截面圆周方向均匀分布的 4 点的防腐层厚度，同时应检测焊缝处的防腐层厚度，结果应符合 4.2 的规定。

7.7 防腐层的粘结力按附录 K 的方法通过测定剥离强度进行检验。每班(不超过 12 h)至少在两个温度条件下各抽测一次，结果应符合表 8 的规定。

7.8 每班(不超过 12 h)至少应测量一次三层结构防腐管的环氧粉末层厚度及热特性，结果应分别符合表 1 和表 8 的规定。

7.9 每连续涂敷生产的第 10 km、20 km、30 km 的防腐管均应按附录 D 的方法进行一次 48 h 的阴极剥离试验，之后每 50 km 进行一次阴极剥离试验，结果应符合表 8 的规定。如不合格，应在前一次检验合格后涂敷的防腐管中加倍取样检验。加倍检验全部合格时，该两次检测区间生产的防腐管为合格；仍有不合格时，该两次检测区间生产的批防腐管为不合格。

7.10 每连续涂敷生产 50 km 防腐管应截取聚乙烯层样品，按 GB/T 1040.2 检验其拉伸强度和断裂标称应变，结果应符合表 7 的规定。若不合格，应在前一次检验合格后涂敷的防腐管中加倍取样检验。加倍检验全部合格时，该两次检测区间生产的防腐管为合格；仍有不合格时，该两次检测区间生产的批防腐管为不合格。

8 标志、堆放和搬运

8.1 检验合格的防腐管应在距管端约 400 mm 处标有产品标志。产品标志应包括：防腐层结构、防腐层类型、防腐等级、执行标准、制造厂名(代号)、生产日期等，并将钢管标志信息移置到防腐层表面。

8.2 挤压聚乙烯防腐管的吊装，应采用尼龙吊带或其他不损坏防腐层的吊具。

8.3 堆放时，防腐管底部应采用两道(或以上)支垫垫起，支垫间距为 4 m～8 m，支垫最小宽度为 100 mm，防腐管离地面不应少于 100 mm，支垫与防腐管之间以及防腐管相互之间应垫上柔性隔离物。运输时，宜使用尼龙带等捆绑固定，装车过程中应避免硬物混入管垛。

8.4 挤压聚乙烯防腐管的允许堆放层数应符合表 9 的规定。

表 9 挤压聚乙烯防腐管的允许堆放层数

公称直径 DN	DN＜200	200≤DN＜300	300≤DN＜400	400≤DN＜600	600≤DN＜800	800≤DN≤1 200	DN＞1 200
堆放层数	≤10	≤8	≤6	≤5	≤4	≤3	≤2

8.5 挤压聚乙烯防腐管露天存放时间不宜超过 6 个月，若需存放 6 个月以上时，应用不透明的遮盖物对防腐管加以保护。

9 补口及补伤

9.1 补口材料

9.1.1 挤压聚乙烯防腐管的现场补口可采用环氧底漆/辐射交联聚乙烯热收缩带(套)方式或设计选定的其他方式。当采用环氧底漆/辐射交联聚乙烯热收缩带(套)时，应满足本标准要求。无溶剂环氧树脂底漆应由热收缩带(套)厂家配套提供或指定，底漆供应量应满足厚度大于或等于 150 μm 的涂敷要求。

9.1.2 辐射交联聚乙烯热收缩带(套)应按管径选用配套的规格，产品的基材边缘应平直，表面应平整、清洁、无气泡、裂口及分解变色。热收缩带(套)产品的厚度应符合表 10 的规定。热收缩带的周向收缩率应不小于15%；热收缩套的周向收缩率应不小于50%。其性能应符合表11和表12的规定。

9.1.3 每一牌号的热收缩带(套)及其配套环氧底漆，使用前且每年至少应按表10、表11和表12规定的项目进行一次全面检验。使用过程中，每批(不超过5 000个)到货，应对表10、表11中耐环境应力开裂除外的项目和表12的剥离强度等性能进行复检，性能应达到规定的要求。

表10 热收缩带(套)的厚度

单位为毫米

基材类型	适用管径DN	基材	胶层
普通型	≤400	≥1.2	≥1.0
	>400	≥1.5	
高密度型		≥1.0	≥1.5

表11 热收缩带(套)的性能指标

项目		性能指标	试验方法
基材性能[a]			
拉伸强度 MPa	普通型	≥17	GB/T 1040.2
	高密度型	≥20	GB/T 1040.2
断裂标称应变 %		≥400	GB/T 1040.2
维卡软化点(A_{50},9.8 N) ℃	普通型	≥90	GB/T 1633
	高密度型	≥100	GB/T 1633
脆化温度 ℃		≤−65	GB/T 5470
电气强度 MV/m		≥25	GB/T 1408.1
体积电阻率 Ω·m		≥1×10^{13}	GB/T 1410
耐环境应力开裂(F_{50}) h		≥1 000	GB/T 1842
耐化学介质腐蚀[b](浸泡7 d) % 10%HCl 10%NaOH 10%NaCl		 ≥85 ≥85 ≥85	附录I
耐热老化(150 ℃,21 d) 拉伸强度 MPa 断裂标称应变 %		 ≥14 ≥300	 GB/T 1040.2 GB/T 1040.2

表 11（续）

项　　目		性能指标	试验方法
热冲击(225 ℃,4 h)		无裂纹、无流淌、无垂滴	附录 N
胶层性能			
胶软化点(环球法) ℃		≥最高运行温度+40 且不低于 90 ℃	GB/T 15332
搭接剪切强度(钢/钢) MPa	23 ℃	≥1.0	GB/T 7124[c]
	最高运行温度	≥0.07	GB/T 7124[c]
搭接剪切强度(PE/PE) MPa	23 ℃	≥1.0	GB/T 7124[c]
	最高运行温度	≥0.07	GB/T 7124[c]
脆化温度 ℃		≤−15	附录 O
底漆性能			
不挥发物含量 %		≥95	GB/T 1725
剪切强度 MPa		≥5.0	GB/T 7124[d]
阴极剥离 (65 ℃,48 h)[e] mm		≤8	附录 D
阴极剥离(23 ℃,30 d)[e] mm		≤15	附录 D

[a] 除热冲击外，基材性能需经过 200 ℃±5 ℃，5 min 自由收缩后进行测定，拉伸试验速度为 50 mm/min。

[b] 耐化学介质腐蚀指标为试验后的拉伸强度和断裂标称应变的保持率。

[c] 拉伸速度为 10 mm/min。

[d] 拉伸速度为 2 mm/min。

[e] 底漆涂层厚度 300 μm～400 μm。

表 12　热收缩带(套)安装系统的性能指标

项　　目		性能指标	试验方法
抗冲击强度 J		≥15	附录 L
剥离强度(对管体) N/cm	23 ℃	≥50(内聚破坏)	附录 K
	最高运行温度	≥3(内聚破坏)	附录 K
剥离强度 (对搭接部位聚乙烯层) N/cm	23 ℃	≥50(内聚破坏)	附录 K
	最高运行温度	≥3(内聚破坏)	附录 K

表 12（续）

项　　目	性能指标	试验方法
阴极剥离(最高运行温度,30 d) mm	≤20	附录 D
耐热水浸泡(最高运行温度,30 d) 剥离强度保持率(对底漆钢、对管体涂层) %	≥75	附录 P 附录 K
耐热水浸泡(最高运行温度,120 d)	无鼓泡、无剥离,膜下无水	附录 P
耐热老化(最高运行温度+20 ℃,100 d) 剥离强度保持率(P_{100}/P_{70},对底漆钢、对管体涂层) %	≥75	附录 Q

9.2　补口施工准备

9.2.1　补口施工开工前，应编制补口施工工艺规程(APS)，并按施工工艺规程进行工艺评定试验(PQT)验证。

9.2.2　补口施工工艺规程(APS)应根据设计要求、热收缩带(套)使用说明书、标准规范要求和补口施工经验等进行编制。

9.2.3　补口施工工艺规程(APS)应通过工艺评定试验(PQT)进行验证：

a)　工艺评定试验(PQT)应在具有代表性的管道上进行，宜采用与实际工程用管同管径同壁厚同防腐层的管道。

b)　工艺评定试验(PQT)应在涂敷管体防腐层的管道上至少 3 个试验口进行。试验口的长度应与实际补口长度一致。试验口没有环向焊道时，应在试验口的中间加上一个模拟现场焊缝的环形圈。

c)　工艺评定试验(PQT)使用的所有工具和设备类型应与实际补口施工中使用的相同。

d)　补口区域进行加热时，应避免对管体防腐层产生起泡或剥离等可见破坏现象。

e)　工艺评定试验(PQT)期间的热收缩带(套)安装时间应与预估的现场补口时间相当。工艺评定试验不在工程现场进行时，应考虑评定试验环境与实际施工环境和作业条件的差异。

f)　进行工艺评定试验(PQT)时的检验项目、试验方法和验收指标应符合本标准补口施工及检验中的相关规定。

g)　工艺评定试验(PQT)结束后，应提交完整的评定试验结果报告。

9.3　补口施工

9.3.1　当存在下列情况之一，且无有效措施时，不应进行露天补口施工：

a)　雨天、雪天、风沙天；

b)　风力达到 5 级以上；

c)　相对湿度大于 85%；

d)　环境温度低于 0 ℃。

9.3.2　补口施工可采用人工或机具安装方式。应采用无污染的加热方式对钢管表面补口部位进行加热，大口径管道宜采用机具加热方式。加热不应造成钢管表面污染，不应损坏管体防腐层。

9.3.3 应对焊口进行清理，环向焊缝及其附近的毛刺、焊渣、飞溅物、焊瘤等应清理干净。补口处的污物、油和杂质应清理干净；防腐层端部有翘边、生锈、开裂等缺陷时，应进行清理。

9.3.4 在进行表面磨料喷砂除锈前，应使用无污染的热源将补口部位的钢管预热至露点以上至少 5 ℃的温度。

9.3.5 补口部位的喷砂除锈应采用适宜的磨料，粒度均匀，且应干燥、清洁、无杂质。补口部位的表面除锈等级应达到 GB/T 8923.1 规定的 Sa2½级，锚纹深度应达到 40 μm～90 μm。除锈后应清除表面灰尘，表面灰尘度等级应不低于 GB/T 18570.3 规定的 3 级。

9.3.6 补口部位钢管表面处理与补口施工间隔时间不宜超过 2 h，表面返锈时，应重新进行表面处理。

9.3.7 补口搭接部位的聚乙烯层应打磨至表面粗糙，粗糙程度应符合热收缩带(套)使用说明书的要求。

9.3.8 按热收缩带(套)产品说明书的要求控制预热温度。加热后应采用接触式测温仪或经接触式测温仪校准的红外线测温仪测温，应至少分别测量补口部位钢管表面、聚乙烯防腐层表面周向均匀分布 4 个点的温度，结果均应符合产品说明书的要求。用红外测温仪测温时，应根据校准结果对测量的数据进行修正。

9.3.9 应按照产品使用说明书和补口施工工艺规程的要求调配底漆并均匀涂刷，底漆的湿膜厚度应不小于 150 μm。

9.3.10 热收缩带加热，宜控制火焰强度，缓慢加热，不应对热收缩带上任意一点长时间烘烤。收缩过程中用指压法检查胶的流动性，手指压痕应自动消失。

9.3.11 收缩后，热收缩带(套)与聚乙烯层搭接宽度应不小于 100 mm；采用热收缩带时，应采用固定片固定，周向搭接宽度应不小于 80 mm。

9.4 补口质量检验

补口质量应检验外观、漏点及剥离强度等三项内容，检验宜在补口安装 24 h 后进行：

a) 补口的外观应逐个目测检查，热收缩带(套)表面应平整、无皱折、无气泡、无空鼓、无烧焦炭化等现象；热收缩带(套)周向应有胶粘剂均匀溢出。固定片与热收缩带搭接部位的滑移量不应大于 5 mm；

b) 每一个补口均应用电火花检漏仪进行漏点检查。检漏电压为 15 kV。若有漏点，应重新补口并检漏，直至合格；

c) 补口后热收缩带(套)的剥离强度按附录 K 规定的方法进行检测。检验时的管体温度宜为 15 ℃～25 ℃，对钢管和聚乙烯防腐层的剥离强度都应不小于 50 N/cm 并 80%表面呈内聚破坏，当剥离强度超过 100 N/cm 时，可以呈界面破坏，剥离面的底漆应完整附着在钢管表面。每 100 个补口至少抽测一个口，如不合格，应加倍抽测。加倍抽测仍有不合格时，则对应的 100 个补口应全部返修。

9.5 补伤

9.5.1 补伤可采用辐射交联聚乙烯补伤片、热收缩带、聚乙烯粉末、热熔修补棒和粘弹体加外护等方式。

9.5.2 对于小于或等于 30 mm 的损伤，可采用辐射交联聚乙烯补伤片修补。补伤片的性能应达到热收缩带的规定，补伤片对聚乙烯的剥离强度应不低于 50 N/cm。

9.5.3 修补时，应先除去损伤部位的污物，并将该处的聚乙烯层打毛。然后将损伤部位的聚乙烯层修切圆滑，边缘应形成钝角，在孔内填满与补伤片配套的胶粘剂，然后贴上补伤片。补伤片的大小应保证其边缘距聚乙烯层的孔洞边缘不小于 100 mm。贴补时应边加热边用辊子滚压或戴耐热手套用手挤压，排出空气，直至补伤片四周胶粘剂均匀溢出。

9.5.4 对于大于 30 mm 的损伤，可按照 9.5.2 的规定贴补伤片，然后在修补处包覆一条热收缩带，包覆宽度应比补伤片的两边至少各大 50 mm。

9.5.5 对于直径不超过 10 mm 的漏点或损伤深度不超过管体防腐层厚度 50% 的损伤，在预制厂内可用与管体防腐层配套的聚乙烯粉末或热熔修补棒修补，施工现场宜用热熔修补棒修补。

9.5.6 补伤质量应检验外观、漏点及剥离强度等三项内容：

a) 补伤后的外观应逐个检查，表面应平整、无皱折、无气泡、无烧焦碳化等现象；补伤片四周应粘结密封良好。不合格的应重补；
b) 每一个补伤处均应用电火花检漏仪进行漏点检查，检漏电压为 15 kV。若不合格，应重新修补并检漏，直至合格；
c) 采用补伤片补伤的剥离强度按附录 K 规定的方法进行检验，管体温度为 15 ℃～25 ℃时的剥离强度应不低于 50 N/cm。

9.5.7 涂敷厂生产过程的补伤，补伤应在白天进行，每天抽测不少于 1 处补伤的粘结力，不合格时，应加倍抽查。加倍抽查仍出现不合格时，当天的补伤全部返工。

9.5.8 现场施工过程的补伤，每 20 个补伤抽查一处剥离强度，不合格时，应加倍抽查。加倍抽查仍出现不合格时，则对应的 20 个补伤应全部返修。

10 下沟回填

10.1 防腐管下沟前，应用电火花检漏仪对管线全部进行检漏，检漏电压为 15 kV。如有漏点应进行修补至合格，并填写记录。

10.2 挤压聚乙烯防腐管的下沟回填应符合 GB 50369 的规定。

11 安全、卫生和环境保护

11.1 涂敷生产的安全、环保应符合 GB 7692 的要求。

11.2 钢质管道除锈、涂敷生产过程中，各种设备产生的噪声，应符合 GB/T 50087 的有关规定。

11.3 钢质管道除锈、涂敷生产过程中，空气中粉尘含量不得超过 GBZ 1 的规定。

11.4 钢质管道除锈、涂敷生产过程中，空气中有害物质浓度不应超过 8 mg/m^2。

11.5 涂敷区电气设备应符合国家有关爆炸危险场所电气设备的安全规定，操作部分应设触电保护器。

11.6 钢质管道除锈、涂敷生产过程中，所有机械设施的转动和运动部位应设置保护。

11.7 防腐管的运输和施工过程中的安全、卫生和环境保护应符合 GB 50369 等标准的规定。

11.8 所有操作人员应按规定配戴劳动防护用品。

12 交工文件

交工文件应包括：

a) 防腐层原材料、防腐管的出厂合格证及质量检验报告；
b) 补口材料出厂合格证及质量检验报告；
c) 补口、补伤施工记录及检验报告；
d) 建设单位所需的其他有关资料。

附　录　A
（规范性附录）
环氧粉末的固化时间试验方法

A.1　仪器设备

本试验需要的设备应符合下列要求：

a）　电热板，温度精度为±3 ℃；

b）　金属板，尺寸为 150 mm×150 mm×25 mm；

c）　接触式温度计；

d）　计时器；

e）　拉延板(形状见图 A.1)；

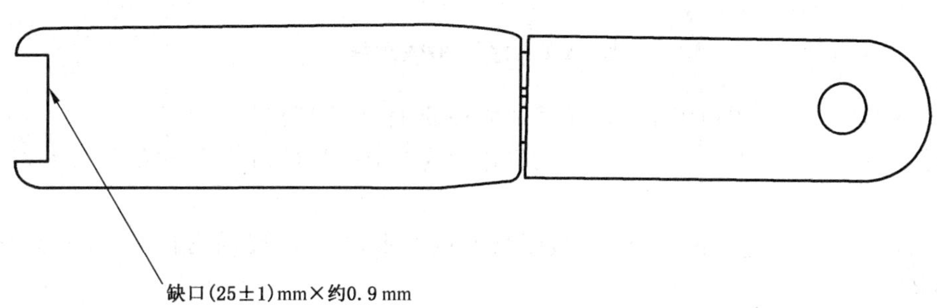

图 A.1　拉延板

f）　镊子(小钳子)；

g）　刮刀；

h）　通用小刀；

i）　差示扫描量热仪(DSC)。

A.2　试验步骤

A.2.1　加热金属板并保持温度在规定温度±3 ℃。

A.2.2　在金属板上用拉延板把环氧粉末迅速铺开，涂敷成一层薄膜，使膜厚在 300 μm～400 μm 之间，当金属板上的粉末开始熔化时，立即起动计时器开始计时。

A.2.3　趁涂膜未完全胶化之前，用一把通用小刀或刮刀在膜上将涂膜划分为 10 条带状，如图 A.2 所示。

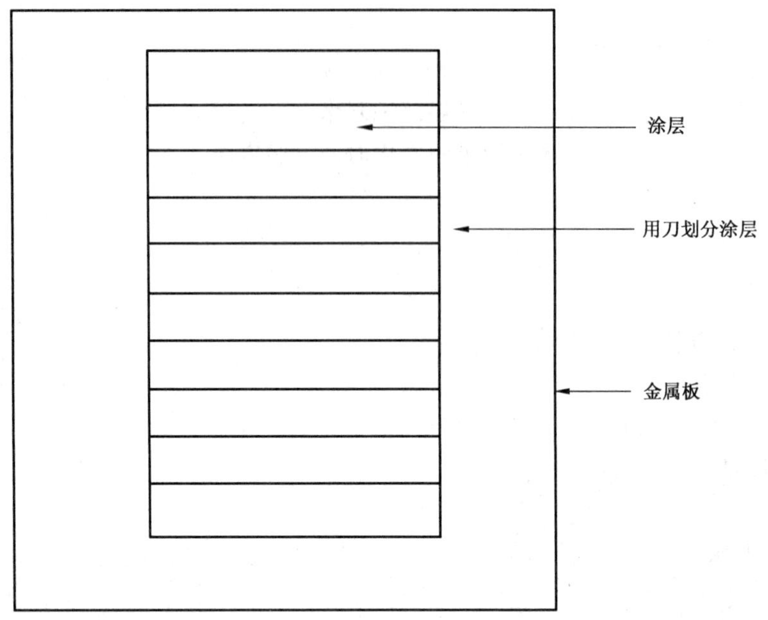

图 A.2　涂层平板划线

A.2.4　经过 30 s±3 s 以后，用通用小刀取下第 1 条涂膜带，并立即淬入冷水中。

A.2.5　每经过 30 s±3 s，重复一次 A.2.4 中的操作。注意应按从最初拉延开始的先后顺序取下、淬冷并按顺序摆放。

A.2.6　使用一台"差示扫描量热仪"(DSC)，按附录 B 的要求，测定涂膜的 ΔTg(玻璃化温度的变化值)或转化百分率 C。

A.2.7　绘出时间对 ΔTg 或时间对转化百分率的曲线。

A.3　试验结果

对应 ΔTg 为 2 ℃的时间或对应 99%转化百分率的时间(s)。

附 录 B
（规范性附录）
环氧粉末及其防腐层的热特性试验方法

B.1 范围

本试验适用于测定环氧粉末及其防腐层的玻璃化转变温度(Tg)和反应热(ΔH)。

B.2 仪器设备

本试验需要的设备应符合如下规定：

a) 带制冷设备的差示扫描量热仪(DSC 仪)；
b) 分析天平，精确到 0.1 mg；
c) 试样密封器；
d) 带盖铝制试样皿。

B.3 试验步骤

B.3.1 取 10 mg±1 mg 的环氧粉末或防腐层作试样，放入预先称好的试样皿中，盖上盖子密封试样并称量，试样的质量精确到 0.1 mg。

B.3.2 将试样和参照物放入差示扫描量热仪的以干燥惰性气体保护的测量池中。

B.3.3 对环氧粉末试样，按下列程序完成其热扫描：

a) 以 20 ℃/min 的速率对试样加热，从 25 ℃±5 ℃加热到 70 ℃±5 ℃，然后将试样急冷到 25 ℃±5 ℃。
b) 以 20 ℃/min 的速率对同一试样加热，从 25 ℃±5 ℃加热到 285 ℃±10 ℃，然后将试样急冷到 25 ℃±5 ℃。
c) 以 20 ℃/min 的速率对试样加热，从 25 ℃±5 ℃加热到 150 ℃±10 ℃。

B.3.4 对防腐层试样，按下列程序完成其热扫描：

a) 以 20 ℃/min 的速率对试样加热，从 25 ℃±5 ℃加热到 110 ℃±5 ℃，在 110 ℃时保持 1.5 min，然后将试样急冷到 25 ℃±5 ℃。
b) 以 20 ℃/min 的速率对同一试样加热，从 25 ℃±5 ℃加热到 285 ℃±10 ℃，然后将试样急冷到 25 ℃±5 ℃。
c) 以 20 ℃/min 的速率对试样加热，从 25 ℃±5 ℃加热到 150 ℃±10 ℃。

B.4 试验结果

B.4.1 对应于 B.3.3 中程序 b)和程序 c)与 B.3.4 中程序 b)和程序 c)所得的每一个热扫描线，确定其相应的 Tg(midpoint)值，分别为 Tg_1、Tg_2、Tg_3、Tg_4，Tg 值是玻璃化转变过程温度范围的中值。此外，还可确定相应的反应放热量 ΔH(见图 B.1 和图 B.2)。

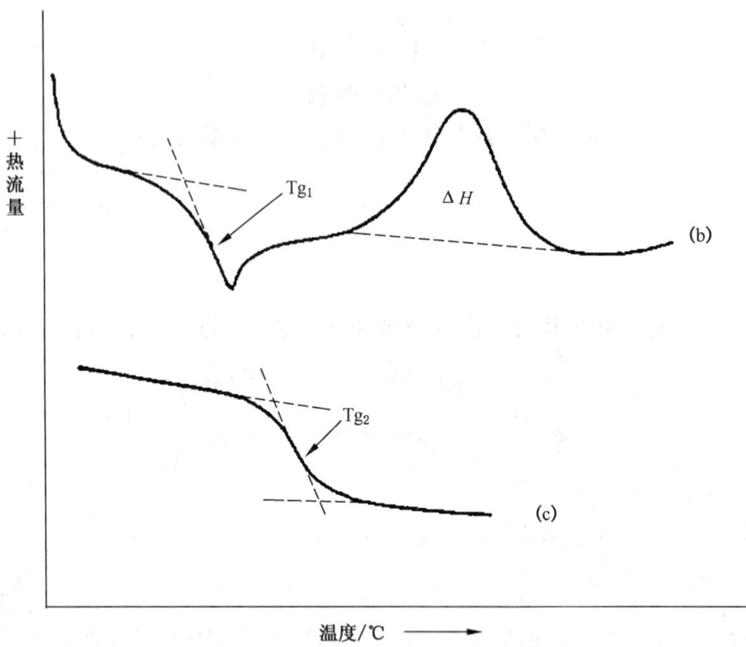

图 B.1 对环氧粉末热扫描

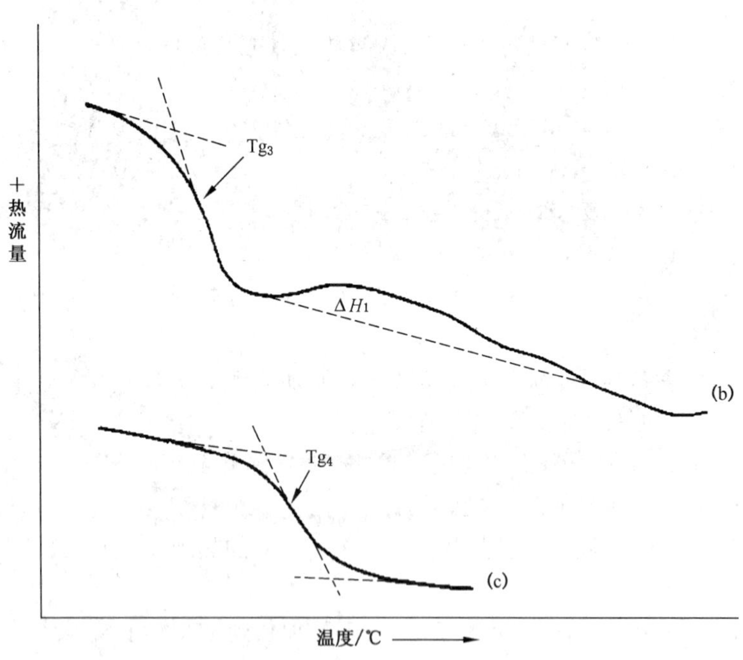

图 B.2 对涂层热扫描

B.4.2 对于防腐层，用式(B.1)计算出 Tg 值的变化：

$$\Delta Tg = Tg_4 - Tg_3 \qquad \cdots\cdots(B.1)$$

式中：

ΔTg ——Tg 值的变化，单位为摄氏度(℃)；

Tg_3 ——由 B.3.4 过程 b)扫描得到的 Tg 值，单位为摄氏度(℃)；

Tg_4 ——由 B.3.4 过程 c)扫描得到的 Tg 值,单位为摄氏度(℃)。

B.4.3 对于防腐层,用式(B.2)计算出固化百分率:

$$C = \frac{\Delta H - \Delta H_1}{\Delta H} \times 100\% \qquad \cdots\cdots\cdots\cdots\cdots\cdots\cdots\cdots\cdots\cdots\cdots(B.2)$$

式中:

C ——固化百分率;

ΔH ——由 B.3.3 过程 b)热扫描得到的反应放热量,单位为焦耳每克(J/g);

ΔH_1——由 B.3.4 过程 b)热扫描得到的反应放热量,单位为焦耳每克(J/g)。

附 录 C
（规范性附录）
防腐层的附着力测定方法

C.1 仪器设备

本试验仪器设备应符合如下规定：

a) 烘箱或水浴，精度范围±3 ℃；

b) 电火花检漏仪：量程 0～30 kV；

c) 磁性测厚仪：量程 0.01 mm～5 mm，在 1 mm 以下的分度值为 1 μm；在 1 mm 以上的分度值为 0.01 mm；

d) 耐热容器；

e) 温度计；

f) 通用小刀。

C.2 试件

试件尺寸约为 100 mm×100 mm×6 mm，每组试件 3 件。

C.3 试验步骤

C.3.1 用电火花检漏仪对试件进行漏点检查，检漏电压按 5 V/μm 计算，无漏点的试件才可进行试验；将试件放入耐热容器内，加入足够的水，使试件充分浸没，加热至 75 ℃±3 ℃，恒温 48 h，取出试件。

C.3.2 当试件仍温热时，立即用小刀在涂层上划一约 30 mm×15 mm 的长方形，划透防腐层至基材，在 1 h 内将试件冷却至室温后，从长方形的任一角将刀尖插入防腐层下面，以水平推力撬剥涂层，连续推进刀尖至长方形内防腐层全部撬离或显出明显的抗撬性能为止。

C.4 结果评定

按下列分级标准评定防腐层的附着力等级：

a) 1 级——涂层明显的不能撬剥；

b) 2 级——被撬剥的涂层小于或等于 50%；

c) 3 级——被撬剥的涂层大于 50%，但涂层对水平力表现出明显的抗撬剥性；

d) 4 级——涂层很容易被撬剥成条状或大块碎屑；

e) 5 级——涂层成一整片被剥离下来。

以 3 个试件中级别最低的，作为该组试件的附着力级别。

附 录 D
（规范性附录）
防腐层阴极剥离试验方法

D.1 设备和材料

本试验的主要仪器设备和材料应符合如下规定：

a) 可调直流稳压电源：0 V～6 V。

b) 恒温装置：温控范围室温～100 ℃，温控精度±3 ℃。

c) 磁性测厚仪：量程 0.01 mm～5 mm，在 1 mm 以下的分度值为 1 μm；在 1 mm 以上的分度值为 0.01 mm。

d) 电火花检漏仪：量程 0～30 kV。

e) 游标卡尺：量程 0～200 mm，精度 0.02 mm。

f) 塑料圆筒：ϕ75 mm。

g) 辅助电极：可采用铂电极等惰性材料。

h) 参比电极：具有稳定的电位值且适用于试验温度条件，一般温度条件下可采用饱和甘汞电极。

i) 氯化钠：化学纯。

D.2 试件制备

D.2.1 试件的规格和数量应符合如下规定：

a) 实验室制备的平板试件尺寸为 100 mm×100 mm×6 mm；

b) 管段加工成的试件尺寸为 150 mm×150 mm×管壁厚，其中两个 150 mm 分别为沿管子轴向和圆周方向的切割宽度。热收缩带(套)补口试件可采用管状试件；

c) 每组试件应不少于 2 个。

D.2.2 按所检验防腐层的涂敷要求制备防腐层试件。单层环氧粉末防腐层厚度 300 μm～400 μm、热收缩带底漆厚度 300 μm～400 μm。

D.3 试验步骤

D.3.1 用电火花检漏仪对试件进行针孔检查，试件为单层环氧粉末或热收缩带(套)底漆时，检漏电压为 5 V/μm；试件为聚乙烯三层结构时，检漏电压为 25 kV；试件为热收缩带(套)防腐层时，检漏电压为 15 kV。无针孔的试件才可用于试验。

D.3.2 在试件中部钻一个试验孔，钻透防腐层，露出基材。试件为单层环氧粉末或热收缩带(套)底漆时，试验孔直径为 3.2 mm；试件为聚乙烯防腐层或热收缩带(套)防腐层时，试验孔直径为 6.4 mm。

D.3.3 用密封胶将预制好的塑料圆筒与试件同心粘结，形成以试件为底的试验槽，槽内加入浓度为 3%(质量分数)的氯化钠溶液，至槽高的 4/5 处，试验过程添加蒸馏水保持液位，试验过程中，保持溶液 pH 值在 6～9 范围。

D.3.4 将试件与直流稳压电源的负极相连接；将辅助电极插入溶液，并与直流稳压电源的正极连接(如图 D.1)。

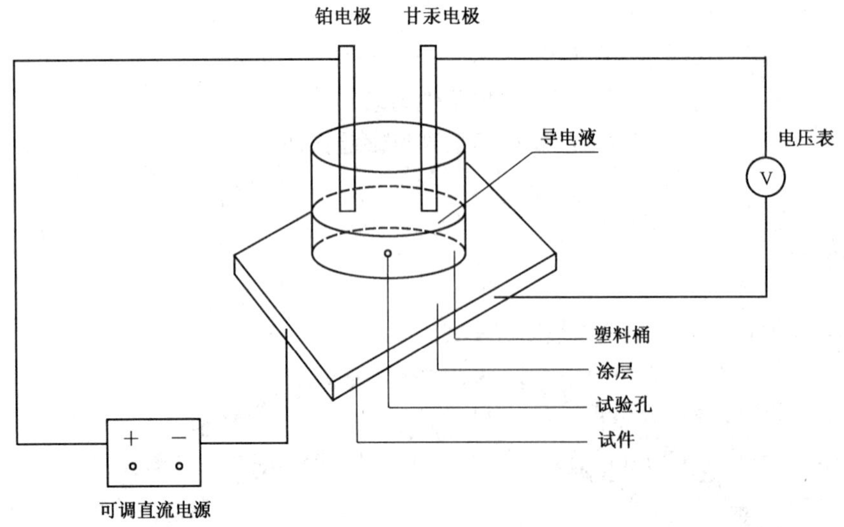

图 D.1 防腐层阴极剥离试验示意图

D.3.5 使试件电位控制在－1.5 V（相对于饱和甘汞电极）。控制试验温度为规定的温度。

D.3.6 试验周期结束，取下试件并冷却至室温，冷却时间不少于 1 h，用小刀以试验孔为中心沿 360°圆周的八个等分，向外划割涂层，要划透防腐层，露出基材，划割距离至少为 20 mm（如图 D.2）。

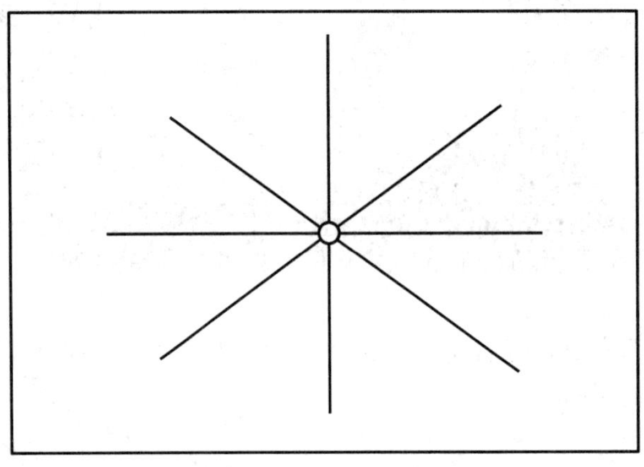

图 D.2 在试件上划透涂层的放射线

D.3.7 用小刀从试验孔处插入防腐层下面，以水平力沿划割线撬剥涂层，直至涂层表现出明显的抗撬剥性为止。

D.4 试验结果

从试验孔边缘开始，测量每条划割线的剥离距离，并求出其平均值，即为该试件的阴极剥离距离。用两个平行试验试件阴极剥离距离的算术平均值表示，精确至 0.1 mm。

附　录　E
（规范性附录）
防腐层抗弯曲试验方法

E.1　仪器设备

本试验仪器设备应符合如下规定：

a)　弯曲试验机：主要由压力机及弯曲角为2.5°的弯曲模具(包括凸模和凹模)组成。其中凸模的曲率半径按式(E.1)确定：

$$R = 22.43t \qquad \text{(E.1)}$$

式中：

R ——凸模半径，单位为毫米(mm)；

t ——试件有效厚度，单位为毫米(mm)，包括试样实际厚度以及任何的曲度(图E.1)。

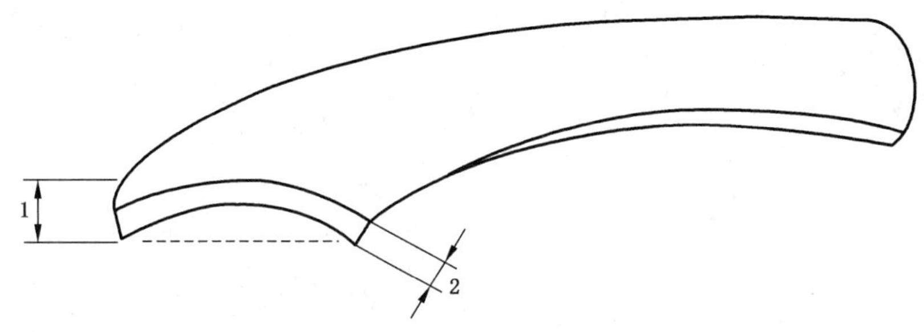

说明：

1——有效厚度；

2——实际厚度。

图 E.1　试件有效厚度

b)　低温箱：最低温度为－40 ℃，控温精度±3 ℃。

E.2　试件

实验室喷涂粉末防腐层试件尺寸为200 mm×25 mm×6 mm。从试验管段或实际防腐管上截取试件，并加工成25 mm×200 mm×管壁厚，其中200 mm为沿管子轴向切割长度，试件边缘应光滑无缺陷。每组试件不少于3个。

E.3　试验步骤

E.3.1　将试件放入低温箱，冷却至规定的试验温度并保持1 h以上。

E.3.2　把试件放到弯曲试验机上进行弯曲试验，每个试件的弯曲试验应在30 s内完成。

E.3.3　将弯曲后的试件在室温下放置2 h以上，用目测法检查防腐层。

E.4 结果评定

对于环氧涂层,当3个试件的涂层均无裂纹时，该样品的弯曲性能为合格。

对于聚乙烯防腐层,当3个试件聚乙烯均无开裂时,该样品的弯曲性能为合格。

附 录 F
（规范性附录）
氧化诱导期测定方法

F.1 仪器设备

本试验仪器设备应符合如下规定：

a) 差示扫描量热仪(DSC)：能记录热流或温差随时间的变化曲线，精度 0.1 min。

b) 自动气体开关：能在 1 min 内迅速切换高纯氮气和氧气，并能控制气体流量。

c) 电子天平：精度 0.1 mg。

F.2 试验步骤

F.2.1 将聚乙烯或胶粘剂压制成约 250 μm 的薄片。

F.2.2 切取 5 mg～10 mg 样片，准确称量后放入 DSC 仪配套的无盖铝制坩埚中。

F.2.3 将盛样坩埚和参比坩埚放入 DSC 仪的测量池中。

F.2.4 按下列设定进行 DSC 扫描：

a) 室温，通氮气 5 min，氮气流量设定为 50 mL±5 mL。

b) 以 20 ℃/min 的速率对测量池加热，从室温加热到指定的测量氧化诱导期温度。加热过程中持续通氮气，流量为 50 mL±5 mL。

c) 温度达到指定温度后，恒温，同时继续通氮气 5 min。

d) 将气体切换到氧气，流量设定为 50 mL±5 mL，切换的瞬间为氧化诱导期测定的开始时间。

e) 在流量为 50 mL±5 mL 的氧气环境下，恒温至出现快速放热曲线后至少 2 min。

f) 测量结束，将气体切换到氮气，冷却测量池到室温。

F.3 试验结果

扫描曲线的 Y 轴为热流，X 轴为时间。

延长基线，与氧化反应放热曲线相交，交点对应的时间即为指定温度下的氧化诱导期，如图 F.1 所示。

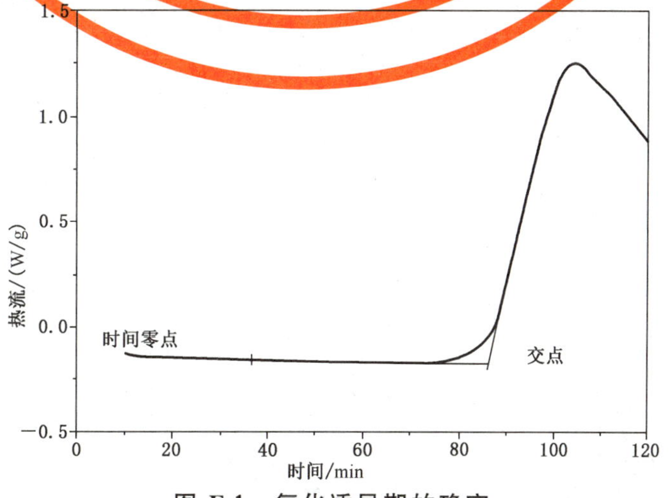

图 F.1 氧化诱导期的确定

附　录　G
（规范性附录）
塑料含水率测定试验方法

G.1　仪器设备

本试验仪器设备应符合如下规定：

a)　烘箱，精度范围±2 ℃；

b)　天平：精度 1 mg。

G.2　试验步骤

G.2.1　将培养皿在 105 ℃±2 ℃的烘箱中干燥 0.5 h，取出，在干燥器中冷却后称量。

G.2.2　在培养皿中加入约 5 g 的样品，称量。

G.2.3　将盛有样品的培养皿放入 105 ℃±2 ℃的烘箱中，烘 3 h，取出，放入干燥器中冷却后，称量。

G.2.4　每个试样进行两次测定。

G.3　结果

G.3.1　含水率按式(G.1)计算：

$$C=[(m_1-m_2)/(m_1-m_0)]\times 100\% \qquad (G.1)$$

式中：

C ——含水率；

m_0——培养皿质量，单位为克(g)；

m_1——培养皿和样品质量，单位为克(g)；

m_2——干燥后培养皿和样品质量，单位为克(g)。

G.3.2　结果为两次测量的算术平均值。

附　录　H
（规范性附录）
压痕硬度测定方法

H.1　仪器设备

本试验仪器设备应符合如下规定：

a）压痕仪：压头为底部直径 1.8 mm 或截面积 2.5 mm^2 的金属棒，加载后向下的总应力为 10 MPa。刻度指示器的读数精度为 0.01 mm。

b）恒温装置：控温精度为±2 ℃。

H.2　试验步骤

将试件置于测定温度下 1 h 后，将压头（不带附加荷载）缓慢且小心降落在试件上，在 5 s 之内将刻度指示器设置零位值。然后将附加荷载施加在压头上，24 h 后读取刻度指示器的指示值，该值即为试件的压痕深度。

H.3　试验结果

以 3 个试件的压痕深度平均值表示该样品的压痕硬度，单位为 mm。

附 录 I
（规范性附录）
聚乙烯耐化学介质腐蚀试验方法

I.1 仪器设备及材料

本试验仪器设备和材料应符合如下规定：

a) 万能试验机或拉力试验机；

b) 恒温水浴，精度±2 ℃；

c) 天平，精度 0.01 g；

d) 化学试剂，化学纯。

I.2 溶液及试件的制备

I.2.1 盐酸溶液(10%)的配制:将相对密度为 1.19 的浓盐酸 239 mL(283 g)加入 764 mL 蒸馏水中。

I.2.2 氢氧化钠溶液(10%)的配制:将 111 g 氢氧化钠溶解于 988 mL 蒸馏水中。

I.2.3 氯化钠溶液(10%)的配制:将 107 g 氯化钠溶解于 964 mL 蒸馏水中。

I.2.4 试件制备:按 GB/T 1040.2 的规定制备拉伸试件并进行外观检查;至少应准备 4 组试件，每组不少于 5 个试件。

I.3 试验步骤

I.3.1 先按 GB/T 1040.2 的规定测定样品的初始拉伸强度和断裂标称应变。

I.3.2 采用恒温水浴调节腐蚀溶液的温度至 23 ℃±2 ℃;在 3 种溶液中分别浸入 1 组试件，试件表面不应有气泡或露出液面，各试件间及试件与容器壁间应不相互接触。

I.3.3 每天晃动一次容器;浸泡 7 d 后从腐蚀溶液中取出试件，用水冲洗试件表面，然后用滤纸吸干水分，检查试件外观是否有变化。

I.3.4 将浸泡后的 3 组试件按 GB/T 1040.2 的规定测定拉伸强度和断裂标称应变。

I.4 结果计算

耐化学介质腐蚀 7 d 后的性能保持率按式(I.1)计算：

$$C = (b/a) \times 100\% \qquad \text{(I.1)}$$

式中：

C ——性能保持率；

a ——浸泡前的拉伸强度或断裂标称应变；

b ——浸泡后的拉伸强度或断裂标称应变。

附 录 J
（规范性附录）
聚乙烯耐紫外光老化试验方法

J.1 仪器设备

本试验仪器设备应符合如下规定：

a） 试验箱：由 8 根荧光紫外灯管、加热槽、试样架及控制和记录操作时间与温度的系统所构成，能进行荧光紫外和冷凝循环。

b） 灯管：采用光谱能量分布在 280 nm～350 nm 的波长范围，最大强度的波长为 340 nm 的灯管。

c） 万能试验机或拉力试验机。

J.2 试验

J.2.1 试样应按 GB/T 1040.2 的要求制作。

J.2.2 试验条件采用 60 ℃、8 h 荧光紫外照射与 50 ℃、4 h 冷凝暴露交替循环。辐照度 0.89 $W/m^2 \cdot nm$

J.2.3 试验时间：336 h。

J.2.4 测试：试验后按 GB/T 1040.2 测试拉伸强度和断裂标称应变。

J.3 试验结果

光老化后的性能保持率按式(J.1)计算：

$$C=(b/a)\times 100\% \quad \cdots\cdots\cdots\cdots(J.1)$$

式中：

C ——性能保持率；

a ——试验前的拉伸强度或断裂标称应变；

b ——试验后的拉伸强度或断裂标称应变。

附　录　K
（规范性附录）
防腐层剥离强度测定方法

K.1　实验室试验

K.1.1　试验仪器设备应符合如下规定：

a）拉伸试验机：精度为示值±1%，可控速度 10 mm/min；

b）便携式剥离强度测定装置：可控制剥离垂直钢管表面，可控制剥离速度在 10 mm/min，并能记录剥离力值，精度为示值±5%；

c）测力计：精度 1 N；

d）钢板尺：最小刻度为 1 mm；

e）裁刀：可以划透防腐层；

f）测温仪：精度为 1 ℃。

K.1.2　实验室剥离试件应符合如下要求：

a）从防腐管或补口处截取，试件的尺寸约为(100 mm～150 mm)×(150 mm～200 mm)×管壁厚，试件数量应不少于 3 个；

b）DN≤168 mm 的防腐管可直接截取试验管段，长度约 300 mm；实验室制备补口防腐层试件时，应按照产品安装要求安装模拟补口管段。

K.1.3　剥离试验应按如下步骤进行：

a）实验室试件剥离强度测试宜采用拉伸试验机，也可采用便携式剥离强度测定装置或测力计。

b）实验室测试温度常温剥离控制±2 ℃，高温剥离控制在试验温度±5 ℃。

c）先将防腐层沿环向划开宽度约为 20 mm、长至少为 160 mm 的长条，划开时应划透防腐层，并撬起一端，以 10 mm/min 的速率垂直试件表面匀速拉起防腐层。

d）剥离长度约 140 mm，记录时间-力值曲线。如不能自动记录时间-力值时，每隔 2 min 读取 1 次剥离力值。若剥离过程中，防腐层拉断，记录拉断时的力值。

e）测定高温下的剥离强度，可将按 K.1.3c）划好的防腐层试件加热到试验温度之上约 5 ℃～10 ℃，并用接触式测温仪或经接触式测温仪校准并修正过的红外测温仪监测剥离条根部温度，当温度降至测定温度上限，立即开始测量，温度降至下限前，结束测量。

K.1.4　试验结果应按如下要求计算：

测定时连续记录的平均力值除以剥离的防腐层宽度，即为剥离强度，单位为 N/cm。不能连续记录时，将 140 mm 剥离长度上的数据分成七段（每隔 2 min 读取 1 次的剥离力值）计算剥离强度，舍去第一段和最后段的数据，以中间 100 mm 长度的上 5 个剥离强度的算术平均值为试验结果。

K.2　现场试验

K.2.1　仪器设备应符合下列要求：

a）便携式剥离强度测定装置：可控制剥离垂直钢管表面，可控制剥离速度在 10 mm/min，并能记录剥离力值，精度为示值±5%；

b）测力计：精度 5 N；

c）钢板尺：最小刻度为 1 mm；

d） 裁刀：可以划透防腐层；

e） 测温仪：精度为 1 ℃。

K.2.2 剥离试验应符合如下要求：

a） 3PE 防腐层的剥离强度测定，可在生产过程中，选定防腐管，待温度降至规定的温度范围时，在钢管上直接测量，剥离试验温度控制在规定温度的±5 ℃。

b） 补口防腐层剥离强度测定应在补口施工完成 24 h 后进行，剥离试验温度控制在 20 ℃±5 ℃。

c） 测量过程中应用接触式测温仪或经接触式测温仪校准并修正过的红外测温仪监测剥离条根部温度。

K.2.3 剥离试验应按如下步骤进行：

a） 现场剥离强度测试宜采用便携式剥离强度测定装置，也可采用带测力计。

b） 先将防腐层沿环向划开宽度约为 20 mm、长至少为 160 mm 的长条，划开时应划透防腐层，并撬起一端，以 10 mm/min 的速率垂直钢管表面匀速拉起防腐层。

c） 剥离长度应不低于 140 mm，记录稳定的力值(不包括起始段和末端各 20 mm 的数值)。

K.2.4 将记录的稳定力值除以剥离的防腐层宽度，即为剥离强度，单位为 N/cm。

附　录　L
（规范性附录）
防腐层冲击强度试验方法

L.1　仪器设备

本试验仪器设备应符合如下规定：

a）　冲击试验机：由底座、冲击锤垂直导向管、冲击锤和调节机构组成。

b）　冲击锤垂直导向管：直径 48 mm，长 1 200 mm，标尺分度值 5 mm。管内应光滑，保证冲击锤自由下落。

c）　冲击锤：质量 2 000 g±2 g 或 3 000 g±2 g，冲头直径为 25 mm。

d）　电火花检漏仪：检漏电压直流 25 kV。

e）　磁性测厚仪：测量范围 20 μm～5 mm。

L.2　试验步骤

L.2.1　从防腐管或补口处截取试件，补口防腐层也可按实际操作方法制作，试件的尺寸约为 350 mm×170 mm×管壁厚，其中 350 mm 沿管子轴向的切割长度。试件应不少于 2 个，用 25 kV(补口防腐层用 15 kV)的直流电压进行电火花检漏无漏点的试件才能使用。

L.2.2　用磁性测厚仪或电子测厚仪测量防腐层厚度，在每个试件上距各边缘的距离大于 38 mm 的范围内均匀测量四点，用 1 组试件所测各点厚度的平均值代表该样品的防腐层厚度(以 mm 计)。

L.2.3　试件应放置在刚性、稳定的水平支撑上，冲击是应防止冲头回弹造成的二次冲击。

L.2.4　在冲击试验机上用预定的冲击能对试件表面进行冲击，冲击点可以任意选择，但离试件边缘的距离不应小于 30 mm，相邻冲击点之间的距离不应小于 30 mm。球形冲头最多冲击 10 次后应转到一个新的位置。当总冲击次数达到 200 次以后应更换冲头。

L.2.5　防腐层冲击试验的环境温度应为 20 ℃±5 ℃。

L.2.6　用同组试件冲击 10 次，然后用 L.2.1 规定的直流电压对试件进行检漏。

L.3　试验结果

对 10 个冲击点进行检漏没有发现漏点时，表明该组试件的冲击强度大于预定的冲击能。

附 录 M
（规范性附录）
聚乙烯防腐层耐热水浸泡试验方法

M.1 仪器设备

本试验仪器设备应符合如下规定：

a) 烘箱或恒温水浴：控温精度±3；

b) 容器：带盖的容器，尺寸适合盛放试件。

M.2 试件制备

从试验管段或实际防腐管上截取试件。DN≤76 mm 的防腐管，试件冷切成 150 mm 长管环；DN>76 mm 的防腐管，试件冷切成 150 mm×100 mm×管壁厚，其中 150 mm 为沿管子轴向切割长度，试件边缘应用水砂纸打磨至光滑无缺陷。每组试件不少于 3 个。

M.3 试验步骤

M.3.1 将试件放入已恒温至规定温度的蒸馏水或去离子水中，水浸没试样至少 50 mm。

M.3.2 保持水和试件温度在 80 ℃，48 h。取出试件，将试件擦干，冷却至室温。

M.3.3 目视检查试件。沿试件四周检查防腐层与基材界面的粘结情况。不考虑四角周围 5 mm 范围内的防腐层剥离。对出现剥离或附着力下降的区域，用锋利刀片插入防腐层与钢基材间的缝隙，翘起失去粘结的防腐层，并测量剥离深度。

M.4 结果

记录防腐层剥离最大深度和平均深度，平均深度以 3 块试件剥离深度的平均值表示。

附 录 N
（规范性附录）
热收缩带（套）耐热冲击试验方法

N.1 仪器设备

电热鼓风干燥箱：室温至 300 ℃，精度±2 ℃。

N.2 试件制备

从热收缩带（套）上切割试件，尺寸为 300 mm×25 mm，其中 300 mm 为收缩方向，试件数量每组 3 件。

N.3 试验步骤

N.3.1 将切好的试件悬挂于恒温 225 ℃的电热鼓风干燥箱中 4 h，试样不能接触干燥箱箱壁，也不能互相接触。

N.3.2 4 h 后取出试件，冷却至室温。观察试件是否有流淌、裂纹或垂滴。如有要求，用 25 mm 轴棒，将试件弯曲 360°，观察试件是否有裂纹。

N.3.3 以 3 个试件均无流淌、无裂纹、无垂滴为合格。

附 录 O
（规范性附录）
热熔胶的脆化温度试验方法

O.1 仪器设备

本试验仪器设备应符合如下规定：

a） 低温箱：精度±3 ℃；

b） 不锈钢轴棒：ϕ25 mm。

O.2 试件制备

从热收缩带（套）样品上截取 3 个试件，试件长 300 mm，宽 25 mm。

O.3 试验步骤

O.3.1 将试件及轴棒放入恒定温度的低温箱，冷却 4 h。

O.3.2 在 10 s±2 s 内，将试件沿轴棒弯曲 360°。

O.3.3 从低温箱中取出试件进行目测检查。

O.4 结果评定

以不出现裂纹的最低温度为试样的脆化温度。

附 录 P
（规范性附录）
补口防腐层耐热水浸泡试验方法

P.1 仪器设备

本试验仪器设备应符合如下规定：

a) 电热鼓风干燥箱或能恒温的试验槽：温度控制精度±2 ℃；

b) 试验槽：尺寸满足浸泡一定数量试验管段要求。

P.2 试件制备

按照热收缩带（套）的安装要求，将热收缩带（套）安装在管径 89 mm～159 mm 范围的聚乙烯防腐管段上，制成模拟补口试件。管段长约 300 mm，热收缩带（套）的边缘距管段端部应有 10 mm 左右的距离。对钢管内壁和端部的裸露钢表面，可涂刷防腐涂料进行防腐保护。

每组试验至少 2 个试件。

P.3 试验步骤

将水温调至规定的试验温度，恒温。将无破损的试件放入试验槽中，加水至完全浸没试件。

试验过程中应补充水，保持试件完全浸没水中。

P.4 试验结果

在规定的试验时间后，可取出试件，按本标准附录 K 的规定进行剥离强度性能检测。

规定的试验周期结束后，取出试件，观察防腐层，无鼓泡、无剥离、膜下无水为合格。

附 录 Q
（规范性附录）
补口防腐层热老化试验方法

Q.1 仪器设备

本试验仪器设备应符合如下规定：

电热鼓风干燥箱：温度控制精度±2 ℃；尺寸能够将试样垂直放置而不会受到任何影响。

Q.2 试样制备

Q.2.1 冷切割300 mm长，直径ϕ89 mm～ϕ273 mm的管段（带有工厂预制3PE防腐层），去除管段中部约100 mm长的3PE防腐层，然后采用热收缩带补口材料进行包覆，操作条件与现场施工条件一致。

Q.2.2 试件数量：3个，每个样品分别标明为(a)、(b)、(c)，以示区分。

Q.3 试验步骤

试验前，所有试件在老化温度下预先调整7 d。然后按照如下要求，将试样在最高运行温度+20 ℃的温度下进行老化试验。

a) 将试件(a)在无阳光照射室温下放置100 d；

b) 将试件(b)放置在老化温度的烘箱里70 d，然后在无阳光照射的室内室温下放置30 d；

c) 将试件(c)放置在老化温度的烘箱里100 d。

老化试验之后，在8 h内，所有试件在相同试验条件下，按本标准附录K的规定进行补口防腐层对补口部位管体和对搭接部位3PE防腐层的剥离强度试验，试验温度为23 ℃±2 ℃。每个试样对管体和对PE防腐层分别进行3次剥离强度试验。

Q.4 试验结果

计算每个试件三次剥离强度的算术平均值。然后计算不同热老化时间的剥离强度的比值P_{100}/P_0和P_{100}/P_{70}，其中：P_0为未经热老化试样(a)在23 ℃测得的剥离强度值；P_{70}为经70 d热老化的试样(b)在23 ℃测得的剥离强度值；P_{100}为热老化100 d的试样(c)在23 ℃测得的剥离强度值。

ICS 65.120
B 46

中华人民共和国国家标准

GB 23386—2017
代替 GB/T 23386—2009

饲料添加剂　维生素A棕榈酸酯(粉)

Feed additive—Vitamin A palmitate (powder form)

2017-10-14 发布　　2018-05-01 实施

中华人民共和国国家质量监督检验检疫总局
中国国家标准化管理委员会　发布

前　言

本标准的第 1 章、第 3 章和第 5 章为强制性的，其余为推荐性的。

本标准按照 GB/T 1.1—2009 给出的规则起草。

本标准代替 GB/T 23386—2009《饲料添加剂　维生素 A 棕榈酸酯粉》。

本标准与 GB/T 23386—2009 相比，主要技术内容差异如下：

——产品性状修改为“淡黄色至黄色流动性颗粒或粉末，无明显异味，对空气、热、光和湿敏感”；

——第 3 章中增加了对“产品规格”的要求；

——总砷由“≤3 mg/kg”修改为“≤2 mg/kg”；

——修改了维生素 A 棕榈酸酯含量测定方法；

——粒度的测定修改为按 GB/T 5917.1 规定的方法执行；

——增加了附录 A。

本标准由全国饲料工业标准化技术委员会(SAC/TC 76)提出并归口。

本标准起草单位：浙江新和成股份有限公司、中国饲料工业协会、浙江医药股份有限公司、浙江省兽药饲料监察所。

本标准主要起草人：杨金枢、王黎文、朱聪英、施东明、任玉琴、章祥汉、杨亚红、叶月恒、潘大永、王文锋、吕伟军、姜红军、苏俊芬。

本标准所代替标准的历次版本发布情况为：

——GB/T 23386—2009。

饲料添加剂　维生素 A 棕榈酸酯(粉)

1　范围

本标准规定了饲料添加剂维生素 A 棕榈酸酯(粉)产品的要求、试验方法、检验规则以及标签、包装、运输、贮存和保质期。

本标准适用于以化学合成的维生素 A 棕榈酸酯为原料，以变性淀粉等为辅料，加入适量抗氧剂，以喷雾法工艺生产的饲料添加剂维生素 A 棕榈酸酯(粉)。

化学名称：3,7-二甲基-9-(2,6,6-三甲基-1-环己烯-1-基)-2,4,6,8-壬四烯-1-棕榈酸酯

分子式：$C_{36}H_{60}O_2$

相对分子质量：524.86(2007 年国际相对原子质量)

化学结构式：

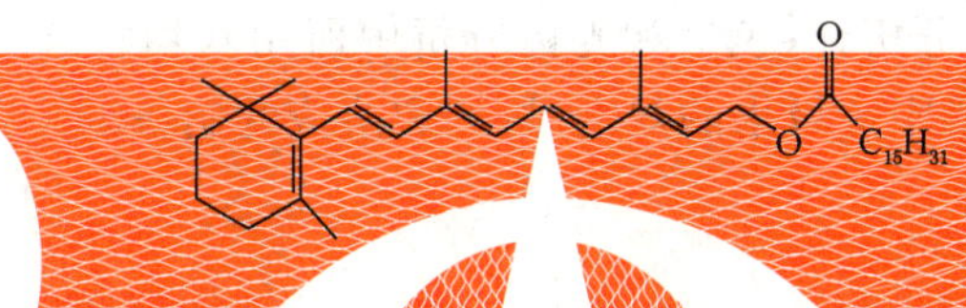

2　规范性引用文件

下列文件对于本文件的应用是必不可少的。凡是注日期的引用文件，仅注日期的版本适用于本文件。凡是不注日期的引用文件，其最新版本(包括所有的修改单)适用于本文件。

GB/T 601　化学试剂　标准滴定溶液的制备

GB/T 603　化学试剂　试验方法中所用制剂及制品的制备

GB/T 5917.1　饲料粉碎粒度测定　两层筛筛分法

GB/T 6435　饲料中水分的测定

GB/T 6682　分析实验室用水规格和试验方法

GB 10648　饲料标签

GB/T 14699.1　饲料　采样

3　要求

3.1　外观和性状

本产品为淡黄色至黄色流动性颗粒或粉末，无明显异味，对空气、热、光和湿敏感。

3.2　产品规格

3.2.1　25 万 IU/g。

3.2.2　产品规格也可根据合同要求确定(但不能低于 25 万 IU/g)。

3.3　技术指标

技术指标应符合表 1 要求。

表 1 技术指标

项　目	指　标
维生素 A 棕榈酸酯含量(占标示量)/%	95.0～115.0
维生素 A 醇和维生素 A 乙酸酯总含量/%	≤1.0
粒度	100%通过孔径为 0.84 mm 的试验筛
	85%以上通过孔径为 0.425 mm 的试验筛
干燥失重/%	≤8.0
重金属(以 Pb 计)/(mg/kg)	≤10
总砷(As)/(mg/kg)	≤2

4 试验方法

除特殊说明外，所用试剂均为分析纯；色谱和光谱分析中所用水均符合 GB/T 6682 中一级水的规定，其他试验用水符合 GB/T 6682 中三级水的规定；试剂和溶液的制备应符合 GB/T 601 和 GB/T 603 的规定。

4.1 感官检验

取适量样品置于清洁、干燥的白瓷盘中，在自然光线下观察其色泽和形态。

4.2 鉴别

按"维生素 A 棕榈酸酯含量测定"(4.3)项下试验，试样溶液(4.3.4)主峰的相对保留时间应与标准溶液(4.3.5)维生素 A 棕榈酸酯色谱峰的保留时间一致。

4.3 维生素 A 棕榈酸酯含量测定

警告：测试过程应在避光条件下进行！

4.3.1 原理

试样用菠萝蛋白酶酶解可能存在的明胶包被物，再以异丙醇提取维生素 A 棕榈酸酯，液相色谱法测定，外标法定量。

4.3.2 试剂和溶液

4.3.2.1 菠萝蛋白酶(≥2 000 GDU/g)。

4.3.2.2 异丙醇(色谱纯)。

4.3.2.3 甲醇(色谱纯)。

4.3.2.4 维生素 A 醇对照品(含量≥3 150 000 IU/g)。

4.3.2.5 维生素 A 乙酸酯对照品(含量≥2 800 000 IU/g)。

4.3.2.6 维生素 A 棕榈酸酯对照品(含量≥1 700 000 IU/g)。

4.3.3 仪器和设备

4.3.3.1 高效液相色谱仪，带紫外检测器或二极管阵列检测器。

4.3.3.2 电热恒温干燥箱。

4.3.3.3 超声波清洗器。

4.3.3.4 分析天平:感量为 0.1 mg。

4.3.4 试样溶液制备

称取试样适量(约相当于维生素 A 棕榈酸酯 50 000 IU),精确至 0.1 mg,置于 250 mL 棕色容量瓶中,加入菠萝蛋白酶(4.3.2.1)20 mg～30 mg、水 10 mL,于 60 ℃～65 ℃水浴中超声 5 min,取出,流水冷却至室温,用异丙醇(4.3.2.2)稀释到刻度,摇匀。

4.3.5 标准溶液制备

称取维生素 A 棕榈酸酯对照品(4.3.2.6)0.05 g,精确至 0.1 mg,置于 50 mL 棕色容量瓶中,加入异丙醇(4.3.2.2)稀释至刻度,摇匀。

4.3.6 参考色谱条件

参考色谱条件如下:

——色谱柱:C_{18}柱,柱长 150 mm,内径 4.6 mm,粒径 5 μm 或性能相当者;

——柱温:35℃;

——流动相:甲醇(4.3.2.3);

——流速:1.5 mL/min;

——检测波长:325 nm;

——进样量:20 μL。

4.3.7 测定步骤

分别取标准溶液(4.3.5)及试样溶液(4.3.4),经 0.45 μm 滤膜过滤,进样分析,记录色谱图(维生素 A 棕榈酸酯的液相色谱图参见附录 A),按外标法以峰面积计算。

4.3.8 结果计算与表示

4.3.8.1 维生素 A 棕榈酸酯含量

维生素 A 棕榈酸酯的含量 X_1,以国际单位每克(IU/g)表示,按式(1)计算:

$$X_1 = \frac{A_2 \times m_1 \times 250 \times C_1}{A_1 \times m_2 \times 500} \qquad \cdots\cdots(1)$$

式中:

A_1 ——标准溶液中维生素 A 棕榈酸酯的峰面积;

A_2 ——试样溶液中维生素 A 棕榈酸酯的峰面积;

m_1 ——维生素 A 棕榈酸酯对照品的质量,单位为克(g);

m_2 ——试样的质量,单位为克(g);

250 ——试样的稀释体积,单位为毫升(mL);

500 ——维生素 A 棕榈酸酯对照品的稀释体积,单位为毫升(mL);

C_1 ——维生素 A 棕榈酸酯对照品的含量,单位为国际单位每克(IU/g)。

取两次平行测定结果的算术平均值为测定结果,结果保留至小数点后一位。

两次平行测定结果的绝对差值应不大于这两个测定值的算术平均值的 4.0%。

4.3.8.2 维生素 A 棕榈酸酯含量(以标示量计)

维生素 A 棕榈酸酯的含量 X_2(占标示量),以%表示,按式(2)计算:

$$X_2 = \frac{X_1}{X} \times 100 \qquad \cdots\cdots(2)$$

X_1——维生素 A 棕榈酸酯含量,单位为国际单位每克(IU/g);

X——维生素 A 棕榈酸酯标示量,单位为国际单位每克(IU/g)。

计算结果表示到小数点后一位。

4.4 维生素 A 醇和维生素 A 乙酸酯总含量测定

警告:测试过程应在避光条件下进行!

4.4.1 原理

试样中维生素 A 醇和维生素 A 乙酸酯经菠萝蛋白酶酶解后,用异丙醇提取,液相色谱法分析,外标法定量。

4.4.2 标准溶液制备

4.4.2.1 维生素 A 醇及维生素 A 乙酸酯贮备液

称取维生素 A 醇对照品(4.3.2.4)及维生素 A 乙酸酯对照品(4.3.2.5)各约 0.02 g(精确至 0.01 mg)于 100 mL 棕色容量瓶中,用异丙醇(4.3.2.2)稀释至刻度,摇匀。临用现配。

4.4.2.2 维生素 A 醇及维生素 A 乙酸酯标准溶液

吸取维生素 A 醇及维生素 A 乙酸酯贮备液各 1.00 mL 于同一 100 mL 棕色容量瓶中,用异丙醇(4.3.2.2)稀释至刻度,摇匀,即得。

4.4.3 试样溶液制备

同维生素 A 棕榈酸酯含量测定中试样溶液(4.3.4)。

4.4.4 测定

分别取试样溶液(4.4.3)及标准溶液(4.4.2.2),过 0.45 μm 滤膜,按参考色谱条件(4.3.6)进样分析,记录色谱图(维生素 A 醇及维生素 A 乙酸酯的液相色谱图参见附录 A)。根据标准溶液的色谱峰保留时间定性,出峰顺序依次为维生素 A 醇和维生素 A 乙酸酯,以相应色谱峰的峰面积积分值、外标法计算其含量。

4.4.5 结果计算与表示

4.4.5.1 维生素 A 醇和维生素 A 乙酸酯总含量

维生素 A 醇和维生素 A 乙酸酯总含量 X_3,以国际单位每克(IU/g)表示,按式(3)计算:

$$X_3 = \frac{A_4 \times m_3 \times 250 \times C_2}{A_3 \times m_2 \times 10\,000} + \frac{A_6 \times m_4 \times 250 \times C_3}{A_5 \times m_2 \times 10\,000} \qquad \cdots\cdots(3)$$

式中:

A_3——标准溶液中维生素 A 醇的峰面积;

A_4——试样溶液中维生素 A 醇的峰面积;

m_2 ——试样的质量，单位为克(g)；
m_3 ——维生素 A 醇对照品的质量，单位为克(g)；
250 ——试样的稀释体积，单位为毫升(mL)；
10 000 ——维生素 A 醇及维生素 A 乙酸酯对照品的稀释体积，单位为毫升(mL)；
C_2 ——维生素 A 醇对照品的含量，单位为国际单位每克(IU/g)；
A_5 ——标准溶液中维生素 A 乙酸酯的峰面积；
A_6 ——试样溶液中维生素 A 乙酸酯的峰面积；
m_4 ——维生素 A 乙酸酯对照品的质量，单位为克(g)；
C_3 ——维生素 A 乙酸酯对照品的含量，单位为国际单位每克(IU/g)。

取两次平行测定结果的算术平均值为测定结果，结果保留至小数点后一位。

两次平行测定结果的绝对差值应不大于这两个测定值的算术平均值的 30%。

4.4.5.2 维生素 A 醇和维生素 A 乙酸酯总含量(以标示量计)

维生素 A 棕榈酸酯的含量 X_4(占标示量)，以%表示，按式(4)计算：

$$X_4 = \frac{X_3}{X} \times 100 \quad \cdots\cdots (4)$$

X_3——维生素 A 醇和维生素 A 乙酸酯总含量，单位为国际单位每克(IU/g)；
X ——维生素 A 棕榈酸酯标示量，单位为国际单位每克(IU/g)。

计算结果表示到小数点后一位。

4.5 粒度

粒度按 GB/T 5917.1 规定的方法执行。

4.6 干燥失重

干燥失重按 GB/T 6435 规定的方法执行。

4.7 重金属

4.7.1 试剂与溶液

4.7.1.1 硫酸。

注意：硫酸是强腐蚀液，操作者需戴防护眼镜、手套，以防灼伤。

4.7.1.2 硝酸。

4.7.1.3 盐酸。

4.7.1.4 甘油。

4.7.1.5 铅标准溶液：1 000 μg/mL。

4.7.1.6 氢氧化钠溶液：40 g/L。

注意：氢氧化钠是强腐蚀液，操作者需戴防护眼镜、手套，以防灼伤。

4.7.1.7 氨水溶液(10%)：按 GB/T 603 制备。

4.7.1.8 盐酸溶液Ⅰ：取盐酸 63 mL，加水至 100 mL，摇匀。

4.7.1.9 盐酸溶液Ⅱ：取盐酸 18 mL，加水至 100 mL，摇匀。

4.7.1.10 硫代乙酰胺溶液：取硫代乙酰胺 4 g，加水溶解并稀释至 100 mL，置冰箱中冷藏保存。临用前取 1.0 mL 及混合液[由氢氧化钠溶液(4.7.1.6)15 mL、水 5.0 mL 及甘油(4.7.1.4)组成]5.0 mL，置水浴上加热 20 s，混匀，冷却，立即使用。

4.7.1.11 乙酸盐缓冲液(pH3.5):取乙酸铵 25 g,加水 25 mL 溶解,加盐酸溶液Ⅰ(4.7.1.8)38 mL,用盐酸溶液Ⅱ(4.7.1.9)或氨水溶液(4.7.1.7)准确调节 pH 至 3.5(pH 剂指示),用水稀释至 100 mL,摇匀。

4.7.1.12 酚酞指示液:按 GB/T 603 制备。

4.7.1.13 铅标准工作液配制:吸取铅标准溶液(4.7.1.5)2.00 mL,置 200 mL 容量瓶中,用水稀释至刻度,摇匀(每毫升相当于 10 μg 的 Pb)。

4.7.2 试样溶液制备

称取试样 1 g(精确至 0.01g),置瓷坩埚中,缓缓炽灼至完全炭化,放冷。加硫酸(4.7.1.1)0.5 mL～1 mL使湿润,低温加热至硫酸蒸气除尽后,在 550 ℃炽灼使完全灰化,放冷。加硝酸(4.7.1.2)0.5 mL,蒸干至氧化氮蒸气除尽后,放冷。加盐酸(4.7.1.3)2.0 mL,置水浴上蒸干后加水 15 mL,滴加氨水溶液(4.7.1.7)至酚酞指示液(4.7.1.12)显微红色,再加乙酸盐缓冲液(4.7.1.11)2.0 mL,微热溶解后,移置纳氏比色管,加水稀释成 25 mL,作为乙管。

4.7.3 标准比色溶液制备

另取制备试样溶液的试剂,置瓷坩埚中蒸干后,加乙酸盐缓冲液(4.7.1.11)2.0 mL 与水 15 mL,微热溶解后,移置纳氏比色管中,加铅标准工作液(4.7.1.13)1.00 mL,再用水稀释成 25 mL,作为甲管。

4.7.4 测定与结果判定

在甲、乙两管中分别加硫代乙酰胺溶液(4.7.1.10)各 2.0 mL,摇匀,放置 2min,同置白纸上,自上向下透视,观察比较甲管与乙管的颜色,如乙管所显颜色未深于甲管,则判定为符合规定。

4.8 总砷

4.8.1 试剂与溶液

4.8.1.1 盐酸。

4.8.1.2 氧化镁。

4.8.1.3 无砷锌粒:以能通过 1 号筛的无砷锌为宜,如使用锌粒较大时,用量应酌情增加,反应时间延长至 1 h。

4.8.1.4 砷标准溶液:1 000 μg/mL。

4.8.1.5 硝酸镁溶液:150 g/L。

4.8.1.6 盐酸溶液:取盐酸 18 mL,加水适量使成 100 mL,摇匀。

4.8.1.7 碘化钾溶液:165 g/L。本液应临用新配。

4.8.1.8 酸性氯化亚锡溶液:取氯化亚锡 20 g,加盐酸(4.8.1.1)使溶解成 50 mL,滤过,摇匀。有效期 3 个月。

4.8.1.9 乙酸铅溶液:取乙酸铅 10 g,加新煮沸过的冷水溶解,滴加乙酸使溶液澄清,加新煮沸过的冷水至 100 mL,摇匀。

4.8.1.10 砷标准工作液配制:吸取砷标准溶液(4.8.1.4)5.00 mL,置 100 mL 量瓶中,用水稀释至刻度,摇匀,再吸取 2.00 mL,置 100 mL 量瓶中,用水稀释至刻度,摇匀(每毫升相当于 1 μg 的 As)。

4.8.1.11 溴化汞试纸:按 GB/T 603 制备,置棕色磨口瓶中保存。

4.8.1.12 乙酸铅棉花:取脱脂棉,浸入乙酸铅溶液(4.8.1.9)与水的等体积混合液中,湿透后,沥去多余的溶液,并使之疏松,在 100 ℃以下干燥后,贮于磨口塞玻璃瓶中备用。

4.8.1.13 酚酞指示液:按 GB/T 603 制备。

4.8.2 分析步骤

4.8.2.1 试样砷斑的制备

取试样1.0 g(精确至0.01 g)于瓷坩埚中,加硝酸镁溶液(4.8.1.5)10 mL和氧化镁1 g,混匀,浸泡4 h,于低温或水浴上蒸干,用小火缓缓炽灼至完全炭化,放冷。在550 ℃炽灼使完全灰化,加水2 mL湿润灰分,加酚酞指示液(4.8.1.13)1滴,如显红色,滴加盐酸溶液(4.8.1.6)至红色褪去,移入锥形瓶中,用水21 mL分次洗涤瓷坩埚,洗液并入锥形瓶中,再加盐酸(4.8.1.1)5 mL,加碘化钾溶液(4.8.1.7)5 mL与酸性氯化亚锡溶液(4.8.1.8)5滴,在室温放置10 min后,加无砷锌粒2 g,立即将顶端平面放有溴化汞试纸(4.8.1.11)和装有乙酸铅棉花(4.8.1.12)的导气管密塞于锥形瓶上,并将锥形瓶置于25 ℃~40 ℃水浴中,反应45 min,取出溴化汞试纸,即得。

4.8.2.2 标准砷斑的制备

另取制备试样砷斑的试剂,置瓷坩埚中与试样同法处理后,移入锥形瓶中,加盐酸(4.8.1.1)5 mL与水21 mL,再吸取砷标准工作液(4.8.1.10)2.00 mL,照"试样砷斑的制备"(4.8.2.1)项下自"加碘化钾溶液"起同法操作。

4.8.2.3 结果判定

取出溴化汞试纸,肉眼比较砷斑颜色,如试样砷斑颜色未深于标准砷斑颜色,则判定为符合规定。

5 检验规则

5.1 采样方法

按GB/T 14699.1进行。

5.2 组批

以相同材料、相同生产工艺、在连续生产或同一班次生产的均匀一致的产品为一个生产批次。

5.3 出厂检验

第3章所列项目中,外观和性状、维生素A棕榈酸酯含量、维生素A醇和维生素A乙酸酯总含量、粒度、干燥失重为出厂检验项目。

5.4 型式检验

型式检验项目为第3章的全部要求。产品正常生产时,每半年至少进行一次型式检验,但有下列情况之一时,亦应进行型式检验:

a) 产品定型时;

b) 生产工艺或原料来源有较大改变,可能影响产品质量时;

c) 停产三个月以上,重新恢复生产时;

d) 出厂检验结果与上次型式检验结果有较大差异时。

5.5 判定规则

检验结果有一项指标不符合本标准要求时,应重新自两倍量的包装单元中采样进行复验,复验结果仍有一项指标不符合本标准要求时,则整批产品判为不合格品。

6 标签、包装、运输和贮存

6.1 标签

应符合 GB 10648 的规定。

6.2 包装

本产品采用铝薄膜袋或其他适宜的避光密闭容器包装。包装材料应无毒无害，并符合相应的标准要求。

6.3 运输

本品在运输过程中应防潮、防高温、防止包装破损，不得与有毒有害物质混运。

6.4 贮存

本产品应贮存在 25℃以下、通风、干燥、无污染、无有害物质的地方，开封后应尽快使用。

7 保质期

在本标准规定的包装、贮存条件下，保质期为 12 个月。

附 录 A
（资料性附录）
维生素 A 棕榈酸酯、维生素 A 醇和维生素 A 乙酸酯的高效液相色谱图

A.1 维生素 A 棕榈酸酯的液相色谱图见图 A.1。

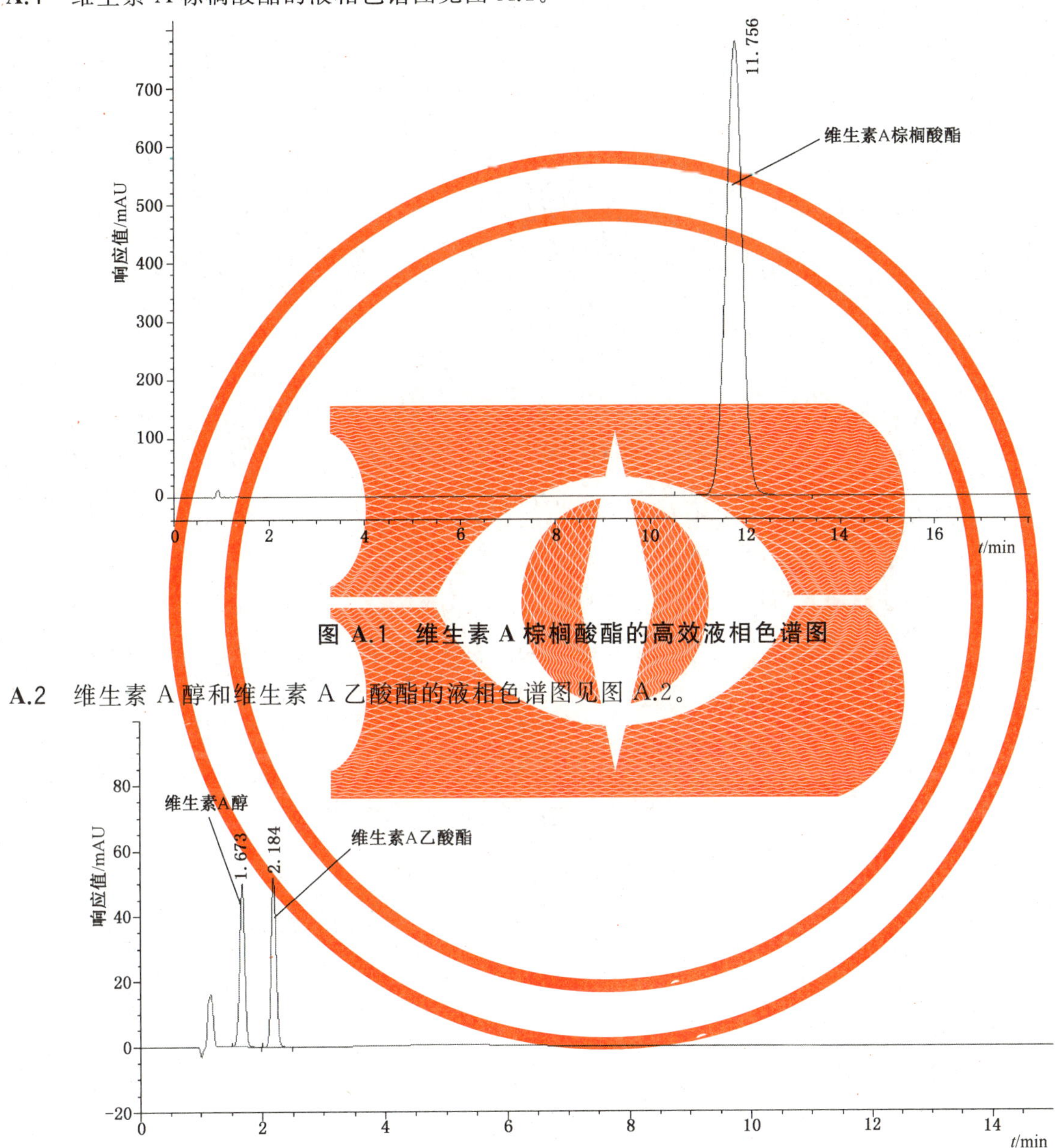

图 A.1 维生素 A 棕榈酸酯的高效液相色谱图

A.2 维生素 A 醇和维生素 A 乙酸酯的液相色谱图见图 A.2。

图 A.2 维生素 A 醇和维生素 A 乙酸酯的高效液相色谱图

ICS 91.100.30
Q 12

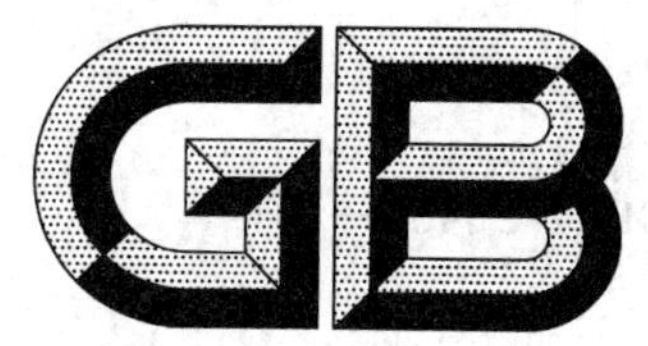

中华人民共和国国家标准

GB/T 23439—2017
代替 GB/T 23439—2009

混凝土膨胀剂

Expansive agents for concrete

2017-12-29 发布 2018-11-01 实施

中华人民共和国国家质量监督检验检疫总局
中国国家标准化管理委员会 发布

前　言

本标准按照 GB/T 1.1—2009 给出的规则起草。

本标准代替 GB/T 23439—2009《混凝土膨胀剂》。与 GB/T 23439—2009 相比，除编辑性修改外主要技术内容变化如下：

——修改了限制膨胀率和强度的要求（见第 5 章和 2009 年版的第 5 章）；

——修改了抗压强度的试验方法（见第 6 章和 2009 年版的第 6 章）；

——修改了检验规则（见第 7 章和 2009 年版的第 7 章）；

——修改了包装（见第 8 章和 2009 年版的第 8 章）；

——增加了附录 A 的试验方法 B（见附录 A）；

——增加了附录 B 的试验方法 B（见附录 B）。

本标准由中国建筑材料联合会提出。

本标准由全国水泥制品标准化技术委员会（SAC/TC 197）归口。

本标准负责起草单位：中国建筑材料科学研究总院。

本标准参加起草单位：郑州市建文特材科技有限公司、天津豹鸣股份有限公司、重庆三圣实业股份有限公司、江苏苏博特新材料股份有限公司、山东省建筑科学研究院、武汉三源特种建材有限责任公司、浙江合力海科新材料股份有限公司、杭州力盾混凝土外加剂有限公司、金华市欣生沸石开发有限公司、湖南武源建材有限责任公司、重庆大业新型建材集团有限公司、寿光市利飞混凝土外加剂有限公司。

本标准主要起草人：赵顺增、刘立、张学文、刘福全、李光明、田倩、王勇威、苑立东、丁小富、邓庆洪、胡景波、苑立明、吕剑、冯心礼、贾福杰、李长成。

本标准所代替标准的历次版本发布情况为：

——GB/T 23439—2009。

混凝土膨胀剂

1 范围

本标准规定了混凝土膨胀剂的术语和定义、分类和标记、要求、试验方法、检验规则及包装、标志、运输与贮存。

本标准适用于硫铝酸钙类、氧化钙类与硫铝酸钙-氧化钙类粉状混凝土膨胀剂。

2 规范性引用文件

下列文件对于本文件的应用是必不可少的。凡是注日期的引用文件，仅注日期的版本适用于本文件。凡是不注日期的引用文件，其最新版本(包括所有的修改单)适用于本文件。

GB/T 176 水泥化学分析方法

GB/T 700 碳素结构钢

GB/T 1345 水泥细度检验方法 筛析法

GB/T 1346 水泥标准稠度用水量、凝结时间、安定性检验方法

GB/T 1499.2 钢筋混凝土用钢 第2部分:热轧带肋钢筋

GB/T 4357 冷拉碳素弹簧钢丝

GB/T 6003.1 试验筛 技术要求和检验 第1部分:金属丝编织网试验筛

GB/T 8074 水泥比表面积测定方法 勃氏法

GB 8076 混凝土外加剂

GB/T 12573 水泥取样方法

GB/T 17671 水泥胶砂强度检验方法(ISO法)

GB/T 50081 普通混凝土力学性能试验方法标准

JGJ 63 混凝土用水标准

YB/T 5241 低膨胀铁镍、铁镍钴合金

3 术语和定义

下列术语和定义适用于本文件。

3.1

混凝土膨胀剂 expansive agents for concrete

与水泥、水拌和后经水化反应生成钙矾石、氢氧化钙或钙矾石和氢氧化钙，使混凝土产生体积膨胀的外加剂。

3.2

硫铝酸钙类混凝土膨胀剂 calcium sulphoaluminate expansive agents for concrete

与水泥、水拌和后经水化反应生成钙矾石的混凝土膨胀剂。

3.3

氧化钙类混凝土膨胀剂 calcium oxide expansive agents for concrete

与水泥、水拌和后经水化反应生成氢氧化钙的混凝土膨胀剂。

3.4

硫铝酸钙-氧化钙类混凝土膨胀剂　calcium sulphoaluminate-calcium oxide expansive agents for concrete

与水泥、水拌和后经水化反应生成钙矾石和氢氧化钙的混凝土膨胀剂。

4　分类和标记

4.1　分类

4.1.1　混凝土膨胀剂按水化产物分为:硫铝酸钙类混凝土膨胀剂(代号 A)、氧化钙类混凝土膨胀剂(代号 C)和硫铝酸钙-氧化钙类混凝土膨胀剂(代号 AC)三类。

4.1.2　混凝土膨胀剂按限制膨胀率分为Ⅰ型和Ⅱ型。

4.2　标记

本标准涉及的所有混凝土膨胀剂产品名称标注为 EA,按下列顺序进行标记:产品名称、代号、型号、标准号。

示例:

Ⅰ型硫铝酸钙类混凝土膨胀剂的标记:EA A Ⅰ GB/T 23439—2017。

Ⅱ型氧化钙类混凝土膨胀剂:EA C Ⅱ GB/T 23439—2017。

Ⅱ型硫铝酸钙-氧化钙类混凝土膨胀剂:EA AC Ⅱ GB/T 23439—2017。

5　要求

5.1　化学成分

5.1.1　氧化镁

混凝土膨胀剂中的氧化镁含量应不大于5%。

5.1.2　碱含量(选择性指标)

混凝土膨胀剂中的碱含量按 $Na_2O+0.658K_2O$ 计算值表示。若使用活性骨料,用户要求提供低碱混凝土膨胀剂时,混凝土膨胀剂中的碱含量应不大于0.75%,或由供需双方协商确定。

5.2　物理性能

混凝土膨胀剂的物理性能指标应符合表1规定。

表1　混凝土膨胀剂性能指标

项目			指标值	
			Ⅰ型	Ⅱ型
细度	比表面积/(m^2/kg)	≥	200	
	1.18 mm 筛筛余/%	≤	0.5	
凝结时间	初凝/min	≥	45	
	终凝/min	≤	600	

表 1(续)

项目		指标值	
		Ⅰ型	Ⅱ型
限制膨胀率/%	水中 7 d ≥	0.035	0.050
	空气中 21 d ≥	−0.015	−0.010
抗压强度/MPa	7 d ≥	22.5	
	28 d ≥	42.5	

6 试验方法

6.1 化学成分

氧化镁、碱含量按 GB/T 176 进行。

6.2 物理性能

6.2.1 试验材料

6.2.1.1 水泥

采用 GB 8076 规定的基准水泥。因故得不到基准水泥时,允许采用由熟料与二水石膏共同粉磨而成的强度等级为 42.5 的硅酸盐水泥,且熟料中 C_3A 含量 6%~8%,C_3S 含量 55%~60%,游离氧化钙不超过 1.2%,碱($Na_2O+0.658K_2O$)含量不超过 0.7%,水泥的比表面积(350±10)m^2/kg。

6.2.1.2 标准砂

符合 GB/T 17671 要求。

6.2.1.3 水

符合 JGJ 63 要求。

6.2.2 细度

比表面积测定按 GB/T 8074 的规定进行。1.18 mm 筛筛余测定采用 GB/T 6003.1 规定的金属筛,参照 GB/T 1345 中手工干筛法进行。

6.2.3 凝结时间

按 GB/T 1346 进行,膨胀剂内掺 10%。

6.2.4 限制膨胀率

按附录 A 进行,当 A、B 两种方法的测试结果有分歧时,以 B 法为准。

注 1:掺混凝土膨胀剂的混凝土单向限制膨胀性能试验方法参见附录 B。

注 2:掺混凝土膨胀剂的水泥浆体或混凝土膨胀性能快速试验方法参见附录 C。

6.2.5 抗压强度

按 GB/T 17671 进行。

注：掺膨胀剂的混凝土限制状态下的抗压强度试验方法参见附录 D。

每成型 3 条试体需称量的材料及用量如表 2。

表 2 抗压强度材料及用量

单位为克

材　料	代　号	材　料　质　量
水　泥	C	427.5±2.0
膨胀剂	E	22.5±0.1
标准砂	S	1 350.0±5.0
拌和水	W	225.0±1.0
注：$\frac{E}{C+E}=0.05$；$\frac{S}{C+E}=3.00$；$\frac{W}{C+E}=0.50$。		

7 检验规则

7.1 检验分类

7.1.1 出厂检验

出厂检验项目为：细度、凝结时间、水中 7 d 的限制膨胀率、7 d 的抗压强度。

7.1.2 型式检验

型式检验项目包括第 5 章规定的全部项目。有下列情况之一者，应进行型式检验：

a） 正常生产时，每半年至少进行一次检验；

b） 新产品或老产品转厂生产的试制定型鉴定；

c） 正式生产后，如材料、工艺有较大改变，可能影响产品性能时；

d） 产品停产超过 90 d，恢复生产时；

e） 出厂检验结果与上次型式检验有较大差异时。

7.2 编号及取样

膨胀剂按同类型编号和取样。袋装和散装膨胀剂应分别进行编号和取样。膨胀剂出厂编号按生产能力规定：日产量超过 200 t 时，以不超过 200 t 为一编号；不足 200 t 时，以日产量为一编号。

每一编号为一取样单位，取样方法按 GB/T 12573 进行。取样应具有代表性，可连续取，也可从 20 个以上不同部位取等量样品，总量不小于 10 kg。

每一编号取得的试样应充分混匀，分为两等份：一份为检验样，一份为封存样，密封保存 180 d。

7.3 判定规则

7.3.1 出厂检验判定

型式检验报告在有效期内，且出厂检验项目结果符合要求，可判定出厂检验合格。

7.3.2 型式检验判定

产品性能指标全部符合第 5 章规定的全部要求，可判定型式检验合格，否则判定该批号产品不合格。

7.4 出厂检验报告

出厂检验报告内容应包括出厂检验项目以及合同约定的其他技术要求。

生产者应在产品发出之日起 12 d 内寄发除 28 d 抗压强度检验结果以外的各项检验结果，32 d 内补报 28 d 强度检验结果。

8 包装、标志、运输与贮存

8.1 包装

产品可以袋装或散装。袋装时须用防潮的包装袋。袋装产品每袋净含量 50 kg，且不得少于标志含量的 99%。随机抽取 20 袋，产品总净含量不得少于 1 000 kg。其他包装形式由供需方协商确定。

8.2 标志

包装袋上应清楚标明：产品名称、商标、标记、出厂编号、包装日期、净含量、生产者名称及严防受潮等字样。

散装时应提交与袋装标志相同内容的卡片。

8.3 运输与贮存

产品在运输与贮存时，不得受潮和混入杂物，不同类型的产品应分别贮存，不得混杂。

产品自包装日期起计算，在符合标准的包装、运输、贮存的条件下贮存期为 180 d，过期应按表 1 重新进行物理性能检验。

附　录　A
（规范性附录）
限制膨胀率试验方法

A.1　概述

本附录规定了混凝土膨胀剂限制膨胀率的试验方法，分为试验方法A和试验方法B。

A.2　试验方法A

A.2.1　仪器

A.2.1.1　搅拌机、振动台、试模及下料漏斗

按GB/T 17671规定。

A.2.1.2　测量仪

测量仪由千分表、支架和标准杆组成(图A.1)，千分表的分辨率为0.001 mm。

单位为毫米

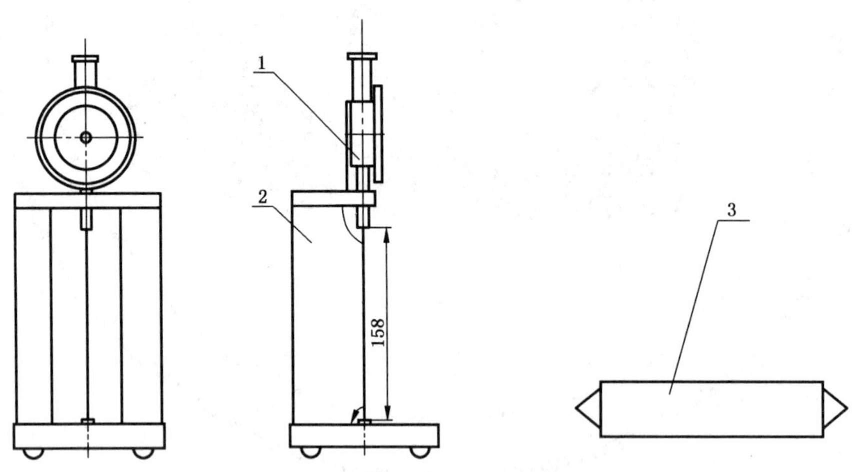

说明：
1——千分表；
2——支架；
3——标准杆。

图A.1　A法测量仪

A.2.1.3　纵向限制器

纵向限制器应符合以下规定：

a)　纵向限制器由纵向钢丝与钢板焊接制成(图A.2)。

b)　钢丝采用GB 4357规定的D级弹簧钢丝，铜焊处拉脱强度不低于785 MPa。

c) 纵向限制器不应变形，出厂检验使用次数不应超过 5 次，第三方检测机构检验时不得超过 1 次。

单位为毫米

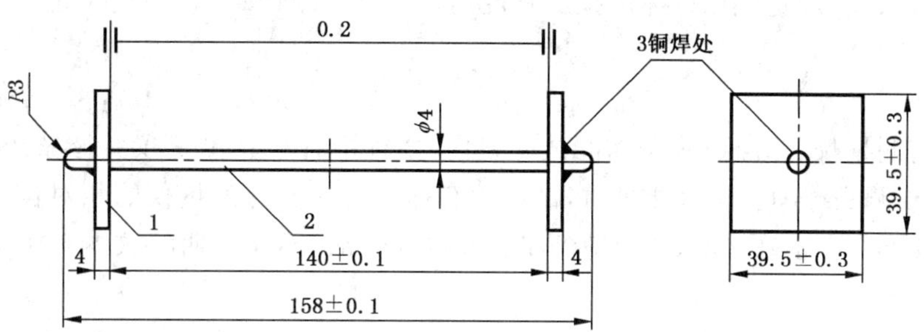

说明：

1——钢板；

2——钢丝；

3——铜焊处。

图 A.2 纵向限制器

A.2.2 试验室环境条件

A.2.2.1 试验室、养护箱、养护水的温度、湿度应符合 GB/T 17671 的规定。

A.2.2.2 恒温恒湿(箱)室温度为(20±2)℃，湿度为(60±5)%。

A.2.2.3 每日应检查、记录温度、湿度变化情况。

A.2.3 试体制备

A.2.3.1 试验材料

见 6.2.1。

A.2.3.2 水泥胶砂配合比

每成型 3 条试体需称量的材料及用量如表 A.1。

表 A.1 限制膨胀率试验材料及用量

单位为克

材　料	代　号	材　料　质　量
水　泥	C	607.5±2.0
膨胀剂	E	67.5±0.2
标准砂	S	1350.0±5.0
拌和水	W	270.0±1.0
注：$\frac{E}{C+E}=0.10$；$\frac{S}{C+E}=2.00$；$\frac{W}{C+E}=0.40$。		

A.2.3.3 水泥胶砂搅拌、试体成型

按 GB/T 17671 规定进行。同一条件有 3 条试体供测长用，试体全长 158 mm，其中胶砂部分尺寸

为 40 mm×40 mm×140 mm。

A.2.3.4 试体脱模

脱模时间以 A.2.4.2 规定配比试体的抗压强度达到(10±2)MPa 时的时间确定。

A.2.4 试体测长

测量前 3 h,将测量仪、标准杆放在标准试验室内,用标准杆校正测量仪并调整千分表零点。测量前,将试体及测量仪测头擦净。每次测量时,试体记有标志的一面与测量仪的相对位置应一致,纵向限制器测头与测量仪测头应正确接触,读数应精确至 0.001 mm。不同龄期的试体应在规定时间±1 h 内测量。

试体脱模后在 1 h 内测量试体的初始长度。

测量完初始长度的试体立即放入水中养护,测量放入水中第 7 d 的长度。然后放入恒温恒湿(箱)室养护,测量放入空气中第 21 d 的长度。也可以根据需要测量不同龄期的长度,观察膨胀收缩变化趋势。

养护时,应注意不损伤试体测头。试体之间应保持 15 mm 以上间隔,试体支点距限制钢板两端约 30 mm。

A.2.5 结果计算

各龄期限制膨胀率按式(A.1)计算:

$$\varepsilon = \frac{L_1 - L}{L_0} \times 100 \qquad \cdots\cdots (A.1)$$

式中:

ε ——所测龄期的限制膨胀率,%;

L_1——所测龄期的试体长度测量值,单位为毫米(mm);

L ——试体的初始长度测量值,单位为毫米(mm);

L_0——试体的基准长度,140 mm。

取相近的 2 个试体测定值的平均值作为限制膨胀率的测量结果,计算值精确至 0.001%。

A.3 试验方法 B

A.3.1 仪器

A.3.1.1 搅拌机、振动台、试模及下料漏斗

按 GB/T 17671 规定。

A.3.1.2 测量仪

测量仪由千分表、支架、养护水槽组成(图 A.3),千分表的分辨率为 0.001 mm。

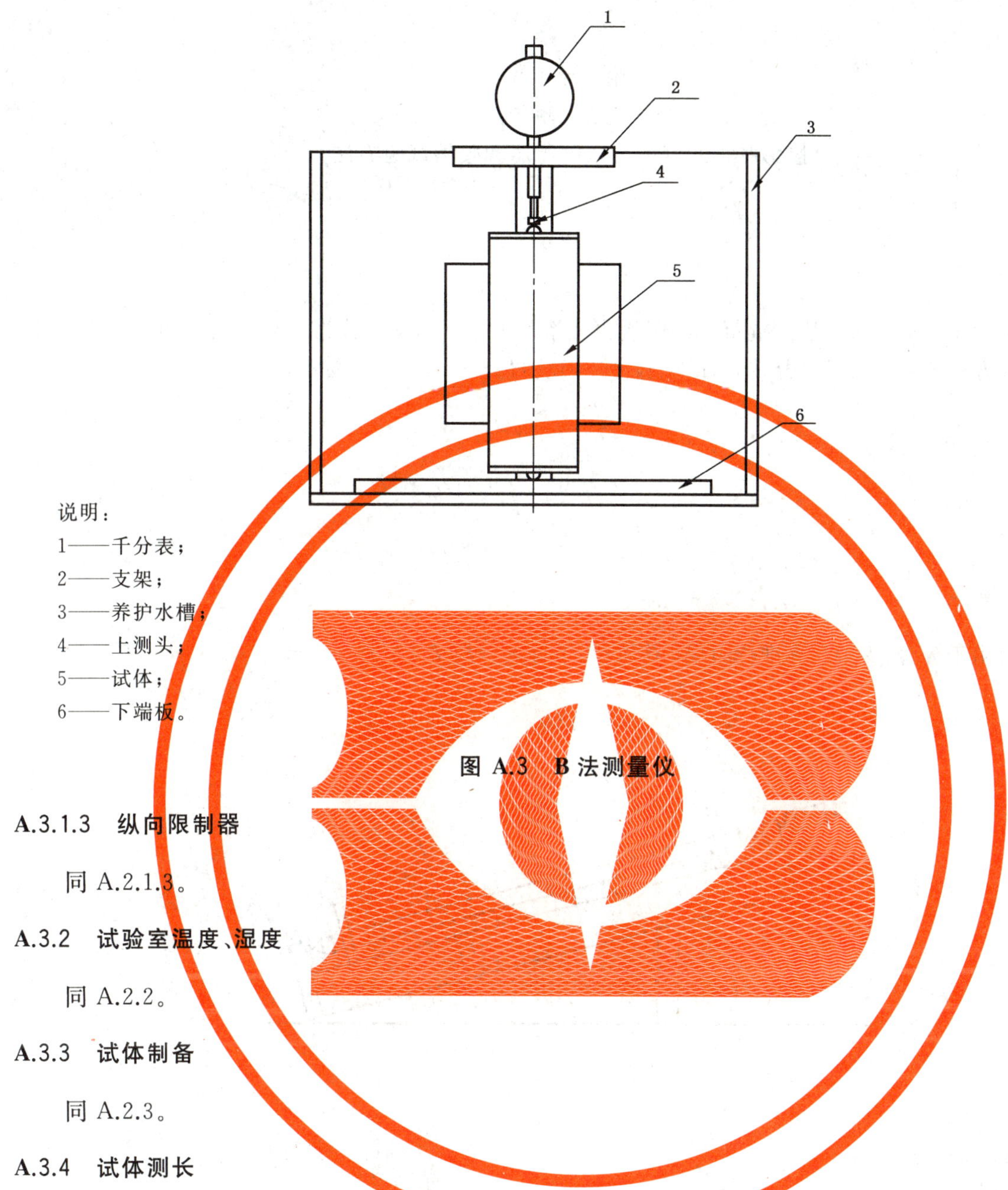

说明：

1——千分表；

2——支架；

3——养护水槽；

4——上测头；

5——试体；

6——下端板。

图 A.3 B 法测量仪

A.3.1.3 纵向限制器

同 A.2.1.3。

A.3.2 试验室温度、湿度

同 A.2.2。

A.3.3 试体制备

同 A.2.3。

A.3.4 试体测长

测量前 3 h，将测量仪、恒温水槽、自来水放在标准试验室内恒温，并将试体及测量仪测头擦净。

试体脱模后在 1 h 内应固定在测量支架上，将测量支架和试体一起放入未加水的恒温水槽，测量试体的初始长度。之后向恒温水槽中注入温度为(20±2)℃的自来水，水面应高于试体的水泥砂浆部分，在水中养护期间不准移动试体和恒温水槽。测量试体放入水中第 7 d 的长度，然后在 1 h 内放掉恒温水槽中的水，将测量支架和试体一起取出放入恒温恒湿(箱)室养护，调整千分表读数至出水前的长度值，再测量试体放入空气中第 21 d 的长度。也可以记录试体放入恒温恒湿(箱)室时千分表的读数，再测量试体放入空气中第 21 d 的长度，计算时进行校正。

根据需要也可以测量不同龄期的长度，观察膨胀收缩变化趋势。

测量读数应精确至 0.001 mm。不同龄期的试体应在规定时间±1 h 内测量。

A.3.5 结果计算

同 A.2.5。

附　录　B
（资料性附录）
掺膨胀剂的混凝土限制膨胀和收缩试验方法

B.1　概述

本方法适用于测定掺膨胀剂混凝土的限制膨胀率及限制干缩率。分为试验方法 A 和试验方法 B，当两种试验方法的测试结果有分歧时，以试验方法 B 为准。

B.2　试验方法 A

B.2.1　仪器

B.2.1.1　测量仪

测量仪由千分表、支架和标准杆组成（图 B.1），千分表分辨率为 0.001 mm。

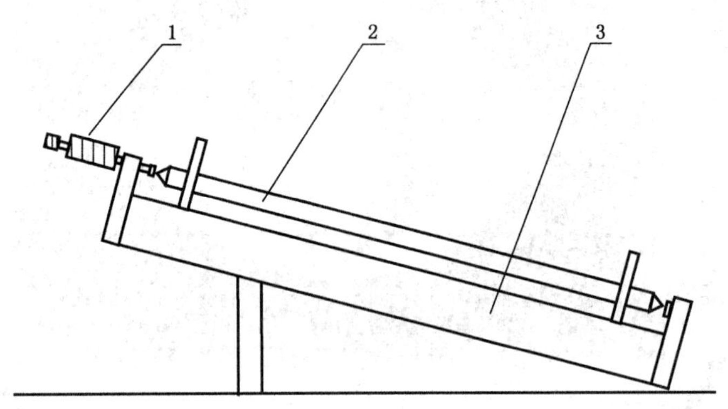

说明：

1——千分表；

2——标准杆；

3——支架。

图 B.1　A 法测量仪

B.2.1.2　纵向限制器

纵向限制器应符合以下规定：

a)　纵向限制器由纵向限制钢筋与钢板焊接制成（图 B.2）。

b)　纵向限制钢筋采用 GB/T 1499.2 中规定的钢筋，直径 10 mm，横截面面积 78.54 mm²。钢筋两测焊 12 mm 厚的钢板，材质符合 GB/T 700 技术要求，钢筋两端点各 7.5 mm 范围内为黄铜或不锈钢，测头呈球面状，半径为 3 mm。钢板与钢筋焊接处的焊接强度，不应低于 260 MPa。

c)　纵向限制器不应变形，一般检验可重复使用 3 次。

d)　该纵向限制器的配筋率为 0.79%。

单位为毫米

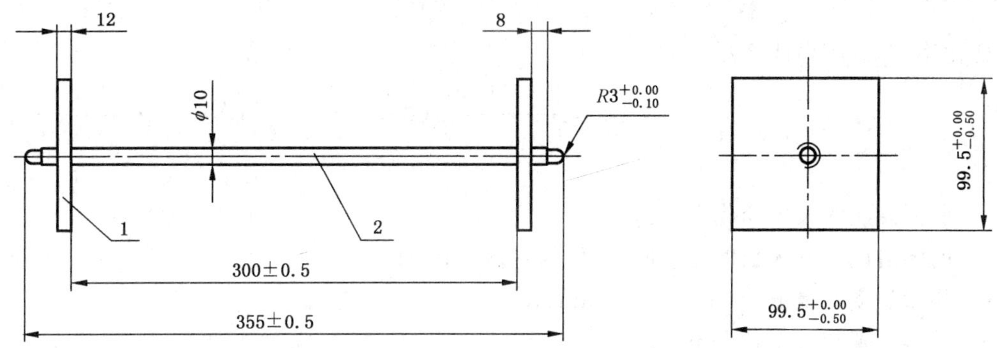

说明：

1——端板；

2——钢筋。

图 B.2 纵向限制器

B.2.2 试验室环境条件

B.2.2.1 用于混凝土试体成型和测量的试验室的温度为(20±2)℃。

B.2.2.2 用于养护混凝土试体的恒温水槽的温度为(20±2)℃。恒温恒湿室温度为(20±2)℃，湿度为(60±5)%。

B.2.2.3 每日应检查、记录温度变化情况。

B.2.3 试体制作

用于成型试体的的模型宽度和高度均为 100 mm，长度大于 360 mm。

同一条件有 3 条试体供测长用，试体全长 355 mm，其中混凝土部分尺寸为 100 mm×100 mm×300 mm。

首先把纵向限制器具放入试模中，然后将混凝土一次装入试模，把试模放在振动台上振动至表面呈现水泥浆，不泛气泡为止，刮去多余的混凝土并抹平；然后把试体置于温度为(20±2)℃的养护室内养护，试体表面用塑料布或湿布覆盖，防止水分蒸发；

当混凝土抗压强度达到 3 MPa～5 MPa 时拆模(成型后 12 h～16 h)。

B.2.4 试体测长和养护

B.2.4.1 试体测长

测长前的准备和操作方法按照 A.2.4 进行，测量完初始长度的试体立即放入恒温水槽中养护，在规定龄期进行测长。

测长的龄期从加水搅拌开始计算，一般测量 3 d、7 d 和 14 d 的长度变化。14 d 后，将试体移入恒温恒湿室中养护，分别测量空气中 28 d、42 d 的长度变化。也可根据需要安排测量龄期。

B.2.4.2 试体养护

养护时，应注意不损伤试体测头。试体之间应保持 25 mm 以上间隔，试体支点距限制钢板两端约 70 mm。

B.2.5 结果计算

长度变化率按式(B.1)计算：

$$\varepsilon = \frac{L_1 - L}{L_0} \times 100 \qquad \cdots\cdots\cdots\cdots(\text{B.1})$$

式中：

ε ——所测龄期的长度变化率,%；

L_1 ——所测龄期的试体长度测量值,单位为毫米(mm)；

L ——初始长度测量值,单位为毫米(mm)；

L_0 ——试体的基准长度,300 mm。

取相近的 2 个试体测定值的平均值作为长度变化率的测量结果,计算值精确至 0.001%。

导入混凝土中的膨胀或收缩应力按式(B.2)计算：

$$\sigma = \mu \cdot E \cdot \varepsilon \qquad \cdots\cdots\cdots\cdots(\text{B.2})$$

式中：

σ ——膨胀或收缩应力,单位为兆帕(MPa)；

μ ——配筋率,%；

E ——限制钢筋的弹性模量,取 2.0×10^5 MPa；

ε ——所测龄期的长度变化率,%。

计算值精确至 0.01 MPa。

B.3 试验方法 B

B.3.1 仪器

B.3.1.1 纵向限制器

纵向限制器应符合以下规定：

a) 纵向限制器由纵向限制钢筋与钢板焊接制成(图 B.3)。

b) 纵向限制钢筋采用 GB/T 1499.2 中规定的钢筋,直径 10 mm,横截面面积 78.54 mm^2。钢筋两侧焊 12 mm 厚的钢板,材质符合 GB/T 700 技术要求。钢板与钢筋焊接处的焊接强度,不应低于 260 MPa。

c) 纵向限制器不应变形,一般检验可重复使用 3 次。

d) 该纵向限制器的配筋率为 0.79%。

单位为毫米

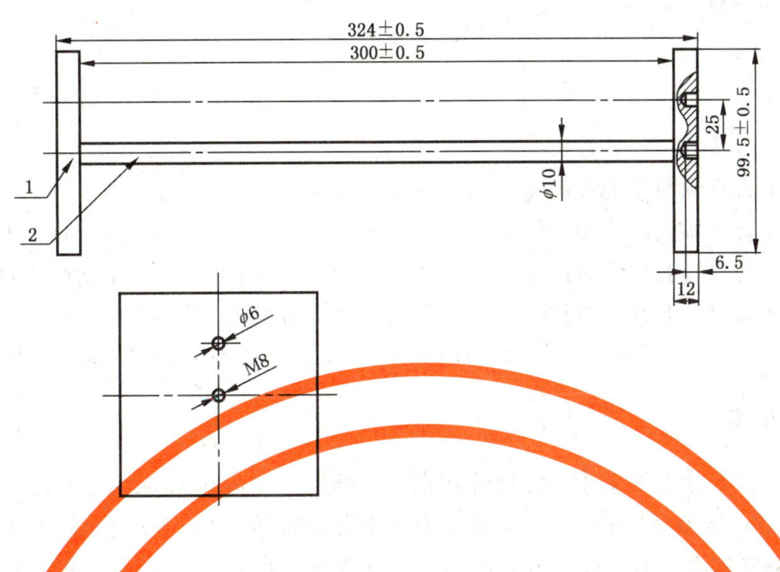

说明：

1——端板；

2——钢筋。

图 B.3 纵向限制器

B.3.1.2 试验装置示意图

试验装置示意图(B.4)。测量连杆应采用直径 8mm 的低膨胀铁镍、铁镍钴合金，材质符合 YB/T 5241技术要求，左、右支架和紧固螺钉为不锈钢材质，测量连杆、支架与纵向限制器应安装牢固。

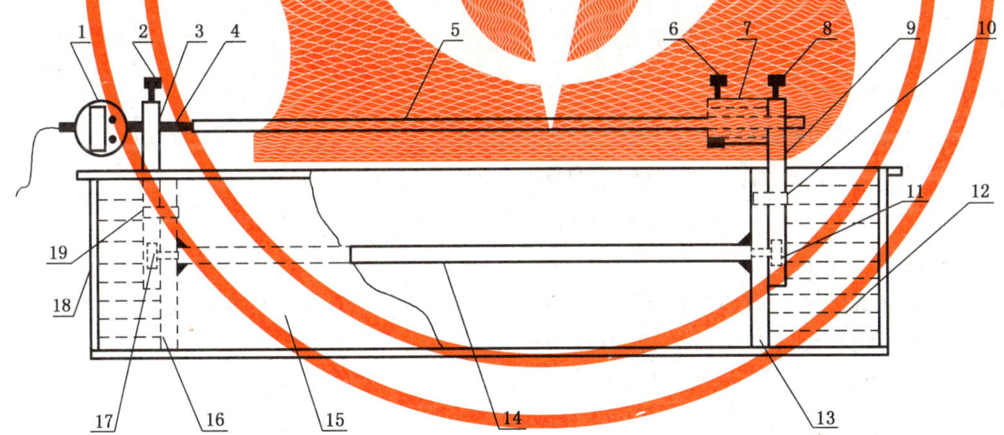

说明：

1——千分表；

2——千分表紧固螺丝；

3——左支架；

4——千分表测头；

5——测量连杆；

6——对中调节螺丝(3 个，120°均匀分布)；

7——对中调节套(与 5 紧密配合)；

8——测量连杆紧固螺丝；

9——右支架；

10——右紧固螺钉；

11——右支架紧固螺丝；

12——养护水；

13——右端板；

14——限制钢筋(φ10)；

15——混凝土试体；

16——左端板；

17——左支架紧固螺丝；

18——混凝土模型(100 mm×100 mm×400 mm)；

19——左紧固螺钉。

图 B.4 试验装置示意图

B.3.2 试验室环境条件

同B.2.2。

B.3.3 试体制作

用于成型试体的的模型宽度和高度均为100 mm,长度为400 mm。

同一条件有3条试体供测长用,试体混凝土部分尺寸为100 mm×100 mm×300 mm。

首先把装好左右测量支架的纵向限制器具放入试模中,然后将混凝土1次装入试模,把试模放在振动台上振动至表面呈现水泥浆,不泛气泡为止,刮去多余的混凝土并抹平;试体表面用湿布覆盖,防止水分蒸发;然后把试体置于温度为(20±2)℃的标准养护室,并牢固安装测量连杆和千分表。

B.3.4 试体测长和养护

装好测量连杆和千分表的试体在标准养护室内的静置120 min,读取初始长度;当混凝土抗压强度达到3 MPa~5 MPa(成型后12 h~16 h),在试体两端注满温度为(20±2)℃ 的自来水,水养护期间,试体表面应一直用湿布覆盖。在规定龄期进行测长。测长的龄期从加水搅拌开始计算,一般测量3 d、7 d和14 d的长度变化。14 d后,将试体从模型中取出,并在1 h之内,移入恒温恒湿室中养护,调整千分表读数至出水前的长度值,也可以记录试体放入恒温恒湿(箱)室时千分表的读数,计算时进行校正。分别测量试体放入空气中28 d、42 d的长度变化。也可根据需要安排测量龄期。在恒温恒湿(箱)室养护时,试体之间应保持25 mm以上间隔,试体支点距限制钢板两端约70 mm。

B.3.5 结果计算

长度变化率按式(B.3)计算:

$$\varepsilon=\frac{L_1-L}{2L_0}\times 100 \qquad \cdots\cdots(B.3)$$

式中:

ε ——所测龄期的长度变化率,%;

L_1——所测龄期的千分表读值,单位为毫米(mm);

L ——初始千分表读值,单位为毫米(mm);

L_0——试体的基准长度,300 mm。

取相近的2个试体测定值的平均值作为长度变化率的测量结果,计算值精确至0.001%。

导入混凝土中的膨胀或收缩应力按式(B.2)计算。

附 录 C
(资料性附录)
混凝土膨胀剂和掺膨胀剂的混凝土膨胀性能快速试验方法

C.1 本附录规定了在测定限制膨胀率之前,判断膨胀剂或混凝土是否具有一定膨胀性能的快速简易试验方法,结果供用户参考。

C.2 本试验方法适用于定性判别混凝土膨胀剂或掺混凝土膨胀剂的混凝土的膨胀性能。

C.3 混凝土膨胀剂的膨胀性能快速试验方法如下:

称取强度等级为42.5的硅酸盐水泥或普通硅酸盐水泥(1350±5)g,受检混凝土膨胀剂(150±1)g,水(675±1)g,手工搅拌均匀。将搅拌好的水泥浆体用漏斗注满容积为600 mL的玻璃啤酒瓶,并盖好瓶口,观察玻璃瓶出现裂缝的时间。

C.4 掺混凝土膨胀剂的混凝土的膨胀性能快速试验方法如下:

在现场取搅拌好的掺混凝土膨胀剂的混凝土,将约400 mL的混凝土装入容积为500 mL的玻璃烧杯中,用竹筷轻轻插捣密实,并用塑料薄膜封好烧杯口。待混凝土终凝后,揭开塑料薄膜,向烧杯中注满清水,再用塑料薄膜密封烧杯,观察玻璃烧杯出现裂缝的时间。

附 录 D
（资料性附录）
限制养护的膨胀混凝土的抗压强度试验方法

D.1 本附录规定了在近于三向模板限制状态下养护的膨胀混凝土的抗压强度检验方法。

D.2 试体尺寸及制作按照 GB/T 50081 进行，应用钢制模型，装入混凝土之前，确认模型的挡块不松动。

D.3 养护和脱模应符合下列规定：

a） 试体制作和养护的标准温度为(20±2)℃。如果在非标准温度条件下制作，应记录制作和养护温度。

b） 试体带模在湿润状态下养护龄期不少于 7 d，为保持湿润状态，将试体置于水槽中，或置于空气中、在其表面覆盖湿布等，7 d 后可拆模进行标准养护，拆模时，模型破损或接缝处张开的试体，不能用于检验。

D.4 抗压强度检验按照 GB/T 50081 进行。

ICS 91.120.30
Q 17

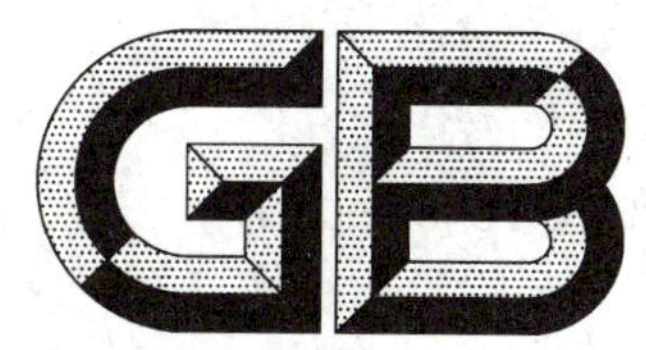

中华人民共和国国家标准

GB/T 23457—2017
代替 GB/T 23457—2009

预铺防水卷材

Pre-applied waterproofing sheets

2017-12-29 发布　　　　2018-11-01 实施

中华人民共和国国家质量监督检验检疫总局
中国国家标准化管理委员会　发布

前　言

本标准按照 GB/T 1.1—2009 给出的规则起草。

本标准代替 GB/T 23457—2009《预铺/湿铺防水卷材》。本标准与 GB/T 23457—2009 相比，除编辑性修改外主要技术内容变化如下：

——修改了标准名称和范围，删除了湿铺防水卷材(见第 1 章，2009 年版的第 1 章)；

——增加了术语和定义(见第 3 章)；

——修改标准分类，增加了橡胶类防水卷材(R)，删除了用途(见第 4 章，2009 年版的第 3 章)；

——删除了水泥粉污染表面与后浇混凝土剥离强度试验项目，增加了拉伸强度、弹性恢复率、穿刺性能、不透水性、卷材与卷材剥离强度(搭接边)、卷材防粘处理部位剥离强度试验项目；增加了 R 类产品技术指标，修改了拉力(P 类)、抗冲击性、耐热性、低温弯折性和低温柔性、渗油性、抗窜水性、与后浇混凝土剥离强度、与后浇混凝土浸水后剥离强度技术指标（见第 5 章，2009 年版的第 4 章)；

——增加了拉伸强度、弹性恢复率、穿刺性能、不透水性、卷材与卷材剥离强度(搭接边)、卷材防粘处理处防粘处理部位剥离强度试验方法；修改了抗冲击性能、渗油性、抗窜水性、与后浇混凝土剥离强度、与后浇混凝土浸水后剥离强度、热老化、尺寸变化率试验方法(见第 6 章，2009 年版的第 5 章)；

——修改了出厂检验项目(见 7.1.1，2009 年版的 6.1.1)。

本标准由中国建筑材料联合会提出。

本标准由全国轻质与装饰装修建筑材料标准化技术委员会(SAC/TC 195)归口。

本标准负责起草单位：中国建材检验认证集团苏州有限公司、中国建筑防水协会、建筑材料工业技术监督研究中心、北京东方雨虹防水技术股份有限公司、潍坊市宏源防水材料有限公司、科顺防水科技股份有限公司、江苏凯伦建材股份有限公司、深圳市卓宝科技股份有限公司。

本标准参加起草单位：中国建筑材料科学研究总院苏州防水研究院、上海建科检验有限公司、基仕伯化学材料(中国)有限公司、广西金雨伞防水装饰有限公司、辽宁大禹防水科技发展有限公司、盘锦禹王防水建材集团有限公司、衡水中铁建土工材料制造有限公司、胜利油田大明新型建筑防水材料有限责任公司、四川蜀羊防水材料有限公司、潍坊市宇虹防水材料(集团)有限公司、上海台安实业集团有限公司、深圳蓝盾控股有限公司、唐山德生防水股份有限公司、湖北永阳材料股份有限公司、成都赛特防水材料有限责任公司、江西思科防水新材料有限公司、四川新三亚建材科技股份有限公司、北京市建国伟业防水材料有限公司、北京宇阳泽丽防水材料有限责任公司、山东鑫达鲁鑫防水材料有限公司、常熟市三恒建材有限责任公司、新乡锦绣防水工程有限公司、河南金拇指防水科技股份有限公司、开来湿克威防水科技江苏有限公司、泰州市奥佳新型建材发展有限公司、江苏欧西建材科技发展有限公司、潍坊市正泰防水材料有限公司、辽宁九鼎宏泰防水科技有限公司、兰溪市天信新型建材有限公司、中宥(平原)科技有限公司、上海嘉好胶粘制品有限公司。

本标准主要起草人：朱志远、朱冬青、杨斌、余奕帆、刘宝印、熊玉钦、许渊、陈伟忠、李忠人、邹先华、丁红梅、伍盛江、郑宪明、柳志国、李藏哲、袁思平、陈斌、邓海燕、沈军、吴俊、邱谈、胡冲。

本标准所代替标准的历次版本发布情况为：

——GB/T 23457—2009。

预 铺 防 水 卷 材

1 范围

本标准规定了预铺防水卷材的分类、要求、试验方法、检验规则、标志、包装、贮存与运输。

本标准适用于以塑料、沥青、橡胶为主体材料，一面有自粘胶，胶表面采用不粘或减粘材料处理，与后浇混凝土粘结的防水卷材。

2 规范性引用文件

下列文件对于本文件的应用是必不可少的。凡是注日期的引用文件，仅注日期的版本适用于本文件。凡是不注日期的引用文件，其最新版本(包括所有的修改单)适用于本文件。

GB/T 328.2 建筑防水卷材试验方法 第2部分:沥青防水卷材 外观

GB/T 328.5—2007 建筑防水卷材试验方法 第5部分:高分子防水卷材 厚度、单位面积质量

GB/T 328.8 建筑防水卷材试验方法 第8部分:沥青防水卷材 拉伸性能

GB/T 328.9—2007 建筑防水卷材试验方法 第9部分:高分子防水卷材 拉伸性能

GB/T 328.10—2007 建筑防水卷材试验方法 第10部分:沥青和高分子防水卷材 不透水性

GB/T 328.11—2007 建筑防水卷材试验方法 第11部分:沥青防水卷材 耐热性

GB/T 328.14 建筑防水卷材试验方法 第14部分:沥青防水卷材 低温柔性

GB/T 328.15 建筑防水卷材试验方法 第15部分:高分子防水卷材 低温弯折性

GB/T 328.18 建筑防水卷材试验方法 第18部分:沥青防水卷材 撕裂性能(钉杆法)

GB/T 328.20 建筑防水卷材试验方法 第20部分:沥青防水卷材 接缝剥离性能

GB/T 328.25—2007 建筑防水卷材试验方法 第25部分:沥青和高分子防水卷材 抗静态荷载

GB/T 328.26 建筑防水卷材试验方法 第26部分:沥青防水卷材 可溶物含量(浸涂材料含量)

GB/T 528 硫化橡胶或热塑性橡胶 拉伸应力应变性能的测定

GB 12952—2011 聚氯乙烯(PVC)防水卷材

GB/T 16422.2 塑料 实验室光源暴露试验方法 第2部分:氙弧灯

CJ/T 234—2006 垃圾填埋场用高密度聚乙烯土工膜

JG/T 245 混凝土试验用振动台

3 术语和定义

下列术语和定义适用于本文件。

3.1

预铺防水卷材 pre-applied waterproofing sheet

由主体材料、自粘胶、表面防(减)粘保护层(除卷材搭接区域)、隔离材料(需要时)构成的，与后浇混凝土粘结，防止粘结面窜水的防水卷材。

3.2

抗窜水性 anti water moving between layer

通过防水层与基层的完全粘结，防止水压作用下水在粘结界面内流窜的性能。

4 分类

4.1 类型

产品按主体材料分为塑料防水卷材(P类)、沥青基聚酯胎防水卷材(PY类)、橡胶防水卷材(R类)。

4.2 规格

预铺防水卷材产品的厚度:

P类:卷材全厚度为1.2 mm、1.5 mm、1.7 mm。

PY类:4.0 mm。

R类:卷材全厚度为1.5 mm、2.0 mm。

其他规格由供需双方商定。

4.3 标记

产品按本标准编号、类型、主体材料厚度/全厚度、面积、顺序标记。

示例1:50 m^2 1.2 mm全厚度0.9 mm主体材料厚度的塑料预铺防水卷材标记为:

预铺防水卷材 GB/T 23457—2017—P 0.9/1.2-50。

示例2:10 m^2 4.0 mm厚度的聚合物改性沥青聚酯胎预铺防水卷材标记为:

预铺防水卷材 GB/T 23457—2017—PY 4.0-10。

5 要求

5.1 面积、单位面积质量、厚度

5.1.1 面积不小于产品面积标记值的99%。

5.1.2 PY类产品单位面积质量、厚度应符合表1的规定。

5.1.3 P类、R类产品主体材料厚度、卷材全厚度平均值都不小于标称值,P类胶层厚度不小于0.25 mm,R类胶层厚度不小于0.5 mm,粘结搭接的卷材纵向边缘无胶层部位宽度不超过5 mm。

5.1.4 其他规格可由供需双方商定,P类产品主体材料厚度不得小于0.7 mm,全厚度不得小于1.2 mm;PY类厚度不得小于4.0 mm;R类产品主体材料厚度不得小于0.9 mm,全厚度不得小于1.5 mm。

表1 4.0 mm规格的PY类产品单位面积质量、厚度

项目		指标
单位面积质量/(kg/m^2) ≥		4.1
厚度/mm	平均值 ≥	4.0
	最小单值 ≥	3.7

5.2 外观

5.2.1 成卷卷材应卷紧卷齐,端面里进外出不得超过20 mm。

5.2.2 成卷卷材在4 ℃～45 ℃任一产品温度下展开,在距卷芯1 000 mm长度外不应有裂纹或10 mm以上的粘结。

5.2.3 PY类产品,其胎基应浸透,不应有未被浸渍的条纹。

5.2.4　卷材表面应平整，不准许有孔洞、结块、气泡、缺边和裂口。

5.2.5　每卷卷材接头不应超过一个，较短的一段长度不应少于1 000 mm，接头应剪切整齐，并加长150 mm。

5.3　物理力学性能

产品物理力学性能应符合表2的规定。

表2　产品物理力学性能

序号	项目		指标		
			P	PY	R
1	可溶物含量/(g/m²)　≥		—	2 900	—
2	拉伸性能	拉力/(N/50 mm)　≥	600	800	350
		拉伸强度/MPa　≥	16	—	9
		膜断裂伸长率/%　≥	400	—	300
		最大拉力时伸长率/%　≥	—	40	—
		拉伸时现象	胶层与主体材料或胎基无分离现象		
3	钉杆撕裂强度/N　≥		400	200	130
4	弹性恢复率/%　≥		—	—	80
5	抗穿刺强度/N　≥		350	550	100
6	抗冲击性能(0.5 kg·m)		无渗漏		
7	抗静态荷载		20 kg,无渗漏		
8	耐热性		80 ℃,2 h无滑移、流淌、滴落	70 ℃,2 h无滑移、流淌、滴落	100 ℃,2 h无滑移、流淌、滴落
9	低温弯折性		主体材料−35 ℃,无裂纹	—	主体材料和胶层−35 ℃,无裂纹
10	低温柔性		胶层−25 ℃,无裂纹	−20 ℃,无裂纹	—
11	渗油性/张数　≤		1	2	1
12	抗窜水性(水力梯度)		0.8 MPa/35 mm,4 h不窜水		
13	不透水性(0.3 MPa,120 min)		不透水		
14	与后浇混凝土剥离强度/(N/mm)	无处理　≥	1.5	1.5	0.8,内聚破坏
		浸水处理　≥	1.0	1.0	0.5,内聚破坏
		泥沙污染表面　≥	1.0	1.0	0.5,内聚破坏
		紫外线处理　≥	1.0	1.0	0.5,内聚破坏
		热处理　≥	1.0	1.0	0.5,内聚破坏
15	与后浇混凝土浸水后剥离强度/(N/mm)　≥		1.0	1.0	0.5,内聚破坏
16	卷材与卷材剥离强度(搭接边)[a]/(N/mm)	无处理　≥	0.8	0.8	0.6
		浸水处理　≥	0.8	0.8	0.6

表 2（续）

<table>
<tr><th rowspan="2">序号</th><th rowspan="2" colspan="2">项目</th><th colspan="3">指标</th></tr>
<tr><th>P</th><th>PY</th><th>R</th></tr>
<tr><td>17</td><td colspan="2">卷材防粘处理部位剥离强度[b]/(N/mm)　≤</td><td colspan="3">0.1 或不粘合</td></tr>
<tr><td rowspan="4">18</td><td rowspan="4">热老化
(80 ℃,168 h)</td><td>拉力保持率/%　≥</td><td colspan="2">90</td><td>80</td></tr>
<tr><td>伸长率保持率/%　≥</td><td colspan="2">80</td><td>70</td></tr>
<tr><td>低温弯折性</td><td>主体材料－32 ℃，无裂纹</td><td>—</td><td>主体材料和胶层－32 ℃,无裂纹</td></tr>
<tr><td>低温柔性</td><td>胶层－23 ℃,无裂纹</td><td>－18 ℃,无裂纹</td><td>—</td></tr>
<tr><td>19</td><td colspan="2">尺寸变化率/%　≤</td><td>±1.5</td><td>±0.7</td><td>±1.5</td></tr>
<tr><td colspan="6">[a] 仅适用于卷材纵向长边采用自粘搭接的产品。
[b] 颗粒表面产品可以直接表示为不粘合。</td></tr>
</table>

6 试验方法

6.1 标准条件

水泥砂浆标准养护条件为：温度(20±2)℃，相对湿度≥95%。

6.2 试件制备

试件在(23±2)℃室内放置 24 h 后进行裁取，每组试件在卷材宽度方向均匀分布裁样，剥离强度可采用大块试样制样，避开卷材边缘 100 mm 以上，裁切的试件不应有毛边。

P 类、R 类卷材试件尺寸与数量见表 3，PY 类卷材试件尺寸与数量见表 4。

表 3　P 类、R 类卷材试件尺寸与数量

序号	项目		尺寸(纵向×横向)/mm	数量/个
1	拉伸性能	直条形	220×25	纵横向各 5
		哑铃形	125×25	纵横向各 5
2	钉杆撕裂强度		200×100	纵横向各 5
3	弹性恢复率		125×25	5
4	抗穿刺强度		ϕ100	5
5	抗冲击性能		约 300×300	5
6	抗静态荷载		约 300×300	3
7	耐热性		100×50	3
8	低温弯折性		100×50	4(P 类 2)
9	低温柔性		150×25	5
10	渗油性		50×50	3

表 3（续）

序号	项目		尺寸(纵向×横向)/mm	数量/个
11	抗窜水性		约 110×110	3
12	不透水性		约 150×150	3
13	与后浇混凝土剥离强度	无处理	200×50	5
		浸水处理	200×50	5
		泥沙污染表面	200×50	5
		紫外线处理	200×50	5
		热处理	200×50	5
14	与后浇混凝土浸水后剥离强度		200×50	5
15	卷材与卷材剥离强度(搭接边)	无处理	50×150	10
		浸水处理	50×150	10
16	卷材防粘处理部位剥离强度		50×150	10
17	热老化	拉伸性能保持率	处理时 220×150，处理后裁取 220×25	处理时纵横向各 1，处理后纵横向各 5
		低温弯折性	处理时 100×250，处理后裁取 100×50	处理时 1，处理后 4
		低温柔性	处理时 150×150，处理后裁取 150×25	处理时 2，处理后 10
18	尺寸变化率		250×250	3

表 4　PY 类卷材试件尺寸与数量

序号	项目	尺寸(纵向×横向)/mm	数量/个
1	可溶物含量	100×100	3
2	拉伸性能	(250～300)×50	纵横向各 5
3	钉杆撕裂强度	200×100	纵横向各 5
4	抗穿刺强度	ϕ100	5
5	抗冲击性能	约 300×300	5
6	抗静态荷载	约 300×300	3
7	耐热性	100×50	3
8	低温柔性	150×25	10
9	渗油性	50×50	3
10	抗窜水性	约 110×110	3
11	不透水性	约 150×150	3

表 4（续）

序号	项目		尺寸(纵向×横向)/mm	数量/个
12	与后浇混凝土剥离强度	无处理	200×50	5
		泥沙污染表面	200×50	5
		浸水处理	200×50	5
		紫外线处理	200×50	5
		热处理	200×50	5
13	与后浇混凝土浸水后剥离强度		200×50	5
14	卷材与卷材剥离强度(搭接边)	无处理	50×150	10
		浸水处理	50×150	10
15	卷材防粘处理部位剥离强度		50×150	10
16	热老化	拉伸性能保持率	处理时(250～300)×300，处理后裁取(250～300)×50	处理时纵横向各 1，处理后纵横向各 5
		低温柔性	处理时 150×150，处理后裁取 150×25	处理时 2，处理后 10
17	尺寸变化率		250×250	3

6.3 面积

用最小分度值为 1 mm 的尺测量，宽度取卷材两端和中间 3 处的平均值，同时在距卷材宽度方向边缘 100 mm 处分别测量长度，面积以宽度平均值乘以长度平均值得到。若有接头，以量出的两段长度之和减去 150 mm 计算。

6.4 单位面积质量

用最小分度值为 0.2 kg 的磅秤称量每卷卷材的质量，称量不包括卷芯和隔离材料，根据 6.3 得到的面积，计算单位面积质量。

6.5 厚度

产品全厚度，不包括产品表面隔离材料和颗粒防粘材料的厚度。厚度用分度值为 0.01 mm、压力为(20±5)kPa、接触面直径为 10 mm 的厚度计测量，轻轻落下立即读数，测量时应保证卷材平整。将卷材沿宽度方向裁取 30 mm 宽的一条，在距卷材边缘 100 mm 外，沿卷材宽度方向均匀测量 5 点，扣除隔离材料的厚度，以 5 点的平均值作为卷材的厚度。对于表面为颗粒物的产品，在卷材留边处长度约 1 m 范围测量。

P 类、R 类卷材的主体材料厚度按 GB/T 328.5—2007 中光学法测量，每块试件测量 2 点，相距 50 mm，取所有测量结果的平均值作为试验结果。

粘结搭接的卷材纵向边缘无胶层部位宽度取纵向 1 m 长度范围内用精度 0.5 mm 的钢直尺均匀分布 5 点测量，取 5 点的平均值作为测量结果。

6.6 外观

按 GB/T 328.2 进行。

6.7 可溶物含量

按 GB/T 328.26 进行。

6.8 拉伸性能

6.8.1 P类、R类卷材

拉力按 GB/T 328.9—2007 中方法 A 进行。P 类拉伸速度为 250 mm/min，R 类为 500 mm/min。取同向 5 个试件的平均值，拉力将试验结果乘以 2 换算到单位为 N/50 mm，纵横向分别测试。若拉伸试验机拉到极限试件仍不断裂，则可缩短夹具间距，改用夹具间距为 50 mm 进行，用新试件重新试验。

拉伸强度、膜断裂伸长率按 GB/T 328.9—2007 中方法 B 进行。P 类拉伸速度 250 mm/min，R 类 500 mm/min。P 类、R 类产品以 6.5 测得的主体材料厚度来计算拉伸强度。记录主体材料断裂时的伸长率，作为膜断裂伸长率。试验结果取同向 5 个试件的平均值，纵横向分别测试。

纵向试验结果的算术平均值、横向试验结果的算术平均值及拉伸时现象都应符合要求。

6.8.2 PY 类卷材

按 GB/T 328.8 进行，记录胶层与胎基是否分离。

6.9 钉杆撕裂强度

按 GB/T 328.18 进行。

6.10 弹性恢复率

按 GB/T 528 进行。裁取哑铃 1 型试件，在(23±2)℃放置 2 h 后并在此条件进行试验。在试件中间划两条间距 25 mm 的平行标线，然后将标线间距离从 25 mm 拉伸至 50 mm，保持该状态 1 h。将试件取下，放置在铺有滑石粉的光滑表面上放置 1 h，然后测量每个试件的标线间距离 L_2，精确到 0.1 mm。

弹性恢复率按式(1)计算：

$$R = \frac{L_1 - L_2}{L_1 - L_0} \times 100\% \qquad \cdots\cdots(1)$$

式中：

R ——弹性恢复率，以%表示；

L_1——试件拉伸后标线间距离(50 mm)，单位为毫米(mm)；

L_2——试件恢复后标线间距离，单位为毫米(mm)；

L_0——试件标线间初始距离(25 mm)，单位为毫米(mm)。

试验结果取 5 个试件的算术平均值，结果计算精确到 1%。

6.11 抗穿刺强度

按 CJ/T 234—2006 中附录 B 进行。

6.12 抗冲击性能

将试件胶层面朝上平放在尺寸约为 300 mm×300 mm×3 mm 的铝板上，并一起放在嵌有光滑的不锈钢支撑板(尺寸约为 300 mm×300 mm×3 mm)的混凝土块(尺寸约为 400 mm×400 mm×50 mm)上进行试验，如图 1 所示。落锤(包括穿刺工具)的质量共为(500±1)g，落差高度(从落锤的底面至卷材的上表面所测的距离)为(1 000±5)mm。按 GB 12952—2011 中 6.9 进行。分别测试 5 个试件,所有试件无穿孔渗漏为通过。

单位为毫米

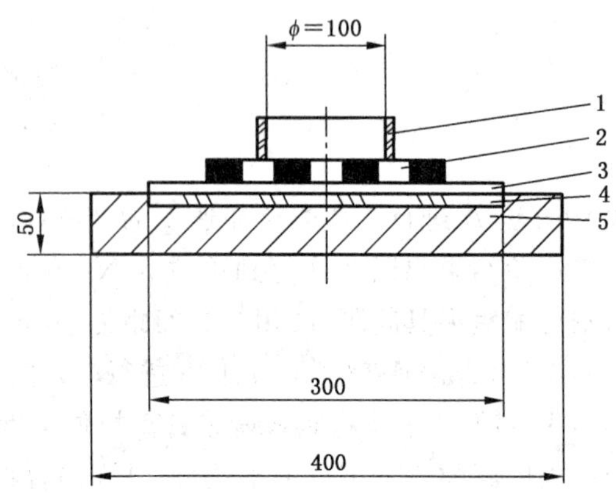

说明:
1——压环;
2——试件;
3——铝板;
4——嵌入混凝土块上表面的不锈钢板;
5——混凝土块。

图 1　抗冲击性能支撑装置示意图

6.13　抗静态荷载

按 GB/T 328.25—2007 进行,采用方法 B 的硬支撑,荷载 20 kg。

6.14　耐热性

按 GB/T 328.11—2007 中方法 B 进行。对于 P 类、R 类卷材若易变形,用两个回形针并排悬挂进行,试验结束观察试件有无滑移、流淌、滴落。

6.15　低温弯折性

按 GB/T 328.15 进行。全部采用纵向试件,P 类主体材料面弯曲朝外的试件 2 个;R 类主体材料面弯曲朝外的试件 2 个,胶层面弯曲朝外的试件 2 个。1 s 压下,保持 1 s,用 6 倍放大镜目测观察,P 类主体材料均无裂纹为通过;R 类主体材料和胶层均无裂纹为通过。

6.16　低温柔性

按 GB/T 328.14 进行。PY 类弯曲轴直径为 50 mm,P 类弯曲轴直径为 30 mm。PY 类取纵向 10 个试件,5 个试件上表面,5 个试件下表面分别试验,每面 5 个试件中至少 4 个试件目测无裂纹为该面通过,上下两面都通过认为符合低温柔性要求。P 类取纵向 5 个试件,全部测试胶层面朝外,5 个试件中至少 4 个试件目测无裂纹,认为符合低温柔性要求。

6.17　渗油性

将试件表面隔离材料去除(表面若为颗粒物,则将颗粒物去除),胶面朝下放在 5 层面积大于试件的中速定性滤纸上,然后用铝箔密封包裹滤纸和试件,水平放置在釉面砖上,滤纸在下面,试件上面压 1 kg 的重物,重物接触面大于试件尺寸,然后将试件放入已调节到(80±2)℃温度的烘箱中,水平放置

24 h±15 min，然后在(23±2)℃下放置 1 h，检查渗油张数。

凡有污染痕迹的滤纸都算作渗出，以 3 个试件中最多的渗出张数作为结果。

6.18 抗窜水性(水力梯度)

6.18.1 试件制备

在卷材试件中间开一直径 10 mm 的孔，然后放入砂浆抗渗性模具直径较大的一端，卷材应比抗渗仪的密封圈大出一圈，以便卷材面与抗渗仪的密封圈间密封，采取措施避免砂浆塞入卷材开出的孔中，然后将砂浆浇注在卷材试件的粘结面上，在符合 JG/T 245 规定的混凝土振动台上振实 20 s，卷材的粘结面朝向砂浆(见图 2)，采用标准砂制备的砂浆配比满足抗渗压力至少 1.5 MPa，在(20±2)℃放置 24 h 脱模，再于标准养护条件养护 28 d。

砂浆配合比建议为：强度等级 42.5 普通硅酸盐水泥：ISO 标准砂：水＝1：2：0.4。

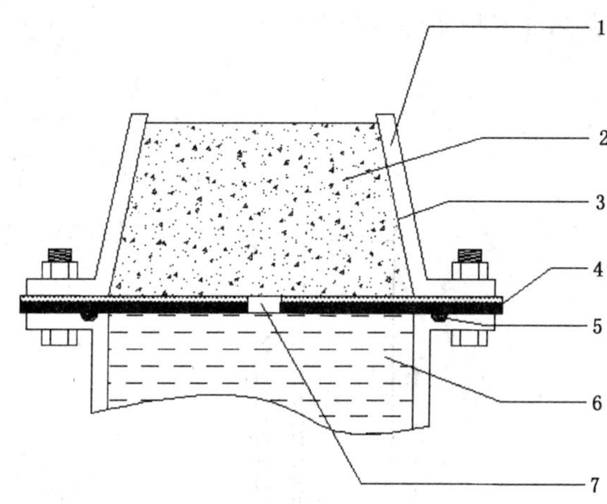

说明：

1——抗渗模具；

2——砂浆；

3——模具与砂浆界面(未密封)；

4——卷材(粘结面朝上)；

5——密封垫圈；

6——水；

7——试件开孔。

图 2 抗窜水性示意图

6.18.2 试验步骤

清出卷材中间的孔，将抗渗性试件装入砂浆抗渗仪，卷材面迎水，抗渗试件的周围锥面一圈不采取密封措施，保持与外界畅通，加压到 0.4 MPa，保持 24 h，以后每加压 0.1 MPa，保持 4 h，直至砂浆试块周边表面有渗水水迹，或达到规定的试验压力不渗水。

6.18.3 试验结果

达到规定压力保持时间后所有 3 个试件中至少 2 个试件砂浆表面无渗水水迹，压力保持不下降为不窜水，用卷材中间开孔边到卷材表面抗渗砂浆块边缘的距离(约 35 mm)，所承受的规定压力作为抗窜水性(水力梯度)，单位为 MPa/35 mm。

6.19 不透水性

按 GB/T 328.10—2007 中方法 B 进行。P 类、R 类卷材采用十字开缝盘，PY 类卷材采用 7 孔盘，试验时间为 120 min。将防粘材料揭去，覆盖滤纸以防粘结，胶面迎水，颗粒表面可主体材料面迎水。

6.20 与后浇混凝土剥离强度

6.20.1 无处理

6.20.1.1 砂浆配合比为：强度等级 42.5 普通硅酸盐水泥：ISO 标准砂：水＝1：2：0.4。

6.20.1.2 试件粘结面尺寸为(70×50)mm，采用大块的卷材上浇砂浆同时制备多个试件，剥离试验前裁切到规定尺寸。将试件粘结面的隔离材料除去，将试件平放在模具的底部，粘结面朝上，然后将砂浆拌合物倒入模具，在符合 JG/T 245 规定的混凝土振动台上振实 20 s，厚度 30 mm～50 mm(见图 3)。在(20±2)℃放置 24 h 脱模，在标准养护条件养护至 7 d。

单位为毫米

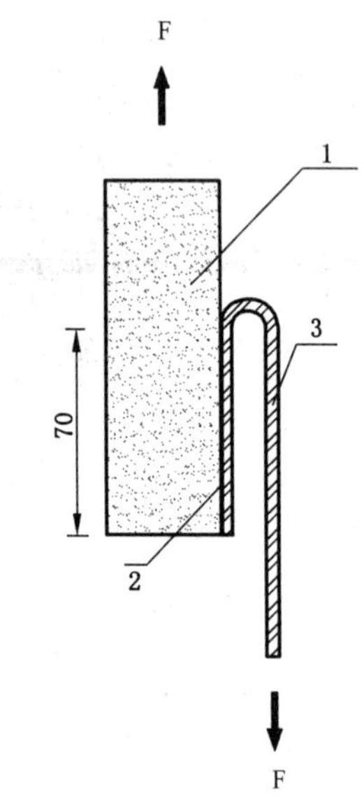

说明：

1 ——砂浆；

2 ——粘结面(70×50)mm；

3——卷材。

图 3　与后浇混凝土剥离强度示意图

6.20.1.3 试件在(23±2)℃室内放置 4 h，将砂浆板装在试验机一端的夹具上，将未粘结卷材一端翻转 180°夹在试验机另一端的夹具中，使试件的纵向轴线与拉伸试验机及夹具的轴线重合(见图 3)。夹具间距离至少为 100 mm，不承受预荷载。试验在(23±2)℃进行，拉伸速度为(100±10)mm/min。连续记录拉力直至试件分离。

去除应力应变图中起始和结束的 1/4 区域，取中间 1/2 区域的平均剥离力或峰面积力的平均值除以试件宽度作为试件的剥离强度，单位为 N/mm，试验结果取 5 个试件结果的算术平均值。

6.20.2 浸水处理

将揭除表面隔离材料后的试件浸入(23±2)℃的水中(168±2)h，取出吸干明水，再按 6.20.1 进行试验。

6.20.3 泥沙污染表面

在(23±2)℃条件下,将含泥量不超过2%且最大粒径不超过0.20 mm的细砂均匀撒在平放的卷材粘结面上,保持(168±2)h,然后每个试件用水冲洗表面的细砂2 min,再按6.20.1进行试验。

6.20.4 紫外线处理

揭除试件表面的隔离材料,将试件的粘合面朝向光源,放入符合GB/T 16422.2要求的氙弧灯老化仪中,辐照强度为(60±2)W/m²(300 nm~400 nm),黑标温度为(65±3)℃。光照同时每2 h喷淋18 min,累计辐照时间72 h±5 min。取出在(23±2)℃室内放置24 h,再按6.20.1进行试验。

6.20.5 热处理

揭除试件表面的隔离材料,将试件水平放入(70±2)℃烘箱中(168±2)h,取出在(23±2)℃室内放置24 h,再按6.20.1进行试验。

6.21 与后浇混凝土浸水后剥离强度

按6.20.1.1养护制备试件,然后浸入(23±2)℃的水中28 d±2 h。再按6.20.1.2进行试验。

6.22 卷材与卷材剥离强度(搭接边)

6.22.1 无处理

在(23±2)℃条件下,按GB/T 328.20进行。以一块卷材的主体材料面与另一块卷材的搭接边的自粘胶面粘合,粘合面为(50×70)mm,用质量为2 kg、宽度为50 mm~60 mm的压辊反复滚压3次,粘合后放置24 h。

去除应力应变图中起始和结束的1/4区域,取中间1/2区域的平均剥离力或峰面积力的平均值除以试件宽度作为试件的剥离强度,单位为N/mm,试验结果取5个试件结果的算术平均值。

6.22.2 浸水处理

将按6.22.1搭接好的试件浸入(23±2)℃的水中(168±2)h,取出吸干明水,再按6.22.1进行试验。

6.23 卷材防粘处理部位剥离强度

试件在卷材的防粘处理部位裁取,以一块卷材的主体材料面与另一块卷材的非搭接边的有防粘材料的自粘胶面粘合,双面有自粘胶的产品以两块卷材的非搭接边的有防粘材料的自粘胶面对粘合。按6.22.1进行试验,最小力值保留到1 N,低于1 N表示为不粘合,颗粒表面产品可以不用试验,结果直接表示为不粘合。

6.24 热老化

6.24.1 P类、R类卷材

将试件平放在尺寸稍大一些的胶合板上,胶层面朝上,产品表面隔离材料保留,水平放入(80±2)℃烘箱中(168±2)h,取出在(23±2)℃放置24 h裁取试件。按6.8.1测定拉伸性能,并按式(2)计算保持率;按6.15测定低温弯折性;P类按6.16测定低温柔性。

$$Q=\frac{q_1}{q_0}\times 100\% \qquad \cdots\cdots(2)$$

式中：

Q ——拉力、伸长率保持率，以%表示；

q_1 ——拉力、伸长率热老化后数值；

q_0 ——拉力、伸长率热老化前数值。

试验结果取同向5个试件的平均值，纵向、横向应分别符合要求。

6.24.2 PY类卷材

将试件平放在尺寸稍大一些的胶合板上，胶层面朝上，产品表面隔离材料保留，将试件水平放入(80±2)℃烘箱中(168±2)h，取出在(23±2)℃放置24 h，裁取试件。按6.8.2测定拉伸性能，并按6.24.1计算保持率；按6.16测定低温柔性。

6.25 尺寸变化率

将试件平放在尺寸稍大一些的胶合板上，胶层面朝上，产品表面隔离材料保留；然后将试件水平放入(80±2)℃烘箱中24 h±15 min后取出，在(23±2)℃下放置2 h后，在试件两端中间相同部位测量试件试验前后纵向、横向尺寸。分别按式(3)计算纵向和横向尺寸变化率，纵向试验结果的算术平均值和横向试验结果的算术平均值都应符合要求。

$$S=\frac{s_1-s_0}{s_0}\times 100\% \qquad \cdots\cdots(3)$$

式中：

S ——尺寸变化率，以%表示；

s_1——处理后尺寸，单位为毫米(mm)；

s_0——处理前尺寸，单位为毫米(mm)。

7 检验规则

7.1 检验分类

7.1.1 出厂检验

出厂检验项目见表5。

表5 出厂检验项目

序号	项目	P	PY	R
1	面积、厚度	√	√	√
2	单位面积质量	—	√	—
3	外观	√	√	√
4	可溶物含量	—	√	—
5	拉伸性能	√	√	√
6	低温弯折性	√	—	√
7	低温柔性	√	√	—
8	耐热性	√	√	√
9	渗油性	√	√	√

表 5（续）

序号	项目	P	PY	R
10	不透水性	√	√	√
11	尺寸变化率	√	√	√
12	与后浇混凝土剥离强度(无处理)[a]	√	√	√
[a] 每三个月检验一次。				

7.1.2 型式检验

型式检验项目包括第 5 章要求中所有规定，在下列情况下进行型式检验：

a) 新产品投产或产品定型鉴定时；

b) 正常生产时，每年进行一次；

c) 原材料、工艺等发生较大变化，可能影响产品质量时；

d) 出厂检验结果与上次型式检验结果有较大差异时；

e) 产品停产 6 个月以上恢复生产时。

7.2 组批

以同一类型、同一规格 10 000 m^2 为一批，不足 10 000 m^2 按一批计。

7.3 抽样

在每批产品中随机抽取 5 卷进行面积、单位面积质量、厚度、外观检查。

在上述检查合格后，从中随机抽取 1 卷取至少 1.5 m^2 的试样进行物理力学性能检测。

7.4 判定规则

7.4.1 面积、单位面积质量、厚度、外观

面积、单位面积质量、厚度、外观均符合 5.1、5.2 的规定时，判其单位面积质量、厚度、面积、外观合格。对不合格的项目，允许在该批产品中随机另抽 5 卷重新检验。全部达到本标准规定即判其面积、单位面积质量、厚度、外观合格；若仍有不符合本标准规定的即判该批产品不合格。

7.4.2 物理力学性能

试验结果符合 5.3 的规定，判该批产品物理力学性能合格。若其中仅有 1 项不符合本标准的规定，允许在该批产品中随机另抽 1 卷进行单项复测。合格则判该批产品物理力学性能合格，否则判该批产品物理力学性能不合格。

7.4.3 总判定

出厂检验试验结果全部符合第 5 章相关要求时判该批产品合格。

型式检验试验结果符合第 5 章全部要求时判该批产品合格。

8 标志、包装、贮存与运输

8.1 标志

产品外包装上应包括：

a) 产品名称;
b) 生产商名、地址;
c) 商标;
d) 产品标记;
e) 生产日期或批号;
f) 贮存与运输注意事项;
g) 检验合格标识。

8.2 包装

产品采用适于贮存与运输的方式包装。

8.3 贮存与运输

贮存与运输时,不同类型、规格的产品应分别堆放,不应混杂。避免日晒雨淋,注意通风。贮存温度不应高于 45 ℃,卷材平放贮存时码放高度不超过 5 层,立放贮存时单层堆放。

运输时防止倾斜或侧压,必要时加盖苫布。

在正常运输、贮存条件下,贮存期自生产之日起至少为 1 年。

ICS 75.180.10
E 92

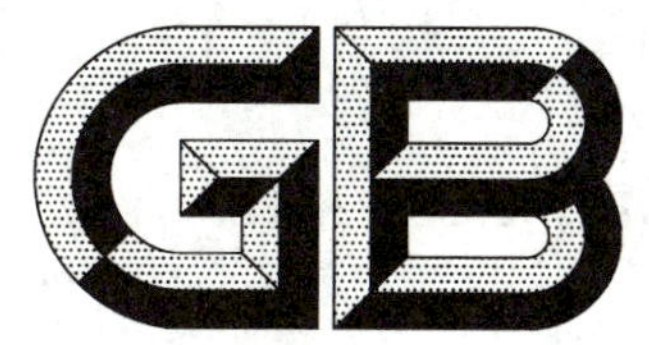

中华人民共和国国家标准

GB/T 23505—2017
代替 GB/T 23505—2009

石油天然气工业 钻机和修井机

Petroleum and natural gas industries—Petroleum drilling and workover rigs

2017-02-28 发布 2017-09-01 实施

中华人民共和国国家质量监督检验检疫总局
中国国家标准化管理委员会 发布

前　言

本标准按照 GB/T 1.1—2009 给出的规则起草。

本标准代替 GB/T 23505—2009《石油钻机和修井机》。与 GB/T 23505—2009 相比，主要技术变化如下：

——标准名称改为“石油天然气工业　钻机和修井机”；
——增加或删除了部分规范性引用标准(见第 2 章)；
——修改原标准中的所有术语和定义，并删除了“设计安全系数”术语，新增了“钻井机械化设备”术语(见 3.1)；
——将修井机型号的表示方法中的底盘型式改为移运型式(见 4.2.2)；
——表 1 中增加了 ZJ80/5850 级别钻机(见表 1)；
——表 2 中在钩载级别 1800、2250 中增加 39 m、41 m 两种井架高度(见表 2)；
——增加了动力系统配置种类，增加了钻井机械化设备的配置(见第 6 章)；
——调整 6.2 的描述顺序(见 6.2)；
——删除了对安全逃生滑道与地面角度的要求、防护栏杆高度的要求、安全防护链数量的要求及发电机房安装电视监控系统的要求(见第 6 章)；
——将技术要求分系统进行描述，对原条款进行了合并整理(见第 7 章)；
——钻机电气设备的电制增加 600 V/400 V,50 Hz 规格(见 7.2)；
——将只有模块钻机井架才设置通往天车台和二层台的梯子改为所有井架均设置(见 7.3)；
——增加自走式钻机和修井机车辆部分的要求(见 7.9)；
——增加了钻井井场油、水、电及供暖系统安装的要求(见 7.10)；
——将标准中对涂装的具体要求改为引用 SY/T 6919 标准(见 7.1)；
——增加了自走式钻机和修井机的试验要求(见 8.1,8.2)；
——将绞车型式试验的要求改为引用 SY/T 5532 标准(见 8.2)；
——增加了钻井泵型式试验的要求、转盘和顶部驱动钻井装置型式检验的要求(见 8.2)。

本标准由全国石油钻采设备和工具标准化技术委员会(SAC/TC 96)提出并归口。

本标准起草单位：宝鸡石油机械有限责任公司、南阳二机石油装备(集团)有限公司、中石化石油机械有限公司第四机械厂、大庆钻探工程公司、四川宏华石油设备有限公司、兰州兰石集团有限公司、胜利油田高原石油装备有限责任公司、山东科瑞石油装备有限公司。

本标准主要起草人：黄悦华、赵鹏、严小妮、孙娟、马进生、刘辉、徐军、王涛、邓慆、董辉、王连中、杨玉生。

本标准所代替标准的历次版本发布情况为：

——GB/T 23505—2009。

石油天然气工业
钻机和修井机

1 范围

本标准规定了石油天然气钻机和修井机的术语和定义、产品的型式、型号、基本参数、配置要求、技术要求、试验和记录、标志、出厂文件、贮存、包装和运输。

本标准适用于石油天然气钻井和修井用陆地钻机和修井机。

海上平台用钻机和修井机可参照执行。

2 规范性引用文件

下列文件对于本文件的应用是必不可少的。凡是注日期的引用文件，仅注日期的版本适用于本文件。凡是不注日期的引用文件，其最新版本(包括所有的修改单)适用于本文件。

GB 146.1 标准轨距铁路机车车辆限界

GB 2894 安全标志及其使用导则

GB/T 3766 液压系统通用技术条件

GB 3836.1 爆炸性环境 第1部分:设备 通用要求

GB 3836.2 爆炸性环境 第2部分:由隔爆外壳"d"保护的设备

GB 3836.3 爆炸性环境 第3部分:由增安型"e"保护的设备

GB 3836.5 爆炸性气体环境用电气设备 第5部分:正压外壳型"p"

GB 3836.8 爆炸性环境 第8部分:由"n"型保护的设备

GB 3836.15 爆炸性气体环境用电气设备 第15部分:危险场所电气安装(煤矿除外)

GB 4208 外壳防护等级(IP代码)

GB/T 7932 气动系统 通用技术条件

GB/T 7935 液压元件 通用技术条件

GB/T 8423 石油天然气工业 设备与材料术语

GB/T 17744 石油天然气工业 钻井和修井设备

GB/T 19190 石油天然气工业 钻井和采油提升设备

GB/T 20174 石油天然气工业 钻井和采油设备 钻通设备

GB/T 23507.3 石油钻机用电气设备规范 第3部分:电动钻机用柴油发电机组

GB/T 25428 石油天然气工业 钻井和采油设备 钻井和修井井架、底座

GB/T 30216—2013 车装钻机

GB/T 31049 石油钻机顶部驱动钻井装置

GB/T 32338 石油天然气工业 钻井和修井设备 钻井泵

SY/T 5027 石油钻采设备用气动元件

SY/T 5030 石油天然气工业 柴油机

SY/T 5053.2 钻井井口控制设备及分流设备控制系统规范

SY/T 5074 钻井和修井动力钳、吊钳

SY/T 5080 石油钻机和修井机用转盘

SY/T 5170 石油天然气工业用钢丝绳
SY/T 5244 钻井液循环管汇
SY/T 5323 节流和压井系统
SY/T 5466 钻前工程及井场布置技术要求
SY/T 5530 石油钻机和修井机用水龙头
SY/T 5532 石油钻井和修井绞车
SY/T 5612 石油钻井液固相控制设备规范
SY/T 6202 钻机井场油、水、电及供暖系统安装技术要求
SY/T 6228 油气井钻井及修井作业职业安全的推荐作法
SY/T 6666 石油天然气工业用钢丝绳的选用和维护的推荐作法
SY/T 6680 石油钻机和修井机出厂验收规范
SY/T 6725.1 石油钻机用电气设备规范 第1部分:主电动机
SY/T 6725.2 石油钻机用电气设备规范 第2部分:控制系统
SY/T 6725.4 石油钻机用电气设备规范 第4部分:辅助用电设备和井场电路
SY/T 6919 石油钻机和修井机涂装规范
SY/T 10041 石油设施电气设备安装一级一类和二类区域划分的推荐做法

3 术语、定义和缩略语

GB/T 8423 界定的以及下列术语、定义和缩略语适用于本文件。

3.1 术语和定义

3.1.1

名义钻深范围 nominal range of drilling depth

钻机在规定的钻井绳数下,使用规定的钻柱时钻机的经济钻井深度范围。

3.1.2

名义修井深度 norminal workover depth

修井机在规定的修井绳数下,用不同的管柱修井时的最大修井深度。名义小修深度为用油管修井的名义修井深度;名义大修深度为用钻杆修井时的名义修井深度。

3.1.3

最大钩载 maximum hook load

根据材料强度和规定的安全系数确定的设备能承受的最大载荷,也就是钻机或修井机在最多绳数下,大钩所能提升的最大载荷,包括静载荷和动载荷。

3.1.4

额定钩载 rating hook load

修井机在规定的修井绳数下,正常修井作业中允许大钩承受的由最大钻柱或管柱在空气中的重量所产生的载荷。

3.1.5

游动系统有效绳数 number of effective travelling line

游动系统中,除快绳和死绳之外的工作绳数。

3.1.6

游动系统最多绳数 maximum number of travelling line

钻机或修井机配备的游动系统所能提供的最大有效绳数。

3.1.7

钻(修)井绳数　number of wireline

用于正常起下钻柱及钻(修)井时的游动系统有效绳数。

3.1.8

钻井机械化设备　drilling mechanizing equipment

钻井过程中,采用地面输管装置、钻台上卸扣装置及辅助装置、扶管装置、二层台排管装置、动力吊卡、卡瓦和控制系统等取代人工进行机械化管柱处理的设备。

3.2　缩略语

HSE　健康　安全　环境

SCR　可控硅整流装置

VFD　变频驱动装置

4　型式和型号表示方法

4.1　型式

4.1.1　驱动型式

钻机和修井机按驱动型式可分为:

a)　机械驱动。

b)　电驱动,主要包括:

　1)　交流工频电驱动;

　2)　直流电驱动;

　3)　交流变频电驱动。

c)　液压驱动。

d)　复合驱动,主要包括:

　1)　机械驱动+电驱动;

　2)　机械驱动+液压驱动;

　3)　电驱动+液压驱动。

注:复合驱动是钻机的一种驱动型式,表示钻机绞车与钻井泵、转盘等的驱动型式不同,在型号表示方法中不出现。

4.1.2　传动型式

机械驱动钻机和修井机按传动型式可分为:

a)　链条传动;

b)　皮带传动;

c)　齿轮传动;

d)　液力传动。

4.1.3　移运型式

钻机和修井机按移运型式可分为:

a)　块装式;

b)　自行式;

c)　拖挂式。

4.2 型号表示方法

4.2.1 钻机型号表示方法

钻机型号的表示方法见图1的规定。

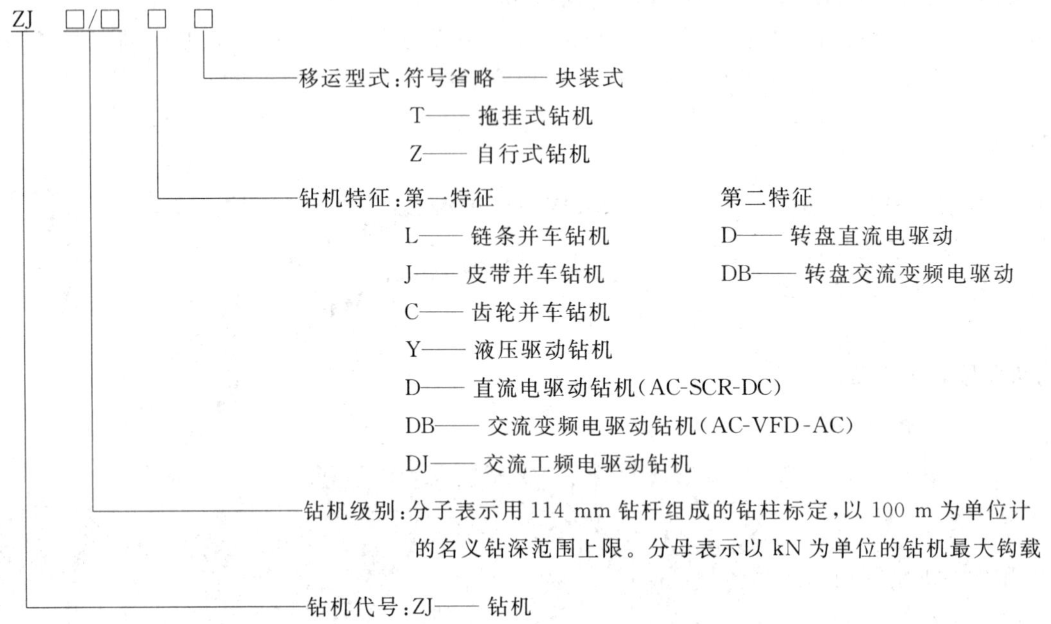

图1 钻机型号的表示方法

示例1:名义钻深范围上限为5 000 m、最大钩载3 150 kN、直流电驱动块装钻机型号表示为:ZJ50/3150D。

示例2:名义钻深范围上限为7 000 m、最大钩载4 500 kN、链条并车钻机、转盘交流变频电机驱动钻机型号表示为:ZJ70/4500LDB。

4.2.2 修井机型号表示方法

修井机型号的表示方法见图2的规定。

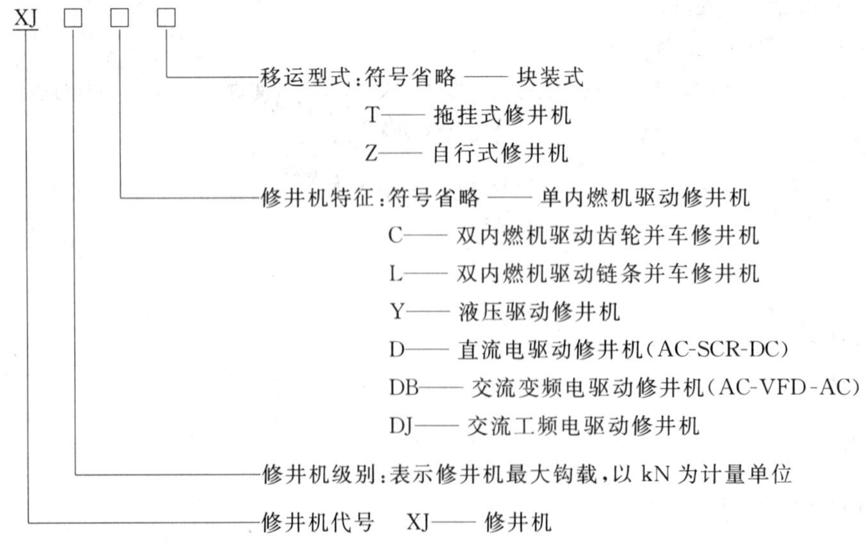

图2 修井机型号的表示方法

示例:最大钩载1 800 kN、自行式、双内燃机驱动齿轮并车的修井机型号表示为:XJ1800CZ。

5 基本参数

5.1 钻机基本参数

钻机按名义最大钻井深度和最大钩载分为11个级别,各级别钻机的主要基本参数应符合表1的规定。

5.2 修井机基本参数

修井机按最大钩载分为9个级别,各级别修井机的主要基本参数应符合表2的规定。

表 1　钻机基本参数

钻机级别		ZJ10/600	ZJ15/900	ZJ20/1350	ZJ30/1800	ZJ40/2250	ZJ50/3150	ZJ70/4500	ZJ80/5850[b]	ZJ90/6750	ZJ120/9000	ZJ150/11250
最大钩载/kN		600	900	1 350	1 800	2 250	3 150	4 500	5 850	6 750	9 000	11 250
名义钻深范围[a]/m	114 mm 钻杆	500～1 000	800～1 500	1 200～2 000	1 600～3 000	2 500～4 000	3 500～5 000	4 500～7 000	5 000～8 000	6 000～9 000	7 500～12 000	10 000～15 000
	127 mm 钻杆	500～800	700～1 400	1 100～1 800	1 500～2 500	2 000～3 200	2 800～4 500	4 000～6 000	4 500～7 000	5 000～8 000	7 000～10 000	8 500～12 500
绞车额定功　率	kW	110～200	260～335	335～510	410～710	746～1 120	1 100～1 492	1 492～2 240	1 600～2 610	2 200～2 985	2 985～4 475	4 475～5 965
	(hp)[c]	(150～270)	(350～450)	(450～680)	(550～950)	(1 000～1 500)	(1 475～2 000)	(2 000～3 000)	(2 150～3 500)	(2 950～4 000)	(4 000～6 000)	(6 000～8 000)
游动系统绳　数	钻井绳数	6	8	8	8	8	10	10	12	14	14	16
	最多绳数	6	8	8	10	10	12	12	14	16	16	18
钻井钢丝绳公称直径[d]	mm	19,22	22,26	26,29	29,32		32,35	35,38	38,42	42,45	48,52	
	(in)	(3/4,7/8)	(7/8,1)	($1,1\frac{1}{8}$)	($1\frac{1}{8},1\frac{1}{4}$)		($1\frac{1}{4},1\frac{3}{8}$)	($1\frac{3}{8},1\frac{1}{2}$)	($1\frac{1}{2},1\frac{5}{8}$)	($1\frac{5}{8},1\frac{3}{4}$)	($1\frac{7}{8},2$)	
钻井泵单台额定输入功率不小于	kW	373	597		746		969	1 193			1 641	
	(hp)[c]	(500)	(800)		(1 000)		(1 300)	(1 600)			(2 200)	
转盘通孔直　径	mm	381,444.5		444.5,520.7,698.5			698.5,952.5,		952.5,1 257.3,1 536.7			1 257.3,1 536.7
	(in)	($15,17\frac{1}{2}$)		($17\frac{1}{2},20\frac{1}{2},27\frac{1}{2}$)			($27\frac{1}{2},37\frac{1}{2}$)		($37\frac{1}{2},49\frac{1}{2},60\frac{1}{2}$)			($49\frac{1}{2},60\frac{1}{2}$)
钻台面高度	m	3,4	4,5		5,6,7.5		7.5,9,10.5		10.5,12			12,16

[a] 114 mm 钻杆组成的钻柱的名义平均质量为 30 kg/m，127 mm 钻杆组成的钻柱的名义平均质量为 36 kg/m。以 114 mm 钻杆组成的钻柱标定的名义钻深范围上限作为钻机型号的表示依据。

[b] ZJ80/5850 级别为非优先选用级别。

[c] 1 kW=1.341 hp。

[d] 选用英制直径时与钢丝绳相关设备应符合英制钢丝绳要求。

表 2 修井机基本参数表

修井机级别			XJ350	XJ600	XJ700	XJ900	XJ1100	XJ1350	XJ1600	XJ1800	XJ2250
最大钩载		kN	350	600	700	900	1 100	1 350	1 600	1 800	2 250
名义修井深度/m	小修深度	ϕ73 mm(2⅞)外加厚油管	1 600	2 600	3 200	4 000	5 500	7 000	8 500	—	—
	大修深度	ϕ73 mm(2⅞)钻杆	—	—	2 000	3 200	4 500	5 800	7 000	8 000	9 000
		ϕ88.9 mm(3½)钻杆	—	—	—	2 500	3 500	4 500	5 500	6 500	7 500
		ϕ114 mm(4½)钻杆	—	—	—	—	—	3 600	4 200	5 000	6 000
额定钩载		kN	200	300	400	600	800	1 000	1 200	1 500	1 800
绞车额定输入功率		kW	80～150	120～180	160～260	260～330	280～400	330～450	400～500	450～600	550～746
井架高度[a]		m	18,21,31			29,31	31,33,35,36			36,38,39,41	
修井绳数			4		6		8		8、10		10
修井钢丝绳公称直径		mm	22			26			26、29	29、32	32
大钩最大提升速度		m/s	1～1.5								

[a] 对于有绷绳桅杆井架，井架高度是指从井场基础面到天车梁底面的最小垂直距离。

6 配置要求

6.1 设备(系统)配置推荐

6.1.1 动力系统主要有柴油机、柴油机发电机组、燃气机及燃气发电机组、工业电网接入设备或电容储能装置。

6.1.2 提升系统主要包括井架、绞车、天车、游车、大钩、游车大钩、钢丝绳、提升用齿轮齿条或提升用液压缸及起下钻必需的吊环、吊卡、卡瓦、吊钳或动力大钳等设备和工具。

6.1.3 旋转系统主要有转盘、水龙头、顶部驱动钻井装置或动力水龙头等。

6.1.4 循环系统主要包括钻井泵组及配套设备、钻井液循环管汇、钻井液固相控制设备等。

6.1.5 传动系统主要包括减速、并车、变速等机械传动设备及液力、液压传动设备和电传动系统及装置等。

6.1.6 井控系统主要包括钻通设备、节流压井管汇、钻井液液气分离器、钻井井口控制设备及分流设备控制系统等。

6.1.7 钻机控制系统主要包括司钻操作控制台、监视系统、通讯系统、油、气、水、电、液压各控制装置以及钻井仪器、仪表测量显示设备和各种记录仪器等。

6.1.8 底座及支撑装置主要包括钻机底座、钻杆盒、猫道、排管架、电缆槽等。自行或拖挂钻机(修井机)中的主载车或拖挂车底盘及支撑腿等。

6.1.9 辅助设备主要包括供气、供水、供电、供油设备,钻鼠洞设备、吊装运输设备、井场活动用房(材料房、录井房、维修房、值班房等)、安全设备、钻机平移系统及适应不同地域和环境的设备、设施等。

6.1.10 钻井机械化设备主要包括二层台机械化排管装置、铁钻工、动力猫道、管柱输送机械手、动力吊卡、动力卡瓦和控制系统等设备。

6.2 HSE 配置推荐

6.2.1 应配置适应使用地域和环境的防风、防沙、防腐、防高温、防潮、防寒等设备及人员保护设施。

6.2.2 所有设备的吊装耳板、吊装管等应有永久性安全工作载荷值标记。

6.2.3 所有吊装用钢丝绳、安全绳应在绳头标明安全工作载荷标记。

6.2.4 所有外露旋转类设备及零部件[例如连接盘、万向轴、离合器、联轴器、皮带轮、刹车盘(毂)等]应设置防护罩等防护设施。

6.2.5 应配置防止游动系统上碰下砸的控制系统。

6.2.6 应配置人员高空操作防坠落等安全保护设施。

6.2.7 应配置备用的应急动力源。

6.2.8 宜配置安全停机刹车系统。

6.2.9 钻台、天车台、井架二层台、套管扶正台、油管台及各种人员操作平台等周边应设置防护栏杆。

6.2.10 绞车的动力宜配置安全应急装置。

6.2.11 应设置天车台周边防护栏杆、人孔的安全活挡杆和安全人孔活盖板。

6.2.12 井架上的起重卸扣使用 DX 型或 BX 型。

6.2.13 井架二层台应配置紧急逃生装置。

6.2.14 二层台处应配置人员安全带固定位置及指梁、钻铤卡板的保护链(绳)。二层台、天车台入口处应配置活门或安全链。

6.2.15 钻台、天车台、井架二层台、套管扶正台及所有操作台、休息台、梯子台阶、走道等台面的应有安全防滑措施。

6.2.16 钻台、天车台、井架二层台、套管扶正台、油管台及各种人员操作平台等周边应配置防护栏杆。
6.2.17 钻台面宜配置安全逃生装置。
6.2.18 底座坡道大门两侧防护立柱之间应配置安全防护门或安全防护链。
6.2.19 所有钻台面以上、高于人体部位设备上的连接件、紧固件应配置防松、防脱落等安全保护装置。
6.2.20 底座立根台立根盒周围、转盘梁下方等处及井场的泥浆、污水宜配置回收处理装置。
6.2.21 安全标志安装在底座钻台正前方围栏处，宜符合 GB 2894 规定的图样、颜色、型式和参数等。
6.2.22 应配置转盘锁紧和惯性制动系统。
6.2.23 提升机、套管扶正台等设备应配置防坠落安全自锁保护装置。
6.2.24 应配置安装在井口、固控罐面上等部位的硫化氢及可燃性气体监测报警装置。
6.2.25 应配置固控罐钻井液面显示报警系统，以及泥浆返出口监测系统和灌浆系统。
6.2.26 宜配置泥浆岩屑回收处理系统。
6.2.27 钻井液循环管汇中在高压软管两端应配置安全绳(链)。
6.2.28 应配置气、液、电等控制系统的故障报警系统或装置。
6.2.29 安装在预期存在可燃性气体场所中的各类密闭式房子(例如司钻控制房、司钻偏房、电控房等)内应配置双向排风装置及烟雾报警装置。
6.2.30 应配置井场喊话、通话等通讯系统，以及二层台、钻井泵组等部位的电视监控系统。
6.2.31 在可能会有非预期阴暗的重要位置(如电控房、司钻控制房等)应配置应急照明灯。
6.2.32 符合 SY/T 10041 的防爆电气安装区域划分规范要求的防爆电气设施。
6.2.33 用电设备应配置安全接地保护系统。
6.2.34 钻机和修井机应在天车最高部位配置信号灯警示系统。
6.2.35 钻机和修井机应在天车上配置避雷系统。
6.2.36 应配置能承受设备自重和最大工作负荷能力的地基基础设施。
6.2.37 应配置足够的消防器材及灭火设备。消防设备布置在便于存放及使用的位置。
6.2.38 钻台区、固控设备区应配置洗眼器。
6.2.39 气动绞车、液压绞车、防喷器搬运系统和设备、提升机等提升设备应标明安全工作载荷。

7 技术要求

7.1 总则

7.1.1 钻井和修井设备的设计制造应符合 GB/T 17744 的规定。
7.1.2 钻井和修井提升设备的设计制造应符合 GB/T 19190 的规定。
7.1.3 钻机和修井机在井场的布置应符合 SY/T 5466 的规定。
7.1.4 钻机和修井机电气设备安装区域的分类应符合 SY/T 10041 的规定。
7.1.5 钻机和修井机整机设计应满足国家或行业健康、安全、环保和 SY/T 6228 的规定。对于人员所处噪声环境及人员听力保护等要求应符合 SY/T 6228 的规定。
7.1.6 钻机和修井机的涂装应符合 SY/T 6919 的规定。产品的外观颜色和涂料的品种应符合制造商书面文件的规定和(或)用户的要求。
7.1.7 所有机械传动类设备(皮带传动除外)，如绞车、转盘及转盘驱动装置、钻井泵及泵组、并车传动箱、分动箱、减速箱、变速箱等均应设计为封闭式结构，且要求润滑充分、密封可靠，不应有滴油、漏油现象。油池等部位温升应符合 SY/T 6680 的规定。
7.1.8 所有钢丝绳滑轮应设计有防止钢丝绳跳槽装置。
7.1.9 国家或行业有强制认证要求的设备应提供相关的国家或行业认证证书。
7.1.10 对于预计将用于腐蚀性较强的环境中的设备，应对设备进行特殊的防腐表面处理。

7.1.11 采用标准轨距铁路运输的产品，其外形尺寸不应超过 GB 146.1 中规定的机动车辆限界。

7.1.12 钻机和修井机交付时，制造商应向用户提供产品主要承载件的无损检测报告和性能试验报告，提供高压管汇、井控设备、钻井泵等承受高压设备的关键零部件压力试验报告。

7.1.13 制造商应在产品的操作文件中说明钻机和修井机满足自然环境（温度、湿度、风力、海拔高度等）因素的工作条件及工作能力。

7.1.14 所有设备应在显著位置标志产品的主要性能参数，如额定载荷、功率、压力等。

7.1.15 产品质量应有可追溯性。

7.2 动力系统

7.2.1 钻机电气设备的电制宜使用 600 V/400 V，50 Hz。

7.2.2 柴油机应符合 SY/T 5030 的规定。

7.2.3 主电动机应符合 SY/T 6725.1 的规定。

7.2.4 每台柴油机应单独设置进、排气管道，同时设有空气滤清器和消声器，出风口处带火花捕捉装置；当柴油机设置有机房时，排气引管、消声器应设在室外，并应有防雨措施。

7.2.5 沙漠环境地区用柴油机至少应配备有两级空气滤清器及防风沙装置。

7.2.6 沙漠环境地区用电动机至少应配备有防风沙装置。

7.3 提升系统

7.3.1 绞车的设计制造应符合 SY/T 5532 的规定，绞车应设计有刹车装置。

7.3.2 钻井用钢丝绳应符合 SY/T 5170 和 SY/T 6666 的有关规定。

7.3.3 井架的设计制造应符合 GB/T 25428 的规定。

7.3.4 井架梯子不应离开垂直位置向后倾，除非装有登梯安全辅助装置，否则在固定梯子横向错位处，应设有人员休息平台及防护栏杆。

7.3.5 井架应配置登梯助力器、吊钳平衡重、吊钳滑轮，并应设有通往天车台和二层台的梯子。

7.3.6 游车、大钩、游车大钩的设计制造应符合 GB/T 19190 的规定。

7.3.7 动力钳、吊钳的设计制造应符合 GB/T 17744 及 SY/T 5074 的规定。

7.4 旋转系统

7.4.1 顶部驱动钻井装置的设计制造应符合 GB/T 31049 的规定。

7.4.2 转盘的设计制造应符合 GB/T 17744 及 SY/T 5080 的规定。

7.4.3 水龙头的设计制造应符合 GB/T 19190 及 SY/T 5530 的规定。

7.4.4 动力水龙头的设计制造应符合 GB/T 19190 的规定。

7.5 循环系统

7.5.1 钻井泵的设计制造应符合 GB/T 32338 的规定。

7.5.2 钻井液循环管汇的设计制造应符合 SY/T 5244 的规定。

7.5.3 钻井液固相控制设备的设计制造应符合 SY/T 5612 的规定。

7.6 传动系统

7.6.1 电气系统的设计制造应符合 GB/T 23507.3、SY/T 6725.1、SY/T 6725.2、SY/T 6725.4 的规定。

7.6.2 电气设备防爆性能应符合 GB 3836.1、GB 3836.2、GB 3836.3、GB 3836.5、GB 3836.8 和 GB 3836.15 相关部分的规定。

7.6.3 电气设备的外壳防护等级应符合 GB 4208 的规定。

7.6.4 电传动控制系统至少应具有下列主要保护功能：

a) 系统故障报警指示并自动控制绞车刹车制动；

b) 游动系统防止上碰下砸的安全停车和转盘扭矩限制；

c) 电动机锁定保护。

7.6.5 发电机组控制单元应具有功率限制、接地检测、相序保护、过流保护、过压保护、欠压保护、欠频保护、过频保护、逆功保护、短路保护、误操作保护、柜内故障自检等功能。

7.6.6 低压控制盘单元应具有变配电和过流、短路保护功能。满足钻井工程对低压控制盘回路负载容量、接触器和断路器的数量要求。

7.7 井控系统

7.7.1 井控设备的设计制造应符合 GB/T 20174 的规定。

7.7.2 井控设备及分流设备控制装置设计制造应符合 SY/T 5053.2 的规定。

7.7.3 节流和压井系统的设计制造应符合 SY/T 5323 的规定。

7.8 钻机控制系统

7.8.1 司钻控制房(台)的设计和安装位置应设计合理，使司钻方便操作并具有足够的开阔视线。

7.8.2 司钻控制房(台)的安装位置应预留司钻安全逃生通道。

7.8.3 司钻控制房内应配置烟雾报警装置。

7.8.4 司钻控制房应配置便于司钻逃生的杠杆门锁。

7.8.5 液压系统和液压元件应符合 GB/T 3766 和 GB/T 7935 的规定。

7.8.6 液压系统应配置液压油过滤装置。

7.8.7 液压系统的额定工作压力宜为 16 MPa 或 14 MPa。

7.8.8 气动系统和气动元件应符合 GB/T 7932 和 SY/T 5027 的规定。

7.8.9 气动系统应配置空气过滤、干燥装置。

7.8.10 气动系统的额定工作压力宜为 0.8 MPa。

7.9 底座及支撑装置

7.9.1 底座的设计制造应符合 GB/T 25428 的规定。

7.9.2 底座斜梯、栏杆及踢脚板的设计制造应符合 SY/T 6228 的规定。

7.9.3 钻台面应至少设有通往井场前方、后方和固控区域的扶梯通道。对于钻台高于 9 m 的扶梯，宜在中部设休息台。

7.9.4 起升式底座和卧装整体起落式井架应设计起升缓冲装置。

7.9.5 钻台高度大于或等于 7 m 的底座，宜配置为钻台运输工具的提升设备。

7.9.6 自行式钻机和修井机的车辆部分应符合 GB/T 30216—2013 中 5.2 的要求。

7.10 辅助设备

7.10.1 钻机和修井机井场油、水、电及供暖系统安装应符合 SY/T 6202 的规定。

7.10.2 钻机和修井机宜配置空气呼吸器、消防系统等安全设备。

8 试验和记录

8.1 出厂试验

8.1.1 无特殊要求时，钻机、修井机均应进行出厂试验，试验要求、试验程序、验收准则应按 SY/T 6680

的规定执行。

8.1.2 自行式钻机和修井机出厂试验应包括 8.1.1 的要求及 GB/T 30216—2013 的 7.3 中出厂检验的要求。

8.2 型式试验

8.2.1 钻机、修井机的型式试验应包括 8.1 和符合 8.2.2 要求的设备的型式试验。自行式钻机和修井机还应包括 GB/T 30216—2013 中 7.3 的规定。

8.2.2 钻机、修井机用绞车、天车、井架、底座、转盘、钻井泵、顶部驱动钻井装置、游车、大钩、游车大钩、水龙头、动力水龙头有下列情形之一时,应进行设备的型式试验:

a) 新产品首次生产时;

b) 批量生产后,产品在结构、材料或工艺上有重大改变可能影响产品的性能时;

c) 用户要求时。

8.2.3 符合 8.2.2 要求的设备的型式试验应满足以下要求:

a) 绞车的型式试验应符合 SY/T 5532 的规定;

b) 天车、井架、底座应按照钻机最大钩载进行验证载荷试验,试验应符合 GB/T 25428 的规定;

c) 转盘的型式检验应符合 SY/T 5080 的规定;

d) 钻井泵的型式试验应符合 GB/T 32338 的规定;

e) 顶部驱动钻井装置的型式检验应符合 GB/T 31049 的规定;

f) 游车、大钩、游车大钩、动力水龙头的设计验证试验应符合 GB/T 19190 的规定;

g) 水龙头的设计验证试验应符合 SY/T 5530 的规定。

8.3 整机工业性试验

8.3.1 一种钻机和修井机在定型生产或批量生产前应经过工业性试验,工业性试验在油气田钻井或修井现场进行。

8.3.2 根据钻机的名义钻深范围或修井机的名义修井深度,钻机可选择 1 口井～2 口井(修井机可选择 3 口井～5 口井)进行工业性试验,应保证实际作业中钻机或修井机的钩载能力不低于设计能力的 70% 或名义钻深范围上限(名义修井深度)的 80%。

8.3.3 现场作业时的设备安装、使用和维护应按产品的操作说明书的规定和操作规程进行。

8.3.4 制造商应对钻机和修井机工业性试验的内容、程序、要求等形成书面的规定。

8.4 记录

钻机和修井机的试验过程应予以记录,所有记录的管理、记录的提供和保存均应按 SY/T 6680 的规定执行。

9 标志、出厂文件、贮存、包装和运输

9.1 钻机和修井机产品的标志、出厂文件及贮存、包装和运输的要求应按 SY/T 6680 的规定执行。

9.2 自行式钻机和修井机的标志应符合 GB/T 30216—2013 中 8.1 的要求。

ICS 75.180.10
E 92

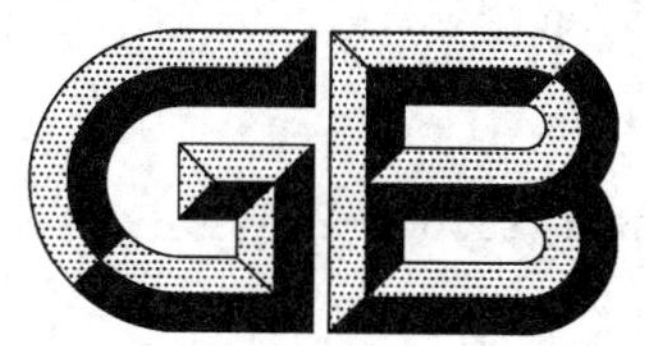

中华人民共和国国家标准

GB/T 23506—2017
代替 GB/T 23506—2009

石油采油井场燃气动力机组

The gas-fuel power set for oil pruduction drilling site

2017-02-28 发布　　2017-09-01 实施

中华人民共和国国家质量监督检验检疫总局
中国国家标准化管理委员会 发布

前　言

本标准按照GB/T 1.1—2009给出的规则起草。

本标准代替GB/T 23506—2009《石油采油井场燃气动力机组》。与GB/T 23506—2009相比，主要技术变化如下：

——修改标准英文名称；
——产品的适用范围中增加了柴油/天然气双燃料动力机组(见第1章)；
——增加、修改术语定义(见第3章)；
——增加了柴油/天然气双燃料动力机组的技术要求(见5.10)；
——增加机组用于车载和可移动结构时的技术要求(见5.16.1.3)；
——增加了控制系统中机组远程控制技术要求(见6.3.6.14)；
——修改了主要性能指标，调整排放限值要求、噪声限值要求(见5.10，2009年版的5.10)；
——增加了控制系统功能试验、机组热耗率测定试验(见6.3.6、6.3.12)；
——删除了附录A。原附录B改为附录A，并调整其中的部分内容(见附录A，2009年版的附录B)。

本标准由全国石油钻采设备和工具标准化技术委员会(SAC/TC 96)提出并归口。

本标准起草单位：中国石油集团济柴动力总厂、四川富力通石油动力设备有限公司、成都压缩机厂。

本标准主要起草人：王玉刚、许传国、王令金、倪秀永、党永浩、俞晓艳、杨加成、张光达、杨金。

石油采油井场燃气动力机组

1 范围

本标准规定了石油采油井场燃气动力机组(以下简称“机组”)的型式与基本参数、要求、试验、检验规则、标志、包装、运输和贮存等。

本标准适用于石油采油井场燃气动力机组、柴油/天然气双燃料动力机组的设计、制造、检验及验收等。机组主要用于驱动抽油机、采气抽气机、原油输油泵、压缩机、作业用提升机械(如修井机)等陆上采油井场设备。鉴于采油井场现状,标准中提及的气体燃料仅限定于天然气(含CNG、LNG)、采油伴生气及套管气。

石油采油井场以外使用,用以驱动其他设备的燃气动力机组以及其他燃料发动机驱动的动力机组亦可参照执行。

2 规范性引用文件

下列文件对于本文件的应用是必不可少的。凡是注日期的引用文件,仅注日期的版本适用于本文件。凡是不注日期的引用文件,其最新版本(包括所有的修改单)适用于本文件。

GB/T 191 包装储运图示标志

GB 252 普通柴油

GB/T 725 内燃机产品名称和型号编制规则

GB 1589 道路车辆外廓尺寸、轴荷及质量限值

GB/T 1859 往复式内燃机 辐射的空气噪声测量 工程法及简易法

GB 3836.1 爆炸性环境 第1部分:设备 通用要求

GB 4556 往复式内燃机 防火

GB/T 6072.1 往复式内燃机 性能 第1部分:功率、燃料消耗和机油消耗的标定及试验方法 通用发动机的附加要求

GB/T 6072.3 往复式内燃机 性能 第3部分:试验测量

GB/T 6072.5 往复式内燃机 性能 第5部分:扭转振动

GB/T 6388 运输包装收发货标志

GB/T 7184 中小功率柴油机 振动测量与评级

GB/T 8190 往复式内燃机 排放测量

GB 11122 柴油机油

GB/T 14363 柴油机机油消耗测定方法

GB/T 16471 运输包装件尺寸与质量界限

GB/T 20136 内燃机电站通用试验方法

GB 20651.1 往复式内燃机 安全 第1部分:压燃式发动机

GB/T 21404 内燃机 发动机功率的确定和测量方法 一般要求

GB 23821 机械安全 防止上下肢触及危险区的安全距离

SY/T 5641 石油天然气工业 天然气发动机

SY/T 6728 石油天然气工业 柴油/天然气双燃料发动机

3 术语和定义

下列术语和定义适用于本文件。

3.1

燃气动力机组　the gas-fuel power set

由燃气机与齿轮箱、变矩器、偶合器、离合器、皮带轮等动力传动(送)装置配套而成的动力设备。

3.2

柴油/天然气双燃料动力机组　diesel/gas dual-fuel power set

由柴油/天然气双燃料发动机与齿轮箱、变矩器、偶合器、离合器、皮带轮等动力传动(送)装置配套而成的动力设备。

4 机组型号表示方法

机组型号的表示方法见图1。

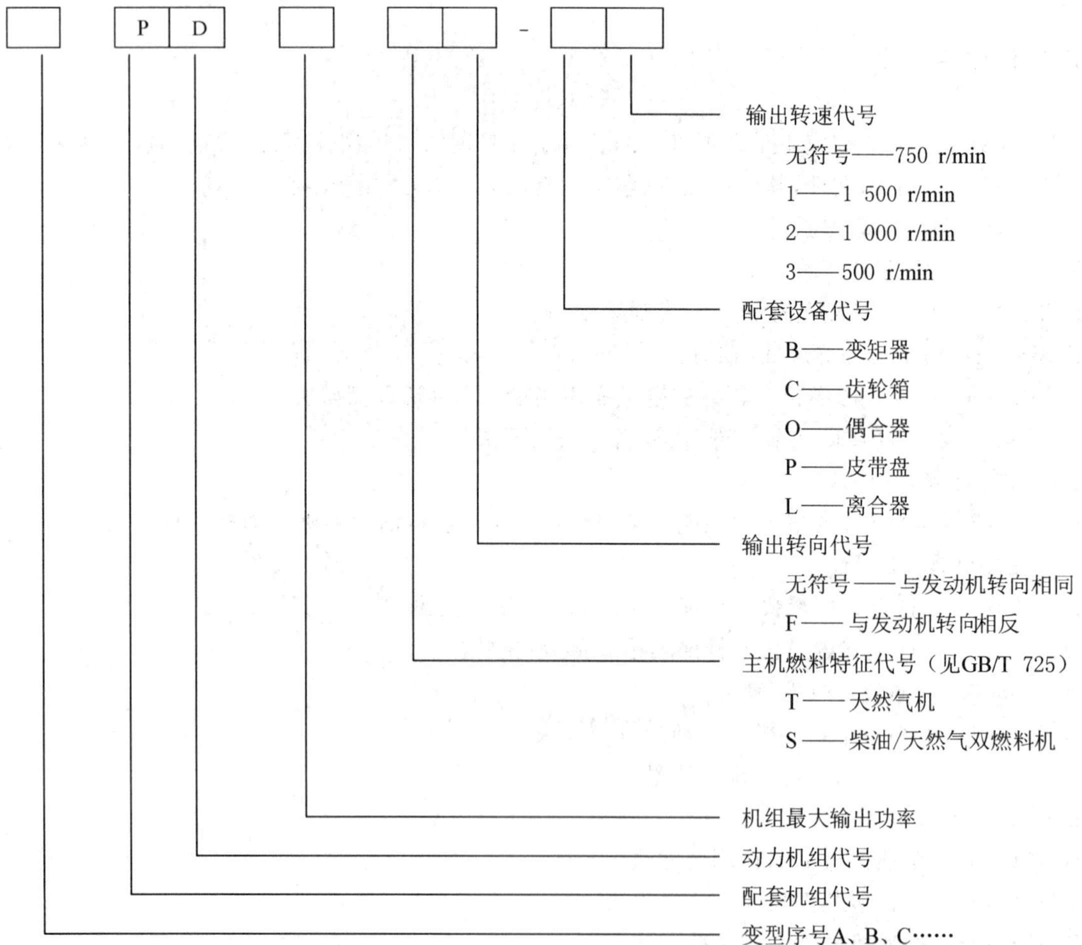

示例1：PD80T-C表示输出功率为80 kW、输出转速为750 r/min的天然气机配齿轮箱动力机组。

图1　机组型号表示的内容

5 要求

5.1 总则

5.1.1 机组基本要求

5.1.1.1 机组整体布置应合理，易于安装、维护及保养。各种管线排列应整齐、紧凑，固定牢靠。

5.1.1.2 机组在下列条件下应能正常工作：

a) 环境温度：−45 ℃～50 ℃；

b) 相对湿度：不大于 80%；

c) 振动：振幅小于 1.6 mm；

d) 海拔高度：不大于 3 000 m。

5.1.1.3 机组冷却系统一般为闭式循环强制水冷，有特殊要求的可按技术协议订制。

5.1.1.4 用于皮带传动或链传动的机组，其输出部分应可以承受侧向拉力。

5.1.1.5 机组各配套部件(水加热装置、调温阀等)工作机构应可靠、操纵灵活、调整方便。

5.1.1.6 机组的高温部件应设置警示标志，并设置防烫伤装置。

5.1.1.7 机组的电气系统防爆等级一般为 dIIBT4，有特殊要求的可以按 GB 3836.1 的规定签订技术协议进行订制。

5.1.1.8 机组安装使用条件为车载(或可移动)的，其结构设计、重量、抗震等技术要求应能满足公路车辆运输和技术协议要求。

5.1.1.9 机组产品制造商应获取的产品使用现场信息，内容参见附录 A。

5.1.2 燃气供气要求

燃气要求应符合下列规定：

a) 低热值(MJ/m^3)、可燃组分含量(体积分数)、总硫(以硫计)含量(mg/m^3)、硫化氢含量(mg/m^3)等指标应符合产品技术条件规定；

b) 燃气应经处理，达到无液态成分，燃气中的杂质粒度应小于 5 μm，含量不大于 0.03 g/m^3；

c) 燃气温度不应低于 0 ℃，不应高于 45 ℃，否则应备有加热或冷却装置；

d) 燃气的压力应符合产品技术条件规定。

注：燃气体积的标准参比条件是 101.3 kPa，20 ℃。

5.1.3 燃油要求

机组所用燃油应符合 GB 252 的要求。

5.2 标准基准状况

为了确定机组的功率和热耗率，应采用下列标准基准状况：

a) 总气压：p_r＝100 kPa；

b) 空气温度：T_r＝298 K(t_r＝25 ℃)；

c) 相对湿度：ϕ_r＝30%；

d) 增压中冷介质温度：T_{cr}＝298 K(t_{cr}＝25 ℃)。

注：在温度为 298 K，相对湿度为 30%时，相应的水蒸气分压为 1 kPa，因此相应的干气压为 99 kPa。

试验时，若环境状况与标准基准状况不符，所测功率和热耗率应按 GB/T 6072.1 及 GB/T 21404 规定的方法进行修正。

5.3 机组额定功率

机组在满足5.2规定的环境状况下运行时，应能输出额定功率。当机组连续运行超出12 h时，其输出功率不应超出额定功率的90%。

5.4 启动性能

在环境温度不低于5 ℃时，机组应能在不超过10 s的时间内顺利启动；当环境温度在－45 ℃～5 ℃范围内时，采取预热措施后，应能顺利启动。

5.5 空载运行性能

机组中燃气机的最低空载稳定转速不应大于800 r/min，其波动值不应超出30 r/min，稳定时间不应少于5 min。机组在额定转速空载运行时，其冷却水出水温度、机油压力、排气温度及配套设备的空载运行参数应符合其各自技术文件的要求。

5.6 离合功能

具有离合功能的机组，应能在使用过程中，根据实际需要，通过手动或电动操作，使其在规定的时间内切换离合状态，开始或停止输出动力。

5.7 输出转向切换功能

具有输出转向切换功能的机组，应能在使用过程中，根据实际需要，通过手动或电动操作，使其在规定的时间内完成输出转向的切换。

5.8 传动速比转换要求

具有可切换传动速比或速比连续可调功能的机组，应在机组使用过程中，根据实际需要，通过手动或电动操作，使其在规定的时间内完成传动速比在各要求值之间的转换。

5.9 控制系统要求

5.9.1 机组电气控制系统以直流蓄电池为电源，应至少具有以下功能：

a) 机组电气系统总电源控制；
b) 机组电子系统或元器件分电源控制；
c) 机组启动和停机控制；
d) 机组怠速与额定(工作)转速切换或转速连续调整；
e) 机组运行参数检测和显示(仪表精度不低于1.5级)；
f) 机组运行故障声光报警和解除报警；机组运行故障声光报警及自动停机；
g) 机组紧急停机；
h) 机组累计运行时间计时。

5.9.2 根据实际需要，可选功能如下(制造商亦可根据需方要求，增加或调整机组电气控制系统功能)：

a) 机组远程控制要求；
b) 机组主要运行参数、状态信息、报警信息可采用数据模块采集，并能通过通讯接口和标准通讯协议进行数据通讯。

5.10 主要性能指标

5.10.1 机组的主要性能指标见表1。

5.10.2 柴油/天然气双燃料动力机组的替代率要求应符合产品技术文件的规定。

5.10.3 机组的热耗率要求应符合产品技术文件的规定。

5.10.4 机组采用的发动机的排放污染物限值应符合 SY/T 5641 和 SY/T 6728 的规定。

5.10.5 额定转差率要求应符合产品技术文件的规定。

表 1 机组主要性能指标

<table>
<tr><td colspan="3">机组额定功率/kW</td><td>≤50</td><td>50～250</td><td>>250</td></tr>
<tr><td colspan="3">额定功率允差/%</td><td colspan="3">±5</td></tr>
<tr><td colspan="3">热耗率允差/%</td><td colspan="3">+5</td></tr>
<tr><td colspan="3">机油消耗率/[g/(kW・h)]</td><td colspan="2">≤2.2</td><td>≤1.8</td></tr>
<tr><td colspan="3">机械振动</td><td colspan="3">参照 GB/T 7184 的规定，振动烈度等级不大于 45</td></tr>
<tr><td colspan="3">扭转振动</td><td colspan="3">应符合 GB/T 6072.5 的要求</td></tr>
<tr><td rowspan="3">噪声(声功率级)/dB(A)</td><td rowspan="3">额定功率</td><td>≤500 kW</td><td colspan="3">≤123</td></tr>
<tr><td>>500 kW～1 000 kW</td><td colspan="3">≤126</td></tr>
<tr><td>>1 000 kW</td><td colspan="3">≤129</td></tr>
</table>

5.11 负荷特性

制造商应按产品使用特性需要，进行必要的特性试验并绘制相应的特性曲线，如负荷特性曲线等。曲线应能反映 5.10 中相应的机组性能指标的要求。

5.12 机组适应交变负荷的调速性能

当机组驱动的设备为交变负荷时，机组调速率应在交变负荷范围和变化率条件下满足被驱动设备要求，且能正常运行。

5.13 密封性

机组密封面的结合处及各管接处，不应漏气、漏油、漏水。

5.14 安全

机组安全要求应符合 GB 23821 及相关配套设备安全标准的规定。

5.15 防火

机组防火应符合 GB 4556 及相关配套设备防火标准的规定。

5.16 机组机械结构

5.16.1 底盘及联接装置

5.16.1.1 底盘应有足够的刚性，使用时支撑在预先制好的平台底座或地面基础上，使各支点均匀接触后用压板或螺栓固紧，不应产生松动。

5.16.1.2 在任何作业条件和环境条件下，燃气机和配套设备轴线的对中技术要求应符合产品使用说明书的规定。

5.16.1.3 当机组产品用于车载或可移动结构时，其外廓尺寸应符合 GB 1589 的要求，其结构强度、基本接口应能满足其承载车辆或整体吊运的要求。

5.16.2 防护装置

5.16.2.1 应按 GB 23821 规定的安全距离安装防护装置。防护装置应能避免操作人员与主轴、风扇、离合器 、皮带轮、皮带及具有剪切作用的杠杆等运动件接触。

5.16.2.2 对机组运行时有可能飞出的构件,应设置如防护罩(网)等安全屏蔽装置。

5.16.2.3 对可能造成危险的灼热部分如机组废气排放部件等,应设置防接触的屏蔽。

5.16.2.4 对可能引起烫伤的零部件应做出警示标志,应设置(如隔热罩、隔热包扎)等防烫伤装置。

5.16.2.5 电气系统的防护等级应满足供需双方技术协议要求。

5.17 成套性

机组的成套性应符合制造商技术条件规定,或依据供需双方技术协议规定。

6 试验

6.1 试验条件及要求

6.1.1 试验装置应能满足试验所提出的全部要求。

6.1.2 试验使用的测试设备、仪器、仪表及所要测量的机组性能参数的测量精度应符合 GB/T 6072.3 的规定。

6.1.3 机组性能试验前的燃气机或双燃料机必须经试验合格,提供试验合格报告。

6.1.4 试验开始前应按要求加注机油。燃气机用机油应符合 GB 11122 的规定。配套设备用油应符合各自技术文件的要求。

6.1.5 试验用燃气质量应符合 5.1.2 的要求,其供气压力应符合相应产品技术条件规定。试验用燃油品质应符合产品技术条件规定。

6.1.6 试验前,应先将机组的被检查部位擦干净,机组运行后,检查各密封部位及各管接处有无漏油,漏水,漏气现象。允许在不更换零件、不拆卸零件和不停机情况下排除渗漏。

6.2 试验项目和测量参数

6.2.1 机组的试验项目见表 2。

6.2.2 测量参数包括但不限于以下列项:

a) 大气气压、相对湿度和环境温度;

b) 机组输出功率;

c) 机组输出转速;

d) 机组热耗率;

e) 机油消耗率;

f) 机油(工作油)压力;

g) 机油(工作油)温度;

h) 排气温度;

i) 机组进、出水温度。

表 2 机组的试验项目

序号	检验项目名称	出厂	型式	技术要求章条号	试验、检测方法章条号
1	检查外观	√	√	5.1	GB/T 20136 方法 201
2	检查成套性	√	√	5.17	GB/T 20136 方法 202
3	标志和包装	√	√	8	GB/T 20136 方法 202
4	启动性能试验	√	√	5.4	6.3.1
5	空载运行试验	√	√	5.5	6.3.2
6	离合功能试验	√	√	5.6	6.3.3
7	转向切换功能试验	√	√	5.7	6.3.4
8	传动速比转换试验	√	√	5.8	6.3.5
9	控制系统功能试验	√	√	5.9	6.3.6
10	转差率	△	√	5.10	6.3.7
11	负荷特性试验	√	√	5.11	6.3.8
12	交变负荷的调速性能试验	△	√	5.12	6.3.9
13	配套零部件功能试验	√	√	5.1	6.3.10
14	额定功率连续运转试验	×	√	5.3	6.3.11
15	机组热耗率	×	√	5.10	6.3.12
16	机油消耗率	×	√	5.10	6.3.13
17	噪声	×	√	5.10	6.3.14
18	排放	×	√	5.10	6.3.15
19	机械振动	×	√	5.10	6.3.16
20	扭转振动	×	√	5.10	6.3.17
21	密封性	√	√	5.13	6.1.6
22	安全	√	√	5.14	6.3.18
23	防火	√	√	5.15	6.3.19
注：√表示需要进行的项目；△表示按需要选定的项目；×表示可不进行的项目。					

6.3 试验方法

6.3.1 启动性能试验

机组在冷态时进行启动性能试验。当环境温度不低于 5 ℃时，连续启动 3 次，至少应有两次成功。每次间隔时间不少于 2 min，每次启动时间不超过 10 s。当环境温度低于 5 ℃时，应采取预热措施后启动机组。

6.3.2 空载运行试验

试验时，调节燃气机转速，测定其空载稳定运转的最低转速和转速波动值，并在此转速下稳定运转不少于 5 min。机组在额定转速空载，离合器断开状态下连续运行 20 min；在额定转速空载，离合器闭合状态下连续运行 25 min。累计运行 45 min。若因出现故障而停机，应在故障排除后，重新进行空载运行试验。

6.3.3 离合功能试验

6.3.3.1 机组在额定转速空载运行时，通过手控操作杆或电控离合器使离合器处于“合”状态，机组在规定时间内开始输出动力。

6.3.3.2 在6.3.3.1状态下，通过手控操作杆或电控离合器使离合器处于“分”状态或“空挡”状态，机组在规定时间内停止输出动力。

6.3.4 转向切换功能试验

机组在额定转速空载运行时，通过手动或电动操纵，使机组处于输出动力状态。然后，面对输出端观察输出部分的旋转方向。

有换向要求的机组，在额定转速空载输出动力状态，通过手动或电动操纵，使输出转向换向；转速稳定后，通过手动或电动操纵，恢复到初始转向。

6.3.5 传动速比转换试验

机组在额定转速空载运行时，通过手动或电动操纵，使其在规定的时间内完成传动速比在各要求值之间的转换(或连续调整)。每个速比状态运行不少于2 min。通过手动或电动操纵，恢复到初始速比状态。

6.3.6 控制系统功能试验

6.3.6.1 连接好机组电气控制系统电源，并闭合总电源控制开关、子系统开关和电器部件电源开关，观察各系统的初始化状态。

6.3.6.2 通过燃气机启动和停机控制元器件使燃气机启动、停止两次，两次测试间隔的时间不应少于3 min。

6.3.6.3 启动燃气机，通过手动或电控操作，使机组自怠速切换至额定转速，稳定后，再切换至怠速。测试两次，两次测试的间隔时间不应少于1 min。

6.3.6.4 机组在额定转速下空载运行，通过转速调整器件使机组转速向增大方向变化至微调上限，再向减小方向变化至微调下限。然后，调整到额定转速设定值。

6.3.6.5 调整机组至额定转速空载状态下运行，观察仪表的参数显示状况。

6.3.6.6 输入参数越限信号，电气系统应发出声光报警指示，并执行自动停机动作。该试验允许模拟信号输入。

6.3.6.7 机组在额定转速空载状态下运行，通过紧急停机器件使机组停机。

6.3.6.8 对具有电控离合功能的机组，在额定转速空载状态下，通过操纵控制器件使离合器闭合；待转速稳定后，再使离合器断开。

6.3.6.9 对具有输出换向功能的机组，在额定转速空载状态下，通过操纵控制器件使转向转换；待转速稳定后，再转换到初始转向。

6.3.6.10 对具有速比切换功能或速比连续可调的机组，在额定转速空载状态下，通过操纵控制器件使机组在规定的时间内完成传动速比在各要求值之间的转换。

6.3.6.11 对具有接受允许启动信号功能的机组，在未接到外接允许启动信号时，启动和停机控制部分应无作用(失效)。向机组控制系统发出允许启动信号后，启停控制部分应立即有作用(有效)，经启动操作，机组应能启动成功。

6.3.6.12 对具有接受允许加载信号功能的机组，在额定转速空载状态下，在未接到外接允许加载信号时，离合控制部分无作用(失效)。向机组控制系统发出允许加载信号后，离合控制部分立即起作用(有效),并闭合成功。

6.3.6.13 对于具有接受外部停机信号功能的机组,在额定转速空载状态下,未接受到外部停机信号时,正常运行。向机组控制系统发出外部停机信号后,机组立即停机。

6.3.6.14 对于具有数据通讯功能的机组,在停机或运转状态下,应能通过具备通讯条件的上位机读取其运行状态、参数等信息。

6.3.7 转差率

转差率 S 按式(1)、式(2)计算:

$$S = (1 - i) \times 100\% \quad \cdots\cdots(1)$$

$$i = \frac{j \times n_z}{n_q} \quad \cdots\cdots(2)$$

式中:

S ——配套设备转差率;

i ——配套设备转速比;

j ——配套设备减速比;

n_q ——燃气机某一工况下的转速,单位为转每分(r/min);

n_z ——机组某一工况下的输出转速,单位为转每分(r/min)。

6.3.8 负荷特性试验

机组由空载低速逐步至额定转速,待燃气机出水温度、机油温度升至加载温度(60 ℃)以上时,按25%,50%,75%,90%额定功率逐步加载至100%额定功率工况下运行,按6.2.2所列内容测量并记录不同负荷工况时机组的主要性能参数。

6.3.9 交变负荷的调速性能试验

将机组负荷、变化率分别调至交变负荷区间,用电力测功机进行调速性能试验,试验结果应能满足5.12提出的要求,或按照技术协议进行试验。

6.3.10 机组配套零部件功能试验

6.3.10.1 温度调节阀功能试验

对装有温度调节阀的机组,使机组运转至额定转速,逐渐增加负荷至90%额定功率,并在此工况下连续运行。当水温升高至75 ℃±2 ℃时温度调节阀开启,至85 ℃±2 ℃时完全打开;水温下降至73 ℃±2 ℃时温度调节阀关闭,或按照技术协议进行试验。

该试验允许模式试验,即在不启动机组时仅试验温度调节阀功能。

6.3.10.2 水加热装置试验

对装有水加热装置的机组加满冷却水,使机组冷却系统内气体排空。接通水加热装置的电源,并调整温控装置(如设有),观察机组监控仪水温变化。水加热装置应能正常工作,使水温升高。温控装置应在水温达到设定温度时使加热器停止加热。

6.3.11 额定功率连续运转试验

机组在额定工况下连续运转12 h,检查并记录功率输出情况,每隔30 min记录一次相关参数。试验中不应出现漏油、漏水、漏气等现象。

6.3.12 机组热耗率测定

6.3.12.1 燃气动力机组热耗率测定

机组在额定工况下运行，用流量计法测量燃气的消耗量。

记录燃气的消耗量及相应的时间、输出功率、机油压力、排气温度、环境温度、空气相对湿度、大气压力，按式(3)计算出机组热耗率：

$$g = \frac{3\ 600G}{t \times P} \times H_u \qquad \cdots\cdots(3)$$

式中：

g ——机组热耗率，单位为千焦每千瓦时[kJ/(kW·h)]；

G ——机组在测量时间内消耗的燃气量，单位为立方米(m^3)；

t ——时间，单位为秒(s)；

P ——机组输出功率，单位为千瓦(kW)；

H_u——可燃气体低热值，单位为千焦每立方米(kJ/m^3)。

6.3.12.2 柴油-天然气双燃料动力机组热耗率测定

试验时，柴油-天然气双燃料动力机组处于双燃料模式下，在标定工况稳定运转，分别测出柴油消耗量及天然气消耗量。

记录柴油及天然气的消耗量及相应的时间，并按6.3.12.1记录各项参数。热耗率 g 按式(4)计算：

$$g = \frac{3\ 600(G_t H_\mu + G_r Q_\mu)}{t_t P} \qquad \cdots\cdots(4)$$

式中：

g ——机组热耗率，单位为千焦每千瓦时[kJ/(kW·h)]；

G_t ——天然气消耗量，单位为立方米(m^3)；

H_μ——天然气低热值，单位为千焦每立方米(kJ/m^3)；

G_r ——燃油消耗量，单位为千克(kg)；

Q_μ ——燃油低热值，单位为千焦每千克(kJ/kg)；

t_t ——燃料消耗时间，单位为秒(s)；

P ——机组标定功率，单位为千瓦(kW)。

6.3.13 机油消耗测定

机油消耗测定按GB/T 14363的规定执行，可结合6.3.11进行。

6.3.14 噪声测定

噪声测定按GB/T 1859的规定执行。

6.3.15 排放测定

排气污染物测定按照GB/T 8190的规定执行。

6.3.16 机械振动测定

机械振动按GB/T 7184规定的方法测定。

6.3.17 扭转振动测定

扭转振动按GB/T 6072.5规定的方法测定。

6.3.18 安全检查

安全检查按 GB 20651.1 及其配套设备有关安全标准的规定执行。

6.3.19 防火检查

机组的防火检查按 GB 4556 及其配套设备有关防火标准的规定执行。

7 检验规则

7.1 出厂检验

每台机组均应进行出厂检验，其检验项目按表 2 规定。

7.2 型式检验

下列情况之一者应进行型式检验，其检验项目按表 2 的规定。

a) 新产品或经重大改进及转厂生产；

b) 正式生产的产品如结构、材料及工艺方面有较大改变，可能影响产品性能；

c) 出厂检验结果与上次型式检验结果有较大差异。

8 标志、包装、运输和贮存

8.1 标志

8.1.1 产品标志

8.1.1.1 机组铭牌上应清楚标明以下内容：

——制造商名称、产品商标及执行的标准号；

——产品名称、型号；

——额定功率/额定转速；

——外形尺寸；

——重量；

——出厂编号及制造日期。

8.1.1.2 安全警示标志和紧急处理说明应明显置于机组的相应部位。

8.1.2 包装标志

8.1.2.1 包装箱的包装储运标志应符合 GB/T 191 的规定。

8.1.2.2 包装箱的收发货标志应符合 GB/T 6388 的规定。

8.1.2.3 包装箱外应标明：

——收货单位地址及名称；

——产品名称及型号；

——外形尺寸(长×宽×高)，单位为毫米(mm)；

——总重量，单位为千克(kg)；

——出厂编号和制造日期；

——制造商名称；

——注意事项及标记，如“重心”“起吊位置”等。

8.2 包装、运输和贮存

8.2.1 包装与运输

8.2.1.1 机组包装后的外形尺寸适用 GB/T 16471 的规定。

8.2.1.2 制造商应向用户提供按规定需随机携带的全部附件、备件、工具及有关技术文件。技术文件应包括产品使用说明书、合格证、质量证明书及装箱单等。

8.2.1.3 产品使用说明书一般应包括如下内容：

——产品型式、型号、主要技术参数及主要结构特征；

——安装、调整及检查方法；

——使用操作方法和程序等；

——维护、保养方法等；

——制造商认为必要的其他内容。

8.2.1.4 机组装箱前应确保防雨、防潮，装箱应牢固、安全，避免运输过程中的损坏。

8.2.2 贮存

8.2.2.1 机组应贮存在通风、干燥、无腐蚀性物质的场所，存放期间要注意防水、防火、防冻、防锈蚀。

8.2.2.2 机组自交货之日起，其随机附件、备件、工具的封存防锈有效期不应少于 12 个月。

附 录 A
（资料性附录）
机组需方应提供的资料

A.1 机组安装现场情况

A.1.1 大气状况

海拔高度或平均大气压，一年最高和最低温度及湿度。

A.1.2 其他环境条件

其他环境条件包含但不限于下列内容：

a） 现场环境状况；

b） 现场安全状况及防爆防火条件；

c） 现场周围灰尘含量；

d） 现场有效安装空间；

e） 安装、使用方式。如：是否为车载安装方式。

A.2 使用工况

机组可能连续运转的最长时间和最大负荷时间。

A.3 气源情况

机组使用的气源情况应包含但不限于下列情况：

a） 气源的名称和供给状况（干气、伴生气、间断、连续）；

b） 气源成分变化范围；

c） 气源低热值及其变化范围；

d） 气源温度变化范围；

e） 气源压力变化范围和变化率。

A.4 对于被驱动机械的说明

对于被驱动的机械应作如下说明：

a） 被驱动机械的用途；

b） 被驱动机械的功率范围和转速范围；

c） 机组与被驱动机械之间的传动方式和变速机构；

d） 被驱动机械的调速要求；交变负荷范围和变化率下的调速性能要求；

e） 被驱动机械的成套要求（如要否公共底盘等）。

A.5 其他有关资料

需方应向制造商提供其认为必要的其他设计资料或说明。

ICS 75.180.10
E 92

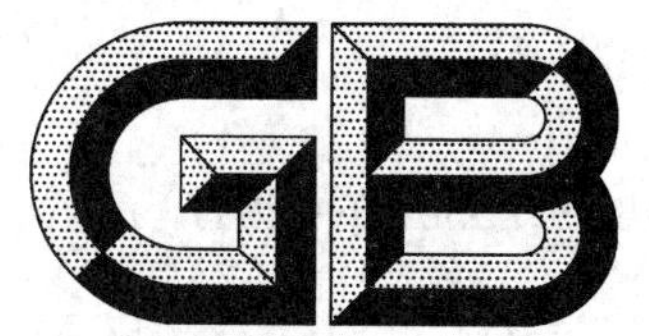

中华人民共和国国家标准

GB/T 23507.1—2017

石油钻机用电气设备规范 第1部分:主电动机

Criterion for electrical equipment for oil drilling rig—Part 1:Main motors

2017-12-29 发布 2018-07-01 实施

中华人民共和国国家质量监督检验检疫总局
中国国家标准化管理委员会 发布

前　言

GB/T 23507《石油钻机用电气设备规范》分为4个部分：

——第1部分：主电动机；

——第2部分：控制系统；

——第3部分：电动钻机用柴油发电机组；

——第4部分：辅助用电设备及井场电路。

本部分为GB/T 23507的第1部分。

本部分按照GB/T 1.1—2009给出的规则起草。

本部分由全国石油钻采设备和工具标准化技术委员会(SAC/TC 96)提出并归口。

本部分起草单位：中车永济电机有限公司、中国石油集团济柴动力总厂、宝鸡石油机械有限责任公司、长城电工天水电气传动研究所有限责任公司、中国石油集团渤海石油装备制造有限公司、四川宏华石油设备有限公司、南阳二机石油装备集团股份有限公司。

本部分主要起草人：杨建华、梁黎君、王令金、刘志刚、屈斌、刘珀、杨赛青、张国山、朱奇先、张振中、戴海峰、王信军、赵辉、马进生。

石油钻机用电气设备规范 第1部分：主电动机

1 范围

GB/T 23507 的本部分规定了石油钻机电驱动用主电动机(以下简称电动机)的型号、型式、基本参数、技术要求、试验方法、检验规则、出厂文件及标志、包装、运输与贮存。

本部分适用于石油钻机绞车、钻井泵、转盘、顶驱装置用交、直流电动机(包括网电驱动的低压电动机)的设计、制造、检验和使用。

2 规范性引用文件

下列文件对于本文件的应用是必不可少的。凡是注日期的引用文件，仅注日期的版本适用于本文件。凡是不注日期的引用文件，其最新版本(包括所有的修改单)适用于本文件。

GB/T 191 包装储运图示标志

GB/T 755—2008 旋转电机 定额和性能

GB/T 997 旋转电机结构型式、安装型式及接线盒位置的分类(IM 代码)

GB/T 1032 三相异步电动机试验方法

GB/T 1311 直流电机试验方法

GB/T 1971 旋转电机 线端标志与旋转方向

GB/T 1993 旋转电机冷却方法

GB/T 2423.4 电工电子产品环境试验 第2部分：试验方法 试验 Db 交变湿热(12 h+12 h 循环)

GB/T 2423.17 电工电子产品环境试验 第2部分：试验方法 试验 Ka：盐雾

GB/T 2900.25 电工术语 旋转电机

GB/T 2900.35 电工术语 爆炸性环境用设备

GB/T 2900.36 电工术语 电力牵引

GB 3836.1—2010 爆炸性环境 第1部分：设备 通用要求

GB 3836.2 爆炸性环境 第2部分：由隔爆外壳“d”保护的设备

GB 3836.3—2010 爆炸性环境 第3部分：由增安型“e”保护的设备

GB/T 3836.5—2017 爆炸性环境 第5部分：由正压外壳“p”保护的设备

GB/T 4942.1 旋转电机整体结构的防护等级(IP 代码)分级

GB/T 7060 船用旋转电机基本技术要求

GB/T 12351—2008 热带型旋转电机环境技术要求

GB/T 12665 电机在一般环境条件下使用的湿热试验要求

GB/T 12668.2 调速电气传动系统 第2部分：一般要求 低压交流变频电气传动系统额定值的规定

GB/T 14711—2013 中小型旋转电机通用安全要求

JB/T 4159—2013 热带电工产品通用技术要求

JB/T 5810—2007 电机磁极线圈及磁场绕组匝间绝缘试验规范

JB/T 5811—2007 交流低压电机成型绕组匝间绝缘试验方法及限值

TB/T 1704 机车电机试验方法 直流电机

IEC/TS 60034-25:2007 旋转电机 第25部分：专为变频电源设计的交流电动机的设计和性能指南(Rotating electrical machines—Part 25:Guidance for the design and performance of a.c.motors specifically designed for converter supply)

IEC 60349-1:2010 电力牵引 铁路与道路车辆用旋转电机 第1部分:除电子变流器供电的交流电动机之外的旋转电机(Electric traction—Rotating electrical machines for rail and road vehicles—Part 1:Machines other than electronic converter-fed alternating current motors)

IEC 60349-2:2010 电力牵引 铁路和道路车辆用旋转电机 第2部分:电子变流器供电的交流电动机(Electric traction—Rotating electrical machines for rail and road vehicles—Part 2:Electronic converter-fed alternating current motors)

IEC/TS 60349-3:2010 电力牵引 铁路和道路车辆用旋转电机 第3部分:用组件损耗总和确定变流器供电的交流电动机的总损耗 (Electric traction—Rotating electrical machines for rail and road vehicles—Part 3:Determination of the total losses of converter-fed alternating current motors by summation of the component losses)

3 术语和定义

GB/T 755、GB/T 2900.25、GB/T 2900.35、GB/T 2900.36、GB 3836.1、GB/T 12668.2 界定的以及下列术语和定义适用于本文件。为了便于使用，以下重复列出了 GB/T 2900.36、GB/T 12668.2 中的某些术语和定义。

3.1

主电动机 main motors

用于石油钻机绞车、钻井泵、转盘、顶驱装置的交、直流驱动电动机。

3.2

变流器 converter

将一种型式的电流转换为另一种不同型式(包括电压或频率)电流的静止或旋转设备。

[GB/T 2900.36—2003,定义 811.19.1]

3.3

整流器 rectifying-rectification

起交流变换成直流作用的变流器称为整流器，可以是不可控的或可控的。

[GB/T 12668.2—2002/IEC 61800-2:1998,定义 2.2.2]

3.4

遮荫处 shade

阳光直接照射不到的地方。

3.5

定额 rating

对电动机规定的一组同时测得的电量和机械量的数值，包括这些参量的持续时间及顺序。

3.6

保证定额 guaranteed rating

由电动机制造商保证的定额。通常指连续工作制定额。特殊情况下，经用户和制造商协商，可以采用短时定额或断续定额作为保证定额。

3.7

额定电压　rated voltage

电动机铭牌上所规定的额定输入电压，指电动机运行在定额状态时在其端子上电压的规定值。如果电压是单向的，则额定电压为周期波形的算术平均值；如果电压是交变的，则额定电压为电动机端子上线电压周期波形基波分量的方均根值。

3.8

最高（或最低）电压　maximum (or minimum) voltage

电动机使用中规定承受的最高（或最低）电压，瞬时电压不包括在内。最低电压也不包括在起动或加速过程中由于控制设备引起的任何衰减量。

3.9

重复峰值电压　repetitive peak voltage

变流器输出电压（非瞬变）波形的尖峰值。

3.10

最大电流　maximum current

规定特性曲线上的电流最大值。

3.11

额定转速　rated speed

保证定额下的转速。

3.12

最大工作转速　maximum working speed

由制造厂规定的电动机的最高转速。

3.13

输出功率　output power

电动机轴上有效机械输出功率。

3.14

正常运行　normal working

电动机在规定的使用条件下，其性能、参数变化均应在预定范围内的工作状态。

3.15

永久性损伤　permanent damage

电动机试验后，影响电机正常运行的损伤。

3.16

型式试验　type test

对设计制造的一台或多台装置进行的试验，以证明该设计满足有关技术条件的要求。

[GB/T 2900.36—2003，定义 811.10.4]

3.17

例行试验　routine test

每个装置制造期间或制成后都要进行的试验，以确定它符合有关标准的要求。

[GB/T 2900.36—2003，定义 811.10.5]

4　型号、型式与基本参数

4.1　电动机型号由产品代号、规格代号、安装方式三部分组成：

a)　产品代号用油田钻机“油”的第一个汉语拼音字母“Y”和直流电动机“直”的第一个汉语拼音

字母“Z”或交流电动机“交”的第一个汉语拼音字母“J”表示；

b) 规格代号用产品的输出额定功率(单位:kW)和输入线电压(单位:V)表示；

c) 安装方式为卧式时不标代号，为立式时用字母“V”表示。

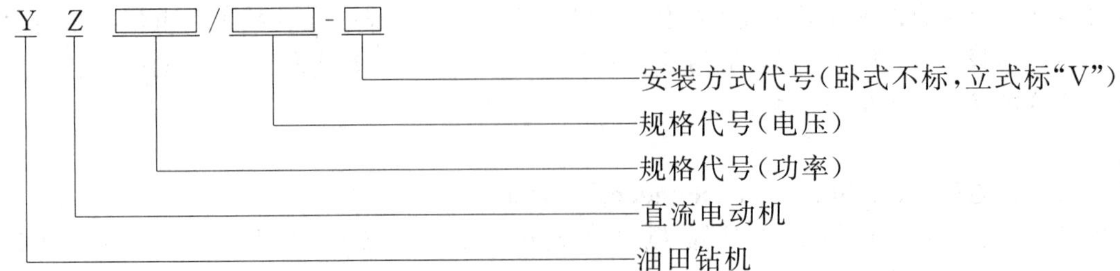

示例 1：YZ 800/750 表示卧式安装，额定功率为 800 kW，额定电压为 750 V 的直流电动机。

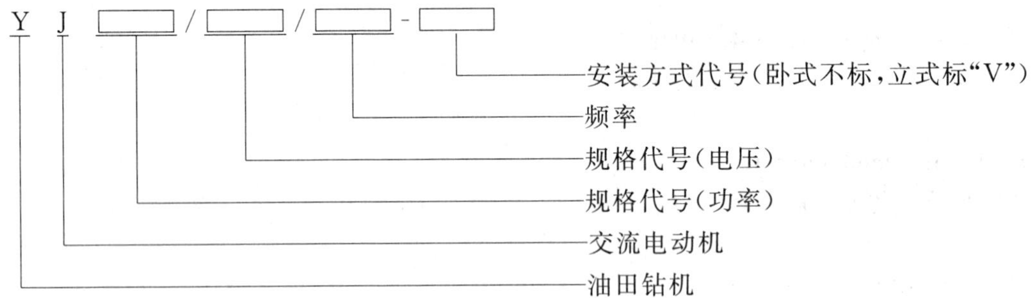

示例 2：YJ 400/600/33.5-V 表示立式安装，额定功率为 400 kW，额定电压为 600 V，额定频率为 33.5 Hz 的交流电动机。

4.2 电动机的结构及安装型式应符合 GB/T 997 的规定。

4.3 电动机的冷却方法应符合 GB/T 1993 的规定。

4.4 电动机的定额是以连续工作制(S1)为基准的连续定额。

4.5 电动机的基本参数系列见表 1。超出表 1 以外的中心高尺寸及额定电压、额定功率，由用户与电动机制造商协商确定。

表 1 电动机基本参数系列

电机类别	额定电压 V	额定功率 kW	中心高 mm
交流电动机	380、440、500、600、660、690	200 、300、400、500、600、710、800、900、1 000、1 120、1 250、1 600、1 800、2 000、2 500	280、315、355、400、423、450、500、560、630、710、800、850
直流电动机	440、660、750	450、600、800、850、1 000	

5 技术要求

5.1 运行条件

5.1.1 环境运行条件

5.1.1.1 电动机在下列条件下，应达到保证定额：

a) 海拔高度不大于 1 200 m(当海拔高度每增加 300 m 或增加值不足 300 m，则电流定额减少 1%)；

b) 遮荫处最高环境温度不超过 45 ℃，最低环境温度不低于－40 ℃；

c) 空气相对湿度：最湿月月平均最大相对湿度不大于95%（该月月平均最低温度不大于25 ℃）；

d) 有盐雾、霉菌、油雾及潮湿空气的影响；

e) 安装底座处，当振动频率范围为10 Hz～150 Hz时，最大振动加速度不大于5 g；

f) 立式安装时，电动机倾斜度不大于5°；

g) 倾斜与摇摆（海洋平台）：

纵倾：10°；

纵摇：10°；

横倾：22.5°；

横摇：22.5°；

可能同时发生横向和纵向倾斜。

5.1.1.2 电动机超出上述条件时，由用户与电动机制造商协商确定。

5.1.2 电气运行条件

变流器输出电压波形范围如下：

a) 尖峰值电压： U_{peak}不大于$2\times U_{dc}$；

注：U_{dc}为可能出现在直流环节的对地最高平均电压，此时供电系统为最高电压，电动机处于驱动状态。

b) 电压变化率： du/dt 不大于1 500 V/μs；

c) 其他形式的电源应符合GB/T 755的规定。

5.2 一般要求

5.2.1 电动机所用材料应符合国家及行业关于禁用和限用物质的相关标准和法律规定。

5.2.2 用于支撑和固定载流体部件的绝缘材料构件，应阻燃、耐热、耐漏电起痕性、防潮并有足够的耐电压强度和机械强度。

5.3 特殊要求

5.3.1 运行在危险区域（爆炸性气体环境）的电动机除应符合本部分规定外，还应符合GB 3836.1、GB 3836.2、GB 3836.3、GB/T 3836.5的规定。

5.3.2 运行在海洋石油钻井平台上的电动机除应符合本部分规定外，还应符合GB/T 7060的规定。

5.4 部件及其安全要求

5.4.1 电动机的外壳防护等级应为IP22、IP23、IP44、IP54、IP55、IP56，接线盒外壳的防护等级不应低于IP55。海洋石油钻井平台用电动机防护等级应不低于IP44。各种防护型式的定义及技术要求应符合GB/T 4942.1的规定。

5.4.2 强迫通风式电动机的外壳及其连接管道应能承受电机正常运行时所有排气孔封闭状态下最大正压的1.5倍，最低压力为200 Pa。在可能产生气体泄露的部位，每一部位相对于外部压力应保持最低正压50 Pa。

5.4.3 正压外壳型防爆电动机应安装风压继电器。安装在接线盒外部的风压继电器应符合GB 3836.1的规定并取得防爆证书。

5.4.4 采用强迫通风的正压外壳型防爆电动机冷却空气及其所含杂质不应是可燃的。电动机外壳的明显位置应有“电动机运行前先通风”的警告标志或设置与通风系统相联锁的装置，使其在规定的通风时间后才能接通电源。

5.4.5 电动机的接线盒应是固定在电动机机座上的独立外壳，其结构应为符合GB/T 3836.5的正压防爆型、GB 3836.3的增安型或符合GB 3836.2的隔爆型。正压防爆型盒内相对于外部压力应保持最低正压 50 Pa。

5.4.6 通风连接管、电气连接部件、电缆引入装置及其密封件、电缆线应符合 GB/T 14711 及 GB 3836.1 的规定。

5.4.7 交流电动机的设计应考虑电机与变流器之间的电缆连接长度对电动机端子处峰值电压的影响。

5.4.8 对电动机进行冷却的通风机电机应采用符合 GB 3836.2 的隔爆型三相异步电动机并取得防爆证书,防爆等级应达到 ExdⅡBT4 Gc 及以上要求。

5.4.9 正压外壳型防爆电动机运行前,建议使其通过的冷却空气量不少于电动机及其通风系统总净容积的 5 倍。

5.4.10 电机外壳的明显位置应有“断电源后开盖”的警告牌或设置联锁装置,保证电源接通时壳盖不能打开;壳盖打开后电源不能接通。

5.4.11 电动机内部应设置电加热器。电加热器的容量应能使机壳内部温度高于机壳外部温度 5 K,并应使加热温度不超过附近绝缘的允许温度。

5.4.12 电动机机座、接线盒应有接地导线装置,并用相应规格的接地导线将接地点连接,接地点应有符号或图形标志。接地导线及接线端子应符合 GB/T 755 的规定。

5.4.13 电动机应装有检修开关。

5.4.14 如有必要,绕组及轴承安装温度传感器。

5.4.15 电动机外壳应选用下屈服强度不小于 235 MPa 的钢质材料。

5.4.16 电动机转轴的力学性能在常温(25 ℃)下应符合以下规定:

a) 抗拉强度不小于 735 MPa;
b) 下屈服强度不小于 539 MPa;
c) 断后伸长率不小于 15%;
d) 断后收缩率不小于 45%;
e) 冲击功不小于 47 J。

5.4.17 海洋石油钻井平台电动机接线盒材料宜用 0Cr17Ni12Mo2 或其他抗点腐蚀性优良和高温强度高的不锈钢板。

5.4.18 海洋石油钻井平台电动机紧固件宜符合以下规定:

a) 小于或等于 $M12$ 的螺栓、螺母采用 0Cr17Ni12Mo2 材质或其他抗点腐蚀性优良和高温强度高的不锈钢材质;
b) 大于 $M12$ 的螺栓、螺母采用锌铝涂层、热浸锌或电镀锌处理。

5.5 电气间隙和爬电距离

增安型电动机执行 GB 3836.3—2010 中的 4.3 和 4.4 的规定,其他型式电动机执行 GB/T 14711—2013 中第 11 章的规定。

5.6 温升限值

电动机应选用耐热等级为 H 级或 200 级的绝缘材料,电动机外壳的最高表面温度和绕组温升执行下列要求:

a) 增安型电动机执行 GB 3836.3—2010 中 4.7 的规定;
b) 隔爆型电动机外壳的最高表面温度执行 GB 3836.1—2010 中 5.3 的规定;
c) 正压型电动机外壳的最高表面温度执行 GB 3836.1—2010 中 5.3 和 GB/T 3836.5—2017 中第 6 章的规定;
d) 其他型式的电动机绕组和部件温升限值执行表 2 的规定。

表 2　连续定额的温升限值

电机部件	测量方法	绝缘等级	
		H	200
定子绕组	电阻法	180 K	200 K
转子绕组	电阻法	160 K	180 K
换向器或滑环	电温度计法	120 K	120 K
鼠笼式转子、阻尼绕组	电温度计法	温升以不损害邻近绕组或其他部件为限	
轴承温升	电机的轴承温升不超过 55 K		

同一台电动机的不同部件若采用不同等级的绝缘，则各部件的温升限值取与其绝缘等级对应的值。

如果在实际运行中，电动机直接或间接受到其他热源的影响或电机的冷却空气温度高于 45 ℃，则电动机试验时各部件的温升限值均应较上述限值降低相应于实际冷却空气温度与 45 ℃的温差值。

如果试验地点的海拔高度或环境空气温度与 5.1 的规定不同时，温升限值应按 GB/T 755 的规定修正。

5.7　短时过转矩

电动机在热态和逐渐增加转矩的情况下，应能承受 1.5 倍的额定转矩的短时过转矩试验，历时 60 s 不发生转速突变、停转或有害变形，此时电压、频率(对交流电动机)维持在额定值。对于直流电动机，转矩应用过电流表示，还应符合对换向能力的限度，见 GB/T 755—2008 中 9.4 的要求。

5.8　信息交换

对于交流电动机，设计者应向变流器设计者提供 IEC/TS 60034-25:2007 表 3 所规定的电机参数。同样，变流器设计者也应向电动机设计者提供有关特性曲线，如变流器线间输出电压(包括重复峰值电压)、电流、基波频率、脉冲频率、谐波、电压上升率以及功率。这些参量是在整个运行范围内的值。

5.9　特性试验及其容差

5.9.1 规定特性

产品技术条件中应包括 5.9.5 规定的特性曲线。这些被称作“规定特性”的曲线，应在每个变量的设计运用限值范围内绘出。

5.9.2　典型特性

在完成最初 4 台电动机型式试验后，应按 5.9.5 的规定，根据试验结果而得出并符合 5.9.5 要求的特性。

若电动机在电磁性能上与以前为同样用户或同种应用而制造的电动机相同，除另有协议外，一般该电动机可采用原有电动机的典型特性曲线。此时，可仅用例行试验来验证电动机是否符合这些特性。

5.9.3　基准温度

不论电动机使用哪种绝缘等级，各种特性曲线均应在绕组基准温度为 150 ℃时绘制。该温度应在特性曲线上注明。

5.9.4　效率特性

直流电动机的效率特性应考虑外置电阻的损耗，这些电阻一般在主电路或励磁电路内，他励电路内的功率损耗一般也应包括在内,除非作另外的考虑(例如作为辅助负载),此时应说明已略去该损耗。

对变频器供电的交流电动机的效率特性应考虑由于变流器供电产生的谐波引起的损耗。损耗及其影响参照 IEC/TS 60034-25:2007。总损耗的确定按 IEC/TS 60349-3:2010。

5.9.5 特性曲线

直流电动机,其特性曲线应表示出额定电压(或额定功率)及几个规定励磁条件下,转速、转矩、效率与电枢电流的关系。

交流电动机,其规定特性和典型特性为变流器供电下整个工作范围内,线电压、电流、频率、平均转矩、效率与电动机转速的函数关系。电压曲线用基波分量的方均根值表示;电流曲线用总电流的方均根值表示。要求有制动工况的电动机,应绘制出类似的特性曲线,该曲线表示为输入转矩、输出功率与电动机转速的函数关系。

交流电动机,应绘制出空载特性和堵转特性曲线。

5.9.6 容差

5.9.6.1 直流电动机的型式试验

直流电动机型式试验时,为绘出对应于规定特性的典型特性曲线,应取得足够的试验读数(如每条曲线上取四或五个读数):

a) 典型转速/电流特性曲线应以最初四台被试电机的平均转速绘制。此平均值相对于规定值的偏差不应超出表 3 给出的设计容差。同时每台电机的转速与相应的典型值的偏差不应超过表 3 中列出的制造容差;
b) 表 3 中两点之间的容差相对于电流值按线性分等;
c) 典型转矩/电流曲线应采用型式试验中得到的效率值由转速/电流曲线计算而得;
d) 在保证定额下测得的总损耗应不超过规定特性曲线上对应值的 15%;
e) 在保证定额下用损耗分析法测得的效率(η)容差为$-15\%(1-\eta)$。

5.9.6.2 直流电动机的例行试验

额定励磁条件下,测取点 Ch1 和点 Ch2 的转速读数。对于他励电动机,应绘制恒定励磁条件下的曲线,且仅取点 Ch2 的读数即可。

转速值与典型值之差应小于表 3 规定的制造容差。

表 3 在满磁场下的直流电动机的转速容差

设计容差 %		制造容差 %	
点 Ch1	点 Ch2	点 Ch1	点 Ch2
±5	±3	±3.5	±3

注 1: 点 Ch1 表示在规定的或典型的特性曲线上的最高工作转速的 80%时相对应的电流值,或是表示该点的转速低于最高工作转速的 80%时,其相对应的最小电流值。

注 2: 点 Ch2 表示在相关的特性曲线上的最大电流值的 90%的那一点。

5.9.6.3 交流电动机的型式试验

交流电动机型式试验时的容差规定如下:

a) 相应于规定的特性曲线上最大转矩和 90%最高转速之间,在任一点输入电功率时的典型转矩应大于 95%的规定值;

b) 在保证定额时测得的损耗应不超过规定特性曲线上对应值的15%；
c) 在保证定额时用损耗分析法测得的效率(η)容差为$-15\%(1-\eta)$；
d) 在保证定额时测得的功率因数$\cos\varphi$容差为$-(1-\cos\varphi)/6$；
e) 正弦波供电的型式试验所产生的温升不应偏离最初型式试验值的8%或10 K(取较大值)。

5.9.6.4 交流电动机的例行试验

交流电动机例行试验时的容差应符合如下规定：

a) 电动机空载运行，所加电压为在典型曲线上10%～100%转速之间的任一点上，在电动机中产生最大磁通，电流不得偏离按5.9.2规定的典型值的±10%；
b) 堵住转子，加上一个能产生接近保证定额电流的电压，该电压值应在被试的第一台电动机中确定，并在以后的全部试验中采用。电流不得偏离5.9.2规定的典型值的±5%。

5.10 换向性能

直流电动机应能承受稳定条件下表7规定的换向试验和起动试验。经受上述试验后，电动机应无机械损坏或永久性损害。

稳定条件下换向试验时，允许的换向火花等级规定为：

a) 小于或等于额定电流的可连续运行工况不超过$1\frac{1}{2}$级；
b) 最大电流工况不超过2级。

5.11 绝缘性能

5.11.1 绝缘电阻

电动机绕组的热态绝缘电阻应不低于1 MΩ，冷态绝缘电阻应不低于5 MΩ。

5.11.2 耐电压强度

电动机应能承受表4规定的耐电压试验历时1 min，而绝缘不被击穿。

表4 耐电压试验电压

电机绕组	试验电压 V	
	交流试验	直流试验
交流电动机	$2U_{dc}+1\ 000$ 或 $2U_{rp}/\sqrt{2}+1\ 000$ 或 $U_{rpb}/\sqrt{2}+1\ 000$	$3.4U_{dc}+1\ 700$ 或 $2.4U_{rp}+1\ 700$ 或 $1.2U_{rpb}+1\ 700$
直流电动机(直接与电源相连的绕组)	$2.25U_1+2\ 000$	$3.825U_1+3\ 400$

注1：U_{rp}——可能出现在绕组上的对地最高重复峰值电压，此时供电系统为最高电压，电机处于驱动状态。
注2：U_{rpb}——可能出现在绕组上的对地最高重复峰值电压，此时电动机处于制动状态。
注3：U_1——电源在标称电压时能施加到绕组上的最高对地电压。

5.11.3 匝间绝缘耐电压强度

5.11.3.1 直流电动机绕组匝间绝缘试验按JB/T 5810—2007。
5.11.3.2 交流电动机绕组匝间绝缘试验按JB/T 5811—2007。冲击试验电压波的波前时间为0.5 μs，时间应不低于3 s,冲击电压峰值取$1.2\sqrt{2}$倍对地耐电压试验值。

5.11.3.3 试验后,匝间绝缘不发生击穿。

5.11.4 绝缘防潮能力

5.11.4.1 电动机按照GB/T 12665的规定,经过高温40 ℃六个周期交变湿热试验后应满足下列要求:

a) 绕组对机座和相互间的绝缘电阻按式(1)确定:

$$R=\frac{U_N}{1\,000+P_N/100} \qquad \cdots\cdots(1)$$

式中:

R ——电阻绕组的绝缘电阻,单位为兆欧(MΩ);

U_N——电动机额定电压,单位为伏特(V);

P_N——电动机额定功率,单位为千瓦(kW)。

b) 热态下,电机绕组应能承受5.11.2规定试验电压值的85%,历时1 min而不发生击穿。

c) 电动机转动或可动部分零部件不应有卡住或影响正常运行的现象,整机应能正常运转。

d) 电动机表面防锈处理件的外观应不低于JB/T 4159—2013中的三级要求。

e) 电动机表面油漆外观和附着力应不低于GB/T 12351—2008中的二级要求。

f) 绝缘材料、塑料等零部件不应有变形、发黏、开裂等现象。

g) 试验结束后检测电机轴承温升应不超过5.6的规定,润滑脂不应出现乳化、变质和泄漏等现象。

5.11.4.2 交流电动机定子整体进行浸水试验,浸水3 h后绝缘电阻不小于200 MΩ。

5.12 起动性能

电动机在起动试验后,任何部件不应出现异常温升。直流电动机的换向器不应出现任何永久性损伤。

5.13 超速

5.13.1 电动机在热态空载下,应能承受提高转速至最大工作转速的1.2倍历时2 min而不发生有害变形,且能通过5.11.2和5.11.3规定的耐电压试验。

5.13.2 做超速例行试验时,为避免高速空载运行对滚动轴承的损害,可做必要的预防。如降低试验转速,但不应低于最大工作转速。

5.14 换向器径向跳动量

直流电动机在超速试验后立即测得的换向器的径向跳动量,应小于表5给出的值。

表5 换向器径向跳动量限值

单位为毫米

换向器直径	冷态允许最大跳动量	热态允许最大跳动量
$d<400$	0.03	0.03
$400\leqslant d\leqslant 800$	0.04	0.04

5.15 噪声

电动机以正常工作转速作空载运行,对调速电机则以最大工作转速运行,对于可以逆转的电机应在两个旋转方向上测量噪声。电动机A计权声功率级噪声限值应符合图1规定。

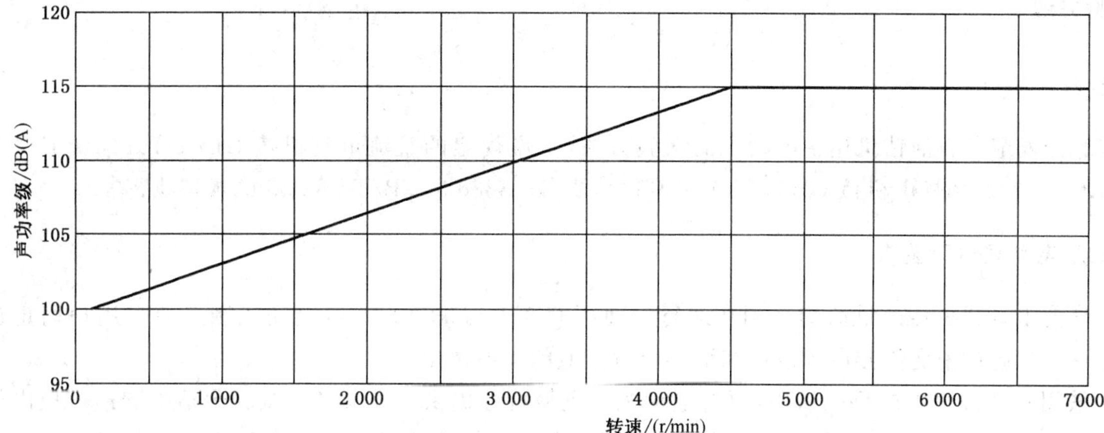

图1 电动机A计权声功率级噪声限值

5.16 振动

电动机在空载时测得的振动速度有效值应不超过2.8 mm/s。电动机空载时测量轴承位的振动速度，自由悬置时，振动速度应不超过2.8 mm/s，刚性安装时，振动速度应不超过2.3 mm/s。

5.17 轴电压

当交流电动机的轴电压高于500 mV(峰值)时，应按GB/T 12668.2的规定采取防止轴和轴承之间产生环电流的措施。

5.18 速度传感器、编码器功能试验

空载运转电动机，确定电动机转向后，给速度传感器、编码器通电，测试相位差、信号时序和输出电压。编码器安装轴与主电动机轴的同轴度应不超过0.05 mm。

5.19 耐盐雾性能

海洋石油钻井平台用电动机的金属电镀件和化学处理件应具有耐盐雾性能，经盐雾试验后应符合表6规定。

表6 耐盐雾性能

底金属材料	零件类别	镀层类别	合格要求	试验时间 h
碳钢	一般结构零件	锌	未出现白色和灰黑色、棕色腐蚀产物	48
	紧固零件			
	弹性零件			
铜和铜合金	一般结构零件	镍	未出现灰白色或绿色腐蚀产物	48
	紧固零件			
	弹性零件			
	电联零件	镍	未出现灰黑色或绿色腐蚀产物	
		锡、银		

6 试验方法

6.1 总则

本部分规定了石油钻机用主电动机的试验方法，未做规定的直流电动机按 GB/T 1311、交流电动机按 GB/T 1032、防爆电机按 GB 3836.1、GB 3836.2、GB 3836.3、GB/T 3836.5 的规定执行。

6.2 交流电动机试验要求

6.2.1 交流电动机的型式试验应采用在运行中使用的变流器来进行。经电动机制造商与用户商定也可采用一个与运行中变流器电源波形和谐波分量相似的电源供电。

6.2.2 采用正弦波供电的型式试验，仅对电动机的机械特性提供一个参考。试验包括由制造厂提出的保证定额下的温升试验。试验电压、频率、扭矩、通风和试验持续时间由制造厂确定，试验持续时间应超过 1 h，但试验值不应超过电动机的允许值。该试验参数为随后的电动机试验所采用。

6.2.3 如果需要交流电动机及其控制系统进行进一步的联调试验，为避免重复，应在联调试验台上或钻机组装场调试完成电动机所需的全部或部分型式试验项目。

6.2.4 试验中的仪器仪表应在宽频带(至少 1 000 Hz)保持其准确度。

6.2.5 例行试验采用正弦波电源，其频率可以是供电网频率或设备运行时的频率。

6.3 试验项目及方法

试验项目及试验方法按表 7 的规定进行。

表 7 试验项目及方法

序号	试验项目	直流电动机		交流电动机	
		例行试验	型式试验	例行试验	型式试验
1	一般机械性能及外形尺寸、安装尺寸检查	5.4	5.4	5.4	5.4
2	强迫通风电动机在额定通风空气量时进风口处和接线盒内空气静压力头的测定	—	TB/T 1704	—	TB/T 1704
3	绕组在实际冷态下直流电阻的测定	TB/T 1704	TB/T 1704	TB/T 1704	TB/T 1704
4	温升试验	IEC 60349-1:2010 第 9 章	IEC 60349-1:2010 第 8 章	—	IEC 60349-2:2010 第 8 章
5	额定电压、额定负载下效率、功率因数的测定	—	IEC 60349-1:2010 第 8 章	—	IEC/TS 60349-3:2010 GB/T 1032
6	短时过转矩试验	—	GB/T 755	—	GB/T 1032
7	特性曲线测定和绘制	IEC 60349-1:2010 第 9 章	IEC 60349-1:2010 第 8 章	—	IEC 60349-2:2010 第 8 章
8	空载电流和损耗的测定	—	—	IEC 60349-2:2010 第 9 章	—
9	空载特性的测定		IEC 60349-1:2010 第 8 章		IEC 60349-2:2010 第 8 章

表 7（续）

序号	试验项目	直流电动机		交流电动机	
		例行试验	型式试验	例行试验	型式试验
10	堵转电流和损耗的测定	—	—	IEC 60349-2:2010 第 9 章	—
11	堵转特性的测定	—	—	—	IEC 60349-2:2010 第 8 章
12	超速试验	IEC 60349-1:2010 第 9 章	IEC 60349-1:2010 第 8 章	IEC 60349-2:2010 第 9 章	IEC 60349-2:2010 第 8 章
13	换向试验	IEC 60349-1:2010 第 9 章	IEC 60349-1:2010 第 8 章	—	—
14	最佳换向区确定(仅对设有换向极第二气隙的电机)	—	TB/T 1704	—	—
15	换向器跳动量检查	IEC 60349-1:2010 第 9 章	IEC 60349-1:2010 第 9 章	—	—
16	匝间绝缘耐电压试验	JB/T 5810	JB/T 5810	JB/T 5811	JB/T 5811
17	起动试验	—	TB/T 1704	—	—
18	振动试验	IEC 60349-1:2010 第 9 章	IEC 60349-1:2010 第 8 章	IEC 60349-2:2010 第 9 章	IEC 60349-2:2010 第 8 章
19	噪声测定	—	IEC 60349-1:2010 附录 C	—	IEC 60349-2:2010 附录 C
20	绝缘电阻的测定	IEC 60349-1:2010	IEC 60349-1:2010	IEC 60349-2:2010	IEC 60349-2:2010
21	耐电压试验	IEC 60349-1:2010 第 9 章	IEC 60349-1:2010 第 9 章	IEC 60349-2:2010 第 9 章	IEC 60349-2:2010 第 9 章
22	绝缘防潮能力试验(仅对新造电机)	—	GB/T 12665 GB/T 2423.4 GB 12351—2008 JB/T 4159—2013	—	GB/T 12665 GB/T 2423.4 GB 12351—2008 JB/T 4159—2013 5.11.4
23	轴电压测量	—	—	—	GB/T 1032
24	盐雾试验	—	GB/T 2423.17	—	GB/T 2423.17
25	防爆性能试验(仅对防爆电机)	—	GB 3836.1 GB 3836.2 GB 3836.3 GB/T 3836.5	—	GB 3836.1 GB 3836.2 GB 3836.3 GB/T 3836.5
26	辅助开关和风压开关连锁保护试验(仅对有此装置的电动机)	5.4	5.4	5.4	5.4
27	速度传感器、编码器功能试验(仅对有此装置的电动机)	5.18	5.18	5.18	5.18

7 检验规则

7.1 通则

电动机应经检验合格并附有产品检验合格证后方能出厂。防爆电动机还应取得防爆合格证书。

7.2 检验类别

电动机的检验分为两类：

a) 型式试验；

b) 例行试验。

7.3 型式试验

对于每种新的设计，应选取最初生产的十台中任意一台做型式试验。确定典型曲线的型式试验，应按5.9和表7的规定，在至少四台电动机上进行试验。

凡遇到下列情况之一时，也应进行型式试验：

a) 设计、工艺或材料的变更足以引起某些特性和参数变化时，应进行有关项目的试验；

b) 例行试验结果与以前进行的型式试验结果发生不可允许的偏差时；

c) 生产场地或制造方法改变或长期停产后重新投产时；

d) 对成批或大量生产的产品进行定期抽试；

e) 变流器的输出特性发生变化时。

7.4 例行试验

每台电动机出厂时，都应做例行试验。

7.5 判定规则

型式试验每次至少抽取一台，有一项不合格者应加倍台数进行试验，如仍有不合格者，则判定该批电动机不合格；例行试验应在每台电动机上进行，有一项不合格则判定该台电动机不合格。

8 出厂文件

8.1 文件要求

8.1.1 总则

本部分所述的文件是电动机出厂验收的组成部分，一般应为文本文件。

8.1.2 内容

文件的内容应符合相关标准和产品技术要求的规定，简明、准确、真实、完整。易于阅读和理解。

8.1.3 材料

文件的介质材料应结实耐用，保证文件在产品寿命期限内的可用性。

8.1.4 格式

文件应采用统一规定的文本文件或格式文件，全部文件应采用国家正式公布、实施的简化汉字，当用户有要求时,应提供销售地区的语言文本。

8.2 文件配备

8.2.1 产品用户手册(使用维护说明书),至少应包括下列内容:

a) 产品执行标准;

b) 产品性能参数;

c) 产品特性曲线;

d) 操作、检查、维护程序;

e) 推荐的现场检查维护次数、方法和验收规则;

f) 常见问题的处理方法;

g) 易损件、备件、附件、专用工具清单;

h) 其他需要告知的事项。

8.2.2 特殊环境运行的电动机(如防爆电动机)的生产资质证书。

8.2.3 产品合格证。

8.2.4 电动机包装发运清单。

9 标志、包装、运输与贮存

9.1 标志

9.1.1 铭牌上的数据、标志应保证在电动机的整个使用日期内不易磨灭。铭牌应中英文(如用户有特殊要求,按照用户要求的文种)对照,用耐腐蚀材料制成。铭牌应按 GB/T 755 的要求,至少标有以下内容:

a) 制造商名称;

b) 产品名称、型号、电动机主要参数;

c) 电动机绝缘等级;

d) 防护等级及防爆类别;

e) 5.3 环境下运行的电机还应符合 GB 3836.1、GB 3836.2、GB 3836.3、GB/T 3836.5 及 GB/T 7060 的规定;

f) 重量;

g) 产品出厂编号及出厂日期。

9.1.2 线端标志、旋转方向标志应符合 GB/T 1971 的规定。接地标志要求应符合 GB/T 14711 的规定。

9.2 包装、运输与贮存

9.2.1 在装箱时,应配备的文件按 8.2 的规定执行。

9.2.2 电动机包装时,转子与定子应相对固定(固定处应设置明显标识),键应绑扎在轴上,轴伸及键表面应加防锈及保护措施,凸缘式电动机的凸缘加工面应加防锈及保护措施。

9.2.3 包装箱的材质、结构及包装方法应保证正常运输时,不因包装不善而使电动机受潮、污损或损坏。包装箱的储运标志应符合 GB/T 191 的规定。包装箱外壁的文字应清楚、整齐,内容如下:

a) 发货站及名称;

b) 收货站及收货单位名称;

c) 电动机型号及出厂编号;

d) 电动机净重及连同包装箱的毛重;

e) 包装箱尺寸。

9.2.4 电动机不应露天贮存，应平稳放置在干燥、清洁、无酸碱及腐蚀性气体的库房内，电动机上不应放置其他物品。电动机贮存环境温度小于−40 ℃时，应有保温措施。

参 考 文 献

［1］ IEEE Std 11-2000 IEEE Standard for Rotating Electric Machinery for Rail and Road Vehicles

ICS 75.180.10
E 92

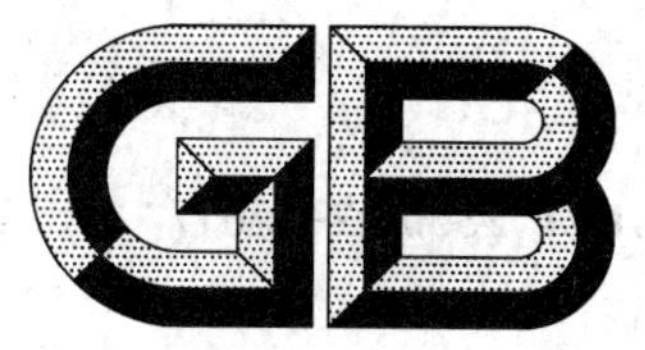

中华人民共和国国家标准

GB/T 23507.2—2017

石油钻机用电气设备规范 第2部分:控制系统

Criterion for electrical equipment for oil drilling rig—Part 2:Control system

2017-12-29 发布　　2018-07-01 实施

中华人民共和国国家质量监督检验检疫总局
中国国家标准化管理委员会　发布

前　言

GB/T 23507《石油钻机用电气设备规范》分为四个部分：

——第1部分：主电动机；

——第2部分：控制系统；

——第3部分：电动钻机用柴油发电机组；

——第4部分：辅助用电设备及井场电路。

本部分为GB/T 23507的第2部分。

本部分按照GB/T 1.1—2009给出的规则起草。

本部分由全国石油钻采设备和工具标准化技术委员会(SAC/TC 96)提出并归口。

本部分起草单位：长城电工天水电气传动研究所有限责任公司、宝鸡石油机械有限责任公司、中国石油集团济柴动力总厂、中海油田服务股份有限公司、中国石油集团渤海石油装备制造有限公司、中国北车集团永济电机厂(中国中车永济电机有限公司)、南阳二机石油装备集团股份有限公司、四川宏华电气有限责任公司、胜利油田高原石油装备有限责任公司。

本部分主要起草人：王有云、朱奇先、刘小宝、冯益强、张振中、于兴军、王志刚、倪秀永、张鹏、戴海峰、何小玉、杨建华、杨林波、洪鹤云、古晓姝、张乾、张洁、俞晓艳、屈斌。

石油钻机用电气设备规范
第2部分:控制系统

1 范围

GB/T 23507的本部分规定了石油钻机交、直流电传动控制系统的术语和定义、型号和额定参数、技术要求、试验及标志、包装、贮运。

本部分适用于陆地、沙漠石油和天然气钻机(修井机)和海洋钻井平台(修井平台)中的供电控制系统及绞车、钻井泵、转盘/顶驱、自动送钻的交、直流电传动控制系统和辅助供电、辅助电传动系统以及自动化系统涉及的外围电气设备。

2 规范性引用文件

下列文件对于本文件的应用是必不可少的。凡是注日期的引用文件,仅注日期的版本适用于本文件。凡是不注日期的引用文件,其最新版本(包括所有的修改单)适用于本文件。

GB/T 156 标准电压

GB/T 191 包装储运图示标志

GB/T 762 标准电流等级

GB/T 2820.1 往复式内燃机驱动的交流发电机组 第1部分:用途、定额和性能

GB/T 2820.4 往复式内燃机驱动的交流发电机组 第4部分:控制装置和开关装置

GB/T 3047.1 高度进制为20 mm的面板、架和柜的基本尺寸系列

GB/T 3797—2016 电气控制设备

GB 3836.1 爆炸性环境 第1部分:设备通用要求

GB 3836.3 爆炸性环境 第3部分:由增安型“e”保护的设备

GB/T 3836.5 爆炸性环境 第5部分:由正压外壳“p”保护的设备

GB 3836.6 爆炸性气体环境用电气设备 第6部分:油浸型“o”

GB 3836.14 爆炸性环境 第14部分:场所分类 爆炸性气体环境

GB/T 3859.2 半导体变流器 通用要求和电网换相变流器 第1-2部分:应用导则

GB/T 4025 人机界面标志标识的基本和安全规则 指示器和操作器件的编码规则

GB/T 4208 外壳防护等级(IP代码)

GB/T 6388 运输包装收发货标志

GB/T 6995.2 电线电缆识别标志方法 第2部分:标准颜色

GB/T 7251.1—2013 低压成套开关设备和控制设备 第1部分:总则

GB/T 9089.2 户外严酷条件下的电气设施 第2部分:一般防护要求

GB/T 12668.1 调速电气传动系统 第1部分:一般要求 低压直流调速电气传动系统额定值的规定

GB/T 12668.2 调速电气传动系统 第2部分:一般要求 低压交流变频电气传动系统额定值的规定

GB/T 12668.3 调速电气传动系统 第3部分:电磁兼容性要求及其特定的试验方法

GB/T 13955 剩余电流动作保护装置安装和运行

GB 14050　系统接地的型式及安全技术要求

GB/T 14549　电能质量　公用电网谐波

GB 15599　石油与石油设施雷电安全规范

GB/T 16895.3　建筑物电气装置　第5-54部分:电气设备的选择和安装 接地配置、保护导体和保护联结导体

GB/T 23507.1　石油钻机用电气设备规范　第1部分:主电动机

JB/T 3085　电力传动控制装置的产品包装与运输规程

SY/T 10041　石油设施电气设备安装一级一类和二类区域划分的推荐作法

浅海固定平台规范(中国船级社:2012)

海上移动平台入级与建造规范(中国船级社:2005)

3　术语和定义

GB/T 3797、GB/T 7251.1—2013、GB/T 12668.1、GB/T 12668.2、GB/T 12668.3 和 GB 14050 界定的以及下列术语和定义适用于本文件。

3.1

系统总装试验　system test

钻机控制系统的所有电控装置经出厂试验合格,并在主机厂的机械、电气、液压系统总体安装就绪之后,在正式投入钻机现场的实际运行之前,进行的达到设计负荷的控制系统的总体试验调试及试运行。

4　型号和额定参数

4.1　型号

石油钻机电传动控制系统,按交、直流电气传动控制方案、所配套的钻机规格、使用类别、设计序号、是否含有发电机控制等项目进行区分,型号为:

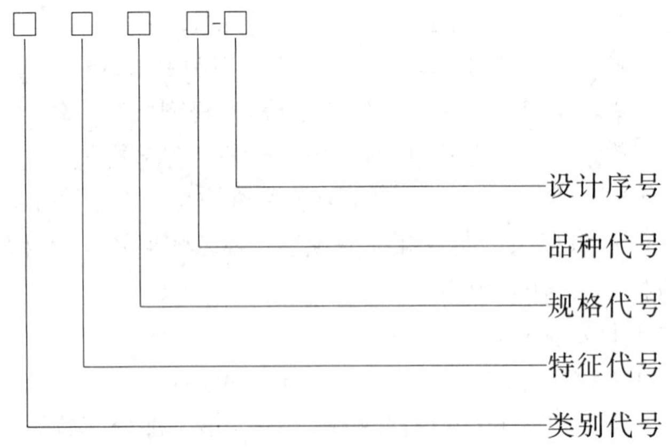

各字段含义:

类别代号:S　表示石油

特征代号:S　表示 AC—SCR—DC 的直流调速方案

　　　　　P　表示 AC—DC—AC 的交流变频调速方案

规格代号:用阿拉伯数字表示,见表1

品种代号:L　表示陆地用

　　　　　S　表示沙漠用

H 表示海洋用

设计序号：如 1、2、3 ……，序号后加"A"表示含发电机组控制；"B"表示含网电或岸电控制；"C"表示同时含发电机组控制及网电控制

表 1 适用的钻机规格

规格代号	15	20	30	40	50	70	80	90	120	150
钻机规格 m	1 500	2 000	3 000	4 000	5 000	7 000	8 000	9 000	12 000	15 000

示例：适用于陆地用 7 000 m 钻机的交流变频调速方案，设计序号 24，带发电机组控制，型号表示为：SP70L-24A

4.2 额定参数

设备的额定电压按照 GB/T 156 的规定执行。钻机主柴油发电机组的额定电压宜为三相 600 V（或 690 V）。

设备的额定电流等级按照 GB/T 762 的规定执行。

交流电源额定频率为 50 Hz（或 60 Hz）。

具体选用时，应根据所配套使用的石油钻机的参数，以满足钻机的性能为准则，由产品技术文件作出该产品额定参数的明确规定。

5 技术要求

5.1 正常使用环境条件

5.1.1 环境温度与相对湿度

5.1.1.1 户内装置的环境温度为－5 ℃～＋40 ℃，并且 24 h 内平均温度不高于＋35 ℃；户内装置的相对湿度：在最高温度为＋40 ℃时，其相对湿度不应超过 50％，在较低温度时，允许有较大的相对湿度。例如＋20 ℃时相对湿度为 90％。应注意由于温度变化，有可能会偶然地产生适度的凝露。

5.1.1.2 户外装置（含控制房）的环境温度为：－20 ℃～＋50 ℃且 24 h 内平均温度不高于＋45℃；户外装置（含控制房）的大气湿度条件：环境温度为＋25 ℃时，相对湿度短时可达 100％。

5.1.1.3 对于海上钻井平台的使用环境条件，按照"浅海固定平台规范"（中国船级社：2012）和"海上移动平台入级与建造规范"（中国船级社：2005）的规定执行。

5.1.2 污染等级

空气中不应有过量的尘埃、酸、盐、腐蚀性及爆炸性气体。如果没有其他规定，设备一般在污染等级 2 环境中使用，污染等级见 GB/T 7251.1—2013 中 7.1.3 的规定。

对用于海上（固定式或可移动式）钻井平台的电控设备，应适应海上的盐雾、潮湿、霉菌等环境。

5.1.3 海拔

安装场地的海拔不应超过 1 000 m。若在海拔高于 1 000 m 的地方安装使用，应按照 GB/T 3859.2 的规定降容使用。

5.1.4 安装条件

5.1.4.1 设备应按制造厂提供的使用说明书安装。

5.1.4.2 陆地和沙漠钻机使用的电控设备中,对于垂直安装的,安装倾斜度不应超过5°;海上钻井平台用的电控设备,运行中的倾斜度和摇摆度,应按照"浅海固定平台规范"(中国船级社:2012)和"海上移动平台入级与建造规范"(中国船级社:2005)的规定执行。

5.1.4.3 安装地基处允许的振动条件:陆地和沙漠钻机使用的电控设备,振动频率范围为10 Hz～150 Hz时,最大振动加速度不应超过5 m/s^2;海上钻井平台用的电控设备,应承受海上平台航行和正常作业所产生的振动:在振动频率为2 Hz ～ 13.2 Hz时,振幅峰值不应超过±1 mm;在振动频率为13.2 Hz～100 Hz时,最大振动加速度不应超过7 m/s^2。

5.2 特殊使用条件

特殊使用条件有以下各项:

a) 环境温度、相对湿度、海拔与5.1的规定不同;

b) 温度或气压的急剧变化,在设备内部可能产生异常凝露;

c) 空气被尘埃、烟雾、腐蚀性或放射性微粒或盐雾严重污染;

d) 暴露在强电场或强磁场中;

e) 暴露在高温中,例如太阳或火炉的辐射;

f) 受霉菌或微生物侵蚀;

g) 安装在有火灾或爆炸危险的场所;

h) 遭受强烈振动或冲击;

i) 安装在会使载流容量和分断能力受到影响的地方,例如将设备安装在机器中或嵌入墙内;

j) 为解决电和辐射的干扰而采取的适当措施;

k) 可能遭受强风或海浪的冲击;

l) 设备高度集中,使电气设备的布置受空间限制严重;

m) 其他的特殊使用条件。

如存在上述任何一种特殊使用条件,应遵守适当的特殊要求或制造厂与用户之间达成的协议。如果存在这类特殊使用条件,用户应向制造厂提出。

5.3 电网条件

5.3.1 "市电"或"岸电"的交流电网质量

使用"市电"或"岸电"供电,对交流供电电网的要求如下:

a) 交流电压变化范围不超过输入额定电压的±10%,短时(在不超过0.5 s的时间内)交流电压波动范围不超过额定输入电压的−15% ～ +10%;

b) 频率波动不超过±2%,频率的变化速度每秒不超过±1%;

c) 相对谐波分量不应超过10%;

d) 多相电源的负序分量不超过正序分量的5%;

e) 在a)和b)中,频率的负波动和电压的正波动不能同时发生;频率的正波动和电压的负波动也不能同时发生;

f) 如果需要更宽的变化范围,则应服从制造厂与用户之间的协议。

5.3.2 直流电源质量

陆地和沙漠钻机使用的电控设备,由蓄电池供电的电压变化范围为额定供电电压值(单个蓄电池的额定电压值与串联个数的乘积)的±15%。

注:此范围不包括蓄电池充电要求的额外电压变化范围。

海上钻井平台用的电控设备,对直流电源的质量要求,应按照"浅海固定平台规范"(中国船级社:2005)和"海上移动平台入级与建造规范"(中国船级社:2005)的规定执行。

5.3.3 自备电站电网质量

自备电站电网质量应达到:

a) 交流柴油发电机组在空载时的电压整定范围为 95% ～ 105%额定电压;
b) 发电机组的电压和频率的调整率、稳定时间、波动率、恢复时间均应符合 GB/T 2820.1 的规定;
c) 型号规格相同的发电机组,在 20% ～ 100%总额定功率范围内,应稳定并联运行且可平稳地转移负载的有功功率和无功功率,其有功功率和无功功率的分配差度不应超过额定值的±10%;当功率不同的发电机组并联时,机组最大功率与最小功率之比不应超过 3∶1,且具有相似的调速特性;其有功功率和无功功率的分配应按机组容量的比例进行,其差度不应超过最大机组额定值的±10%或最小机组额定值的±25%;
d) 发电机组在空载额定电压时的线电压波形正弦性畸变率和允许的不对称负载按配套发电机技术条件的规定执行;
e) 海上钻井平台用的电控设备,对交流自备电源的质量要求,应按照"浅海固定平台规范"(中国船级社:2012)和"海上移动平台入级与建造规范"(中国船级社:2005)的规定执行。

5.4 电气间隙与爬电距离

设备中不等电位的裸导体之间,以及带电的裸导体与金属零、部件之间的电气间隙与爬电距离应符合表 2 的规定。但作为设备的主汇流排,其最小电气间隙应为 20 mm,最小爬电距离应为 30 mm。作为设备组成部件的电器元件及自成一体的单元,其电气间隙和爬电距离应符合各自相应标准的规定。

表 2 电气间隙与爬电距离

额定绝缘电压 U_i V	空气中的最小电气间隙 mm		爬电距离的最小值 mm	
	$I_e \leqslant 63$ A	$I_e > 63$ A	$I_e \leqslant 63$ A	$I_e > 63$ A
$U_i \leqslant 60$	2	3	3	4
$60 < U_i \leqslant 250$	3	5	4	8
$250 < U_i \leqslant 380$	4	6	6	10
$380 < U_i \leqslant 500$	6	8	10	12
$500 < U_i \leqslant 660$	6	8	12	14
$660 < U_i \leqslant 750$ 交流 $660 < U_i \leqslant 800$ 直流	10	10	14	20
$750 < U_i \leqslant 1\,000(1\,140)$交流 $800 < U_i \leqslant 1\,500$ 直流	14	14	20	28

5.5 绝缘电阻

设备中带电回路之间,以及带电回路与裸露导电部件之间,应使用相应绝缘电压等级(至少 500 V)的绝缘测试仪器进行绝缘测量。测得的绝缘电阻按标称电压至少为 1 000 Ω/V。在介电强度试验前和试验后均应测试绝缘电阻。

5.6 冲击耐受电压

试验电压施加于：

a) 设备的每个带电部件(包括连接在主电路上的控制电路和辅助电路)和内连的裸露导电部件之间；

b) 在主电路的每一个极与其他极之间；

c) 没有连接到主电路上的每个控制电路和辅助电路与

——主电路；

——其他电路；

——裸露导电部件；

——外壳或安装板之间。

试验电压值按 GB/T 7251.1—2013 中 10.9.2.1 的规定执行。

5.7 工频耐受电压

试验电压应施加于：

a) 设备的所有带电部件与相对连接裸露导电部件之间。

b) 在每个极和为此试验被连接到成套设备相互连接的裸露导电部件上的所有其他极之间。

对主电路及与主电路直接连接的辅助电路，按表 3 的规定执行。

表 3 工频耐受电压值

额定绝缘电压 U_i V	工频耐受电压(交流方均根值) V
$U_i \leqslant 60$	1 000
$60 < U_i \leqslant 300$	2 000
$300 < U_i \leqslant 690$	2 500
$690 < U_i \leqslant 800$	3 000
$800 < U_i \leqslant 1\ 000$	3 500
$1\ 000 < U_i \leqslant 1\ 500$[a]	3 500
[a] 仅指直流。	

c) 制造厂已指明不适于由主电路直接供电的辅助电路，按表 4 的规定。

表 4 辅助电路的工频耐受电压值

额定绝缘电压 U_i V	工频耐受电压(交流方均根值) V
$U_i \leqslant 12$	250
$12 < U_i \leqslant 60$	500
$60 < U_i$	$2U_i + 1\ 000$ 其最小值为 1 500

5.8 温升

设备内部各部件的温升用热电偶法或其他校验过的等效方法测量，不应超过表 5 的规定。

表 5 允许温升

设备内部的部件	表面材料	温升 K
内装元、器件		符合元、器件的各自标准
母线和导线,连接到母线上的可移动式部件和抽出式部件插接式触点		受下属条件限制: ——导电材料的机械强度; ——对相邻设备的可能影响; ——与导体接触的绝缘材料的允许温度极限; ——导体温度对与其相连的电器元件的影响; ——对于插接式触点,接触材料的性质和表面的加工处理
可接近的外壳和覆板	金属表面 绝缘表面	30[a] 40[a]
手动操作器件	金属 绝缘材料	15[b] 25[b]
用于连接外部绝缘导线的端子		70
分散排列的插头与插座		由组成设备的元、器件的温升极限而定

[a] 除非另有规定,那些可以接触,但在正常工作情况下不需要触及的外壳和覆板,允许其温升提高 10 K。

[b] 那些只有在设备打开后才能接触到的操作手柄,例如抽出式手柄等,由于不经常操作,故允许有较高的温升。

5.9 冷却

5.9.1 自然冷却

采用空气自然冷却时,散热器周围应留有足够的空间,以保证元件所需要的冷却条件。

5.9.2 强迫风冷

采用强迫风冷的设备,必要时,进风口处应装有过滤装置,以滤除空气中的尘埃(包括盐雾),或者采用经过过滤的空气作为进风。进风口风温应在产品技术条件中作出规定。

5.9.3 水冷

设备采用水冷时,冷却水循环系统应装有过滤装置。冷却水循环系统(管路、阀门等)应尽量采用热浸锌材质或者不锈钢材质,推荐采用塑料、尼龙制品。热交换器允许采用紫铜管或纯铜管。

5.9.4 其他

为保证正常的冷却,需要在安装场所采取特别的预防措施时,制造厂应提供必要的资料。

5.10 噪声

按 GB/T 3797 的规定执行。

5.11 元、器件的选择与安装

5.11.1 设备中所选用的导线颜色应符合 GB/T 6995.2 的规定,用户有特殊要求时应声明。

5.11.2 设备中所选用的指示灯和按钮颜色,应符合 GB/T 4025 的规定执行。

5.11.3 设备应有正常的操作机构。操作机构的运动方向,应符合 GB/T 4205 的规定执行。

5.11.4 操作和控制器件的安装高度不应高于操作者所站立的地面以上 2 m,并且不应低于 0.4 m。

5.11.5 对某些动作时冲击振动较大的元、器件(如大容量接触器),应采取减振措施。

5.12 电气柜(箱)、操作台

5.12.1 电气柜(箱)、操作台壳体

5.12.1.1 设备的外形尺寸按 GB/T 3047.1 的规定执行。

5.12.1.2 设备的外壳防护等级,按 GB/T 4208 的规定执行。

装在控制房内的设备外壳防护等级不应低于 IP2X,户外设备的外壳防护等级一般不低于 IP54。用户有特殊要求时应声明。

5.12.1.3 户外设备(柜、台)的外壳应承受现场气候环境的影响,操作台上的操作标记应清晰、牢固、不脱色。所有黑色金属件均应有可靠的防护层,各紧固处均应有防松措施。

需要落地安装的电气柜(箱)、操作台等,应有地脚紧固用的安装孔,并且安装孔的安装尺寸应符合产品制造图样的要求。大型的柜体应在顶部加装吊环或吊钩等。

5.12.1.4 设备表面应平整无凹凸现象,所有焊接处应均匀牢固,无明显的变形和缺陷;面漆的涂膜应光滑平整,无流挂、无漏涂、无气泡、无橘皮等缺陷。

5.12.1.5 柜/台的门应在不小于 90°的角度内灵活启闭。同一组合的设备,如装设门锁时,应装设能用同一把钥匙打开的通用锁。

5.12.2 抽屉和插件

5.12.2.1 抽屉和插件应方便地插入和抽出,所有接、插点均应保证接触可靠。

5.12.2.2 抽屉、插件应使用刚度好的导轨支撑,以保证在插接时预先对准,并能在各种所需位置(如:使用、调整或检查、不使用)上固定牢靠。必要时,在上述各种位置上应装设机械锁紧机构。

5.12.2.3 需要更换的抽屉或插件,应具有互换性。

5.12.2.4 不同功能的抽屉或插件,应标以明确的符号加以区别,必要时应采取防误措施。

5.12.2.5 印制板、插件等部件,在焊接完成后,不应有脱焊、虚焊、元件松脱或紧固件松脱等现象。

5.13 导线、电缆的选择及其敷设

5.13.1 导线、电缆的选择

5.13.1.1 设备中控制电路的导线截面应按载流量来选择,一般应采用截面不小于 0.75 mm^2 的单股铜绝缘线或 0.5 mm^2 的多股铜绝缘软线。

对于电流很小的电路,如电子逻辑电路和类似的低电平(信号)电路,导线的最小截面不小于 0.2 mm^2(扁平电缆及通讯电缆除外)。

导线的额定绝缘电压应与电路的额定工作电压或对地电压相适应。必要时,对较高工作电压的导线,应采取绝缘措施(如加装绝缘套管、用绝缘支架架空等)。

安装于爆炸性气体环境用电气设备,应选用阻燃型、无卤型或其他指定类型。

5.13.1.2 连接的方式可采用压接、绕接、焊接或插接,并应符合 GB/T 7251.1 及 GB/T 3797 的规定。

5.13.1.3 绝缘导线固定在金属件上时,金属件和绝缘导线之间应采取绝缘措施。

布线中的绝缘导线,应尽可能地引穿至敷设的行线槽中,并将适当根数的导线每隔一定的距离加以扎紧固定,不在行线槽中布线的电缆和母线,应配有应力相当的支承。

交流电源线、直流电源线以及高电平(110 V 以上)回路线,应与低电平(测量、信号等)回路线分束走线,并应有一定的距离,必要时应采取隔离或屏蔽措施;所有屏蔽线的屏蔽层应可靠接地。宜采用板前接线。

5.13.1.4 主电路母线类别的颜色，按表6的规定执行。当钻机在某些国家使用时，对母线颜色有特殊要求，用户应声明。

表6 母线颜色

电路类型	相序	颜色标记
交流	A相	黄色
	B相	绿色
	C相	红色
	零线或中性线N	淡蓝色
	安全用的接地线PE	黄和绿双色(每种色宽约15 mm～100 mm交替标注)
直流	正极	棕色
	负极	蓝色
	接地中线	淡蓝色

5.13.1.5 主电路相序排列，以控制柜的正视方向为准，可按表7的规定执行。

表7 相序

相序	垂直排列	水平排列	前后排列
A相	上方	左方	远方
B相	中间	中间	中间
C相	下方	右方	近方
正极	上方	左方	远方
负极	下方	右方	近方
中性线(接地中性线)	最下方	最右方	最近方

5.13.2 控制房内布线

5.13.2.1 控制房内所有的电气设备之间的连接线，应通过接线座或插座，但电流在63 A以上的电路接线，允许外部电缆进入柜内直接接在电器元件上。

凡电路图或接线图上有回路标号者，其连接导线的端部应标出永久性的回路标号，标号应清晰、牢固、完整、不脱色。

5.13.2.2 控制房内的布线应穿线管或线槽，并应做到：牢固、分束捆扎、排列整齐、便于检查维修、散热良好、路径尽量短。

控制房内的布线还应强弱电分开(槽或束)，避免强弱电电缆靠近且平行走线(一定要平行走线的，动力电缆和控制电缆之间至少要留有20 cm的距离)，以最大限度地减小电磁干扰。

5.13.2.3 控制房内各电气设备之间的布线，除母线之外，在爆炸性气体环境下，控制房内各电气设备之间的连线，应选用阻燃型的导线或电缆(专用通讯电缆除外)。控制房内不宜使用单根绝缘导线。

用于变频器PWM输出的主回路，应选用阻燃型带屏蔽层的动力电缆(见5.18.2.2)。

对电缆选型有其他特殊要求的，应在用户与制造厂之间另行协议。

5.13.2.4 控制房内所有电气设备的保护接地(PE)线、屏蔽电缆的屏蔽层，都应与控制房的金属房体及系统的接地网可靠连接。如遇有油漆等导电障碍物应有效清除;金属结构的门不能使用铰链作为接地保护导体,可采用单独的连接软导线以保证接地的连续性。控制房内接地连续性的指标应符合5.14.2.3的规定。接地点附近应标注明显的接地符号。

控制房内的保护接地(PE)线应是“黄-绿”双色导线,也可用裸软导线;保护导体(PE)的截面积按照表8的规定选取。

5.13.3 室外电缆及敷设

5.13.3.1 室外敷设的动力电缆及各种控制电缆一般应满足下列要求(专用通讯电缆除外):

a) 应根据电缆的使用场所、环境条件、工作电压、额定电流和敷设方式等影响因素选择电缆。所选电缆的绝缘材料的最高工作温度,应比电缆安装场所可能存在的最高温度至少高出10 ℃。

b) 井场使用的电缆,一般应选用具有耐气候性和一定的耐油性、柔软且可承受较大机械外力的软电缆,推荐选用YCW重型橡套软电缆;

c) 在爆炸性气体环境下,选用阻燃型绝缘导线或电缆;

d) 电缆应满足在低温条件下,最小弯曲内半径不小于电缆外径8倍,可折叠搬迁的要求;

e) 电缆应满足较高环境温度下的使用要求,并考虑在电缆桥架上多根电缆并行造成的散热不良等影响,在选型及计算时应留有足够的裕度;

f) 海洋钻机使用的电缆,应按照船级社的规定,选择船用型电缆。

5.13.3.2 电缆不应直接置于地面上,应安装在具有防护性能的电缆桥架上。为了满足经常搬迁的需求,电缆桥架应为可折叠式,电缆在桥架内每隔一定距离应加以逐根固定。

电缆桥架底部应有可透气或防止积水的网孔,并且距地面应有一定距离;上盖应为具有一定厚度和强度的金属保护外罩,以防止太阳直射和机械损伤。

电缆桥架上的动力电缆和控制电缆应分开走线,距离不小于20 cm。

5.13.3.3 搬迁时应拆开的电缆,要在电缆及对应的连接端做清晰的、不褪色的永久性标记,或着色区别。

对于电缆连接头和连接座应采取适当的保护措施,防止机械损伤或附着灰尘、环境潮湿造成接触不良。

5.13.3.4 在正常工作时可能受到强烈震动影响的连接电缆或导线,除了要保证接线牢固外,还应采取适当的机械固定措施。

5.14 接地

5.14.1 接地原则

电源系统的接地型式:钻机的600 V(690 V)交流电源系统一般采用IT接地形式;低于600 V(690 V)的低压电源系统可采用TN、TT、IT的接地型式之一,见GB/T 9089.2及GB 14050。但进入危险区的电源,应按5.20.3.1的规定执行。

在系统进行设计之前,应由用户与制造厂之间协议决定低压电源采用哪种接地方式,以及是否加装漏电电流(剩余电流)动作保护器,但照明和生活用电回路宜加装漏电电流(剩余电流)动作保护器。如果装设漏电电流(剩余电流)动作保护器,应符合GB/T 13955的规定。

但要注意:在有些国家使用时,可能强制要求某种接地型式。

5.14.2 接地保护导体(PE)

5.14.2.1 保护接地电路所有部件的设计,应考虑到能够承受保护接地电路中由于流过接地故障电流所造成的最高热应力和机械应力。

接地保护导体(PE)的最小截面积,在保护导体的材料与相导体的材料相同时,按表8确定。

表8 保护导体的截面积

设备相导体的截面积 S mm^2	相应保护导体(PE、PEN)的最小截面积 S mm^2
$S \leqslant 16$	S
$16 < S \leqslant 35$	16
$35 < S \leqslant 400$	$S/2$
$400 < S \leqslant 800$	200
$S > 800$	$S/4$

5.14.2.2 可用作接地保护导体(PE)的材料:

a) 多芯电缆中的线芯;

b) 与相导体处于同一导管内的绝缘导体或裸导体;

c) 单独的裸导体或绝缘导体;

d) 电线电缆的金属覆层,如护套、屏蔽层、铠装层;

e) 导线的金属外壳;

f) 某些允许使用的金属结构部件。

5.14.2.3 接地连续性,应通过直接的相互连接,或通过由保护导体完成的相互有效连接,以确保保护电路的连续性。主接地点与设备的金属保护外壳或任何有关的、因绝缘损坏可能带电的金属部件之间的电阻不应超过0.1 Ω。

5.14.3 接地电路的连接

5.14.3.1 接地保护电路的连接件和连接点的设计,应考虑到能承受保护电路中由于流过接地故障电流所造成的最高热应力和机械应力;同时应确保不受机械、化学或电化学的作用而削弱其导电能力,当外壳和导体采用铝材或铝合金材料时,应特别考虑电蚀问题。

接地电路的连接采用等电位接地方式。

保护接地(PE)线应是“黄-绿”双色导线,也允许用裸软导线。

连接接地线的螺钉和接地点,不能用作其他机械紧固用途。

5.14.3.2 金属软管、硬管不能用作保护导体。但这些金属导线管和护套自身也应连接到保护电路上。

有电压超过50 V的电气设备安装在门、盖板或面板上时,应装配上一个保护导体确保其保护接地电路的连续性,而不应依靠于紧固件、铰链、支持轨等物件。此保护导体的截面积取决于所属电器电源引线截面积的最大值。

若门、盖板或面板上未装电气设备,通常的金属螺钉连接和金属铰链连接则被认为能足以确保达到接地连续性的要求。

用于连接外部保护导体的端子和电缆套的端子应是裸露的。应为每条电路的出线设置一个尺寸合适的单独接地端子或接地螺钉,接地端子或接地螺钉的尺寸应符合表9的规定。

表 9 接地端子或接地螺钉的最小尺寸

装置额定电流 A	接地端子或接地螺钉的最小尺寸 mm
$I_e \leqslant 200$	$M6$
$200 < I_e \leqslant 630$	$M8$
$630 < I_e \leqslant 1\ 000$	$M10$
$I_e > 1\ 000$	$M12$

无论什么原因(如维修)拆移部件时,不应使余留部件的保护接地电路连续性中断。

5.14.3.3 禁止开关器件进入保护接地电路。保护接地电路中不应接有开关或过流保护器件(如开关、熔断器、隔离器等),也不接有这些器件的电流检测装置。在保护导体的整个回路中,唯一允许的措施是设置连接片,这种连接片只有经过批准的人才可借助于工具来拆卸(某些试验可能需要此种连接片)。

用接插件断开的保护接地电路:当保护接地电路的连续性可用接插件断开时,保护接地电路只有在通电导线全部断开之后方可断开,且保护接地电路连续性的重新建立应在所有通电导线重新接通之前。该条规定也适用于可移动的或可拉拔的插入式器件。接插件的金属壳应连接到保护电路上。

5.14.4 接地极和接地网

5.14.4.1 接地装置的设计、选择和安装应做到:

a) 满足电气装置的保护和工作要求,使保护装置正常工作;

b) 能无危险地承受接地故障电流和泄漏电流的影响;

c) 能承受外部环境的影响;

d) 接地电阻值符合电气设施的保护和工作要求,并在预定工作期间有效。

5.14.4.2 对接地极的要求:可用金属棒、管、带、线、板、网,或埋入基础内的金属结构及其他合适构筑物作为接地极的材料。

接地极的结构设计、材料选择和安装应考虑电气设施在使用期间,由于腐蚀可能使接地极遭受破坏或接地电阻的增加;应考虑土壤的类型、温度、含水量及电流大小和持续时间,以防止接地极附近土壤的干燥。

接地极的型式和埋置深度,应做到土壤的干燥和结冰引起的接地电阻值的增加不超过规定值。

用于供水、供热、供可燃性气体或液体的金属管道,电缆铅护套及其他覆盖层不应用作接地极。

5.14.4.3 每台钻机应具有至少由两个分离的接地极或一组接地极所组成的接地网。在任何一个接地极断开的情况下,接地网与地之间的接地电阻不应大于 4 Ω。

5.14.4.4 电气控制房、发电机组房以及所有安装有电气设备的拖撬或设备组,都应设有两个以上的接地端子或接地螺钉并有接地符号的标志,接地端子或接地螺钉的尺寸应符合表 9 的规定。

每个拖撬或设备组应使用两个导体,在两个不同的接地端子点,与接地网相互连接;并与接地极、所有的各个接地设备形成连续的环形接地网。

用于环形接地网彼此相互连接的导体,应是具有“黄-绿”双色护套,或者两端具有“黄-绿”双色标志的、截面积不小于 50 mm^2 的易弯曲型的铜导线或铜电缆。

任何非直接焊接在拖撬或设备组上的电气设备之金属外壳,应使用截面积至少为 25 mm^2 的铜连接导体与拖撬或设备组相联结,而不考虑电气系统的接地方式。

在海上钻井平台中,当电气设备直接紧固在平台的金属结构上或紧固在与平台金属结构有可靠电气连接的底座或支架上时,可不另设专用导体接地。

所有井架的金属结构件、海上钻井平台的桅杆和直升飞机甲板、各种移动构件均应可靠接地,若不能通过正常构造达到接地要求时,则应采取专门的有效接地措施。各种移动构建件之间应加装等电位连接线,应使用截面积至少为 25 mm^2 的铜导线。

5.14.4.5 钻机在钻井现场安装完毕、或搬迁至新井位现场安装完毕,都应对接地系统进行检查测试。正常钻井作业过程中,也应定期(推荐每半年)对接地系统进行检查测试。

检测的内容为:

a) 接地网的接地电阻应符合 5.14.4.3 的规定;
b) 接地网的完整性;
c) 接地的连续性应符合 5.14.2.3 的规定。

5.14.5 防噪声接地要求

系统的防噪声接地要求,由具体的产品技术条件规定。

5.14.6 防雷电接地要求

对于钻机井架和其他设施防雷电的接地要求,应按照 GB 15599 和 GB/T 16895.3 的规定执行。

对于海上钻井平台的防雷电接地,应根据《海上移动平台入级与建造规范(中国船级社:2005)》的规定执行。

5.14.7 其他

除另有规定外,几种接地系统可使用同一个接地体。

5.15 保护

5.15.1 防止触电的保护

5.15.1.1 应采取保护措施防止意外地触及电压超过 50 V 的带电部件。对于装在设备内的电器元件,可采取下述一种或几种措施:

a) 用绝缘材料将带电部件完全包住,或者对带电项目进行有效地隔离,以便保证即使门打开时也不致意外地触及带电部件;
b) 设备采用连锁机构,使得只有在电源开关断开以后门才能打开;而且当设备门打开时,电源开关不能闭合。这种连锁机构应允许指定人员(如调试和检修人员)在设备带电时接近带电部件,当门重新关闭时,连锁应当自动恢复;
c) 移动、打开和拆卸设备应使用专用钥匙或工具;
d) 切断电路时,电荷能量大于 0.1 J 的电容器应具有放电回路,5 s 以后的剩余电压不应超过 60 V(峰值)。在充电电压较高,有可能产生电击的电容器上,应有警示标志;
e) 旋钮和操作手柄等部件,应采用符合设备的最大绝缘电压的绝缘材料来制作或作为护套,或安全可靠地同已连接到保护接地电路上的部件进行电气连接。

5.15.1.2 所有的带电设备都应在门上设有带电危险的警示标志。

5.15.2 短路保护

成套控制设备中短路保护电器的整定值和保护的选择性应符合以下规定:当任一个输出支路中发生短路时,应保证仅限安装在该故障支路中的开关器件动作使其切除,而不影响其他输出支路;串联连接的保护电器的动作时间应经过仔细协调,通过保护电器的选择性作用,确保无故障电路的供电连续性。每套设备的电源输入端应有一级或一级以上可靠的短路保护器件。当设备的输出电路或内部某支路发生短路时,保护系统应正确动作。当使用熔断器或断路器作为短路保护时,熔体的额定电流或断路器脱扣器的整定值应承受电动机启动或变压器合闸时的峰值电流。当任何一个主电路发生短路而使该电路被断开时，应同时将主电路的开关器件（如断路器、接触器等）的操作电路自动断开，必要时应发出相应的报警及联动信号。

选用的断路器的额定运行短路分断能力，不应低于安装点所应分断的最大预期短路电流。钻机的短路保护，应按满足最大需要功率的可能并联连接的所有发电机运行下的最大预期短路电流来进行设计、计算和校验各器件的接通、分断能力、短路耐受强度。

5.15.3 过载保护

设备应设有完善的过载保护，当设备超过被控对象允许值（此值由主机厂提出）时，设备应采取一定的保护措施，并发出音响报警和过载信号指示。

5.15.4 零电压和欠电压保护

设备应设有零电压保护。这种保护应设计成在设备因故障断电后（由于电网瞬时失压和保护器件动作），电源再现时，被控制的设备不能自行起动运行。

某些设备如果允许电源电压瞬时中断（或瞬时欠电压），而不要求断开电路。则可配备电压延时器件，只有在欠电压超过规定的时限后，才能切断电路。如果设备需要，也可配备瞬时失压保护。

5.15.5 过电压保护

当设备的输出电压超过规定的极限值时，应将设备的主电路自动断开或采取其他保护措施。正常工作时，设备应承受下列各种过电压而其各元件不受损伤：

a） 开关操作过电压；

b） 熔断器分断时产生的过电压；

c） 变流元件换流过程中产生的过电压；

d） 产品技术条件提出的其他过电压，如大气雷击波形的过电压等。

5.15.6 功率限制保护

当设备的负载超过网上柴油发电机组输出额定功率的90％时，设备应发出警告信号。

当设备的负载超过网上柴油发电机组输出额定功率的95％时，设备应自动将非重要的负载限载，并发出报警信号。此种限载可分为一级或多级进行，例如：自动降低钻井泵的功率。

5.15.7 超速保护

钻机的绞车电动机、转盘/顶驱电动机、钻井泵电动机、自动送钻电动机都应具有超速保护的控制功能。运行中通过直接或间接的速度检测，当发生速度超过规定值的故障时，应立即采取安全措施并报警。当使用直流串激电动机作为拖动电机时不应发生空载超速事故。

5.15.8 超温保护

钻机电传动系统中的电力电子变流装置、主发电机、主变压器、主拖动电动机、大功率制动电阻箱、辅助刹车装置等发热多的部件，都应设置超温保护环节。运行中通过直接或间接的温度检测，当发生温度超过规定值的故障时，应立即发出报警信号。

5.15.9 游车位置保护

游车位置保护应包含机械和电气两种方式。机械保护方式可采用滚筒过卷防碰、天车重锤防碰等方式之一，并将防碰信号联锁（包括链条等机械钻机除外）到电控系统的安全保护回路，控制紧急制动，并进行显示和报警。电气保护方式应限制上、下限位置。可以采用设置位置控制系统，应做到设置上、下减速点，上、下停车点，使游车按照预定的位置停车。一旦越出预定位置，立即采取紧急制动的安全措施。游车的零位点应可自动或手动校正。

游车位置保护应具有暂时旁路功能，可在机械上安装“防碰旁路”开关或在司钻操作屏上设置“防碰旁路”按钮的方式，此旁路信号应联锁到电控系统的安全保护回路，并进行显示和报警。

钻机游动系统应设置限制上、下位置的保护功能。位置控制系统：游车上应设置上、下减速点，上、下停车点，使其按照预定的位置停车。一旦越出预定位置，立即采取紧急制动的安全措施。游车的零位点应可自动或手动校正。

5.15.10 风压、油压联锁

钻机的各个主拖动电动机的冷却风机、大功率制动电阻的冷却风机工作是否正常，应使用直接的风压检测装置进行检测，并与控制电路联锁。当冷却风压低于规定值时，设备应自动发出报警信号，同时根据当时运行工况分为一级或多级延时后断开主电路的供电，例如：绞车上提过程中先报警但可继续运行到上停车点后再断开主电路供电。或者用户要求的其他方式执行，如仅报警，不停机。

用于机械设备的传动箱、齿轮箱等处，以及机械设计认为需要的润滑油压力，通过传感器进行检测。当油压低于规定值时，应发出报警信号，但不停机。

5.15.11 通讯故障保护

通过通讯进行操作控制的钻机，通讯故障时，软件系统应该采取保护机制自动停机或将被控设备保持于原位置/状态，并在司钻房内提供相应的报警提示信息，待故障排除后，系统方可恢复正常操作状态。

5.16 控制电路

5.16.1 如果执行辅助功能（如润滑、冷却、通风等）的某一电动机或器件停止工作而可能危及人身安全、损坏设备或破坏生产时，则这种器件的意外停止，应通过联锁，使所有其他如果不停止就可能会产生意外事故的设备也立即停止，或者采取其他应急措施，防止意外事故的发生。

5.16.2 正、反转换以及不同电源间换接用的操作器件之间，应相互可靠联锁，在同一时刻不准许两个方向的操作器件有同时接通的可能性。

5.16.3 如果一套设备中有数个工作站或操作点，则在每个站（或点上）均应装设“紧急停止”开关或按钮。此开关和按钮应装设在操作者易于发现和操作的位置，而且操作的按钮或手柄应是“红色”，按钮应用带自锁的急停式。

5.16.4 整套钻机的操作控制应设计成：除了有一套正常的操作系统之外，还应备用一套应急操作系统，或者有两套相同的、完整且独立的操作系统互为备用（热备或冷备）。

5.16.5 当电网正常工作时，钻井作业过程中不应因任何电控系统故障原因使绞车、转盘/顶驱、钻井泵同时停车。

5.16.6 钻机的绞车、转盘/顶驱、钻井泵等具有强迫通风的主电动机，应具备风压联锁和检修开关联锁。当出现通风故障或处于检修状态时，控制系统应及时断开主回路或不能合闸运行。

5.16.7 钻机的各主电动机、主发电机、制动单元（斩波器）柜及其他有关的电控柜等设备如果设置了空间加热器，其控制应做到：当该机投入运行之后，空间加热器能自动停止供电。

5.16.8 钻机的低压（400 V或480 V）电源，使用的主变压器应选用原、副绕组全环氧浇注的干式变压器，其短路阻抗宜不小于6%。应用于海洋钻机的主变压器，应按相关船检规定，选用适合于海上环境条件的变压器。钻机应具备后备发电机组或辅助发电机组作为备用电源。备用电源可以参与、也可以不参与主柴油发电机组的并网控制，当不参与时主变压器的低压侧主断路器应与后备发电机组（或辅助

发电机组）的主断路器相互可靠联锁，任何时候不能两个同时合闸。

5.16.9　在陆地钻机具备“市电”、海洋钻机具备“岸电”作为应急电源的情况下，此应急电源不参与主柴油发电机组的并网控制，主变压器的低压侧主断路器应与此应急电源的进线主断路器相互可靠联锁，任何时候不能两个同时合闸。

5.16.10　为系统中各控制部件供电的低压“控制电源”，应保证其供电独立性和可靠性。“控制电源”应和“辅助电源”“照明电源”等分开供电。

5.16.11　钻机的每一个照明电路都应设置独立的过载和短路保护。如果用户提出要求，钻机的照明电源，也可以设计成使用独立照明变压器的供电系统。

5.16.12　钻机的 MCC（马达控制中心）的出线路数和每台的容量设置，应根据具体钻机的工艺要求配置，并留有适当的备用。MCC 一般应制成抽屉式结构，同规格的抽屉可以互换；MCC 抽屉都要具备检修、锁定功能。

MCC 对交流电动机的控制原则，应做到：30 kW 及以上的电动机均集中控制、两地操作；30 kW 以下的交流电动机及照明回路分区供电、宜就近控制。

交流电动机一般是直接起动；但当电网容量相对较小时，应使用“软起动”控制，允许用一台软起动控制器轮流起动多台电动机。

MCC 对交流电动机的控制，应设计成手动或自动可以选择的起、停控制方式。比较重要的控制对象的起、停信号，应当送入 PLC 作为显示、报警、联锁之用。

5.16.13　如果用户要求，制造厂应在低压配电系统中，为录井用途专门配置一路供电容量足够的净化电源。具体参数由用户与制造厂协议决定。

5.17　发电机组控制保护

5.17.1　发电机组的控制应有必要的保护装置（见 GB/T 2820.4），在出现下列故障或运行中有关参数超过整定值时，该保护装置应可靠动作，并发出报警信号。

a）过载、短路、过电压、欠电压（延时）、并联机组出现逆功率（延时 3 s ～ 10 s）；

b）过速（或过频）、低速（或低频）、冷却水温过高、冷却水中断、润滑油温度过高、润滑油压过低、燃油箱油面过低、启动空气压力过低、绕组过热。

5.17.2　发电机组应隔室操作（或监视）以下部分或全部项目：

a）启动、停机、送电、停电、调频和调压；

b）各运行参数、电压、电流、有功功率、无功功率、频率、励磁电压、励磁电流、累计运行时间、柴油机和增压器的油压、油温、柴油机的排温、水温、水压；

c）正常运行和事故性质的声光信号；

d）可靠的准同步并网、解列；自动的有功功率和无功功率均衡。

5.18　钻机电传动系统控制功能

5.18.1　电力电子变流装置的选用

电力电子变流装置（大功率可控整流器、大功率不可控整流器、大功率交-直-交变频器、大功率直-交逆变器、大功率斩波器等）都应符合以下要求：

a）电力电子变流装置的容量应满足被控对象的功率需求，且可与之进行良好参数的匹配；尤其是绞车所配套使用的变流装置，还应满足主机要求的最大钩速、最大钩载、快速响应性能等要求。控制性能和技术指标应达到电传动系统的要求；其中使用的电力电子元器件的额定电压、额定电流应有足够的裕量；温升、冷却、噪音、安装形式、防护等级、电磁兼容性、可靠性、维修的方便性等方面也应符合系统的要求。

b) 用于钻机电传动系统的各类变流装置，应是经过多套钻机实际应用的实践证明其确实是技术成熟、质量可靠的。任何没经过钻机实际运行验证的变流装置，应经用户书面同意才能选用。

c) 变流装置应符合 GB/T 12668.1 或 GB/T 12668.2 的规定，同时符合 GB/T 12668.3 的规定；或者符合用户认可的某些外国国家标准、国际标准。

d) 由制造厂自制的变流装置，应通过本部分所规定的出厂检验全部项目和型式试验全部项目的检验合格，并提供试验报告和产品合格证书。

外购配套的、由专业厂商生产的变流装置，应提供：出厂试验报告及型式试验报告、产品合格证书、国内外权威机构签发的产品质量和安全认证证书。

用于海上钻井平台的各类变流装置，应具有中国船级社签发的 CCS 船用产品证书，或者用户认可的国外权威船级社签发的船用产品证书。

5.18.2 交流变频传动系统中的主回路

5.18.2.1 交流变频传动系统中所选用的主电动机，应符合 GB/T 23507.1 的规定。如果使用普通型交流异步电动机，变频器的输出端应加装滤波电抗器或"正弦波滤波器"。

5.18.2.2 从变频器的输出端联接到电动机输入端的电缆，应选用带屏蔽层的阻燃型动力电缆，屏蔽层应可靠接地。如对电缆选型还有其他特殊要求，应在用户与制造厂之间另行协议。

5.18.2.3 从变频器的输出端联接到电动机输入端的动力电缆长度，不能超过变频器制造厂规定的最大长度限制值。如果超过这个长度规定，变频器的输出端应加装滤波电抗器或"正弦波滤波器"。

5.18.2.4 对于 ZJ50DB、ZJ70DB 及以上规格的交流变频钻机，其主拖动电路推荐公共直流母线方案。

5.18.3 电传动系统的必备控制功能

5.18.3.1 负载平衡控制

当一台机械设备有两台或两台以上的交流电动机或直流电动机共同拖动时，应使每台电动机的负载电流平衡，其误差度不超过电动机额定值的±5%。

5.18.3.2 绞车功率限制

为了机械的安全，绞车电传动系统(不论是直流传动系统还是交流变频传动系统)都应具备最大输出功率限制的功能。根据主机厂给出的绞车最大功率限制值，在绞车的输出"转矩-转速"特性上，系统应设置一条"最大功率限制"的保护曲线，绞车的运行速度始终在功率限制的速度保护范围之内，从而保证安全运行。

5.18.3.3 交流变频传动方案中绞车的能耗制动

绞车的能耗制动控制应做到：能以规定的速度下放最大的负载，并能做到"悬停"功能。系统应配备足够大功率的制动控制单元(或斩波器)和相应的制动电阻，并要留出适当的功率裕量。

5.18.3.4 转盘/顶驱的扭矩控制

5.18.3.4.1 转盘/顶驱的扭矩限制，应做到在 0～100%范围内能够灵活地、平滑地限制其输出扭矩，而且可以由操作者根据工况随时、自由地调节其大小。

5.18.3.4.2 转盘/顶驱电传动系统，应具有在低速(甚至零速)下能输出大扭矩的能力，以避免可能出现的反转而导致的卸扣事故。

5.18.3.5 钻井泵的泵压限制

钻井泵的控制，应具备泵压、泵冲限制功能，此限制值应根据实际情况随意调整。

5.18.3.6 现场总线控制系统

钻机的现场总线控制系统型式选择,应符合 IEC 的现场总线相关标准。钻机控制系统中使用的 PLC,应当选用经过钻机现场使用验证过其性能及可靠性的、或经过用户认可的品牌和型号。钻机的现场总线控制系统的司钻操作界面设计,应当包括硬件操作环境和触摸操作屏上的数字化操作界面,做到:以触摸操作屏作为司钻工的主要操作平台,实现数字给定,以提高给定信号的精度和可视性。司钻工既可以通过绞车控制手柄、手轮等控制钻机的运行,也可通过触摸操作屏控制钻机的运行。传统的司钻(司泵)电控台等作为应急操作的备用操作手段。触摸操作屏应当界面友好、操作简单可靠,具有钻机操作和监视、报警所需要的全部功能。触摸操作屏应当具有误操作提示、保护功能。对容易忽略的操作细节,以对话提示框方式提醒司钻工进行及时正确的操作。钻机电控房内的工控机及值班室的显示屏,供实时显示、记录、打印之用;这两部分都不应当具备操作功能。如果需要,钻机的通讯网络系统应做到能与上一级管理系统联网,把本台钻机的各种数据传输给上一级计算机管理网络。在用户与制造厂达成协议、并且用户具备了 Internet 的有线(或无线)接入条件下,制造厂应够提供该台钻机在线远程服务的技术支持,从而实时、准确地进行远程的在线诊断与维护。

5.18.4 电传动系统的可选控制功能

5.18.4.1 转盘/顶驱的扭矩控制,应具有扭矩缓释功能。

5.18.4.2 转盘/顶驱应实现软扭矩控制功能。

5.18.4.3 钻井泵的软泵控制:软泵控制应当达到的指标,一般应为:对于两台三缸泵,稳态时的活塞(泵压)相位角 60°±10°;对于三台三缸泵,稳态时的活塞(泵压)相位角 40°±5°。

5.18.4.4 半自动起下钻控制:在起下钻作业中,应做到只需操作者一次按下按钮,系统能完成“起动—加速—等速—减速—停车”全过程的“半自动起下钻”控制功能。并且,绞车具有功率限制之下的钩速最优设置功能,还应具有上提遇卡、下放遇阻的自动识别功能。

5.18.4.5 采用绞车主电机及其传动机构实现自动送钻,应具有“恒钻压自动送钻控制模式”和“恒钻速自动送钻控制模式”的两种控制功能。

5.18.4.6 设置独立的送钻电机及其传动机构实现自动送钻,应具有“恒钻压自动送钻控制模式”和“恒钻速自动送钻控制模式”的两种控制功能。

5.18.4.7 用独立的送钻电机及其传动机构实现自动送钻的传动方式,还应做到:使用该传动系统(而不用绞车主电机)就能完成起、放井架和起、放底座的全部功能。

5.18.4.8 恒钻压自动送钻控制模式:应保证恒钻压的控制误差小于±5 kN。

5.18.4.9 恒钻速自动送钻控制模式:应保持钻进速度恒定。

5.18.4.10 一体化仪表和数据存储:在用户安装了现场的传感器、编码器、变送器等的条件下,钻机的所有钻井参数应做到一体化实时采集、显示、存储、打印功能。诸如悬重、钻压、泵压、泵累计冲次、井深、钻速、转盘扭矩、立管压力、液压猫头压力、钻井液返出量、多个泥浆罐液位、吊钳扭矩、大钩位置、大钩累计吨-公里数、故障报警等。所有钻井参数应存储打井期间的整口井的完整资料,供存档和事故分析。

5.18.4.11 传感器应长期稳定地正常工作。其量程及频率特性(如适用时)应与被测参数的预计的最大变化范围及变化速率相适应,并应具有适当的精度和灵敏度。传感器应在其安装位置对环境条件有良好的适应性。传感器应坚固耐用,且应具有良好的机械保护、可靠的电气连接和良好的绝缘性能。传感器的安装应易于接近、测试和拆装;为便于维修和更换,传感器宜加装保护罩。

5.18.4.12 阀岛控制:在气控、液控阀门均使用电气控制、电动执行(其执行机构改为电磁阀)的条件下,钻机的控制系统由 PLC 程序处理,应满足对阀岛的所有控制操作功能和安全保护要求。如:盘刹、惯刹、上扣、卸扣、送钻离合、防碰信号、气喇叭等。

5.19 谐波限制

5.19.1 对使用工业电网的钻机,电控系统产生的谐波应符合 GB/T 14549 的要求。

5.19.2 对使用自备发电机组(柴油或其他燃料)的钻机,在 2 台及其以上机组并网时,电控系统产生的相对谐波应分量不应超过 10%,电压畸变率不超过 7%。

5.20 危险区内的电气设备

5.20.1 特殊环境要求

5.20.1.1 危险区的划分按照 SY/T 10041 的规定执行。

5.20.1.2 电气设备在容许范围内的最不利条件下运行时,暴露于爆炸性混合物的任何表面的任何部分不应高于+200 ℃,即符合 GB 3836.1 规定的 T3 温度组别。

5.20.1.3 内装电热器且具有快动式门或盖结构的电气设备外壳,由断电至开盖的时间应大于电热器温度降低至低于电气设备允许的最高表面温度所需的时间。

5.20.1.4 暴露于爆炸性环境的电气设备运行的环境温度,为−20 ℃～ +40 ℃。若环境温度范围不同时,应按 GB 3836.1 的规定进行修正。

5.20.2 危险区内设备的防爆要求

5.20.2.1 本规范的防爆设备仅使用于 1 区、2 区爆炸危险场所(见 GB 3836.14)。危险区内的所有电气设备,都应取得防爆认证证书,并具有 Ex 防爆标志,用于海上钻井平台的各类防爆设备同时应持有船级社船用产品证书。这些设备的安装应严格按照其安装使用说明书的要求进行。危险区内的设备可能有:

a) 司钻控制房、司钻电控台、司泵电控台、脚踏主令控制器,它们的防爆形式应按 GB/T 3836.5 的规定采用正压外壳型“P”;若司钻操作房采用整体正压防爆形式,其中的司钻电控台可不另作正压防爆要求。

b) 安装于危险区内的传感器、编码器等,其防爆形式应按 GB 3836.3 的规定采用本安型“i”;或隔爆型“d”。

c) 危险区内的设备还可能有电磁刹车,刹车电控箱可放在危险区外,不需要防爆。若电控箱放在危险区内,应按 GB 3836.6 的规定,宜采用增安型“e”。

5.20.2.2 正压通风的气体应是不燃的,其化学性能及所含杂质的理化性能不应影响电气设备的安全性和正常运行的可靠性。在外壳进口处,保护气体的温度通常不超过 40 ℃。

注:保护气体可兼作其他用途,如冷却电气设备。

5.20.2.3 设备的正压通风外壳及其连通管,要能防止从外壳或管道内喷出任何火花或炽热颗粒。保护气体入口(取气点)应设在非危险区,排气口一般应设在安全区。

5.20.2.4 正压通风外壳及其连通管应承受正压设备制造厂规定的正常运行时所有排气孔封闭状态下最大正压值 1.5 倍的压力(但最低压力为 200 Pa)和规定的冲击试验,其内部形状应使气体畅通,避免可能产生气体滞留的死角。

5.20.2.5 正压通风外壳及其连通管内可能产生漏气的所有项目,相对于外界大气的正压值应不低于 50 Pa。

5.20.2.6 设备应有明显的警告标志或与通风系统相联锁,使用时应先进行通风,使通过的空气量不少于设备及其通风系统总净容积的 5 倍,或在正常通风的正压值下通风吹扫换气的时间不少于 12 min,然后才允许接通电源。

5.20.2.7 设备应有明显的警告标志或联锁,应在断电后才允许打开设备外壳、门或拔插电缆。

5.20.2.8　设备应配有保护装置，保证启动或运行过程中，当外壳内正压降至低于设定值时，能发出连续的声光报警信号。

5.20.2.9　户外司钻电控台的外壳防护等级不应低于IP55。

5.20.2.10　司钻电控台的面板要用防锈材料制成，宜选用不锈钢材料，外壳及正压气体连通管道对指定的正压保护气体和运行环境中的有害气体应具有抗腐蚀作用。

5.20.2.11　司钻电控台要有正压气体进气口和减压阀，并应有气压检测装置。当司钻台内正压气体压力不足时，应发出报警信号并采取一定的保护措施。另外，正压气体要经过干燥器干燥后进行使用。

5.20.2.12　可以通过使用安全栅(例如齐纳安全栅)，而使司钻电控台内的风压开关等电路转变为“本安”电路。此种安全栅应安装在非危险区，安全栅的接地端至少应接有两根接地线，每根接地线的截面积至少为1.5 mm^2(铜导体)。

5.20.2.13　应装设空间加热器，防止司钻电控台内有凝露产生。

5.20.2.14　司钻电控台的前面板上应开有一个观察窗口，观察窗口推荐安装防弹玻璃并采取防水措施。

5.20.2.15　装于司钻电控台前面板上的观察窗口、操作手轮、按钮及指示灯等任何装置均应采取防水措施。

5.20.2.16　司钻电控台应设有一个放水孔，平时堵上，当其内有积水时可放出。

5.20.2.17　司钻电控台上至少应设下列音响报警及故障指示信号：

a)　柴油发电机组并网工作信号；
b)　传动柜工作指示；
c)　事故指示；
d)　警告指示(可选)；
e)　事故音响。

5.20.2.18　司钻电控台上应装设能表明当前使用功率占电网总功率比例的指示表，和可指示转盘/顶驱扭矩大小的仪表。或者在操作屏幕/显示屏中进行集成数字化显示。

5.20.2.19　脚踏主令控制器的给定要和手轮的给定作用配合使用，给定信号要准确。脚踏主令控制器的给定可进行有级或无级调节，有级给定时不应少于四级。其给定到最大时，应使绞车转速达到设计值。

5.20.2.20　脚踏主令控制器的给定要灵活可靠，当松开时给定要能可靠复位到零。

5.20.2.21　应采取防水及正压防爆措施。

5.20.3　危险区内的布线

5.20.3.1　进入危险区的电源中性线(N)和保护接地线(PE)应分开，即三相五线制(TN-S型)。如果是三相四线制(TT型)供电，则应在安全场所先局部转换为三相五线制(局部转换成TN-S型或TN-C-S型)。

5.20.3.2　危险区内的所有布线都应采用电缆，电缆可安装在连续的电缆支持系统中，或采取其他措施作为机械损伤保护。

5.20.3.3　具有连续式防水功能的电缆，在通过危险区和非危险区的分界面进入非危险区时，在界面上不需要密封，只需在危险区的电缆终端安装密封件。

5.20.3.4　连接到危险区内电气设备的电缆，应通过引入装置进行。引入装置采用下列方式之一：

a)　密封圈式引入装置；
b)　浇注固化填料式密封引入装置；
c)　金属密封环式引入装置。

通过引入装置引入的电缆，应保证设备的密封作用及电缆和设备的可靠连接。

5.21 控制房

5.21.1 总体要求

5.21.1.1 电控设备的户内部分应安装在钢结构的控制房中，并整体对外接线。控制房应：

a) 保证钻机电控系统的控制功能；

b) 承受经常吊装运输的要求；

c) 适应钻机现场的环境；

d) 防雨、防尘、防火、防锈蚀、隔音、隔热；

e) 满足各种安全防护要求。

5.21.1.2 控制房的外形尺寸，应符合铁路、公路的运输规范。如有特殊要求，需用户与制造厂协议确定。

5.21.1.3 控制房一般应为拖撬式，如有要求，应留有自背式撬头。底座应坚固、房体结构应有足够的刚度；不发生变形。控制房内各控制设备应牢固地固定。

5.21.1.4 控制房应方便起吊和装卸运输。底座上应留出吊装用的吊装措施；房体外壳应标明醒目的重心标志和吊装标志，并应符合 GB/T 191 和 GB/T 6388 的规定。

5.21.2 环境适应性

5.21.2.1 控制房的结构，应具备防雨的能力，并具有排水的设施，使雨水不能滁留和渗漏。放置控制柜的主控制房体部分应达到 IP55；安装变压器、电阻箱等大量发热部件的房体部分应达到 IP24。

5.21.2.2 控制房的房壁应有足够的隔热、阻燃、隔音能力，一般壁厚不小于 80 mm。中间充填的保温材料应是轻质的阻燃材料，推荐使用“离心玻璃棉毡”。对于海上钻井平台，需提供船级社的形式认可证书，并规定防火等级，例如：A60。不应使用不阻燃的各类“发泡”材料。房顶绝热层的热阻应高于侧壁的热阻。

5.21.2.3 控制房的结构应有利于房内发热热量的制冷循环，推荐使用冷、热风道分开的强制循环结构。

应设置可靠的、制冷(制热)能力足够的空调设备。推荐选用具有两套制冷(制热)单元的设备，在最大发热且外界环境温度最高时，控制房内应保持在 18 ℃～28 ℃的合适的温度。选用的空调设备可以是单制式(制冷)的，也可以是双制式(制冷、制热)的。

对于海上钻井平台使用的空调设备，应选用适应海上环境条件的特殊型号。应选用具有两套制冷(制热)单元的设备，当一套制冷(制热)单元不工作时也能达到规定的制冷(制热)能力。

5.21.2.4 控制房的底座建造过程中，主结构件(包括吊装结构件)应经过超声波无损探伤合格。

5.21.2.5 控制房的所有黑色金属结构件，应经过以下严格的前处理：

a) 喷漆之前的黑色金属表面氯化物残留量不应超过 50 $\mu g/cm^2$；

b) 喷漆之前需经喷砂(使用不规则的钢丸或砂丸)处理，喷砂后表面粗糙度 Ra 应达到 50 μm～75μm；焊缝经磨平或磨平后喷砂处理，焊缝的表面粗糙度不应低于 25 μm；

c) 应选用附着力强的底漆，推荐富锌环氧漆。喷漆之前不准许使用腻子；喷漆涂层不应有松软及明显起皱现象，不应普遍出现直径大于 1 mm 以上的气泡；个别气泡的最大直径不应超过 5 mm；

d) 油漆要求耐久，能抵御风沙、烈日、严寒、盐雾等恶劣环境；底漆的干膜厚度应为 40 μm～50 μm；底漆＋中间漆＋面漆的总干膜厚度不应小于 160 μm；喷漆颜色按用户要求，推荐白色。用户如有要求，油漆品牌、工艺、颜色按要求执行。

5.21.2.6 外接电缆的连接，应采取防雨、防尘措施；应具有一定的机械强度，并保证连接可靠，虽受温度变化、振动等影响，也不应发生接触不良的现象。

5.21.2.7 控制系统的控制房与发电机房之间，以及进出控制房的电缆之上方，应搭建防雨棚。

5.21.3 安全与防护

5.21.3.1 控制房要求制造成具有以下安全逃生的形式：

a) 当控制房超过一定长度时，应具备两个可以逃生的安全门，这两个门应安置在控制房的两侧；
b) 控制房供逃生的安全门上的门锁，应设计成从房内不用任何工具、徒手用最简单的动作就能打开；
c) 控制房内的主通道以及通往逃生安全门的通道上，不准许安装或堆放任何障碍物。

5.21.3.2 控制房的门锁，应当做到只有从外面使用特殊的钥匙才能打开，只有专人才可入内进行操作维护。

5.21.3.3 对控制房的照明和应急照明的要求：

a) 控制房内应有充足的照明，照明灯应具备两个开关，应分别装于两侧进门不远处；房内还应装有控制房端照明的开关；
b) 控制房内应装设应急照明灯具。当电网停电时，应急灯具应自动打开，并保证应急照明时间超过 40 min，对于海上钻井平台的电气控制室应保证应急照明时间超过 90 min。

5.21.3.4 控制房内应装设烟雾报警器。烟雾报警器除能发出声、光报警外，还应具有电信号发送至控制系统的报警回路。

5.21.3.5 控制房内应具备足够的、有效的、适用于扑灭电气火灾的灭火装置。

5.21.3.6 控制房内应铺设绝缘地板，绝缘地板应承受超过 2 000 V 的工频耐压试验。控制房内还应当具有适当数量的(单相或三相)电源插座，此插座应具有接地保护(PE)线。

5.21.3.7 控制房的外接电缆，应使用接线插座连接，应做到：

a) 在各接线插座和电缆上要对应标注醒目的、不褪色的永久性接线标记。
b) 对接插件的要求：
    1) 凡是经过接插件连接的，电源出线(带电侧)应接入插座(凹型)，电源进线(非带电侧)应接入插头(凸型)；
    2) 插座、插头都应具备密封圈，接插后应相互拧紧。插座和插头都应具有带密封圈的端盖，不接插时用端盖拧紧；
    3) 不同电压等级、不同电流等级的接插件，不准许互换；或设明确的指示标牌。
c) 使用母线搭接的动力电缆，搭接处的裸露部分应具有绝缘罩。

5.21.3.8 控制房的房体应按照 5.14.4.4 的规定，具备两个以上的接地端子或接地螺钉，并具有接地符号的标志。控制房的接地螺钉不应小于 $M12$，推荐使用铜螺母钎焊。接地端子上不能有油漆、锈蚀等导电障碍物。

6 试验

6.1 试验分类

试验分为：

a) 型式试验；
b) 出厂试验；
c) 总装试验。

6.2 型式试验

按 GB/T 3797 的规定执行。

6.3 出厂试验

按 GB/T 3797 的规定执行。

6.4 系统总装试验

6.4.1 系统总装试验的要求

6.4.1.1 系统总装试验的项目：

a) 电控系统的安装、接线检查(见 6.4.2.1)；
b) 电控系统的联锁、保护试验(见 6.4.2.2)；
c) 电控系统的操作和通信试验(见 6.4.2.3)；
d) 柴油发电机组的控制系统试验(见 6.4.2.4)；
e) 电磁涡流刹车的控制系统试验(见 6.4.2.5)；
f) 起、放井架和底座时控制系统试验(见 6.4.2.6)；
g) 绞车高速时控制系统试验(见 6.4.2.7)；
h) 游车位置控制系统试验(见 6.4.2.8)；
i) 绞车重负荷时控制系统试验(见 6.4.2.9)；
j) 钻井泵带载荷的控制系统试验(见 6.4.2.10)；
k) 钻井泵的软泵控制(如有)试验，(见 6.4.2.11)；
l) 转盘高速时控制系统试验(见 6.4.2.12)；
m) 转盘堵转时控制系统试验(见 6.4.2.13)；
n) 自动送钻系统控制试验(见 6.4.2.14)；
o) 用户认为有必要作的其他各种试验。

6.4.1.2 总装试验中如果出现不符合技术协议、不符合原设计目标或不符合本规范所规定的技术指标，应当立即整改，直到全部试验的结论合格。总装试验合格后应当出具正式试验报告，由有关各方签字认可。总装试验的结论，将作为用户对整套钻机验收的基本依据之一。总装试验可根据实际情况安排次序，也允许交叉进行。对于有些在主机厂的总装试验中不具备试验条件的项目(例如：接地极的检测、转盘的扭矩控制试验等)，允许在钻井现场进行。

6.4.2 试验方法

6.4.2.1 控制系统的安装、接线检查

控制系统的安装、接线应按下列方法进行检查：

a) 在总装现场按照 GB/T 3797—2016 中 7.2 的要求分别进行检查；对于防爆电器产品还要检查防爆认证证书和 Ex 标志。
b) 检查总装现场的所有外接电缆和导线，应按照设计要求正确无误的连接；电缆的型号规格、电缆的标识、接插件及其标识应正确；接线的连接和接插应牢固可靠。
c) 测量各主发电机、后备(或辅助)发电机、主变压器、各主电动机、各辅助电动机以及所有的动力电缆的绝缘电阻，应当符合其产品本身的规定及 5.5 的规定，测量方法按照 GB/T 3797 的规定。
d) 检查电缆桥架的走向及电缆的布置和安装应合理、美观，也应符合井场电路的有关规定；检查电缆桥架的结构、强度、防护性能、搬迁折叠的灵活性等应符合规定。
e) 检查接地系统：
    1) 检测控制系统的接地极应符合 5.14.4 的规定(如果在总装试验现场不具备条件，本项

检查允许改在钻井现场进行)；

2) 检查控制系统接地网的完整性(包括屏蔽型动力电缆、屏蔽型控制电缆应全部可靠接地)，应符合 5.14.2 ～ 5.14.4 的规定；

3) 测量整个接地系统的连续性，任何两个接地点之间的电阻值都应符合 5.14.2.3 的规定值。

6.4.2.2 控制系统的联锁、保护试验

控制系统的联锁、保护试验应符合如下要求：

a) 检查、试验电源系统的联锁：所有不准许并网运行的电源开关之间，应可靠联锁，不能同时合闸，例如：主变压器低压输出电源与后备发电机电源之间。

b) 检查、验证凡是具有正、反向运动的主传动和辅助传动机械，其正向控制和反向控制应可靠联锁，不能同时合闸或同时给定信号。

   在具有转盘、顶驱相互切换的系统中，应对于公用的部分(例如变流器)的各种连接，包括主回路进出电缆、反馈信号电缆、控制联锁电缆、PLC 及通信接口等，应进行全面的检查和试验。

   绞车、转盘/顶驱、钻井泵等主拖动系统中，冷却风机、检修开关与其控制回路的联锁，在失风状态或检修开关处于检修位置时，该电传动系统无法启动，或在正常运行中则应按规定的程序停下，同时报警。

   检查、试验大功率制动电阻箱的失风、超温联锁保护：当电阻箱处于失风或超温状态，绞车电传动系统无法启动或在已经运行状态下立即停车、紧急制动并报警。

   检查、试验所有带空间加热器的主设备，在设备停机状态下加热器允许处于加热状态，而当该设备投入运行时，加热电源应自动断开。

   检查、试验司钻控制台内正压防爆措施的有效性：当通入规定压力的洁净空气并且压力继电器动作后自动延时达到规定的吹扫时间之后，才能送进控制电源；或者按照使用说明书规定的吹扫时间进行有效吹扫之后，再由压力继电器控制送进电源。

   对于传动箱、齿轮箱等的润滑油泵应与油压传感器进行联锁控制，当油压低时应自动报警。钻井泵用的注油泵和喷淋泵也应当与钻井泵的控制回路正确联锁，钻井泵启动之前注油泵和喷淋泵应先正常运行。

   检查、试验各种与机械相关联的联锁接点，应工作正确，例如各种离合器等。

c) 检查、试验盘式刹车作为紧急制动措施的安全保护回路的联锁正确性。当绞车电传动系统或自动送钻电传动系统发生超速、超温、熔断、过流、接地等事故，防碰开关动作，或人为给出保护信号时，盘刹应可靠动作，并发出报警信号。

   检查、试验惯性刹车与转盘/顶驱电传动系统的联锁保护，当电传动系统发生超速、超温、熔断、过流、接地等事故，或人为给出保护信号时，惯刹应可靠动作，并发出报警信号。

   在钻井泵由双电机拖动的情况下，应检查、试验链轮防滑及其保护环节应正常、可靠运行。

d) 检查、试验所有的运行指示灯、故障指示灯、报警声光信号，应当指示正确无误。检查、试验紧急停车按钮的紧停功能和由此发生的报警及紧急制动等功能。

e) 检查、试验阀岛控制的全部输入、输出接线，逐一验证其控制功能和控制效果，应达到设计要求。

6.4.2.3 控制系统的操作和通信试验

6.4.2.3.1 各种电源的操作试验

对于以下各种电源中的所有开关，应逐一进行通电操作试验，以确认所有电源供电的正确性：

a) 由柴油发电机组发出的 600 V(690 V)交流供电主电源系统；

b) 由主变压器或者后备发电机组供给的380 V/220 V(480 V或其他规定值的电压)交流低压电源系统,包括控制电源、辅助供电电源、应急电源,以及对井场电路供电的动力电源、照明电源、生活用电等;

c) 经变换后作为控制电源的24 V(或其他规定值的电压)直流电源系统。

6.4.2.3.2 MCC操作试验

分别以手动、自动方式对于MCC系统的每一条回路进行通电操作试验,启、停每一台电动机都应当能正常运行;采集进入控制系统的电动机启、停信号都应正确无误。

在设置软起动设备的系统中,应按设计要求对于软起动器的控制参数进行整定;然后进行逐台电动机软起动试验,在大容量的电动机带负载起动时,应记录每台的起动时间、起动电流和电压降落等数据。

6.4.2.3.3 手动操作试验

从司钻控制台上,按使用说明书对钻机的主传动系统进行选择和操作,并验证其操作的正确性。这些操作包括正转、反转,单机或双机(主从控制),选上,手轮的零位和给定,手柄控制,电磁涡流刹车给定等。

对于直流电传动系统,当设计为一台变流装置驱动多台电动机时,应进行切换逻辑操作试验,验证直流接触器的切换正确性。

6.4.2.3.4 "正常"和"应急"操作方式试验

a) 使用"正常"操作方式,对于整台钻机按照预先设计的操作步骤(包括手动、自动操作),逐一进行全面的控制操作试验,以验证系统设计、制造、安装、调试的正确性。

b) 将系统的操作方式转变为"应急"操作方式,按照设计的应急操作步骤逐一进行试验,验证系统在应急状态下操作功能的正确性。

6.4.2.3.5 通信网络试验

a) PLC试验:检查PLC的安装接线,核对输入/输出接口及通信接口的正确性;检查并在系统操作过程中验证PLC程序的正确性。

b) 触摸操作屏试验:检查触摸操作屏及控制手柄、手轮的安装接线,核对通信接口的正确性;检查程序、画面、显示数据的正确性;在系统操作过程中,验证其控制功能的正确性。

c) 通信接口检查:检查系统中所有的通信接口、通信电缆的安装接线的正确性。

d) 通信网络试验:在现场总线控制系统中,对于通信网络的所有连接设备,逐一进行试验,验证每一个设备的地址编码、通信报文、上下传输等通信要求都应正确无误。

网络中所有设备的通信功能全部正确之后,进行整台钻机控制系统的各种操作、控制、数据传输等的全面试验,验证其正确性、可靠性应达到设计要求。

6.4.2.3.6 一体化仪表系统试验

检查所有传感器、变送器、编码器的型号、规格、安装、接线,应正确无误;安装在危险区的设备,应具有防爆认证标志,其安装、接线应符合相应的规范。

所有传感器、变送器、编码器等仪表,都应按照使用要求逐个进行通电试验。验证其输出信号的正确性、检查信号输入到控制系统的正确性;整定和校验各种限值及报警信号值。

检查验证数据储存的正确性。

凡在总装试验中不具备条件无法进行试验的项目,允许在钻井现场补做。

6.4.2.4 柴油发电机组的控制系统试验

6.4.2.4.1 单台机组试验

单台机组应进行如下试验:

a) 单机空载试验:检查油、气、水、电路的安装接线应正确无误,各紧固件有无松动;起动应顺利、正常;手动控制机组应正常运转在怠速、满速、发电状态,输出电压、频率能稳定在额定范围之内;柴油机排烟、声音应正常,机油压力、水温、柴油压力、排气温度、机油滤清器压差、转速、运转时间等仪表显示应正确,所反映的柴油机性能应正常;停机操作正常。此项试验中,应检查、测试的项目有:励磁回路检查;速度调节器及速度检查、启动检查试验、怠速试验、电压调节器检查试验、柴油机调速检查试验、额定电压测试、发电机空负荷发电检查、发电机相序检查、控制电源和稳压电源的单元检测;测量回路及指示仪表检查、电力仪表检查、交流接地测试、停机试验等。

b) 单机负荷试验:对处于正常发电状态的机组,从空负荷逐步施加到额定负荷。每台发电机组都应在额定功率的90%～100%的载荷下稳定的工作。

c) 整定、校验以下各种保护的正确性:发电机主开关的过流(长延时、短延时、瞬时动作)保护、过励磁保护、过频保护、欠频保护、过压保护、欠压保护、超速保护。

d) 试验中应记录如下数据:发电机的电压、电流、有功功率、无功功率、视在功率、功率因数及柴油机的机油压力、水温、排气温度。

注:本项试验可结合钻井泵的载荷试验一起做或交叉进行。

6.4.2.4.2 并网试验

对于任意两台机组、任意三台机组、直至全部的机组,都应相互组合进行并网试验,试验中应做到每台机组都轮流当作先开机组、再当作并入机组使用:

a) 空载并网试验:检查同期电路工作正常运行。按照事先排定的先后顺序,依次手动操作并网,应做到操作并网可靠、运行正常。

b) 解列试验:将已经并网的机组依次解列,应操作正常无误。

c) 负荷分配试验:对于已经并网的机组,由空载逐步加载至满载,应稳定运行。在并网和解列过程中,有功和无功负荷的分配应均衡、负荷转移应平稳,应达到设计指标要求。调试、整定并测量如下项目:逆功率保护的整定;柴油机升降速斜率一致性试验;频率调节精度测试;电压调节精度测试;动态响应时间测试;有功负荷分配均衡度测试;无功负荷分配均衡度测试;负荷限制值的整定。

d) 试验中应记录如下数据:负载功率(每台泵的泵冲、泵压,每台拖动电动机的电压、电流),每台发电机的电压、电流、有功功率、无功功率、视在功率、功率因数等。

注:本项试验可结合钻井泵的双泵或多泵的载荷试验一起做或交叉进行。

6.4.2.5 电磁涡流刹车控制系统试验

在绞车没有设置电气制动的场合(如:直流电传动系统),对于作为辅助刹车的电磁涡流刹车应做性能试验。

挂上电磁涡流刹车,合上电磁刹车电源,绞车使用"低速档";踩脚踏主令开关,使绞车加速,此时操作涡流刹车手柄,使涡流刹车电流达到最大,绞车转速明显下降并逐渐接近零,说明电磁涡流刹车工作正常。

电磁涡流刹车的断水/失风、断电保护应当动作正常,当断水/失风或断电时应发出报警信号或根据用户要求立即进行紧急制动。紧急制动根据需要可手动解除。

6.4.2.6 起、放井架和底座时控制系统试验

起、放井架和起、放底座试验的目的是检验机械的灵活性和安装的正确性,同时可以试验电磁涡流刹车的性能;在绞车设计有电气制动的系统里,同时考核实现"悬停"的功能。

试验时,一般采用绞车双电机拖动,此时绞车电动机处于低速小负载状态。

对于设计具有独立送钻电机及其传动机构的自动送钻系统,还应使用独立送钻电机进行起、放井架和起、放底座试验,以验证此种备用方式的可靠性。

起、放井架试验和起、放底座试验应分别手动操作、低速运行。应记录如下数据:井架起升角度或底座起升角度,指重表读数,每台绞车电动机的电压、电流,每台发电机的电压、电流、有功功率、无功功率、视在功率、功率因数等。

6.4.2.7 绞车高速时控制系统试验

试验时不挂钢丝绳,空滚筒分别由绞车 A 电机、绞车 B 电机和双电机拖动进行空载运行,速度应逐步达到设计的最高速。检查绞车的机械传动系统、润滑系统、紧急制动系统的工作状态应符合设计要求。每种试验状态都应记录滚筒速度(或电机速度)和电机的电压、电流值。

观察机械系统及润滑系统的工作应正常。对于盘式刹车等紧急制动装置,应安排必要的试验步骤,对其动作的可靠性进行考核。本试验的同时,应整定和校验绞车电机 A、B 的超速保护值。

6.4.2.8 游车位置控制系统试验

检查滚筒编码器的安装接线,并检查游车防碰开关的安装接线应正确;检查、试验防碰开关与紧急制动回路的联锁(包括链条等机械钻机除外),检查盘刹的动作应可靠。检查游车的上、下减速点,上、下停车点共四个虚拟的位置信号点;当游车在钻台平面位置时(或留有一个较小距离处)当作零位,对系统置零。检查滚筒编码器断线保护功能。

大钩空载,手动控制绞车分别以低速、中速、高速在设定的位置范围之内上、下往返运行。在此范围内应做到:位置控制精度在设计指标之内,能避免上碰、下砸事故;在任何位置上都应做到:当速度给定为零时,实现"悬停" 功能。

使用司钻触摸操作屏控制,应实现半自动起下钻功能。

试验时应对绞车 A、绞车 B 及双机分别进行。

6.4.2.9 绞车重负荷时控制系统试验

绞车重负荷试验就是最大钩载试验,其目的是验证机械结构的负荷能力和考核电传动系统的最大转矩输出能力。此试验一般应由绞车全部电机拖动来完成,如果用户要求也可以使用单电机按设计数据进行。

最大钩载试验的机械负载由主机厂规定,试验应在最低速下短时完成。在多电机拖动的场合,注意负荷转矩分配,应符合 5.18.3.1 所规定的负荷平衡指标。记录数据最大钩载数和电动机的电压、电流、转矩。本项试验对于绞车电传动系统来说,实际上是堵转试验,应当依据本试验中的最大允许转矩数值,来重新整定电传动系统内部的的转矩限制值。

注:如主机厂不具备本项试验的条件,允许在钻井现场补做。

6.4.2.10 钻井泵带载荷的控制系统试验

钻井泵的载荷试验是为了考核钻井泵、电传动系统、柴油发电系统的能力。因此,本项试验应同柴油发电机组试验一起进行。钻井泵的载荷试验一般是采用憋压的方式施加载荷;本试验的同时,应对电传动系统的泵压限制数值进行整定和验证,并对于整个钻机控制系统的负荷功率限制功能进行验证。

a) 单泵带载荷的控制系统试验:单泵加载,应在不同泵载荷下进行,钻井泵应运行正常。本试验

适合于对单台发电机组或两台发电机组并网的情况下配合试验。

应记录如下数据：负载功率、泵冲、泵压，每台拖动电动机的电压、电流，每台发电机的电压、电流、有功功率、无功功率、视在功率、功率因数等。

b) 多泵带载荷的控制系统试验：双泵或多泵的加载，也应在不同泵载荷下进行，钻井泵应运行正常。本试验适合于对两台或多台发电机组并网的情况下配合试验。

应记录如下数据：负载功率、每台泵的泵冲、泵压，每台拖动电动机的电压、电流，每台发电机的电压、电流、有功功率、无功功率、视在功率、功率因数等。

6.4.2.11 钻井泵的软泵控制(如有)试验

在用户与制造厂的技术协议中规定了系统设计有软泵控制功能时，应进行本试验。

检查泵编码器的安装、接线正确无误；按照设定的程序，在两台泵或三台泵同时工作时，进行系统调试。其活塞(泵压)相位角的控制精度，应达到 5.18.4.3 的规定。

6.4.2.12 转盘高速时控制系统试验

转盘高速试验是转盘电传动系统的空载运行试验，目的是考核转盘的机械安装和电传动系统是否达到设计的最高运行速度，同时验证系统与惯性刹车的配合。

手动控制转盘转速在正反两个方向，从零逐步升至规定的最高值，运行应平稳。当改变转盘扭矩限制值调至零时，转盘应无法启动运转。当转盘停车或加入故障信号时，惯性刹车应可靠动作。

6.4.2.13 转盘堵转时控制系统试验

转盘堵转试验的目的是为了考核转盘电传动系统在零速时的输出转矩能力，同时检查转矩限制环节的功能。

人为地将惯性刹车可靠刹住，手动控制转盘电传动系统进入堵转状态，记录电动机输出的堵转转矩(及电压、电流)数据，其堵转转矩值应接近电动机的额定转矩值。在堵转状态下检查转盘的转矩限制功能，应从 0 ～ 100% 可调。

堵转试验进行的时间应尽量短。

6.4.2.14 自动送钻控制系统试验

自动送钻系统应对于使用绞车主电机进行自动送钻的传动方式和使用独立送钻电机及其传动机构进行自动送钻的传动方式分别试验。

两种方式都应具备“恒钻压”和“恒钻速”两种自动送钻控制模式。如果在总装试验中不具备条件，允许改在钻井现场补做。

“恒钻速”自动送钻控制模式的试验，只在大钩安全的空间范围内做空载运行试验，应达到运行正常。注意验证滚筒与独立送钻机构之间的离合器应可靠联锁，当使用绞车主电机送钻时，此离合器不能挂合；当使用独立电机送钻时，此离合器挂合，但绞车主电机不能运行。

6.5 电磁兼容性 EMC 试验

电磁兼容性 EMC 试验见 GB/T 3797 的相关内容。

7 标志、包装、储运

7.1 铭牌

7.1.1 安装于控制房内的设备以及控制房外的设备都应有一块耐久的铭牌，铭牌应标明以下内容：

a） 产品名称；

b） 产品型号；

c） 主要技术数据；

d） 防爆标志，其内容按 GB 3836.1 的规定；船检认证标志（如需要）；

e） 出厂编号；

f） 重量；

g） 制造厂名称；

h） 制造日期。

7.1.2 控制房应有一块至两块耐久的铭牌，铭牌应中英文（或按用户要求的文种）对照，铭牌应标明以下内容：

a） 控制房名称；

b） 型号；

c） 外形尺寸；

d） 重量；

e） 出厂编号；

f） 出厂日期；

g） 制造厂名称。

7.2 随机资料

制造厂向用户供货时，一般应按每批产品的类型随机提供下列文件或资料：

a） 产品合格证书；

b） 使用维护必要的电路图、装配图、使用说明书；

c） 接线图或接线表；

d） 外购电气装置的随机文件资料；

e） 电气设备清单；

f） 随机工具清单；

g） 推荐备件一览表。

如果用户与制造厂达成协议，随机资料中除了中文版本之外，应可提供其他文种的版本。

7.3 包装、储运

7.3.1 一般将控制房作为单位整体发运，宜裸装、裸运。如有特殊要求，由用户与制造商协议决定。

7.3.2 控制房外的设备以及各种随机附件应装入包装箱中发运，并应符合 JB/T 3085 的规定。包装和运输标志应符合 GB/T 191 和 GB /T 6388 的规定。

温度范围在－25 ℃ ～ ＋55 ℃适用于运输和储存过程，在短时间内（不超过 24 h）可达到＋70 ℃。

设备在未运行的情况下经受上述极限温度后，不应遭受任何不可恢复的损坏，然后在规定的条件下应正常工作。

ICS 75.180.10
E 92

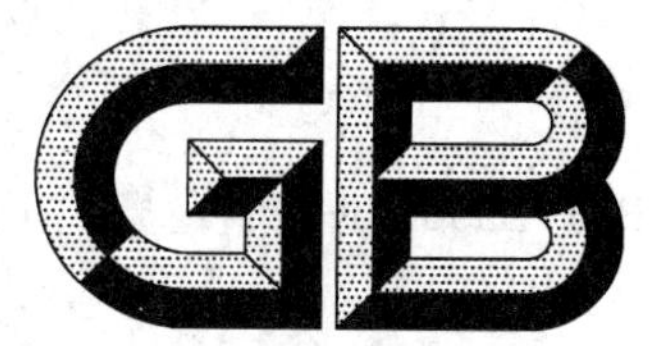

中华人民共和国国家标准

GB/T 23507.3—2017
代替 GB/T 23507.3—2009

石油钻机用电气设备规范 第3部分：电动钻机用柴油发电机组

Criterion for electrical equipment for oil drilling rig—
Part 3: The diesel generating set for electric drilling rig

2017-02-28 发布 2017-09-01 实施

中华人民共和国国家质量监督检验检疫总局
中国国家标准化管理委员会 发布

前 言

GB/T 23507《石油钻机用电气设备规范》分为四个部分：

——第 1 部分：主电动机；

——第 2 部分：控制系统；

——第 3 部分：电动钻机用柴油发电机组；

——第 4 部分：辅助用电设备及井场电路。

本部分为 GB/T 23507 的第 3 部分。

本部分按照 GB/T 1.1—2009 给出的规则起草。

本部分代替了 GB/T 23507—2009《石油钻机用电气设备规范　第 3 部分：电动钻机用柴油发电机组》。与 GB/T 23507—2009 相比主要技术变化如下：

——增加了海洋钻井平台用柴油发电机组技术要求；

——修改了环境运行条件：增加了海洋环境条件的影响；

——增加了海洋钻井平台用柴油发电机组的防护等级要求；

——增加了海洋钻井平台用柴油发电机组耐盐雾性能要求；

——增加远程控制技术要求。

本部分由全国石油钻采设备和工具标准化技术委员会(SAC/TC 96)提出并归口。

本部分起草单位：中国石油集团济柴动力总厂、中海油研究总院、宝鸡石油机械有限公司、中国石油渤海钻探工程公司。

本部分主要起草人：王腾飞、许传国、王令金、俞晓艳、张倩农、王建丰、安维峥、朱永庆、雷先革。

本部分所代替标准的历次版本发布情况为：

——GB/T 23507.3—2009。

石油钻机用电气设备规范 第3部分:电动钻机用柴油发电机组

1 范围

GB/T 23507的本部分规定了石油天然气工业电动钻机用柴油发电机组(以下简称机组)的要求、试验方法、检验规则、标志、包装和贮运要求。

本部分适用于额定容量为800 kVA~3 000 kVA,额定电压为690 V、600 V、400 V,额定频率为50 Hz和60 Hz电动钻机用柴油发电机组。其他规格的电动钻机用发电机组亦可参照使用。

2 规范性引用文件

下列文件对于本文件的应用是必不可少的。凡是注日期的引用文件,仅注日期的版本适用于本文件。凡是不注日期的引用文件,其最新版本(包括所有的修改单)适用于本文件。

GB/T 191 包装储运图示标志

GB/T 2820.1 往复式内燃机驱动的交流发电机组 第1部分:用途、定额和性能

GB/T 2820.3 往复式内燃机驱动的交流发电机组 第3部分:发电机组用交流发电机

GB/T 2820.5 往复式内燃机驱动的交流发电机组 第5部分:发电机组

GB 4556 往复式内燃机 防火

GB/T 6072.1 往复式内燃机 性能 第1部分:功率、燃料消耗和机油消耗的标定及试验方法 通用发动机的附加要求

GB/T 13306 标牌

GB/T 16471 运输包装件尺寸与质量界限

GB/T 20136—2006 内燃机电站通用试验方法

GB 23821 机械安全 防止上下肢触及危险区的安全距离

JB/T 8194 内燃机电站名词术语

3 术语和定义

GB/T 2820.1、GB/T 2820.5、JB/T 8194界定的以及下列术语和定义适用于本文件。

3.1

电动钻机用柴油发电机组 diesel generating set for electric drilling rig

满足石油天然气工业用电动钻机工况的柴油发电机组。

4 要求

4.1 标准基准状况

标准基准条件如下:

a) 总气压:P_r=100 kPa;

b) 空气温度：T_r=298 K(t_r=25 ℃)；

c) 相对湿度：ϕ_r=30 %；

d) 增压中冷介质温度：T_{cr}=298 K(t_r=25 ℃)。

机组在海洋钻井平台使用时，在下列条件下应能输出额定功率：

a) 总大气压力：P_r=100 kPa；

b) 空气温度：T_r=318 K(t_r=45 ℃)；

c) 相对湿度：ϕ_r=60%；

d) 海水或原水温度(中冷器进口)：T_{cr}=305 K(t_{cr}=32 ℃)；

e) 有盐雾、油雾、霉菌、冲击和振动。

4.2 功率定额的种类

功率定额按 GB/T 2820.1 的规定执行。

4.3 输出规定功率(允许修正功率)的条件

4.3.1 机组在下列条件下应能输出规定功率并可靠工作，特殊条件应在产品技术条件中规定：

a) 海拔高度不超过 4 000 m；

b) 环境温度：

——下限值分别为 5 ℃，−15 ℃，−25 ℃，−45 ℃；

——上限值分别为 40 ℃，45 ℃，50 ℃，55 ℃；

c) 其他特殊环境条件按协议规定执行。

4.3.2 机组运行的现场条件应由用户明确确定，且应对任何特殊的危险条件如爆炸大气环境和易燃气体环境加以说明。

4.3.3 当试验海拔高度超过 1 000 m(但不超过 4 000 m 时)，环境温度的上限值按海拔高度每增加 100 m降低 0.5 ℃修正。

4.4 功率修正

机组的实际工作条件或试验条件比 4.3.1 规定的条件恶劣时，其输出功率为按 GB/T 6072.1 规定换算出试验条件下的发动机功率后再折算成的电功率，但此电功率最大不得超过发电机的额定功率。

4.5 参数与型式

参数与型式如下：

——发电机额定容量，kVA；

——额定功率，kW；

——额定转速，r/min；

——额定频率，Hz；

——额定电压，V；

——额定功率因数，cosϕ；

——接线方式；

——操纵方式；

——循环水冷却方式；

——支撑方式。

4.6 启动要求

在环境温度不低于 5 ℃时，不经预热或其他措施，机组应能顺利启动。环境温度在低于 5 ℃时，采取预热措施后，机组应能顺利启动。

4.7 电气指标

4.7.1 电压整定范围

机组的空载电压整定范围应不小于95%～105%额定电压。

4.7.2 机组的电压和频率

机组的电压和频率指标按表1规定。

表1 机组的电压和频率指标

电压				频率			
稳态偏差 %	瞬态偏差 %	瞬态恢复时间 s	电压调制 %	频率降 %	瞬态偏差 %	恢复时间 s	稳态频率带 %
±2.5	−15～+20	<1.5	<0.5	0～5 可调	±5	<3	<0.5
注1：机组在空载至25%额定负载时，其电压和频率的电压调制、频率带允许比表列数值大0.5。 注2：计算稳态电压偏差时，不包括从冷态到热态的电压变化。热态是指机组在额定方式下经连续工作后，各部分的温升在1 h内的变化不超过1 ℃的状态；冷态是指机组各部分的温度与环境温度之差不超过3 ℃时的状态。							

4.7.3 并联运行

机组应有并联运行功能，同型号规格和容量比不大于3∶1的机组在20%～95%总标定功率范围内应能稳定地并联运行，且可平稳转移负载的有功功率和无功功率，其有功功率和无功功率的分配差度不应大于如下规定：

a) 有功功率分配 ΔP：
——在80%和100%标定负载之间为±5%；
——在20%和80%标定负载之间为±10%。

b) 无功功率分配 ΔQ：
在20%和100%标定负载之间为±10%。

4.7.4 冷热态电压变化

机组在额定工况下从冷态到热态的电压变化不超过±2%额定电压。

4.7.5 畸变率

机组在空载额定电压时的线电压波形正弦性畸变率应不超过5%。

4.7.6 温升限值或温度

机组在运行中，发电机温升限值应符合GB/T 2820.3的规定。

4.8 安全性

4.8.1 接地

机组应设置接地端子并有明显的标志。

4.8.2 绝缘电阻

机组各独立电气回路对地,以及回路间的绝缘电阻应不低于表2的规定。冷态绝缘只供参考,不作考核。

表2 绝缘电阻

项目	条件	绝缘电阻 MΩ
冷态	环境温度15 ℃～35 ℃;空气相对湿度45%～75%	≥2
	环境温度25 ℃;空气相对湿度95%	≥0.5
热态	—	≥0.5

4.8.3 绝缘等级

发电机绝缘等级应不低于H级。

4.8.4 耐受电压

机组各独立电气回路对地,以及回路间应能承受表3所规定的频率为50 Hz、波形尽可能为实际正弦波、历时1 min的绝缘介电强度试验电压而无击穿或闪络现象。

表3 耐受电压

部位	回路标定电压 V	试验电压 V
一次回路对地, 一次回路对二次回路	≥100	(1 000+2倍标定电压)×80% 最低1 200
二次回路对地	<100	750
注:发动机的电气部分,半导体器件及电容器等不做此项试验。		

4.8.5 相序

三相机组的相序:对采用输出插头插座者,应按顺时针方向排列(面向插座);对采用设在控制屏上的接线端子者,从屏正面看应自左到右或自上到下排列;对控制屏内部母线的排列,从屏正面看应符合表4的规定。

表 4　相序排列

相序	垂直排列	水平排列	前后排列
A	上	左	远
B	中	中	中
C	下	右	近
N	最下	最右	最近

4.8.6　防护等级

发电机防护等级不低于 IP23。

4.8.7　防火要求

4.8.7.1　机组消声器的结构应具有灭火花功能。

4.8.7.2　机组的防火应符合 GB 4556 的规定。

4.9　污染环境限值

4.9.1　振动

机组应根据需要设置减振装置；常用发电机组振动加速度、速度、位移有效值范围见表 5。

表 5　振动加速度、速度、位移限值

内燃机的标定转速 r/min	发电机组额定容量 kVA	振动位移有效值 S_{xms}			振动速度有效值 V_{xms}			振动加速度有效值 a_{xms}		
		内燃机 mm	发电机振动级别		内燃机 mm/s	发电机振动级别		内燃机 mm/s²	发电机振动级别	
			数值 1 mm	数值 2 mm		数值 1 mm/s	数值 2 mm/s		数值 1 mm/s²	数值 2 mm/s²
>1 000～1 200	>710～1 530	0.72	0.32	0.39	45	20	24	28	13	15
	>1 320	0.72	0.29	0.35	45	18	22	28	11	14
>1 200～2 000	>1 320	0.72	0.32	0.45	45	20	28	28	13	18
注：表中位移有效值 S_{xms} 和加速度有效值 a_{xms} 可用表中的速度有效值 V_{xms} 按下式求得： $S_{xms}=0.015\,9V_{xms}$； $a_{xms}=0.628V_{xms}$。										

4.9.2　噪声

机组的噪声应不大于表 6 的规定。

表 6　噪声限值

机组额定容量 kVA	噪 声(声压级) dB(A)
<1 140	108
≥1 140	110

4.9.3　污染物

机组的排放污染物限值应符合表 7 的规定。

表 7　污染物排放限值

排放污染物/ [g/(kW·h)]	HC+ NO_x	CO	PM
	6.4	3.5	0.2
排气烟度/BSU	1.0		

4.10　指示装置

4.10.1　机组电器监控仪表的准确等级频率表不应低于 0.5 级，其他电气监控仪表的准确度等级不应低于 1.5 级。应能监控所有相的电压和电流。

4.10.2　指示灯和按钮的颜色应根据其用途在产品技术条件中明确。

4.11　经济性

4.11.1　机组在标定工况下的燃油消耗率应符合产品技术条件的规定。最大允差不超过技术条件中规定数值的 5%。当试验环境与标准基准状况不符时，机组燃油消耗率按 GB/T 6072.1 规定的方法进行修正。

4.11.2　机组的机油消耗率应符合技术文件的规定。

4.12　自动保护

4.12.1　发动机应有下列自动保护功能：

a)　超速保护；

b)　油压低保护；

c)　出水温度高保护。

4.12.2　机组应有下列自动保护功能：

a)　过载保护；

b)　短路保护；

c)　发电机绕组过温保护；

d)　过电压、欠电压保护；

e)　过频率、欠频率保护；

f)　逆功率保护。

4.13　机组监控

4.13.1　机组应能监视如下项目：

a) 各运行参数:电压、电流、有功功率、功率因数、频率,发电度数、累计运行时间;
b) 有要求时,可隔室监视发动机排温、水温、油温和机油压力;
c) 正常运行和事故性质的声光信号。

4.13.2 机组应能进行如下操作项目:

a) 启动、停机、送电、停电、调频和调压;
b) 并网、并联和解列。

4.14 外观质量

4.14.1 机组的焊接件焊接应牢固,焊缝应均匀,无裂纹、药皮、溅渣、焊边、咬边,漏焊及气孔等缺陷。焊渣、焊药应清除干净。

4.14.2 机组的控制屏表面应平整,仪表及按钮等排列布置应整齐美观。

4.14.3 机组涂漆部分的漆膜应均匀,无明显裂纹、脱落、流痕、气泡、划伤等现象。

4.14.4 机组电镀件的镀层应光滑,无漏镀、斑点、锈蚀等现象。

4.14.5 机组的紧固件应无松动,固定应牢固。

4.14.6 机组警示标志应醒目,安装牢固。

4.15 防护措施

4.15.1 应按 GB 23821 的规定对机组采取安全防护措施。

4.15.2 应安装防护装置,如采用网状结构时,其开口宽度、直径及边长或椭圆形孔的短轴尺寸应小于6.5 mm,安全距离应不小于 35 mm。

4.15.3 对于固定式发电机组,应遵循如下防护措施:

a) 人可能接近或触及的旋转、摆动的传动件,如风扇、皮带、链条等应进行恰当的排列和防护,以免在正常使用时被人员不经意地直接靠近;
b) 机组运行时,对其有可能飞出的构件,应有诸如防护罩等安全技术措施;
c) 对能造成危险的灼热部分,应有防接触的屏蔽。对发动机任何废气排放部件均应提供防护,以免人员在正常操作时意外接触。

4.15.4 可能引起烫伤的零部件应做出明显的标志或进行防护。

4.15.5 机组正常使用时,应有防流体逸出损坏电气绝缘的措施。

4.16 成套性

机组成套供应包括:

a) 发动机、发电机、控制屏/柜(控制屏根据用户要求提供)、随机备件、附件、工具及包装;
b) 机组产品合格证及随机技术文件。

5 试验

5.1 仪器仪表

机组检验在试验台上进行。鉴定试验和型式检验时,用于测量电气参数的仪器仪表的准确度应采用不低于 0.5 级的电气测量仪器仪表(兆欧表除外)。出厂试验允许采用 1.0 级准确度的仪器和仪表进行测量。

5.2 试验项目和试验方法

试验项目和试验方法按表 8 执行。

表 8 试验项目及方法

序号	检验项目名称	型式试验	出厂试验	技术要求章条号	试验、检测方法章条号 GB/T 20136
1	检查外观	√	√	4.14	方法 201
2	检查成套性	√	√	4.16	方法 202
3	检查标志和包装	√	√	7	方法 203
4	测量绝缘电组	√	√	4.8.2	方法 101
5	接地	√	√	4.8.1	方法 302
6	耐电压试验	√	√	4.8.4	方法 102
7	检查常温启动性能	√	√	4.6	方法 206
8	检查低温启动性能	√	√	4.6	方法 207
9	检查相序	√	√	4.8.5	方法 208
10	检查控制屏各指示装置	√	√	4.10	方法 210
11	机组监控	√	√	4.13	方法 211～方法 216
12	检查机组保护功能	√	√	4.12	方法 303～方法 313
13	测量电压整定范围	√	√	4.7.1	方法 409
14	测量频率降	√	√	4.7.2	方法 401
15	测量稳态频率带	√	√	4.7.2	方法 402
16	测量(对额定频率的)瞬态频率偏差和频率恢复时间	√	×	4.7.2	方法 405
17	测量稳态电压偏差	√	√	4.7.2	方法 406
18	测量瞬态电压偏差和电压恢复时间	√	√	4.7.2	方法 410
19	检查冷热态电压变化	√	√	4.7.4	方法 418
20	测量线电压波形正弦性畸变率	√	√	4.7.5	方法 423
21	测量温升	√	×	4.7.6	方法 430
22	并联运行试验	√	√	4.7.3	方法 412
23	测量燃油消耗率	√	×	4.11.1	方法 501
24	测量机油消耗率	√	×	4.11.2	方法 502
25	测量振动值	√	×	4.9.1	方法 601
26	测量噪声级	√	×	4.9.2	方法 602
27	测量排放污染物	√	×	4.9.3	方法 605
28	测量烟度	√	×	4.9.3	方法 606
注："√"表示需要进行的项目；"×"表示可不进行的项目。					

6 检验规则

6.1 出厂试验

每台机组均应进行出厂试验,其试验项目按表8的规定。

6.2 型式试验

6.2.1 型式试验项目按表8规定。

6.2.2 下列情况之一者应重新进行型式试验:

a) 产品的设计或工艺上的变更足以影响产品性能时;

b) 出厂试验结果与上次型式试验结果有较大差异时。

6.3 判定规则

6.3.1 每台出厂检验的机组,各项检验项目均为合格时,该台机组判定合格。

6.3.2 型式试验的机组各项试验与检验合格时,判定该台机组合格;如出现不合格项目时,应进行调整或改进,再次进行试验,直至合格为止,否则不能投产。

6.4 检验条件

6.4.1 除另有规定外,各项检验均在生产厂所具有的条件(环境温度、相对湿度,大气压力)下进行。

6.4.2 检验时使用的测量仪表应有定期校验的合格证。

6.4.3 除另有规定外,各电气指标均在机组控制屏输出端考核。

7 标志、包装和贮运

7.1 标志

7.1.1 机组应有金属制成的铭牌,并固定在明显的位置,其尺寸和要求按GB/T 13306的规定。

7.1.2 机组铭牌应包括如下内容:

a) 机组名称、型号、编号;

b) 执行标准编号;

c) 制造商名称;

d) 机组制造日期;

e) 接线方式;

f) 相数;

g) 额定转速,r/min;

h) 额定功率(COP),kW;

i) 额定频率,Hz;

j) 额定电压,V;

k) 额定电流,A;

l) 额定功率因数,$\cos\phi$;

m) 质量,kg;

n) 外形尺寸 $L \times W \times H$,mm;

o) 产品注册商标。

7.2 包装

7.2.1 机组及其备、附件在包装前，未经涂漆或电镀等保护的裸露金属应采取临时性防锈保护措施。

7.2.2 机组的包装应能防雨、牢固可靠，有明显、不易脱落的识别标志。其标志应符合 GB/T 191 的规定：

a） 机组名称；

b） 出厂编号；

c） 包装箱尺寸；

d） 重量。

7.2.3 机组应随附下列文件：

a） 机组出厂质量证明书；

b） 机组使用说明书及主要配套件使用说明书；

c） 备品清单；

d） 机组外形尺寸和安装尺寸图。

7.2.4 机组包装应符合运输要求，其外形尺寸应符合 GB/T 16471 的规定。

7.3 贮运

7.3.1 机组应贮存在有顶盖的仓库内，不应有腐蚀性有害气体存在。

7.3.2 机组应贮存于通风干燥、无腐蚀的仓库内，并定期查看油封情况。油封到期后，用户应按要求重新进行油封。

7.3.3 机组应根据需要能满足水路、铁路和汽车运输。

ICS 75.180.10
E 92

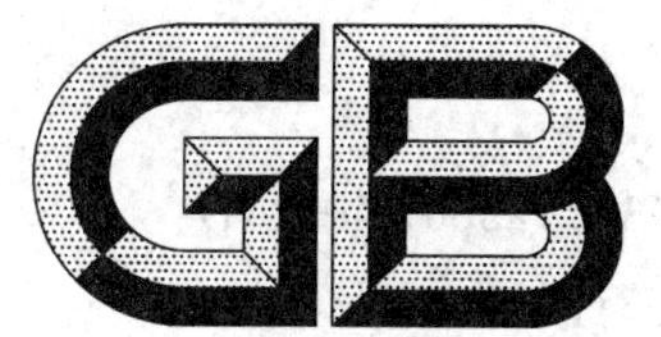

中华人民共和国国家标准

GB/T 23507.4—2017

石油钻机用电气设备规范 第4部分：辅助用电设备及井场电路

Criterion for electrical equipment for oil drilling rig—
Part 4: Auxiliary power equipment and circuits for well site

2017-12-29 发布　　　　2018-07-01 实施

中华人民共和国国家质量监督检验检疫总局
中国国家标准化管理委员会　发布

前　言

GB/T 23507《石油钻机用电气设备规范》分为4个部分：

——第1部分：主电动机；

——第2部分：控制系统；

——第3部分：电动钻机用柴油发电机组；

——第4部分：辅助用电设备及井场电路。

本部分为GB/T 23507的第4部分。

本部分按照GB/T 1.1—2009给出的规则起草。

本部分由全国石油钻采设备和工具标准化技术委员会(SAC/TC 96)提出并归口。

本部分起草单位：中国石油集团渤海石油装备制造有限公司、中国石油集团济柴动力总厂、宝鸡石油机械有限责任公司、长城电工天水电气传动研究所有限责任公司、中车永济电机有限公司、中国石油集团渤海钻探工程有限公司。

本部分主要起草人：戴海峰、许传国、俞晓艳、张国山、朱奇先、何小玉、王有云、屈普、刘健、涂志威。

石油钻机用电气设备规范 第4部分:辅助用电设备及井场电路

1 范围

GB/T 23507的本部分规定了石油钻机辅助用电设备、井场电路的术语定义、通用技术要求、辅助用电设备、井场电路、试验及标志、包装和贮运。

本部分适用于陆地、沙漠石油和天然气钻井用石油钻机的辅助用电设备及井场电路。

2 规范性引用文件

下列文件对于本文件的应用是必不可少的。凡是注日期的引用文件,仅注日期的版本适用于本文件。凡是不注日期的引用文件,其最新版本(包括所有的修改单)适用于本文件。

GB/T 156 标准电压

GB/T 762 标准电流等级

GB/T 3797 电气控制设备

GB 3836.1 爆炸性环境 第1部分:设备 通用要求

GB 3836.2 爆炸性环境 第2部分:由隔爆外壳"d"保护的设备

GB 3836.3 爆炸性环境 第3部分:由增安型"e"保护的设备

GB 3836.4 爆炸性环境 第4部分:由本质安全型"i"保护的设备

GB/T 3836.5 爆炸性气体环境用电气设备 第5部分:正压外壳型"p"

GB 3836.6 爆炸性气体环境用电气设备 第6部分:油浸型"o"

GB 3836.7 爆炸性气体环境用电气设备 第7部分:充砂型"q"

GB 3836.8 爆炸性环境 第8部分:由"n"型保护的设备

GB 3836.9 爆炸性环境 第9部分:由浇封型"m"保护的设备

GB 3836.15 爆炸性气体环境用电气设备 第15部分:危险场所电气安装(煤矿除外)

GB/T 3859.2 半导体变流器 通用要求和电网换相变流器 第1-2部分:应用导则

GB/T 4025 人机界面标志标识的基本和安全规则 指示器和操作器件的编码规则

GB/T 4205 人机界面标志标识的基本和安全规则 操作规则

GB/T 4208 外壳防护等级(IP代码)

GB/T 6995.2 电线电缆识别标志方法 第2部分:标准颜色

GB 14050 系统接地的型式及安全技术要求

GB/T 14315—2008 电力电缆导体用压接型铜、铝接线端子和连接管

GB/T 16895.6—2014 低压电气装置 第5-52部分:电气设备的选择和安装 布线系统

GB/T 23505 石油钻机和修井机

GB/T 23507.2—2017 石油钻机用电气设备规范 第2部分:控制系统

GB 50034 建筑照明设计标准(附条文说明)

GB 50057 建筑物防雷设计规范(附条文说明)

GB 50058—2014 爆炸危险环境电力装置设计规范(附条文说明)

GB/T 50065 交流电气装置的接地设计规范(附条文说明)
SY/T 10041 石油设施电气设备安装一级一类和二类区域划分的推荐作法

3 术语和定义

下列术语和定义适用于本文件。

3.1

辅助用电设备 auxiliary electrical equipment

石油井场除主电动机、控制系统，柴油发电机组、网电系统以外的电气设备。主要包括石油钻机井场内的钻井液循环罐、综合液压站、工具提升机、圆井泵、测斜绞车、倒绳机、水罐、油罐、气源净化装置、防喷器控制台、电磁涡流刹车、钻井废弃物处理设备、井口吊装设备、锅炉房、电焊机、井场工程用房及临时用电设备。

3.2

井场电路 electrical circuit of drilling field

井场配电装置(MCC)至辅助用电设备的动力、照明、控制及保护电路。主要由井场配电装置(MCC)、钻台动力/照明控制柜、防爆照明灯具、防爆开关箱、防爆控制器、防爆接插件、防爆分线盒、电缆、避雷系统、接地系统等组成。

4 通用技术要求

4.1 使用环境条件

4.1.1 工作环境温度：－20 ℃～＋50 ℃，存储环境温度：－40 ℃～＋50 ℃。

4.1.2 周围空气相对湿度：温度为＋25 ℃时，不大于 95％。

4.1.3 安装场地的海拔不应超过 1 000 m。若在海拔高于 1 000 m 的地方安装使用，应按照 GB/T 3859.2 的规定降容使用。

4.1.4 无明显摇动和冲击振动的地方。

4.1.5 污染等级：3 级。

4.2 供电电源

4.2.1 额定电压应为三相交流电压 400 V(600 V)或 480 V，单相交流电压 230 V 或 120 V。

4.2.2 额定频率应为 50 Hz 或 60 Hz。

4.2.3 系统接地的型式应为 TN-S 或 TT，按 GB 14050 的规定。

4.2.4 “市电”或“岸电”的交流电网质量按 GB/T 23507.2—2017 的规定。

4.2.5 自备电站电网质量按 GB/T 23507.2—2017 的规定。

4.3 绝缘强度

用 500 V 或 1 000 V 兆欧表测量不小于 2 MΩ。

4.4 接地电阻

接地电阻不大于 4 Ω。

5 辅助用电设备

5.1 技术要求

5.1.1 应按正常条件下选择辅助用电设备的额定电流、额定电压及型号，按短路情况下校验开关的开断能力、短路热稳定和动稳定。应符合：

——电气设备的额定电压不应低于所接电网的最高运行电压；

——电气设备的额定电流不小于该回路的最大持续工作电流或计算电流。

5.1.2 应考虑设备的安装地点、环境及工作条件，合理地选择设备的类型，如户内户外、海拔高度、环境温度及防尘、防腐、防爆等。

5.1.3 成套辅助用电设备应具有过载保护、失压保护功能。

5.2 井场危险区域内辅助用电设备的选型和安装

5.2.1 井场危险区域的划分应按 SY/T 10041 的规定。

5.2.2 井场危险区域的所有电气设备，应取得防爆安全认证，并具有 Ex 防爆标志。

5.2.3 应根据场所区域类型和设备保护级别（EPL）选型，达到安全性与经济性的统一，应符合 GB 3836.15 的规定。

5.2.4 用于 1 区爆炸性气体危险环境辅助用电设备，其防爆型式应不低于：

——GB 3836.2 规定的隔爆型外壳“d”；

——GB 3836.3 规定的增安型“e”（对于接线盒、单插脚荧光灯和小功率的异步电动机）；

——GB 3836.4 规定的本质安全型“i”；

——GB/T 3836.5 规定的正压外壳型“P”；

——GB 3836.6 规定的油浸型“o”；

——GB 3836.7 规定的充砂型“q”；

——GB 3836.9 规定的浇封型“m”。

用于 2 区爆炸性气体危险环境辅助用电设备，其防爆型式应不低于：

——1 区用设备；

——GB 3836.2 规定的增安型“e”；

——GB 3836.8 规定的“n”型电气设备。

例如：

——钻井液循环系统的灌注泵、剪切泵、加重泵、搅拌器、计量泵，油罐的油泵，强冷装置的水泵、冷却风机，井控远程控制台（BOP）应不低于“d”；

——电磁刹车电控箱、防爆开关箱、防爆控制器应不低于“d ”、“P ”；

——电缆引入装置应不低于“ e”；

——照明灯具、接插件应不低于“n”。

5.2.5 应根据场所中爆炸性气体或蒸气的引燃温度选择设备，对于石油钻机井场辅助用电设备的温度组别，应不低于 GB 3836.1 规定的 T3。

5.2.6 应根据场所中可能出现的爆炸性气体或蒸气的爆炸等级选择设备，对于石油钻机井场辅助用电设备的的防护等级，应不低于 GB/T 4208 规定的 IP54。

5.3 钻机主要辅助用电设备的配置

主要辅助用电设备应根据钻机的具体型号、功能进行配置。

示例：ZJ70DB钻机主要辅助用电设备，参见附录A。

6 井场电路

6.1 井场配电装置(MCC)

6.1.1 组成

井场配电装置由低压供电系统(进线柜、馈线柜、低压开关柜、电动机起动柜、电磁涡流刹车控制柜、接线端子、导线、电缆、接插件)及控制房等组成。

6.1.2 型号表示方法

井场配电装置按所配套的类别、钻机级别、特征、设计序号、是否含有发电机并机控制进行区分，型号为：

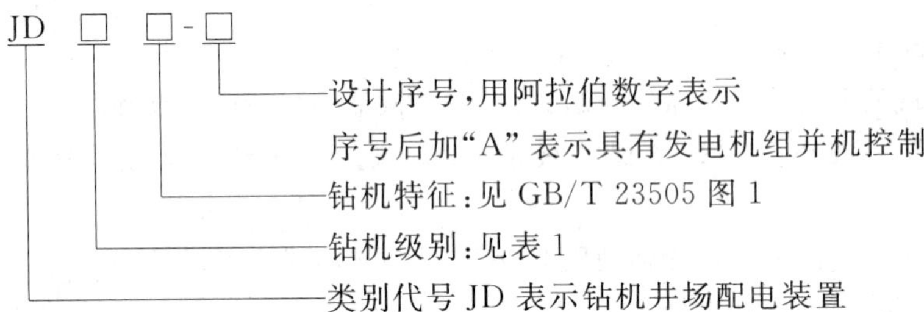

表1 规格代号

规格代号	10	15	20	30	40	50	70	90	120	150
钻机级别	10/600	15/900	20/1 350	30/1 800	40/2 250	50/3 150	70/4 550	90/6 750	120/9 000	150/11 250
注：钻机级别参见GB/T 23505。										

示例：陆地用7 000 m钻机的井场配电装置，设计序号2，具有发电机组并机控制，其型号表示为：JD70DB-2A。

6.1.3 额定参数

配电装置的额定电压应符合GB/T 156的规定。钻机发电机组的额定电压推荐为三相400 V(或480 V)。

配电装置的额定电流等级应符合GB/T 762的规定。

配电装置的额定频率为50 Hz(或60 Hz)。

配电装置的额定容量应符合钻机辅助用电设备的需求。

6.1.4 电气间隙与爬电距离

电气间隙与爬电距离应符合GB/T 23507.2—2017的规定。

6.1.5 绝缘电阻

绝缘电阻应符合GB/T 23507.2—2017的规定。

6.1.6 冲击耐受电压

冲击耐受电压应符合GB/T 23507.2—2017的规定。

6.1.7 工频耐受电压

工频耐受电压应符合 GB/T 23507.2—2017 的规定。

6.1.8 温升

温升应符合 GB/T 23507.2—2017 的规定。

6.1.9 接地

接地应符合 GB/T 23507.2—2017 的规定。

6.1.10 保护

保护应符合 GB/T 23507.2—2017 的规定。

6.1.11 低压配电系统

6.1.11.1 系统中的供电电源应具有独立性和可靠性。控制电源、辅助电源和照明电源应分开供电。

6.1.11.2 钻机的照明线路和移动用电设备(包括手持移动电动工具)的线路,应设置独立的漏电、过载和短路保护。允许设计成独立照明变压器供电。

6.1.11.3 MCC 的供电路数和每路的容量应根据钻机的工艺要求配置,并应留有备用。MCC 若采用抽屉式结构,同规格的抽屉应能互换。

6.1.11.4 30 kW 及以上的电动机应集中控制、两地操作;30 kW 以下的电动机及照明回路应分区供电,就近控制。

6.1.11.5 30 kW 以下及以下电动机允许直接起动。当电网容量较小时,应使用降压或软启动起动,允许用 1 台软起动控制器轮流起动多台电动机,一般情况下应不多于 3 台。

6.1.11.6 所有设备的控制装置应设置检修安全锁定机构。对重要控制设备的控制电路应设置急停按钮。对集中控制的电动机,控制电路应通过机械互锁来实现近控/远控的起、停控制。对分区控制的电动机,控制电路应能通过机械锁定实现就近起、停控制。重要控制对象的起、停信号,应具有显示和联锁功能。

6.1.11.7 地质录井宜单独配置 1 路净化电源。

6.1.12 电气柜(箱)、操作台

应符合 GB/T 23507.2—2017 的规定。

6.1.13 元器件的选择与安装

6.1.13.1 系统中所选用的导线颜色,应符合 GB/T 6995.2 的规定,用户有特殊要求时应提出。

6.1.13.2 系统中所选用的指示灯和按钮颜色,应符合 GB/T 4025 的规定。

6.1.13.3 系统中操作机构的运动方向,应符合 GB/T 4205 的规定。

6.1.13.4 操作和控制器件的安装高度应不高于操作者所站立的地面以上 2 m,并且不应低于 0.4 m。

6.1.14 导线、电缆的选择及其敷设

应符合 GB/T 23507.2—2017 的规定。

6.1.15 控制房

应符合 GB/T 23507.2—2017 的规定。

6.1.16 安装条件

应符合 GB/T 23507.2—2017 的规定。

6.2 动力线路

6.2.1 总则

MCC 至钻台、井架、钻井液循环系统、钻井废弃物处理装置、钻井泵、水罐、油罐、防喷器控制台、井场工程用房等区域内的辅助用电设备应采用铜芯电缆(以下简称电缆)连接。危险区域内的所有布线应符合 GB 50058—2014 中 5.4 的规定。

6.2.2 电缆的选择

6.2.2.1 任何一种的额定电压应不低于使用该电缆回路的标称电压。

6.2.2.2 绝缘材料的额定工作温度应至少比电缆安装场所可能存在或产生的最高环境温度高 10 ℃以上。

6.2.2.3 井场布线系统应选用耐气候和耐油、阻燃型且可承受较大机械外力的软电缆。导线横截面积最小为 1.0 mm^2。危险场所用软电缆应选用下列电缆:

——普通橡胶护套软电缆;

——普通氯丁护套软电缆;

——加厚橡胶护套软电缆;

——加厚氯丁护套软电缆。

6.2.2.4 对于承受强机械外力作用的手提或移动电气设备,例如:检修工作灯、驱蚊风扇、清洗机等应使用金属柔韧性铠装电缆或屏蔽电缆。

6.2.2.5 对于电压不超过 0.6/1 kV 的非铠装电缆,正常运行时任何导体电流持续期间承载的电流应不超过以下温度限值:聚氯乙烯(PVC)电缆 70 ℃,交联聚乙烯(XLPE)电缆及乙烯-丙烯复合物电缆 90 ℃,矿物(PVC 护套或紧靠的裸电缆)电缆 70 ℃,矿物(不紧靠的裸电缆)电缆 105 ℃。见 GB/T 16895.6—2014 中表 52.1 的规定。

6.2.2.6 60 ℃以上高温场所,应按经受高温及其持续时间和绝缘类型要求,选用耐热聚氯乙烯、交联聚乙烯或乙丙橡皮绝缘等耐热型电缆;100 ℃以上高温环境,应选用矿物绝缘电缆;−15 ℃以下低温环境,应按低温条件和绝缘类型要求,选用交联聚乙烯,聚乙烯绝缘、耐寒橡皮绝缘电缆。

6.2.2.7 电缆应能满足在低温条件下,最小弯曲内半径不小于电缆外径 8 倍,满足搬迁的要求。

6.2.3 电缆载流量计算

6.2.3.1 导线的载流量与导线截面、材料、结构、敷设方法以及环境温度等有关,应根据正常工作情况下,以电流持续期间产生的热效应为条件选择电缆,提供导体和绝缘的合理寿命。

6.2.3.2 电缆载流量按式(1)计算:

$$A = \frac{kA_R}{f} \qquad (1)$$

式中:

A ——电缆载流量,单位为安培(A);

A_R ——线路负载电流,单位为安培(A);

f ——不同空气环境温度下载流量校正系数,见表 2;

k ——防爆环境下安全系数,其值为 1.25。

表 2　不同空气环境温度下载流量校正系数

绝缘类型		聚氯乙烯(PVC)电缆	交联聚乙烯(XLPE)电缆及乙烯-丙烯复合物电缆	矿物(PVC护套或紧靠的裸电缆)	矿物(不紧靠的裸电缆)
温度限值/℃		70,导体	90,导体	70,护套	105,(见注1)
空气环境温度/℃	10	1.22	1.15	1.26	1.14
	15	1.17	1.12	1.20	1.11
	20	1.12	1.08	1.14	1.07
	25	1.06	1.04	1.07	1.04
	30	1.00	1.00	1.00	1.00
	35	0.94	0.96	0.93	0.96
	40	0.87	0.91	0.87	0.92
	45	0.79	0.87	0.85	0.88
	50	0.71	0.82	0.67	0.84
	55	0.61	0.76	0.57	0.80
	60	0.50	0.71	0.45	0.75
	65	—	0.65	—	0.70
	70	—	0.58	—	0.65
	75	—	0.50	—	0.60
	80	—	0.41	—	0.54
	85	—	—	—	0.47
	90	—	—	—	0.40
	95	—	—	—	0.32

注 1：对于矿物绝缘电缆,根据电缆的额定温度、电缆端头,环境条件及其他外界影响条件,允许采用较高的连续运行温度。

注 2：对于 6 根以上多芯电缆集中敷设时,在额定允许载流量下运行并且由于集中敷设阻碍了空气的自由流动,则应乘以 0.90 的校正系数。

示例:400 V,50 Hz,55 kW 电机的额定电流为 103 A,当空气环境温度 40 ℃,导体允许最高温度 70 ℃,选用聚氯乙烯(PVC)/铜芯电缆,安装于危险区域内,则线路电缆的计算载流量为:

$$A=\frac{kA_R}{f}=\frac{1.25\times 103}{0.87}=147.99(\mathrm{A})$$

查表 3,聚氯乙烯(PVC)/铜芯电缆,导体温度 70 ℃/环境温度:30 ℃时,50 mm² 铜芯电缆载流量 153 安培＞A,应选择电缆的标称截面积为 50 mm²。

表 3　线路修正后的电缆载流量

单位为安培

导体标称截面积/mm²	聚氯乙烯(PVC)/铜芯电缆,导体温度 70 ℃/环境温度:30 ℃		交联聚乙烯(XLPE)电缆及乙烯-丙烯复合物电缆,导体温度 90 ℃/环境温度:30 ℃		矿物绝缘(PVC)护套或紧靠的裸电,护套温度:70 ℃/环境温度:30 ℃		矿物绝缘(不紧靠的裸电缆),护套温度:105℃/环境温度:30 ℃	
500 V	单芯电缆	多芯电缆	单芯电缆	多芯电缆	单芯电缆	多芯电缆	单芯电缆	多芯电缆
1	—	—	—	—	23	16.5	29	21
1.5	—	—	—	—	29	21	37	26
2.5	—	—	—	—	39	28	49	35
4	—	—	—	—	51	37	64	46
750 V	单芯电缆	多芯电缆	单芯电缆	多芯电缆	单芯电缆	多芯电缆	单芯电缆	多芯电缆
1	—	—	—	—	25	17.5	32	22
1.5	—	18.5	—	23	32	22	40	28
2.5	—	25	—	32	43	30	54	38
4	—	34	—	42	56	40	70	50
6	—	43	—	54	71	51	89	64
10	—	60	—	75	95	69	120	87
16	—	80	—	100	125	92	157	115
25	146	101	182	127	162	120	204	150
35	181	126	226	157	197	147	248	184
50	219	153	275	192	242	182	304	228
70	281	196	353	246	294	223	370	279
95	341	238	430	298	351	267	440	335
120	396	276	500	346	401	308	501	385
150	456	319	577	399	455	352	566	441
185	521	364	661	456	508	399	629	500
240	504	430	781	538	564	466	703	584
300	709	497	902	620	—	—	—	—
400	852	—	1 085	—	—	—	—	—
500	982	—	1 253	—	—	—	—	—
630	1 138	—	1 454	—	—	—	—	—

6.2.3.3　电缆所能承受的最大负荷应根据要求的负荷以及电缆供电回路负荷变化系数和机械设备来计算。

6.2.3.4　电缆持续允许载流量的环境温度,应按使用地区的气象温度多年平均值确定。对于石油钻机井场,应按当地最热月份的日最高温度平均值确定。

6.2.3.5　电缆按 100%持续工作电流确定电缆导体允许最小截面,每根电缆“修正后的载流量”应不少于该电缆可能负载的最大电流。

6.2.3.6 石油钻机井场 TN-S 系统中电缆中性线、保护接地线截面应符合下列规定：

a) 气体放电灯为主要负荷的回路，中性线及保护接地线截面不应小于相芯线截面；

b) 除以上情况外，中性线及保护接地线截面不应小于50%的相芯线截面；

c) 接地保护导体(PE)的最小截面，应符合 GB/T 23507.2—2017 中表 8 的规定。

6.2.3.7 当电缆长度过长，不能满足负载端设备对电压降的要求时，可增大一个级别的电缆截面。

6.2.4 电缆敷设

6.2.4.1 电缆敷设之前应进行以下检查：

——产品合格证；

——电气安全认证标识；

——电缆外观应完好无损，不应存在变形、绝缘层老化及龟裂；

——电缆外护层应有明显规格标识和制造厂标识、执行标准、长度计量标尺及额定电压的连续标志；

——进行绝缘电阻测试或耐压试验，用 500 V 或 1 000 V 兆欧表测得线间及对地的绝缘电阻应不低于 10 MΩ。

6.2.4.2 电缆敷设后在未接线以前应对端口进行密封处理，防止受潮。

6.2.4.3 除安装在导线管内的电缆外，其他的电缆均应使用由合适的阻燃材料制成的并具有足够大表面积以及一定形状的线夹、骑马夹或扎带来固定，以使电缆能保持坚固而不损伤其保护层。相邻支承件之间的距离应按电缆类型和振动的可能性适当地加以选择，其间距不应大于 0.5 m。

6.2.4.4 电缆不应直接置于地面上，应安装在具有防护性能的电缆桥架上。电缆桥架应平整，接缝处应紧密平直，不应存在内壁毛刺和扭曲变形。电缆桥架内的动力电缆、通信电缆、控制电缆应分开布线，其间距不应小于 0.2 m。

6.2.4.5 危险区域内的电缆连接，应在相应的防爆接线箱(盒)或防爆分线箱(盒)及防爆接插件内连接或分路。

6.2.4.6 连接到钻台的电缆应敷设于可折叠的电缆桥架内。

6.2.4.7 危险区域的电缆终端应做防爆处理。

6.2.4.8 连接到危险区域内电气设备的电缆，应通过引入装置，电缆的引入装置应满足 GB 3836.1 的要求。引入装置包括但不限于：

——密封圈式引入装置；

——浇注固化填料式密封引入装置；

——金属密封环式引入装置。

6.2.5 连接

6.2.5.1 独立运输单元之间应采用防爆接插件连接，电源侧应连接插座孔，负载侧应连接插头针。不同电压、电流等级的线路应采用不同接插件，并应设有明显标识，以防止错误连接。插头及插座应能在振动或恶劣气候环境影响下，保持高安全标准、稳定支撑及无故障接触。插头插座应有锁紧装置保证负载情况下不能被拔出断开，应能实现无带电操作。

防爆接插件还应符合：

——插头插入时，接地或接零触头应先接通；插头拔出时，主触头应分断；

——插头应在开关处于分断位置时插入或拔脱，开关应在插头插入后再闭合；

——防止骤然拔脱的徐动装置应完好可靠，不得松脱。

6.2.5.2 防爆电气设备宜安装在金属制作的支架上，支架应牢固，有振动的电气设备的固定螺栓应有防松装置。

6.2.5.3　防爆电气设备接线盒内部的连接宜采用压接型O型铜接线端子、不应使用U型接线端子和叉型接线端子。进线口与电缆引入连接后，应保持电缆引入装置的完整性和弹性密封性，并应将压紧元件用工具拧紧，且进线口应保持密封。多余的进线口其弹性密封圈和金属垫片、封堵件等应齐全，且安装紧固，密封良好。

6.2.5.4　危险区域内的防爆开关箱、防爆启动器、防爆控制器件等应有电源及电压指示。

6.2.5.5　钻井液循环罐区的吸入罐宜安装可旋转的电缆桥架，用来联接MCC至固控区的电缆。

6.2.5.6　电缆与接线端子冷压接做成接头后，其机械与电气性能应符合GB/T 14315—2008的5.4中表9的规定。

6.2.5.7　控制电路应符合GB/T 23507.2—2017的规定。

6.3　照明线路

6.3.1　总则

6.3.1.1　照明线路宜集中在MCC内控制，应单独设有照明专用变压器供电。井控远程控制台(BOP)、井控专用探照灯应设专线控制，井场其他区域内的照明应分路控制。

6.3.1.2　照明线路应设置漏电断路器，漏电断路器的额定漏电动作电流不应大于30 mA，额定漏电动作时间不应大于0.1 s。

6.3.1.3　照明方式及照明种类应符合GB 50034的规定。

6.3.2　照度要求

井场各区域的照度值参见GB 50034的规定，其数值不应低于表4的数值。

表4　井场各区域的照度

序号	空间/区域	平均照度 lx	参考平面及其高度
1	钻台和底座周围	107	工作台面
2	梯部和逃生通道	161	工作台面
3	管排架	120	0.75 m水平面
4	消防泵区	180	0.75 m水平面
5	一般和公共区域	120	0.75 m水平面
6	电控房	430	0.75 m水平面
7	动力拖车上方	215	工作台面
8	电气工作间	238	0.75 m水平面
9	机械工作间	238	0.75 m水平面
10	储备间	180	0.75 m水平面
11	钻台	376	工作台面
12	司钻房和偏房	238	0.75 m水平面
13	二层台	215	工作台面
14	振动筛	323	0.75 m水平面

表 4（续）

序号	空间/区域	平均照度 lx	参考平面及其高度
15	循环罐上部	215	工作台面
16	泥浆实验室	323	地面
17	防喷器井口罩	376	地面
18	钻台下方	215	地面
19	其他设备和罐区	161	地面
20	泥浆泵区	215	地面
21	电缆槽附近	107	地面
22	设备仓	150	地面
23	配电间	200	0.75 m 水平面
24	变压器室	100	0.75 m 水平面
25	空压机房	150	地面

6.3.3 照明方式

6.3.3.1 井场各工作场所应设置一般照明。

6.3.3.2 井场同一场所内的不同区域有不同照度要求时，应采用分区一般照明。

6.3.3.3 对于作业面照度要求较高，只采用一般照明不合理的场所，宜采用混合照明。

6.3.3.4 在一个工作场所内不应采用局部照明。

6.3.3.5 当需要提高特定区或目标的照度时，宜采用重点照明。

6.3.4 照明种类

井场照明包括正常照明、应急照明和障碍照明：

——正常照明用于井架、钻台、井口和钻井液循环系统等区域；

——应急照明用于设备仓、井架二层台、钻台面、司钻房和偏房等确保正常工作继续进行的场所以及确保处于危险之中的人员安全疏散的出口和通道部位；

——应急照明可作为正常照明部分同时使用并具有单独的控制开关，当正常照明因故障停电，应急照明电源应在 5 s 内自动投入，应急照明维持时间应不少于 40 min；

——障碍照明用于钻机井架顶部和天车平台轮廓作为障碍标志。

6.3.5 光源

当灯具悬挂高度在 4 m 以下时，可采用荧光灯或 LED 灯；当灯具悬挂高度在 4 m 及以上时，可采用气体放电灯或 LED 灯。

6.3.6 照明数量

照明灯具的数量应根据井场设备布置的位置不同及 6.3.2 的规定确定。

示例：以 ZJ70DB 为例的照明灯具数量及分布参见附录 B。

6.3.7 安装要求

6.3.7.1 在危险区域内的灯具应配置防爆接插件，防爆接插件宜具备带电插拔功能，以便在不中断照明的情况下保养和维护，能在运移时安全方便的拆卸。

6.3.7.2 所有灯具应安装牢固的支架和防止坠落的耐锈蚀、耐气候材料的安全绳(链)。

6.3.7.3 钻台区照明线路：

a) 井架每节衔接处应安装防爆接插件，便于井架照明系统装配和拆卸，线路宜分路从井架两侧引入，灯具宜间隔安装；
b) 照明线路应采用穿线管(槽)等适当的防护措施；
c) 应在二层台、钻台面等位置预留备用防爆插座，便于移动照明设备的取电；
d) 所有的照明开关宜在钻台偏房的防爆照明控制柜内集中控制，电源进出线应通过防爆接插件连接，满足快速拆、装的要求。

6.4 保护线路

6.4.1 所有设备的金属壳体、金属构架、金属配线管及其配件、电缆保护管、电缆的金属护套等非带电的裸露金属部分均应重复接地，各结构件间应做等电位连接。

6.4.2 每台钻机应具有至少由两个分离的接地极或一组接地极所组成的接地网。在任何一个接地极断开的情况下，接地网与地之间的接地电阻不得大于 4 Ω。

6.4.3 下述设备的接地电缆截面积应不小于 70 mm^2：

——MCC 至钻台；
——井架底座与折叠桥架之间；
——发电机组、绞车、转盘、泥浆泵、顶驱；
——各房体之间、各罐体之间等大结构件。

6.4.4 下述设备的接地电缆截面积应不小于 50 mm^2：

——MCC 到固控区旋转桥架；
——旋转桥架至罐体；
——砂泵、剪切泵、灌注泵等主要大功率设备。

6.4.5 搅拌器、真空除气器等小功率设备的接地电缆截面积应不小于 6 mm^2。控制电缆及照明灯具的分支接地电缆的截面积应不小于 2.5 mm^2。

6.4.6 电缆桥架保护接地线敷设在桥架内一侧，接地处螺钉直径应不小于 ϕ10 mm；金属电缆桥架首端和末端均应与接地(PE)干线相连接。

6.4.7 用于连接外部保护导体的端子和电缆套的端子应是裸露的。应为每条电路的出线设置一个尺寸合适的单独接地端子或接地螺钉，接地端子或接地螺钉的尺寸应符合 GB/T 23507.2—2017 表 9 的规定，并有接地标识。

6.4.8 接地极和接地网，应符合 GB/T 50065 和 GB/T 23507.2—2017 的规定。

6.4.9 钻机井架、钻台和其他设施的防雷接地应符合 GB 50057 的规定。

6.4.10 钻机在钻井现场安装完毕及搬迁至新井位现场安装完毕后，应用测试设备对防雷装置的接地电阻进行检查测试。检测结果应符合 GB 50057 的规定。在连续钻井作业过程中，检查期限应为 1 年。检测点应包括：井架、发电房、控制房、值班房、钳工房、户外防爆配电柜、泥浆罐、泥浆罐配电箱、水罐、油罐等。

7 试验

7.1 试验分类

井场电路的电气试验可分为：

a) MCC的型式试验;
b) MCC的出厂试验;
c) 井场电路的总装试验。

7.2 型式试验

按GB/T 3797的规定执行。

7.3 出厂试验

按GB/T 3797的规定执行。

7.4 系统总装试验项目

系统总装试验应在井场或模拟井场安装完成后进行,其试验项目包括:
a) 配电装置的联锁、保护试验;
b) 配电装置的操作试验;
c) 井场电路的安装与接线检查;
d) 照明系统试验;
e) 电磁涡流刹车控制系统试验;
f) 辅助用电设备试验;
g) 用户要求的其他试验。

7.5 总装试验方法

7.5.1 配电装置的联锁、保护试验

检查、试验电源系统的联锁:所有不准许并网运行的电源开关之间,应可靠联锁,不能实现同时合闸。

检查、试验所有的运行指示灯、故障指示灯、报警声光信号,应指示正确无误。检查、试验紧急停车按钮的急停功能和由此发生的报警及紧急制动等功能。

检查所有配电回路的断路器、接触器、热继电器的参数配置是否与电机额定参数匹配,并根据电机额定参数对断路器及热继电器进行相应的参数整定。

7.5.2 配电装置操作试验

对MCC的每一条回路进行通电操作试验,每一台电动机都应能正常启、停,信号显示正确无误。当系统中配有软起动装置时,应对软起动器的控制参数进行整定。

7.5.3 井场电路的安装与接线检查

井场电路的安装、接线应按下列方法进行检查:
a) 在总装现场按GB/T 3797的规定进行检查。对于防爆电器产品还要检查防爆认证证书和Ex标志,以及防爆型式是否正确。
b) 检查总装现场的所有外接电缆和导线,应按照设计要求正确无误的连接。电缆的型号规格、标识、接插件及其标识应正确。
c) 检查线路的连接,电缆接头的连接应符合6.2.5的规定。
d) 测量各辅助用电设备及线路的绝缘强度,应符合4.3的规定,测量方法按GB/T 3797的规定。
e) 检查接地系统:

——检测井场电路的接地极应符合 GB/T 23507.2—2017 的规定(如果在总装试验现场不具备条件,本项检查允许改在钻井现场进行);

——检查井场电路的接地网的完整性,符合 6.4.2 的规定;

——测量整个接地系统的连续性,任何两个接地点之间的电阻值都应符合 GB/T 23507.2—2017 的规定值。

7.5.4 照明系统试验

井场电路的照明系统应进行下列试验:

a) 照明灯具应正常工作。

b) 测试应急照明灯具,当正常照明断电时,应急照明灯具应能自动投入工作,并保证应急照明时间不少于 40 min。

c) 测量各区域的照度值,应符合 6.3.2 的规定。

7.5.5 电磁涡流刹车控制系统试验

应符合 GB/T 23507.2—2017 的规定。

7.5.6 辅助用电设备系统试验

对各辅助用电设备进行启动、停止、运行的试验,应在井场或模拟井场进行,检查各辅助用电设备接线应正确无误,各紧固件应无松动,电机运转方向应正确无误,功能应正常。

7.5.7 用户要求的其他试验

用户要求的其他试验,根据协议要求进行或制造厂与用户双方协商进行。

8 标志、包装和贮运

8.1 井场配电装置的标志、包装、贮运应符合 GB/T 23507.2—2017 的规定。

8.2 井架、钻台、泥浆循环罐、钻井泵等区域的井场电路应随设备一起包装发运。

8.3 井场的接地网、接地极、照明灯具、MCC 到各区域的连接线以及随机备件等应装入包装箱发运。

8.4 地面电缆槽、井场照明灯架应打捆包装发运。

8.5 应有准确无误的包装清单及标识,以便安装现场的正确使用。

8.6 随机资料应符合 GB/T 23507.2—2017 的规定。

附　录　A
（资料性附录）
ZJ70DB钻机主要辅助用电设备

表A.1给出了ZJ70DB钻机的主要辅助用电设备。

表A.1　ZJ70DB钻机的主要辅助用电设备

序号	设备名称		功率/(kW/台)	单位	数量	备注
1	钻井液循环系统	振动筛	2.2	台	3	
		计量泵	11	台	1	
		真空除气器	18.5	台	1	
		除砂除泥一体机	4.0	台	1	
		除砂器	1.5	台	1	
		除泥器	1.5	台	1	
		除气器	1.5	台	1	
		中速离心机	45	台	1	
		高速离心机	60	台	1	
		钻井液搅拌器	15	台	10	
		钻井液搅拌器	7.5	台	3	
		药剂罐搅拌器	5.5	台	1	
		计量罐搅拌器	11	台	1	
		强冷水泵	11	台	2	
		冷却风机	7.5	台	1	
		螺旋输送机	7.5	台	1	
		悬臂吊	5.5	台	1	
		排污泵	5.5	台	4	
		除砂泵	55	台	1	
		除泥泵	55	台	1	
		剪切泵	55	台	1	
		混合泵	75	台	2	
		灌注泵	75	台	3	
		钻井废弃物处理装置	60	套	1	
2	工具提升机		7.5	台	1	
3	圆井泵		55	台	1	
4	综合液压站		55	台	1	
5	测斜绞车		5.5	台	1	
6	倒绳机		5.5	台	1	

表 A.1（续）

序号	设备名称	功率/(kW/台)	单位	数量	备注
7	水泵	7.5	台	1	
8	油泵	7.5	台	2	
9	消防泵	55	台	1	
10	地质录井	15	台	1	
11	气源净化装置	37.5	台	1	
12	防喷器控制台	37.5	台	1	
13	电磁涡流刹车	30	台	1	
14	照明灯具	20	套	1	
15	锅炉房	30	台	1	
16	电焊机	45	台	1	
17	应急电机/自动送钻	55	台	1	
18	营房	60	组	1	
19	临时用电设备		组	1	

附　录　B
（资料性附录）
ZJ70DB 钻机照明灯具数量及分布

表 B.1 给出了 ZJ70DB 钻机照明灯具数量及分布。

表 B.1　ZJ70DB 钻机照明灯具数量及分布

单位为只

分布区	防爆荧光灯(2×40 W)	防爆应急灯(2×40 W)	防爆泛光灯(400 W)	防爆障碍标志灯(24 W)
井架	20	4	4	2
钻台及底座	5	3	10	—
固控及泵区	29	4	7	—
油罐区	3	—	—	—
动力区	—	—	6	—
水罐区	2	—	—	—
井场其他区域	—	—	4	—
总计	59	11	31	2

注：表中分布区灯具数量不包括设备房内部的灯具的数量。

ICS 25.100.70
J 43

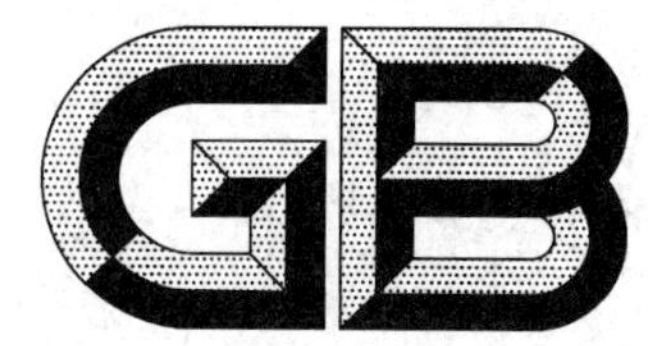

中华人民共和国国家标准

GB/T 23541—2017
代替 GB/T 23541—2009

固结磨具　磨钢球砂轮

Bonded abrasive products—Grinding wheel for steel balls

2017-12-29 发布　　2018-07-01 实施

中华人民共和国国家质量监督检验检疫总局
中国国家标准化管理委员会　发布

前　言

本标准按照 GB/T 1.1—2009 给出的规则起草。

本标准代替 GB/T 23541—2009《固结磨具　磨钢球砂轮》。与 GB/T 23541—2009 相比，主要技术变化如下：

——修改了适用范围(见第 1 章，2009 年版的第 1 章)；

——增加了规范性引用文件 GB/T 2484《固结磨具　一般要求》、GB/T 2485《固结磨具　技术条件》和 GB 2494《固结磨具　安全要求》(见第 2 章)；

——增加了树脂结合剂磨钢球砂轮的基本尺寸(见 3.2 表 2)及极限偏差(见 4.2 表 4)、形位公差(见 4.3)、硬度值及试验方法(见 5.2 和附录 A)；

——修改了陶瓷磨钢球砂轮的外观技术要求(见 4.4，2009 年版的 5.4)；

——修改了砂轮的标志(见 4.6，2009 年版的第 8 章)；

——修改了陶瓷磨钢球砂轮的硬度试验方法(见 5.2，2009 年版的 6.2)；

——增加了运输和贮存的要求(见第 7 章)。

本标准由中国机械工业联合会提出。

本标准由全国磨料磨具标准化技术委员会(SAC/TC 139)归口。

本标准起草单位：白鸽磨料磨具有限公司、淄博泰玉广奕磨具有限公司、扬州东方砂轮有限公司。

本标准主要起草人：李祥栋、陈德光、苏耐峰、金华、石毅、王学涛、常书明。

本标准所代替标准的历次版本发布情况为：

——GB/T 23541—2009。

固结磨具 磨钢球砂轮

1 范围

本标准规定了磨钢球砂轮的形状代号、尺寸、标记、技术要求、试验方法、检验规则、包装、运输和贮存。

本标准适用于陶瓷结合剂、树脂结合剂磨钢球砂轮(以下简称砂轮)。

2 规范性引用文件

下列文件对于本文件的应用是必不可少的。凡是注日期的引用文件,仅注日期的版本适用于本文件。凡是不注日期的引用文件,其最新版本(包括所有的修改单)适用于本文件。

GB/T 2476 普通磨料 代号

GB/T 2481.1 固结磨具用磨料 粒度组成的检测和标记 第1部分:粗磨粒F4~F220

GB/T 2481.2 固结磨具用磨料 粒度组成的检测和标记 第2部分:微粉

GB/T 2484 固结磨具 一般要求

GB/T 2485 固结磨具 技术条件

GB/T 2490 固结磨具 硬度检验

GB 2494 固结磨具 安全要求

GB/T 2495 固结磨具 包装

JB/T 7992 固结磨具 外观、尺寸和形位公差检测方法

JB/T 10450 固结磨具 检验规则

3 形状代号、尺寸和标记

3.1 砂轮形状代号为35型,见GB/T 2484。

3.2 砂轮的基本尺寸见表1和表2。

表1 陶瓷结合剂磨钢球砂轮基本尺寸

单位为毫米

外径 D	厚度 T	孔径 H
420	80	150
560,600,650,700	100	290
720	80,100	290
720	100	360
760	100	305
800	100	290,360,420,450
800	140	360
820	100	290

表 1（续）　　单位为毫米

外径 D	厚度 T	孔径 H
820	110,140	305
860	100	290
900	100	360
900	100,140	400
1 000	140	440

表 2　树脂结合剂磨钢球砂轮基本尺寸　　单位为毫米

外径 D	厚度 T	孔径 H
400	30,40,100,140	150
400	30,40,100,140	175
400	30,40,100,140	220
660	30,40,100,140	175
660	30,40,100,140	220
660	30,40,100,140	290
700,720	40,50,100,140	290
720	40,50,100,140	360
800	30,40,50,60,70,80,100,140	290,360,420,440,450,480
900	40,50,60,70,80,100,140	360,420,440,480

3.3　砂轮标记按 GB/T 2484 规定。

4　技术要求

4.1　磨料

磨料代号及粒度应符合 GB/T 2476 及 GB/T 2481.1、GB/T 2481.2 的规定。

4.2　基本尺寸极限偏差

砂轮基本尺寸的极限偏差见表 3、表 4。

表 3　陶瓷结合剂磨钢球砂轮基本尺寸的极限偏差　　单位为毫米

尺寸	外径 D	厚度 T	孔径 H
极限偏差	±6	±4	$^{+6}_{-4}$

表 4　树脂结合剂磨钢球砂轮基本尺寸的极限偏差

单位为毫米

尺寸	尺寸范围	极限偏差
外径 D	400～750	±2
	＞750～900	±3
厚度 T	30～50	$^{+2.0}_{-1.0}$
	＞50～80	$^{+3.0}_{-1.0}$
	＞80～140	±3.0
孔径 H	全部	±2.0

4.3　形位公差

砂轮的形位公差见表 5。

表 5　磨钢球砂轮的形位公差

单位为毫米

类别	平行度	平面度
陶瓷结合剂磨钢球砂轮	1.0	0.5
树脂结合剂磨钢球砂轮	0.6	

4.4　外观

砂轮不得有夹杂、起层、裂纹。

4.5　硬度

陶瓷结合剂磨钢球砂轮应进行硬度的符合性和均匀性检验，喷砂硬度坑深值不大于 0.6 mm，硬度均匀性不大于 0.15 mm。树脂结合剂磨钢球砂轮应进行硬度的均匀性检验，均匀性不大于 3 HRC。

4.6　标志

砂轮的标志应符合 GB/T 2485 规定，工作面应进行标识。

5　试验方法

5.1　砂轮基本尺寸的极限偏差、形位公差、外观和标志按 JB/T 7992 规定进行检验。

5.2　陶瓷结合剂磨钢球砂轮硬度按 GB/T 2490 规定进行，用 28 cm^3 砂室进行检验，每点做 3 次喷砂硬度检测，以第 3 次检测值为最终硬度值。砂轮硬度均匀性为两点硬度值差值的绝对值。树脂结合剂磨钢球砂轮硬度采用便携式里氏硬度计进行检测，具体方法见附录 A 规定。

6　检验规则

6.1　砂轮应按本标准技术要求进行出厂检验。

6.2 不合格分类及项目按表 6 的规定。

6.3 抽样方案、判别水平及批质量判定按 JB/T 10450 的规定。

表 6 不合格分类及项目

不合格分类	项目
B 类不合格	夹杂、起层、裂纹、平行度、平面度、硬度、标志
C 类不合格	外径、厚度、孔径

7 包装、运输和贮存

7.1 砂轮的包装、运输应符合 GB/T 2495 的规定。

7.2 砂轮的贮存应符合 GB 2494 的规定。

附 录 A
（规范性附录）
树脂结合剂磨钢球砂轮硬度检验方法

A.1 检验仪器

便携式里氏硬度计。

A.2 仪器校验要求

检验前应使用相应的标准硬度块对便携式里氏硬度计进行校验，其示值误差及重复性不大于表 A.1 规定。

表 A.1 里氏硬度计的示值误差及重复性

冲击装置类型	里氏硬度值	示值误差	重复性
D 型	490～830 HLD	±12 HLD	12 HLD
DC 型	490～830 HLDC	±12 HLDC	12 HLDC
G 型	460～630 HLG	±12 HLG	12 HLG
C 型	550～890 HLC	±12 HLC	12 HLC

A.3 检验程序

A.3.1 开启便携式里氏硬度计，将冲击装置导线插入冲击装置插口。
A.3.2 根据测量需要调节硬度制显示（例如，HRC：洛氏 C 硬度），调节冲击方向“↓”（垂直向下），调节材料代号显示“1”（钢和铸铁）。
A.3.3 向下推动冲击装置的加载套或其他方式锁住冲击体。
A.3.4 将冲击装置支撑环紧压在试样表面上，冲击方向应与试验面垂直。
A.3.5 平稳地按动冲击装置释放按钮。
A.3.6 读取硬度示值。

A.4 检验要求

A.4.1 树脂结合剂磨钢球砂轮试验表面需进行加工处理，要求平整光滑。
A.4.2 砂轮平整摆放，支撑面固定牢固，不得晃动。
A.4.3 测量时，在砂轮环宽 1/2 处相互垂直测 4 处，读取示值为硬度值。
A.4.4 砂轮硬度均匀性为四处硬度值中最大值和最小值的差值。

ICS 71.100.40
G 75

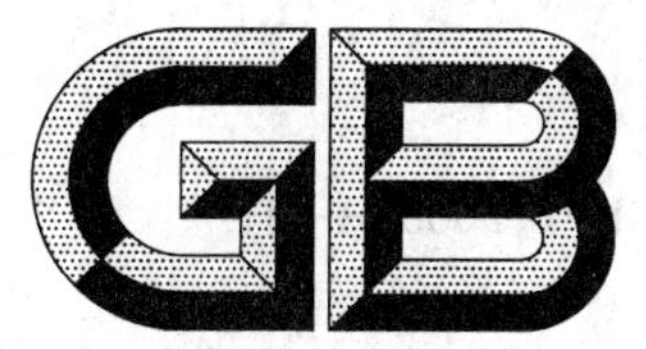

中华人民共和国国家标准

GB/T 23592—2017
代替 GB/T 23592—2009

摩托车排气净化催化剂

Catalysts for motorcycle exhaust purification

2017-09-29 发布　　2018-04-01 实施

中华人民共和国国家质量监督检验检疫总局
中国国家标准化管理委员会　发布

前　言

本标准按照 GB/T 1.1—2009 给出的规则起草。

本标准代替 GB/T 23592—2009《摩托车排气净化催化剂》。

本标准与 GB/T 23592—2009 相比，除编辑性修改外主要技术变化如下：

——修改了涂层脱落率的定义(见 3.5)；

——修改了产品分类表 1 中孔密度的数值(见第 4 章)；

——增加了外观质量缺陷的说明(见 5.1)；

——修改了产品涂层脱落率的数值(见 5.3)；

——修改了新鲜催化剂的配气性能转化率、起燃温度要求，提高了空速要求的条件(见 5.4)；

——增加了催化剂热振动试验的要求(见 5.6、6.6)；

——修改了取样的规定(见 7.4)。

本标准由全国稀土标准化技术委员会(SAC/TC 229)提出并归口。

本标准起草单位：昆明贵研催化剂有限责任公司、中自环保科技股份有限公司、有色金属技术经济研究院。

本标准主要起草人：刘沁曦、桓源峰、郑婷婷、袁新波、刘祝东、王庆华、高兰、王金凤。

本标准所代替标准的历次版本发布情况为：

——GB/T 23592—2009。

摩托车排气净化催化剂

1 范围

本标准规定了摩托车排气净化催化剂的要求、试验方法、检验规则、标志、包装、运输、贮存和质量证明书。

本标准适用于以金属蜂窝载体作为基体并负载稀土、贵金属或其他金属等活性组分的摩托车排气净化催化剂产品。

2 规范性引用文件

下列文件对于本文件的应用是必不可少的。凡是注日期的引用文件，仅注日期的版本适用于本文件。凡是不注日期的引用文件，其最新版本(包括所有的修改单)适用于本文件。

GB/T 2828.1 计数抽样检验程序 第1部分：按接收质量限(AQL)检索的逐批检验抽样计划

GB/T 5181 汽车排放术语和定义

GB/T 8170 数值修约规则与极限数值的表示和判定

GB 14622 摩托车排气污染物排放限值及测量方法(工况法，中国第Ⅲ、Ⅳ阶段)

GB/T 17803 稀土产品牌号表示方法

QC/T 752 摩托车和轻便摩托车催化转化器通用技术条件

XB/T 505 汽油车排气净化催化剂载体

3 术语和定义

GB/T 5181 界定的以及下列术语和定义适用于本文件。

3.1

摩托车排气净化催化剂 catalyst for motorcycle exhaust purification

安装在摩托车排气系统中用于降低污染物排放的催化转化单元，其主要作用是通过催化氧化还原反应降低摩托车排放污染物[一氧化碳(CO)、碳氢化合物(HC)和氮氧化物(NO_X)]的排放量。

3.2

催化剂转化效率 catalyst conversion efficiency

在规定工况下，催化剂入口与出口污染物浓度的变化率，按式(1)计算：

$$\eta=\frac{i_1-i_2}{i_1}\times 100\% \qquad \cdots\cdots(1)$$

式中：

η ——转化效率，%；

i_1——转化器入口污染物的浓度数值，代表污染物 CO、CH_4、NO_X；

i_2——转化器出口污染物的浓度数值，代表污染物 CO、CH_4、NO_X。

3.3

起燃温度 light-off temperature

催化剂在特定空速下对某一污染物的催化转化效率达到50%时所对应的催化剂入口气体温度。用符号 $T_{50(i)}$ 表示，“T”为摄氏温度(℃)，“i”分别代表污染物 CO、CH_4、NO_X。

3.4

空速　space velocity

排气在标准温度(25 ℃)和标准压力(100 kPa)状态下的容积流量(L/h)除以催化剂载体容积(L)所得数值,单位为 h^{-1}。

3.5

涂层脱落率　coating weight loss ratio

摩托车催化剂放入水中,利用超声振动模拟实际应用振动条件下,对摩托车催化剂的涂层牢固性进行损伤,造成一定涂层脱落,脱落率等于涂层脱落质量与初始涂层质量之比,按式(2)计算:

$$\mu=\frac{M_1-M_2}{M_0}\times 100\% \quad \cdots\cdots(2)$$

式中:

μ ——脱落率,%;

M_1——测试前的样品质量,单位为克(g);

M_2——测试后的样品质量,单位为克(g);

M_0——催化剂中的涂层质量,单位为克(g)。

4　产品分类

同一型式的催化剂应采用相同的载体结构和材料,相同的载体容积、外形尺寸和孔密度,相同的催化剂活性组分总含量及其比例。产品分类见表 1。产品牌号应符合 GB/T 17803 的规定。需方有特殊要求时,由供需双方协商确定。

表 1　产品分类表

产品牌号		CAT-02/04
形状		圆柱体
规格	截面尺寸/mm	ϕ25～ϕ110
	高度/mm	10～150
孔密度/(孔/cm^2)		31、62……

5　要求

5.1　外观质量

外观质量应符合图纸要求,图纸无要求的不能出现下表 2 所列的缺陷,外观质量出现以下缺陷时,由供需双方协商确定。

表 2　外观质量缺陷

序号	外观缺陷名称	说明
1	外观色泽不均匀	同批催化剂的载体和涂层料颜色没有明显的差异
2	锈蚀	催化剂载体无明显金属锈蚀存在
3	变形	催化剂载体无碰撞和挤压导致的金属外壳变形和金属网格扭曲
4	漏涂	催化剂金属网格内没有涂层材料漏涂的现象
5	片状堵孔	催化剂金属网格内无连续两个以上堵孔

5.2 尺寸偏差

截面尺寸、高度、孔密度偏差由供需双方协商确定。

5.3 涂层脱落率

催化剂的产品涂层脱落率 $\mu \leqslant 6\%$。

5.4 催化性能

产品配气催化性能检测结果应在空速为 80 000 $h^{-1} \pm 1\ 500\ h^{-1}$的条件下进行测定,并符合表 3 的规定。

表 3 产品配气催化性能检测结果要求

催化剂转化效率			起燃温度		
CO≥90%	HC≥90%	NO_X≥90%	$T_{50(CO)} \leqslant 210$ ℃	$T_{50(HC)} \leqslant 240$ ℃	$T_{50(NO_X)} \leqslant 230$ ℃

5.5 整车催化性能和耐久性

产品整车催化性能和耐久性应符合 GB 14622 中的规定。

5.6 热振动性能

产品热振动性能应符合 QC/T 752 中的规定。

6 试验方法

6.1 外观质量

采用目视检测。

6.2 尺寸偏差

按 XB/T 505 中的规定进行。

6.3 涂层脱落率

按 QC/T 752 中的规定进行。

6.4 催化配气性能

按 QC/T 752 中的规定进行。

6.5 产品整车性能和耐久性

应符合 GB 14622 中的规定。

6.6 热振动性能

按 QC/T 752 中的规定进行。

6.7 数值修约

按 GB/T 8170 中的规定进行。

7 检验规则

7.1 检查和验收

7.1.1 产品应由供方质量技术监督部门进行检验，保证产品质量符合本标准的规定，并填写质量证明书。

7.1.2 需方应对收到的产品按本标准的规定进行检验，如检验结果与本标准的规定不符时，应在收到产品之日起的 3 个月内向供方提出，并由供需双方协商解决。如需仲裁，仲裁取样由双方在需方处共同取样。

7.2 组批

产品应成批提交检验，每批应由同一牌号、同一生产工艺、同一规格、同一批号的产品组成。

7.3 检验项目

每批产品出厂前应进行外观质量、尺寸偏差、涂层脱落率和新鲜样品催化性能的配气检验。催化剂热振动试验的检验由供需双方根据生产情况协商确定，供方应以工艺保证产品可达到本标准的质量要求，如用户要求按批做这些性能的出厂检测，应在合同中明确。产品整车性能和耐久性按照型式认证，在产品开发时，测试一次即可，产品批量生产时，不再做重复认证。

7.4 取样

产品取样应符合表 4 的规定。

表 4 产品取样

检验项目	取样规定	合格质量水平 AQL	检查水平 IL	要求的章条号	试验方法的章条号
外观质量	逐件检验	—	—	5.1	6.1
尺寸偏差	按 GB/T 2828.1 中的规定	4.0	S-2	5.2	6.2
涂层脱落率	N=2，批[a] 生产量≤10 000 件； N=3，批生产量＞10 000 件	—	—	5.3	6.3
配气催化性能	N=1，批[a] 生产量≤10 000 件； N=2，批生产量＞10 000 件	—	—	5.4	6.4
产品整车性能和耐久性	1 套/型式认证	—	—	5.5	6.5
热振动性能	N=1，批[a] 生产量≤10 000 件； N=2，批生产量＞10 000 件。或由供需双方根据生产情况协商确定	—	—	5.6	6.6
注：N 表示取样数量(件/批)。					
[a] 每批指单批数量＞500 件，单批不足 500 件，可多批累计 500 件。					

7.5 检验结果判定

7.5.1 外观不符合本标准规定时，判该件产品为不合格，但允许逐件检验，合格件交货。

7.5.2 尺寸偏差不合格时，应按 GB/T 2828.1 中规定的抽样方案进行不合格项目的重复检验，如仍有不合格项，则判该批产品为不合格。

7.5.3 涂层脱落率、配气催化性能、热振动性能不合格时，取双倍试样进行不合格项目的重复检验，若仍有不合格项，则判该批产品为不合格。

8 标志、包装、运输、贮存和质量证明书

8.1 标志、包装

8.1.1 标志

产品包装箱上应打印上：

a) 供方名称；
b) 供方地址；
c) 产品名称；
d) 产品规格；
e) 批号；
f) 数量；
g) 出厂日期；
h) 防水、防酸、防压、防摔等标志。

8.1.2 包装

包装箱设计应考虑产品防水、防碰撞，保证产品在运输中不受损伤。

8.2 运输

运输途中不应强烈震动，防止水或其他液体渗入。

8.3 贮存

产品应装箱贮存于通风、干燥、无腐蚀的仓库内，并定期检查。

8.4 质量证明书

每批产品应附有产品质量证明书，注明：

a) 供方名称、地址、售后服务电话；
b) 产品名称；
c) 产品牌号；
d) 规格；
e) 生产批号；
f) 件数；
g) 质量技术监督部门印记；
h) 本标准编号；
i) 出厂日期(或包装日期)。

ICS 25.220.01
H 61

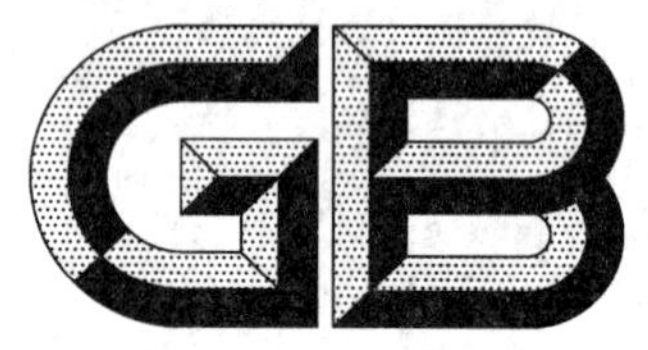

中华人民共和国国家标准

GB/T 23612—2017
代替 GB/T 23612—2009

铝合金建筑型材阳极氧化与阳极氧化电泳涂漆工艺技术规范

Technical specification for process of anodizing and electrodeposition painting on aluminium alloy extruded profiles for architecture

2017-07-12 发布　　2018-04-01 实施

中华人民共和国国家质量监督检验检疫总局
中国国家标准化管理委员会　发布

前　言

本标准按照 GB/T 1.1—2009 给出的规则起草。

本标准代替 GB/T 23612—2009《铝合金建筑型材阳极氧化与阳极氧化电泳涂漆工艺技术规范》。本标准与 GB/T 23612—2009 相比，除编辑性修改外主要技术变化如下：

——将典型工艺流程图移至设备要求之前(见第 4 章，2009 年版的 6.1.5)；

——阳极氧化典型工艺流程图(图 1)中，在中和与染色之间增加一道水洗工序，在封孔与冷封孔后处理之间增加一道水洗工序，不需电解着色的工艺由阳极氧化工序直接连接到电解着色后的水洗 1 改为由阳极氧化工序后的水洗 2 直接连接到封孔工序(见第 4 章，2009 年版的 6.1.5)；

——阳极氧化电泳涂漆典型工艺流程图(图 2)中，不需电解着色的工艺由阳极氧化工序直接连接到电解着色后的水洗 1，改为由阳极氧化工序后的水洗 2 直接连接到电泳涂漆前的热水洗(见第 4 章，2009 年版的 6.1.5)；

——增加了处理槽类型(见 5.1.1.1)；

——修改了处理槽材料的规定(见 5.1.1.2，2009 年版的 4.1.1.1)；

——修改了阳极氧化电解液搅拌设备的要求(见 5.1.3，2009 年版的 4.1.3)；

——修改了阳极氧化电源的要求(见 5.1.5.2，2009 年版的 4.1.5.2)；

——增加了阳极氧化电源装置故障自动检测和保护系统的要求(见 5.1.5.3)；

——修改了应安装回收装置的工序(见 5.1.6.1，2009 年版的 4.1.6.1)；

——修改了可回收工序推荐安装的回收装置(见 5.1.6.2，2009 年版的 4.1.6.2)；

——修改了废水处理设备应配备装置的规定(见 5.1.6.3，2009 年版的 4.1.6.3)；

——增加了铝质挂具横截面积的要求(见 5.1.7.2)；

——修改了挂具设计要求(见 5.1.7.3，2009 年版的 4.1.7.2)；

——修改了固化炉的要求(见 5.1.8，2009 年版的 4.1.8)；

——修改了导电阴极板适合的材料要求(见 5.1.9.1，2009 年版，4.1.9.1)；

——修改了车间空气净化装置的规定(见 5.1.10，2009 年版的 4.1.10)；

——修改了表 1 中"耐磨性"检验项目所使用的检验设备(见 5.2，2009 年版的 4.2)；

——增加了水洗槽宜考虑水的循环利用的要求(见 7.1.4)；

——增加了阳极氧化处理前，水洗处理要求(见 7.1.5)；

——增加了阳极氧化处理后，水洗处理要求(见 7.1.6)；

——增加了含镍废水中的 Ni^{2+} 处理的规定(见 7.1.8)；

——修改了表 2 中部分工艺参数(见 7.1.8，2009 年版的 6.1.5)；

——增加了去灰溶液不宜含氟离子、六价铬离子及其他有害重金属离子的规定(见 7.2.3.3)；

——增加了"电解着色处理工艺宜采用配有镍回收装置的单镍盐着色处理工艺"的规定(见 7.4.2)；

——增加了"封孔工艺宜从含镍含氟的冷封孔工艺或中温封孔工艺逐步发展成为无镍无氟的冷封孔工艺或中温封孔工艺，也可发展成为热封孔工艺"的规定(见 7.5.1.2)；

——修改了中温封孔工艺的规定(见 7.5.3，2009 年版的 6.5.3)；

——修改了固体分过高对漆膜影响的规定(见 7.6.2，2009 年版的 6.6.1)；

——修改了电泳电压对漆膜影响的规定(见 7.6.5，2009 年版的 6.6.4)；

——修改了阳阴极面积之比不合适时的影响(见 7.6.7，2009 年版的 6.6.6)。

本标准由中国有色金属工业协会提出。

本标准由全国有色金属标准化技术委员会(SAC/TC 243)归口。

本标准起草单位：广东坚美铝型材厂(集团)有限公司、精细化学品集团有限公司、有色金属技术经济研究院、天津开发区艾隆化工科技有限公司、广东豪美铝业股份有限公司、广东凤铝铝业有限公司、福建省闽发铝业股份有限公司、福建省南平铝业股份有限公司、广东兴发铝业有限公司、广东新合铝业新兴有限公司、佛山市南海华豪铝型材有限公司、广东华昌铝厂有限公司。

本标准主要起草人：戴悦星、金洪海、葛立新、史宏伟、项胜前、陈慧、朱耀辉、谢志军、陈文泗、乡文华、朱水明、唐性宇。

本标准所代替标准的历次版本发布情况为：

——GB/T 23612—2009。

铝合金建筑型材阳极氧化与阳极氧化电泳涂漆工艺技术规范

1 范围

本标准规定了铝合金建筑型材阳极氧化与阳极氧化电泳涂漆工艺技术规范的术语和定义、典型工艺流程图、设备要求、基材质量要求、生产工艺要求、工艺参数控制和产品质量控制。

本标准适用于铝合金建筑型材表面经阳极氧化或阳极氧化电泳涂漆(水溶性清漆或色漆)处理的生产工艺。

2 规范性引用文件

下列文件对于本文件的应用是必不可少的。凡是注日期的引用文件，仅注日期的版本适用于本文件。凡是不注日期的引用文件，其最新版本(包括所有的修改单)适用于本文件。

GB/T 4957 非磁性基体金属上非导电覆盖层 覆盖层厚度测量 涡流方法

GB/T 5237.1 铝合金建筑型材 第1部分：基材

GB/T 5237.2 铝合金建筑型材 第2部分：阳极氧化型材

GB/T 5237.3 铝合金建筑型材 第3部分：电泳涂漆型材

GB/T 8005.3 铝及铝合金术语 第3部分：表面处理术语

GB/T 9286 色漆和清漆 漆膜的划格试验

3 术语和定义

GB/T 8005.3 中界定的术语和定义适用于本文件。

4 典型工艺流程图

阳极氧化典型工艺流程图如图1所示，阳极氧化电泳涂漆典型工艺流程图如图2所示。

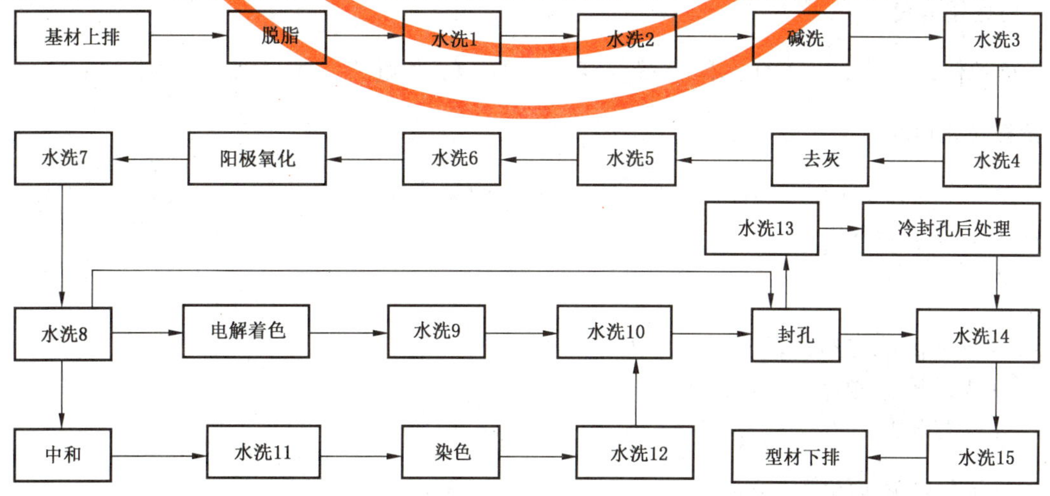

图1 阳极氧化典型工艺流程图

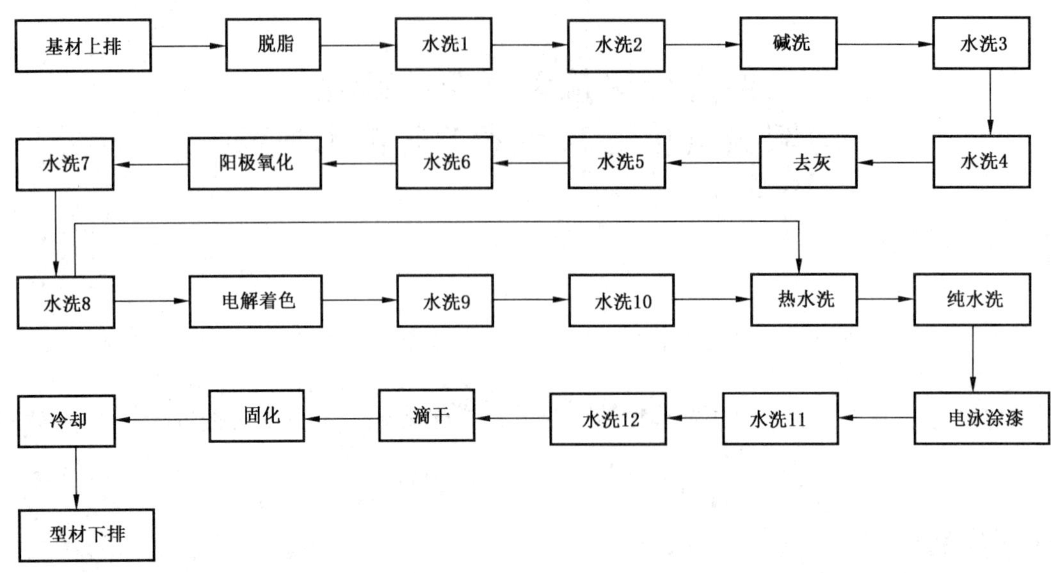

图2　阳极氧化电泳涂漆典型工艺流程图

5　设备要求

5.1　生产设备

5.1.1　处理槽

5.1.1.1　处理槽类型

处理槽包括预处理槽(包括脱脂槽、碱洗槽、去灰槽)、阳极氧化槽、电解着色槽、中和槽、染色槽、封孔槽、冷封孔后处理槽、电泳涂漆槽及水洗槽等。

5.1.1.2　处理槽材料和布局

处理槽所采用的内衬材料应不被槽液腐蚀,并且不应污染槽液。处理槽的布局应合理,避免槽液受到污染。

5.1.1.3　处理槽容量

处理槽的体积应满足生产的要求,并确保满足工艺参数(如电流密度、温度等)要求。

5.1.2　阳极氧化电解液的冷却设备

冷却设备应能够吸收在电解过程中所产生的热量,确保符合工艺温度要求。正常生产情况下,设备冷却能力宜达到式(1)的要求:

$$K = 0.003\,6 \times I \times (V + 3) \qquad \cdots\cdots(1)$$

式中:

K ——冷却能力,单位为焦耳每小时(J/h);

I ——最大电流,单位为安培(A);

V ——最大电压,单位为伏特(V)。

5.1.3　阳极氧化电解液的搅拌设备

阳极氧化电解液应进行适当的搅拌,达到散热的效果,确保电解液温度保持均匀稳定。搅拌方式一般采用罗茨风机空气搅拌、循环泵搅拌或同时采用罗茨风机空气搅拌和循环泵搅拌。采用空气搅拌时，搅拌用空气应无油，每平方米电解液表面积空气搅拌量应不小于 5 m^3/h，宜为 12 m^3/h。采用循环泵搅拌时，循环系统的循环能力应为每小时循环 2.5～4.0 倍电解液体积。

5.1.4 加热设备

为了保证槽液的生产温度达到工艺要求，对于需要加热的处理槽应安装加热设备，并要求加热设备的加热能力能够确保槽液温度控制在工艺要求范围内。

5.1.5 供电设备

5.1.5.1 供电设备应满足生产要求。供电设备应安装相应的电压表和电流表，其中电压表的最小刻度值应不大于标称值的 2%，电流表的最小刻度值应不大于标称值的 5%，并且电压表和电流表需要按规定的检定周期进行检定，其准确度等级应达到 1.5 级。

5.1.5.2 阳极氧化电源一般采用直流(DC)氧化电源。通常，工业上采用可控硅(SCR)控制或滑动电刷自动变压器控制的整流器提供直流电，从阳极氧化电源到槽边母排之间的电压降应不大于 0.3 V，阳极横梁与导电座的导电接触处温升应不大于 30 ℃。

5.1.5.3 阳极氧化电源装置应具备过流、缺相、输出短路、设备超温等故障自动检测和保护系统以确保设备的安全运行。

5.1.5.4 电泳涂漆的直流电源装置应具备过流、缺相、输出短路、设备超温等故障自动检测和保护系统以确保设备的安全运行，纹波系数应小于 5%。

5.1.6 回收装置及废水处理装置

5.1.6.1 电泳涂漆工序和单镍盐着色工序应安装回收装置。

5.1.6.2 阳极氧化预处理工序、阳极氧化工序等，可进行回收的工序宜安装回收装置(如硫酸回收装置、碱回收装置及水二次利用装置等)。

5.1.6.3 当废水是在生产企业处理时，阳极氧化型材生产企业应配备相应的废水处理设备(如酸碱中和、絮凝、沉降及压滤等处理装置)，阳极氧化电泳涂漆型材生产企业还应具备 COD 处理装置(如用臭氧或生物藻去除 COD)。

5.1.7 挂具

5.1.7.1 挂具应导电良好，确保工作电流良好而均匀的传导到每一支铝合金建筑型材上。

5.1.7.2 浸入阳极氧化槽液内的铝质挂具横截面积应足够大，确保正常运行时，铝质挂具的电流密度应不大于 5 A/mm^2。

5.1.7.3 挂具设计时应考虑避免槽液间的交叉污染。

5.1.8 固化炉

5.1.8.1 固化炉应安装温度控制仪，温度控制仪应可直接显示炉内的温度数据。固化炉的加热区应安装超温报警系统。

5.1.8.2 正常运行情况下，固化炉的温差不宜高于 20 ℃。

5.1.8.3 固化炉的工作温度范围应满足涂料固化温度要求。

5.1.9 导电阴极板

5.1.9.1 导电阴极板应选择合适的材料，如阳极氧化阴极板可选用纯铝板、电解着色阴极板可选用纯镍板或不锈钢板、电泳阴极板可选用不锈钢板等。

5.1.9.2 导电阴极板表面积与设计处理型材面积和整流器额定处理能力相匹配。

5.1.9.3 导电阴极板排布合理,以确保电流分布均匀。

5.1.9.4 阳极氧化及电泳阴极板应配置极罩。

5.1.10 车间空气净化装置

预处理工序、阳极氧化处理工序、电泳涂漆工序和固化处理工序等区域宜安装抽风与净化设施,保证车间内部环境及避免污染大气。

5.2 检测设备

根据检验项目不同分为日常检验用仪器、设备和定期检验用仪器、设备,具体如表1所示。

表1 日常检验用仪器、设备和定期检验用仪器、设备

仪器、设备分类	检验项目	分析仪器、检验设备	备注
日常检验用仪器、设备	槽液分析	分析天平、恒温干燥箱、酸式滴定管、碱式滴定管、移液管和容量瓶、酸度计、离子计和电导仪等	分析天平最小读数为0.000 1 g
	膜厚	涡流测厚仪	1. 涡流测厚仪的测量范围应不小于涂层厚度范围; 2. 涡流测厚仪的准确度要求应达到GB/T 4957的规定
	封孔质量	恒温水浴锅或恒温箱、分析天平、恒温干燥箱	恒温干燥箱、恒温水浴锅或恒温箱的控温灵敏度应为±1 ℃
	漆膜硬度	高级绘图铅笔	此为阳极氧化电泳涂漆工厂必备的检测设备,仅有阳极氧化处理的工厂不必具备
	漆膜附着性	划格器、粘胶带	1. 划格器、粘胶带应符合GB/T 9286的规定,其中划格器刀刃间隔为1 mm; 2. 划格器为阳极氧化电泳涂漆工厂必备的检测设备,仅有阳极氧化处理的工厂不必具备划格器
定期检验用仪器、设备	耐候性	荧光紫外灯人工加速耐候仪和(或)氙灯人工加速耐候仪	—
	耐磨性	落砂试验仪或喷磨试验仪	—
	耐盐雾腐蚀性	盐雾试验箱	—
	固化炉温度曲线	炉温追踪仪	1. 炉温追踪仪的测量范围应大于涂料的固化温度范围; 2. 炉温追踪仪一般至少需要四条测温线,其中一条测空气温度,另外三条测量炉内上、中、下三个部位的型材实际温度

6 基材质量要求

基材质量应符合 GB/T 5237.1 的规定。

7 生产工艺要求

7.1 一般要求

7.1.1 基材上排时，基材间应有适当的间距，以保证阳极氧化膜均匀。

7.1.2 卧式生产线基材上排时应有一定的倾斜度，倾斜度宜控制在 5°左右。

7.1.3 在经过每一次处理(如预处理、阳极氧化处理、着色处理、封孔处理和电泳涂漆处理)之后都至少应进行水洗一次。有些处理步骤应进行几次水洗，如碱洗处理、阳极氧化处理和电解着色处理之后至少应进行两次水洗。有些水洗工序应采用去离子水进行，如在电泳涂漆之前，宜采用在 20 ℃下测得电导率小于或等于 30 μs/cm 的去离子水中清洗干净。有条件的情况下，水洗槽中的水应进行过滤。

7.1.4 宜考虑水洗槽中水的循环利用。

7.1.5 在阳极氧化处理前，预处理完成的型材在水洗槽内的停留时间不宜大于 30 min。

7.1.6 阳极氧化处理完成后应及时进入水洗槽进行水洗，水洗干净后应及时进入着色槽进行着色处理，以确保着色颜色的均匀性。

7.1.7 卧式生产线型材吊进、吊出槽液时应斜进、斜出，倾斜度宜控制在 30°左右。

7.1.8 对含镍盐着色处理后及含镍封孔处理后的水洗槽应设置专用排水管，汇集后对废水中的 Ni^{2+} 进行单独处理。

7.1.9 阳极氧化与阳极氧化电泳涂漆典型工艺见表 2。

表 2 阳极氧化与阳极氧化电泳涂漆典型工艺

序号	工序	处理时间	槽液成分	温度	备注
1	脱脂	根据表面要求确定	按脱脂剂供应商的要求规定	室温	可用阳极氧化的“废酸”
2	水洗 1	0.5 min～2 min	自来水	室温	pH>2
3	水洗 2	0.5 min～2 min	自来水	室温	pH>4
4	碱洗	根据表面要求确定	30 g/L～60 g/L 的氢氧化钠	40 ℃～60 ℃	—
5	水洗 1	0.5 min～2 min	自来水	室温	—
6	水洗 2	0.5 min～2 min	自来水	室温	—
7	去灰	2 min～5 min	130 g/L～225 g/L 的硫酸(游离硫酸)	室温	可用阳极氧化的“废酸”
		1 min～5 min	5 g/L～20 g/L 的硝酸，130 g/L～225 g/L 的硫酸(游离硫酸)	室温	—
8	水洗 1	0.5 min～2 min	自来水	室温	—
9	水洗 2	0.5 min～2 min	自来水	室温	pH>4

表 2（续）

<table>
<tr><th>序号</th><th colspan="3">工序</th><th>处理时间</th><th>槽液成分</th><th>温度</th><th>备注</th></tr>
<tr><td>10</td><td colspan="3">阳极氧化</td><td>按膜厚而定，一般 20 min～60 min</td><td>130 g/L～200 g/L 的硫酸（游离硫酸），铝离子浓度为 5 g/L～20 g/L</td><td>20 ℃±2 ℃</td><td>阳极氧化电压：10 V～20 V；电流密度：100 A/m^2～200 A/m^2</td></tr>
<tr><td>11</td><td colspan="3">水洗 1</td><td>0.5 min～2 min</td><td>自来水</td><td>室温</td><td>—</td></tr>
<tr><td>12</td><td colspan="3">水洗 2</td><td>0.5 min～2 min</td><td>自来水</td><td>室温</td><td>pH>4</td></tr>
<tr><td>13</td><td colspan="3">中和</td><td>3 min～5 min</td><td>20 g/L 的碳酸氢钠</td><td>室温</td><td>专为染色而设，如电解着色，可取消此工序</td></tr>
<tr><td>14</td><td colspan="3">水洗</td><td>0.5 min～2 min</td><td>自来水</td><td>室温</td><td>—</td></tr>
<tr><td rowspan="3">15</td><td colspan="2" rowspan="3">着色</td><td>染色</td><td>按颜色而定，一般 1 min～10 min</td><td>10 g/L～20 g/L 的染金黄色用草酸铁铵或草酸铁钠，或按供应商的技术要求确定</td><td>40 ℃～55 ℃</td><td>pH 值 4.0～5.5</td></tr>
<tr><td rowspan="2">电解着色</td><td rowspan="2">按颜色深度而定</td><td>150 g/L±5 g/L 的硫酸镍，40 g/L±5 g/L 的硼酸</td><td>25 ℃±3 ℃</td><td>pH 值 3.8～4.2</td></tr>
<tr><td>50 g/L±5 g/L 的硫酸镍，30 g/L±5 g/L 的硼酸</td><td>25 ℃±3 ℃</td><td>pH 值 3.8～4.2</td></tr>
<tr><td>16</td><td colspan="3">水洗 1</td><td>0.5 min～2 min</td><td>自来水</td><td>室温</td><td>—</td></tr>
<tr><td>17</td><td colspan="3">水洗 2</td><td>0.5 min～2 min</td><td>去离子水</td><td>室温</td><td>—</td></tr>
<tr><td rowspan="4">18</td><td rowspan="4">封孔</td><td rowspan="2">热封孔</td><td>沸水封孔</td><td>按 2 min/μm～3 min/μm 计算</td><td>去离子水</td><td>96 ℃以上</td><td>pH 值 5～8</td></tr>
<tr><td>高温水蒸汽封孔</td><td>10 min～15 min</td><td>去离子水</td><td>100 ℃～110 ℃</td><td>水蒸气压力 81 060 Pa～101 325 Pa</td></tr>
<tr><td colspan="2">中温封孔</td><td>按封孔剂供应商的技术要求确定</td><td>按封孔剂供应商的技术要求确定</td><td>40 ℃～80 ℃</td><td>—</td></tr>
<tr><td colspan="2">冷封孔</td><td>按 0.8 min/μm～1.2 min/μm 计算</td><td>镍离子浓度为 0.8 g/L～2.0 g/L，氟离子浓度为 0.3 g/L～0.8 g/L</td><td>18 ℃～32 ℃</td><td>pH 值 5.5～6.5</td></tr>
<tr><td rowspan="2">19</td><td colspan="3" rowspan="2">冷封孔后处理</td><td>按 0.8 min/μm～1.2 min/μm 计算</td><td>去离子水</td><td>60 ℃～80 ℃</td><td rowspan="2">冷封孔后处理前应先彻底清洗型材附着的冷封孔溶液</td></tr>
<tr><td>按 0.8 min/μm～1.2 min/μm 计算</td><td>硫酸镍浓度为 5 g/L～10 g/L</td><td>不低于 60 ℃</td></tr>
<tr><td>20</td><td colspan="3">热水洗 1</td><td>3 min～6 min</td><td>去离子水</td><td>70 ℃～80 ℃</td><td>pH 值 4～6</td></tr>
<tr><td>21</td><td colspan="3">纯水洗 2</td><td>2 min～4 min</td><td>去离子水</td><td>室温</td><td>pH 值 5～6</td></tr>
</table>

表 2（续）

序号	工序	处理时间	槽液成分	温度	备注
22	电泳涂漆	2 min～4 min	丙烯酸系电泳涂料固体分 3%～12%	18 ℃～25 ℃	pH 值 7.0～8.5，极间距离 500 mm～700 mm，极比 0.5～1.0
23	水洗 1	0.5 min～3 min	去离子水	室温	—
24	水洗 2	0.5 min～3 min	去离子水	室温	—
25	滴干	按电泳涂料供应商要求确定			
26	固化	按电泳涂料供应商要求确定			

7.2 阳极氧化预处理

7.2.1 脱脂

7.2.1.1 阳极氧化处理前都应进行脱脂处理，脱脂处理的目的是去除铝表面的油污，以保证碱洗后的型材表面效果均匀，并减少油污对碱洗槽液的污染，从而提高阳极氧化质量。

7.2.1.2 脱脂处理可选择适宜的脱脂剂（如硫酸溶液）进行。

7.2.1.3 脱脂处理可采用喷淋法或浸渍法。

7.2.1.4 槽液浓度应符合脱脂剂供应商提供的技术要求。脱脂处理典型工艺见表 2。

7.2.2 碱洗

7.2.2.1 碱洗处理的目的是去除铝表面自然氧化膜和进一步除掉油污。碱洗是阳极氧化前影响表面质量的关键性工序。

7.2.2.2 碱洗处理典型工艺见表 2。

7.2.3 去灰

7.2.3.1 去灰处理的目的是除掉碱洗后残留在铝型材表面的黑灰。

7.2.3.2 去灰溶液采用酸性溶液，一般采用硫酸溶液或硝酸-硫酸混合溶液。

7.2.3.3 去灰溶液采用出光剂时，不宜含氟离子、六价铬离子及其他有害重金属离子。

7.2.3.4 去灰处理典型工艺见表 2。

7.3 阳极氧化处理

7.3.1 总则

主要采用硫酸阳极氧化处理，其他阳极氧化处理（如铬酸阳极氧化处理、硫酸-草酸阳极氧化处理等）也可使用。阳极氧化处理典型工艺见表 2。

7.3.2 阳极氧化槽液成分

硫酸阳极氧化处理槽中硫酸浓度和铝离子浓度对槽液的导电性、阳极氧化膜的耐蚀性和耐磨性以及封孔质量等都有影响，所以应注意控制硫酸浓度和铝离子浓度。

7.3.3 阳极氧化槽液温度

阳极氧化槽液温度过高，阳极氧化膜的硬度、耐蚀性和耐磨性差；阳极氧化槽液温度过低，阳极氧化膜的透明度和染色性差，易引起着色不均匀。阳极氧化槽液温度范围应根据阳极氧化槽液类型、铝合金类型、阳极氧化条件以及阳极氧化膜的性能要求等因素确定。

7.3.4 阳极氧化电压

阳极氧化电压应根据铝合金类型、阳极氧化槽液类型、阳极氧化槽液浓度、阳极氧化槽液温度以及搅拌强弱等因素确定。

7.3.5 阳极氧化电流密度

恒电流直流阳极氧化是最普通、最常用的方法。电流密度应根据铝合金类型、阳极氧化槽液类型、阳极氧化槽液浓度、阳极氧化槽液温度、电源波形以及搅拌强弱等因素确定。

7.3.6 阳极氧化时间

原则上在电流密度恒定时，在一定范围内，阳极氧化膜的厚度与阳极氧化时间成正比。在恒电流密度阳极氧化时，就是简单地用阳极氧化时间来控制阳极氧化膜的厚度，因此阳极氧化时间应根据所需生产的阳极氧化膜厚度来确定。

7.4 着色

7.4.1 铝合金阳极氧化的着色方法有电解着色和染色等。电解着色阳极氧化膜封孔性能、耐腐蚀性和耐候性能都比较好，操作成本也比较低，已广泛应用于铝合金建筑型材阳极氧化膜的着色工艺。其他着色工艺也可使用，但其产品质量应符合 GB/T 5237.2 或 GB/T 5237.3 的规定。由于采用的着色工艺不同，其着色工艺参数也不同，着色槽的槽液成分、槽液温度和着色时间等工艺参数应按供应商提供的技术要求来确定。着色处理典型工艺见表 2。

7.4.2 电解着色处理工艺宜采用配有镍回收装置的单镍盐着色处理工艺。

7.5 封孔

7.5.1 总则

7.5.1.1 多孔型阳极氧化膜的封孔是保证铝合金建筑型材耐腐蚀性、耐候性、耐磨性，从而获得持久的使用性能的关键工序。常用的封孔处理方法有热封孔、冷封孔和中温封孔等。封孔处理典型工艺见表 2。

7.5.1.2 封孔工艺宜从含镍含氟的冷封孔工艺或中温封孔工艺逐步发展成为无镍无氟的冷封孔工艺或中温封孔工艺，也可发展成为热封孔工艺。

7.5.2 热封孔

阳极氧化膜的热封孔主要有沸水封孔及高温水蒸气封孔两大类，其封孔原理都是热-水合封孔。沸水封孔对水质要求非常高，通常情况下，沸水封孔中各种杂质的容许含量如表 3 所示。

表 3 沸水封孔中各种杂质的容许含量

单位为毫克每升

杂质	Al^{3+}	Ca^{2+}	Fe^{2+} 或 Fe^{3+}	Mg^{2+}	Sn^{2+}	Cl^-	F^-	NO_3^-	PO_4^{3-}	SO_4^{2-}	SiO_2	$C_2H_2O_4$
最大容许含量	100	1 000	60	1 000	400	1 000	14	1 000	7	450	17	1 000

7.5.3 中温封孔

目前常用的中温封孔工艺是无氟含镍的封孔工艺，其封孔温度低于沸水封孔温度，而高于冷封孔温度。经中温封孔处理后阳极氧化膜的抗热裂性或柔韧性通常略优于冷封孔，对 AA15 级以上(包括 AA15 级)的阳极氧化膜，采用中温封孔较冷封孔更容易保证封孔质量，但中温封孔的陈化时间通常比冷封孔更长。

7.5.4 冷封孔

冷封孔工艺一般是以氟化镍为主要成分的封孔工艺，通常情况下，冷封孔槽液的杂质容许含量如表 4 所示。冷封孔之后通过一定的陈化时间才能达到封孔质量指标，陈化时间和陈化效果与环境温度、环境湿度有明显关系，通常可采用冷封孔后处理来快速达到预期的陈化效果。

表 4 冷封孔槽液的杂质容许含量

单位为毫克每升

杂质	最大容许含量
Na^{+}、K^{+}	300
Al^{3+}	250
NH_4^{+}	1 500
PO_4^{3-}	5
SO_4^{2-}	4 000

7.6 电泳涂漆

7.6.1 总则

应重点控制好槽液固体分、pH 值、电泳温度、电导率、电泳电压、电泳时间、极间距离和阳阴极面积之比(极比)等工艺参数，而这些工艺参数与电泳涂漆设备、电泳涂料有很大关系，电泳涂漆型材生产企业应根据电泳涂漆设备的性能和电泳涂料的性质选择合适的电泳涂漆生产工艺。电泳涂漆处理典型工艺见表 2。

7.6.2 槽液固体分

槽液固体分是电泳涂漆处理中重要的工艺参数之一，它与电泳涂层的质量密切相关。固体分过低，可导致漆膜变薄，易产生针孔；固体分过高，可导致漆膜厚度不均。

7.6.3 pH 值

电泳液的 pH 值是确保电泳树脂的水溶性以获得高质量电泳涂层的重要参数。pH 值过低，电泳树脂的水溶性差；pH 值过高，水的电解加剧而析出大量气泡，导致泳透率下降。

7.6.4 电泳温度

在电泳涂漆处理过程中，由于有直流电压施加于槽液中，使槽液温度有上升的趋势，当槽液温度过高时，将会影响漆膜质量。

7.6.5 电泳电压

电泳电压是由电泳树脂本身的分子量和结构特性决定的，当电泳电压过低，成膜速度缓慢，甚至无法成膜。电泳电压与槽液的固体分、温度、pH 值、电导率、极间距离、型材的表面特性(如阳极氧化膜的厚度、有无电解着色、颜色的深浅)等因素有关，因此应在特定的电泳液体系中，根据型材的表面状况经常调整电泳电压，使其保持在最佳范围。

7.6.6 电泳时间

电泳时间应根据所需形成的漆膜厚度来确定，当电泳时间过短时漆膜厚度偏低，当电泳时间过长时将可能导致漆膜变粗糙。

7.6.7 极间距离和阳阴极面积之比(极比)

极间距离太小，沉积在型材各部位的漆膜厚度不均匀；极间距离太大，电沉积效率降低。阳阴极面积之比(极比)应选择适当，当阳极面积过大时，易产生异常电沉积，漆膜变粗糙。

7.6.8 精制处理

在生产过程中，电泳槽液会逐渐受到杂质离子的污染，为了有效去除杂质离子，需要进行精制处理。其原理是用离子交换树脂法把杂质离子去除，并对槽液 pH 值进行调整。

7.7 回收处理

在丙烯酸系的阳极电泳涂装过程中，通常采用 RO 法(即反渗透法)回收装置对漆液进行回收处理，以降低漆液的损耗、稳定槽液成分，并减少环境污染。

7.8 固化

7.8.1 电泳涂漆型材在涂漆之后应进行固化，固化条件应根据电泳涂料供应商提供的技术要求来确定，应确保漆膜固化完全。

7.8.2 固化炉应保持清洁。

8 工艺参数监测

8.1 槽液成分

8.1.1 应按槽液供应商的要求分析每个处理槽溶液的成分，24 h 内的分析次数不宜少于 1 次。

8.1.2 槽液分析结果应作记录，并注明分析日期。

8.2 槽液温度

8.2.1 宜在每个处理周期内测量 1 次阳极氧化槽和封孔槽槽液温度。

8.2.2 在阳极氧化处理和封孔处理结束前应测量槽液温度。

8.2.3 温度测量结果应作记录，并注明测量日期和测量时间。

8.3 封孔槽和电泳槽槽液的 pH 值

8.3.1 24 h 内封孔槽和电泳槽槽液 pH 值测量次数不宜少于 1 次。

8.3.2 pH 值测量结果应作记录，并注明测量日期和测量时间。

8.4 电泳槽槽液的电导率

8.4.1 24 h 内电泳槽槽液电导率测量次数不宜少于 1 次。

8.4.2 电导率测量结果应作记录，并注明测量日期和测量时间。

8.5 固化温度

8.5.1 当型材进行阳极氧化电泳涂漆处理时，每个处理周期宜记录一次温控仪上显示的温度。

8.5.2 每月宜测试一次固化炉温度曲线。

9 产品质量控制

阳极氧化型材、电泳涂漆型材的产品质量应分别符合 GB/T 5237.2 和 GB/T 5237.3 的规定。

ICS 91.100.60
H 30

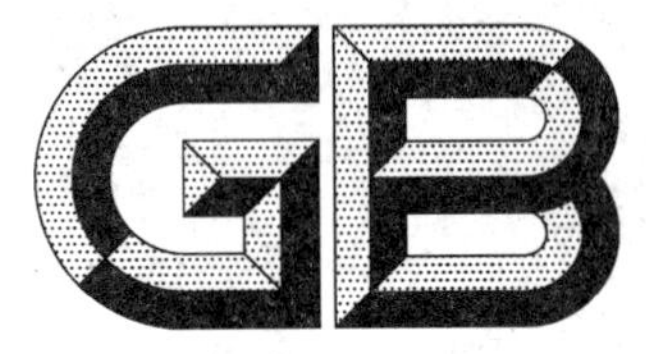

中华人民共和国国家标准

GB/T 23615.1—2017
代替 GB/T 23615.1—2009

铝合金建筑型材用隔热材料 第1部分:聚酰胺型材

Thermal barrier materials for architecture aluminium alloy extruded profiles—Part 1:Polyamide profiles

2017-10-14 发布　　　　2018-05-01 实施

中华人民共和国国家质量监督检验检疫总局
中国国家标准化管理委员会　发布

前　言

GB/T 23615《铝合金建筑型材用隔热材料》分为两个部分：

——第1部分：聚酰胺型材；

——第2部分：聚氨酯隔热胶。

本部分为GB/T 23615的第1部分。

本部分按照GB/T 1.1—2009给出的规则起草。

本部分代替GB/T 23615.1—2009《铝合金建筑型材用辅助材料　第1部分：聚酰胺隔热条》。本部分与GB/T 23615.1—2009相比，除编辑性修改外主要技术变化如下：

——修改了标准名称(见封面，2009年版的封面)；

——删除了规范性引用文件GB/T 1036(见2009年版的第2章和5.5)；

——删除了规范性引用文件GB/T 1633—2000(见2009年版的第2章和5.6)；

——删除了规范性引用文件GB/T 1634.1—2004(见2009年版的第2章和5.7)；

——增加了规范性引用文件GB/T 2035(见第2章和第3章)；

——增加了规范性引用文件GB/T 16825.1—2008(见第2章、D.2.1和E.2.1)；

——增加了规范性引用文件GB/T 28289—2012(见第2章、E.2.2、F.3.1.3和F.3.2.3)；

——修改了术语和定义的引导语(见第3章，2009年版的第3章)；

——删除了特征值的定义(见2009年版的3.2)；

——修改了产品分类(见4.1，2009年版的4.1.1)；

——修改了标记及示例(见4.2，2009年版的4.1.2)；

——修改了组分的要求(见4.3，2009年版的4.2.1)；

——修改了灰分的要求(见4.4，2009年版的4.2.1)；

——修改了显微组织的要求(见4.5，2009年版的4.2.2)；

——增加了断口形貌的要求(见4.6)；

——修改了尺寸偏差的要求(见4.7，2009年版的4.3)；

——删除了维卡软化温度的要求(见2009年版的4.4)；

——删除了负荷(0.45 MPa)变形温度的要求(见2009年版的4.4)；

——增加了DSC熔融峰温的要求(见4.8)；

——增加了非Ⅰ型聚酰胺型材的力学性能指标(见4.8)；

——修改了Ⅰ型聚酰胺型材的力学性能指标(见4.8，2009年版的4.4)；

——增加了型材复合适应性规定(见4.9)；

——删除了其他要求(见2009年版的4.6)；

——增加了试样预处理规定(见5.2)；

——增加了试验温度要求(见5.3)；

——修改了组分试验方法要求(见5.4，2009年版的5.2.1)；

——修改了灰分试验方法要求(见5.5，2009年版的5.2.1)；

——修改了显微组织试验方法要求(见5.6，2009年版的5.2.2)；

——增加了断口形貌试验方法(见5.7)；

——删除了线膨胀系数试验方法(见2009年版的5.5)；

——删除了维卡软化温度试验方法(见2009年版的5.6)；

——删除了负荷变形温度试验方法(见 2009 年版的 5.7);
——增加了 DSC 熔融峰温试验方法(见 5.9.2);
——修改了邵氏硬度试验方法要求(见 5.9.4,2009 年版的 5.9);
——修改了低温无缺口冲击强度试验方法要求(见 5.9.5,2009 年版的 5.10);
——修改了耐水性能试验方法要求(见 5.9.8,2009 年版的 5.13);
——修改了热老化性能试验方法要求(见 5.9.9,见 2009 年版的 5.14);
——修改了外观质量检验方法要求(见 5.10,见 2009 年版的 5.15);
——增加了铝合金型材复合适应性试验方法(见 5.11);
——修改了检验分类(见 6.3 和 6.4,2009 年版的 6.3 和 6.4);
——修改了检验项目(见 6.4,2009 年版的 6.3);
——增加了工艺保证项目(见 6.4);
——修改了取样规定(见 6.5,2009 年版 6.5);
——修改了检查结果的判定要求(见 6.6,2009 年版的 6.6);
——修改了订货单(或合同)内容要求(见第 8 章,2009 年版的第 8 章);
——增加了聚酰胺型材典型缺陷术语与定义(见附录 A);
——增加了显微组织试验方法(见附录 B);
——在轴钉应力开裂性能试验方法中增加了洗涤剂组分要求(见 C.4.5);
——增加了铝合金型材复合适应性试验方法(见附录 F)。

本部分由中国有色金属工业协会提出。

本部分由全国有色金属标准化技术委员会(SAC/TC 243)归口。

本部分起草单位:泰诺风保泰节能科技(深圳)有限公司、广东省工业分析检测中心、国家有色金属质量监督检验中心、广东兴发铝业有限公司、福建省闽发铝业股份有限公司、广东凤铝铝业有限公司、国家化学建筑材料测试中心、芜湖精塑实业有限公司、佛山市南海易乐工程塑料有限公司、宁波信高塑化有限公司、上海优泰装饰材料有限公司、武汉市源发新材料有限公司、江阴市良友节能材料有限公司、佛山市澳思科塑料实业有限公司、三河和平铝材厂有限公司。

本部分主要起草人:黄日勇、李扬、刘淑凤、陈文泗、姜晓伟、朱耀辉、陈慧、刘玉春、薛浩栋、梁勇、徐积清、周章龙、徐小超、沈琴、沈競业、付忠良。

本部分所代替标准的历次版本发布情况为:

——GB/T 23615.1—2009。

铝合金建筑型材用隔热材料
第1部分:聚酰胺型材

1 范围

GB/T 23615的本部分规定了聚酰胺型材的术语和定义、要求、试验方法、检验规则、标志、包装、运输、贮存、质量证明书以及订货单(或合同)内容。

本部分适用于铝合金建筑型材用隔热材料——聚酰胺型材。

以挤出成型的其他类型隔热材料可参照执行本部分。

2 规范性引用文件

下列文件对于本文件的应用是必不可少的。凡是注日期的引用文件,仅注日期的版本适用于本文件。凡是不注日期的引用文件,其最新版本(包括所有的修改单)适用于本文件。

GB/T 1033.1—2008 塑料 非泡沫塑料密度的测定 第1部分:浸渍法、液体比重瓶法和滴定法

GB/T 1040.1 塑料 拉伸性能的测定 第1部分:总则

GB/T 1043.1 塑料 简支梁冲击性能的测定 第1部分:非仪器化冲击试验

GB/T 2035 塑料术语及其定义

GB/T 2411 塑料和硬橡胶 使用硬度计测定压痕硬度(邵氏硬度)

GB/T 5237.1—2017 铝合金建筑型材 第1部分:基材

GB/T 6682 分析实验室用水规格和试验方法

GB/T 9345.1—2008 塑料 灰分的测定 第1部分:通用方法

GB/T 16825.1—2008 静力单轴试验机的检验 第1部分:拉力和(或)压力试验机 测力系统的检验与校准

GB/T 19466.3 塑料 差示扫描量热法(DSC)第3部分:熔融和结晶温度及热焓的测定

GB/T 28289—2012 铝合金隔热型材复合性能试验方法

3 术语和定义

GB/T 2035界定的以及下列术语和定义适用于本文件。

3.1

聚酰胺型材 polyamide profiles

以聚酰胺66和玻璃纤维为主要原料,用在铝合金隔热型材中起结构连接作用并减少传热效果的热挤压型材。

4 要求

4.1 产品分类

聚酰胺型材根据截面结构分为Ⅰ型和非Ⅰ型两类,截面典型示例见图1和图2。

a) 示例 1　　b) 示例 2

图 1 Ⅰ型聚酰胺型材截面典型示例

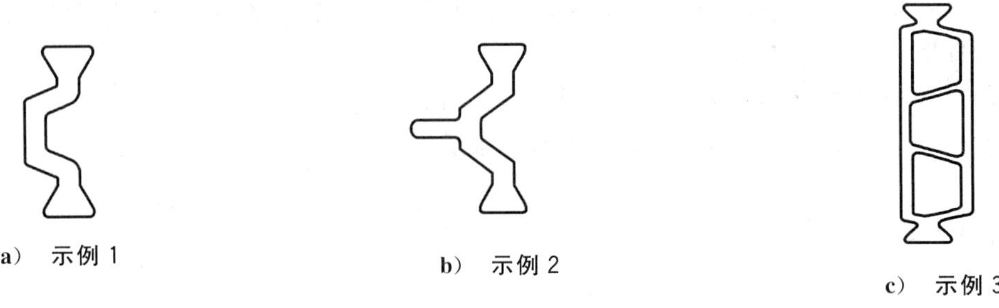

a) 示例 1　　b) 示例 2　　c) 示例 3

图 2 非Ⅰ型聚酰胺型材截面典型示例

4.2 标记及示例

产品标记按产品名称、本部分编号、材质代号、尺寸规格(产品代码×长度×截面高度)、产品类别(非Ⅰ型不标记)的顺序表示。标记示例如下:

示例 1:

材质代号为 PA66GF25(聚酰胺 66 加 25%玻璃纤维)、产品代码为 00001、长度为 6 000 mm、截面高度为 14.8 mm 的Ⅰ型聚酰胺型材,标记为:

聚酰胺型材　GB/T 23615.1-PA66GF25-00001×6 000×14.8 Ⅰ

示例 2:

材质代号为 PA66GF25(聚酰胺 66 加 25%玻璃纤维)、产品代码为 00002、长度为 6 000 mm、截面高度为 20 mm 的非Ⅰ型聚酰胺型材,标记为:

聚酰胺型材　GB/T 23615.1-PA66GF25-00002×6 000×20

4.3 组分

聚酰胺型材的主要组分为聚酰胺 66 和玻璃纤维,余量为颜料、热稳定剂、增韧剂、挤压助剂等添加剂。聚酰胺型材组分质量分数应符合表 1 的规定。聚酰胺 66 应采用新料,不准许使用回收料。

表 1 组分质量分数

组分	质量分数 %
聚酰胺 66	≥65
玻璃纤维	25±2.5
添加剂[a]	余量

[a] 添加剂为颜料、热稳定剂、增韧剂、挤压助剂等。

4.4 灰分

聚酰胺型材煅烧试验后灰分应为玻璃纤维，目视观察玻璃纤维颜色，应呈白色，显微镜下观察玻璃纤维形态，应透明、细长，如图3所示。玻璃纤维不应有夹杂（如图A.1所示）、短碎（如图A.2所示）等缺陷。

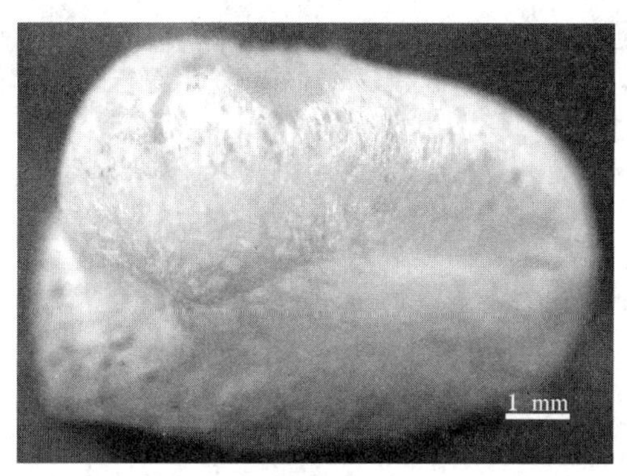

a） 目视形貌

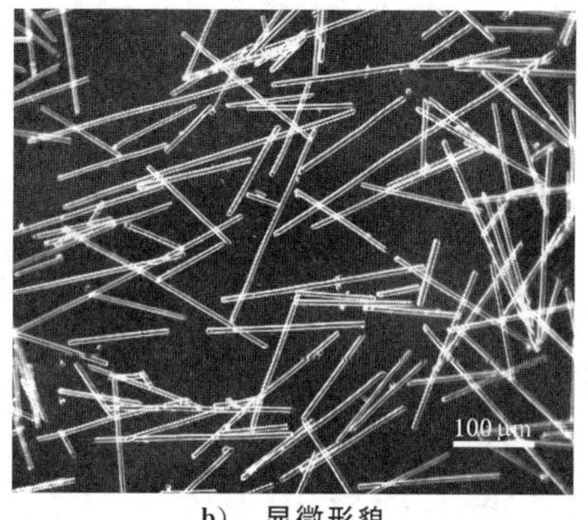

b） 显微形貌

图3 合格的玻璃纤维典型图示

4.5 显微组织

金相显微镜下观察，聚酰胺型材的玻璃纤维应均匀分布，其典型分布如图4所示。不应有气泡（如图A.3所示）、明显夹杂物（如图A.4所示）等缺陷。

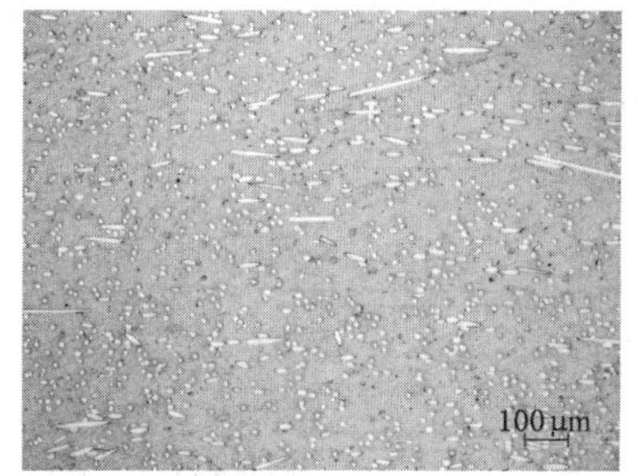

a） 横向玻璃纤维

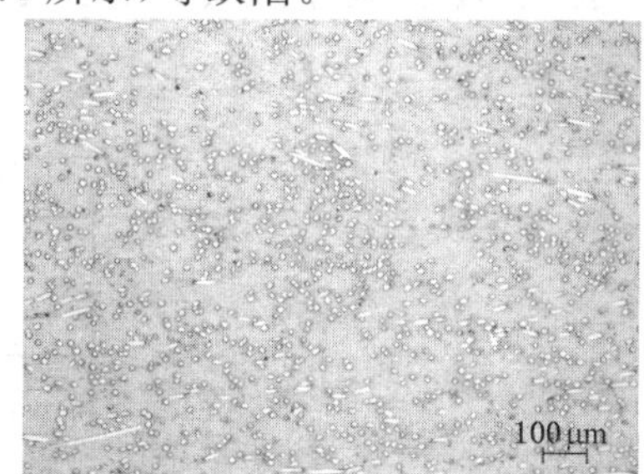

b） 纵向玻璃纤维

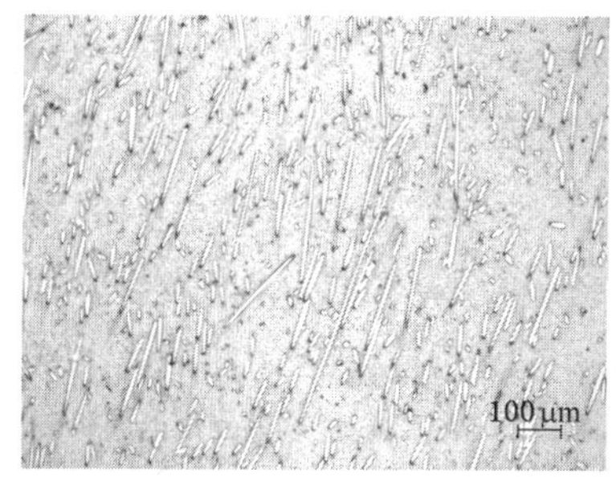

c） 法向玻璃纤维

图4 均匀分布的玻璃纤维典型图示

4.6 断口形貌

扫描电子显微镜下观察到的聚酰胺型材断口形貌应致密（如图5所示），不应有气泡（如图A.3所示）、明显夹杂物（如图A.5所示）、裂纹（如图A.6所示）等缺陷。

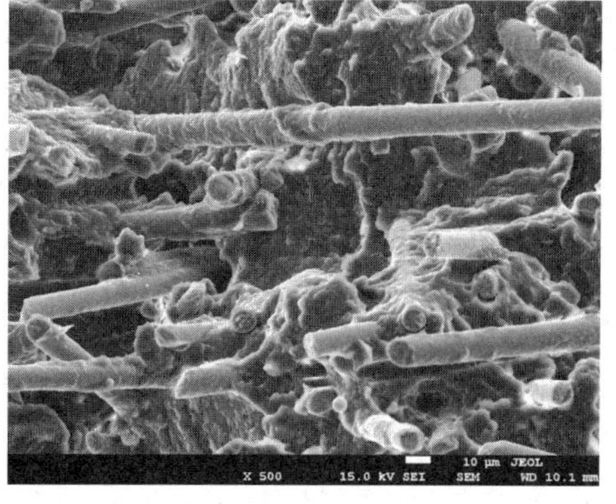

图5 合格的断口形貌典型图示

4.7 尺寸偏差

4.7.1 Ⅰ型聚酰胺型材的横截面主要尺寸分类如图 6 所示，非Ⅰ型聚酰胺型材的横截面主要尺寸分类如图 7 所示。聚酰胺型材的横截面主要尺寸偏差应符合表 2 规定。

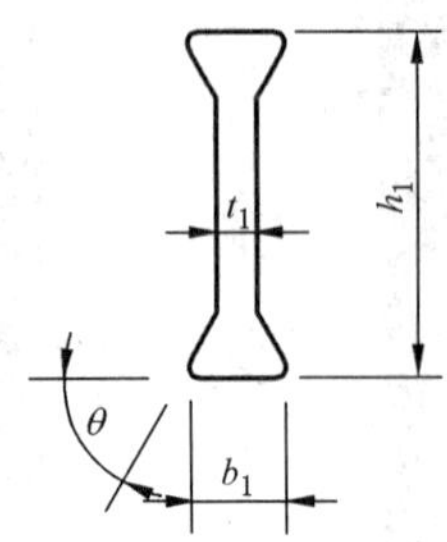

说明：

h_1——聚酰胺型材截面高度；

b_1——聚酰胺型材端头宽度；

t_1——聚酰胺型材主要受力壁厚；

θ——聚酰胺型材端头角度。

图 6 Ⅰ型聚酰胺型材的横截面主要尺寸分类

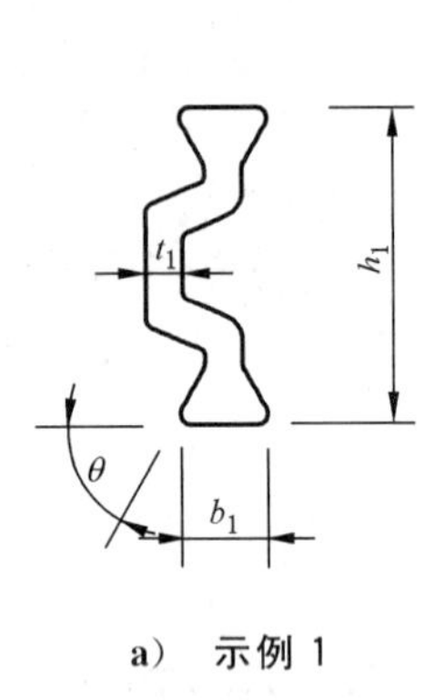

a) 示例 1

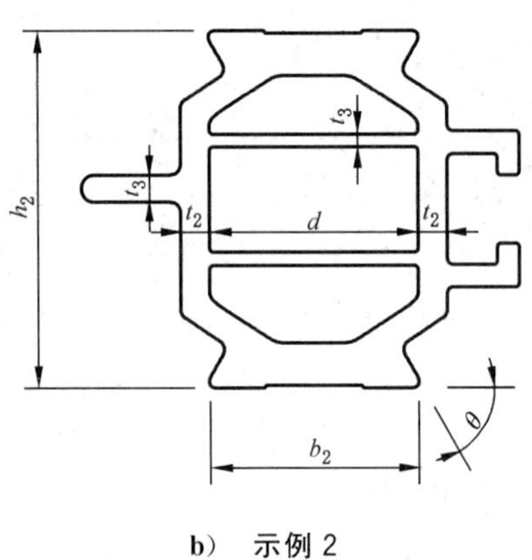

b) 示例 2

说明：

h_1、h_2——聚酰胺型材截面高度；

b_1、b_2——聚酰胺型材端头宽度；

t_1、t_2——聚酰胺型材主要受力壁厚；

θ——聚酰胺型材端头角度；

d——聚酰胺型材空腔尺寸；

t_3——聚酰胺型材非主要受力壁厚。

图 7 非Ⅰ型聚酰胺型材横截面主要尺寸分类

表 2　聚酰胺型材横截面主要尺寸允许偏差

单位为毫米

尺寸类别	公称尺寸	允许偏差 ±
h_1	≤20.00	0.05
	>20.00～40.00	0.10
	>40.00～60.00	0.20
	>60.00～80.00	0.25
	>80.00	0.30
h_2	≤20.00	0.10
	>20.00～40.00	0.15
	>40.00～60.00	0.25
	>60.00～80.00	0.30
	>80.00	0.35
b_1	≤20.00	0.05
	>20.00～50.00	0.10
	>50.00	0.20
b_2	≤20.00	0.05
	>20.00～50.00	0.10
	>50.00	0.20
t_1	≤3.00	0.05
	>3.00～6.00	0.08
	>6.00～10.00	0.13
	>10.00	0.18
t_2	≤3.00	0.08
	>3.00～6.00	0.11
	>6.00～10.00	0.15
	>10.00	0.20
t_3	≤3.00	0.10
	>3.00～6.00	0.15
	>6.00～10.00	0.20
	>10.00	0.25
d	≤10.00	0.20
	>10.00～30.00	0.30
	>30.00	0.40

4.7.2　聚酰胺型材的壁厚尺寸按照工程设计计算选择。聚酰胺型材尺寸 t_1 的最小局部壁厚实测值应不小于 1.75 mm，聚酰胺型材尺寸 t_2 的最小局部壁厚实测值应不小于 0.72 mm。

4.7.3 聚酰胺型材横截面上的端头角度 θ 的允许偏差为 $\pm 1^\circ$,其他角度的允许偏差为 $\pm 1.5^\circ$。

4.7.4 聚酰胺型材横截面上的其他尺寸允许偏差应由供需双方参照 GB/T 5237.1—2017 高精级的要求商定,并在订货单(或合同)中注明。

4.7.5 聚酰胺型材不应有端头变型(如图 A.7 所示)等缺陷。

4.7.6 定尺长度不大于 6 m 的聚酰胺型材,长度允许偏差为 $^{+15}_{0}$ mm。定尺长度大于 6 m 的聚酰胺型材,长度允许偏差由供需双方商定,并在订货单(或合同)中注明。

4.8 性能

聚酰胺型材的导热系数、线性膨胀系数的典型值参见表 3,其他性能应符合表 3 的规定。

表 3 聚酰胺型材的性能要求

项目		要求
密度		(1.30 ± 0.05) g/cm^3
DSC 熔融峰温		≥255℃
轴钉应力开裂性能		孔口无裂纹
邵氏硬度(H_D)		80±5
低温无缺口冲击强度(−30 ℃±2 ℃)		≥50 kJ/m^2
室温纵向抗拉特征值(23 ℃±2 ℃)		≥90 MPa
室温纵向拉伸断裂伸长率		≥3%
室温纵向拉伸弹性模量		≥4 500 MPa
室温横向抗拉特征值(23 ℃±2 ℃)	Ⅰ型(截面高度<20 mm)	≥90 MPa
	Ⅰ型(截面高度≥20 mm)	≥80 MPa
	非Ⅰ型[a]	≥25 MPa
高温横向抗拉特征值(90 ℃±2 ℃)	Ⅰ型(截面高度<20 mm)	≥55 MPa
	Ⅰ型(截面高度≥20 mm)	≥45 MPa
	非Ⅰ型[a]	≥20 MPa
低温横向抗拉特征值(−30 ℃±2 ℃)	Ⅰ型(截面高度<20 mm)	≥90 MPa
	Ⅰ型(截面高度≥20 mm)	≥80 MPa
	非Ⅰ型[a]	≥25 MPa
耐水性能	Ⅰ型(截面高度<20 mm)	横向抗拉特征值≥85 MPa
	Ⅰ型(截面高度≥20 mm)	横向抗拉特征值≥75 MPa
	非Ⅰ型[a]	横向抗拉特征值≥22 MPa
热老化性能	Ⅰ型(截面高度<20 mm)	横向抗拉特征值≥60 MPa
	Ⅰ型(截面高度≥20 mm)	横向抗拉特征值≥55 MPa
	非Ⅰ型[a]	横向抗拉特征值≥20 MPa
导热系数典型值	热流计法	0.30 W/(m·K)
线性膨胀系数典型值		$2.3\times10^{-5}\,K^{-1}\sim3.5\times10^{-5}\,K^{-1}$

[a] 在选用非Ⅰ型聚酰胺型材时,应经过工程设计验算。

4.9 外观质量

聚酰胺型材的外观应光滑、平整,色泽均匀,表面不应有影响使用的外观缺陷存在。

4.10 铝合金型材复合适应性

需方要求检验铝合金型材的复合适应性时,应在订货单(或合同)中注明,其复合适应性应符合表4的规定。

表4 铝合金型材复合适应性

试验项目	试验结果
水中浸泡试验	低温(−20 ℃±2 ℃)横向抗拉特征值≥24 N/mm、高温(80 ℃±2 ℃)横向抗拉特征值≥24 N/mm,分别与水中浸泡前相应温度的横向抗拉特征值测定结果相比,横向抗拉特征值降低量不得超过水中浸泡前相应温度的横向抗拉特征值的30%
湿热试验	室温(23 ℃±2 ℃)横向抗拉特征值≥24 N/mm,与湿热试验前的室温横向抗拉特征值测定结果相比,横向抗拉特征值降低量不得超过湿热试验前室温横向抗拉特征值的30%

5 试验方法

5.1 试验环境

实验室温度为23 ℃±2 ℃、相对湿度为50%±10%。

5.2 试样预处理

将所有试样放在140 ℃±2 ℃的普通干燥箱内烘6 h后取出,放置在23 ℃±2 ℃的干燥器内冷却不少于2 h。

5.3 试验温度

聚酰胺型材试验温度:室温23 ℃±2 ℃、低温−30 ℃±2 ℃、高温90 ℃±2 ℃。

5.4 组分

玻璃纤维含量按GB/T 9345.1—2008中规定的直接煅烧法(方法A)进行测定,煅烧温度为750 ℃。

5.5 灰分

5.5.1 煅烧后将残余置于自然散射光下,以正常视力观察玻璃纤维颜色并进行拍照记录。

5.5.2 再将残余置于装有摄像头的显微镜下,放大倍数选择50×,观察玻璃纤维形态并进行拍照记录。

5.6 显微组织

显微组织按附录B规定的方法进行检验。

5.7 断口形貌

将经过室温横向拉伸的断口置于装有摄像头的扫描电子显微镜下,放大倍数宜选择100×~

500×，选取有代表性的视场进行拍照记录。

5.8 尺寸偏差

尺寸采用精度为0.02 mm的游标卡尺、0.01 mm的千分尺或专用仪器测量。

5.9 性能

5.9.1 密度

密度试验按GB/T 1033.1—2008中规定的浸渍法进行测定。

5.9.2 DSC熔融峰温

DSC熔融峰温按GB/T 19466.3规定的方法进行测定。

5.9.3 轴钉应力开裂性能

轴钉应力开裂性能按附录C规定的方法进行检验。

5.9.4 邵氏硬度

5.9.4.1 试样按GB/T 2411的规定，沿图8所示方向压入压针，测试邵氏硬度(H_D)，15 s±1 s后读取指示装置的示值。

5.9.4.2 在同一试样上重复5.9.4.1，与前一测试点相隔至少6 mm。

5.9.4.3 计算同一试样两次测量结果的算术平均值作为该试样的邵氏硬度测试值。

5.9.4.4 重复5.9.4.1～5.9.4.3，直至测出所有试样的邵氏硬度值，计算所有试样的邵氏硬度测试值的算术平均值作为该组试样的邵氏硬度测试值。

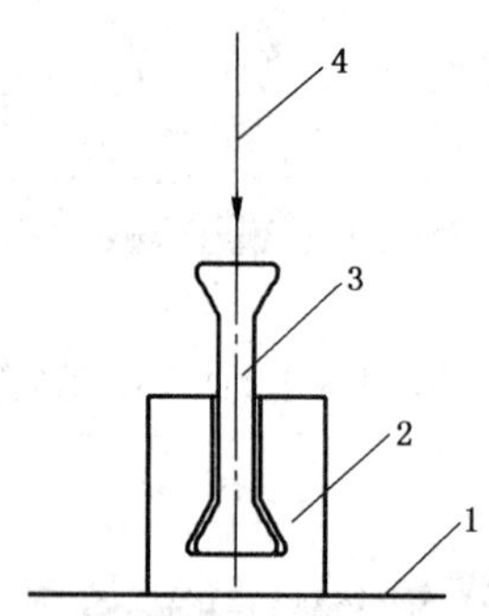

说明：

1——工作平台；

2——定位装置。

3——聚酰胺型材；

4——压针压入方向。

图8 邵氏硬度压针压入方向示意图

5.9.5 低温无缺口冲击强度

5.9.5.1 按5.9.1测定聚酰胺型材的密度ρ。

5.9.5.2 从干燥器内取出1个试样，用感量为0.01 g的电子天平称量试样的质量m，用精度为0.02 mm的游标卡尺测量试样的长度L，再按式(1)计算试样的横截面面积。

$$A = (m \times 10^3)/(\rho \times L) \quad \cdots\cdots(1)$$

式中：

A ——试样横截面面积，单位为平方毫米（mm^2）；

m ——试样的质量，单位为克（g）；

ρ ——试样密度，单位为克每立方厘米（g/cm^3）；

L ——试样长度，单位为毫米（mm）。

5.9.5.3 将试验装置和试样放入环境试验箱内降温至－30 ℃±2 ℃，恒温 30 min

5.9.5.4 按 GB/T 1043.1 的规定测试（测试装置示意图见图 9）试样低温无缺口冲击强度。

5.9.5.5 重复 5.9.5.1～5.9.5.4，直至测出所有试样的低温无缺口冲击强度，计算所有试样的低温无缺口冲击强度测试值的算术平均值作为该组试样的低温无缺口冲击强度测试值。

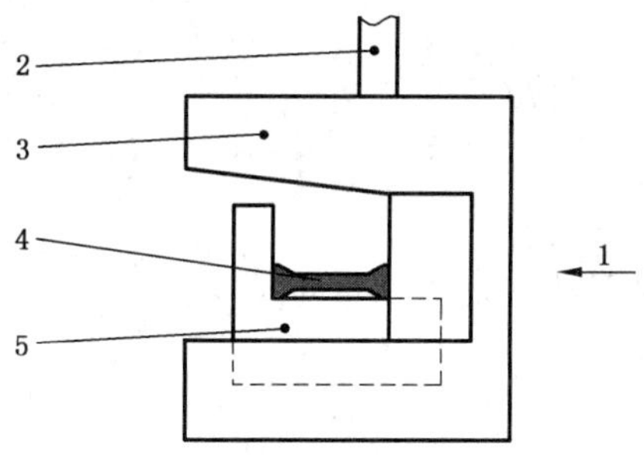

说明：

1——冲击方向；

2——摆杆；

3——冲击刀刃；

4——试样；

5——支座。

图 9　无缺口冲击强度测试装置示意图

5.9.6 室温纵向抗拉特征值、室温纵向拉伸断裂伸长率、室温纵向拉伸弹性模量

室温纵向抗拉特征值、室温纵向拉伸断裂伸长率和室温纵向拉伸弹性模量按附录 D 规定的方法进行测定。

5.9.7 室温横向抗拉特征值、高温横向抗拉特征值、低温横向抗拉特征值

室温横向抗拉特征值、高温横向抗拉特征值和低温横向抗拉特征值按附录 E 规定的方法进行测定。

5.9.8 耐水性能

5.9.8.1 耐水性能试验方法分为沸水试验方法和常温浸泡试验方法，试验方法由供需双方商定，并在订货单（或合同）中注明，未注明时和仲裁试验时按常温浸泡试验方法进行。

5.9.8.2 沸水试验方法：将试样放入 GB/T 6682 规定的三级水中，沸煮 4 h，随即将试样取出，在室温中放置 48 h，按附录 E 测定试样的室温横向抗拉特征值。

5.9.8.3 常温浸泡试验方法：将试样放入 GB/T 6682 规定的三级水（温度为 23±2 ℃）中浸泡1 000 h，随即将试样取出，在室温中放置 48 h，按附录 E 测定试样的室温横向抗拉特征值。

5.9.9 热老化性能

5.9.9.1 将试样悬挂在热老化箱的试样架上，将热老化箱加热到 140 ℃±2 ℃，保持 1 000 h，随即将试样取出，在室温中放置不少于 24 h。

5.9.9.2 取 1 个试样装入横向拉伸夹具里，按附录 E 的 E.4.1.2～E.4.1.4 测定该试样的最大横向抗拉力。

5.9.9.3 重复 5.9.9.2，直至完成对其他试样的测试。

5.9.9.4 按附录 E 的式(E.1)计算各试样所能承受的最大横向抗拉强度，再按式(E.2)计算横向抗拉特征值。

5.10 外观质量

在自然散射光下，以正常视力目视检查。

5.11 铝合金型材复合适应性

铝合金型材复合适应性按附录 F 规定的方法进行检验。

6 检验规则

6.1 检查和验收

6.1.1 产品由供方进行检验，保证产品质量符合本部分或订货单(或合同)的规定，并填写质量证明书。

6.1.2 需方可对收到的产品按本部分的规定进行检验。检验结果与本部分或订货单(或合同)的规定不符时，应以书面形式向供方提出，由供需双方协商解决。属于外观质量及尺寸偏差的异议，应在收到产品之日起一个月内提出，属于其他性能的异议，可在收到产品之日起三个月内提出。如需仲裁，可委托供需双方认可的单位进行，仲裁取样应在需方，由供需双方共同进行。

6.2 组批

产品应成批提交验收。每批由同一设备、同一成分、同一尺寸规格的聚酰胺型材组成，连续生产时每 24 h 为一批；间歇生产时，不足 24 h 也以一批计。

6.3 检验分类

产品检验分为出厂检验和定期检验。

6.4 检验项目及工艺保证项目

6.4.1 出厂检验项目、定期检验项目和工艺保证项目应符合表 5 的规定。

表 5 检验项目及工艺保证项目

检验项目		出厂检验项目	定期检验项目	工艺保证项目
组分	聚酰胺 66	—	—	√
	玻璃纤维	√	—	—
灰分	目视形貌	√	—	—
	显微形貌	—	√	√

表 5（续）

检验项目			出厂检验项目	定期检验项目	工艺保证项目
显微组织			[a]	√	√
断口形貌			[a]	√	√
尺寸偏差			√	—	—
性能	密度		√	—	—
	DSC 熔融峰温		[a]	√	√
	轴钉应力开裂性能		[a]	√	√
	邵氏硬度		√	—	—
	低温无缺口冲击强度		[a]	√	√
	室温纵向抗拉特征值		√	—	—
	室温纵向拉伸断裂伸长率		√	—	—
	室温纵向拉伸弹性模量		[a]	√	√
	室温横向抗拉特征值		√	—	—
	高温横向抗拉特征值		√	—	—
	低温横向抗拉特征值		[a]	√	√
	耐水性能	沸水试验	[a]	√	√
		常温浸泡试验	[a]	√	√
	热老化性能		[a]	√	√
外观质量			√	—	—
铝合金型材复合适应性			[a]	√	√

注：“√”表示必需检验项目或工艺保证项目，“—”表示不检验项目或非工艺保证项目。

[a] 订货单（或合同）中注明检验时，该项目列为必需检验项目。

6.4.2 供方每二年至少应进行一次定期检验。

6.5 取样

聚酰胺型材的取样应符合表 6 规定，试样端口应平整，无缺口或裂纹。

表 6 取样

检验项目	取样规定	要求的章条号	试验方法的章条号
组分	每批任取 1 根（或任 1 卷上切取 1 个样坯）聚酰胺型材，在其上任意部位切取 4 个长 35 mm±1 mm 的试样，按 GB/T 9345.1 的有关规定取样检测玻璃纤维含量	4.3	5.4
灰分		4.4	5.5
显微组织	每批任取 1 根（或任 1 卷上切取 1 个样坯）聚酰胺型材，在其上任意部位切取 3 个长 10 mm±2 mm 的试样，分别用于横、纵、法向玻璃纤维分布等内部组织结构形态的检验	4.5	5.6

表 6（续）

检验项目	取样规定	要求的章条号	试验方法的章条号
断口形貌	每批任取 1 根(或任 1 卷上切取 1 个样坯)聚酰胺型材,在其一端切取 1 个试样/检验项目,另一端切取 1 个试样/检验项目,试样长 35 mm±1 mm	4.6	5.7
尺寸偏差	逐根(或卷)检查	4.7	5.8
密度	符合 GB/T 1033.1 的规定	4.8	5.9.1
DSC 熔融峰温	每批任取 1 个试样,试样长≥30 mm		5.9.2
轴钉应力开裂性能	每批任取 1 个试样,试样长≥100 mm		5.9.3
邵氏硬度	每批任取 5 个试样,试样长≥100 mm		5.9.4
低温无缺口冲击强度	每批任取 2 根(或任 2 卷,每卷上切取 1 个样坯)聚酰胺型材,在其一端切取 3 个试样,另一端切取 2 个试样,试样长80 mm±2 mm		5.9.5
室温纵向抗拉特征值	每批任取 2 根(或任 2 卷,每卷上切取 1 个样坯)聚酰胺型材,在其一端切取 3 个样品,另一端切取 2 个样品,非Ⅰ型聚酰胺型材在主要受力壁上切取样品。样品长度不小于 75 mm,将每个样品加工成 1 个试样		5.9.6
室温纵向拉伸断裂伸长率			
室温纵向拉伸弹性模量	当订货单(或合同)中注明检验时,每批任取 1 根(或任 1 卷上切取 1 个样坯)聚酰胺型材,在其一端切取 3 个样品,另一端切取 2 个样品,非Ⅰ型聚酰胺型材在主要受力壁上切取样品。样品长度不小于 75 mm,将每个样品加工成 1 个试样		
室温横向抗拉特征值	每批任取 2 根(或 2 卷,每卷切取 1 个样坯)聚酰胺型材,在其一端切取 3 个试样/检验项目,另一端切取 2 个试样/检验项目,试样长 35 mm±1 mm		5.9.7
高温横向抗拉特征值			
低温横向抗拉特征值	每批任取 2 根(或 2 卷,每卷切取 1 个样坯)聚酰胺型材,在其一端切取 3 个试样/检验项目,另一端切取 2 个试样/检验项目,试样长 35 mm±1 mm		5.9.7
耐水性能 沸水试验			5.9.8.2
耐水性能 常温浸泡试验			5.9.8.3
热老化性能			5.9.9
外观质量	逐根(或卷)检查	4.9	5.10
铝合金型材复合适应性	当订货单(或合同)中注明检验时,按附录 F 进行	4.10	5.11

6.6 检查结果的判定

6.6.1 任一试样的组分不合格时,应从该批产品中另取双倍数量的试样进行重复试验。重复试验结果全部合格,则判该批产品合格。若重复试验结果中仍有试样的组分不合格时,则判该批产品不合格。

6.6.2 任一试样的灰分不合格时,判该批产品不合格。

6.6.3 任一试样的显微组织不合格时,判该批产品不合格。

6.6.4 任一试样的断口形貌不合格时,判该批产品不合格。

6.6.5 任一试样的尺寸偏差不合格时,判该批产品不合格。但经供需双方商定允许供方逐根检验,合格者交货。

6.6.6　任一试样的密度不合格时，应从该批产品中另取双倍数量的试样进行重复试验。重复试验结果全部合格，则判该批产品合格。若重复试验结果中仍有试样的密度不合格时，则判该批产品不合格。

6.6.7　任一试样的 DSC 熔融峰温不合格时，应从该批产品中另取双倍数量的试样进行重复试验。重复试验结果全部合格，则判该批产品合格。若重复试验结果中仍有试样的 DSC 熔融峰温不合格时，则判该批产品不合格。

6.6.8　任一试样的轴钉应力开裂性能不合格时，应从该批中产品另取双倍数量的试样进行重复试验。重复试验结果全部合格，则判该批产品合格。若重复试验结果中仍有试样的轴钉应力开裂性能不合格时，则判该批产品不合格。

6.6.9　任一组试样的邵氏硬度不合格时，应从该批产品中另取双倍数量的试样进行重复试验。重复试验结果全部合格，则判该批产品合格。若重复试验结果中仍有试样的邵氏硬度不合格时，则判该批产品不合格。

6.6.10　任一组试样的低温无缺口冲击强度不合格时，应从该批产品中另取双倍数量的试样进行重复试验。重复试验结果全部合格，则判该批产品合格。若重复试验结果中有任一组试样的低温无缺口冲击强度不合格时，则判该批产品不合格。

6.6.11　任一组试样的室温纵向抗拉特征值不合格时，应从该批产品中另取双倍数量的试样进行重复试验。重复试验结果全部合格，则判该批产品合格。若重复试验结果中有任一组试样的室温纵向抗拉特征值不合格时，则判该批产品不合格。

6.6.12　任一试样的室温纵向拉伸断裂伸长率不合格时，应从该批产品中另取双倍数量的试样进行重复试验。重复试验结果全部合格，则判该批产品合格。若重复试验结果中仍有试样伸长率不合格时，则判该产品批不合格。

6.6.13　任一试样的室温纵向拉伸弹性模量不合格时，应从该批产品中另取双倍数量的试样进行重复试验。重复试验结果全部合格，则判该批产品合格。若重复试验结果中仍有试样的室温纵向拉伸弹性模量不合格时，则判该批产品不合格。

6.6.14　任一组试样的室温横向抗拉特征值不合格时，应从该批产品中另取双倍数量的试样进行重复试验。重复试验结果全部合格，则判该批产品合格。若重复试验结果中有任一组试样的室温横向抗拉特征值不合格时，则判该批产品不合格。

6.6.15　任一组试样的高温横向抗拉特征值不合格时，应从该批产品中另取双倍数量的试样进行重复试验。重复试验结果全部合格，则判该批产品合格。若重复试验结果中有任一组试样的高温横向抗拉特征值不合格时，则判该批产品不合格。

6.6.16　任一组试样的低温横向抗拉特征值不合格时，应从该批产品中另取双倍数量的试样进行重复试验。重复试验结果全部合格，则判该批产品合格。若重复试验结果中有任一组试样特征值不合格时，则判该批产品不合格。

6.6.17　任一组试样的耐水性能不合格时，应从该批产品中另取双倍数量的试样进行重复试验。重复试验结果全部合格，则判该批产品合格。若重复试验结果中有任一组试样的耐水性能不合格时，则判该批产品不合格。

6.6.18　任一组试样的热老化性能不合格时，应从该批产品中另取双倍数量的试样进行重复试验。重复试验结果全部合格，则判该批产品合格。若重复试验结果中有任一组试样的热老化性能不合格时，则判该批产品不合格。

6.6.19　任一试样的外观质量不合格时，判该根(或卷)不合格。

6.6.20　任一组试样的铝合金型材复合适应性不合格时，应从该批产品中另取双倍数量的试样进行重复试验。重复试验结果全部合格，则判该批产品合格。若重复试验结果中有任一组试样的铝合金型材复合适应性不合格时，则判该批产品不合格。

7 标志、包装、运输、贮存及质量证明书

7.1 标志

7.1.1 在检验合格的聚酰胺型材上应打印标记，标记宜每 500 mm 出现一次，宜采用激光打印技术。

7.1.2 在产品包装的明显部位应贴上包括如下内容的产品标签：

a) 供方名称、商标；
b) 产品名称、尺寸规格、数量；
c) 生产日期和批号；
d) 供方质检部门检印(或质检人员的签名或印章)；
e) 本部分编号。

7.2 包装

卷条状聚酰胺型材宜为 300 m～1 000 m 包装成一卷，直条状聚酰胺型材宜 50 支～100 支包装成一捆。

7.3 运输和贮存

7.3.1 在运输、贮存中，应避免与酸、碱、盐及有机溶剂接触，应避免日晒、雨淋，撞击或挤压。

7.3.2 产品应水平放置，应存放于通风、干燥、平整的场地。

7.4 质量证明书

每批聚酰胺型材应附有产品质量证明书，其上注明：

a) 供方名称和地址；
b) 产品名称、尺寸规格；
c) 包装类型；
d) 各项出厂检验结果；
e) 生产日期或批号；
f) 数量；
g) 本部分编号；
h) 供方质检部门检印。

8 订货单(或合同)内容

订购本部分所列聚酰胺型材的订货单(或合同)应包括下列内容：

a) 供方名称；
b) 产品名称；
c) 尺寸规格；
d) 包装类型；
e) 数量；
f) 需方的特殊要求：
  ——尺寸偏差要求；
  ——显微组织要求；
  ——断口形貌要求；

——DSC熔融峰温要求；
——轴钉应力开裂性能要求；
——低温无缺口冲击强度要求；
——室温纵向拉伸弹性模量要求；
——低温横向抗拉特征值要求；
——耐水性能要求；
——热老化性能要求；
——铝合金型材复合适应性要求；
——其他特殊要求；

g) 本部分编号。

附　录　A
（规范性附录）
聚酰胺型材典型缺陷术语与定义

A.1

玻璃纤维夹杂　foreign inclusion in glass fibre

由于原材料不纯，聚酰胺型材经煅烧后玻璃纤维的颜色不呈白色（如图 A.1 所示）。

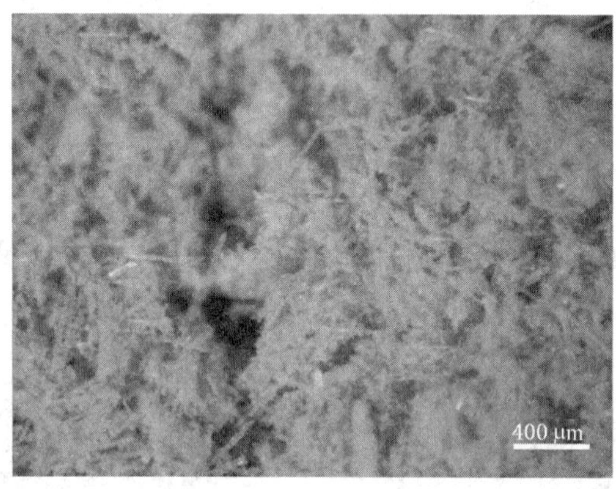

图 A.1　玻璃纤维夹杂

A.2

玻璃纤维短碎　broken short glass fibre

聚酰胺型材经煅烧后大部分玻璃纤维的长径比小于 30（如图 A.2 所示）。

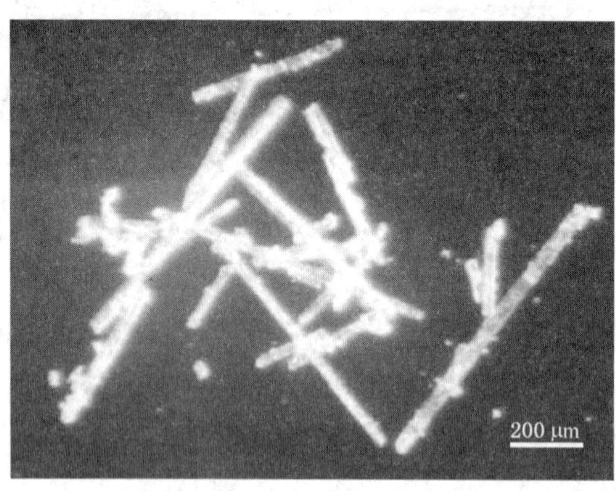

图 A.2　玻璃纤维短碎

A.3

气泡　bubble

聚酰胺型材内部组织结构存在大小不一、内壁光滑的孔洞（如图 A.3 所示）。

主要产生原因：

a）原材料含水率过高；

b）挤压工艺或参数错误。

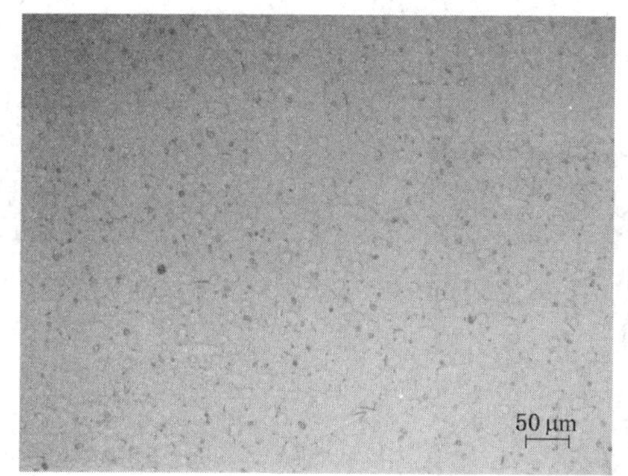

a) 显微组织观察到的气泡

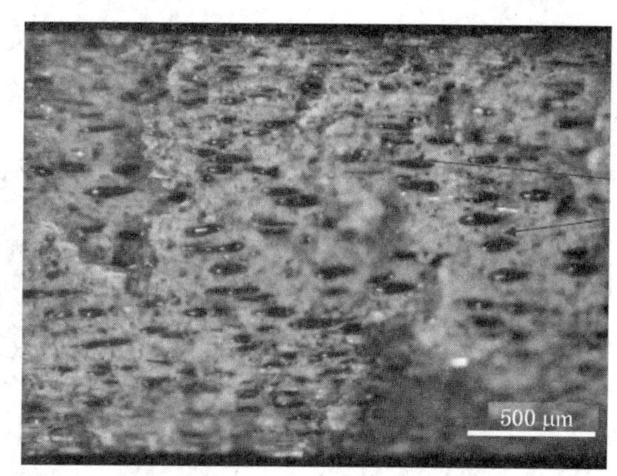

b) 断口形貌观察到的气泡

图 A.3 气泡

A.4

夹杂 foreign inclusion

因原料夹渣(如 $CaCO_3$、CaO 等),造成聚酰胺型材表面或内部残留异物的现象(如图 A.4、图 A.5 所示)。

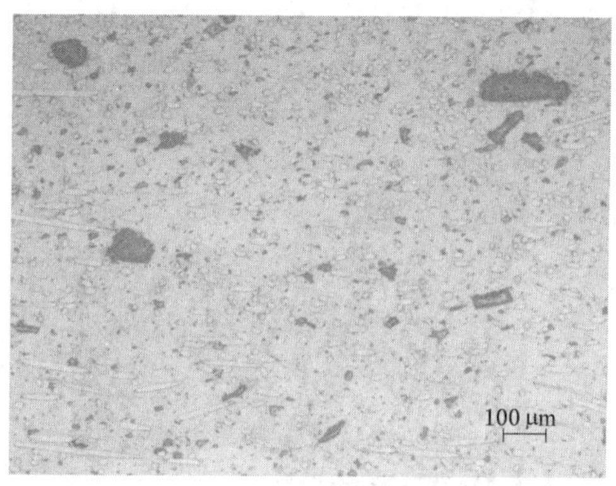

图 A.4 显微组织观察到的夹杂

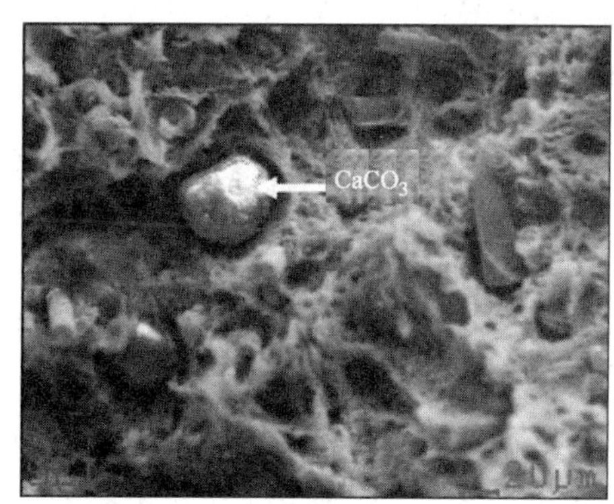

a) 夹杂 $CaCO_3$

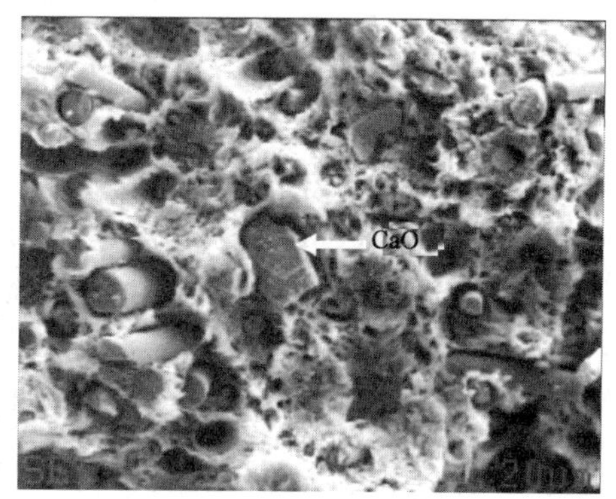

b) 夹杂 CaO

图 A.5 断口形貌观察到的夹杂

A.5

裂纹 crack

聚酰胺型材出现开裂的现象,严重时聚酰胺型材壁厚部位完全断裂(如图 A.6 所示)。

主要产生原因:

a) 挤压过程中挤压工艺或参数设置错误；

b) 聚酰胺型材运输或存放过程中受了较大外力。

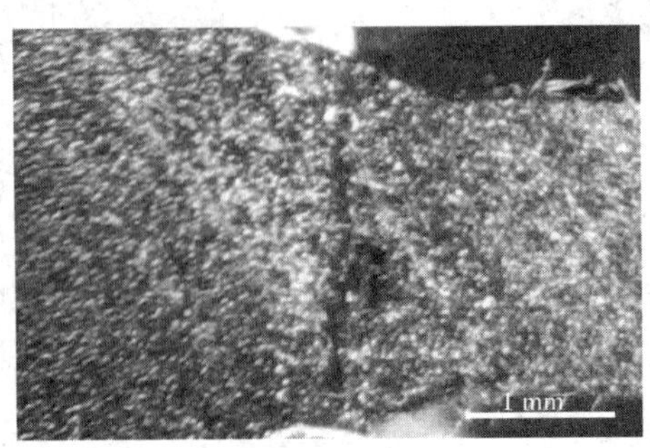

图 A.6 裂纹

A.6

端头变形 head deformation

聚酰胺型材端头角度和尺寸都超出偏差范围，且棱角不规整(如图 A.7 所示)。

主要产生原因：

a) 模具尺寸精度差；

b) 聚酰胺型材挤出后冷却速度过快。

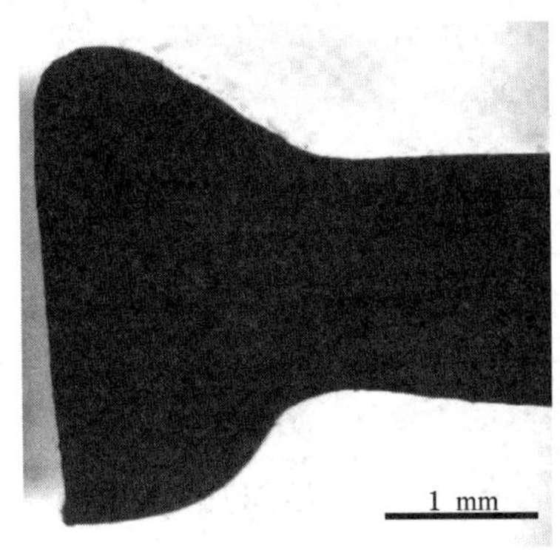

图 A.7 端头变形

附 录 B
（规范性附录）
显微组织试验方法

B.1 方法原理

用金相显微镜分别观察聚酰胺型材横向、纵向和法向的内部组织。

B.2 试验设备

B.2.1 镶样机：工作温度包含 120 ℃～180 ℃，也可以采用冷镶方法（常温）。
B.2.2 磨抛机：工作转速包含 150 r/min～600 r/min。
B.2.3 金相显微镜：装有数码摄像头，且放大倍数应包含 100 倍、200 倍、500 倍。

B.3 试样

B.3.1 取样

任取一根（或任一卷上切取 1 个样坯）聚酰胺型材，在其上切取 3 段长度约 10 mm±2 mm 的试样，分别进行横向、纵向和法向显微组织测试。

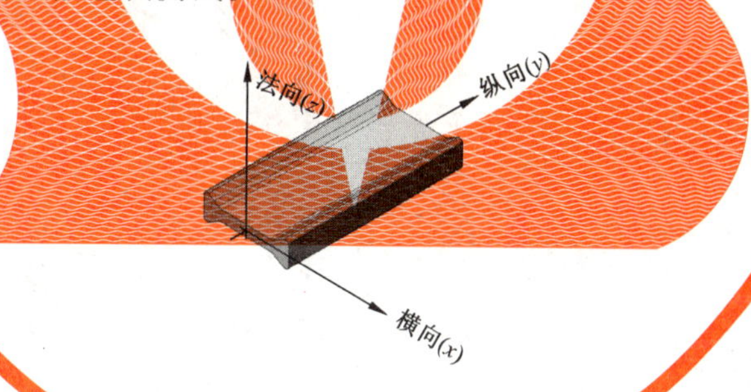

图 B.1 聚酰胺型材横向、纵向、法向示意图

B.3.2 夹持与镶样

将横、纵向和法向试样进行夹持固定后放入镶样机镶嵌，温度不超过 180 ℃，也可采用冷镶方法。横、纵向试样应垂直镶嵌，不应有倾斜角度。

B.3.3 研磨

B.3.3.1 在磨抛机上用粗 SiC 水砂纸（磨料粒度宜为 68 μm～100 μm）将被检查面磨成平面，研磨过程用酒精或水等进行冷却和润滑。
B.3.3.2 将试样转 90°，用 SiC 水砂纸（磨料粒度宜为 18 μm～35 μm）进行细磨，直至试样表面平整且无粗划痕，研磨过程用酒精或水等进行冷却和润滑。如细磨时使用的 SiC 水砂纸粒度较细（磨料粒度约 10 μm 左右），细磨后可直接进行 B.3.5 细抛。

B.3.4 粗抛

将研磨后的试样用水冲洗干净后，用粒径较粗的金刚石悬浮液或其他抛光材料为粗抛光剂（磨料粒度宜为 5 μm～9 μm），在装有粗呢子的抛光盘上进行粗抛，抛光机的转速宜采用 300 r/min～600 r/min。粗抛方向应垂直于磨痕方向，抛至磨痕全部消失，至磨面平整光亮无脏物为止。

B.3.5 细抛

将粗抛后的试样用水冲洗干净，用粒径较细的金刚石悬浮液或其他抛光材料为细抛光剂（磨料粒度宜为 1 μm～3 μm），在装有细呢子（或其他纤维细软的丝织品）的抛光盘上进行细抛，抛光机的转速宜采用 150 r/min～300 r/min。细抛方向应垂直于粗抛痕迹，抛至表面无任何痕迹和脏物，在显微镜上可观察到清晰完整的玻璃纤维组织为止。

B.3.6 清洗

细抛后的试样用水清洗干净并吹干待用。

B.4 显微组织观察

将吹干后的试样置于装有数码摄像头的金相显微镜下观察，放大倍数宜选择 100 ×～500 ×。对整个受检面进行观察，并选取有代表性的视场进行拍照记录。若受检面存在气孔、裂纹、夹杂物等缺陷，应对缺陷单独拍照记录。

B.5 试验报告

试验报告应至少包括下列内容：

a） 试样名称、型号；

b） 试样来源、送样日期；

c） 测试结果；

d） 测试人员、测试日期；

e） 本部分编号。

附　录　C
（规范性附录）
轴钉应力开裂性能试验方法

C.1　方法原理

将直径比聚酰胺型材上圆孔的孔径大的轴钉压入孔中，并经切削液和洗涤剂试验溶液浸泡后，观察孔口周边是否出现裂纹。

C.2　试验工具

4个抛光（*Ra* 1.6）钢轴钉，直径分别为3.10 mm±0.01 mm、3.20 mm±0.01 mm、3.30 mm±0.01 mm、3.40 mm±0.01 mm，轴钉长度（不包括锥端）是10 mm～50 mm，锥端锥度为1∶5，顶部直径为2.5 mm，轴钉示意图见图C.1。

单位为毫米

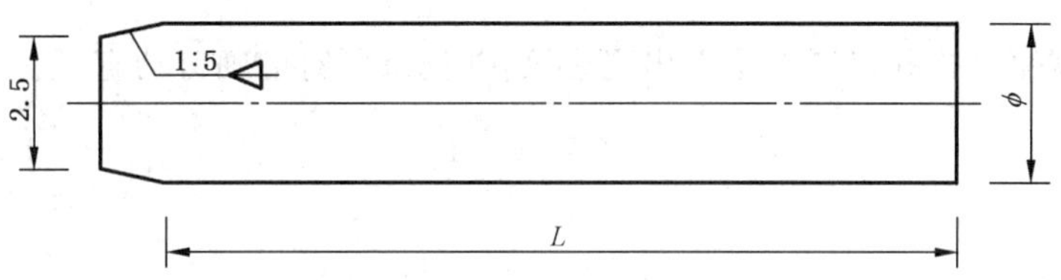

说明：
L ——轴钉长度；
ϕ ——轴钉直径。

图C.1　轴钉示意图

C.3　试样

C.3.1　试样应清洁，无影响测试效果的油脂、水及其他杂质。
C.3.2　将试样在试验室中放置48 h，并对所有试样进行编号。
C.3.3　采用钻床及直径是2.8 mm的钻头，在每个试样上加工4个孔，孔中心线应与试样平面垂直，孔与孔之间及孔与试样长度方向的边缘之间距离应≥15 mm。
C.3.4　采用钻床及绞刀将孔径扩孔加工至3.00 mm±0.05 mm。

C.4　试验步骤

C.4.1　将试样放在140 ℃±2 ℃的普通干燥箱内烘6 h后取出，放置在23 ℃±2 ℃的干燥器内冷却不少于2 h。
C.4.2　将4个轴钉分别压入试样（C.3）孔中，直至轴钉（C.2）的工作部位与孔壁完全接触（一个轴钉可压入几个试样）。
C.4.3　将压入轴钉后的试样放置1 h，随即浸泡在装有切削液的容器中24 h。

C.4.4 取出试样，用清水清洗，并用吸湿纸或布擦去试样表面试液。

C.4.5 用洗涤剂（组分见表 C.1）和 GB/T 6682 规定的三级水配置成浓度为 50 g/L 的洗涤剂试验溶液。将试样置于试验液中保持 24 h。

表 C.1 洗涤剂组分

组　　分	质量分数/%
无水焦磷酸（四）钠（Tetrasodium Pyrophosphate）	53
无水硫酸钠（Sodium Sulphate Anhydyous）	19
十二烷基苯磺酸钠（Sodium linear alkylarylsulfonate）	20
水合硅酸钠（Sodium Metasilicate Hydrated）	7
无水碳酸钠（Sodium Carbonate Anhydrous）	1
总计	100

C.4.6 取出试样，用清水清洗，并用吸湿纸或布擦去试样表面试液。然后放置 3 h。

C.5 试验结果的评定

用 5 倍放大镜观察试样孔口周围是否出现裂纹，并记录所对应轴钉的直径。

C.6 试验报告

试验报告应至少包括下列内容：

a） 试样名称、型号；

b） 试样来源、送样日期；

c） 测试结果；

d） 测试人员、测试日期；

e） 本部分编号。

附 录 D
（规范性附录）
室温纵向抗拉特征值、室温拉伸断裂伸长率、室温拉伸弹性模量的测试方法

D.1 方法原理

使用万能材料试验机测试聚酰胺型材的室温纵向抗拉值、室温拉伸断裂伸长率和室温拉伸弹性模量。

D.2 试验设备

D.2.1 万能材料试验机：符合 GB/T 16825.1—2008 的规定，精度为 1 级或更优级别。

D.2.2 引伸计：准确度等级为 1 级或更优级别。

D.3 试样

D.3.1 将切取的样品加工成图 D.1 所示形状试样。试样端部截面为矩形，试样尺寸按表 D.1。

D.3.2 对所有试样进行编号，并用游标卡尺测量试样长度 L_1 和厚度 t。

D.3.3 将试样放在 140 ℃±2 ℃的普通干燥箱内烘 6 h 后取出，放置在 23 ℃±2 ℃的干燥器内冷却不少于 2 h。

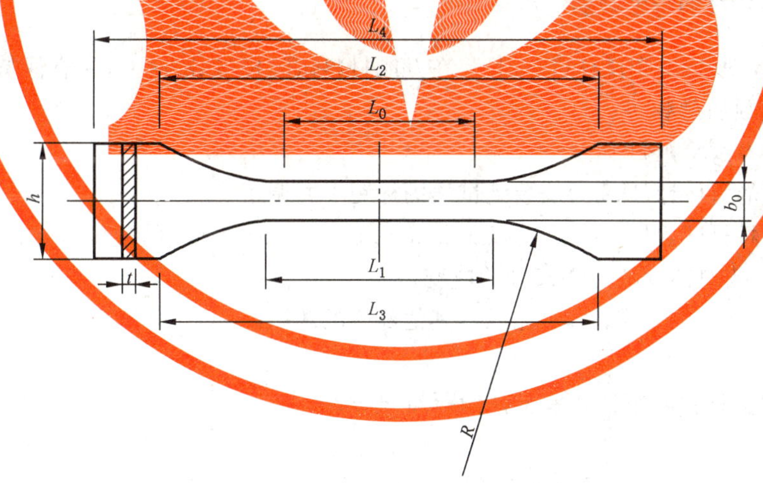

图 D.1 聚酰胺型材纵向拉伸试样示意图

表 D.1 聚酰胺型材纵向拉伸试样尺寸

尺寸分类		尺寸要求 mm
总长 L_4		≥75
两端宽的平行部分之间的距离 L_2		58±2
中间平行部分的长度 L_1		30±0.5
端部宽度 h	Ⅰ型聚酰胺型材	聚酰胺型材高度(如图 6 中的 h_1)
	非Ⅰ型聚酰胺型材	10±0.5
中间水平部分的宽度 b_0		5±0.5
厚度 t	Ⅰ型聚酰胺型材	图 6 中的 t_1
	非Ⅰ型聚酰胺型材	聚酰胺型材主要受力壁厚(图 7 中的 t_1 或 t_2)
标距 L_0		25±0.5
夹具间的初始距离 L_3		L_2+2
半径 R		≥40

D.4 试验步骤

D.4.1 测试室温纵向拉伸弹性模量

D.4.1.1 从干燥器内取出 1 个试样(D.3.3)装在万能材料试验机(D.2.1)上,注意保持试样的垂直性,并施加 50 N±2 N 的预加荷载。

D.4.1.2 使万能材料试验机归零。

D.4.1.3 将校准过的引伸计(D.2.2)安装到试样的标距上并调正。

D.4.1.4 启动万能材料试验机(D.2.1),以 1 mm/min±0.2 mm/min 的速度拉伸试样,测定试样弹性模量(弹性模量测试范围:0.05%~0.25%的应变)。

D.4.1.5 重复 D.4.1.1~D.4.1.4,直至完成对其他试样的测试。

D.4.2 测试室温纵向抗拉特征值和室温拉伸断裂伸长率

D.4.2.1 按 D.4.1.1~D.4.1.3 进行拉伸前的准备,然后以 10 mm/min±2 mm/min 的速度拉伸试样,直到试样被拉断。记下试样最大纵向抗拉力和断裂伸长率。

D.4.2.2 重复 D.4.2.1,直至完成对其他试样的测试。

D.5 试验结果的计算

D.5.1 拉伸弹性模量和拉伸断裂伸长率的计算

按 GB/T 1040.1 的相关规定计算拉伸弹性模量及拉伸断裂伸长率。

D.5.2 纵向抗拉特征值的计算

按式(D.1)计算各试样所能承受的最大纵向抗拉强度,再按式(D.2)计算纵向抗拉特征值。

$$T_1 = F_{max}/(b_0 \times t) \quad \cdots\cdots (D.1)$$

式中:

T_1 ——试样所能承受的最大纵向抗拉强度,单位为兆帕(MPa);

F_{max}——试样最大纵向抗拉力,单位为牛顿(N);

b_0 ——试样中间水平部分的宽度,单位为毫米(mm);

t ——试样厚度,单位为毫米(mm)。

$$T_{1c} = \overline{T}_1 - 2.02 \times S \quad \cdots\cdots (D.2)$$

式中:

T_{1c}——纵向抗拉强度特征值,单位为兆帕(MPa);

$\overline{T}_1$ ——10 个试样试验结果的算术平均值,单位为兆帕(MPa);

S ——10 个试样试验结果的标准偏差,单位为兆帕(MPa)。

D.6 试验报告

试验报告应至少包括下列内容:

a) 试样名称、编号;

b) 试样来源、送样日期;

c) 测试结果;

d) 测试人员、测试日期;

e) 本部分编号。

附 录 E
（规范性附录）
室温横向抗拉特征值、高温横向抗拉特征值、低温横向抗拉特征值的测试方法

E.1 方法原理

使用万能材料试验机测试在给定环境温度下的聚酰胺型材横向抗拉值。

E.2 试验设备

E.2.1 万能材料试验机：符合 GB/T 16825.1—2008 的规定，精度为 1 级或更优级别。
E.2.2 环境试验箱：符合 GB/T 28289—2012 附录 A 的规定。

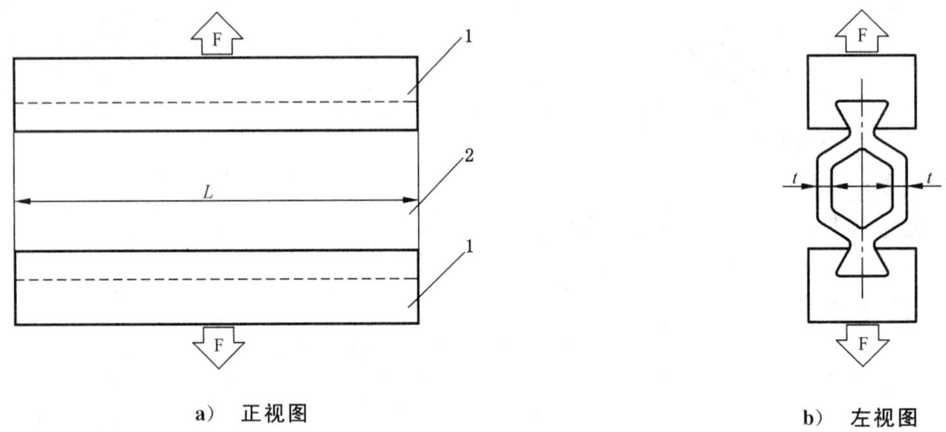

a） 正视图　　b） 左视图

说明：
1——夹具；
2——聚酰胺型材；
L——试样长度；
t——试样壁厚。

图 E.1 聚酰胺型材横向拉伸示意图

E.3 试样

E.3.1 对从聚酰胺型材上切取的所有试样进行编号，并用游标卡尺测量每个试样的长度 L 和最小主要受力壁厚 t。见图 E.1。
E.3.2 将试样放在 140 ℃±2 ℃的普通干燥箱内烘 6 h 后取出，放置在 23 ℃±2 ℃的干燥器内冷却不少于 2 h。

E.4 试验步骤

E.4.1 室温横向抗拉特征值的测试

E.4.1.1 从干燥器内取出 1 个试样（E.3.2）装入聚酰胺型材夹具里。

E.4.1.2 将装好聚酰胺型材试样的整套夹具装入万能材料试验机(E.2.1)上。

E.4.1.3 施加 50 N±2 N 的预加荷载。

E.4.1.4 使万能材料试验机(E.2.1)归零。以 10 mm/min±2 mm/min 的速度拉伸试样,直到试样被拉断。记下试样最大抗拉力。

E.4.1.5 重复 E.4.1.1~E.4.1.4,直至完成对其他试样的测试。

E.4.2 高、低温横向抗拉特征值的测试

E.4.2.1 从干燥器内取出 1 个试样(E.3.2)装入聚酰胺型材夹具里。

E.4.2.2 将装好聚酰胺型材试样的整套夹具放入安装在万能材料试验机(E.2.1)上的环境试验箱(E.2.2)中。

E.4.2.3 关上箱门,启动设备,升或降至规定温度(高温横向抗拉特征值测试:90 ℃±2 ℃,低温横向抗拉特征值测试:−30 ℃±2 ℃,恒温 30 min。

E.4.2.4 按 E.4.1.3~E.4.1.4 进行拉伸试验。

E.4.2.5 重复 E.4.2.1~E.4.2.4(恒温时间可以降到 10 min),直至完成对其他试样的测试。

E.5 试验结果的计算

按式(E.1)计算各试样所能承受的最大横向抗拉强度,再按式(E.2)计算横向抗拉特征值。

$$T_2 = F_{max}/(L \times \Sigma t) \quad \cdots\cdots (E.1)$$

式中:

T_2 ——试样所能承受的最大横向抗拉强度,单位为兆帕(MPa);

F_{max}——试样最大横向抗拉力,单位为牛顿(N);

L ——试样长度,单位为毫米(mm);

Σt ——试样主要受力壁厚之和,单位为毫米(mm)。

$$T_{2c} = \overline{T}_2 - 2.02 \times S \quad \cdots\cdots (E.2)$$

式中:

T_{2c}——横向抗拉特征值,单位为兆帕(MPa);

$\overline{T}_2$ ——10 个试样试验结果的算术平均值,单位为兆帕(MPa);

S ——10 个试样试验结果的标准偏差,单位为兆帕(MPa)。

E.6 试验报告

试验报告应至少包括下列内容:

a) 试样名称、编号;

b) 试样来源、送样日期;

c) 测试结果;

d) 测试人员、测试日期;

e) 本部分编号。

附　录　F
（规范性附录）
铝合金型材复合适应性试验方法

F.1　方法原理

铝合金型材复合适应性试验是聚酰胺型材与铝合金型材复合成隔热型材后，隔热型材试样经过水中浸泡或高温高湿环境后，测定其在设定温度下的横向抗拉特征值，并分别与未经过水中浸泡或高温高湿环境的隔热型材相应温度下的横向抗拉特征值对比。

F.2　试样

F.2.1　制样

随机抽取 2 根隔热型材，每根隔热型材于中部切取 10 个试样，于两端分别切取 10 个试样（共 60 个）。将试样均分 6 份（每份至少包括 3 个中部试样），试样长 100 mm±2 mm，试样最短允许缩至 18 mm（仲裁时，试样长为 100 mm±2 mm）。

在进行横向拉伸试验时，隔热型材试样可不通过室温纵向剪切失效，直接做横向拉伸试验。

F.2.2　试样状态调节

各项性能试验前，试样需在室温 23 ℃±2 ℃、50%±10%湿度的环境条件下放置 48 h，切割断口应进行保护。

F.3　试验方法

F.3.1　水中浸泡试验方法

F.3.1.1　各取 10 个试样分别在设定的低温、高温（见表 4）下稳定后，按 GB/T 28289—2012 的规定进行横向拉伸试验，分别计算低温、高温横向抗拉特征值。

F.3.1.2　取 20 个试样放入 GB/T 6682 规定的三级水（温度为 23 ℃±2 ℃）中浸泡 1 000 h 后取出，进行试样状态调节（F.2.2），从中分取低温、高温横向拉伸试验用试样各 10 个。

F.3.1.3　试样在设定的低温、高温（见表 4）下稳定后，按 GB/T 28289—2012 的规定进行横向拉伸试验。分别计算低温、高温横向抗拉特征值，并分别与 F.3.1.1 测得相应温度的横向抗拉特征值进行比较。

F.3.2　湿热试验方法

F.3.2.1　取 10 个试样按 GB/T 28289—2012 的规定进行室温（23 ℃±2 ℃）横向拉伸试验，计算出室温横向抗拉特征值。

F.3.2.2　取 10 个试样，在湿度大于 90%的高温（85 ℃±2 ℃）环境中放置 96 h 后取出，进行试样状态调节（F.2.2）。

F.3.2.3　试样在室温（23 ℃±2 ℃）下稳定后，按 GB/T 28289—2012 的规定进行横向拉伸试验。计算出室温横向抗拉强度特征值，并与 F.3.2.1 测得的室温横向抗拉特征值进行比较。

F.4 试验报告

试验报告应至少包括下列内容：

a) 试样名称、编号；

b) 试样来源、送样日期；

c) 聚酰胺型材型号；

d) 测试结果；

e) 测试人员、测试日期；

f) 本部分编号。

ICS 91.100.60
H 30

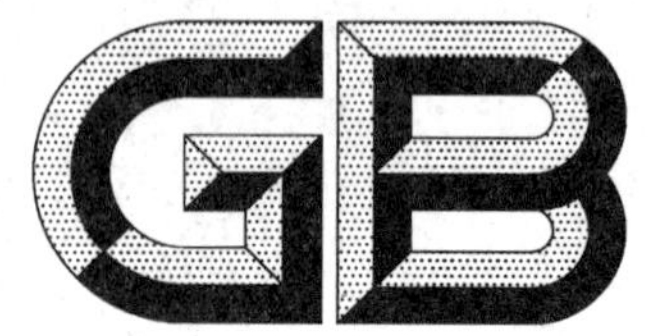

中华人民共和国国家标准

GB/T 23615.2—2017
代替 GB/T 23615.2—2012

铝合金建筑型材用隔热材料
第2部分:聚氨酯隔热胶

Thermal barrier materials for architectural aluminum alloy profiles—
Part 2: Thermal barrier polyurethane

2017-10-14 发布　　　　2018-05-01 实施

中华人民共和国国家质量监督检验检疫总局
中国国家标准化管理委员会　发布

前言

GB/T 23615《铝合金建筑型材用隔热材料》分为两个部分：

——第1部分：聚酰胺型材；

——第2部分：聚氨酯隔热胶。

本部分为GB/T 23615的第2部分。

本部分按照GB/T 1.1—2009给出的规则起草。

本部分代替GB/T 23615.2—2012《铝合金建筑用辅助材料　第2部分：聚氨酯隔热胶》。本部分与GB/T 23615.2—2012相比，除编辑性修改外主要技术变化如下：

——增加了规范性引用文件GB/T 1040.1、GB/T 2013、GB/T 10297、GB/T 12008.1、GB/T 12008.2、GB/T 12008.3、GB/T 22313(见第2章)；

——修改了原胶类别、代号、主要成分与说明(见4.1.1,2012年版4.1)；

——修改了隔热胶性能等级、原胶成分特点及典型用途(见4.1.2,2012年版4.1)；

——增加了隔热胶标记及示例(见4.1.3)；

——增加了原胶中有害物质限量(见4.2.1)；

——增加了原胶含水率性能要求(见4.2.2)；

——增加了原胶黏度性能要求(见4.2.2)；

——增加了原胶密度要求(见4.2.2)；

——增加了原胶羟值要求(见4.2.2)；

——增加了原胶纯净度要求(见4.2.4)；

——修改了负荷变形温度规定值(见4.3,2012年版4.3.1)；

——修改了室温悬臂梁缺口冲击强度规定值(见4.3,2012年版4.3.1)；

——增加了低温悬臂梁缺口冲击强度规定值(见4.3)；

——修改了邵氏硬度规定值(见4.3,2012年版4.3.1)；

——修改了室温抗拉强度规定值(见4.3,2012年版4.3.1)；

——修改了室温断裂伸长率规定值(见4.3,2012年版4.3.1)；

——修改了低温抗拉强度规定值(见4.3,2012年版4.3.1)；

——增加了高温抗拉强度规定值(见4.3)；

——修改了紫外老化性能室温悬臂梁缺口冲击强度规定值(见4.3,2012年版4.3.1)；

——修改了紫外老化性能室温抗拉强度规定值(见4.3,2012年版4.3.1)；

——修改了导热系数规定值，给出导热系数典型值(见4.3,2012年版4.3.1)；

——增加了线性膨胀系数典型值(见4.3)；

——增加了固化放热温度典型值(见4.3)；

——删除了湿性收缩率(见2012年版4.5)；

——删除了隔热型材标准样品要求(见2012年版4.6)；

——增加了环境温度(见5.1)；

——增加了试验温度(见5.2)；

——修改了胶板模具尺寸(见5.4.1,2012年版5.3.1)；

——修改了拉伸试样尺寸(见5.4.7.1,2012年版5.3.8.1)；

——修改了固化放热温度的试验方法(见5.4.12,2012年版5.4)；

——增加了适应性检验试验方法(见 5.5);

——增加了摆锤式冲击试验机示意图(见 B.2.1);

——修改了悬臂梁缺口冲击强度试样尺寸(见 B.3.1,2012 年版 B.4.1);

——增加了悬臂梁缺口冲击强度试样缺口示意图(见 B.4.2)。

本部分由中国有色金属工业协会提出。

本部分由全国有色金属标准化技术委员会(SAC/TC 243)归口。

本部分起草单位:亚松聚氨酯(上海)有限公司、国家化学建筑材料测试中心、广东省工业分析检测中心、大连固瑞聚氨酯股份有限公司、湖州倍格曼新材料股份有限公司、广州图恩化学原料有限公司、佛山市优耐高新材料有限公司、国家有色金属质量监督检验中心、福建省南平铝业股份有限公司、广东坚美铝型材厂(集团)有限公司、广东广亚铝型材有限公司、巴斯夫聚氨酯特种产品(中国)有限公司、力尔铝业股份有限公司、苏州罗普斯金铝业股份有限公司。

本部分主要起草人:何振程、丁金海、刘涛、游玉萍、董明全、侯昭科、夏建军、刘艳斌、张红菊、冯东升、戴悦星、潘学著、周杨春、齐金星、周建民。

本部分所代替标准的历次版本发布情况为:

——GB/T 23615.2—2012。

铝合金建筑型材用隔热材料
第2部分:聚氨酯隔热胶

1 范围

GB/T 23615的本部分规定了聚氨酯隔热胶的要求、试验方法、检验规则和标志、包装、运输、贮存及质量证明书与订货单(或合同)内容。

本部分适用于异氰酸酯组合料和多元醇组合料(以下统称原胶)经交联反应制成的铝合金建筑型材用隔热材料(即聚氨酯隔热胶,以下简称隔热胶)。

2 规范性引用文件

下列文件对于本文件的应用是必不可少的。凡是注日期的引用文件,仅注日期的版本适用于本文件。凡是不注日期的引用文件,其最新版本(包括所有的修改单)适用于本文件。

GB/T 1033.1—2008 塑料非泡沫塑料密度的测定 第1部分:浸渍法、液体比重瓶法和滴定法

GB/T 1036 塑料－30 ℃～30 ℃线膨胀系数测定石英膨胀计法

GB/T 1040.1 塑料 拉伸性的测定 第1部分:总则

GB/T 1040.2 塑料 拉伸性能的测定 第2部分:模塑和挤塑塑料的试验条件

GB/T 1634.1 塑料 负荷变形温度的测定 第1部分:通用试验方法

GB/T 1843 塑料 悬臂梁冲击强度的测定

GB/T 2013 液体石油化工产品密度测定法

GB/T 2411—2008 塑料和硬橡胶使用硬度计测定压痕硬度(邵氏硬度)

GB/T 5237.1—2017 铝合金建筑型材 第1部分:基材

GB/T 5237.6—2017 铝合金建筑型材 第6部分:隔热型材

GB/T 10295 绝热材料稳态热阻及有关特性的测定 热流计法

GB/T 10297 非金属固体材料导热系数的测定方法 热线法

GB/T 12008.1 塑料 聚醚多元醇 第1部分:命名系统

GB/T 12008.2 塑料 聚醚多元醇 第2部分:规格

GB/T 12008.3 塑料 聚醚多元醇 第3部分:羟值的测定

GB/T 12008.7 塑料 聚醚多元醇 第7部分:黏度的测定

GB/T 16422.3 塑料实验室光源暴露试验方法 第3部分:荧光紫外灯

GB/T 21189—2007 塑料简支梁、悬臂梁和拉伸冲击试验用摆锤冲击试验机的检验

GB/T 22313 塑料 用于聚氨酯生产的多元醇水含量的测定

GB/T 28289 铝合金隔热型材复合性能试验方法

3 术语和定义

下列术语和定义适用于本文件。

3.1

隔热胶 thermal barrier polyurethane

在铝合金隔热型材中起减少热传导并具有结构连接作用的由异氰酸酯组合料和多元醇组合料作为原料经化学反应法制成的聚氨酯化合物。

3.2

隔热胶样板 reference sample for thermal barrier polyurethane

将异氰酸酯组合料和多元醇组合料按供方提供的、生成隔热胶所需的比例,采用专用浇注设备注入专用模具中发生化学反应,生成的聚氨酯化合物胶板。

4 要求

4.1 产品分类

4.1.1 原胶类别、代号、主要成分与说明

原胶类别、代号、主要成分与说明见表1。

表1 原胶类别、代号、主要成分与说明

原胶类别	代号	主要成分	成分说明
异氰酸酯类	I	异氰酸酯	是形成聚氨酯的主要原料,为棕色透明液体,异氰酸酯质量分数大于90%。不准许使用甲苯二异氰酸酯(TDI)
		抗老化剂	主要为紫外吸收剂和抗氧化剂
多元醇类	P	多元醇	以乙二醇、甘油为起始剂的聚醚多元醇,是形成聚氨酯的主要原料,为无色至浅黄色透明液体,多元醇质量分数大于90%。不准许使用蔗糖类为起始剂的聚醚多元醇。 聚酯多元醇制品低温脆性高,耐水解性差,和聚氨酯粘合剂其他组分的相容性不好,容易分层,不准许在聚氨酯隔热胶中使用
		催化剂	应使用胺类催化剂,不准许使用重金属催化剂
		颜料	应使用有机色浆,不准许使用无机色粉
		抗老化剂	主要为紫外吸收剂和抗氧化剂

4.1.2 隔热胶性能等级、原胶成分特点及典型用途

隔热胶性能等级、原胶成分特点及典型用途见表2。

表2 隔热胶性能等级、原胶成分特点及典型用途

隔热胶性能等级	原胶成分特点	典型用途
Ⅰ级	选用通用型聚醚多元醇,一般是采用环氧丙烷封端,以丙三醇、乙二醇为起始剂合成的低活性聚醚多元醇,例如GB/T 12008.2中的220X、330E、310	适用于风压不大于2 000 Pa的建筑用的门或窗
Ⅱ级	选用含有更多高活性的聚醚多元醇,一般是采用环氧乙烷封端,伯羟基含量通常在70%~90%左右。例如GB/T 12008.2中的348H、360H、8305、330N、360N等	适用于幕墙及风压大于2 000 Pa的建筑的门或窗

4.1.3 标记及示例

产品标记按照产品名称、本部分编号、隔热胶代号(PU)及性能等级、原胶类别代号的顺序表示。标记示例如下：

示例 1：

隔热胶性能等级为Ⅰ级、原胶类别为异氰酸酯类的胶聚氨酯隔热胶，标记为：

隔热胶 GB/T 23615.2-PU-Ⅰ级(Ⅰ)

示例 2：

隔热胶性能等级为Ⅱ级、原胶类别为多元醇类的胶聚氨酯隔热胶，标记为：

隔热胶 GB/T 23615.2-PU-Ⅱ级(P)

4.2 原胶

4.2.1 原胶中的有害物质限量

原胶中的有害物质限量应符合表 3 的规定。

表 3 原胶中有害物质限量

有害物质	质量分数
多溴联苯(PBB)	≤0.1%
多溴二苯醚(PBDE)	≤0.1%
邻苯二甲酸二辛酯(DEHP)	≤0.1%
邻苯二甲酸丁酯苯甲酯(BBP)	≤0.1%
邻苯二甲酸二丁酯(DBP)	≤0.1%
邻苯二甲酸二异丁酯(DIBP)	≤0.1%
可溶性铅(Pb)	≤90 mg/kg
可溶性镉(Cd)	≤75 mg/kg
可溶性铬(Cr)	≤60 mg/kg
可溶性汞(Hg)	≤60 mg/kg

4.2.2 原胶黏度、含水率、密度、羟值

原胶的黏度、含水率、密度、羟值应符合表 4 规定。

表 4 原胶的黏度、含水率、密度、羟值

隔热胶性能等级	原胶黏度(23 ℃) mPa·s		原胶含水率 %	原胶密度(23 ℃) g/cm³	原胶羟值(以 KOH 计) mg/g
Ⅰ级	Ⅰ类原胶	200±50	—	1.23±0.06	—
	P 类原胶	700±200	≤0.06	1.07±0.05	200～400
Ⅱ级	Ⅰ类原胶	200±50	—	1.23±0.06	—
	P 类原胶	700±200	≤0.05	1.07±0.05	250～350

4.2.3 原胶外观质量

原胶应色泽均匀。

4.2.4 原胶纯净度

原胶应纯净无杂质。

4.2.5 原胶手动凝固时间

手动凝固时间应符合表5的要求。

表5 手动凝固时间

隔热胶性能等级	手动凝固时间 s
Ⅰ级	≤38
Ⅱ级	≤21

4.3 隔热胶性能

隔热胶的导热系数、线性膨胀系数、固化放热温度参见表6,其他性能应符合表6规定。

表6 隔热胶性能

项目		要求	
		Ⅰ级隔热胶	Ⅱ级隔热胶
外观质量		光滑、色泽均匀、无杂质	
密度		≥1.149 g/cm^3	
负荷变形温度(0.455 MPa)		≥60 ℃	≥80 ℃
室温悬臂梁缺口冲击强度		≥75 J/m	≥80 J/m
低温悬臂梁缺口冲击强度(−30 ℃)		≥ 60 J/m	≥65 J/m
邵氏硬度(H_D)		≥ 65	
室温抗拉强度		≥30 MPa	≥34 MPa
室温断裂伸长率		≥25%	≥20%
低温抗拉强度(−30 ℃)		≥45 MPa	≥50 MPa
高温抗拉强度(70 ℃)		≥18 MPa	≥22 MPa
耐紫外线老化性能(200 h)	室温抗拉强度	≥24 MPa	≥30 MPa
	悬臂梁缺口冲击强度	≥70 J/m	≥75 J/m
导热系数	热线法	0.12 W/(m·K)~0.14 W/(m·K)	
	热流计法	0.21 W/(m·K)	
线性膨胀系数		1.0×10^{-4} ℃$^{-1}$~1.1×10^{-4} ℃$^{-1}$	
固化放热温度		120 ℃~150 ℃	

4.4 铝合金型材表面处理的适应性

适应性检验中得到的室温纵向抗剪特征值应符合 GB /T 5237.6—2017 中表 7 的规定。

5 试验方法

5.1 环境温度

试验室温度为 23 ℃±2 ℃、相对湿度为 50%±10%。

5.2 试验温度

隔热胶试验温度为：
室温：23 ℃±2 ℃；低温：−30 ℃±2 ℃；高温：70 ℃±2 ℃。

5.3 原胶

5.3.1 原胶有害物质限量

有害物质限量的试验方法由供需双方协商。

5.3.2 原胶黏度

原胶黏度的试验方法按 GB/T 12008.7 的规定进行。

5.3.3 原胶含水率

原胶含水率的试验方法按 GB/T 22313 的规定进行。

5.3.4 原胶密度

原胶密度的试验方法按 GB/T 2013 的规定进行。

5.3.5 原胶羟值

原胶羟值的试验方法按 GB/T 12008.3 的规定进行。

5.3.6 原胶外观质量

原胶的外观质量以 0.5m 距离目视检查原胶外观。

5.3.7 原胶纯净度

原胶纯净度的检测：使用长度为 1 000 mm±10 mm 的可视石英管伸入原胶胶桶内抽取原胶，取出石英管，以 0.5 m 距离目视检查石英管内原胶是否存在杂质。

5.3.8 手动凝固时间

5.3.8.1 在温度为 23 ℃±2 ℃、相对湿度为 50%±10%的试验室条件下，将一个试验纸杯置于分析天平(感量为 0.5g)上，称量纸杯质量。

5.3.8.2 从原胶桶中取约 50 g 的异氰酸酯组合料放入该试验纸杯中，再称量，计算异氰酸酯组合料质量。按供方提供的、生成隔热胶所需的比例，计算出所需多元醇组合料质量，并从原胶桶中取出相应量的多元醇组合料放入该试验纸杯中。

5.3.8.3 用一搅拌棒搅拌试验纸杯中的混合物，使其充分混合，并同时启动秒表。搅拌 12 s，停止 3 s，随即将搅拌棒上下移动，直至搅拌棒完全黏在隔热胶上不能移动，从启动秒表至搅拌棒不能移动为止的时间记为本次试验手动凝固时间。

5.3.8.4 重复 5.3.8.1～5.3.8.3 两次，取 3 次试验所得手动凝固时间的算术平均值，保留到整数位，作为手动凝固时间试验结果。

5.4 隔热胶性能

5.4.1 试样制备

用尺寸不小于 200 mm×200 mm×12.7 mm 和 200 mm×200 mm×6.4 mm 的模具浇注隔热胶样板。浇注取样前调整生产环境，并记录各项数据。隔热胶样板应在室温条件下放置 168 h 后用切削、冲切等机加工方法制成试样。

5.4.2 外观质量

在散射自然光下，距离 0.5m 处目视检查。

5.4.3 密度

密度的试验方法按 GB/T 1033.1—2008 的规定进行。

5.4.4 负荷变形温度

负荷变形温度的检测按附录 A 的规定进行。

5.4.5 悬臂梁缺口冲击强度

室温悬臂梁缺口冲击强度和低温悬臂梁缺口冲击强度的试验方法按附录 B 的规定进行。

5.4.6 邵氏硬度

邵氏硬度采用 GB/T 2411 规定的 D 型邵氏硬度计进行检测。以下压板与试样完全接触后 15 s 内的读数作为试验结果。

5.4.7 室温抗拉强度、室温断裂伸长率、低温抗拉强度

5.4.7.1 试样尺寸如图 1 所示。

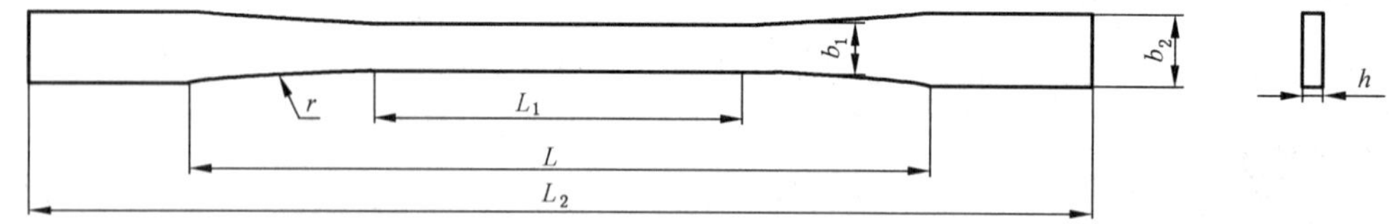

说明：

L ——夹具间距：115 mm±0.5 mm；
L_1 ——狭窄部分的长度：57 mm±0.5 mm；
L_2 ——总长：165 mm±0.5 mm；
b_1 ——狭窄部分的宽度：13 mm±0.5 mm；
b_2 ——总宽：19 mm±0.5 mm；
h ——厚度：6.4 mm±0.4 mm；
r ——内圆角半径：76 mm±0.5 mm。

图 1 室温抗拉强度、室温断裂伸长率、低温抗拉强度试样示意图

5.4.7.2 按照 GB/T 1040.2 规定的试验方法测定室温抗拉强度、室温断裂伸长率。试验速度应为 50 mm/min。

5.4.7.3 将试样在−30 ℃±2 ℃环境下恒温 30 min 后,在该温度下,按照 GB/T 1040.2 规定的试验方法测定低温抗拉强度值。试验速度应为 50 mm/min。

5.4.8 高温抗拉强度

在 70 ℃±2 ℃环境下恒温 30 min 后,在该温度下,按照 GB/T 1040.2—2006 规定的试验方法测定高温抗拉强度值,试验速度应为 50 mm/min。

5.4.9 耐紫外线老化性能试验方法

按 GB/T 16422.3 规定的试验方法进行耐紫外线老化性能测试试验,老化时间为 200 h。按照 5.4.7 的要求测定室温抗拉强度和按 5.4.5 的规定检测悬臂梁缺口冲击强度。

5.4.10 导热系数

导热系数的试验方法,热流计法按照 GB/T 10295 的规定进行,热线法按 GB/T 10297 的规定进行。

5.4.11 线膨胀系数

线膨胀系数的试验方法按 GB/T 1036 的规定进行。

5.4.12 固化放热温度

固化放热温度的试验方法由供需双方协商确定。

5.5 铝合金型材表面处理的适应性

按照 GB/T 5237.6 —2017 中规定试验方法测定室温纵向抗剪特征值。

6 检验规则

6.1 检查和验收

6.1.1 原胶应由供方进行检验,保证原胶质量符合本部分及订货单(或合同)的规定,并填写质量证明书。

6.1.2 需方应对收到的原胶产品按本部分的规定进行检验。检验结果与本部分及订货单(或合同)的规定不符时,应以书面形式向供方提出,由供需双方协商解决。属于与原胶外观质量的异议,应在收到产品之日起 1 个月内提出,属于其他性能的异议,应在收到产品之日起 3 个月内提出。如需仲裁,可委托供需双方认可的单位进行,并在需方共同取样。

6.2 组批

原胶应成批提交验收。每批应由同一成分的原胶组成。连续生产时每 24 h 为一批;间歇生产时,不足 24 h 仍以一批计。

6.3 检验分类

产品检验分为出厂检验和定期检验两类。

6.4 检验项目及工艺保证

6.4.1 出厂检验项目、定期检验项目和工艺保证项目应符合表7的规定。

表7 检验项目及工艺保证项目

<table>
<tr><th colspan="3">检验项目</th><th>出厂检验项目</th><th>定期检验项目</th><th>工艺保证项目</th></tr>
<tr><td rowspan="8">原胶</td><td colspan="2">有害物质限量</td><td>—</td><td>—</td><td>√</td></tr>
<tr><td colspan="2">黏度</td><td>√</td><td>—</td><td>—</td></tr>
<tr><td colspan="2">含水率</td><td>√</td><td>—</td><td>—</td></tr>
<tr><td colspan="2">密度</td><td>[a]</td><td>√</td><td>√</td></tr>
<tr><td colspan="2">羟值</td><td>[a]</td><td>√</td><td>√</td></tr>
<tr><td colspan="2">外观质量</td><td>√</td><td>—</td><td>—</td></tr>
<tr><td colspan="2">纯净度</td><td>√</td><td>—</td><td>—</td></tr>
<tr><td colspan="2">手动凝固时间</td><td>√</td><td>—</td><td>—</td></tr>
<tr><td rowspan="12">隔热胶性能</td><td colspan="2">外观质量</td><td>√</td><td>—</td><td>—</td></tr>
<tr><td colspan="2">密度</td><td>[a]</td><td>√</td><td>√</td></tr>
<tr><td colspan="2">负荷变形温度(0.455 MPa)</td><td>[a]</td><td>√</td><td>√</td></tr>
<tr><td colspan="2">室温悬臂梁缺口冲击强度</td><td>√</td><td>—</td><td>—</td></tr>
<tr><td colspan="2">低温悬臂梁缺口冲击强度(−30 ℃)</td><td>[a]</td><td>√</td><td>√</td></tr>
<tr><td colspan="2">邵氏硬度(H_D)</td><td>[a]</td><td>√</td><td>√</td></tr>
<tr><td colspan="2">室温抗拉强度</td><td>[a]</td><td>√</td><td>√</td></tr>
<tr><td colspan="2">室温断裂伸长率</td><td>[a]</td><td>√</td><td>√</td></tr>
<tr><td colspan="2">低温抗拉强度(−30 ℃)</td><td>[a]</td><td>√</td><td>√</td></tr>
<tr><td colspan="2">高温抗拉强度(70 ℃)</td><td>√</td><td>—</td><td>—</td></tr>
<tr><td rowspan="2">耐紫外线老化性能(200 h)</td><td>室温抗拉强度</td><td>[a]</td><td>√</td><td>√</td></tr>
<tr><td>悬臂梁缺口冲击强度</td><td>[a]</td><td>√</td><td>√</td></tr>
<tr><td colspan="3">铝合金型材表面处理的适应性</td><td>[a]</td><td>√</td><td>√</td></tr>
<tr><td colspan="6">注:"√"表示必需检验的项目或工艺保证项目。</td></tr>
<tr><td colspan="6">[a] 订货单(或合同)中注明检验时,该项目列为必需检验项目。</td></tr>
</table>

6.4.2 供方每两年至少应进行一次定期检验。

6.5 取样

产品取样应符合表8的规定。

表 8 取样

<table>
<tr><th colspan="3">检验项目[a]</th><th>取样规定</th><th>要求的章条号</th><th>试验方法的章条号</th></tr>
<tr><td rowspan="7">原胶</td><td colspan="2">黏度</td><td>适量</td><td rowspan="4">4.2.2</td><td>5.3.2</td></tr>
<tr><td colspan="2">含水率</td><td>适量</td><td>5.3.3</td></tr>
<tr><td colspan="2">密度</td><td>适量</td><td>5.3.4</td></tr>
<tr><td colspan="2">羟值</td><td>每批随机抽检 200 mL P 类原胶</td><td>5.3.5</td></tr>
<tr><td colspan="2">外观质量</td><td>每批随机抽检 200 mL 原胶</td><td>4.2.3</td><td>5.3.6</td></tr>
<tr><td colspan="2">纯净度</td><td>每批随机抽检 200 mL 原胶</td><td>4.2.4</td><td>5.3.7</td></tr>
<tr><td colspan="2">手动凝固时间</td><td>从原胶桶中各取约 100 g 异氰酸酯组合料和多元醇组合料</td><td>4.2.5</td><td>5.3.8</td></tr>
<tr><td rowspan="12">隔热胶性能</td><td colspan="2">外观质量</td><td>所有隔热胶样板性能(外观质量除外)检测用试样,在其性能检测前,先进行外观质量的检验</td><td rowspan="12">4.3</td><td>5.4.2</td></tr>
<tr><td colspan="2">密度</td><td>符合 GB/T 1033.1—2008 的规定</td><td>5.4.3</td></tr>
<tr><td colspan="2">负荷变形温度(0.455 MPa)</td><td>每批取至少 2 个试样,试样尺寸为:127 mm×12.7 mm×6.4 mm</td><td>5.4.4</td></tr>
<tr><td colspan="2">室温悬臂梁缺口冲击强度</td><td rowspan="2">每批取至少 10 个试样,试样尺寸为:63.5 mm×12.7 mm×12.7 mm</td><td rowspan="2">5.4.5</td></tr>
<tr><td colspan="2">低温悬臂梁缺口冲击强度(−30 ℃)</td></tr>
<tr><td colspan="2">邵氏硬度(H_D)</td><td>符合 GB/T 2411—2008 的规定</td><td>5.4.6</td></tr>
<tr><td colspan="2">室温抗拉强度</td><td rowspan="2">每批取至少 5 个试样,尺寸见图 1</td><td rowspan="3">5.4.7</td></tr>
<tr><td colspan="2">室温断裂伸长率</td></tr>
<tr><td colspan="2">低温抗拉强度</td><td>每批取至少 5 个试样,尺寸见图 1</td></tr>
<tr><td colspan="2">高温抗拉强度</td><td>每批至少取 5 个试样,尺寸见图 1</td><td>5.4.8</td></tr>
<tr><td rowspan="2">耐紫外线老化后性能</td><td>室温抗拉强度</td><td>每批取至少 5 个试样,尺寸见图 1</td><td rowspan="2">5.4.9</td></tr>
<tr><td>悬臂梁缺口冲击强度</td><td>每批取至少 10 个试样,试样尺寸为:63.5 mm×12.7 mm×12.7mm</td></tr>
<tr><td colspan="3">铝合金型材表面处理的适应性</td><td>浇注槽口型号为 BB 的型材按 GB/T 5237.6—2017 的规定取样</td><td>4.4</td><td>5.5</td></tr>
</table>

6.6 检验结果的判定

产品的检验结果中有任一检验结果不符合本部分要求时,应另取双倍数量的试样对不合格项目进行重复试验,重复试验结果全部合格,则判该批合格。若重复试验结果仍有试样不合格,则判该批不合格。

7 标志、包装、运输、贮存及质量证明书

7.1 标志

原胶桶的明显部位应贴上包括如下内容的标签:

a) 供方名称、商标；
b) 原胶类别、隔热胶标记、隔热胶性能等级、型号、净重；
c) 生产日期、批号与有效期；
d) 供方质检部门检印；
e) 本部分编号。

7.2 包装

原胶桶宜使用抗压性能良好的、有螺丝扣盖或其他形式的密封盖的铁桶或硬塑桶包装，不准许使用回收桶。

7.3 运输、贮存

7.3.1 在运输、贮存中，应避免与酸、碱、盐及有机溶剂接触，应避免日晒、雨淋，撞击或挤压。

7.3.2 原胶桶应水平放置，并存放于环境温度 10 ℃～37 ℃、通风、干燥、平整的场地。

7.4 质量证明书

每批原胶均应附有符合本部分要求的质量证明书，其上注明：
a) 供方名称；
b) 原胶类别、隔热胶性能等级；
c) 原胶及隔热胶各项分析检验结果(包括出厂检验结果及近期型式检验结果)和供方质检部门印记；
d) 生产日期或批号；
e) 数量；
f) 本部分编号。

8 订货单(或合同)内容

订购本部分所列产品的订货单(或合同)应包括下列内容：
a) 产品名称；
b) 原胶类别、型号、隔热胶性能等级；
c) 规格；
d) 包装类型；
e) 数量；
f) 需方的特殊要求：
——原胶的密度、羟值和有害物质限量；
——隔热胶性能的密度、负荷变形温度、室温悬臂梁缺口冲击强度、邵氏硬度(H_D)、室温抗拉强度、室温断裂伸长率、低温抗拉强度、耐紫外线老化后性能；
——铝合金型材表面处理的适应性；
g) 本部分编号。

附 录 A
（规范性附录）
负荷变形温度的测试方法

A.1 方法原理

将隔热胶试样以侧立方式承受三点弯曲恒定负荷，施加 0.455 MPa 的弯曲应力，在匀速升温条件下测量达到 0.25 mm 挠度时的温度。

A.2 试验设备

A.2.1 产生弯曲应力的装置

该装置由一个刚性金属框架构成，基本结构如图 A.1 所示。框架内有一个可在竖直方向自由移动的加荷杆，可使得负载垂直施加于试样顶部并介于支座中间。支座接触头和加载压头的接触圆角半径应为 3.0 mm±0.2 mm。

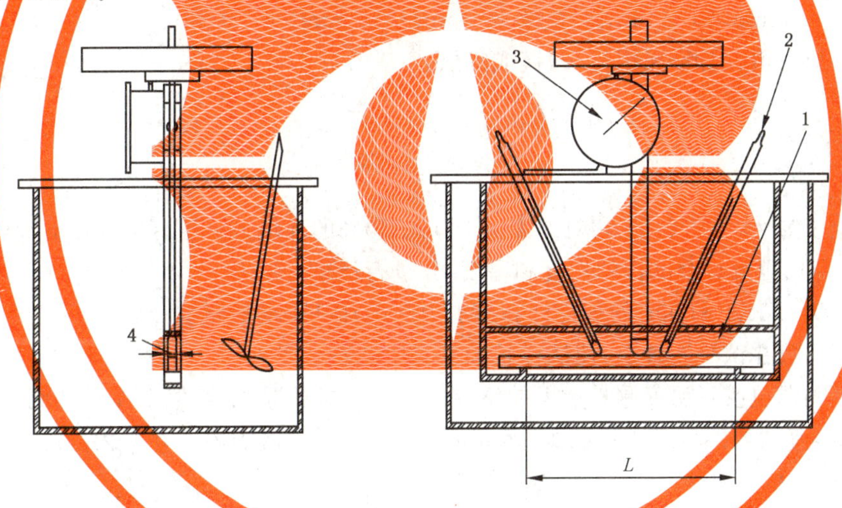

说明：
1 ——浸浴介质；
2 ——温度测量系统；
3 ——挠度测量装置；
4 ——加荷杆宽度≥13 mm；
L——支座之间距离，100 mm±0.5 mm。

图 A.1 负荷变形温度试验装置示意图

A.2.2 加热装置

符合 GB/T 1634.1—2004 中 5.2 的要求。

A.2.3 挠曲测量仪器

已校正过的直读式测微计或其他合适的仪器，在试样支座跨度中点测得挠曲应精确到 0.01 mm

以内。

A.2.4 砝码

符合 GB/T 1634.1—2004 中 5.3 的要求。

A.2.5 温度测量仪器

符合 GB/T 1634.1—2004 中 5.4 的要求。

A.2.6 挠度测量仪器

符合 GB/T 1634.1—2004 中 5.5 的要求。

A.2.7 测微计和量规

符合 GB/T 1634.1—2004 中 5.6 的要求。

A.3 试样的准备

A.3.1 从隔热胶样板上切取至少 2 个试样，试样的横截面应为矩形。试样长度应该为 127 mm±0.5 mm，厚度为 12.7 mm±0.2 mm，宽度为 6.4 mm±0.2 mm。

A.3.2 试样表面应平坦、圆滑，无锯齿、凹痕或闪点。

A.4 试验步骤

A.4.1 试样在温度为 23 ℃±2 ℃、相对湿度为 50%±10%的环境条件下保存 168 h 后，对所有试样进行编号。用游标卡尺测量每个试样的宽度和厚度，并进行记录。

A.4.2 按照 GB/T 1634.1—2004 的规定计算施加力和附加砝码的质量。

A.4.3 把试样侧立放在试验装置上，使试样长轴垂直于支座。

A.4.4 将温度计测温包或者温度测量装置的感温部件尽可能贴近试样，但不能触及到试样。要充分搅拌液传热介质以确保介质温度在距样品 10 mm 内任意一点的温差都在 1.0 ℃内。

A.4.5 试验开始时，浴液温度应为 23 ℃±2 ℃。

A.4.6 将承载杆施加到试样上，然后把组件装置放入浴液内。

A.4.7 调整负载以获得所需的 0.455 MPa 应力。

A.4.8 施加负载 5 min 后，把挠曲测量装置调整为零或记录起始位置，然后以(2.0±0.2) ℃/min 的速率对液体介质进行加热。

A.4.9 记录试样的挠曲变形量为 0.25 mm 时的液体传热介质温度即为负荷变形温度。

A.4.10 重复 A.4.1～A.4.9，完成其他试样的测试。

A.5 结果表示

以试样负荷变形温度的算术平均值表示隔热胶的负荷变形温度，结果保留到整数位。

附 录 B
（规范性附录）
臂梁缺口冲击强度的测试方法

B.1 方法原理

用已知能量的摆锤一次冲击支撑成垂直悬臂梁的试样，冲击面到缺口中心线为固定距离（见图 B.1），测量试样被破坏时所能吸收的能量。

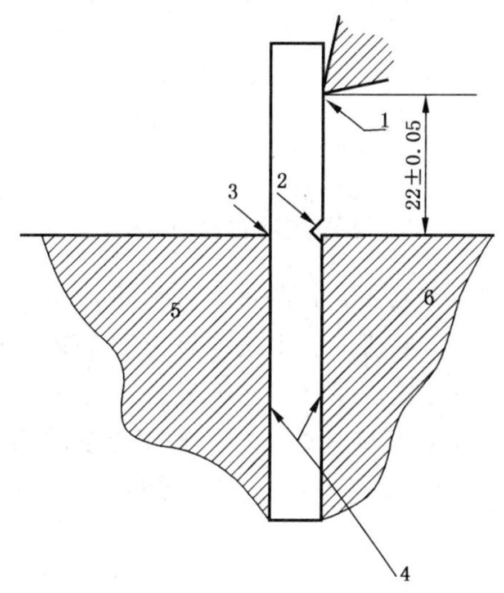

说明：
1——冲击刃半径 R：0.80 mm±0.20 mm；
2——缺口；
3——夹具棱圆角半径：0.25 mm±0.12 mm；
4——与试样接触的夹具面；
5——固定夹具；
6——活动夹具。

图 B.1 夹具、试样（缺口）和冲击刃冲击示意图

B.2 试验设备

B.2.1 摆锤式冲击试验机

B.2.1.1 摆锤式冲击试验机应按照 GB/T 21189—2007 中悬臂梁试验机规定，包括底座、用于在适当位置把试样牢牢夹紧（以便试样的长轴线是垂直的、并和虎钳顶平面成直角）的虎钳、连接在一起的架子、支撑物和摆锤式测试锤。试验机也应具备支撑和释放摆锤的机械装置，有用于显示破坏试样能量的装置。见图 B.2 摆锤式冲击试验机示意图。

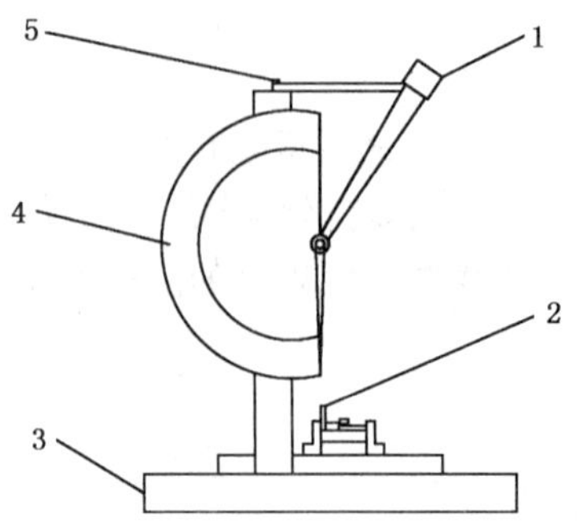

说明：

1——摆锤；

2——测试式样；

3——试验机底座；

4——冲击能量显示刻度盘；

5——摆锤固定装置。

图 B.2　摆锤式冲击试验机示意图

B.2.1.2　摆锤的锤头应为硬化处理的钢制成，为圆柱形表面，同时具有 0.80 mm±0.20 mm 曲率半径，摆锤摆动时水平和垂直轴线在平面上。锤头的触点线应该位于摆锤冲击中心的±2.54 mm 范围内。

B.2.1.3　摆锤式冲击试验机应配备一个能提供 2.7 J±0.14 J 能量的基本摆锤，这种摆锤可以用于所有能吸收 85%能量的试样。需要更多能量来破坏的试样应该用更重的摆锤。

B.2.1.4　摆锤有效长度应该在 0.33 m～0.40 m 间。试验进行时应保证摆锤具有高出水平面 30°～60°的角度。

B.2.1.5　摆锤保持和释放的机械装置的位置要保证锤头垂直下落高度应为 610 mm±2 mm。锤头在瞬间约有 3.5 m/s 的冲击速度。在机械装置的结构和操作保证没有把加速度和振动传给摆锤的情况下释放摆锤。

B.2.1.6　当摆锤自由悬挂时，冲击表面应该在接触标准试样的 0.2%比例范围内。在实际摆动过程中，摆锤和试样接触应该在高于虎钳顶表面 22.00 mm±0.05 mm 的直线上。

B.2.2　量具

用于测量试样尺寸的量具精度为 0.02 mm。

B.3　试样

B.3.1　隔热胶应经机加工方式获得至少 10 个试样。试样尺寸如图 B.3 所示。

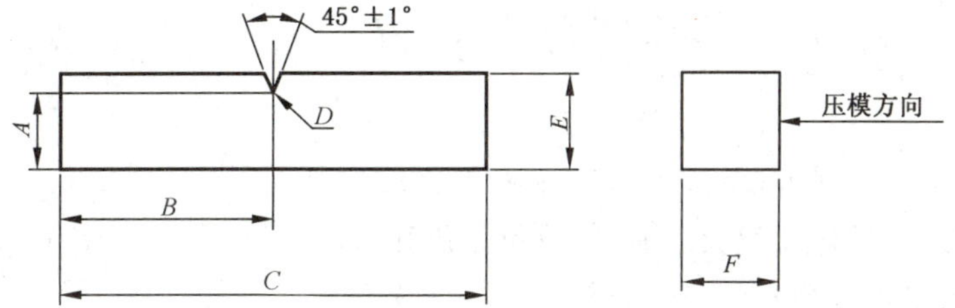

说明：

A ——10.16 mm±0.05 mm；

B ——31.8 mm±1.0 mm；

C ——63.5 mm±2.0 mm；

D ——曲率半径(R)，0.25 mm±0.05 mm；

E ——12.7 mm±0.2 mm；

F ——12.7 mm±0.05 mm。

图 B.3 试样尺寸

B.3.2 试样不应扭曲，相对表面应相互平行。所有试样表面和边缘应无划痕、凹陷和缩痕。

B.4 缺口制备

B.4.1 按照 GB/T 1843 机加工方法制备缺口。

B.4.2 切缺口内角应为 45°±1°，缺口底部的曲率半径应为 0.25 mm±0.05 mm。平面切分缺口角度应该在 2°范围内垂直于试样表面。缺口形状见图 B.4 缺口示例。

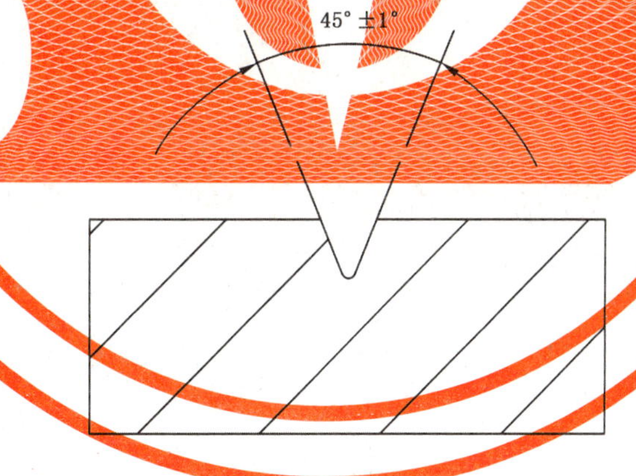

图 B.4 缺口示例

B.4.3 试样缺口处剩余宽度应为 10.16 mm±0.05 mm。

B.5 试验步骤

按照 GB/T 1843—2008 中第 7 章进行试验。

B.6 试验结果处理

B.6.1 按式(B.1)计算各试样的悬臂梁缺口冲击强度 a_k：

$$a_k = \frac{E_c}{F} \times 10^3 \qquad \cdots\cdots (B.1)$$

式中：

a_k ——悬臂梁缺口冲击强度，单位为焦耳每米(J/m)；

E_c ——已修正的缺口试样断裂吸收能量，单位为焦耳(J)；

F ——试样厚度，单位为毫米(mm)。

B.6.2 计算试样悬臂梁缺口冲击强度的算术平均值，结果保留两位有效数字。

ICS 29.220.20
K 84

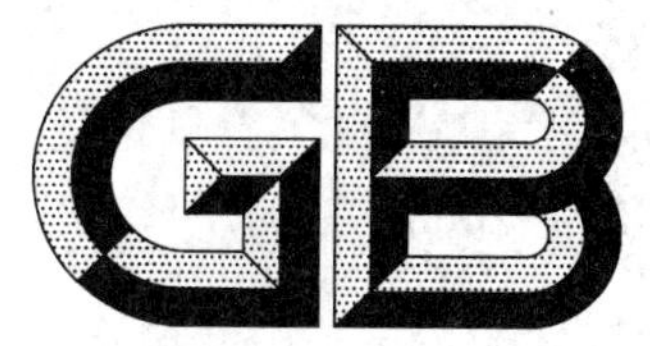

中华人民共和国国家标准

GB/T 23636—2017
代替 GB/T 23636—2009

铅酸蓄电池用极板

Plate for lead-acid battery

2017-05-12 发布　　2017-12-01 实施

中华人民共和国国家质量监督检验检疫总局
中国国家标准化管理委员会　发布

前　言

本标准按照 GB/T 1.1—2009 给出的规则起草。

本标准代替 GB/T 23636—2009《铅酸蓄电池用极板》，与 GB/T 23636—2009 相比，主要技术内容变化如下：

——修改了“范围”增加生极板内容(见第 1 章，2009 年版的第 1 章)；

——修改了“术语、定义”内容(见第 3 章，2009 年版的第 3 章)；

——增加“极板额定容量”要求及试验方法(见 4.1、6.2)；

——增加“生极板成分”要求及试验方法(见 4.3.3、6.4)；

——增加“镉含量” 要求及试验方法(见 4.4、6.4.7)；

——修改了“检验程序”内容(见 7.4，2009 年版的 8.4)；

——修改了“标志、包装和贮存”内容(见第 8 章，2009 年版的第 9 章)；

——增加了附录 A(资料性附录)极板中铁、镉联合测定　原子光谱法或质谱法。

请注意本文件的某些内容可能涉及专利。本文件的发布机构不承担识别这些专利的责任。

本标准由中国电器工业协会提出。

本标准由全国铅酸蓄电池标准化技术委员会(SAC/TC 69)归口。

本标准起草单位：超威电源有限公司、安徽轰达电源有限公司、福建省闽华电源股份有限公司、安徽理士电源技术有限公司、沈阳蓄电池研究所、天能电池集团有限公司、四川美凌蓄电池有限公司、宁波东海蓄电池有限公司、漳州市华威电源科技有限公司、浙江赫克能源有限公司、旭派电源有限公司、江苏苏中电池科技发展有限公司、江西长新电源有限公司、浙江省长兴天能电源有限公司、无锡市产品质量监督检验中心、天能电池(芜湖)有限公司、浙江天能电池(江苏)有限公司、天能电池集团(安徽)有限公司、天能集团(河南)能源科技有限公司、浙江天能电池江苏新能源有限公司、天能集团江苏特种电源有限公司、天能集团江苏科技有限公司、浙江天能动力能源有限公司。

本标准起草人：陈玉松、周明明、方丽萍、林金树、董捷、陈飞、何莉、伍加洪、钱黎瑾、郭锡民、杨顺风、付定华、沈维新、袁文勇、郭少银、张开红、方明学、张利棒、韩峰、杨勇、徐虹、刘三元、黄镇泽。

本标准所代替标准的历次版本发布情况为：

——GB/T 23636—2009。

铅酸蓄电池用极板

1 范围

本标准规定了铅酸蓄电池用极板(包括铅酸蓄电池熟极板和铅酸蓄电池生极板)的产品分类、技术要求、试验方法、检验规则、标志、包装和贮存。

本标准适用于铅酸蓄电池熟极板和铅酸蓄电池生极板。

2 规范性引用文件

下列文件对于本文件的应用是必不可少的。凡是注日期的引用文件,仅注日期的版本适用于本文件。凡是不注日期的引用文件,其最新版本(包括所有的修改单)适用于本文件。

GB/T 622 化学试剂 盐酸

GB/T 625 化学试剂 硫酸

GB/T 626 化学试剂 硝酸

GB/T 631 化学试剂 氨水

GB/T 643 化学试剂 高锰酸钾

GB/T 676 化学试剂 乙酸(冰醋酸)

GB/T 678 化学试剂 乙醇(无水乙醇)

GB/T 694 化学试剂 无水乙酸钠

GB 1254 工作基准试剂 草酸钠

GB/T 1266 化学试剂 氯化钠

GB/T 1294 化学试剂 酒石酸

GB/T 1400 化学试剂 六次甲基四胺

GB/T 2828.1 计数抽样检验程序 第1部分:按接收质量限(AQL)检索的逐批检验抽样计划

GB/T 2900.41 电工术语 原电池和蓄电池

GB/T 6684 化学试剂 30%过氧化氢

GB/T 6685 化学试剂 氯化羟胺(盐酸羟胺)

GB/T 6782 食品添加剂 柠檬酸钠

GB/T 10111 随机数的产生及其在产品质量抽样检验中的应用程序

GB/T 12593 工作基准试剂 乙二胺四乙酸二钠

GB/T 15347 化学试剂 L(+)-抗坏血酸

HG/T 3454 化学试剂 硫脲

3 术语和定义

GB/T 2900.41 界定的以及下列术语和定义适用于本文件。

3.1

极板 plate

由集流体、活性物质及添加辅料等构成的蓄电池的电极,为熟极板与生极板的统称。

3.2

熟极板　processed plate

产品为进行化成后的极板，其主要活物质为铅或二氧化铅。

3.3

生极板　unformd plate

产品为未进行化成的极板，其主要活物质为氧化铅和硫酸铅。

3.4

干式荷电熟极板　dry-charged plate

极板为干态且处于高荷电状态的熟极板。

3.5

普通型熟极板　conventional plate

极板为干态且处于低荷电状态的熟极板。

3.6

游离铅　free lead

生极板固化后未能氧化而剩余的金属铅。

3.7

极板额定容量　plate rated capacity

极板制造商所标称的10小时率容量。

3.8

主检极板　primary testing plate

用于测量检定的极板。

3.9

辅助极板　auxiliary plate

用于测量主检极板时相对应的极板，是以测定的极板与其构成导通电流回路，用于以实现主检极板的容量放电测量过程。

3.10

参比电极　reference electrode

测量正或负极板电位时作为参照比较的电极。是以测定的极板与精确已知电极电势数值的参比电极构成电池，用于测定主检极板电位数值。

3.11　涂膏式极板外观

3.11.1

极板弯曲　plate buckling

极板弧状变形。

3.11.2

极板活性物质掉块　active material lump lost

极板上活性物质脱离板栅，且形成穿透性缺陷。

3.11.3

极板表面脱皮有起泡　peeling off and bubbling on plate surface

活性物质之间层状剥离，但未形成穿透性缺陷。

3.11.4

极板活性物质凹陷　active material sunken

极板上活性物质局部明显低于极板表面。

3.11.5

极板四框歪斜　plate frame distorted

极板对角线不相等。

3.11.6

极板活性物质酥松　active material loosing

活性物质之间或与板栅之间结合力变差。

3.12　管式极板外观

3.12.1

丝管破裂　fibrous tubs splitted somewhere

丝管表面一处或多处相互脱离。

3.12.2

丝管散头　loosened end of firbrous tube

丝管顶端发散。

3.12.3

铅膏粘附　lead paste sticking on the fibrous tubs surface

丝管外表面粘附活性物质。

3.12.4

空管　unfilled tube

丝管与板栅骨架之间没有活性物质。

3.13　极板成分

3.13.1

二氧化铅含量　leade dioxide content

正极熟板中二氧化铅量占全部活性物质量的百分数。

3.13.2

氧化铅含量　lead oxide content

负极熟板中氧化铅量占全部活性物质量的百分数。

3.13.3

硫酸铅含量　lead sulfate content

生板中硫酸铅量占全部干铅膏质量的百分数。

3.13.4

游离铅含量　free lead content

生板中游离铅量占全部干铅膏质量的百分数。

3.13.5

铁含量　iron content

极板中铁杂质量占全部活性物质量的百分数。

3.13.6

水分含量　water content

极板中水的质量占全部活性物质质量的百分数。

3.13.7

镉含量　cadmium content

极板中镉质量占全部极板质量的百分数。

3.14 化学分析

3.14.1

标准溶液　standard solution

含有某一特定浓度参数的溶液。

4 技术要求

4.1 极板外形尺寸、额定容量、重量

极板外形尺寸、额定容量、重量应符合产品图样规定。

注：制造商也可同时标注其他小时率容量。

4.2 极板外观质量

4.2.1 涂膏式极板外观质量

涂膏式极板外观质量要求见表1。

表1 涂膏式极板外观质量

序号	检查项目	要　求
1	极板弯曲	极板弧形弯曲度(弧顶与最长弧底之比)≤1.5%
2	极板活性物质掉块	每片极板不允许大于三个单格，极耳下部分不得掉块
3	极板表面脱皮有起泡	局部脱皮、有起泡，集中总面积≤5%
4	极板活性物质凹陷	深度与厚度之比≤1/3；面积≤4%
5	极板四框歪斜	对角线差≤1.4%
6	极板断裂	极板耳部；四框不允许断裂
7	极板活性物质酥松	按6.3 b)测试，每片活性物质脱落不超过总重量的1%

4.2.2 管式极板外观质量

管式极板外观质量要求见表2。

表2 管式极板外观质量

序号	检查项目	要　求
1	丝管破裂	不允许显露活性物质
2	丝管散头	不允许
3	铅膏粘附	不允许
4	空管	单根空管长度≤30 mm，分散空管长度≤10 mm，且根数少于四分之一
5	极板弯曲	极板弧形弯曲度(弧顶与最长弧底之比)≤2%

4.3 极板成分

4.3.1 正极熟板成分

正极熟板成分指标见表3。

表 3 正极熟板成分

%

项目	干式荷电熟极板	普通型熟极板	
		普通型涂膏式极板	普通型管式极板
二氧化铅含量	≥80.0	≥75.0	≥60.0
铁含量(杂质)	≤0.005 0	≤0.005 0	≤0.005 0
水分含量	≤0.60	≤0.5	≤1.0

4.3.2 负极熟板成分

负极熟板成分指标见表 4。

表 4 负极熟板成分

%

项目	干式荷电熟极板	普通型熟极板
氧化铅含量	≤10.0	≤30.0
铁含量(杂质)	≤0.005 0	≤0.005 0
硫酸铅含量	≤3.50	—
水分含量	≤0.50	≤0.50

4.3.3 生极板成分

生极板成分见表 5。

表 5 生极板成分

%

项目	普通型涂膏式生极板	普通型管式生极板
游离铅	≤5.0	—
铁含量(杂质)	≤0.005 0	≤0.005 0
水分含量	≤0.5	≤1.0

4.4 镉含量

极板按 6.4.7 试验时,极板中镉元素平均含量应不超过总质量的 0.002%。

5 试验条件

5.1 仪器设备

游标卡尺精度为 0.02 mm;钢直尺精度为 1.0 mm;称量极板质量衡器应具有±0.05%以上精度。

5.2 极板成分检测仪器设备及化学药品

极板成分检测仪器设备及化学药品如下:

——分析天平精度为 0.1 mg;

——分光光度计；
——原子吸收分光光度计；
——镉空心阴极灯；
——铁空心阴极灯；
——电感耦合等离子体原子发射光谱仪(ICP-AES)或电感耦合等离子体质谱仪(ICP-MS)；恒温干燥箱；
——恒温水浴；
——耐酸滤过漏斗 G3；
——实验室玻璃仪器应符合国家标准；化学药品纯度为分析纯(特殊指定除外)。

5.3 容量检测仪器设备

容量检测仪器设备如下：
——充放电机与所检测极板容量相适应；
——检测仪表量程：所用仪表的量程应随被测电流和电压的量值确定，即读数应在量程的后三分之一的范围内；
——电压表：测量电压用仪器精度应不低于 0.5 级，电压表内阻至少应是 10 kΩ/V；
——电流表：测量电压用仪器精度应不低于 0.2 级；
——辅助电极：测量正极板过程时，辅助极板作为负极板，而测量负极板过程时，辅助极板作为正极板，辅助极板的容量应比主检极板大，使其能有效降低辅助电极上的电流密度，在测量过程中基本上不被极化；
——参比电极：硫酸亚汞电极；
——测量容器：耐酸材料容器。

6 试验方法

6.1 极板外形尺寸、质量

极板外形尺寸、质量应符合制造企业所提供图纸，使用卡尺或直尺及质量衡器进行检测。

6.2 极板额定容量测定

6.2.1 生板额定容量测定

在温度为 25 ℃±2 ℃环境中，按图 1 方式将需检验焊接导线主检极板与辅助极板以 1：2 比例放入到测量容器中，其间距 5 mm～7 mm，注入密度 1.300 g/cm^3 硫酸电解液，液面高于极板上横梁 10 mm～20 mm，然后以生产商规定充电方法，若没有规定则以 0.1C_{10}充电 48 h 后，开路静止 1 h，在以 0.1C_{10}恒流放电，每隔 1 min 以硫酸亚汞电极参比测量，当放至正极板或负极板电位 3 min 内急剧下降时(临界拐点)，终止放电(临界拐点电压参考值：正极板电位为 0.81 V 时或负极板－0.80 V)，以电流和时间计算额定容量。

注：硫酸亚汞电极，25 ℃下电极标准电位为 0.613 V。

6.2.2 熟板额定容量测定

在温度为 25 ℃±2 ℃环境中，按图 1 方式将需检验焊接导线主检极板与辅助极板以 1：2 比例放入到容器中其间距 5 mm～7 mm，注入 1.300 g/cm^3，液面高于极板顶部 10 mm～20 mm，然后以生产商规定充电方法，若没有规定则以 0.07C_{10} 充电 5 h 后，开路静止 1 h，然后以 0.1C_{10} 恒流放电，每隔

1 min以硫酸亚汞电极参比测量，当放至到正极板或负极板电位 3 min 内急剧下降时（临界拐点），终止放电（临界点电压参考值：正极板电位为 0.81 V 时或负极板－0.80 V），以电流和时间计算额定容量。

注：容量大于 5 Ah 以单片检测，而 5 Ah 及以下允许以联片极板形式检测，检测后平均计算单片极板容量。

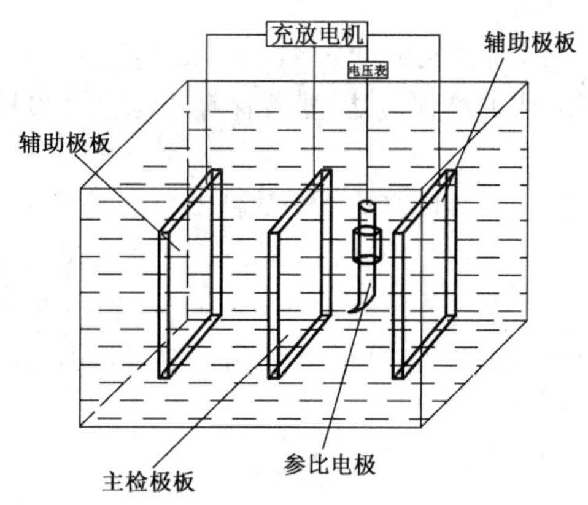

图 1　极板检测示意图

6.3　极板外观质量

无特殊要求测定项目采用目测，但对于需要测量的项目可采用卡尺或直尺进行检查，操作如下：

a）　极板弯曲测定

将极板扣置在水平工作台上，然后用钢直尺与卡尺测量出弧顶高度和最长弧底的长度，进行计算。

b）　极板活性物质酥松测定

在表 6 样品中任意抽取两片极板称量质量后，从 1 m 高处，以每片 3 次，共 6 次分别用不同面交替自由落在平坦的水泥地面上，称量跌落后两片极板活物质的质量，平均计算出每片极板脱落活物质量，测定破坏程度。

6.4　极板成分

6.4.1　二氧化铅含量测定

6.4.1.1　方法原理

在硝酸溶液中，二氧化铅可定量的氧化过氧化氢，而剩余的过氧化氢又被高锰酸钾定量氧化，根据高锰酸钾溶液的用量，计算出二氧化铅的含量。

6.4.1.2　试剂和溶液

试剂和溶液应符合如下要求：

a）　硫酸（GB/T 625）：分析纯，密度 1.840 g/cm^3 ±0.005 g/cm^3（25 ℃）；

b）　硝酸（GB/T 626）：1＋1 溶液；

c）　过氧化氢 （GB/T 6684）：1＋40 溶液；

d）　草酸钠（GB 1245）：基准试剂；

e）　硫酸铁(Ⅱ)铵：分析纯，$c[(NH_4)_2Fe(SO_4)_2]$=0.01 mol/L 溶液，即称取 4 g $(NH_4)_2Fe(SO_4)_2 \cdot 6H_2O$ 溶于 100 mL 1＋1 的硫酸溶液中，用蒸馏水稀释至 1 000 mL，混匀；

f）　高锰酸钾 （GB/T 643）：$c(1/5KMnO_4)$＝0.1 moL/L 标准溶液。

6.4.1.3 高锰酸钾标准溶液配制

高锰酸钾标准溶液配制方法如下：

a) 配制

称取 3.30 g(精确至 0.01 g)高锰酸钾，溶于 1 050 mL 蒸馏水中，缓和煮沸 15 min，于暗处放置 14 d，用耐酸滤过漏斗 G_3 或玻璃棉过滤，滤液保存于棕色磨口瓶中。

b) 标定

称取在 105 ℃～110 ℃下干燥 2 h 的基准草酸钠 0.2 g(精确至 0.000 2 g)，溶于 100 mL 硫酸溶液(8＋92)中，用 $c(1/5KMnO_4)=0.1$ mol/L 的高锰酸钾溶液滴定至近终点时，加热至 65 ℃，继续滴定至溶液呈浅紫红色保持 30 s，记消耗高锰酸钾溶液的体积为 V_1。

按以上方法同时做试剂空白试验(不加入草酸钠)，记消耗高锰酸钾溶液的体积为 V_0。

c) 计算

高锰酸钾标准溶液浓度 $c(1/5\ KMnO_4)$按式(1)计算：

$$c(1/5KMnO_4)=\frac{m}{(V_1-V_0)\times\frac{M(1/2\ Na_2C_2O_4)}{1\ 000}} \qquad \cdots\cdots(1)$$

式中：

m ——草酸钠的质量的数值，单位为克(g)；

V_1 ——标定时消耗高锰酸钾溶液的体积的数值，单位为毫升(mL)；

V_0 ——做空白试验时消耗高锰酸钾溶液的体积的数值，单位为毫升(mL)；

$M(1/2Na_2C_2O_4)$——草酸钠的摩尔质量的数值，单位为克每摩尔(g/mol)。

d) 高锰酸钾：分析纯，$c(1/5KMnO_4)=0.01$ mol/L 标准溶液配制

将 $c(1/5KMnO_4)=0.1$ mol/L 高锰酸钾标准溶液用蒸馏水稀释为 $c(1/5KMnO_4)=0.01$ mol/L。

6.4.1.4 分析步骤

分析步骤如下：

a) 二氧化铅测定

称取全部通过 120 目筛试样 0.4 g(准确至 0.000 1 g)，于 250 mL 三角杯中，加 1＋1 硝酸 15 mL，用移液管准确加入 1＋40 过氧化氢溶液 10 mL，在轻轻摇动下溶解 30 min，使试样溶解完全(试样中含有活性炭等填加剂不易判断时，可仔细观察无小气泡发生即示溶解完全)，用高锰酸钾标准溶液滴定至呈浅红色(30 s 不变)。

按以上方法同时同条件做试剂空白试验。

b) 分析结果的表述

二氧化铅含量以质量分数表示，按式(2)计算：

$$X=\frac{c_1(V_0-V_1)\times 0.119\ 6}{m_0}\times 100 \qquad \cdots\cdots(2)$$

式中：

c_1 ——高锰酸钾标准溶液的实际浓度的数值，单位为摩尔每升(mol/L)；

V_0 ——空白高锰酸钾标准溶液的用量的数值，单位为毫升(mL)；

V_1 ——试样高锰酸钾标准溶液的用量的数值，单位为毫升(mL)；

m_0 ——试样质量的数值，单位为克(g)；

0.119 6——与 1 mL 高锰酸钾[$(1/5KMnO_4)=0.1$mol/L]标准溶液相当的二氧化铅的质量的数值，单位为克(g)。

6.4.2 氧化铅含量测定

6.4.2.1 方法原理

试样中氧化铅易溶解于稀醋酸溶液中，所生成的二价铅离子，在 pH 5～pH 6 的溶液中，以醋酸钠和六次甲基四胺溶液做缓冲剂，二甲酚橙为指示剂，EDTA 络合滴定。

6.4.2.2 试剂和溶液

试剂和溶液应符合如下要求：

a) 乙酸(GB/T 676)：5%溶液，5 mL 乙酸与 95 mL 水混合；

b) 氨水(GB/T 631)：1+1 溶液；

c) 无水乙酸钠(GB/T 694)：20%溶液，称取 20 g 无水醋酸钠溶于 98 mL 水中加 1 mL～2 mL 冰乙酸调溶液至 pH 5～pH 6；

d) 六次甲基四胺(GB/T 1400)：20%溶液；

e) 二甲酚橙：0.5%溶液，加二滴氨水；

f) EDTA：$c(C_{10}H_{14}N_2O_8Na_2 2H_2O)=0.05$ mol/L 标准溶液。

6.4.2.3 标准溶液 EDTA 配制

标准溶液 EDTA 配制方法如下：

a) 配置

称取 18.6 g 乙二胺四乙酸二钠(GB/T 12593)，加热溶解于 500 mL 含有 1 g 氧氧化钠的水中，用快速滤纸过滤于 1 000 mL 容量瓶或磨口瓶中，用水稀释至 1 000 mL 混匀。

b) 标定

称取 0.4 g(准确至 0.000 1 g)纯铅(含铅 99.99%以上)于 300 mL 三角烧杯中，加 15mL 1+4 硝酸溶液，低温加热溶解后，蒸发出去大部分酸，用水洗杯壁，加热赶尽氮氧化物，取下稍冷加水至 100 mL，用 1+1 氨水调整至溶液产生氢氧化铅沉淀又恰好溶解，加 5 mL 20%无水乙酸钠溶液，3mL 20%六次甲基四胺溶液，三滴 0.5%二甲酚橙指示剂，在溶液的 pH 5～pH 6 用配制的 $c(C_{10}H_{14}N_2O_8Na_2 2H_2O)=0.05$ mol/L 标准溶液 EDTA 溶液滴定至溶液由紫红色变为亮黄色，同时做空白试验。

c) 计算

EDTA 标准溶液对氧化铅的滴定度(T)，按式(3)计算：

$$T=\frac{m_1\times 1.077\ 2}{V_2-V_1} \qquad \cdots\cdots(3)$$

式中：

m_1 ——称取纯铅的质量的数值，单位为克(g)；

V_2 ——EDTA 标准溶液的用量的数值，单位为克(mL)；

V_1 ——空白试验乙二胺四乙酸二钠溶液的体积的数值，单位为毫升(mL)；

1.077 2——铅换算成氧化铅的系数。

6.4.2.4 分析步骤

称取 3 g(准确至 0.000 1 g)全部通过 120 目筛试样，于盛有 60 mL 5%醋酸的 250 mL 烧杯中，搅拌溶解 30 min，以慢速滤纸过滤于 250 mL 容量瓶中，用 5%的醋酸溶液洗净烧杯和残渣中的铅离子(整个过程残渣不得暴露于空气中，避免金属铅的氧化)，并洗至刻度处，摇匀。残渣保留分析硫酸铅。

用移液管吸取 50 mL 于 250 mL 三角杯中，加水稀释至 80 mL～100 mL 用 1+1 氨水调溶液至 pH 5～pH 6，加 5mL 20% 醋酸钠溶液，3 mL 20% 六次甲基四胺溶液，3 滴 0.5% 二甲酚橙指示剂，用 $c(C_{10}H_{14}N_2O_8Na_2 2H_2O)=0.05$ mol/L 标准溶液滴定至溶液由紫红色变为亮黄色。

注：氧化铅含量在 10% 左右的极板样品，试液可以直接以慢速滤纸过滤于 250 mL 三角杯中，用 5% 的醋酸溶液少量多次洗净烧杯和残渣中的铅离子，洗涤液也加入 250 mL 三角杯中与滤液合并后全量用于滴定。

6.4.2.5 分析结果的表述

氧化铅含量 X_1 以质量分数表示按式(4)计算：

$$X_1=\frac{TV_3V_4}{m_2V_5}\times 100 \qquad \cdots\cdots(4)$$

式中：

T ——EDTA 标准溶液对氧化铅的滴定度的数值，单位为克每毫升(g/mL)；

V_3——EDTA 标准溶液的用量的数值，单位为毫升(mL)；

V_4——试液总体积的数值，单位为毫升(mL)；

m_2——试样质量的数值，单位为克(g)；

V_5——分取试液的体积的数值，单位为毫升(mL)。

6.4.3 硫酸铅含量测定

6.4.3.1 方法原理

硫酸铅在常温下可缓慢地溶解于含有较大浓度氯化钠的溶液中，所生成的二价铅离子，采用 EDTA 铬合滴定之。

6.4.3.2 试剂和溶液

试剂和溶液应符合如下要求：

a) 氯化钠(GB/T 1266)：25%溶液和 10%洗液；
b) 乙酸(GB/T 676)；
c) 抗坏血酸((GB/T 15347)；
d) 硫脲(HG/T 3454)；
e) 以下试剂同氧化铅(7.2.2)的分析。

6.4.3.3 分析步骤

分析氧化铅(6.4.2)保留的残渣立即收集于原杯中，加 150 mL 25%的氯化钠溶液，连续搅拌溶解1 h或搅拌后放置过夜。用快速滤纸过滤于 250 mL 容量瓶中，加冰乙酸 5 mL，用 10%的氯化钠洗液洗涤烧杯，残渣至无铅离子，并洗至刻度处，摇匀。用移液管吸取 25 mL 试液，于 250 mL 三角杯中，加水稀释至 80 mL～100 mL，用 1+1 氨水调溶液至 pH 5～pH 6，加 5 mL 20%乙酸钠溶液，3 mL 20%六次甲基四胺溶液，3 mL 饱和硫脲，0.1 g 抗坏血酸，三滴 0.5%二甲酚橙指示剂，用$c(C_{10}H_{14}N_2O_8Na_2 2H_2O)=0.05$ mol/L EDTA标准溶液滴定至溶液变为亮黄色。

6.4.3.4 分析结果的表述

硫酸铅含量 X_2 以质量分数表示，按式(5)计算：

$$X_2=\frac{TV_6V_7}{m_3V_8}\times 100 \qquad \cdots\cdots(5)$$

式中：

T ——EDTA 标准溶液对硫酸铅的滴定度的数值，单位为克每毫升(g/mL)；

V_6 ——EDTA 标准溶液的用量的数值,单位为毫升(mL);

V_7 ——试液总体积的数值,单位为毫升(mL);

m_3 ——试样质量的数值,单位为克(g);

V_8 ——分取试液的体积的数值,单位为毫升(mL)。

6.4.4 游离铅测定

6.4.4.1 方法原理

用醋酸-乙酸钠将氧化铅,硫酸铅溶解分离。以稀硝酸溶解游离铅,然后在 pH 5～pH 6 用乙二胺四乙酸二钠络合滴定。

6.4.4.2 试剂和溶液

试剂和溶液应符合如下要求:

a) 醋酸-乙酸钠:称取 20 g 无水醋酸钠溶于 90 mL 10%的醋酸中,加 10 mL (GB/T 678)乙醇混合;

b) 醋酸-乙酸钠洗液:称取 10 g 无水乙酸钠溶于 190 mL 5%的醋酸中,加 10 mL (GB/T 678)乙醇混合;

c) 硫酸:20%溶液;

d) 硝酸:1+4 溶液;

e) 乙酸钠:20%溶液,称取 20 g 无水乙酸钠溶于 98 mL 水中,加 2 mL 冰醋酸将溶液调至 pH 5～pH 6;

f) 六次甲基四胺:20%溶液;

g) 氨水:1+1 溶液;

h) 二甲酚橙指示剂:0.5%溶液;加二滴 1+1 氨水;

i) 乙二胺四乙酸二钠:0.02 mol/L 标准溶液。

6.4.4.3 标准液配制

标准液配制方法如下:

a) 配制

称取 8.0 g 乙二胺四乙酸二钠,加热溶解于 500 mL 含有 1.0 g 氧氧化钠的水中,用快速滤纸过滤于 1 000 mL 容量瓶或磨口瓶中,用水稀释至 1 000 mL 混匀。

b) 标定

称取 0.2 g(准确至 0.000 1 g)纯铅(含铅 99.99%以上)于 300 mL 三角烧杯中,加 15 mL 1+4 硝酸溶液,低温加热溶解后,蒸发出去大部分酸,用水洗杯壁,加热赶尽氮氧化物,取下稍冷加水至 100 mL,用 1+1 氨水调整至溶液产生氢氧化铅沉淀又恰好溶解,加 5 mL 20%无水乙酸钠溶液,3 mL 20%六次甲基四胺溶液,二滴 0.5%二甲酚橙指示剂,在溶液的 pH 5～pH 6,用配制好的乙二胺四乙酸二钠 $c(C_{10}H_{14}N_2O_8Na_2 2H_2O)=0.02$ mol/L 标准溶液滴定至溶液由紫红色变为亮黄色。同时做空白试验。

c) 计算

二胺四乙酸二钠标准溶液的滴定度(T),数值以克每毫升(g/mL)表示,按式(6)计算:

$$T=\frac{m_1}{V_2-V_1} \qquad \cdots\cdots(6)$$

式中:

m_1——称取纯铅的质量的数值,单位为克(g);

V_1 ——空白试验乙二胺四乙酸二钠溶液的体积的数值，单位为毫升(mL)；

V_2 ——乙二胺四乙酸二钠溶液的体积的数值，单位为毫升(mL)。

6.4.4.4 分析步骤

称取全部通过 120 目筛试样 1.0 g(精确至 0.000 1 g)于盛有 60 mL 醋酸-乙酸钠溶液的 250 mL 三角烧杯中，加热微沸 10 min，使试样溶解完全。用快速滤纸过滤，以醋酸-乙酸钠洗液洗至无铅离子反应(用 20%硫酸检查)，将残渣连同滤纸放入 100 mL 烧杯中，加 1+4 硝酸溶液 15 mL，盖上表面皿，加热在微沸的情况下溶解 10 min，使金属铅完全溶解，冷却，过滤到 250 mL 烧杯中，用水稀释到体积大约在 100 mL，用 1+1 氨水调至 pH 5～pH 6，加 20%无水乙酸钠溶液 5 mL，20%六次甲基四胺溶液3 mL，二滴 0.5%二甲酚橙指示剂，用配制好的乙二胺四乙酸二钠标准溶液 $c\{EDTA\}=0.02$ mol/L 滴定至溶液由紫红色变为亮黄色。

6.4.4.5 分析结果的表示

离铅含量以质量百分数表示，按式(7)计算：

$$X_1=\frac{T\times V}{m}\times 100 \qquad \cdots\cdots(7)$$

式中：

T ——乙二胺四乙酸二钠标准溶液对铅的滴定度数值，单位克每毫升(g/mL)；

V ——乙二胺四乙酸二钠溶液的体积的数值，单位为毫升(mL)；

m ——称取试样质量的数值，单位为克(g)。

6.4.5 水分测定

6.4.5.1 分析步骤

以极板的四角和中心五点作为基点，取下总量不少于 10 g 的活性物质混合物，用分析天平称重(准确至 0.01 g)，然后放入温度 105 ℃±5 ℃的恒温干燥箱内 180 min 后，取出放入干燥器内中冷却至室温，立刻用分析天平进行称重，记录烘干前后质量进行计算。

6.4.5.2 分析结果的表述

吸水量 X_3 以百分数表示，按式(8)计算：

$$X_3=\frac{m_4-m_5}{m_4}\times 100 \qquad \cdots\cdots(8)$$

式中：

m_4——极板烘干前质量的数值，单位为克(g)；

m_5——极板烘干后质量的数值，单位为克(g)。

6.4.6 铁含量(杂质)

6.4.6.1 方法原理

在 pH 4～pH 6 的溶液中二价铁与邻菲啰啉生成橙红色络合物，借此进行比色测定，铅及其他干扰素用 EDTA 酒石酸掩蔽。

6.4.6.2 试剂和溶液

试剂和溶液应符合如下要求：

a) 硝酸(GB/T 626):1+4 溶液;
b) 酒石酸(GB/T 1294):20%溶液;
c) EDTA:30%溶液,每 100 mL 中含 15 mL 浓氨水;
d) 柠檬酸钠(GB 6782):30%溶液;
e) 盐酸羟胺(GB/T 6685):10%溶液;
f) 氨水(GB/T 631):1+1 溶液;
g) 邻菲啰啉:0.1%溶液,加热溶解;
h) 铁标准贮存溶液,准确称取 0.100 0 g 纯金属铁丝(含铁 99.95%以上)于 100 mL 烧杯中。加入 10 mL 1+1 硝酸溶液,低温加热溶解后,驱除氮氧化物,取下冷却移入 1 000 mL 容量瓶中,用 7%硝酸溶液洗涤并稀释至刻度,摇匀。此溶液 1 mL 含 0.000 1 g 铁;
i) 铁标准溶液:用移液管吸取 10 mL 铁标准贮存溶液于 100 mL 容量瓶中,用水稀释至刻度,摇匀,此溶液 1 mL 含 0.000 01 g 铁。

6.4.6.3 分析步骤

分析步骤如下:

a) 标准曲线的绘制

   在 6 个 50 mL 容量瓶中依次加入 0.00 mL、1.00 mL、2.00 mL、3.00 mL、4.00 mL、5.00 mL 铁标准溶液,用水稀释至 40 mL 加 3 mL 10%盐酸羟胺溶液用 1+1 氨水调溶液至 pH 4~pH 6,加 5 mL,0.1%邻菲啰啉溶液,用水稀释至刻度,摇匀在 20 ℃以上室温放置 30 min,取部分溶液于 3 cm 比色皿,以试剂空白溶液为参比,在 510 nm 波长处,依次测量各溶液的吸光度,以铁含量为横座标,相应的吸光度为纵座标,绘制标准曲线。

b) 试样的测定

   称取 0.5 g(准确至 0.000 1 g)试样,于 100 mL 烧杯中,加 1+4 硝酸溶液 10 mL;2 mL 20%酒石酸溶液,加热溶解,用水洗杯微沸除去氮氧化物,冷却。加 5 mL 30%EDTA 溶液;5 mL 30%柠檬酸钠溶液,3 mL 10%盐酸羟胺溶液,用 1+1 氨水调溶液至 pH 4~pH 6,加 5 mL 0.1%邻菲啰啉溶液,以下操作按绘制标准曲线。以试剂空白溶液为参比,测得的吸光度于标准曲线上查得相应的铁含量。

   按以上方法同时做试剂空白试验。

c) 分析结果的表述

   铁含量 X_4 以质量分数表示,按式(9)计算:

$$X_4 = \frac{m_6}{m_7} \times 100 \qquad \cdots\cdots(9)$$

   式中:

   m_6——自标准曲线上,查得的铁含量的数值,单位为克(g);

   m_7——称取试样质量的数值,单位为克(g)。

6.4.7 极板中镉含量测定

6.4.7.1 试样的制备

试样的制备方法如下:

a) 极板质量称量

   称量极板的质量,记为 M_0(精确至 1 g)。

b) 制样

   为避免互相污染,将极板将板栅与铅膏分离,板栅用去离子水冲洗两次,用酒精再洗一次,晾干后称量一个单格内板栅的质量,记为 M_1(精确至 0.1 g),用剪刀将极板栅剪成 3 mm 以下的小段，混合均匀。

c) 极板活物质制样

将极板除去板栅后的铅膏，用去离子水冲洗两次，用酒精再洗一次，晾干后称量质量，记为 M_2（精确至 0.1 g），混合均匀。

d) 按下列方法分别测定极板中铅膏和板栅中镉含量。

注：管式极板应除去管套进行检测。

6.4.7.2 极板中镉含量的测定（火焰原子吸收光谱法）

极板中镉含量的测定（火焰原子吸收光谱法）方法如下：

a) 原理

试样用硝酸和盐酸分解，过滤，采用空气-乙炔火焰原子吸收分光光度计，在波长 228.8 nm 处测量镉的吸光度。

b) 试剂

1) 盐酸（GB/T 622）分析纯，密度 1.19 g/mL；

2) 硝酸（GB/T 626）分析纯，密度 1.42 g/mL；

3) 盐酸 1+1，优级纯；

4) 硝酸 1+1，优级纯；

5) 硝酸 1+99，分析纯。

6.4.7.3 浓度为 1 mg/mL 的镉标准储存溶液的配制

称取 1 g 金属镉（>99.9%），精确至 0.1 mg，置于烧杯中，加硝酸 1+1，40 mL，盖上表面皿，加热至完全溶解，微沸驱除氮的氧化物，取下。冷却后移入 1 000 mL 容量瓶中，用水稀释至刻度，混匀。或购买使用国家标准物质浓度为 1 mg/mL 的镉标准溶液。

6.4.7.4 浓度为 100 μg/mL 的镉标准溶液的配制

分取镉标准储存溶液 10.00 mL，置于 100 mL 容量瓶中，加硝酸 1+1，5 mL，用去离子水稀释至刻度，混匀。

6.4.7.5 分析步骤

分析步骤如下：

a) 试样

分别称取约 2.0 g 混合均匀的板栅颗粒或铅膏，记作 m_0 或 m_1 精确至 0.000 1 g。

b) 空白试验

随同试样做空白试验。

6.4.7.6 测定

测定方法如下：

a) 试样溶液配制：将试样置于 250 mL 烧杯中，加入 20 mL 去离子水，加入硝酸 10 mL，盖上表面皿，反应平静后加入盐酸 10 mL，加热微沸至试样溶解完全，冷却。转移至 100 mL 容量瓶中用去离子水稀释至刻度，摇匀。若有不溶物则加热微沸 20 min，稍冷，用定性滤纸过滤，用硝酸 1+99 洗涤表面皿和烧杯 3 次，洗涤滤纸和沉淀 5 次，滤液和洗液收集于 100 mL 容量瓶中，冷却后用去离子水稀释至刻度，摇匀。

b) 采用空气-乙炔火焰原子吸收分光光度计，在波长 228.8 nm 处，氘灯或塞曼效应法扣背景，测量镉的吸光度。必要时根据工作曲线范围，稀释待测溶液。

c) 从工作曲线上查出镉量。

d) 工作曲线绘制:分取浓度为 100 μg/mL 的镉标准溶液,0.00 mL、0.50 mL、1.00 mL、1.50 mL、2.00 mL、2.50 mL 置于一组 100 mL 容量瓶中,加入 10mL 的硝酸 1+1 和 10mL 盐酸 1+1 用水稀释至刻度,摇匀。以下按 b)步骤进行测量(测量吸光度时以 0 μg 溶液调零);以镉元素的质量浓度为横坐标,吸光度为纵坐标,绘制工作曲线。

6.4.7.7 结果计算

6.4.7.7.1 板栅中镉结果计算

板栅中镉的质量含量 $C_{板栅}$,数值以毫克每千克(mg/kg)表示,按式(10)计算:

$$C_{板栅}=\frac{(C-C_0)VR}{m_0} \quad\cdots\cdots(10)$$

式中:

C ——自工作曲线上查得镉元素的质量浓度,单位为微克每毫升(μg/mL);

C_0 ——自工作曲线上查得空白试验溶液中镉元素的质量浓度,单位为微克每毫升(μg/mL);

V ——测定试液的体积,单位为毫升(mL);

R ——稀释系数。当测量“试料溶液”镉的吸光度超出“工作曲线”范围时,需要根据其测量的实际镉浓度稀释合适的倍数后测定,稀释系数即为稀释倍数;

m_0 ——试样的质量,单位为克(g)。

6.4.7.7.2 铅膏中镉结果计算

铅膏中镉的质量含量 $C_{铅膏}$,数值以毫克每千克(mg/kg)表示,按式(11)计算:

$$C_{铅膏}=\frac{(C-C_0)VR}{m_0} \quad\cdots\cdots(11)$$

式中:

C ——自工作曲线上查得镉元素的质量浓度,单位为微克每毫升(μg/mL);

C_0 ——自工作曲线上查得空白试验溶液中镉元素的质量浓度,单位为微克每毫升(μg/mL);

V ——测定试液的体积,单位为毫升(mL);

R ——稀释系数,当测量“试料溶液”镉的吸光度超出“工作曲线”范围时,需要根据其测量的实际镉浓度稀释合适的倍数后测定,稀释系数即为稀释倍数;

m_0 ——试样的质量,单位为克(g)。

6.4.8 极板中镉结果计算

极板中镉(Cd)含量以质量分数 W 计,数值以百分数表示,按式(12)计算:

$$W=\frac{C_{板栅}\times M_1+C_{铅膏}\times M_2}{M_0} \quad\cdots\cdots(12)$$

式中:

$C_{板栅}$ ——极板栅中镉元素的质量含量(%),其数值为板栅中镉的质量含量(mg/kg)$\times10^{-4}$;

$C_{铅膏}$ ——铅膏中镉元素的质量含量(%),其数值为铅膏中镉的质量含量(mg/kg)$\times10^{-4}$;

M_0 ——极板的质量的数值,单位为克(g);

M_1 ——板栅的质量的数值,单位为克(g);

M_2 ——铅膏的质量的数值,单位为克(g)。

6.4.9 极板中铁、镉的联合测定——原子光谱法或质谱法

根据实验室的现有仪器配置资源,也可参照附录 A 方法,采用下列 a)、b)、c)三种仪器分析方法之一对极板中的铁、镉含量做联合测定:

a) 火焰原子吸收光谱法(FAAS);

b) 电感耦合等离子体原子发射光谱法(ICP-AES);

c) 电感耦合等离子体质谱法(ICP-MS)。

7 检验规则

7.1 极板批的形成、批量

7.1.1 极板批的形成

产品应汇集成可识别批,每批由同型号、同等级、同类、同尺寸和同成分,在基本相同时的时段和一致条件下制造的产品组成。

7.1.2 极板的批量

极板批按片计算,一批极板为1 000片~35 000片,超过35 000片的形成两个以上批。

7.2 极板样品的抽取

同批极板采用简单随机抽样的方法抽取,随机抽样的方法采用GB/T 10111或由供需双方协商确定。

7.3 抽样方案

根据GB/T 2828.1标准采用一次抽样方案,极板批的合格质量水平(AQL)为4.0,检查水平为特殊检验水平S-3,检查的严格度:正常检查,其抽样方案见表6;加严检查,其抽样方案见表7。

表6 正常检查一次抽样方案(AQL=4.0)

单位为片

极板批量件	极板样品片数	合格判定数Ac	不合格判定数Re
1 201~3 200	13	1	2
3 201~10 000	20	2	3
100 001~35 000	20	2	3

表7 加严检查一次抽样方案(AQL=4.0)

单位为片

极板批量件	极板样品片数	合格判定数Ac	不合格判定数Re
3 201~10 000	20	1	2
100 001~35 000	20	1	2

7.4 检验程序

7.4.1 极板板外观质量检验

极板板外观质量检验程序见表8。

7.4.2 极板成分检验

极板成分检验检验程序见表9。

表 8　外观质量检验程序表

序号	检验项目		极板样品编号					
			1	2	3	4	5	n
1	涂膏式极板	极板弯曲	△	△	△	△	△	△
2		极板活性物质掉块	△	△	△	△	△	△
3		极板表面脱皮有气泡	△	△	△	△	△	△
4		极板活性物质凹陷	△	△	△	△	△	△
5		极板四框歪斜	△	△	△	△	△	△
6		极板断裂	△	△	△	△	△	△
7		极板活性物质酥松	△	△				
8	管式极板	丝管破裂	△	△	△	△	△	△
9		丝管散头	△	△	△	△	△	△
10		铅膏粘附	△	△	△	△	△	△
11		空管	△	△	△	△	△	△
12		极板弯曲	△	△	△	△	△	△
注：n 为 6～13 或 6～20 极板样品编号。								

表 9　极板成分检验程序表

序号	检验项目		极板样品编号					
			1	2	3	4	5	6
1	正极熟板	极板额定容量★						△
		二氧化铅含量	△	△				
		铁含量(杂质)			△			
		水分含量				△	△	
		镉含量	△	△				
2	负极熟板	极板额定容量★						△
		氧化铅含量	△	△				
		铁含量(杂质)			△			
		硫酸铅含量	△	△				
		水分含量				△	△	
		镉含量	△	△				
3	涂膏式生极板	极板额定容量★						△
		游离铅	△	△				
		铁含量(杂质)			△			
		水分含量				△	△	
		镉含量	△	△				

表 9（续）

序号	检验项目		极板样品编号					
			1	2	3	4	5	6
4	管式生极板	极板额定容量★						△
		铁含量(杂质)			△			
		水分含量				△	△	
		镉含量	△	△				

注 1：普通型负极板不进行硫酸铅含量检测。

注 2：★表示所测定极板额定容量试验进行 3 次，“数值”取最大的一次。

7.5 极板样品质量检查判定

7.5.1 样品外观性能检测判定

使用外观性能检测仪器设备对极板样品进行逐项检查，如其中某一项不符合 4.2 中标准或供货合同的规定，判该件极板为不合格品，若在极板样品中发现的不合格片数小于或等于表 6 所对应的合格判定数，则判该批极板质量合格；若在极板样品中发现的不合格品片数大于或等于表 6 所对应的不合格判定片数，需要按表 7 加严检验，样品中仍不能满足上述要求，则判该批极板极板外观性能检测质量不合格。

7.5.2 极板成分检测判定

外观性能检测合格后方可进行极板成分，在表 6 中“极板样品片数”内抽取 5 片样品，根据产品分类，按 6.4(极板成分检测要求)进行极板成分检测，最后计算出各平均值，其平均值若达到表 3、表 4 或表 5 技术要求，则判该批极板极板成分检测质量合格，否则为不合格。

7.5.3 极板检测最终结果

极板样品只有全部符合 4.2(样品外观性能检测判定)和 4.3(极板成分检测判定)，本批极板合格。

8 标志、包装和贮存

8.1 标志

8.1.1 包装箱

在包装箱中应有极板合格证、产品型号或规格、识别标记等标志，标志应清晰、耐久。

8.1.2 合格证

合格证内容包括：产品名称、产品型号、容量、用途、生产日期、检验日期、厂名、厂址、检验员签名或盖章。

注：生极板标注用途。

8.2 包装

极板包装应符合如下规定：

a) 企业内流通可以用周转箱包装,包装办法可根据企业实际情况制定。

b) 出厂极板必须用包装箱包装,在包装箱应标明产品名称、注册商标、数量、规格、包装箱体积(长×宽×高)、毛重、生产日期、防潮、防压、防振标志。

8.3 贮存

产品应贮存在温度 5 ℃～30 ℃;湿度不大于 70%环境中。极板放在距地面高度不低于 10 cm 的托盘上的通风场所,严防受潮,贮存期:干式荷电极板不能超过 60 d;普通极板不能超过 180 d,生极板不能超过 120 d。

附 录 A
（资料性附录）
极板中铁、镉联合测定 原子光谱法或质谱法

根据实验室的现有仪器配置资源，可采用下列a)、b)、c)三种仪器分析方法之一对极板中的铁、镉含量做联合测定：a)火焰原子吸收光谱法(FAAS)；b)电感耦合等离子体原子发射光谱法(ICP-AES)；c)电感耦合等离子体质谱法(ICP-MS)。

A.1 方法提要

试料用硝酸和盐酸溶解后，采用下列a)、b)、c)三种仪器分析方法之一对极板中的铁、镉含量做联合测定：a)火焰原子吸收光谱法(FAAS)：用原子吸收光谱仪(AAS)于波长248.3 nm处测量铁的吸光度，于波长228.8 nm处测量镉的吸光度，根据铁、镉吸光度和浓度的关系计算出铁、镉的质量分数；b)电感耦合等离子体原子发射光谱法(ICP-AES)：选择合适的分析谱线用电感耦合等离子体原子发射光谱仪(ICP-AES)测定铁、镉的发光强度，根据铁、镉的发光强度和浓度的关系计算出铁、镉的质量分数；c)电感耦合等离子体质谱法(ICP-MS)：选择合适的同位素用电感耦合等离子体质谱仪(ICP-MS)测定铁、镉的总离子流强度，根据铁、镉的总离子流强度和浓度的关系计算出铁、镉的质量分数。

A.2 试剂

试验所用水均应符合GB/T 6682—2008标准规定的二级水要求。

A.2.1 硝酸：$\rho \approx 1.42$ g/mL，优级纯。

A.2.2 盐酸：$\rho \approx 1.18$ g/mL，优级纯。

A.2.3 硝酸(1+3)溶液：体积比，用优级纯硝酸(A.2.1)配制。

A.2.4 硝酸溶液：1 mol/L，用优级纯硝酸(A.2.1)配制。

A.2.5 硝酸(1+99)溶液：体积比，用优级纯硝酸(A.2.1)配制。

A.2.6 铁标准储存溶液：1 000 μg/mL。

A.2.7 铁标准溶液：100.0 μg/mL，用10.00 mL单标线移液管移取铁标准贮备溶液(A.2.6)于100 mL容量瓶中，用1 mol/L硝酸溶液(A.2.4)稀释至刻度，混匀。

A.2.8 铁标准溶液：10.00 μg/mL，用10.00 mL单标线移液管移取铁标准溶液(A.2.7)于100 mL容量瓶中，用1 mol/L硝酸溶液(A.2.4)稀释至刻度，混匀。

A.2.9 铁标准溶液：1.000 μg/mL，用10.00 mL单标线移液管移取铁标准溶液(A.2.8)于100 mL容量瓶中，用硝酸(1+99)溶液(A.2.5)稀释至刻度，混匀。

A.2.10 纯铅，纯度不小于99.994%，铁含量不大于0.000 5%，用做系列铁标准溶液的基体匹配。

A.2.11 镉标准储存溶液：1 000 μg/mL，同6.4.7.3。

A.2.12 镉标准溶液：10.0 μg/mL，同6.4.7.4。

A.2.13 试验所用水均应符合GB/T 6682—2008规定的二级水要求。

A.3 仪器

A.3.1 电子天平，0.1 mg。

A.3.2 下列a)、b)、c)三种仪器之一：a)原子吸收光谱仪(AAS)，配置铁空心阴极灯和镉空心阴极灯，波

长示值误差±0.5 nm，波长重复性≤0.3 nm，测量重复性≤1.5%；b)电感耦合等离子体原子发射光谱仪(ICP-AES)；c)电感耦合等离子体质谱仪(ICP-MS)。

A.4 分析步骤

A.4.1 试料

按照6.4.7.1制样，称取约1.0 g试料，精确至0.1 mg。

A.4.2 测定次数

独立地进行二次测定，取其平均值。

A.4.3 空白试验

按照相同的步骤，随同试料做空白试验，测定时使用相同数量的试剂量。

A.4.4 测定

A.4.4.1 试料溶液制备

将试料(A.4.1)置于100 mL两用瓶中，加入硝酸(1+3)溶液(A.2.3)20 mL先低温溶解，然后加入5 mL盐酸(A.2.2)继续溶解完全，煮沸去除氮的氧化物，取下冷却至室温，用水稀释至100 mL，摇匀后干过滤于洁净两用瓶中，即得试料溶液。

A.4.4.2 系列铁标准溶液的配制

分别移取1.000 μg/mL铁标准溶液(A.2.9)0.00 mL、5.00 mL、10.00 mL和10.00 μg/mL铁标准溶液(A.2.8)2.00 mL、5.00 mL、7.00 mL、10.00 mL于一组100 mL容量瓶中，用硝酸(1+99)溶液(A.2.5)稀释至刻度，混匀，即得铁浓度分别为0.00 μg/mL、0.050 μg/mL、0.100 μg/mL、0.200 μg/mL、0.500 μg/mL、0.700 μg/mL、1.000 μg/mL的系列铁标准溶液。

注：必要时，在系列铁标准溶液中加入与试料溶液相近量的铅基体元素。

A.4.4.3 系列镉标准溶液的配制

分别移取10.00 μg/mL镉标准溶液(A.2.12)0.00 mL、0.20 mL、0.50 mL、1.00 mL、2.00 mL、5.00 mL、10.00 mL置于一组100 mL容量瓶中，用硝酸(1+99)溶液(A.2.5)稀释至刻度，混匀，即得镉浓度分别为0.00 μg/mL、0.020 μg/mL、0.050 μg/mL、0.100 μg/mL、0.200 μg/mL、0.500 μg/mL、1.000 μg/mL系列镉标准溶液。

A.4.4.4 测量

用下列a)、b)、c)三种方法之一测量：

a) 空气-乙炔火焰原子吸收光谱法(FAAS)：采用氘灯或塞曼效应法扣背景，将系列铁标准溶液(A.4.4.2)引入原子吸收光谱仪(AAS)中，于波长248.3 nm处，以水调零，测定系列铁标准溶液(A.4.4.2)中铁的吸光度，再将试料溶液(A.4.4.1)引入原子吸收光谱仪中，测定试料溶液(A.4.4.1)中铁的吸光度，必要时根据工作曲线范围，稀释待测溶液后测定，根据铁的吸光度和浓度的关系计算出铁的质量分数；然后将系列镉标准溶液(A.4.4.3)引入原子吸收光谱仪(AAS)中，于波长228.8 nm处，以水调零，测定系列镉标准溶液(A.4.4.3)中镉的吸光度，再将试料溶液(A.4.4.1)引入原子吸收光谱仪中，测定试料溶液(A.4.4.1)中镉的吸光度，必要时根据工作曲线范围，稀释待测溶液后测定，根据镉的吸光度和浓度关系的工作曲线计算出镉的质量分数。

b) 电感耦合等离子体原子发射光谱法（ICP-AES）：选择合适的分析谱线用电感耦合等离子体原子发射光谱仪（ICP-AES）测定系列铁标准溶液（A.4.4.2）、系列镉标准溶液（A.4.4.3）的发光强度，建立工作曲线，再测定试料溶液（A.4.4.1）中铁、镉的发光强度，必要时根据工作曲线范围，稀释待测溶液后测定，根据铁、镉的发光强度和浓度关系的工作曲线计算出铁、镉的质量分数。

c) 电感耦合等离子体质谱法（ICP-MS）：选择合适的同位素用电感耦合等离子体质谱仪（ICP-MS）测定系列铁标准溶液（A.4.4.2）、系列镉标准溶液（A.4.4.3）的总离子流强度，建立工作曲线，再测定试料溶液（A.4.4.1）中铁、镉的总离子流强度，必要时根据工作曲线范围，稀释待测溶液后测定，根据铁、镉的总离子流强度和浓度关系的工作曲线计算出铁、镉的质量分数。

注：使用a)原子吸收光谱仪（AAS）、b)电感耦合等离子体原子发射光谱仪（ICP-AES）、c)电感耦合等离子体质谱仪（ICP-MS）三种仪器之一，按照仪器各自的使用说明书或操作规程设定测量铁、镉的最佳仪器参数后测定。

A.5 结果计算

铁或镉的质量分数 w 以%表示，按式（A.1）计算：

$$w=\frac{(C_1-C_0)\cdot V\cdot R\times 10^{-6}}{m}\times 100 \qquad \text{(A.1)}$$

式中：

C_1——自工作曲线上求得的试料溶液中铁或镉的质量浓度，单位为微克每毫升（μg/mL）；

C_0——自工作曲线上求得的空白溶液中铁或镉的质量浓度，单位为微克每毫升（μg/mL）；

V——试液溶液的总体积，单位为毫升（mL）；

m——试料（A.4.1）的质量，单位为克（g）；

R——稀释系数。当测量“试料溶液”铁或镉的a)吸光度（FAAS方法）或b)发光强度（ICP-AES方法）或c)总离子流强度（ICP-MS方法）超出“工作曲线”范围时，需要根据其测量的实际铁或镉浓度稀释合适的倍数后测定，稀释系数即为稀释倍数。

ICS 29.120.10
K 65

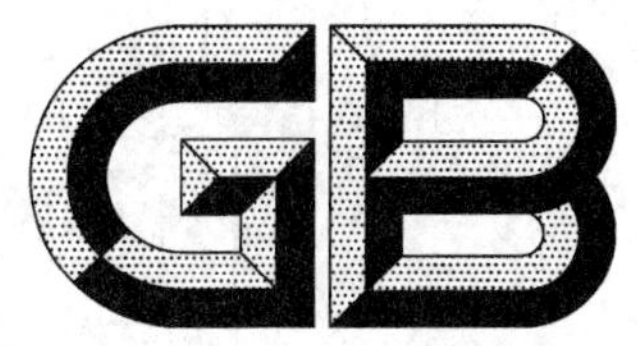

中华人民共和国国家标准

GB/T 23639—2017
代替 GB/T 23639—2009

节能耐腐蚀钢制电缆桥架

Energy conservation and corrosion-resistant steel-made cable support system

2017-05-12 发布　　　　2017-12-01 实施

中华人民共和国国家质量监督检验检疫总局
中国国家标准化管理委员会　发布

前　言

本标准按照 GB/T 1.1—2009 给出的规则起草。

本标准代替 GB/T 23639—2009《节能耐腐蚀钢制电缆桥架》，与 GB/T 23639—2009 相比，主要技术变化如下：

——引用了热镀锌钢板及钢带、不锈钢钢板及钢带、外壳防护等级标准；

——术语和定义修改了耐腐蚀桥架，增加了 VCI 双金属无机涂层和有机涂层；

——增加了不锈钢材质电缆桥架的内容；

——型号增加了防腐分类；

——增加了盖板结构要求；

——增加了防护等级要求；

——修改了节能定义和节能率指标；

——增加了防腐蚀层局部最小厚度的要求；

——增加了防腐蚀层为金属无机涂层和有机涂层的测定；

——删除了机械加载法试验方法；

——修改了附录 C 桥架节能率试验；

——增加了附录 D 桥架载荷试验中 3.5 m～6.0 m 跨距的试验载荷。

本标准由中国电器工业协会提出。

本标准由全国电器附件标准化技术委员会(SAC/TC 67)归口。

本标准起草单位：江苏万奇电器集团有限公司、天津电气科学研究院有限公司、中国电器科学研究院有限公司、大全集团有限公司、中山市长顺五金制品有限公司、中船第九设计研究院工程有限公司、中国质量认证中心、扬中市产品质量监督检验所、镇江市丰华电器制造有限公司、江苏海纬集团有限公司。

本标准主要起草人：马纪财、马松涛、杨杰、崔静、蔡军、裴军、冷庆雷、陈官田、高小平、吴珊、戴中怀、姚永连、张跃进。

本标准所代替标准的历次版本发布情况为：

——GB/T 23639—2009。

引　言

为应对全球气候变化,减少碳排放量,努力建设资源节约型、环境友好型社会,大力推进节能耐腐钢制电缆桥架技术及产品推广应用,加快产品的升级换代,在产品材质上选用热浸镀锌钢板和不锈钢钢板材料,根据近年的工程实践,修订《节能耐腐蚀钢制电缆桥架》标准。

本标准规定的节能耐腐蚀钢制电缆桥架,对桥架节能、耐腐蚀的概念进行了解释,主要体现节能、耐腐蚀的技术标准特点,通过技术创新,使资源和能源得到优化利用,使产品从材料利用、生产制造到工程应用的全生命周期均符合节能环保、低碳排放的要求;节能耐腐蚀钢制电缆桥架通过采用凹凸瓦楞构造技术,可增加桥架的强度,减少材料消耗,同时使散热面积增大,充分利用热传导和热交换技术来改善桥架内电缆运行的温度环境,降低了线路的损耗,达到了节能减排的目的;产品选用热浸镀锌钢板材质或不锈钢材质,特别是热浸镀锌钢板采用了气相缓蚀(VCI)无机涂层或有机涂层的表面防腐处理技术,在提高抗腐性能的前提下,在加工过程中减少了污染物的排放,使产品具有低碳环保和耐腐蚀的特性。

节能耐腐蚀钢制电缆桥架

1 范围

本标准规定了节能耐腐蚀钢制电缆桥架(以下简称桥架)的术语和定义、分类、要求、试验方法、检验规则、标志、包装、运输和贮存。

本标准适用于工业与民用建筑敷设电缆用节能耐腐蚀钢制电缆桥架。

2 规范性引用文件

下列文件对于本文件的应用是必不可少的。凡是注日期的引用文件,仅注日期的版本适用于本文件。凡是不注日期的引用文件,其最新版本(包括所有的修改单)适用于本文件。

GB/T 700 碳素结构钢

GB/T 912 碳素结构钢和低合金结构钢热轧薄钢板及钢带

GB/T 1720—1979 漆膜附着力测定法

GB/T 1804—2000 一般公差 未注公差的线性和角度尺寸的公差

GB/T 2518 连续热镀锌钢板及钢带

GB/T 2828.1 计数抽样检验程序 第1部分:按接收质量限(AQL)检索的逐批检验抽样计划

GB/T 3280 不锈钢冷轧钢板和钢带

GB/T 4208—2008 外壳防护等级(IP代码)

GB/T 4237 不锈钢热轧钢板和钢带

GB/T 4956 磁性基体上非磁性覆盖层 覆盖层厚度测量 磁性法

GB/T 9274—1988 色漆和清漆 耐液体介质的测定

GB/T 10125 人造气氛腐蚀试验 盐雾试验

GB/T 11253 碳素结构钢冷轧薄钢板及钢带

GB/T 21762—2008 电缆管理 电缆托盘系统和电缆梯架系统

3 术语和定义

下列术语和定义适用于本文件。

3.1

电缆桥架 cable support system

由托盘或梯架的直线段及其弯通、附件、支吊架三类部件构成支承电缆线路的具有连续刚性的结构系统。

3.2

节能桥架 energy conservation cable support system

具有节约资源(钢材)以及节约电能效能的桥架。

3.3

耐腐蚀桥架 corrosion-resistant cable support system

通过对钢板进行表面处理或选择耐腐蚀不锈钢材料制作,具有较强的抵抗周围介质腐蚀破坏能力的桥架。

注：耐腐蚀方式分为三种类型：金属无机涂层、有机涂层以及不锈钢材质。金属无机涂层具有高效、长效防护作用，抗紫外线老化，适用于室内外耐潮湿、盐雾等化学性气体腐蚀。有机涂层由于分子化学稳定性好，对酸碱腐蚀介质具有耐蚀作用，但耐紫外线老化性差，主要用于室内，不适用于室外环境。

3.4

VCI 双金属无机涂层　VCI double metal inorganic coating

应用了 VCI(Volatile Corrosion Inhibitors)气相缓蚀剂技术，以鳞片状锌粉、鳞片状铝粉为填料，以硅酸盐为粘结剂，表面具有导电性的无机涂层。

3.5

有机涂层　organic coating

使用有机涂料涂覆在桥架表面，形成的具有绝缘性的涂层。

3.6

有孔托盘　hole cable tray

由带孔眼的底板和侧边构成或由整块钢板冲孔后弯制成的槽形部件。

3.7

无孔托盘　cable tray without hole

由底板与侧边构成或由整块钢板弯制成的槽形部件。

3.8

组装托盘　compounding cable tray

可任意组合的用螺栓或插接方式连接成槽形的部件。

3.9

梯架　stair-type cable tray

由侧边与若干个横挡构成的刚性梯形部件。

3.10

直通　straight-way

一段不变方向的托盘、梯架。

3.11

等径直通　equal radius straight-way

一段不变尺寸的直通。

3.12

变径直通　different radius straight-way

一段改变尺寸的直通。

3.13

弯通　bend-way cable tray

一段改变方向的托盘、梯架。

3.14

水平弯通　horizontal bend-way cable tray

在同一水平面改变托盘、梯架方向的部件。

3.15

水平三通　horizontal 3-way cable tray

在同一水平面以 90°分开 3 个方向连接托盘、梯架的部件。

3.16

水平四通　horizontal 4-way cable tray

在同一水平面以 90°分开 4 个方向连接托盘、梯架的部件。

3.17

上弯通　upper bend-Way cable tray

使托盘、梯架从水平面改变方向向上的部件。

3.18

下弯通　down bend-way cable tray

使托盘、梯架从水平面改变方向向下的部件。

3.19

垂直三通　vertical 3-way cable tray

在同一垂直面以 90°分开 3 个方向连接托盘、梯架的部件。

3.20

垂直四通　vertical 4-way cable tray

在同一垂直面以 90°分开 4 个方向连接托盘、梯架的部件。

3.21

弯曲半径　bend-way radius

弯通的两条内侧直角边的内切圆半径。

3.22

折弯形弯通　fold-type bend-way cable tray

以弯通的两条内侧直角边的内切圆两切点的直线段制成的弯通。

3.23

圆弧形弯通　arc-type bend-way cable tray

以弯通的两条内侧直角边的内切圆两切点的圆弧段制成的弯通。

3.24

附件　accessories

用于托盘或梯架的直通之间、直通与弯通之间的连接，以构成连续刚性结构系统所必需的连接固定或补充直通、弯通功能的部件。

3.25

支吊架　support post

直接支承托盘或梯架的部件。

3.26

托臂　support arm

直接支承托盘、梯架且单端固定的刚性部件。

3.27

立柱　uprightly post

直接支承托臂的部件。

3.28

吊架　suspender

悬吊托盘、梯架的刚性部件。

3.29

额定均布载荷　rated uniformly distributed load

在一定跨距内，每米桥架能承受的最大的安全均布载荷。

3.30

瓦楞结构　corrugated configuration

波纹状的凹凸结构。

3.31

跨距　span

两个相邻支架中点之间的距离(3 m 及以上为大跨距)。

4　分类

4.1　型号

型号编制方法如下：

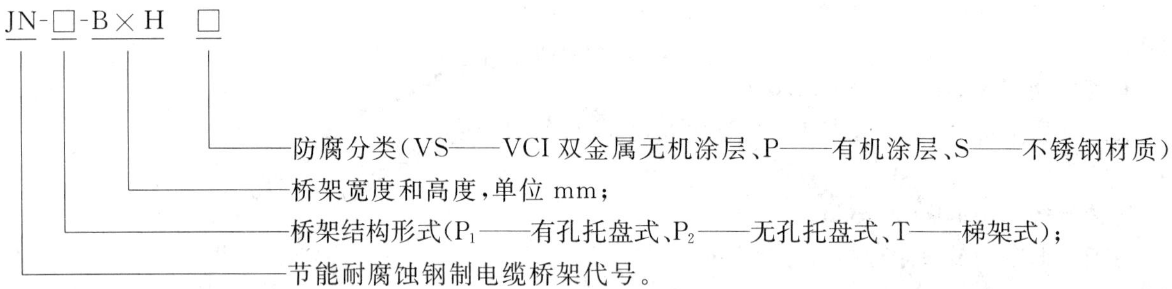

示例：JN-P_1-400×100 VS 表示宽度为 400 mm、边高为 100 mm 的有孔托盘式、表面防腐处理采用 VCI 双金属无机涂层的节能耐腐蚀钢制电缆桥架。

4.2　结构类型

4.2.1　桥架按结构型式分为有孔托盘式、无孔托盘式、梯架式三种。其示例图如下：

a)　无孔托盘直通(见图 1)；
b)　无孔托盘弯通(见图 2)；
c)　无孔托盘三通(见图 3)；
d)　无孔托盘四通(见图 4)；
e)　有孔托盘直通(见图 5)；
f)　有孔托盘弯通(见图 6)；
g)　有孔托盘三通(见图 7)；
h)　有孔托盘四通(见图 8)；
i)　梯架直通(见图 9)；
j)　梯架弯通(见图 10)；
k)　梯架三通(见图 11)；
l)　梯架四通(见图 12)；
m)　直通盖板(见图 13)；
n)　弯通盖板(见图 14)；
o)　三通盖板(见图 15)；
p)　四通盖板(见图 16)。

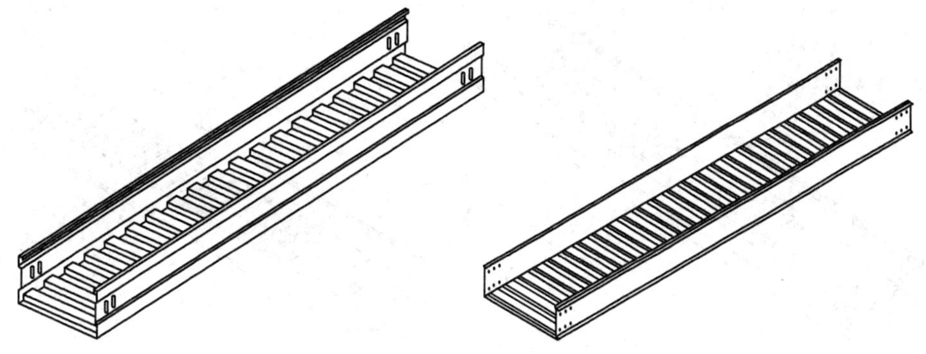

图 1　无孔托盘直通示例

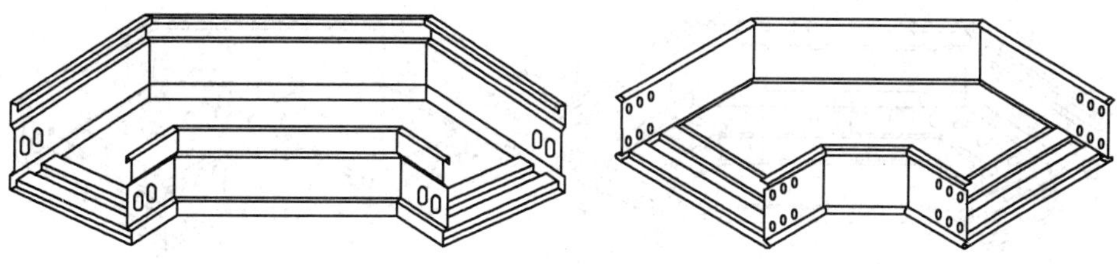

图 2　无孔托盘弯通示例

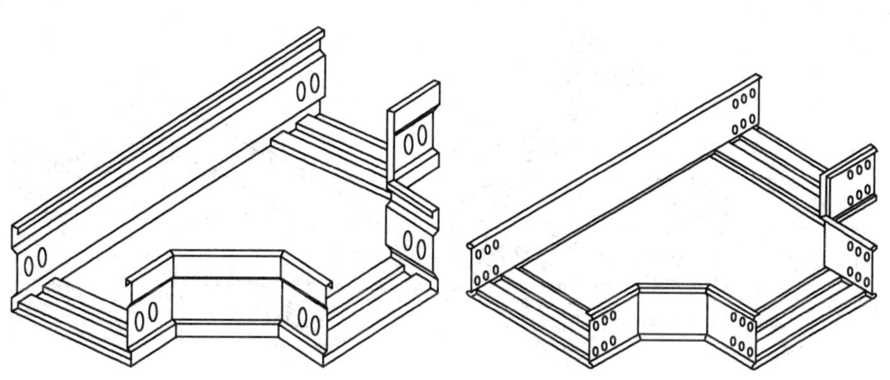

图 3　无孔托盘三通示例

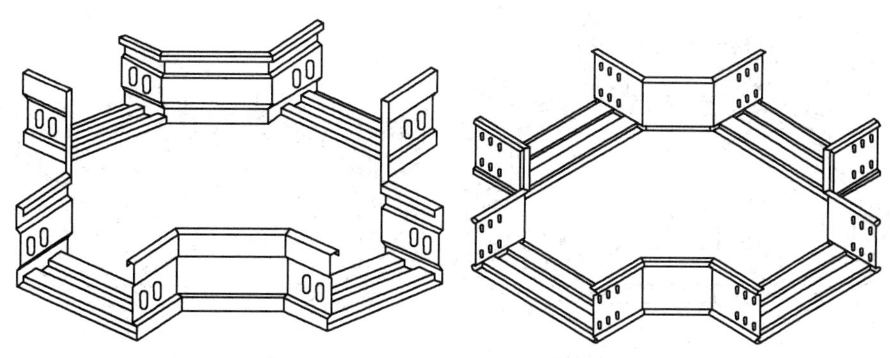

图 4　无孔托盘四通示例

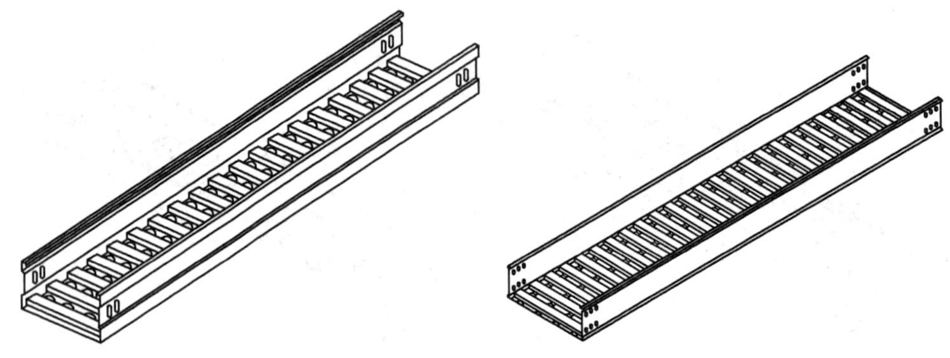

图5 有孔托盘直通示例

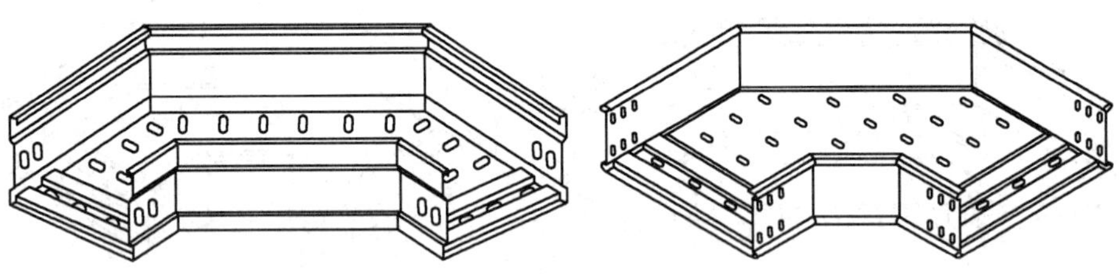

图6 有孔托盘弯通示例

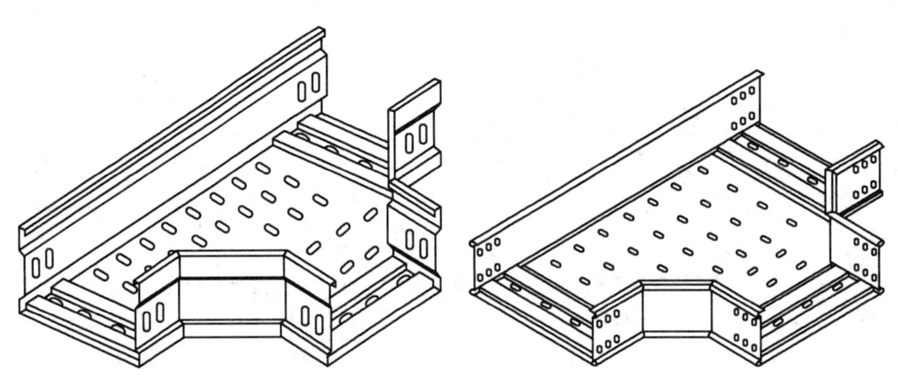

图7 有孔托盘三通示例

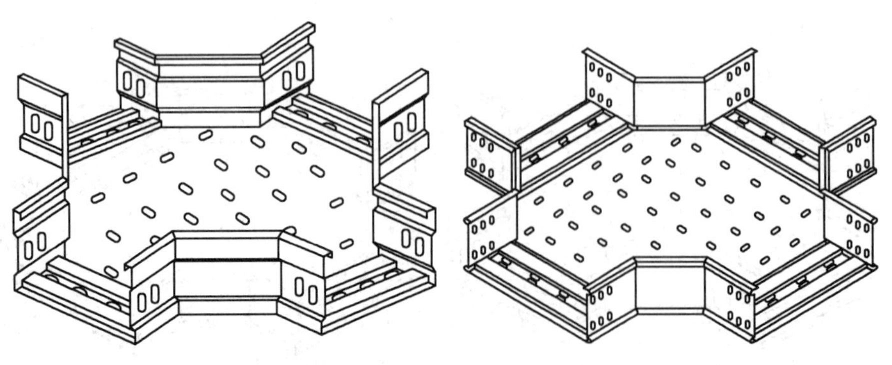

图8 有孔托盘四通示例

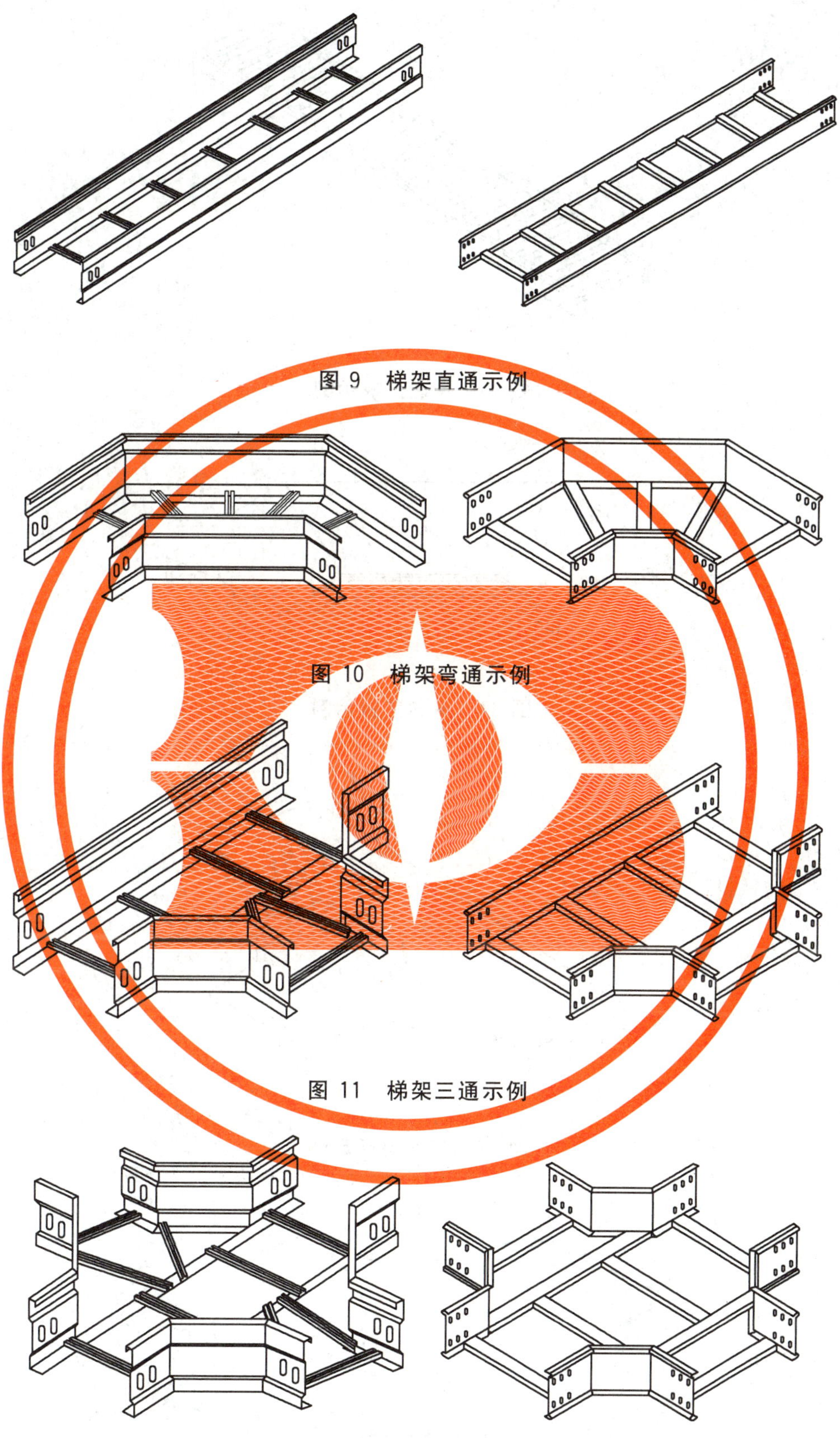

图 9　梯架直通示例

图 10　梯架弯通示例

图 11　梯架三通示例

图 12　梯架四通示例

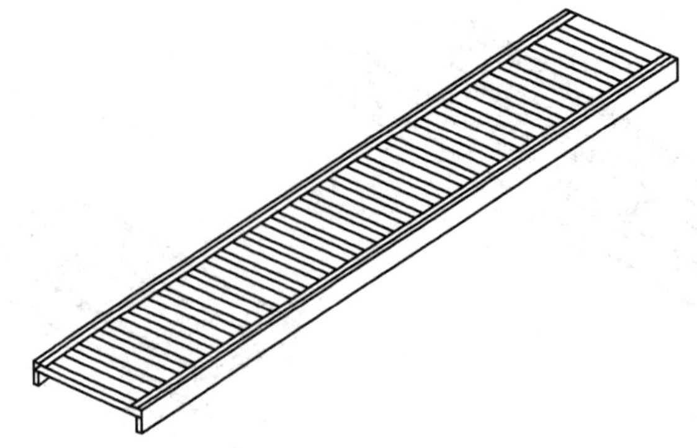

图 13　直通盖板示例

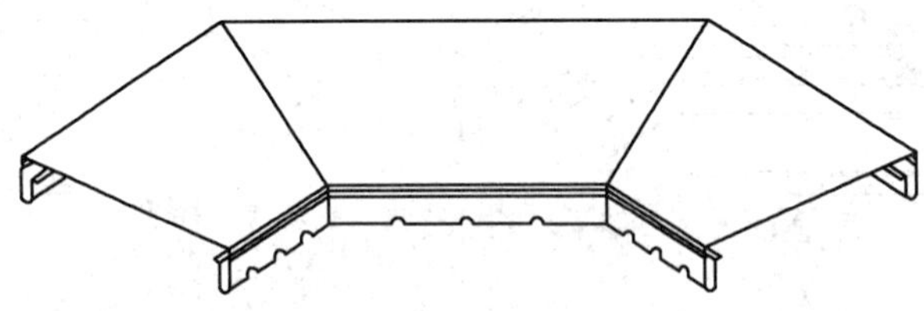

图 14　弯通盖板示例

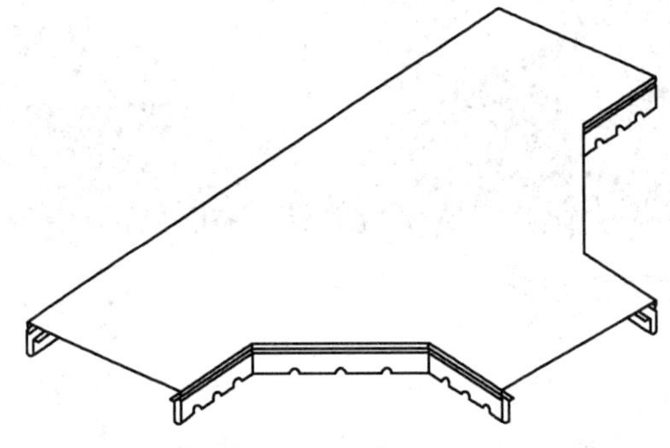

图 15　三通盖板示例

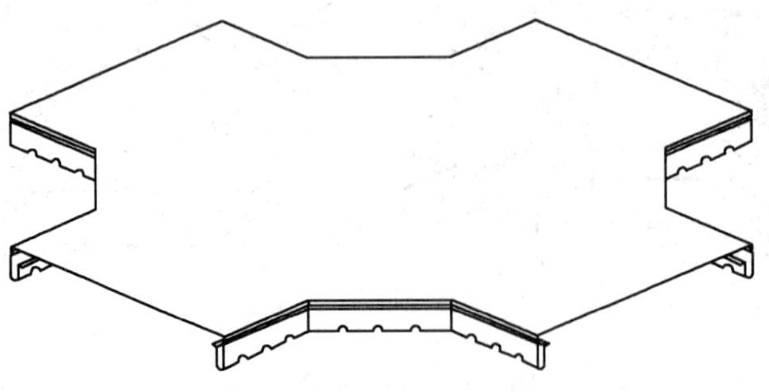

图 16　四通盖板示例

4.2.2 桥架主体结构中的底板、侧板、盖板的典型结构为瓦楞结构。

4.2.3 其他类型桥架主体的底板、侧板、盖板的结构由制造厂定。

4.3 基本结构参数

4.3.1 托盘、梯架的基本结构参数见表1。

表1 托盘、梯架的基本结构参数

单位为毫米

结构	长度	宽度	高度
尺寸	2 000、3 000、 4 000、6 000	200、300、400、500 600、800、1 000	100、150、200
注：尺寸系列以外的特殊要求，可按供需双方协议制造。			

4.3.2 推荐板材厚度见表2。

表2 托盘、梯架推荐板材厚度

单位为毫米

宽度	侧板	底板[a]	盖板
＜300	≥1.2	≥0.7	≥0.5
≥300～＜600	≥1.2	≥0.8	≥0.5
≥600	≥1.5	≥0.8	≥0.5
[a] 梯架横挡板厚应按侧板要求选择。			

5 要求

5.1 一般要求

5.1.1 桥架应按规定的图样和技术文件制造，弯通、三通、四通等弯曲半径应根据电缆允许的弯曲半径设计，不应使用纯直角形，并符合本标准的要求。

5.1.2 制造桥架所用材质为热浸镀锌钢板或不锈钢板，材质应符合GB/T 700、GB/T 912、GB/T 2518、GB/T 3280、GB/T 4237、GB/T 11253、GB/T 21762—2008标准的有关规定。

5.1.3 桥架板材厚度的选择应能承受额定均布载荷。

5.1.4 桥架连接用附件的耐腐性能，不应低于桥架主部件的耐腐性能。

5.1.5 桥架加工成形后断面形状应规整，无弯曲、扭曲、边沿毛刺等缺陷。内表面应光滑、平整、无损伤电缆绝缘的凸起和尖角。

5.1.6 对接焊缝应均匀，连续焊接长度不低于20 mm，不应有漏焊、裂纹、夹渣、烧穿、弧坑等缺陷；叠接焊点应牢固，强度不低于钢板本体的强度。

5.1.7 桥架盖板如为瓦楞结构，应在两侧设有排水孔，以防积水。

5.2 防腐分类与性能

5.2.1 VCI双金属无机涂层

VCI双金属无机涂层性能及技术指标应符合表3的规定。

表 3 VCI 双金属无机涂层

项目		涂层性能及技术指标[a]
镀锌钢板锌层厚度		≥5 μm
涂层厚度（含镀锌层厚度）	平均厚度	≥30 μm
	局部最小厚度	≥20 μm
附着力		应不低于 GB/T 1720—1979 中一级的规定
盐雾试验		≥1 000 h，样品表面应无明显腐蚀现象
涂层导电性检测		<0.01 MΩ
[a] 各检测项目的质量参数应按规定通过试验得出。试验样品应是该产品类型中有代表性的样品，取宽度不小于 70 mm，长度不小于 160 mm 作为试样。		

5.2.2 有机涂层

有机涂层性能及技术指标应符合表 4 的规定。

表 4 有机涂层

项目		涂层性能及技术指标[a]
镀锌钢板锌层厚度		≥5 μm
涂层厚度（含镀锌层厚度）	平均厚度	≥60 μm
	局部最小厚度	≥40 μm
附着力		应不低于 GB/T 1720—1979 中二级的规定
酸性溶液浸泡试验(5%HCl)		≥240 h，样品表面应无明显腐蚀现象
碱性溶液浸泡试验(5%NaOH)		≥240 h，样品表面应无明显腐蚀现象
涂层绝缘性检测		>20 MΩ
[a] 各检测项目的质量参数应按规定通过试验得出。试验样品应是该产品类型中有代表性的样品，取宽度不小于 70 mm，长度不小于 160 mm 作为试样。		

5.2.3 其他金属无机涂层或有机涂层

桥架表面处理的其他金属无机涂层或有机涂层的性能及技术指标应分别符合表 3、表 4 的规定。

5.2.4 不锈钢材质

不锈钢材质选择见表 5。

表 5 不锈钢材质选择

等级	材料
A	材料牌号为 06Cr19Ni10 的，不需要后处理的不锈钢[a]
B	材料牌号为 022Cr17Ni12Mo2 的，不需要后处理的不锈钢[a]
C	材料牌号为 06Cr19Ni10 的，需要后处理的不锈钢[a]

表 5（续）

等级	材料
D	材料牌号为 022Cr17Ni12Mo2 的，需要后处理的不锈钢[a]
注：等级 A、C 内牌号 06Cr19Ni10 对应美国材料与试验协会标准 ASTM A240/A240M-95a 牌号 S30400 或欧洲标准 EN10088 等级 1-4301，等级 B、D 内牌号 022Cr17Ni12Mo2 对应美国材料与试验协会标准 ASTM A240/A240M-95a 牌号 S31603 或欧洲标准 EN10088 等级 1-4404。	
[a] 后处理方法是用来提高抗裂缝腐蚀和其他金属污染的保护。	

5.3 节能性

5.3.1 托盘、带盖梯架应具有节约资源(钢材)以及节约电能效能，节能效能应符合表 6 的规定。

表 6 托盘、梯架节能性

检测项目	节能性
节材率/%	≥20
节能率/%	≥1.0

5.3.2 无孔托盘、带盖梯架仅要求单项节材率。

5.3.3 节材率按附录 A 规定测定得出。普通桥架用材见附录 B 表 B.1。节材率的计算应在满足机械强度、荷载能力的同等条件下进行评定。

5.3.4 节能率应按附录 C 的规定通过试验得出。

5.4 机械性能

5.4.1 强度

5.4.1.1 桥架在额定均布载荷作用下，其最大弯曲应力应小于材料的许用应力$[\sigma]$。对 Q235AF 钢材来说，其最大弯曲应力为：

$$[\sigma]=\sigma_s/K=235/1.5\approx 160 \qquad \cdots\cdots(1)$$

式中：

σ_s ——材料的屈服应力，单位为兆帕(MPa)；

K ——安全系数为 1.5。

5.4.1.2 当桥架出现永久性变形，其载荷为最大试验均布载荷。额定均布载荷等于最大试验均布载荷除以安全系数。

5.4.2 刚度

桥架在额定均布载荷作用下，其最大的弹性挠度应小于跨距的 1/200。

5.4.3 稳定性

桥架在试验均布载荷作用下，侧板不能出现扭曲造成永久性变形的现象。

5.5 载荷等级

5.5.1 桥架在支吊跨距为 2 m、简支梁的条件下，托盘、梯架的额定均布载荷等级应符合表 7 的规定。

表 7　桥架载荷等级

载荷等级	A	B	C	D
额定均布载荷 kN/m	0.5	1.5	2.0	2.5

5.5.2　桥架的承载能力应按附录 D 载荷试验的规定予以验证。托盘、梯架在承受额定均布载荷时的相对挠度不应大于 1/200，并不出现永久性变形和失稳现象。

5.5.3　制造厂应提供各种型式规格托盘、梯架的不同跨距与允许均布载荷和相对挠度的关系曲线或数据表。

5.5.4　吊架或侧壁固定的托臂在承受托盘、梯架额定载荷时的最大挠度值与其长度之比，不应大于 1/100。

5.5.5　各种型式支吊架，应能承受托盘、梯架相应规格、层数的额定均布载荷及其自重，不发生永久性变形和裂纹。

5.5.6　连接板、连接螺栓等受力附件，应与托盘、梯架、托臂等本体结构强度相适应。

5.6　抗冲击性能

托盘、梯架应能承受能量为 5 J 的冲击，按附录 E 的规定进行冲击试验后，样品不应出现影响安全的裂痕和变形。

5.7　电气性能

桥架应具有可靠的电气连续性，以保证工程使用中的等电位连接和接地。当槽体间用连接板连接时，按附录 F 测定，两槽体间的连接电阻不应大于 50 mΩ；无跨接处电阻不应大于 5 mΩ/m。

5.8　防护等级

带盖无孔托盘的整体防护等级应符合 GB/T 4208—2008 中 IP30 的规定。

5.9　制造精度

5.9.1　桥架的长度允许偏差应符合下列要求：

a)　当长度小于或等于 2 000 mm 时，允许偏差为 ±2 mm；

b)　当长度大于 2 000 mm 时，允许偏差为 ±4 mm。

5.9.2　其余尺寸公差应符合 GB/T 1804—2000 中的-V 级的规定。

注：盖宽取正偏差，槽体宽取负偏差。

5.9.3　桥架平面度允许偏差每平方米不应大于 4 mm。

注：桥架宽度不足 1 000 mm 者按 1 000 mm 计算。

6　试验方法

6.1　桥架载荷试验(人工加载法)

6.1.1　桥架载荷试验(人工加载法)按附录 D 的规定进行。

6.1.2　人工加载桥架载荷试验方法适用于出厂检验和型式检验。

6.2 桥架节能率试验

桥架节能率试验按附录 C 的规定。

6.3 桥架节材率测定

桥架节材率测定按附录 A 的规定。

6.4 盐雾试验

盐雾试验按 GB/T 10125 的规定。

6.5 桥架电气连续性试验

桥架电气连续性试验按附录 F 的规定。

6.6 桥架冲击试验

桥架冲击试验按附录 E 的规定。

6.7 耐碱性试验

耐碱性试验按 GB/T 9274—1988 中甲法(浸泡法)。

6.8 耐酸性试验

耐酸性试验按 GB/T 9274—1988 中甲法(浸泡法)。

6.9 防腐蚀层厚度测量

防腐蚀层厚度测量按 GB/T 4956 的规定。

6.10 防腐蚀层附着力测量

防腐蚀层附着力测量按 GB/T 1720—1979 的规定。

6.11 防腐蚀层为金属无机涂层的测定

防腐蚀层表面采用 500 V 兆欧表测试,两个电极间距 100 mm,电阻小于 0.01 MΩ。

6.12 防腐蚀层为有机涂层的测定

防腐蚀层表面采用 500 V 兆欧表测试,两个电极间距 100 mm,电阻大于 20 MΩ。

6.13 外观及制造精度测量

外观及制造精度测量用通用量具和目测法检验。

7 检验规则

7.1 出厂检验

7.1.1 桥架应经制造厂质量检验部门检验合格,并附合格证后方可出厂。

7.1.2 出厂检验项目:

a) 外观,按 5.1.5、5.1.6 要求;

b） 防腐分类的导电性或绝缘性、涂层厚度、不锈钢材质等级及牌号，按5.2要求；

c） 制造精度，按5.9要求。

7.2 型式检验

7.2.1 具有下列情况之一时应进行型式检验：

a） 新产品定型鉴定时；

b） 结构、材料、工艺有较大改变，可能影响产品性能时；

c） 正常生产每5年进行一次；

d） 停产半年后恢复生产时；

e） 国家质量监督检验机构提出型式检验要求时。

7.2.2 型式检验项目为第5章的全部要求项目。

7.3 抽样

7.3.1 同材料、同工艺、同规格、同一生产批的产品为一批。

7.3.2 出厂检验抽样要求按GB/T 2828.1标准执行。型式检验样品应从出厂检验合格品中，按一种类型同种规格每批抽取两件和附件一套。

7.4 判定规则

检验时，如有一项不合格，则应加倍抽样对不合格项进行复检，如仍不合格，则判该批产品不合格。

8 标志、包装、运输和贮存

8.1 标志

8.1.1 桥架主体应有清晰易读的产品标志，内容至少应有制造厂名称或商标。

8.1.2 在交货验收时，应提供下列技术资料和文件：

a） 产品安装使用说明书；

b） 产品合格证及出厂检验报告。

8.2 包装

8.2.1 桥架的包装按供需双方协议执行。

8.2.2 桥架的包装应能防止在运输过程中受到机械损伤。包装宜便于吊装搬运。

8.3 运输

桥架运输时，严防重压。

8.4 贮存

桥架应贮存在通风、干燥，有遮盖的场所。

附 录 A
(规范性附录)
桥架节材率测定

A.1 节材量测定

采用通用磅秤分别计量符合标准板材选用厚度的同规格的普通桥架和节能桥架的单位重量(kg/m)。

A.2 节材率

节材率按式(A.1)计算:

$$\Delta Q = (Q_1 - Q_2) / Q_1 \qquad \text{(A.1)}$$

式中:

ΔQ ——节材率,%;

Q_1 ——普通桥架单位重量,单位为千克每米(kg/m);

Q_2 ——节能桥架单位重量,单位为千克每米(kg/m)。

附　录　B
（规范性附录）
普通桥架板材常用厚度

普通桥架板材常用厚度见表 B.1。

表 B.1　普通桥架板材常用厚度

单位为毫米

托盘、梯架宽度	最小板材厚度
≤150	1.0
＞150～≤300	1.2
＞300～≤500	1.5
＞500～≤800	2.0
＞800	2.2

附　录　C
（规范性附录）
桥架节能率试验

本试验是节能桥架和普通桥架在相同试验条件下的对比试验。

C.1　敷设方式

桥架架空敷设，底面距离地面不低于 1 m。电缆的敷设应模拟实际使用情况，电缆与电缆间尽量留有空隙。同相电缆各导体串联，相同型号和相同规格的电缆以单层、两层或三层置于托盘或梯架内，相互接触呈平行排列，排列方式见图 C.1。所有电缆的截面之和不应大于托盘或梯架横截面积的 50%。

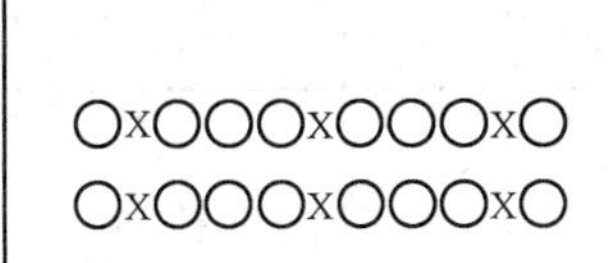

图 C.1　试验电缆排列方式

C.2　试验有孔托盘及电缆

电缆型号规格为 YJV-3×70+1×35(mm^2)，试验有孔托盘规格见表 C.1。

表 C.1　试验有孔托盘

托盘样品	宽/mm	高/mm	板材厚/mm	桥架长/m	数量
1 号标准样品（普通桥架）	300	100	1.2	3	2 段
1 号检测样品（节能桥架）	300	100	—	3	2 段
2 号标准样品（普通桥架）	800	150	2.0	3	2 段
2 号检测样品（节能桥架）	800	150	—	3	2 段

C.3　电缆束加温

图 C.1 中“X”表示温度传感器的位置。使用三相四线电源对电缆施加一定电流，作为电缆束的加热源进行电缆的温升试验。

C.4　电缆导体温度测量

C.4.1　普通型电缆桥架标准样品的试验

试验用电缆按照图 C.1 的排列方式置于电缆桥架的槽盒中，对电缆桥架中电缆施加适当电流，用热电偶测量电缆桥架槽盒中各部位电缆导体的温度，试验持续的时间使电缆各部位的导体温度达到稳定值，其中电缆最热部位的发热电缆导体温度应达到 90 ℃±1 ℃并稳定，当温度变化不超过 1 K/h 时，即认为达到温度稳定，温度稳定后测量电缆 30 min 电能损耗，并记录此稳定电流。

C.4.2 节能型电缆桥架样品的试验

节能型电缆桥架样品试验的布置和安排同普通型电缆桥架标准样品进行试验完全一样，对节能型电缆桥架中电缆施加与普通桥架试验中记录的稳定电流相同的电流，用热电偶测量电缆桥架槽盒中各部位电缆导体的温度，试验持续的时间使电缆各部位的导体温度达到稳定值，温度稳定后测量电缆 30 min电能损耗。

表 C.2 普通型桥架与节能型桥架温度测量对比表

桥架型式	电缆		槽盒内导体温度*/℃							槽盒表面温度*/℃		环境温度/℃	施加电流/A
	$c\times n$	占槽盒容积比	热电偶号						平均值	上盖	下底		
			1	2	3	4	5	6					
普通型	2×8												
节能型	2×8												

注：c ——层数。
n ——每层电缆根数(相同型号和规格)。
* ——电缆槽中间最热部位。

C.5 节能率

桥架节能率按式(C.1)计算：

$$\Delta P=(P_1-P_2)/P_1=(t_1-t_2)/(234.5+t_1) \quad \cdots\cdots(C.1)$$

式中：

ΔP ——节能率，%；

P_1 ——普通桥架电缆通电稳定后 30 min 的电能损耗，单位为千瓦时(kW·h)；

P_2 ——节能桥架电缆通电稳定后 30 min 的电能损耗，单位为千瓦时(kW·h)；

t_1 ——普通桥架电缆通电稳定后的平均温度值，单位为摄氏度(℃)；

t_2 ——节能桥架电缆通电稳定后的平均温度值，单位为摄氏度(℃)；

234.5——温度修正系数。

附　录　D
（规范性附录）
桥架载荷试验（人工加载法）

D.1　托盘、梯架荷载试验

D.1.1　一般要求

目的：验证托盘、梯架在各种跨距条件下的允许均布载荷（额定均布载荷）。

适用：人工加载桥架载荷试验方法适用于产品出厂前抽检。

D.1.2　试样

托盘、梯架板材厚度、侧边高度、横挡或底板与侧边的连接或任何部件的外形不同，都构成不同的设计结构。对每一种结构的托盘、梯架取一件无拼接的直线段作为试样。

D.1.3　支承型式与跨距

试验支承型式为简支梁，托盘、梯架两端及两侧不受任何约束。支承跨距 L 为 1.0 m、1.5 m、2.0 m、2.5 m、3.0 m，允许偏差±30 mm。

D.1.4　试验支承型式

试验支承型式如图 D.1 所示。

圆钢 2 焊接在底座 3 上。

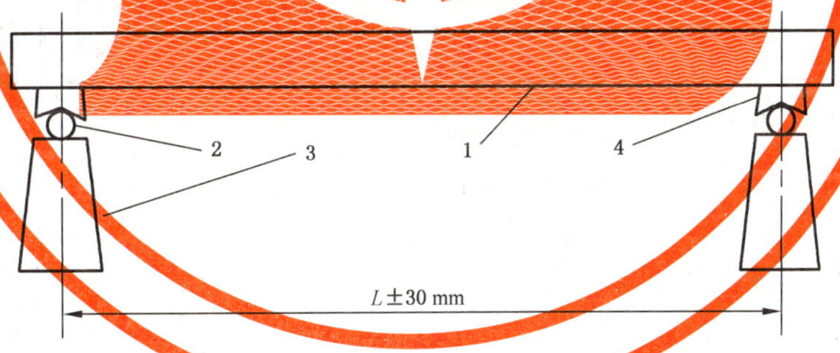

说明：

1——托盘梯架试件；

2——ϕ25 圆钢；

3——钢支架底座；

4——V 形钢条（宽 30 mm、高 20 mm，开有深 5 mm、120°的 V 形槽）。

图 D.1　试验支承型式

D.1.5　试样定位

试样水平置放在支架上，两端用 V 字形钢条支撑，两个圆钢中心距离为试验跨距长度，试件两端的外伸长度均为 100 mm。

D.1.6 试验载荷材料

载荷材料可用钢条、铅锭或其他材料。钢条可用厚 3 mm、宽 30 mm～50 mm、长度不大于 1 m 的扁钢。其他载荷材料宽度不大于 125 mm,长度不大于 300 mm,最大重量不超过 5 kg。

为便于对梯架试样加载,允许用厚 1 mm,长度不大于 1 m 的钢板或网板置放在支架跨距内的横挡上,两块钢板之间不能搭接,钢板重量应计入载荷总重量。

D.1.7 试验载荷

试验载荷按表 D.1 选择。

表 D.1 试验载荷

跨距/m		1.0	1.5	2.0	2.5	3.0	3.5
系 数		4.0	1.8	1.0	0.64	0.44	0.33
载荷等级	A 500 N/m	3 000	1 350	750	480	330	248
	B 1 500 N/m	9 000	4 050	2 250	1 440	990	743
	C 2 000 N/m	12 000	5 400	3 000	1 920	1 320	990
	D 2 500 N/m	15 000	6 750	3 750	2 400	1 650	1 238
跨距/m		4.0	4.5	5.0	5.5	6.0	
系 数		0.25	0.2	0.16	0.13	0.11	
载荷等级	A 500 N/m	188	150	120	98	83	
	B 1 500 N/m	563	450	360	293	248	
	C 2 000 N/m	750	600	480	390	330	
	D 2 500 N/m	938	750	600	488	413	

D.1.8 加载

加载如下:

a) 首次加载值=试验载荷÷10 N/m;

b) 二次加载值=首次加载值×2 N/m;

c) 三次加载值=首次加载值×3 N/m。

其余依次类推。

试验载荷至少分 10 次加载,每次增载值相等。

D.1.9 测量

每次加载后,立即进行测量,并做好记录:

a) 采用游标高度尺或百分表等量具测量挠度,量具精度不低于 0.02 mm;

b) 挠度测量方向与托盘、梯架试样纵向轴线垂直,测点位于跨距中部两个侧边的中心,每次加载后,测量该两点读数的平均值,即为该载荷下的挠度值(挠度与跨距之比即为相对挠度)。

D.1.10 卸载

加载测量后,立即卸载,让桥架复原。再进行下一次加载、测量、记录。依次类推,直至产生永久变形。

D.1.11　试验顺序

首次，按 1.0 m 跨距试验完成后，依次进行 1.5 m、2.0 m、2.5 m、3.0 m 跨距的试验，直至全部试验完成。

D.1.12　允许均布载荷的确定

在试样上逐步加载，直至使梁的跨度中点产生跨距的 1/200 的永久变形，或者当翻边或侧边出现“塑性曲屈——皱折”现象时的试验均布荷载，除以安全系数 1.5 的数值，即为托盘、梯架的允许均布载荷（额定均布载荷）。

D.1.13　载荷特性及挠度曲线的建立

D.1.13.1　均布载荷与跨距的关系曲线，应根据不少于 5 种跨距的测试数值绘制，跨距宜从 1 m 起，可按间隔 0.5 m 递增。桥架载荷特性曲线图的格式参见图 D.2。

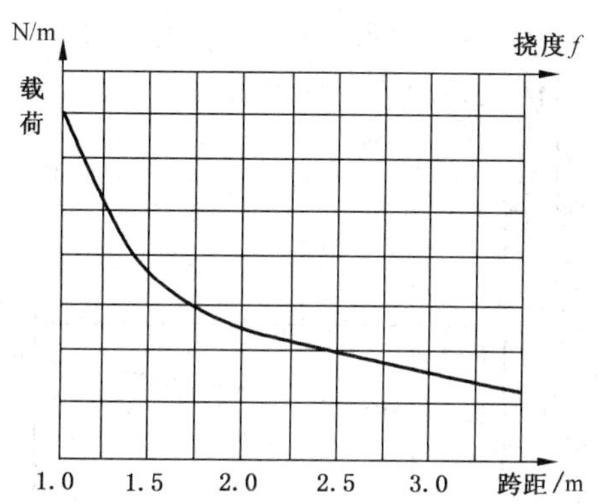

图 D.2　桥架载荷特性曲线图

D.1.13.2　每个品种规格的桥架都应单独绘制其载荷特性曲线图。

D.2　支吊架载荷试验

D.2.1　试样

对每种型式、结构、规格的支吊架（包括托臂、立柱、吊杆、螺栓等附件），各取一套作为试样。

D.2.2　支吊架固定体和试样定位

支、吊架固定体及试样定位方式，如图 D.3、图 D.4、图 D.5 所示。支吊架固定体应为刚性结构，并满足试验载荷要求。

D.2.3　托臂试验载荷

托臂试验载荷按式（D.1）确定。

$$W = AL(n_0 q_E + G) \qquad \cdots\cdots\cdots (D.1)$$

式中：

W ——托臂试验载荷，单位为牛（N）；

A ——按两等跨梁的中间支、吊架所受的支承力最大，系数 A 取 1.25；

L ——支、吊架相邻两侧等跨布置时的跨距，单位为米(m)；
q_E ——每层托盘、梯架的额定均布载荷，单位为牛每米(N/m)；
G ——托盘、梯架及盖板、附件自重，单位为牛每米(N/m)；
n_0 ——安全系数，取 1.5。

D.2.4 加载

D.2.4.1 按托盘、梯架的两侧边在托臂上的位置吊挂载荷，载荷可用钢块、铅锭或其他比重较大的材料，盛装载荷材料的容器、吊具的重量应计入载荷总重量。

D.2.4.2 试验时应不少于 5 次加载，每次加载量相等。

D.2.4.3 当立柱或吊杆支承多层托臂时，以各层托臂同时承受各自的试验载荷进行整体试验。

D.2.5 测量与检查

D.2.5.1 每次加载后，用百分表等量具测量 a、b 的位移或变形量以及卸载后的残余变形量。量具精度不低于 0.02 mm。

D.2.5.2 检查焊口或螺栓连接处有无裂纹、变形损坏，卡接式托臂有无下滑。

D.2.5.3 列出载荷与位移或变形量的关系曲线或数据表。

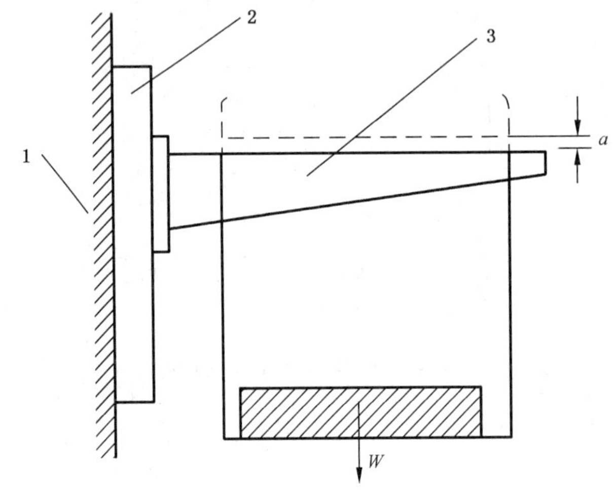

说明：
1——支架固定体；
2——支架；
3——托臂。

图 D.3 支架固定体和定位方式

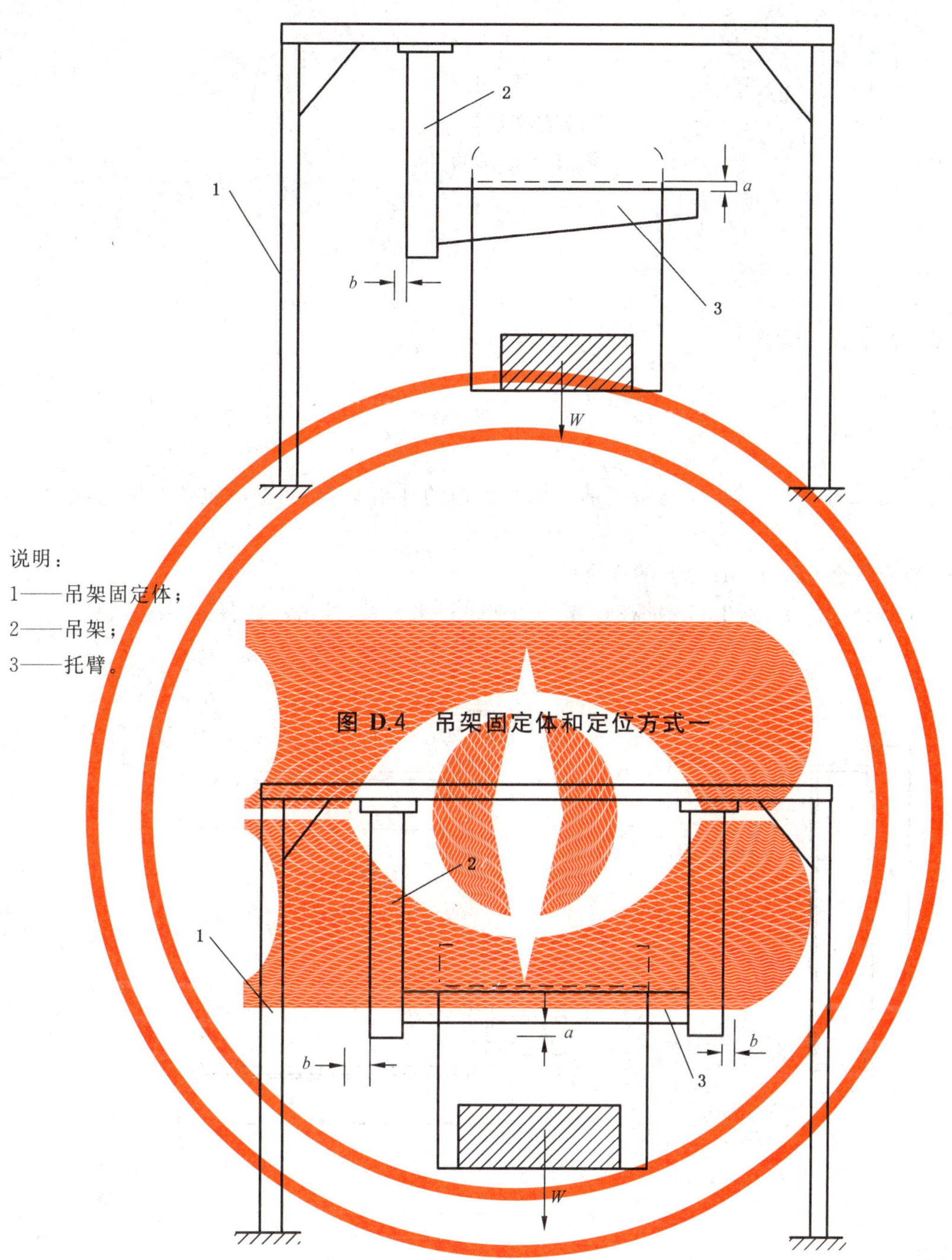

说明：

1——吊架固定体；

2——吊架；

3——托臂。

图 D.4　吊架固定体和定位方式一

说明：

1——吊架固定体；

2——吊架；

3——托臂。

图 D.5　吊架固定体和定位方式二

附 录 E
（规范性附录）
桥架冲击试验

E.1 试验条件

钢制桥架可在常温下试验。

E.2 试验方法

试品布置见图 E.1。三个试品分别做底部及两个侧边的冲击试验，冲击的位置分别为底部及两侧边的中部。

试品的安装应符合 GB/T 2423.55 的规定。

严酷等级应符合 GB/T 2423.55 的规定。按 5 J 能量级来考核，冲击次数各为一次。

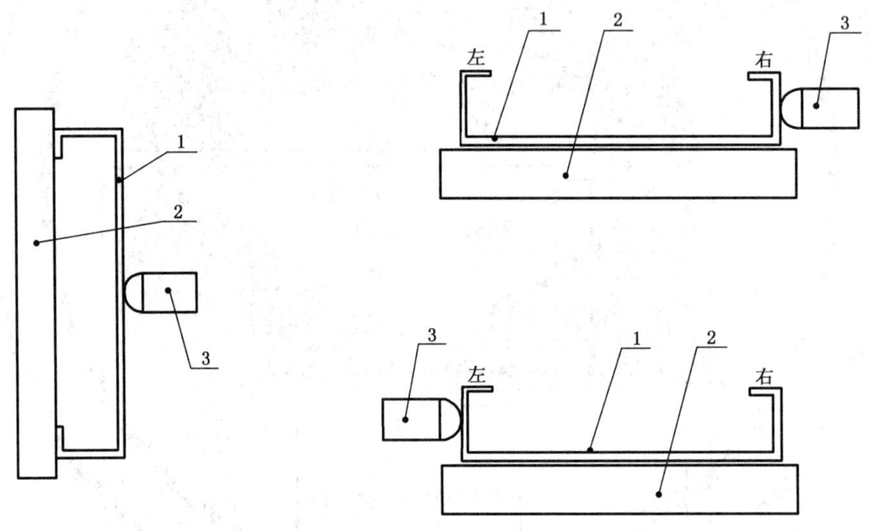

说明：
1——试品；
2——安装板；
3——冲击元件。

图 E.1 冲击试验的试件布置

E.3 试验结果

经冲击试验后，试品不出现影响安全使用的变形和裂纹。

附　录　F
（规范性附录）
桥架电气连续性试验

F.1　试验样品

每个试验样品应包括两个长度为1 000 mm的侧边、连接板或连接线以及连接螺栓等。

F.2　试验方法

按制造厂提供的说明，清除被试件接触点上的油污，待干燥后用连接板把每个试样连接在一起。电气连续性试验接线如图F.1所示。

用电压为12 V、频率为50 Hz～60 Hz、电流为25 A±1 A的交流电流恒流源通过试样，在距连接板两端各50 mm处的两个点上测量电压降；然后再测量接头一边距离500 mm的两个点之间的电压降。

根据电流和电压降计算出电阻值。

单位为毫米

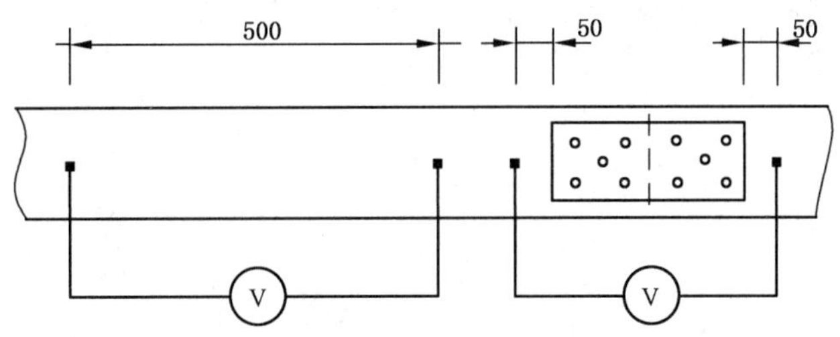

图F.1　电气连续性试验接线

参 考 文 献

[1] GB/T 2423.55—2006 电工电子产品环境试验 第2部分:试验方法 试验Eh:锤击试验

[2] GB/T 15320—2001 节能产品评价导则

[3] GB/T 16895.3—2004 建筑物电气装置 第5-54部分:电气设备的选择和安装 接地配置、保护导体和保护联结导体(IEC 60364-5-54:2002,IDT)

[4] CECS 31:2006 钢制电缆桥架工程设计规范

[5] ASTM A153—2003 钢铁制金属构件上镀锌层(热浸)标准规范

[6] NEMA.VE1—2009 电缆托架系统

ICS 29.080.30
K 15

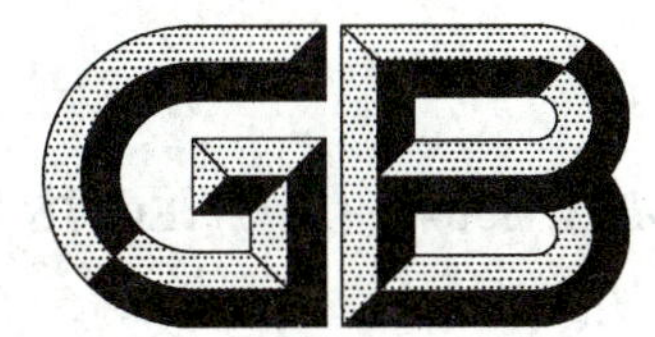

中华人民共和国国家标准

GB/T 23642—2017/IEC/TS 61934:2011
代替 GB/T 23642—2009

电气绝缘材料和系统 瞬时上升和重复电压冲击条件下的 局部放电(PD)电气测量

Electrical insulating materials and systems—Electrical measurement of partial discharges(PD) under short rise time and repetitive voltage impulses

(IEC/TS 61934:2011,IDT)

2017-12-29 发布 2018-07-01 实施

中华人民共和国国家质量监督检验检疫总局
中国国家标准化管理委员会 发布

前　言

本标准按照 GB/T 1.1—2009 给出的规则起草。

本标准代替 GB/T 23642—2009《电气绝缘材料和系统　瞬时上升和重复脉冲电压条件下的局部放电(PD)电气测量》,与 GB/T 23642—2009 相比主要技术变化如下:

——修改了范围(见第 1 章,2009 年版的第 1 章);

——修改了术语“局部放电脉冲”的定义(见 3.3,2009 年版的 3.3);

——修改了术语“重复局部放电起始电压”的定义(见 3.4,2009 年版的 3.4);

——修改了术语“重复局部放电熄灭电压”的定义(见 3.5,2009 年版的 3.5);

——删除了术语“PD 脉冲重复率”和“冲击电压上升率”(见 2009 年版的 3.10 和 3.12);

——修改了术语“脉冲宽度和脉冲占空比”(3.9 和 3.10,见 2009 年版的 3.14 和 3.15);

——增加了“冲击发生器”条款(见 4.4);

——删除了“冲击电压源影响”条款(见 2009 年版的 4.4.2);

——增加了“图 6,图 10,图 11 和图 12”(见图 6,图 10,图 11 和图 12);

——修改了“PD 测量灵敏度”章节(见第 7 章,2009 年版的第 7 章);

——删除了“试验回路”和“试验规程”条款(见 2009 年版的第 8 章和第 9 章);

——增加了“重复冲击电压量级增加和减少的测试程序”(见第 8 章);

——修改了“试验报告”章节(见第 9 章,2009 年版的第 10 章);

——增加了“附录 C 和附录 D”(见附录 C 和附录 D)。

本标准使用翻译法等同采用 IEC/TS 61934:2011《电气绝缘材料和系统　瞬时上升和重复电压冲击条件下的局部放电(PD)电气测量》。

本标准由中国电器工业协会提出。

本标准由全国电气绝缘材料与绝缘系统评定标准化技术委员会(SAC/TC 301)归口。

本标准起草单位:苏州太湖电工新材料股份有限公司、机械工业北京电工技术经济研究所、东方电气集团东方电机有限公司、上海电器科学研究院、常州威远电工器材有限公司、哈尔滨理工大学、南京汽轮电机长风新能源股份有限公司、ABB 高压电机有限公司、上海申发检测仪器有限公司、四川大学、西安交通大学。

本标准主要起草人:刘亚丽、陈昊、郭振岩、吴斌、张生德、赵超、梁智明、崔鹤松、郭宁、井丰喜、夏克、田建忠、夏星辰、王鹏、叶贤刚、徐保弟、韩庆占、刘学忠、林然然。

电气绝缘材料和系统
瞬时上升和重复电压冲击条件下的
局部放电(PD)电气测量

1 范围

本标准规定了电气绝缘系统(EIS)承受由电力电子设备产生的重复电压冲击时发生局部放电(PD)的离线测量方法。

本标准适用于电力电子设备供电的EIS,如电动机、感性电抗器和风力发电机。

注1:特定产品使用本标准时,可能要求增加其他规程。

注2:由于本标准概述一种新兴技术,因此经验和预防措施以及特定预处理条件也适用于本标准。

下列测量方法除外:

——基于光学或超声波的PD探测法;

——无重复电压冲击(如闪电冲击或开关设备的转换冲击)下的PD测量。

2 规范性引用文件

下列文件对于本文件的应用是必不可少的。凡是注日期的引用文件,仅注日期的版本适用于本文件。凡是不注日期的引用文件,其最新版本(包括所有的修改单)适用于本文件。

GB/T 7354—2003 局部放电测量(IEC 60270:2000,IDT)

IEC 60034(所有部分) 旋转电机(Rotating electrical machines)

3 术语和定义

下列术语和定义适用于本文件。

3.1

重复电压冲击 repetitive voltage impulses

由电力电子设备载波或驱动频率的开关所产生的电压冲击。

3.2

局部放电 partial discharge;PD

导体间绝缘仅被部分桥接的电气放电。

注:改写GB/T 7354—2003,定义3.1。

3.3

局部放电脉冲 partial discharge pulse

试品中发生局部放电时在试品端测得的电流脉冲。

注1:为达到测试目的,用接在试验回路中适当的检测回路测得脉冲。

注2:按照本标准,在输出端检测的电流或电压信号与输入端的PD脉冲有关。

注3:改写GB/T 7354—2003,定义3.2。

3.4

重复局部放电起始电压 repetitive partial discharge inception voltage;RPDIV

十次极性相同的电压冲击中至少出现五次PD脉冲的最小峰-峰冲击电压。

注:对于规定的试验时间和试验回路,该值为平均值,其施加于试品上的电压从探测不到PD的电压值逐渐增加。

3.5

重复局部放电熄灭电压　repetitive partial discharge extinction voltage；RPDEV

十次极性相同的电压冲击中出现五个以下 PD 脉冲的最大峰-峰值冲击电压。

注：对于规定的试验时间和试验回路，该值为平均值，其施加于试品上的电压从探测到 PD 的电压值逐渐降低。

3.6

冲击电压极性　impulse voltage polarity

施加的冲击电压极性，与接地有关。

3.7

单极冲击　unipolar impulse

极性可以为正极性或者负极性的电压冲击。

注：相反极性的振幅将少于 20%。

3.8

双极冲击　bipolar impulse

极性从正极到负极或从负极到正极交替的电压冲击。

3.9

冲击电压重复率　impulse voltage repeptition rate

无论单极冲击或双极冲击，两次极性一致的连续冲击之间平均时间的倒数。

3.10

冲击上升时间　impulse rise time

冲击电压从零上升到 100%的时间。

注：除另有规定外，设为电压从 10%上升至 90%所需时间的 1.25 倍。

3.11

冲击衰减时间　impulse dacay time

冲击从规定的上限值下降至规定的下限值之间的时间间隔。

注：除另有规定，上限值和下限值分别为冲击幅值的 90%和 10%。

3.12

冲击脉冲宽度　impulse width

冲击脉冲达到规定幅值或规定阀值时的第一瞬时和最后瞬时的时间间隔。

3.13

冲击脉冲占空比　impulse duty cycle

在规定时间间隔内冲击脉冲宽度和总时间的比率。

3.14

峰值局部放电量　peak partial discharge magnitude

在规定的条件处理及试验后的试品在规定电压下观察到与 PD 脉冲有关的任意参量的最大值。

注：对于冲击电压试验，PD 峰值是重复发生 PD 的最大值。

4　在重复、瞬时上升电压冲击期间的局部放电脉冲测量以及与工频下测量的对比

4.1　测量频率

GB/T 7354—2003 规定的方法适用于测量直流和低于 400 Hz 交流电压下的 PD 电气脉冲。通常，当试品承受冲击电压时，测量 PD 脉冲的方法由修改 GB/T 7354 规定的标准窄带和宽带频率方法得到。

测量重复瞬时上升冲击电压时的 PD，应避免激发冲击电压产生的感应电流。一种方法是在比冲击

更高的超高频率下的电流或电磁波测量。超宽频带(UWB)探测通常是使用高通滤波器抑制冲击电压的相对低频部分。在原理上,在特高频(UHF:300 MHz～3 GHz)内的窄频段测量通常对冲击电压的抑制有效。另一种方法是在相比冲击电压极低的频率下整合PD电流。

4.2 测量

测量项目有RPDIV、RPDEV、最大局部放电幅值和局部放电脉冲重复率。

RPDIV、RPDEV取决于PD测量系统的灵敏度以及PD脉冲与测量电路的噪音,应按第7章进行。此外,它们还取决于试品和来自测量点处放电脉冲的形变。

本标准中PD用单位mV表示。无论何时,都应按第7章对测量系统进行灵敏度评估。

4.3 试品

4.3.1 概述

按照电源频率,试品主要为感性的、容性的或等效分布性的阻抗。对于某些试品,试品是否感性、容性或等效分布性阻抗取决于PD探测频率范围(不仅取决于电压电源频率)。有等效分布性阻抗的试品具有传输线特性,PD脉冲传播到试品时可引起衰减和失真。下面的分级仅对低频、窄段测量有效。

4.3.2 感性试品

感性试品类型如下:

——定子绕组和转子绕组;

——感性电抗器;

——变压器绕组;

——散绕绕组试验模型和成型绕组试验模型[见IEC 60034(所有部分)]。

4.3.3 容性试品

容性试品类型如下:

——绕组线的绞线对;

——电容器;

——开关设备外壳;

——电力电子模块和衬底;

——绝缘隔离的散热器;

——定子线圈和线棒中主绝缘模型;

——印刷电路板;

——光电耦合器。

4.3.4 分布性试品

下列试品具有分布等效阻抗特性:

——电缆;

——母线;

——定子绕组和转子绕组;

——变压器绕组;

——定子绕组和转子绕组的匝间绝缘;

——电容式应力锥套管。

4.4 冲击发生器

4.4.1 概述

本标准中使用的冲击发生器应能产生低噪声水平的瞬时上升和重复的电压冲击。对于瞬时上升冲击，测量除常规球形电极间隙之外的开关试品可使用半导体设备。对于重复冲击，主电容器应在很短时间周期内由DC供电装置充电。上升时间、重复率等参数的描述见4.4.2。

对于PD特性，连续冲击极性非常重要。为模拟电压型PWM变频器驱动电动机的匝间电压，推荐采用双极重复冲击电压。若获得双极发生器较为困难，可使用单极重复冲击发生器。

对于PD测量，冲击发生器应采用电磁屏蔽措施抑制噪音。

4.4.2 冲击波形

为比较不同绝缘材料或者设计方案，可选用合适电压波形的电源进行局部放电测量。冲击发生器应包括如下参数：

——冲击上升时间；

——冲击电压极性；

——冲击电压重复率；

——冲击脉冲宽度；

——冲击脉冲占空比。

无负载时冲击电压波形的参数值实例见表1。

冲击波形不仅取决于冲击发生器的规格，也取决于试样阻抗。冲击波形会随负载而显著变化。冲击发生器应设计为传递所要求的波形至负载。一般电压冲击上升时间随试样电容的增大而增大。另一方面，4.3.4中提及的感性试品或分布等效阻抗除了会改变冲击波形的上升时间，而且会产生阻尼震荡，因此检测绝缘试品两端的冲击电压波形很重要。此时，推荐使用宽带示波器观测冲击和PD波形。应注意产生在第一个冲击后的电压振荡期间的PD。

表1 无负载时冲击电压波形的参数值示例

特性	范围
上升时间	0.04 μs～1 μs
重复率	1 Hz～10 000 Hz
冲击脉冲宽度	0.08 μs～25 μs
波形	方波或三角波
极性	双极(优选)或单极

4.5 试验条件影响

4.5.1 概述

一般情况下，PD的测量结果可取决于冲击波形的特定参数值，如冲击上升时间、冲击衰减时间、冲击重复率、脉冲极性和冲击振荡数量。

4.5.2 环境因素影响

一般情况下，PD的测量结果可能受下列因素影响：

——湿度；
——温度；
——大气压强；
——环境气体的类型；
——试品受污染程度。

注：在高海拔情况下，PD 现象可随上升时间的延长而变化。

4.5.3 试验条件和老化影响

PD 的测量结果可能受下列因素影响：

——电压分布；
——PD 发生位置；
——先前施加的电压和两次施加电压间隔的时间；
——试验时间或试品承受电压的时间。

另外，EIS 运行期间，电气绝缘发生老化时与 PD 的测量结果可能会发生变化。

5 PD 探测方法

5.1 概述

承受电压冲击的试品在任何 PD 脉冲探测系统都要求对 PD 探测回路测得的残留电压冲击有很强的抑制能力，并且抑制的 PD 脉冲可忽略不计。PD 脉冲受探测系统处理之后其量值应大于残留传输电压冲击。所需抑制冲击电压的量取决于试验电压和冲击的上升时间。

如冲击电压振幅增加，需要更强的抑制力以确保探测器输出端的巨大 PD 脉冲量值高于残留传输电压冲击。同样，如施加的冲击电压的上升时间减少，那么由于供电冲击和 PD 脉冲间频谱的重叠增加（参见附录 A），抑制力也会增强。设计 PD 脉冲耦合装置应确保在探测器的输出端的巨大 PD 脉冲量值高于残留传输电压冲击。

附录 A 提供了耦合装置需要的电压冲击抑制作用的说明。建议给出作为冲击量值和上升时间的函数所需的供电电压冲击抑制能力的数值。

附录 B 提供了通过过滤技术从电压冲击源中提取 PD 脉冲。

5.2 PD 脉冲耦合和探测装置

5.2.1 引言

可用高压电容器、高频电流互感器（HFCT）或电磁耦合器（例如天线）探测试品中的 PD 电流或电压脉冲。探测器与测量系统的其余部分结合使用可将冲击电压的幅值抑制至小于 PD 脉冲的预期幅值（如使用合适的滤波器）。

由于电压冲击和 PD 脉冲含有高频成分，所以电源、试品和 PD 探测器间要求低电感连接。为了防止由于传输线路等效参数导致施加冲击的衰减和分散，冲击电源应尽量靠近试品。由于 PD 测量与 UWB 探测系统同步，接地试品应直接连接冲击电压源，导线长度尽可能短且电感尽可能低。推荐导线长度不超过 1 m。

下面回路适用于 PD 脉冲探测。

5.2.2 带有多阶滤波器的耦合电容器

可以使用电压等级高于预期冲击电压并有能高度衰减试验冲击电压的滤波器的耦合电容器。滤波器至少应具有三阶以及特殊的措施以抑制住输入信号与输出信号的交叉耦合。设计滤波器可使用主动或被动的过滤技术。耦合电容器被连接至试品高压终端(图 1)。附录 A 为滤波器特性的示意范例。图 2 为 PD 脉冲和冲击电压在八阶滤波器滤波前和滤波后的频谱图例。

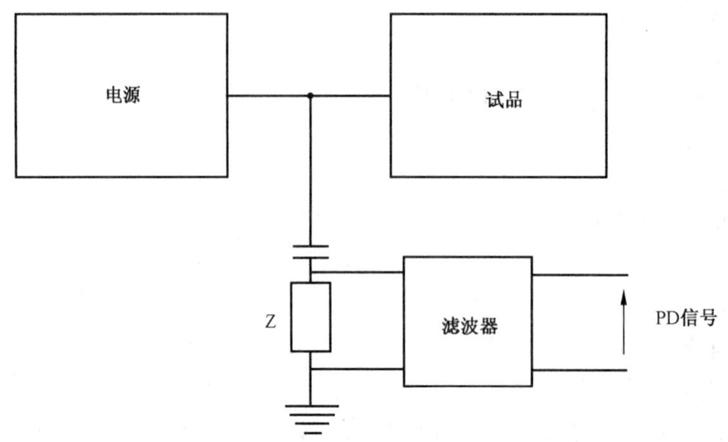

图 1　带有多阶滤波器的耦合电容器

5.2.3　带有多阶滤波器的 HFCT

有滤波器的 HFCT 可用来探测 PD 脉冲,同时能抑制冲击电压。注意 HFCT 的上部截止频率范围可能较宽,由此可能影响该方法的使用。HFCT 的截止频率应比电压脉冲频率更高。滤波器至少应具有 3 个电极以及特殊的措施以抑制输入信号与输出信号的交叉耦合。操作滤波器可使用主动或被动的过滤技术。HFCT 可套在电源和试品之间的高压电缆上(图 3)。这样,HFCT 足够的电气绝缘能力可确保电缆和 HFCT 之间不会产生电击穿。或者,HFCT 也可安置于试品和接地之间(图 4),此时仅需要低压绝缘。通常只有当试品的金属外壳同地隔离时,后者的电路才有效。附录 A 为滤波器特性的图解示例。

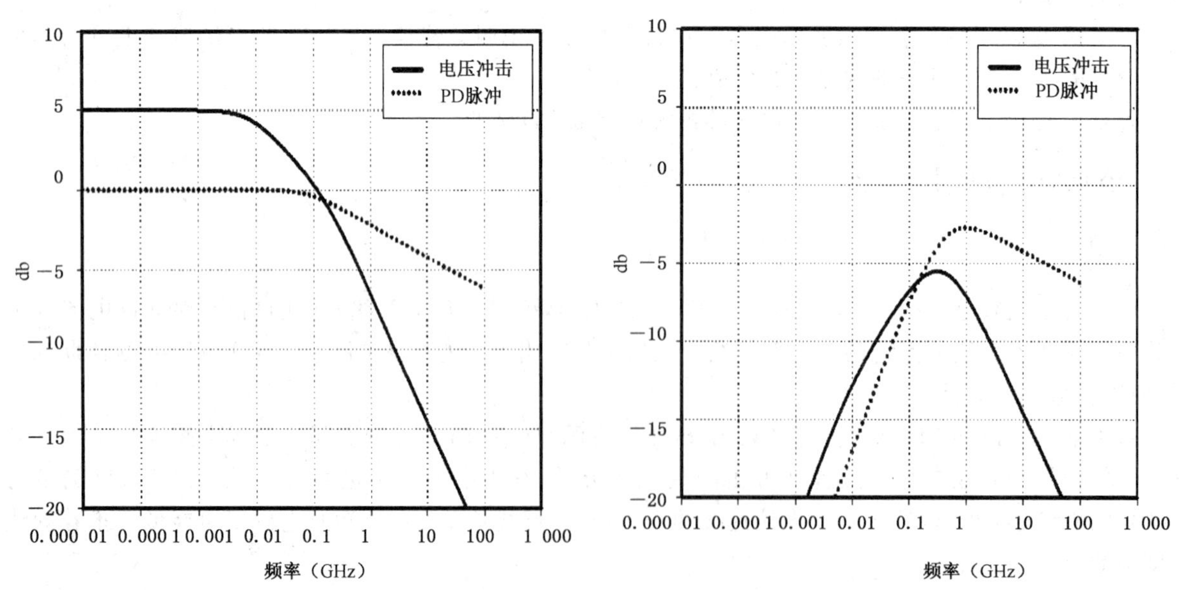

a)　滤波前的电压冲击和 PD 脉冲频谱示例　　b)　滤波后的电压冲击和 PD 脉冲频谱示例

注:电压上升时间 50 ns,PD 脉冲上升时间 2 ns,滤波截止频率等于 500 MHz 的八阶滤波器。

图 2　滤波前(2a)和滤波后(2b)的电压冲击和 PD 脉冲频谱示例

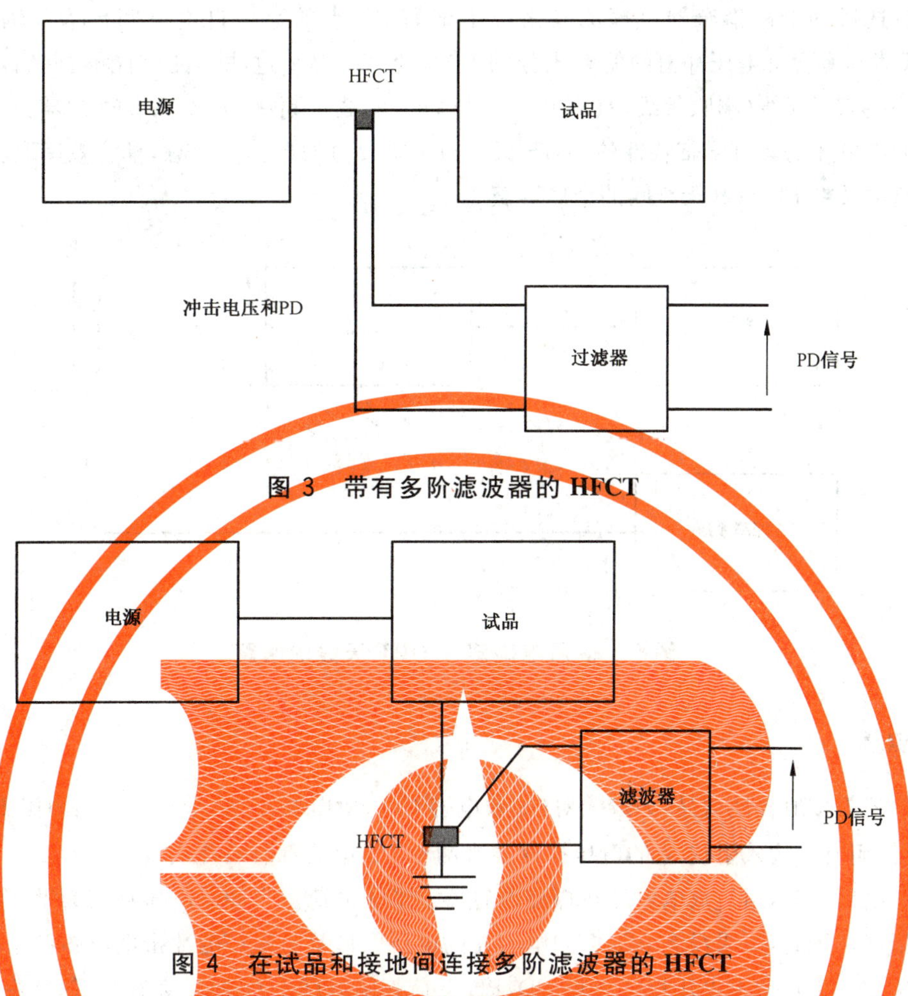

图 3　带有多阶滤波器的 HFCT

图 4　在试品和接地间连接多阶滤波器的 HFCT

5.2.4　电磁耦合器

天线型耦合器可用来区分电源冲击和产生于试品的 PD(图 5)。

各种类型的天线型耦合器可探测来源于试品局部放电点的电磁信号。为了从冲击电压中区分 PD 信号,耦合器应具有合适的频率特性。

超宽频带(UWB)耦合器能够探测到带有冲击噪声的 PD 信号。为了抑制冲击电压,应在冲击电压和试品之间连接具有固定耦合阻抗的电磁近场耦合器(图 5)。

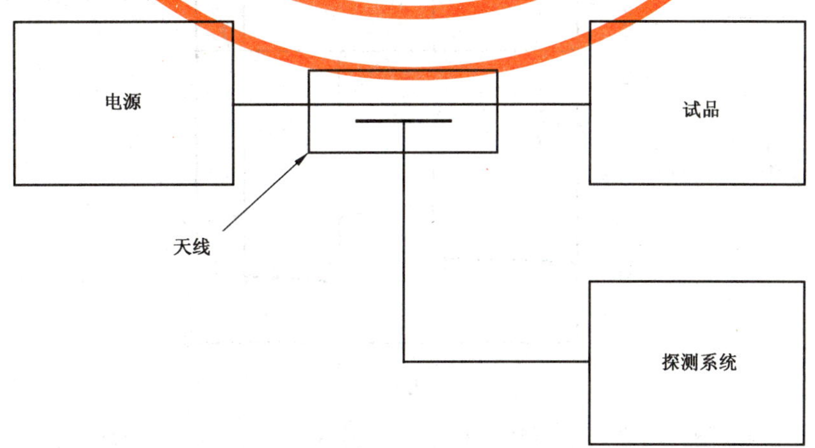

图 5　使用电磁耦合器(例如天线)抑制试验电源冲击的回路

一种可供选择的电磁耦合器可探测到来源于试品 PD 点的穿过自由空间传播的辐射电磁信号(图 6)。若天线具有含有电压冲击的低频成分的 UWB 特性,那么过滤功能应能够抑制探测系统内的残留信号。一些双脊天线(喇叭天线)具有 0.5 GHz 以上的截止频率,则不需要过滤器。同样,对于中心频率高于冲击电压的具有窄带特性的 UHF 天线也不需要过滤器。应注意,耦合效率取决于 PD 点和天线间的距离以及在 PD 点和天线间的金属屏蔽。

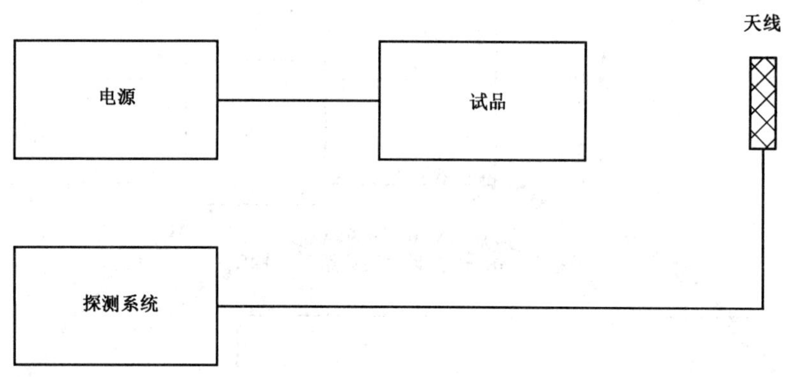

图 6　使用电磁感应 UHF 天线的回路

5.2.5　电荷测量

对于简单的不接地容性试品,如绞线对(等效电容 C_S),使用电容为 C_d($C_d \geqslant C_S$)的探测电容器与试品串联,以及使用有高输入阻抗 R 的电压探测器来测量 PD 电荷都有可能实现。

由于冲击电压上升,通过放电电流在探测电容器上形成电荷。当冲击电压衰减为零,电容电荷与相反电荷相互抵消。因此,如果没有 PD,探测电容器的电压图形就与施加的冲击电压图形相同,且振幅由 C_S/C_d 之比决定。一旦冲击电压期间出现 PD,PD 电荷将随时间常数 RC_d 衰减为零,其中 R 为测量系统的阻抗。当所选择的关于冲击电压持续时间的时间常数足够大时,电荷衰减在冲击电压单独一击之后就能被观测到。图 7 为冲击电压和绞线对试样电荷积累的试验范例。只有当电压冲击为双极且两极完全相同时,作为 PD 探测工具的电荷测量才有意义。PD 测量的灵敏度取决于背景噪音,对传统 PD 测量而言也是如此。图 8 为试验回路方案。

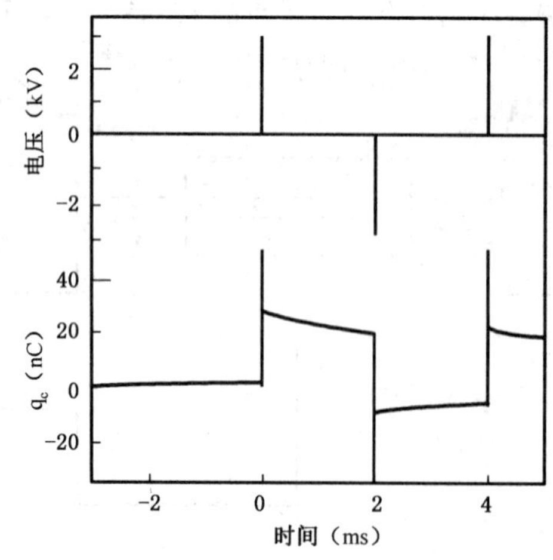

注:峰值冲击电压幅值=2.3 kV,冲击电压频率=250 Hz。

图 7　重复双极式冲击电压波形和绞线对试样电荷积累示例

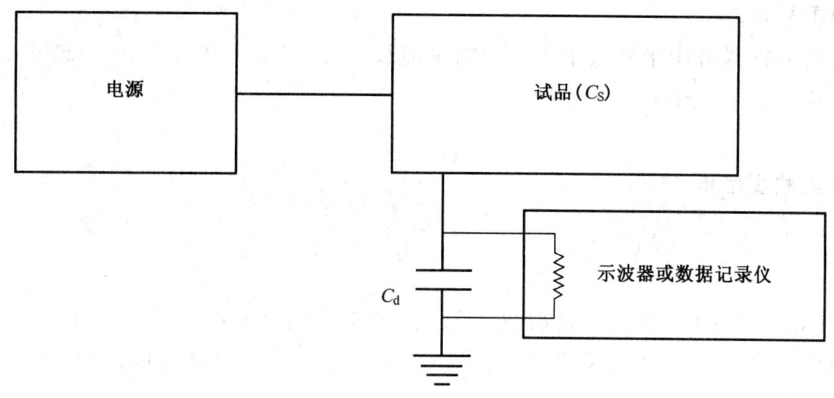

图 8 电荷测量

5.3 源控制闸技术

抑制冲击电压的其他方法是截住 PD 电子信号(从上述任一探测器中),这样冲击瞬时上升时间起始部分的持续时间信号(图 9)就被堵截住,而不被显示或不会被记录。使用该方法,任何出现在冲击上升时间起始部分时期的 PD 均不能被探测到。因此,只有在供电电压瞬时交换之后出现的 PD 才可以被记录。

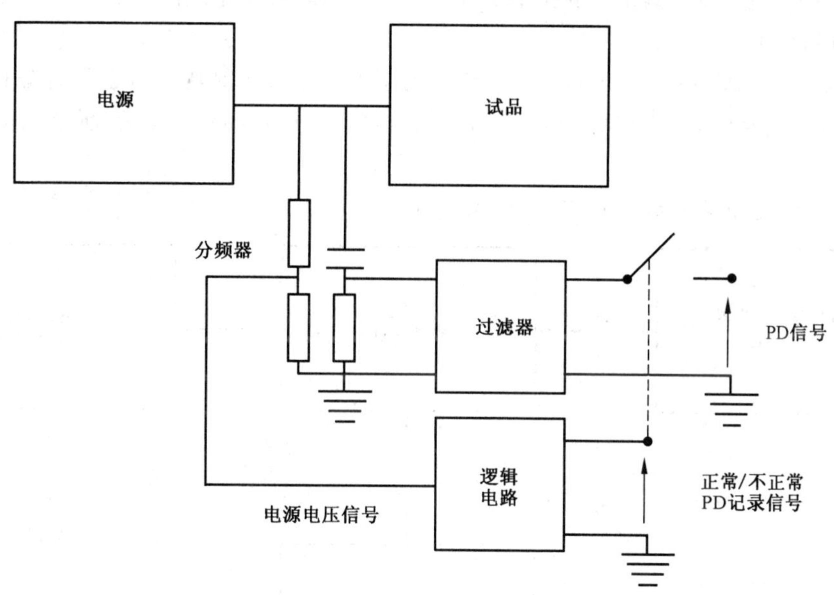

图 9 使用电子源控制闸技术的 PD 探测范例(可用其他 PD 耦合装置)

6 测量仪器

PD 试验的结果是 RPDIV 和 RPDEV。另外,宜测得规定试验电压和试验条件下的 PD 脉冲重复率和最大 PD 脉冲幅值。考虑到 PD 脉冲从 PD 源传播至测量点时已衰减和失真,PD 测量值仅是 PD 的相对度量。

从耦合器和探测系统输出的 PD 信号可用数字示波器或脉冲分析器记录。当使用示波器时,PD 输出通常显示在一个频道上,与此同时,施加的冲击电压减少的数值则显示在另一个频道上(附录 B)。PD 脉冲的量值以及其关于冲击电压所出现的暂时方位均被记录。应注意,推荐示波器的再触发速率大于冲击电压的重复率。

电子脉冲量值分析器可用于测量 PD 脉冲的量值和重复率(见 GB/T 7354—2003 中 4.4)。

典型测试回路见图 1～图 9。

7 PD 测量仪器灵敏度检查

7.1 概述

RPDIV、RPDEV 和与 PD 有关的量取决于 PD 测量系统的灵敏度以及 PD 脉冲与其他电干扰或噪音(如冲击电压自身的残留信号)的区分方法。这样,PD 测量系统的灵敏度应进行评估和记录。测得的灵敏度以 mV 表示。

注:PD 不用 pC 表示,因为 GB/T 7354 的规程不可用于 UWB PD 探测系统(脉冲电流至产生视在电荷的过程不可按 GB/T 7354 衡量)。

7.2 灵敏度检查测试图

图 10 是 PD 测量系统灵敏度检查使用的测试图。PD 探测器输出可以由连接到试品上的低压脉冲发生器(LVPG)和高压冲击发生器(HVIG)渐变的不同组合测出。

选择 LVPG 产生的脉冲波形应考虑原始 PD 脉冲和探测系统的频率限制。脉冲波形的上升时间可选择约为 $1/f$,其中 f 是 PD 探测系统的频率上限。例如,若 PD 探测系统的截止频率上限为 100 MHz,则 LVPG 的上升时间可小于 10 ns。

当 LVPG 断开时,LVPG 处于试品测试回路中的位置可作为注射点。对于具有分布式等效阻抗的试品,如电机和变压器绕组,PD 脉冲的传播效应可能导致高频分量的强衰减,所以只能记录测量点附近的 PD。

可评估 PD 灵敏性和噪声影响见图 10 和 7.3～7.5。

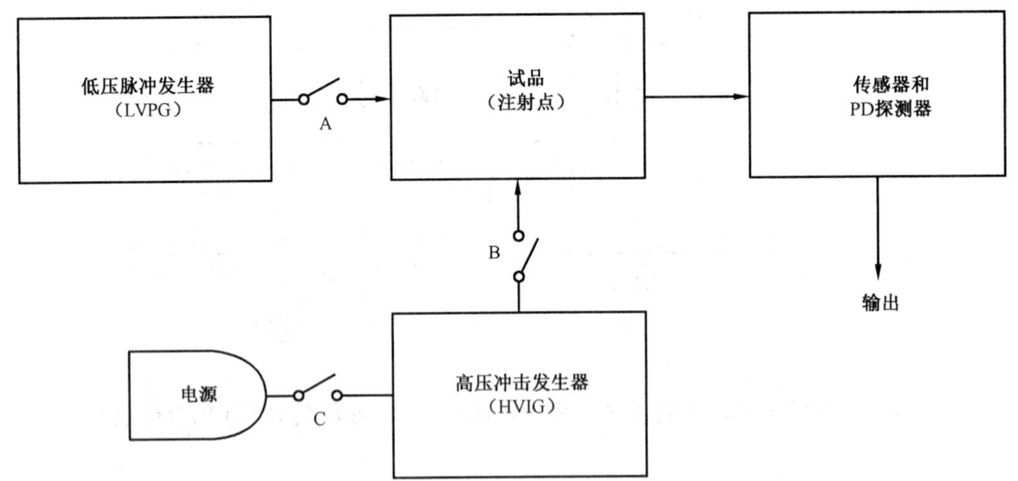

	A	B	C	条款
PD 探测灵敏性检查	接通	断开	断开	7.3
背景噪声检查	接通	接通	断开	7.4
探测系统噪声检查	断开	接通	接通	7.5

图 10 灵敏度检查测试图

7.3 PD 探测灵敏度检查

PD 探测系统的灵敏度检查是:从试品上断开 HVIG,在 LVPG 输出增加时测量 PD 探测器的输出。在 PD 探测器发出一个探测信号时测量 LVPG 的最小输出电压。

7.4 背景噪声检查

PD 探测回路的背景噪声检查是:连接未激励的 HVIG 到试品上,在 LVPG 输出增加时测量 PD 探测器的输出。在 PD 探测器发出一个探测信号时测量 LVPG 的最小输出电压。

7.5 探测系统噪声检查

断开 LVPG,在试品上施加 HVIG 的电压冲击。在无 PD 状态下测量 PD 探测器的输出。例如,用与试品具有相同高频率电容的无 PD 电容替代试品。记录 PD 探测器输出和 PD 测量使用的电压冲击。这就是探测系统噪声或者 HVIG 的残余。

注:如果没有合适的电容器,可不进行 7.5 的内容。在这种情况下,可参考 7.3 的结果。

7.6 灵敏度报告

PD 灵敏性可作为 LVIG 和 HVIG 输出间的联系。一个 PD 灵敏性可能的特性实例如图 11 所示。

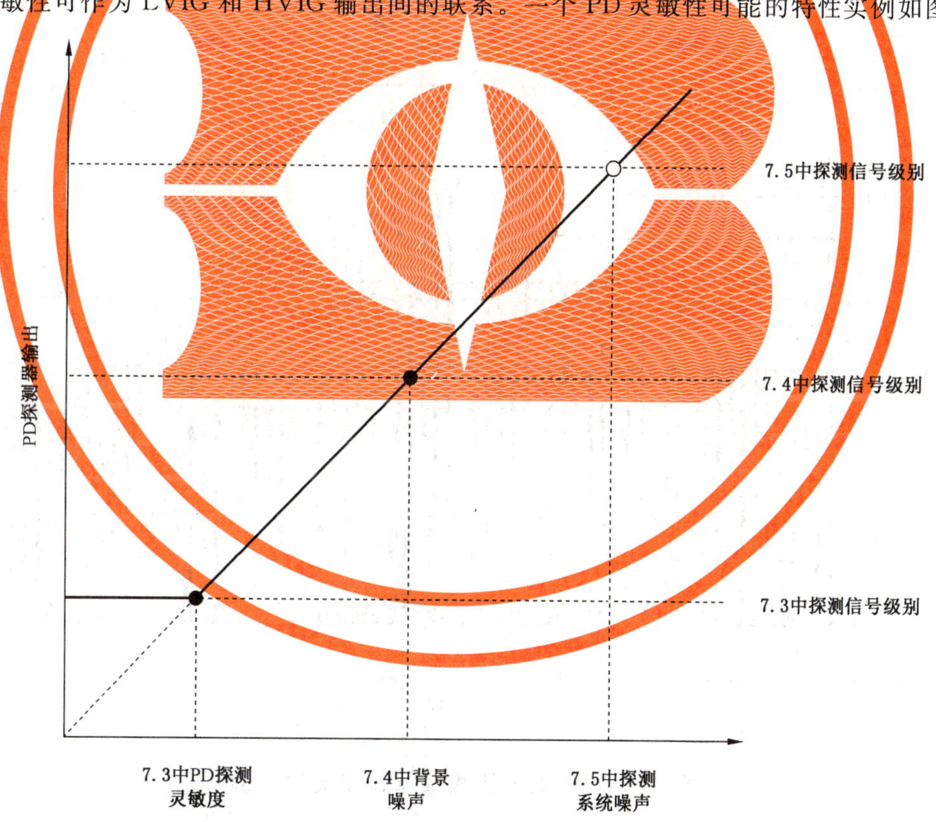

图 11 LVPG 和 PD 探测器输出间比率的实例

8 重复冲击电压量级增加和减少的测试程序

使用第 7 章的步骤,第一步应测量背景噪声和探测限值。对于 PDIV,PDEV,RPDIV 和 RPDVE 的测量,重复冲击电压幅值应连续上升或者逐步降低然后回落。确定 PDIV,PDEV,RPDIV 和 RPDVE

的一种方法如下所述(图 12)：

——判断最小和最大冲击电压、电压阶跃、相同量级的冲击数目和测试前的重复频率；

——初步试验的最小电压应选择探测不到 PD 的电压；

——初步试验的最大电压应选择引起 PD 脉冲的所有冲击电压；

——如果需要，放置一个具有上面提及参数的冲击发生器；

——最小电压的起始重复冲击；

——依次增加的电压阶跃的重复冲击；

——PDIV 是探测到第一个 PD 脉冲时的冲击电压；

——RPDIV 是在极性相同的十个冲击中平均出现五个 PD 脉冲时的最小冲击电压。当测试不到十个相同冲击电压时，可使用 PD 脉冲与冲击电压的比；

——最大电压后的重复冲击回落到下降的电压阶跃；

——RPDEV 是在极性相同的十个电压冲击中平均出现五个 PD 脉冲时的最大电压；

——PDEV 是没有探测到 PD 脉冲时的冲击电压。

其他方法确定这些量也是有可能的。

当重复这些步骤时，记录的 PDIV 和 PDEV 可能会产生很大的变化。

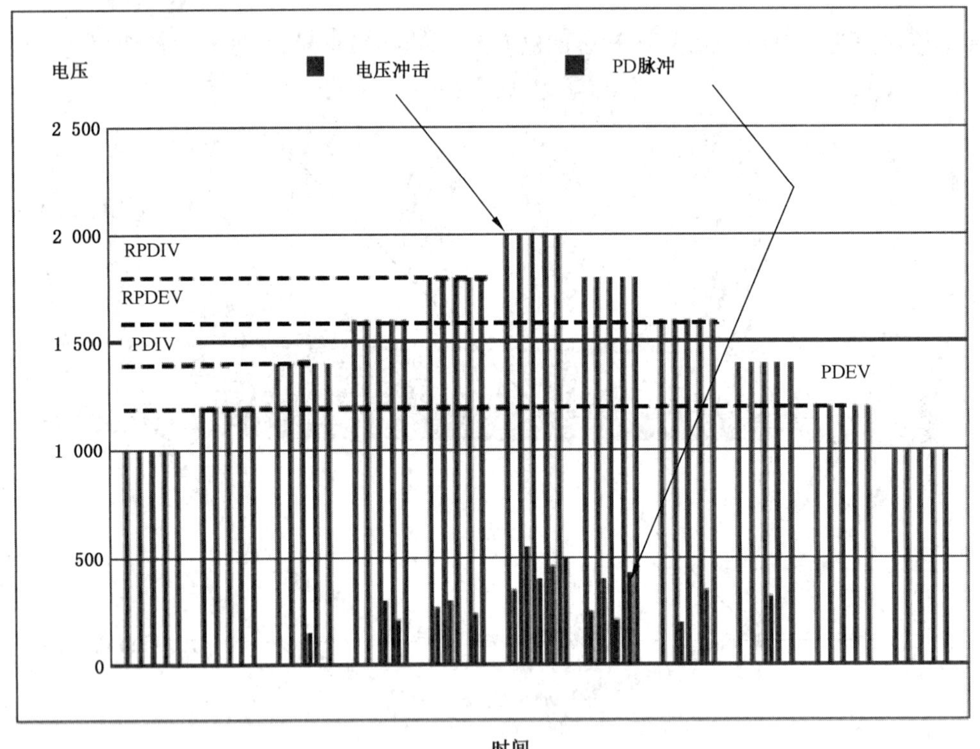

图 12 冲击电压量级增加和衰减的实例

9 试验报告

报告应包含如下信息：

——PD 灵敏度等级(见第 7 章)；

——背景噪音等级；

——探测系统噪声等级；

——RPDIV,RPDEV 和最小 PD 探测等级(用 mV 表示);
——施加的电压冲击参数(见第 8 章);
——带有负载的冲击电压形状(见 4.4.2);
——试验条件(见 4.5.2 和 4.5.3)。

可选择性记录下列参数:

——在特定施加电压时局部放电峰值的量级;
——最大(峰-峰)测试冲击电压等级;
——操作时间或试品承受应力时间;
——试品清洁状态(例如未清洁、工厂装运清洁)。

附　录　A
（资料性附录）
用耦合装置的电压冲击抑制作用的说明

电压冲击和PD脉冲频谱可能重叠的示意图见图A.1。电压冲击越陡，两频谱间的重叠区域就越大。最佳电压冲击抑制耦合装置的截断频率见图A.1。滤波器作用见图A.2。由于滤波器传递作用，$H(f)$（f 是频率），冲击电压和PD脉冲的量值都会衰减。应按滤波后PD信号量值确定电压冲击量值在PD探测器带宽之内的规律，挑选滤波器截断频率。因此通常需要一台宽带PD探测器。

以电压幅值和上升时间为函数的冲击电压衰减程度的建议见图A.3。注意衰减取决于电压冲击幅值和上升时间。

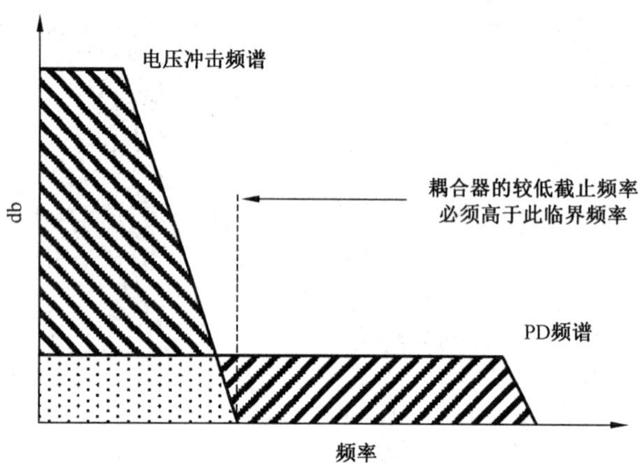

图 A.1　电压冲击和 PD 脉冲频谱间重叠（圆点区域）的示意图

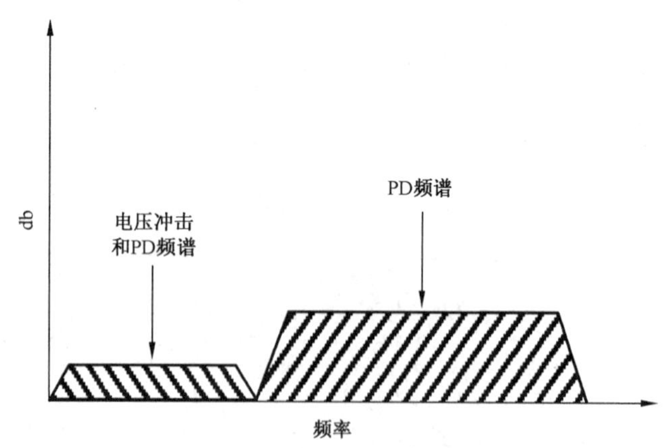

图 A.2　滤波后电压冲击和 PD 脉冲频谱的示意图

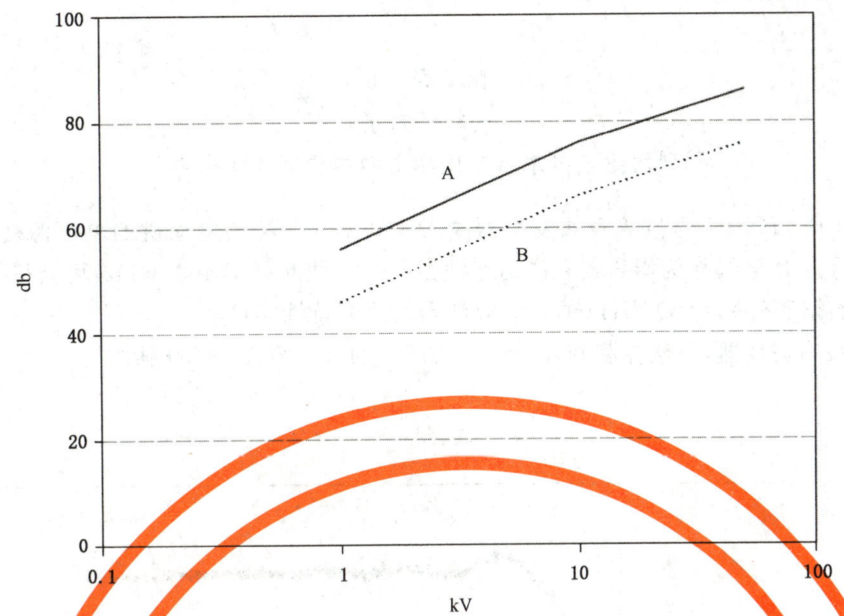

说明：

A ——电压冲击上升时间＝100 ns；

B ——电压冲击上升时间＝1 000 ns。

图 A.3　以冲击电压幅值和上升时间为函数的冲击电压衰减示意图

附 录 B
（资料性附录）
利用滤波技术从电压冲击源中提取 PD 脉冲

图 B.1 和图 B.2 所示为方波双极式发生器溃入 400 V，1 kW 的电动机的电压源转换期间发生的 PD 脉冲典型例子。用天线作为耦合器和高通滤波器（四阶、截断频率 400 MHz）可获得图 B.2 所示 PD 脉冲。图 B.3 为截断频率为 400 MHz 的八阶滤波器的滤波特性实例。

宜注意，若没有滤波器，无法探测到被电压冲击产生的噪音掩盖的 PD 脉冲。

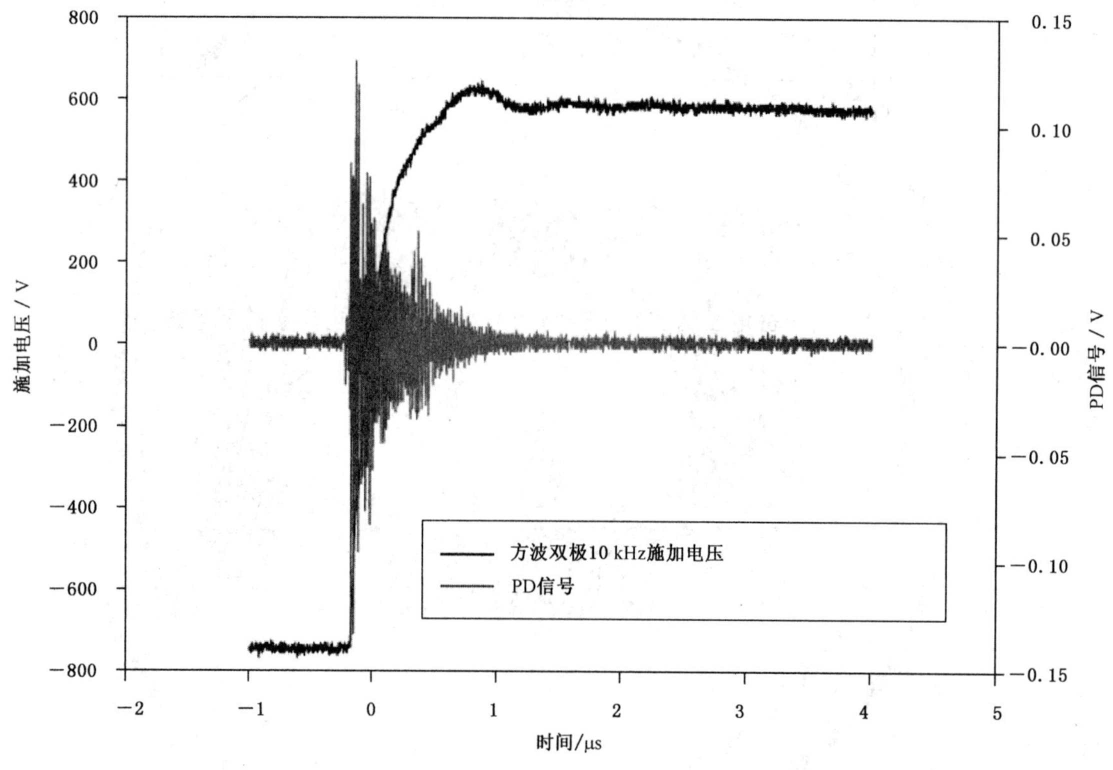

图 B.1 电源供电波形和用天线测得的电源电压转换期间 PD 脉冲记录

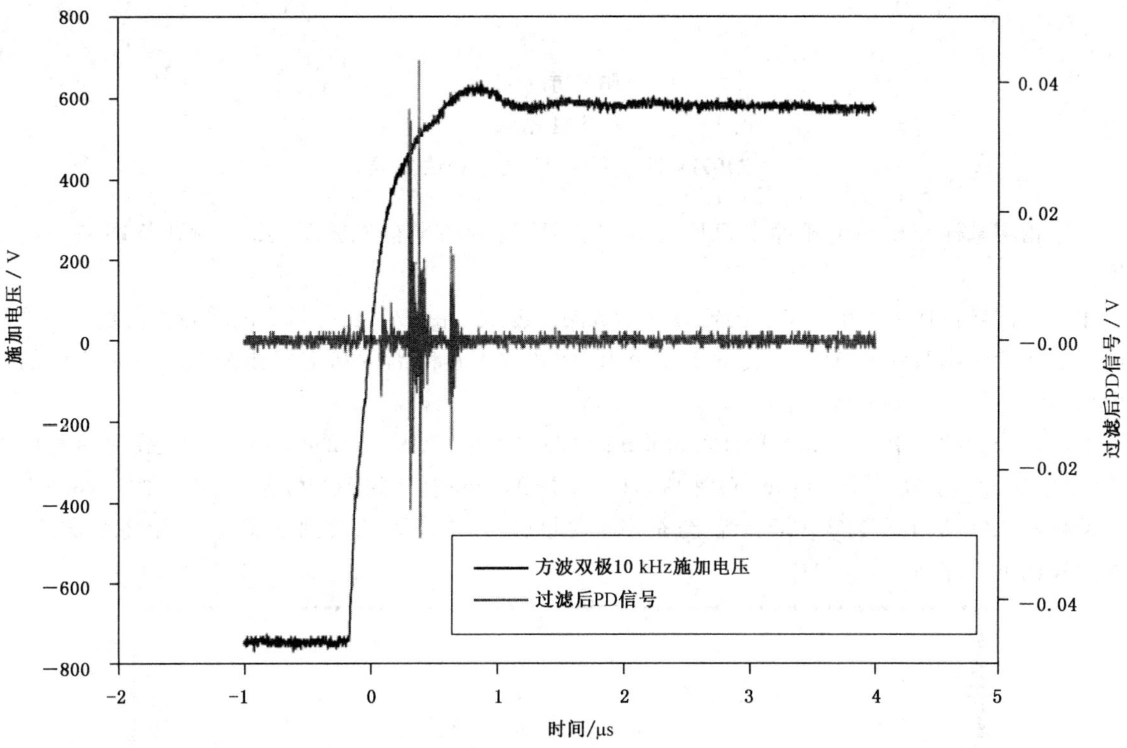

图 B.2 使用滤波技术(400 MHz 高通滤波器),用天线所测的来自图 B.1 记录的局部放电脉冲

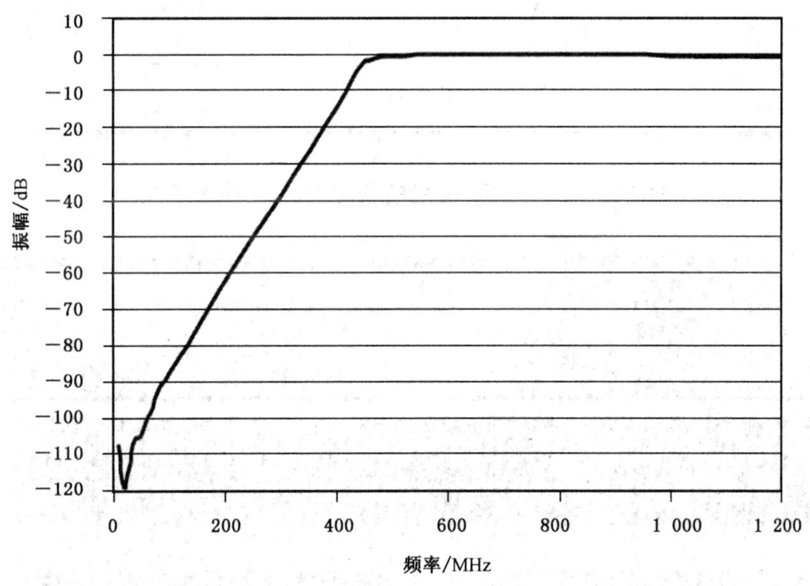

图 B.3 经由图 B.1 传递至图 B.2 所用滤波器特性

附　录　C
（资料性附录）
RPDIV 测量的平行试验测试结果

使用相同试样和相同电压冲击模型进行 RPDIV 测量的平行试验，下面是测试条件和一些测试结果。

相同的试样包括由十个一批次的电磁线制成的双绞线。由一个公司制造试样并分发给 6 个平行试验成员。测量十次双绞线，被归一化的 100 个 RPDIV 数据连同温度和空气压力被放入到相同的数据表模板中。

电压冲击脉冲使用 0.1 μs 上升时间和 3 ms 衰减时间的三角波。每间隔 20 ms 发出具有相同振幅的 10 个电压冲击。在一个 100 ms 脉冲后，冲击电压的振幅上升到 10 V，施加 10 个冲击如图 C.1 所示。振幅从 1.0 kV 上升到 2.0 kV。甚至是 PD 发起后，冲击序列持续到 2 kV。对于每个试样，重复十次这样的冲击序列。

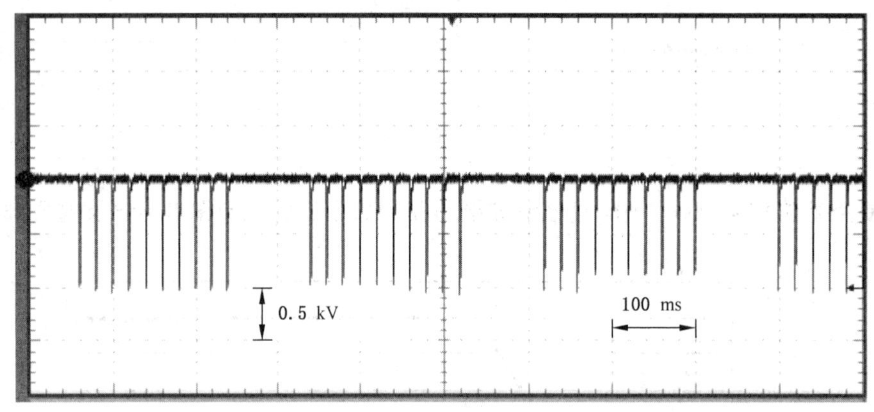

图 C.1　平行试验使用的负极性电压冲击序列

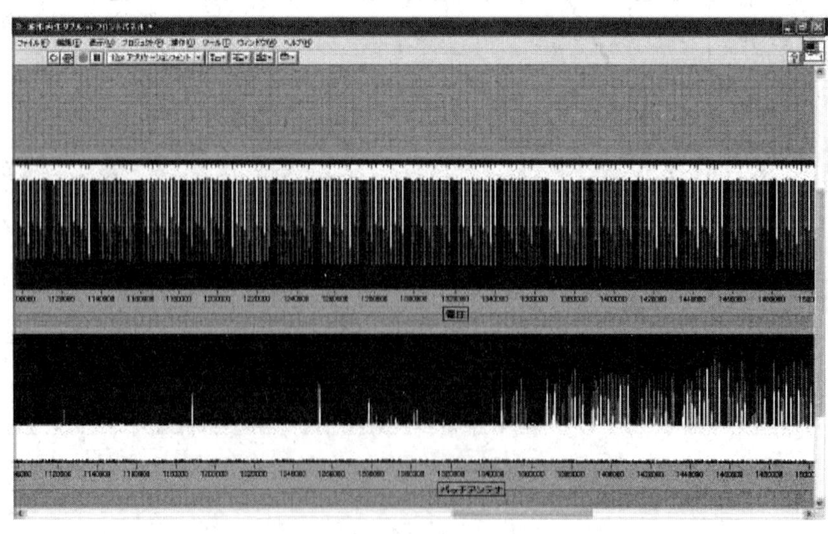

图 C.2　符合电压冲击的 PD 脉冲

图 C.2 是探测到的带有一个 UHF 窄频带(1.8 GHz)触发的相当于三角波电压冲击的 PD 脉冲。图 C.3 是测试期间的归一化的 RPDIV(NRPDIV)随相对湿度的变化图。

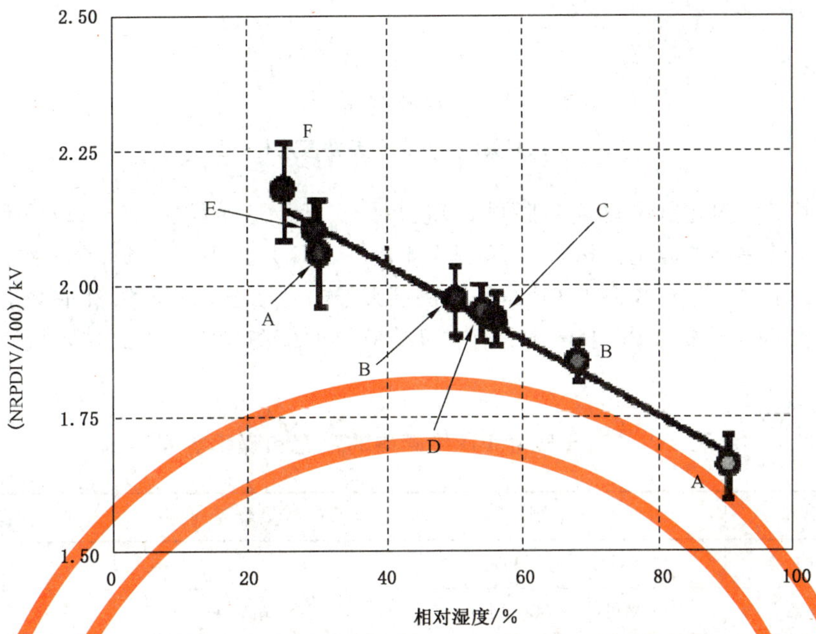

注：图中 A～F 表示来自参加 RRT 成员的试验数据。

图 C.3 基于 100 个数据归一化的 RPDIV(NRPDIV/100)随相对湿度变化图

附 录 D
（资料性附录）
PD 探测的噪声等级实例

表 D.1 是在快速上升电压波动期间探测 PD 使用的实际传感器背景噪声等级的 PD 探测器输出电压的实例。所有的传感器均是电磁耦合类型(见 5.2.4)。表 D.1 也显示了当每个传感器探测 PD 时,PD 探测器输出量级的实例。这些探测的 PD 水平取决于天线如何接近 PD 位置,和取决于在有耦合器的情况下试品的有效电容。严重的 PD 会影响所有类型传感器的探测量级。因此实际探测的 PD 量级可能变化很大。

表 D.1 对于实际 PD 传感器的带宽和噪声等级实例

探测系统类型	频率范围	典型的背景噪音等级	典型探测到的 PD 量级
微波贴片天线	1.8 GHz±200 MHz	7 μV	>50 mV
定向电磁耦合器	100 MHz～1 000 MHz	10 mV	>100 mV
螺旋形 UHF 天线	700 MHz～1 000 MHz	5 μV～10 μV	>100 μV

参 考 文 献

[1] IEC 62068-1:2003, Electrical insulation systems—Electrical stresses produced by repetitive impulses—Part 1:General method of evaluation of electrical endurance

[2] Regarding the definition of "(repetitive) partial discharge inception" and "extinction voltage", as well as applications of the methodologies described in this technical specification (referring only to rotating machines), the following papers can be considered:

——KAUFHOLD, M., BORNER, G., EBERHARDT, M., SPECK, J., "Failure mechanisms of the interturn insulation of low-voltage electric machines fed by pulsed controlled inverters", IEEE Electrical Insulation Magazine, Vol.12, n.5, pp.9-15, October 1996

——YIN, W. "Dielectric properties of an improved magnet wire for inverter-fed motors", IEEE Electrical Insulation Magazine, Vol.13, n.3, Vol.13, pp.17-23, August 1997

——CAMPBELL, R.J., STONE, G.C. "Examples of Stator Winding Partial Discharges due to Inverter Drives", Proc.IEEE ISEI, pp 231-234, Anaheim CA, April 2000

——BIDAN, P., LEBEY, T. NEACSU, C. "Development of a new off line test procedure for low voltage rotating machines fed by adjustable speed drive", IEEE Trans.on Dielectrics and Electrical Insulation, Vol.10, n.2, pp 168-175, April 2003

——CASADEI, D. CAVALLINI, A., FABIANI, D. ROSSI, C., SERRA, G., MONTANARI, G. C. "The influence of power-electronic waveforms on partial discharge inception in low-voltage rotating machines", Proc.CWIEME, pp.39-44, Berlin, Germany, June 2003

——FABIANI, D., MONTANARI, G. C. CAVALLINI, A. MAZZANTI, G. "Relation between space charge accumulation and partial discharge activity in enameled wires under PWM-like voltage waveforms", IEEE Trans.on Dielectrics and Electrical Insulation, Vol.11, n.3, pp.393-405, June 2004

——KIMURA, K., USHIRONE, S., KOYANAGI T., HIKITA, M. "PDIV Characteristics of Twisted-Pair of Magnet Wires with Repetitive Impulse Voltage", IEEE Trans.on Dielectrics and

ICS 83.140.99
G 47

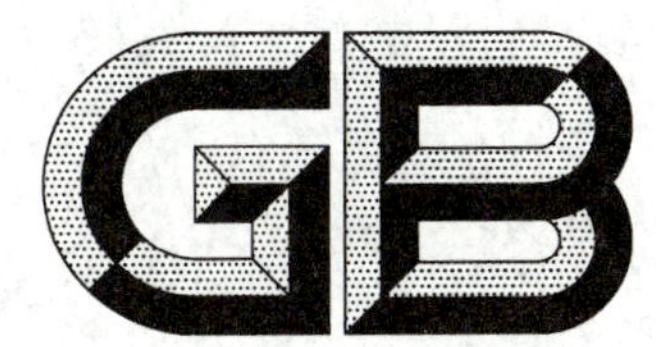

中华人民共和国国家标准

GB/T 23659—2017
代替 GB/T 23659—2009

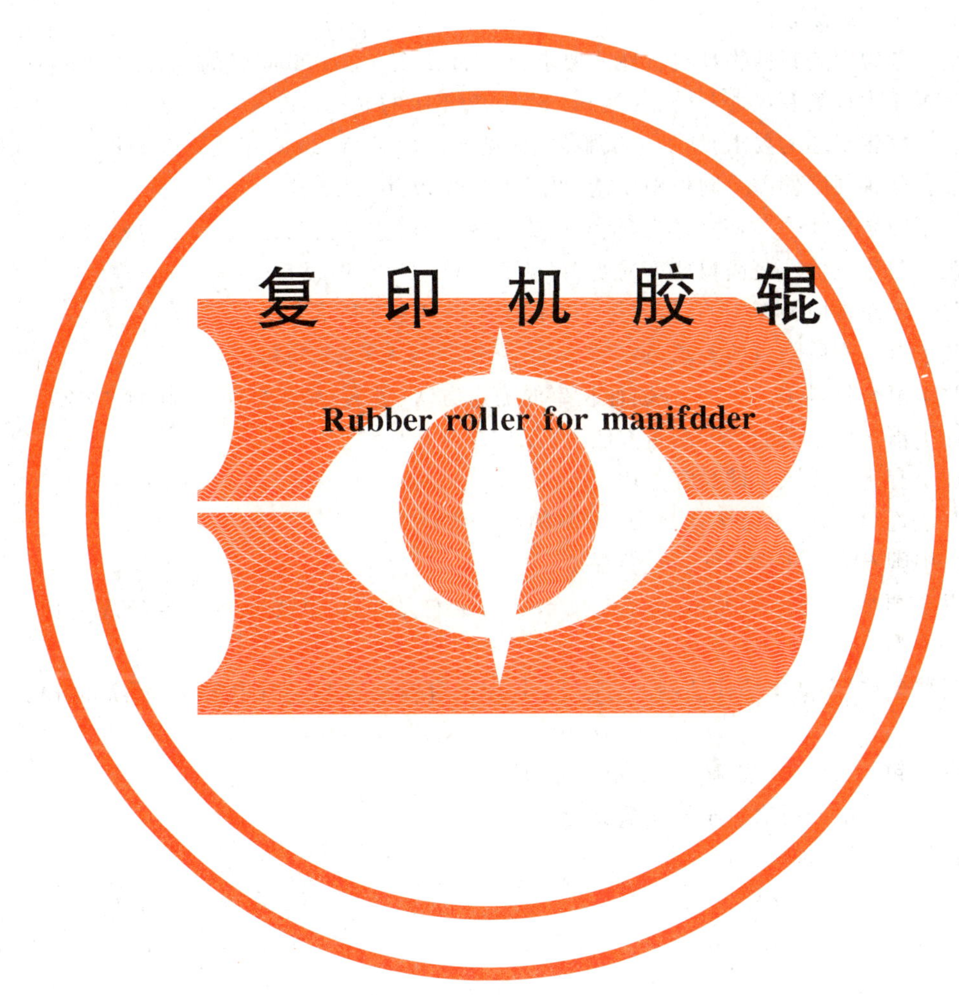

复印机胶辊

Rubber roller for manifdder

2017-09-07 发布　　　　2018-04-01 实施

中华人民共和国国家质量监督检验检疫总局
中国国家标准化管理委员会　发布

前　言

本标准按照 GB/T 1.1—2009 给出的规则起草。

本标准代替 GB/T 23659—2009《复印机胶辊》，与 GB/T 23659—2009 相比主要的技术变化如下：

——调整了标准的适用范围(见第 1 章，2009 年版的第 1 章)；

——修改了产品标记(见 3.2，见 2009 年版 3.2)；

——增加了Ⅲ型纸路辊的结构示意图(见 4.3)；

——调整了胶辊用胶料的物理机械性能要求(见 5.1.2、5.1.3，2009 年版的 5.1.2、5.1.3)；

——修改了压力辊氟套尺寸及公差(见 5.1.5，2009 年版的 5.1.5)；

——修改了胶辊辊芯的要求，增加了试验方法(见 5.2、附录 A，2009 年版的 5.2)；

——修改了胶辊硬度偏差及同根硬度差(见 5.3.1，2009 年版 5.3.1)；

——修改了胶辊尺寸公差，并增加了Ⅲ型纸路辊的尺寸公差(见 5.3.2，2009 年版 5.3.2)；

——修改了胶辊包覆层表面粗糙度的要求(见 5.3.3.2，2009 年版 5.3.3.2)；

——修改了纸路辊回转扭矩的要求(见 5.3.4.2，2009 年版的 5.3.4.2)；

——修改了有害物质限量的要求(见 5.3.5，2009 年版的 5.3.3.1.3)；

——修改了氟套材料拉伸强度、拉断伸长率的测定方法(见 6.1.2.2，2009 年版的 6.2.2)；

——增加了氟套尺寸及公差的测量方法(见 6.1.3)；

——增加了有害物质限量的测定方法(见 6.3.6)；

——修改了检验规则(见第 7 章，2009 年版的第 7 章)。

本标准由中国石油和化学工业联合会提出。

本标准由全国橡胶与橡胶制品标准化技术委员会橡胶杂品分技术委员会(SAC/TC 35/SC 7)归口。

本标准起草单位：安徽中鼎橡塑制品有限公司、河北春风银星胶辊有限公司、北京市化工产品质量监督检验站。

本标准主要起草人：夏玉洁、唐晓东、张云芳、孙洪良。

本标准所代替标准的历次版本发布情况为：

——GB/T 23659—2009。

复 印 机 胶 辊

1 范围

本标准规定了静电复印机定影系统、驱动系统和纸路系统用胶辊(以下简称胶辊)的产品分类与标记、产品结构、要求、试验方法、检验规则以及标志、包装、运输与贮存等。

本标准适用于静电复印机胶辊。

2 规范性引用文件

下列文件对于本文件的应用是必不可少的。凡是注日期的引用文件,仅注日期的版本适用于本文件。凡是不注日期的引用文件,其最新版本(包括所有的修改单)适用于本文件。

GB/T 528 硫化橡胶或热塑性橡胶 拉伸应力应变性能的测定

GB/T 529 硫化橡胶或热塑性橡胶撕裂强度的测定(裤形、直角形和新月形试样)

GB/T 531.1 硫化橡胶或热塑性橡胶 压入硬度试验方法 第1部分:邵氏硬度计法(邵尔硬度)

GB/T 1033.1 塑料 非泡沫塑料密度的测定 第1部分:浸渍法、液体比重瓶法和滴定法

GB/T 1036 塑料 −30 ℃~30 ℃线膨胀系数的测定石英膨胀计法

GB/T 1040.1 塑料 拉伸性能的测定 第1部分:总则

GB/T 1040.3 塑料 拉伸性能的测定 第3部分:薄膜和薄片的试验条件

GB/T 1410 固体绝缘材料体积电阻率和表面电阻率试验方法

GB/T 1681 硫化橡胶回弹性的测定

GB/T 1689 硫化橡胶 耐磨性能的测定(用阿克隆磨耗试验机)

GB/T 3512 硫化橡胶或热塑性橡胶 热空气加速老化和耐热试验

GB/T 7759.1 硫化橡胶或热塑性橡胶 压缩永久变形的测定 第1部分:在常温及高温条件下

GB/T 7762 硫化橡胶或热塑性橡胶 耐臭氧龟裂 静态拉伸试验

GB/T 10125 人造气氛腐蚀试验 盐雾试验

GB/T 11210 硫化橡胶或热塑性橡胶 抗静电和导电制品 电阻的测定

GB/T 11211 硫化橡胶或热塑性橡胶 与金属粘合强度的测定 二板法

GB/T 26125—2011 电子电气产品 六种限用物质(铅、汞、镉、六价铬、多溴联苯和多溴二苯醚)的测定

HG/T 2413.2 胶辊表观硬度的测定 邵尔硬度计法

HG/T 2729—2012 硫化橡胶与薄片摩擦系数的测定 滑动法

HG/T 3078—2001 橡胶、塑料辊表面特性

HG/T 3079 橡胶、塑料辊尺寸公差

3 产品分类与标记

3.1 产品分类

胶辊按其安装部位和用途分为:

——定影系统胶辊:定影压力辊(以下简称压力辊);

——驱动系统胶辊：驱动系统抗静电辊(以下简称抗静电辊)；

——纸路系统胶辊：主要用于输送纸张和纸张定位(以下简称纸路辊)。如：搓纸辊(轮)(或称推纸辊)、喂纸辊、定位辊、输纸辊等。

3.2 产品标记

3.2.1 标记方法

胶辊按下列顺序标记：

产品名称、硬度、本标准号。

3.2.2 标记示例

示例：

邵氏硬度A为20度，适用于静电复印机的压力辊标记为：

压力辊　20 A　GB/T 23659—××××

4 产品结构

4.1 压力辊

压力辊按结构类型分为两种(见图1)：

——Ⅰ型：基本结构由橡胶层、粘合层、辊芯构成。

——Ⅱ型：基本结构由氟套层、橡胶层、粘合层、辊芯构成。

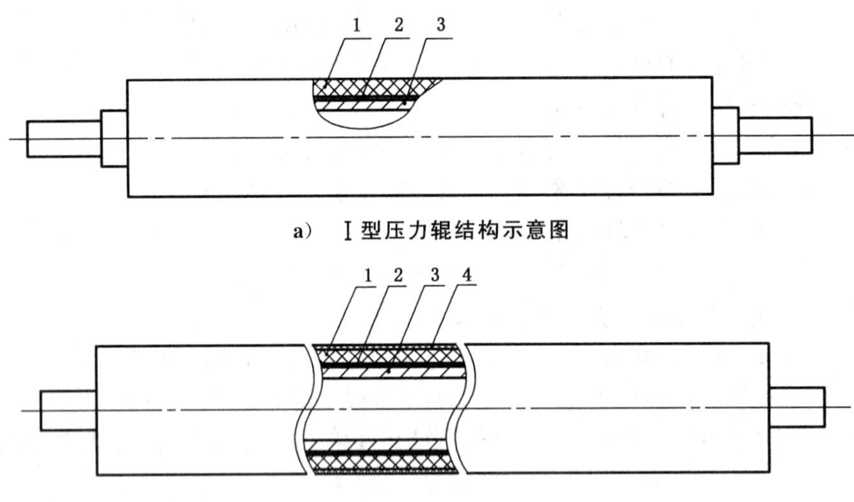

a)　Ⅰ型压力辊结构示意图

b)　Ⅱ型压力辊结构示意图

说明：

1——橡胶层；

2——粘合层；

3——辊芯；

4——氟套层。

图1　压力辊基本结构示意图

4.2 抗静电辊

抗静电辊基本结构由橡胶层、粘合层、辊芯构成(见图2)。

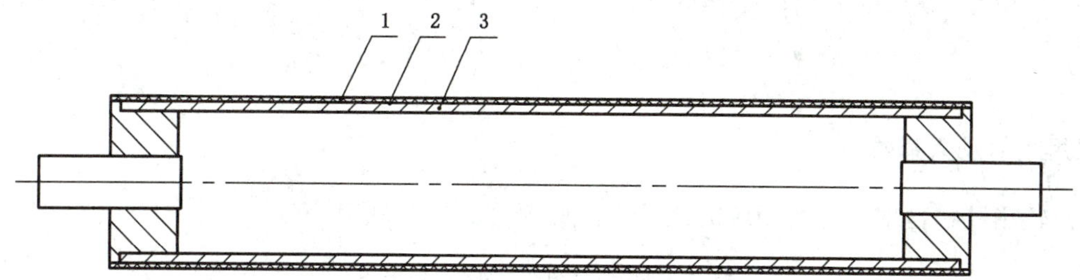

说明：

1——橡胶层；

2——粘合层；

3——辊芯。

图 2　抗静电辊基本结构示意图

4.3　纸路辊

纸路辊依据加工形式其基本结构由橡胶层、粘合层、辊芯构成，或者由橡胶层和辊芯构成，按结构类型分为Ⅰ型、Ⅱ型和 Ⅲ型(见图 3)。

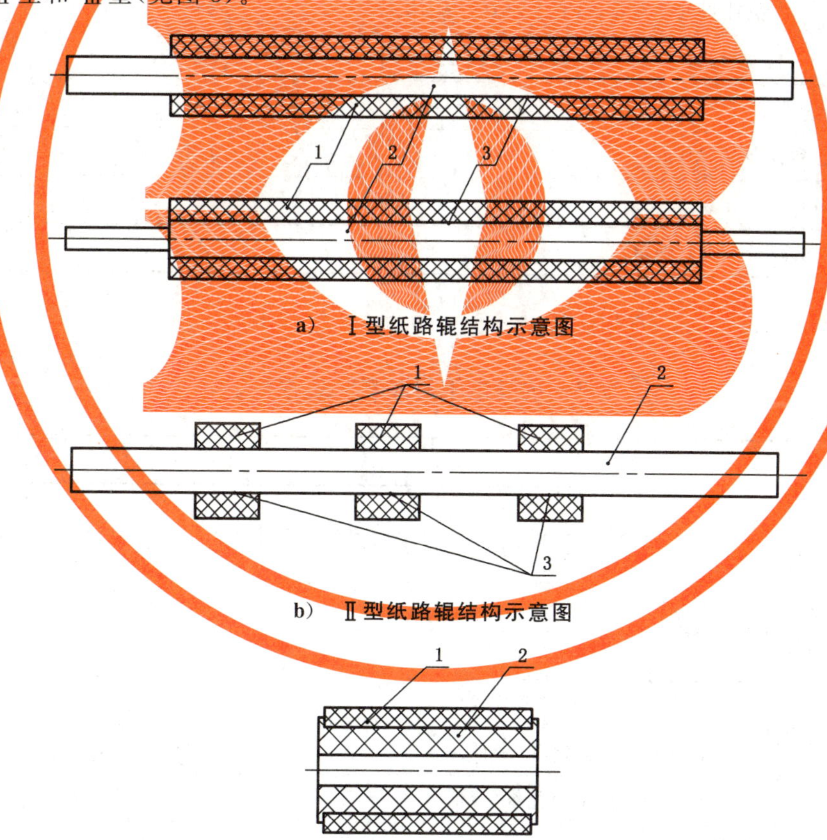

a)　Ⅰ型纸路辊结构示意图

b)　Ⅱ型纸路辊结构示意图

c)　Ⅲ型纸路辊结构示意图

说明：

1——橡胶层；

2——辊芯(金属芯或塑料芯)；

3——粘合层(Ⅰ型和Ⅱ型依据材料特性选择使用)。

图 3　纸路辊基本结构示意图

5 要求

5.1 胶辊用胶料及氟套材料

5.1.1 压力辊用胶料物理性能及相应的试验方法应符合表1的规定。

表1 压力辊用胶料物理性能

<table>
<tr><th>序号</th><th colspan="3">试验项目</th><th colspan="3">指标</th><th>适用试验章条</th></tr>
<tr><td>1</td><td colspan="3">硬度(邵尔 A)/度</td><td>20±2</td><td>30±2</td><td>40±2</td><td>6.1.1.1</td></tr>
<tr><td>2</td><td colspan="2">拉伸强度/MPa</td><td>≥</td><td colspan="3">2.0</td><td>6.1.1.2</td></tr>
<tr><td>3</td><td colspan="2">拉断伸长率/%</td><td>≥</td><td colspan="2">200</td><td>150</td><td>6.1.1.2</td></tr>
<tr><td>4</td><td colspan="2">撕裂强度/(kN/m)</td><td>≥</td><td colspan="3">4</td><td>6.1.1.3</td></tr>
<tr><td>5</td><td colspan="2">压缩永久变形(175 ℃×22 h,25%)/%</td><td>≤</td><td colspan="3">8</td><td>6.1.1.4</td></tr>
<tr><td rowspan="3">6</td><td rowspan="3">热空气老化
200 ℃×72 h</td><td>硬度变化(邵尔 A)/度</td><td>≤</td><td colspan="3">4</td><td rowspan="3">6.1.1.5</td></tr>
<tr><td>拉伸强度变化率(降低)/%</td><td>≤</td><td colspan="3">25</td></tr>
<tr><td>拉断伸长率变化率(降低)/%</td><td>≤</td><td colspan="3">30</td></tr>
<tr><td>7</td><td colspan="3">耐臭氧老化(40 ℃×72 h,100×10⁻⁸,拉伸 25%)</td><td colspan="3">无龟裂</td><td>6.1.1.8</td></tr>
<tr><td>8</td><td colspan="2">橡胶与辊芯粘合强度/MPa</td><td>≥</td><td colspan="3">0.5</td><td>6.1.1.6</td></tr>
<tr><td>9</td><td colspan="2">加热减量(105 ℃×1 h)/%</td><td>≤</td><td colspan="3">0.5</td><td>6.1.1.7</td></tr>
<tr><td colspan="8">注：特殊要求由供需双方协商确定。</td></tr>
</table>

5.1.2 抗静电辊用胶料物理性能及相应的试验方法应符合表2的规定。

表2 抗静电辊用胶料物理性能

<table>
<tr><th>序号</th><th colspan="3">试验项目</th><th>指标</th><th>适用试验章条</th></tr>
<tr><td>1</td><td colspan="3">硬度(邵尔 A)/度</td><td>60±5</td><td>6.1.1.1</td></tr>
<tr><td>2</td><td colspan="2">拉伸强度/MPa</td><td>≥</td><td>10</td><td rowspan="2">6.1.1.2</td></tr>
<tr><td>3</td><td colspan="2">拉断伸长率/%</td><td>≥</td><td>300</td></tr>
<tr><td>4</td><td colspan="2">体积电阻率/Ω·m</td><td>≤</td><td>1.0×10^{4}</td><td>6.1.1.12</td></tr>
<tr><td rowspan="3">5</td><td rowspan="3">热空气老化
100 ℃×72 h</td><td>硬度变化(邵尔 A)/度</td><td>≤</td><td>5</td><td rowspan="3">6.1.1.5</td></tr>
<tr><td>拉伸强度变化率(降低)/%</td><td>≤</td><td>20</td></tr>
<tr><td>拉断伸长率变化率(降低)/%</td><td>≤</td><td>30</td></tr>
<tr><td>6</td><td colspan="2">压缩永久变形(100 ℃×22 h,25%)/%</td><td>≤</td><td>25</td><td>6.1.1.4</td></tr>
<tr><td>7</td><td colspan="3">耐臭氧老化(40 ℃×72 h,100×10⁻⁸,拉伸 25%)</td><td>无龟裂</td><td>6.1.1.8</td></tr>
<tr><td>8</td><td colspan="3">摩擦系数</td><td>1.2±0.2</td><td>6.1.1.11</td></tr>
<tr><td colspan="6">注：特殊要求由供需双方协商确定。</td></tr>
</table>

5.1.3 纸路辊用胶料物理性能及相应的试验方法应符合表3的规定。

表 3 纸路辊用胶料物理性能

<table>
<tr><th>序号</th><th colspan="2">试 验 项 目</th><th colspan="7">指 标</th><th>适用试验章条</th></tr>
<tr><td>1</td><td colspan="2">硬度(邵尔 A)/度</td><td>15～25</td><td>26～35</td><td>36～45</td><td>46～55</td><td>56～65</td><td>66～75</td><td>76～85</td><td>6.1.1.1</td></tr>
<tr><td>2</td><td colspan="2">拉伸强度/MPa ≥</td><td>5</td><td>10</td><td>10</td><td>15</td><td>15</td><td>15</td><td>15</td><td rowspan="2">6.1.1.2</td></tr>
<tr><td>3</td><td colspan="2">拉断伸长率/% ≥</td><td>450</td><td>450</td><td>450</td><td>350</td><td>350</td><td>300</td><td>300</td></tr>
<tr><td>4</td><td colspan="2">撕裂强度/(kN/m) ≥</td><td>7</td><td>10</td><td>10</td><td>25</td><td>30</td><td>35</td><td>35</td><td>6.1.1.3</td></tr>
<tr><td>5</td><td colspan="2">压缩永久变形(100 ℃×22 h,25%)/% ≤</td><td>50</td><td>50</td><td>50</td><td>50</td><td>50</td><td>50</td><td>50</td><td>6.1.1.4</td></tr>
<tr><td rowspan="3">6</td><td rowspan="3">热空气老化 100 ℃×72 h</td><td>硬度变化(邵尔 A)/度 ≤</td><td colspan="7">5</td><td rowspan="3">6.1.1.5</td></tr>
<tr><td>拉伸强度变化率(降低)/% ≤</td><td colspan="7">25</td></tr>
<tr><td>拉断伸长率变化率(降低)/% ≤</td><td colspan="7">30</td></tr>
<tr><td>7</td><td colspan="2">耐臭氧老化(40 ℃×72 h,100×10⁻⁸,拉伸 25%)</td><td colspan="7">无龟裂</td><td>6.1.1.8</td></tr>
<tr><td>8</td><td colspan="2">回弹性/% ≥</td><td>50</td><td>50</td><td>50</td><td>45</td><td>45</td><td>45</td><td>45</td><td>6.1.1.9</td></tr>
<tr><td>9</td><td colspan="2">阿克隆磨耗/(cm³/1.61 km) ≤</td><td>0.5</td><td>0.5</td><td>0.3</td><td>0.3</td><td>0.3</td><td>0.3</td><td>0.3</td><td>6.1.1.10</td></tr>
<tr><td>10</td><td colspan="2">摩擦系数 ≥</td><td>1.8</td><td>1.8</td><td>1.5</td><td>1.2</td><td>1.0</td><td>1.0</td><td>1.0</td><td>6.1.1.11</td></tr>
</table>

5.1.4 压力辊氟套材料物理性能及相应的试验方法应符合表 4 的规定。

表 4 压力辊氟套材料物理性能

序号	试 验 项 目	指 标	适用试验章条
1	硬度(邵尔 D)/度	60±2	6.1.2.1
2	拉伸强度/MPa ≥	25	6.1.2.2
3	断裂拉伸应变/% ≥	300	6.1.2.2
4	密度/(g/cm³)	2.15±0.02	6.1.2.3
5	线性膨胀率/(10^{-5}/℃) ≤	15	6.1.2.4
6	体积电阻率/Ω·m ≥	1.0×10^{12}	6.1.2.5
注：特殊要求由供需双方协商确定。			

5.1.5 压力辊氟套尺寸及公差应符合表 5 的规定。

表 5 压力辊氟套尺寸及公差

序号	项 目	规 格	公 差
1	厚度/μm	30	±10
		50	±10
		75	±10
		100	±12
		125	±13

表 5（续）

序号	项　目	规　格	公　差
2	外径/mm	15～20	±0.45
		21～30	±0.50
		31～40	±0.65
		41～50	±0.80
		51～65	±0.95
		66～75	±1.00

5.2　胶辊用辊芯

胶辊辊芯应符合附录 A 的规定。

5.3　胶辊成品性能

5.3.1　硬度偏差及同根硬度差

胶辊硬度偏差及同根硬度差应符合表 6 规定。

表 6　胶辊硬度偏差及同根硬度差

单位为度

名　称	公称硬度允许偏差	同根硬度差
Ⅰ型压力辊	±3(邵尔 A)	⩽2(邵尔 A)
Ⅱ型压力辊	±3(邵尔 D)	⩽2(邵尔 D)
抗静电辊	±5(邵尔 A)	⩽2(邵尔 A)
纸路辊	±5(邵尔 A)	⩽2(邵尔 A)
对于Ⅰ型、Ⅱ型压力辊的硬度检测采用专用硬度测量头检测产品，检测压力为 9.8 N，特殊要求由供需双方协商确定。 注：对于抗静电辊和纸路辊硬度检测以检测产品为准，特殊结构和判定有误差时，供需双方协商沟通，以橡胶试片测量为准。		

5.3.2　尺寸公差

辊面直径不大于 35 mm，辊面长度 50 mm～400 mm 的胶辊尺寸公差应符合表 7 规定，不在其范围内的胶辊尺寸公差及其他要求依据图纸由供需双方协商确定。

表 7　尺寸公差

单位为毫米

项　目	公差范围					
	压力辊		抗静电辊	纸路辊		
	Ⅰ型	Ⅱ型		Ⅰ型	Ⅱ型	Ⅲ型
辊面直径	±0.10	±0.20	±0.03	±0.04	±0.04	±0.20
辊面长度	±0.50	±0.50	±0.50	±0.50	±0.40	±0.40

表 7（续）

单位为毫米

项　目	公差范围					
	压力辊		抗静电辊	纸路辊		
	Ⅰ型	Ⅱ型		Ⅰ型	Ⅱ型	Ⅲ型
辊面圆跳动	≤0.30	≤0.30	≤0.05	≤0.05	≤0.06	≤0.20
辊面圆柱度	≤0.10	≤0.10	≤0.03	≤0.05	≤0.05	≤0.10
辊间距	—	—	—	—	±0.30	

注 1：辊面直径和辊面圆柱度的测量位置以距离辊面端面适当的位置(参考距离 2 mm)为检测点，也可依据客户要求或双方协议要求确定。

注 2：Ⅲ型纸路辊给出的尺寸公差是针对不研磨组装结构。

5.3.3　表面特性

5.3.3.1　表面质量

5.3.3.1.1　压力辊：Ⅰ型压力辊表面的纹理、色泽均匀，表面缺陷应符合 HG/T 3078—2001 中第 3 章 0.1/0.3 等级的规定，不允许有机械损伤等影响使用的缺陷存在；Ⅱ型压力辊氟套层应光滑、平整，无起皱与折痕，色泽均匀。

5.3.3.1.2　抗静电辊、纸路辊胶面应清洁、色泽均匀，与纸张摩擦不能有印迹，表面缺陷应符合 HG/T 3078—2001 中第 3 章 0.1/0.3 等级的规定，不允许有机械损伤等影响使用的缺陷存在；表面纹路方向应符合图纸设计要求，纹理要求均匀一致，粗细要求应根据材料特点以及使用要求，由供需双方协商确定。

5.3.3.1.3　金属表面如采用镀层处理，盐雾试验要求应达到 4 h 8 级以上；镀层应光洁、均匀、牢固，没有可见的镀层起皮、白斑、结节、气孔和锈迹等其他凹凸不平。

5.3.3.2　粗糙度

5.3.3.2.1　胶辊包覆层表面粗糙度符合 HG/T 3078—2001 第 4 章中标准磨光级的规定，具体要求可由供需双方协商确定。

5.3.3.2.2　辊芯轴承装配部位金属加工粗糙度要求 Ra0.8～1.6，特殊要求由供需双方协商确定。

5.3.4　胶辊各层间的粘合要求

5.3.4.1　胶层与辊芯、胶层与氟套层间粘合部位应牢固，不应有脱层，夹气和裂口现象。

5.3.4.2　纸路辊橡胶层与辊芯间如无粘合剂粘合，属过盈配合的回转扭矩不小于 0.3 N·m。

5.3.5　有害物质限量

在需方有要求的情况下，胶辊在金属材、橡胶材以及塑料材的选择使用时，其有害物质限量及相应的试验方法应符合表 8 的规定。其中非不锈钢类的辊芯表面应做镀层处理或涂防锈油，使用的镀层材料以及钝化液的有害物质限量及相应的试验方法也应符合表 8 的规定。

表 8 有害物质限量

序号	项目		指标	材料及化合物类别			适用试验章条
				金属材	橡胶材、塑料材	镀层材料、钝化液	
1	铅(Pb)/(mg/kg)	≤	1 000	√	—	—	6.3.5.1
2	镉(Cd)/(mg/kg)	≤	100	√	—	—	6.3.5.1
3	汞(Hg)/(mg/kg)	≤	1 000	√	—	—	6.3.5.2
4	六价铬(Cr6+)/(mg/kg)	≤	1 000	√	—	√	6.3.5.3
5	多溴二苯醚(PBDE)/(mg/kg)	≤	1 000	—	√	—	6.3.5.4
6	多溴联苯(PBB)/(mg/kg)	≤	1 000	—	√	—	6.3.5.4

注 1：特殊要求由供需双方协商确定。

注 2：√表示需检测项目。

6 试验方法

6.1 胶辊用胶料及氟套材料性能

6.1.1 胶辊用胶料性能

6.1.1.1 硬度的测定按 GB/T 531.1 的规定进行。

6.1.1.2 拉伸强度、拉断伸长率的测定按 GB/T 528 的规定进行，采用Ⅰ型试样。

6.1.1.3 撕裂强度的测定按 GB/T 529 的规定进行。压力辊采用新月形试样，纸路辊采用直角形无割口试样进行测定。

6.1.1.4 压缩永久变形的测定按 GB/T 7759.1 的规定进行，采用 A 型试样。

6.1.1.5 热空气老化试验按 GB/T 3512 的规定进行。

6.1.1.6 橡胶与金属粘合强度的测定按 GB/T 11211 的规定进行。

6.1.1.7 加热减量的测定按附录 B 的规定进行。

6.1.1.8 耐臭氧老化的测定按 GB/T 7762 的规定进行。

6.1.1.9 回弹性的测定按 GB/T 1681 的规定进行。

6.1.1.10 耐磨耗性能的测定按 GB/T 1689 的规定进行。

6.1.1.11 摩擦系数的测定按 HG/T 2729—2012 中方法 B 的规定进行。橡胶试片模的型腔粗糙度为 Ra0.8～1.6；摩擦系数测试中，若对纸带没有规定，宜采用规格 70 g/m² 的 A4 复印纸，纸带的光面与测试材料相接触。

6.1.1.12 体积电阻率的测定按 GB/T 11210 的规定进行。

6.1.2 氟套材料性能

6.1.2.1 硬度的测定按 GB/T 531.1 的规定进行。

6.1.2.2 拉伸强度和断裂拉伸应变按 GB/T 1040.1 和 GB/T 1040.3 的规定执行，试样厚度为 0.5 mm。

6.1.2.3 密度的测定按 GB/T 1033.1 的规定进行。

6.1.2.4 线性膨胀率的测定按 GB/T 1036 的规定进行。

6.1.2.5 体积电阻率的测定按 GB/T 1410 的规定进行。

6.1.3 氟套尺寸及公差

氟套的厚度采用测厚计接触测量，外径尺寸采用游标卡尺进行测量。

6.2 胶辊辊芯

胶辊辊芯试验方法按附录A的规定进行。

6.3 胶辊成品性能

6.3.1 硬度偏差及同根硬度差

按HG/T 2413.2的规定进行。

6.3.2 尺寸公差

胶辊辊面直径、圆跳动和圆柱度用非接触法（激光测径仪或影像测量仪）测定，其余尺寸公差按HG/T 3079的规定用相应的量具测定。

6.3.3 表面特性

6.3.3.1 表面质量

产品的表面质量缺陷采用缺陷样板比对或投影方式的方法进行测定；胶辊耐盐雾腐蚀试验性能按GB/T 10125的规定方法进行。

6.3.3.2 粗糙度

胶辊表面橡胶粗糙度采用粗糙度仪通过触针法或目测方法测定，辊芯轴承装配部位金属加工粗糙度采用粗糙度仪通过触针法进行测量。

6.3.4 橡胶各层间的粘合

胶辊各层间的粘合质量用目测判定，橡胶层与辊芯的回转扭矩测定按附录C的规定进行。

6.3.5 有害物质限量

6.3.5.1 金属材中铅、镉的测定按GB/T 26125—2011第9章中电感耦合等离子体发射光谱法（ICP-OES）的规定进行。

6.3.5.2 金属材中汞的测定按GB/T 26125—2011第7章中电感耦合等离子体发射光谱法（ICP-OES）的规定进行。

6.3.5.3 金属材、镀层材料及钝化液中六价铬的测定按GB/T 2612—2011附录B中沸水提取法的规定进行。

6.3.5.4 橡胶材、塑料材中多溴联苯、多溴二苯醚的测定按GB/T 26125—2011附录A的规定进行。

7 检验规则

7.1 出厂检验

7.1.1 组批

胶辊以一个订单量为一批。

7.1.2 检验项目及检验频次

7.1.2.1 尺寸公差、表面特性逐根进行检验。

7.1.2.2 每批按表9的规定进行抽样，对硬度偏差及同根硬度差、胶辊各层间的粘合要求进行检验。

表9 胶辊成品、氟套检验抽样量

单位为根

批量大小	抽样数
1～20	全检
21～150	20
151～280	32
281～500	50
501～1 200	80
1 201～3 200	125
3 201～10 000	200
10 001～35 000	315
35 001～150 000	500
150 001～500 000	800
≥500 000	1 250

7.1.3 判定规则

7.1.3.1 尺寸公差、表面特性、硬度偏差及同根硬度差、胶辊各层间的粘合要求均合格，则该批胶辊为合格品。

7.1.3.2 尺寸公差、表面特性如有一项不合格，则判为不合格品，剔除不合格品。

7.1.3.3 硬度偏差及同根硬度差、胶辊各层间的粘合要求如有一项不合格，则应针对不合格项对该批胶辊逐根进行检验，剔除不合格品。

7.2 过程检验

7.2.1 组批

7.2.1.1 相同配方的胶辊用胶料，以300 kg为一批，不足300 kg的以15 d用量为一批。

7.2.1.2 氟套以同一采购批量为一批。

7.2.2 抽样

7.2.2.1 胶辊用胶料：每批抽取足够胶料对硬度、拉伸强度、拉断伸长率、体积电阻率、摩擦系数进行检测；热空气老化、压缩永久变形、耐臭氧老化、撕裂强度、回弹性、阿克隆磨耗、橡胶与辊芯粘合强度、加热减量按每季度进行检测一次。

7.2.2.2 氟套：每批按表9的规定进行抽样，对氟套的尺寸及公差进行检测；每批抽取足够试样对氟套材料的硬度、拉伸强度、拉断伸长率、密度、线性膨胀率、体积电阻率进行测定。

7.2.3 判定规则

7.2.3.1 胶辊用胶料：对于批检项目胶料性能检验结果如有一项不合格，则应从该批胶料中抽取双倍试样对不合格项目进行复试，复试结果仍不合格，则该批胶料不合格。对非批检测项目，如果有一项不合格，应改为按批检验，连续三批检验合格后，再按正常生产检验频次进行检验。

7.2.3.2 氟套材料性能和氟套尺寸及公差如有一项不合格,则应从该批氟套中任取双倍试样对不合格项目进行复试,复试结果仍不合格,则该批氟套不合格。

7.3 型式检验

本标准所列全部技术要求为型式检验项目,通常在下列情况之一时,应进行型式检验:

a) 新产品或老产品转厂生产的试制定型鉴定;
b) 正式生产后,当结构、材料、工艺有较大改变,可能影响产品性能时;
c) 正常连续生产时,六个月进行一次检验;
d) 产品停产超过三个月后恢复生产时;
e) 出厂检验结果与上次检验结果有较大差异时。

8 标志、包装、运输与贮存

8.1 每一包装箱上应有产品名称、制造厂名及地址、数量、重量、生产日期、执行标准号等;每箱胶辊应附有产品合格证(或现品票),合格证的内容包括:产品标记、制造厂名及地址、商标、生产日期、检验人员代号。

8.2 包装箱内宜采用U型PE(聚乙烯)垫块进行架放,每箱码放层数应不超过5层,其中产品结构不适合架放的,宜采用包裹2层~3层泡沫纸单独裹装,然后再码放在包装箱内。

8.3 在运输、贮存过程中,应避免阳光直射,雨雪浸淋;禁止与酸、碱、油类及有机溶剂等接触,并距离热源2 m以外。运输时应将包装件固定牢固,贮存堆码时高度不得超过1.5 m。

8.4 在满足8.1~8.3规定的条件下,从生产之日起,在不超过一年的贮存期内,产品性能应符合本标准规定。

附 录 A
（规范性附录）
胶辊辊芯技术要求及试验方法

A.1 胶辊辊芯技术要求

A.1.1 辊芯可采用金属或非金属等材料，具体以实际工况选择使用。

A.1.2 辊芯的结构尺寸和表面质量，应符合设计图样或技术协议的规定。

A.1.3 辊芯为金属材料时，其表面不应有开裂、凹坑、砂眼、锈迹等缺陷。

A.1.4 辊芯为金属材料时，其辊芯应有形位公差（直线度、跳动、圆柱度）要求，并与包胶后的胶辊相一致。

A.1.5 辊芯为塑料材料时，其表面应光滑、无毛刺、变形、色差等缺陷。

A.1.6 辊芯结构可以是实心柱状体、中空圆柱体和客户指定的结构类型。

A.2 试验方法

A.2.1 辊芯规格尺寸可用微米千分尺、游标卡尺、影像测量仪、百分表等量具测量。

A.2.2 辊芯表面的质量可用目测及相应量具和样板对比测量。

A.2.3 特殊规定的由供需双方商定。

附 录 B
(规范性附录)
加热减量的测定方法

B.1 试验装置

试验装置为分析天平(精确至 0.001 g)、恒温箱。

B.2 试验步骤

在分析天平上分别称取 3 个 10 g 胶料试样,精确至 0.001 g。将试样置于(105±5)℃的恒温箱中 1 h 后取出,在干燥器内冷却至室温,用分析天平称量每个试样的质量。

B.3 结果表示

加热减量 X(%)按式(B.1)计算,试验结果以算术平均值表示,精确至小数点后第一位。

$$X = \frac{m_1 - m_2}{m_1} \times 100\% \qquad \text{(B.1)}$$

式中:

m_1——加热前试样质量,单位为克(g);

m_2——加热后试样质量,单位为克(g)。

附　录　C
（规范性附录）
橡胶层与辊芯间回转扭矩测试方法

C.1　测试仪器和材料

C.1.1　橡胶拉力机。

C.1.2　装置图如图 C.1 所示。

C.1.3　长约 400 mm，宽 30 mm，厚不大于 0.5 mm 的纸带一条（纸带强度需保证在规定的测试力条件下不断裂）。

C.2　试样调节

在实验室标准环境下将待测样品停放 4 h 以上。

C.3　试验步骤

C.3.1　如图 C.1，将专用夹具装在拉力机夹持器处，把待测件放入夹具内，旋紧锁定螺栓，把纸带一端紧贴橡胶件表面缠绕两周，另一端放入拉力机下夹持器内。

C.3.2　启动拉力机。拉伸速度为(500±50)mm/min。

单位为毫米

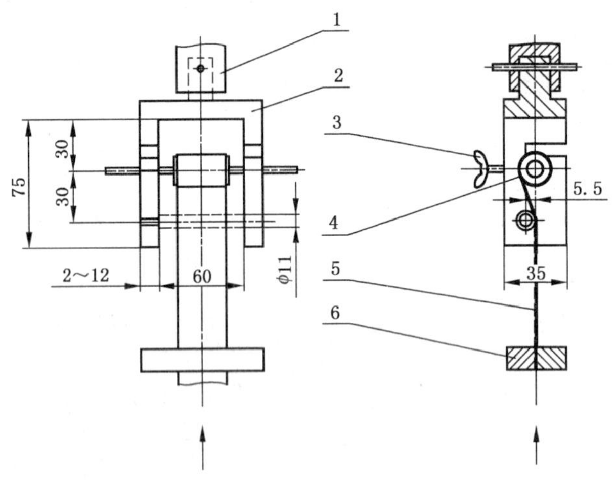

说明：
1——拉力机；
2——夹具；
3——锁定螺栓；
4——橡胶件；
5——纸带；
6——下夹持器。

图 C.1　扭矩测试装置图

C.4 测试结果

若拉力机指针达到规定的拉力，则该橡胶件扭矩合格。若拉力机指针未达到规定的拉力而橡胶件与铁芯间发生滑动，则该橡胶件扭矩为不合格。

C.5 结果计算

扭矩按式(C.1)计算：

$$T = F \times L \qquad \cdots\cdots (C.1)$$

式中：

T ——扭矩，单位为牛顿米(N·m)；

F ——拉力，单位为牛顿(N)；

L ——力臂(产品半径)，单位为米(m)。

ICS 53.040.20
G 42

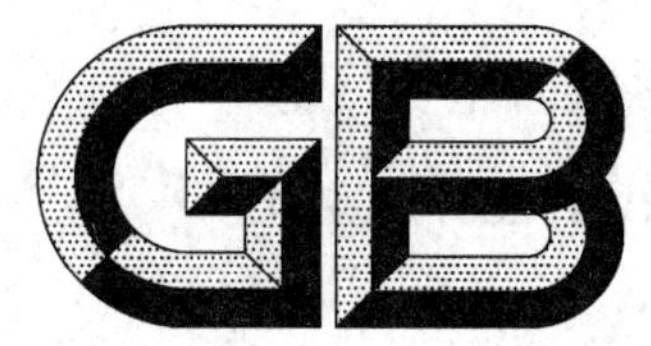

中华人民共和国国家标准

GB/T 23677—2017
代替 GB/T 23677—2009

轻型输送带

Light conveyor belts

2017-09-29 发布　　2018-04-01 实施

中华人民共和国国家质量监督检验检疫总局
中国国家标准化管理委员会　发布

前　言

本标准按照 GB/T 1.1—2009 给出的规则起草。

本标准代替 GB/T 23677—2009《轻型输送带》，与 GB/T 23677—2009 相比，主要技术变化如下：

——修改了部分规范性引用文件(见第 2 章，2009 年版的第 2 章)；

——修改了规格标记及标记示例(见 3.2.3，2009 年版的 3.2.3)；

——删除了表 2 中的注，内容变更为表中的段(见表 2，2009 年版的表 2)；

——增加了环形带左右周长差(见表 4)；

——删除了条文中的注，将内容变更为条文内容(见 4.2.4 、4.3.1.2 和 4.3.3，2009 年版的 4.2.4、4.3.1.2 和 4.3.3)；

——修改了层间粘合强度指标(见表 6，2009 年版的表 5)。

本标准由中国石油和化学工业联合会提出。

本标准由全国带轮与带标准化技术委员会输送带分技术委员会(SAC/TC 428/SC 1)归口。

本标准起草单位：上海永利带业股份有限公司、江阴天广科技有限公司、青岛新干线技术咨询有限公司、青岛科技大学。

本标准主要起草人：谢文峰、谭佛元、吕桂芹、刘晶晶、辛永录。

本标准所代替标准的历次版本发布情况为：

——GB/T 23677—2009。

轻 型 输 送 带

1 范围

本标准规定了切割式轻型输送带的产品分类、技术要求、试验方法、检验规则及标志、包装、贮存和搬运。

本标准适用于纺织、轻工、食品、电子等行业的轻便输送机用轻型输送带(以下简称轻型带或带);本标准不适用于与食品直接接触的轻型带。

2 规范性引用文件

下列文件对于本文件的应用是必不可少的。凡是注日期的引用文件,仅注日期的版本适用于本文件。凡是不注日期的引用文件,其最新版本(包括所有的修改单)适用于本文件。

GB/T 5752 输送带 标志(GB/T 5752—2013,ISO 433:1991,MOD)

GB/T 6759 输送带 层间粘合强度 试验方法(GB/T 6759—2013,ISO 252:2007,IDT)

GB/T 32330 轻型输送带 最大拉伸强度的测定(GB/T 32330—2015,ISO 21180:2013,IDT)

GB/T 32331 织物芯输送带 带总厚度和各层厚度 试验方法(GB/T 32331—2015,ISO 583:2007,IDT)

GB/T 32457 输送带 具有橡胶或塑料覆盖层的普通用途织物芯输送带规范(GB/T 32457—2015,ISO 14890:2013,IDT)

GB/T 33204 轻型输送带 电阻测定(GB/T 33204—2016,ISO 21178:2013,IDT)

HG/T 2410 输送带 取样(HG/T 2410—2006,ISO 282:1992,IDT)

HG/T 3056 输送带 贮存和搬运指南(HG/T 3056—2006,ISO 5285:2004,IDT)

3 产品分类

3.1 结构型式

轻型带骨架材料由棉、尼龙、涤纶等织物构成。带芯外可有覆盖层,也可无覆盖层,覆盖层类型分为橡胶型(包括橡塑型)和塑料型。

3.2 规格

3.2.1 全厚度拉伸强度规格

带的纵向全厚度拉伸强度规格系列如表5所示,按$R10$优先数系排列。

3.2.2 总厚度规格

轻型带的总厚度规格见表1。

表 1　总厚度规格

单位为毫米

总厚度								
总厚度	0.5	0.8	1.0	1.3	1.6	2.0	2.5	3.0
	4.0	5.0	5.6	6.3	8.0			
注：超出表中 *R*10 系列的规格可由供需双方商定。								

3.2.3　规格标记

轻型带规格标记的构成和排列如下：

a)　纵向全厚度拉伸强度规格，以牛顿每毫米(N/mm)为单位；

b)　表示轻型带的字母 Q；

c)　表示橡胶覆盖层字母 R(塑料覆盖层的表示字母为 P)；

d)　带标称宽度，以毫米(mm)为单位；

e)　骨架层材质及层数，其中纱线标记代码按 GB/T 32457 规定；

f)　环形带内周长度，以米(m)为单位。

标记示例：

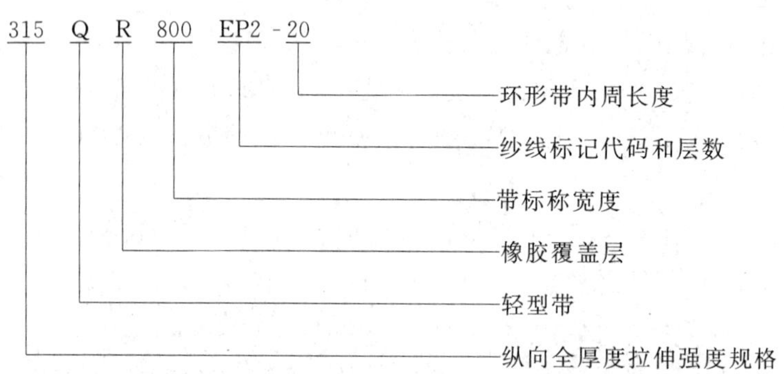

4　技术要求

4.1　外观质量

4.1.1　表面

轻型带表面不应有任何有影响使用性能的缺陷。

4.1.2　脱层

轻型带不允许有脱层现象。

4.2　尺寸与尺寸偏差

4.2.1　总厚度及最大差值

轻型带总厚度应符合表 1 规定。在沿横向分布的数点上测得的总厚度最大差值应不大于总厚度平均值的 10%。

4.2.2 宽度和极限偏差

带测量宽度与规定的切割宽度之间的极限偏差应不大于表2规定值。

注：对切割宽度在1 m以下的切割式轻型输送带，建议其实际切割宽度以50 mm的幅度改变；对切割宽度大于1 m的切割式轻型输送带，其实际切割宽度以100 mm的幅度改变。

表2 轻型输送带切割宽度极限偏差

单位为毫米

带宽 b	含低吸湿性材料的带(如聚酯)	含高吸湿性材料的带(如棉、聚酰胺纤维)
$b \leqslant 200$	±1	±2
$200 < b \leqslant 600$	±2	±3
$600 < b \leqslant 1\,000$	±4	±5
$1\,000 < b \leqslant 2\,000$	±6	±6
$2\,000 < b \leqslant 4\,000$	±7	±0.3%×宽度
$b > 4\,000$	±8	±0.3%×宽度
橡胶型轻型带宽度小于600 mm，极限偏差为±3.0 mm。		

4.2.3 长度和极限偏差

4.2.3.1 端部未作接头准备的有端带的测量长度对规定长度 L 的极限偏差应不大于 $L_{0}^{+2.5\%}$。

4.2.3.2 环形带和端部已作接头准备的有端带的测量长度对规定长度的极限偏差应符合表3规定。

表3 环形带和端部已作接头准备的有端带长度极限偏差

长度 L m	极限偏差
≤2	±10 mm
$2 < L \leqslant 7$	±20 mm
$L > 7$	±0.3%

4.2.3.3 环形带左右周长差应符合表4规定。

表4 环形带和端部已作接头准备的有端带长度极限偏差

长度 m	宽度 mm	周长差 mm
<10	<500	10
	≥500	15
≥10	<500	20
	≥500	30

4.2.4 直线度

切割式轻型带的直线度应不大于 10 mm。

直线度的含义如下：在轻型带的一个带边上任选两个距离为 a 的点，过两点所连直线到该段带边的最大距离即为带的直线度。当带长大于 10 m 时，a = 5 m；当带长小于 10 m 时，a = 4 m。

4.3 物理性能

4.3.1 全厚度拉伸强度

4.3.1.1 轻型带的纵向拉伸强度不能低于其规格值(见表 5)，横向拉伸强度应不低于其纵向拉伸强度规格值在表 5 中的对应值。

表 5 全厚度拉伸强度

单位为牛顿每毫米

纵向全厚度拉伸强度(规格值)	横向全厚度拉伸强度 ≥
80	30
100	40
125	50
160	63
200	80
250	100
315	125
400	160

注 1：横向拉伸强度的规定不适用于棉帆布芯轻型带。

注 2：表中拉伸强度系列中的数值可按 $R10$ 优先数系向高值和低值扩展。

4.3.1.2 全厚度纵向拉断伸长率应不小于 10%，纵向参考力伸长率应不大于 4%。

参考力等于全厚度纵向拉伸强度规格值的 10%乘以试样中部宽度基本值所得的力。

4.3.2 层间粘合强度

层间粘合强度符合表 6 规定。

表 6 层间粘合强度

单位为牛顿每毫米

项　目	粘合强度
纵向覆盖胶与布层间平均值 ≥	2.0
纵向试样布层间平均值 ≥	2.4
纵向试样布层间最低峰值 ≥	2.0

4.3.3 接头强度保持率

用粘合法的环形带接头强度保持率应不小于 80%。

接头强度保持率是指接头处纵向全厚度拉伸强度测定值与带的纵向拉伸强度规格值的百分比。

4.3.4 导静电性

轻型带表面电阻不应大于 $3\times10^{8}\ \Omega$。

注：非导静电场所使用的轻型带可不进行本项试验。

5 试验方法

5.1 轻型带的外观质量，用目测法检验，用卷尺或卡尺测量。

5.2 轻型带的总厚度按 GB/T 32331 进行试验。

5.3 轻型带的宽度测量，将带卷无张力地展平在硬质平面上，使用适当的测长工具(例如钢卷尺)在沿带长均匀分布的三点上测量带的宽度(测量方向与带的切割边垂直)，精确到 0.5 mm。

5.4 轻型带的长度测量，可采用任何适当的长度测量工具(对带不施加任何张力)，如机械式、电磁式、光学式的，来进行有端带的长度测量。测量结果精确到实测长度或设计长度的±1%。

一种可用的测量方法如下：在一块硬质平面上做上两条已知间距的标线。将带卷的外端头与第一标线重合。使带卷在平面上无张力地向第二标线的方向展开，当带上的某一点与第二标线重合时，在该点做上记号。将已测过的一段卷起来。将带的下一段展开并将带向相反方向移动，使所做记号与第一标线重合，当带上的某一点与第二标线重合时，在该点做上记号。如此反复，直至带卷的内端头出现。测量最后一段的长度。带的总长度即为各段长度之和。

5.5 切割式环型带的内周长度测量方法，将带放平，在不受张力的情况下用钢尺沿带的内边分段逐次测量，将各段长度相加，减去 π 与带厚度的乘积。

注：当上述测量方法不适用，例如环形带长度很短时，可按供需双方的协议采用其他方法进行长度测量。

5.6 轻型带的全厚度拉伸强度按 GB/T 32330 进行试验。

5.7 层间粘合强度按 GB/T 6759 进行试验。

5.8 轻型带的接头强度按 GB/T 32330 进行试验。

5.9 导静电性按 GB/T 33204 进行试验。

5.10 带的直线度测定：将带在平整面上展开放平，沿带边的任意部位将一根 5 m 或 4 m 长的线拉直，并使线两端位于带边上，所测带边到直线的最大垂直距离即为直线度。

6 检验规则

6.1 轻型带出厂前应逐条检验外观质量、长度、宽度和总厚度。

6.2 在一个生产批量中按 HG/T 2410 抽样，进行轻型带的出厂检验。出厂检验时，应检验除直线度以外的各项要求。

6.3 型式检验每年应不少于一次，按本标准规定的技术要求全项检测。

6.4 检验中如某项性能不符合标准，应在同批带中另取双倍试样对不合格项进行复试。复试后如仍有一个结果不符合标准，则该批产品为不合格品。

7 标志、包装、贮存和搬运

7.1 轻型带的标志按 GB/T 5752 规定。

7.2 轻型带应缠绕成卷，用包装材料捆扎牢固。包装材料上应标明产品名称、规格标记、生产厂名和注册商标。

7.3 轻型带的贮存和搬运，按 HG/T 3056 执行。

ICS 03.060
A 11

中华人民共和国国家标准

GB/T 23696—2017
代替 GB/T 23696—2009

证券及相关金融工具 交易所和市场识别码

Securities and related financial instruments—Codes for exchanges and market identification (MIC)

(ISO 10383:2012,MOD)

2017-12-29 发布 2018-07-01 实施

中华人民共和国国家质量监督检验检疫总局
中国国家标准化管理委员会 发布

前　言

本标准按照 GB/T 1.1—2009 给出的规则起草。

本标准代替 GB/T 23696—2009《证券和相关金融工具　交易所和市场识别码》，与 GB/T 23696—2009 相比除编辑性修改外主要技术变化如下：

——标准中文名改为“证券及相关金融工具 交易所和市场识别码”；

——增加范围概述及“交易细节的发布地点”；

——修改第 2 章规范性引用文件中的内容（见 2009 年版的第 2 章）；

——增加第 3 章术语和定义，包括“市场识别码”“市场机构编码”和“市场细分编码”；

——增加第 4 章结构的“注”（见 2009 年版的第 3 章）；

——修改第 5 章示例中的内容（见 2009 年版的第 4 章）；

——修改第 6 章注册机构中的内容（见 2009 年版的第 5 章）；

——修改附录 A 中的内容（见 2009 年版的附录 A）；

——增加参考文献。

本标准使用重新起草法修改采用 ISO 10383:2012《证券及相关金融工具　交易所和市场识别码》，本标准与 ISO 10383:2012 的主要差异如下：

——增加了规范性引用文件一章；

——删除了第 3 章市场细分识别码中的示例；

——增加了第 4 章结构中的注；

——修改了第 5 章示例中的用来举例用的 MIC 编码；

——增加了第 7 章 MIC 编码信息及查询章节；

——删除了附录 A 中市场识别码（MIC）的访问；修改了附录 A 中的用来举例用的 MIC 编码；

——增加了附录 B 市场识别码（MIC）的访问。

——修改原国际标准中参考文献。

本标准由中国证券监督管理委员会提出。

本标准由全国金融标准化技术委员会（SAC/TC 180）归口。

本标准起草单位：中国证监会信息中心、中国证监会市场部、中国证监会期货部、中证信息技术服务有限责任公司、上海证券交易所、深圳证券交易所、中国证券登记结算公司、全国中小企业股份转让系统公司、上海金融期货信息技术有限公司、中央国债登记结算公司、上海清算所。

本标准主要起草人：张野、刘铁斌、王春玲、周云晖、许鑫、高红洁、孙宏伟、王璇、张宇翔、张婷、吴韶平、周晓、薛娜、梁馨宁、朱于、吕晓明、骆晶、公成。

本标准的历次版本发布情况为：

——GB/T 23696—2009。

证券及相关金融工具 交易所和市场识别码

1 范围

本标准规定了交易所、交易平台、监管或者非监管市场和交易信息发布机构的识别码的结构、示例、注册机构及信息和查询。

本标准适用于在任何应用和信息交换中对如下市场进行标识：金融工具的挂牌地点（公开挂牌地点）、相关交易的执行地点（交易地点）和交易细节的发布地点（交易信息发布机构）。市场识别码（MIC）从市场机构层面和市场部门层面进行注册。市场部门层面 MIC 编码与市场机构层面 MIC 编码在公布名单中进行了明确的关联。

2 规范性引用文件

下列文件对于本文件的应用是必不可少的。凡是注日期的引用文件，仅注日期的版本适用于本文件。凡是不注日期的引用文件，其最新版本（包括所有的修改单）适用于本文件。

GB/T 2659—2000 世界各国和地区名称代码(eqv ISO 3166-1:1997)

3 术语和定义

下列术语和定义适用于本文件。

3.1

市场识别码 market identification code;MIC

为价格和相关信息来源发布实体所分配的编码。

3.2

市场机构编码 operating/exchange level MIC

为特定的市场或国家的交易所/市场/交易信息发布机构等运营的实体所分配的市场识别码。

3.3

市场细分编码 market segment MIC

为交易所/市场/交易信息发布机构等运营实体根据专门从事一个或多个特定的工具或根据不同的管理而进行划分的部门所分配的市场识别码。

注 1：一个市场细分编码只能在这个市场机构编码已经存在的前提下才能注册。

注 2：不需要对所有的市场细分注册 MIC 编码，只对需要编码识别的市场细分进行注册（见第 5 章）。

4 结构

代码由四位无实际意义的字母或数字型字符组成。

注：已根据 GB/T 23696—2009 版本分配的仍在使用的 MIC 编码，无需做任何修改。

5 示例

5.1 假如“S股票交易所”有两个市场(一个是债券市场,另一个是股票市场),若要为债券市场注册一个MIC编码,则“S股票交易所”至少需要注册两个MIC编码(即一个市场机构编码和一个市场细分编码):

——XXXS:S股票交易所;

——XXX1:S股票交易所-债券市场。

5.2 XXXS用于在市场机构层面识别这个市场,没有必要明确识别债券市场这个细分市场。XXX1只用于识别债券市场。

5.3 假如这个交易所决定为两个细分市场注册MIC编码,则需要注册三个MIC编码(即一个市场机构编码和两个市场细分编码):

——XXXS:S股票交易所;

——XXX1:S股票交易所-债券市场;

——XXXA:S股票交易所-股票市场。

注:XXXS、XXX1、XXXA代指四位无意义的字母或数字型字符。具体示例参见附录A。

6 注册机构

注册机构负责MIC编码信息的了解与查询,有关注册机构名称与详细的联系方式可以通过以下链接查询:http://www.iso.org/iso/maintenance_agencies.htm#10383;具体见附录B。

7 MIC编码信息及查询

有关本标准及市场识别码(MIC)分配的信息可以向注册机构提出。

附　录　A
（资料性附录）
具体示例

表 A.1 为基于第 5 章的具体示例。

表 A.1　基于第 5 章举例

国家或地区	X 国或 X 地区	X 国或 X 地区	X 国或 X 地区
国家或地区编码	XX	XX	XX
MIC 编码	XXXS	XXX1	XXXA
O/S	O	S	S
描述	S 交易所	S 交易所-债券市场	S 交易所-股票市场
市场机构 MIC 编码	XXXS	XXXS	XXXS
首字母缩略词	SEA		
城市	某市	某市	某市
网址	www.sea.com	www.sea.com/bond	www.sea.com/equity
创建日期	20110605	20120507	20120507
最近修改日期	20120113	20120507	20120604
状态	有效	有效	修订
注释			修订描述

附 录 B
（规范性附录）
市场识别码(MIC)的访问

注册机构负责提供市场识别码 MIC 编码的使用访问，在 RA 网站上叙述了 MIC 编码的申请和发布的提交方式，可以通过此网址查看：http://www.iso.org/iso/maintenance_agencies.htm#10383。

由注册机构提供的 MIC 编码的属性应包括：

——国家和地区；

——ISO 国家和地区编码(见 GB/T 2659—2000)；

——MIC 编码；

——O(市场机构编码)或 S(市场细分编码)指明 MIC 编码属于市场机构编码还是市场细分编码；

——机构描述；

——市场机构 MIC 编码，用于关联市场细分 MIC 编码；

——首字母缩略词，当有需要时；

——城市；

——网址，当有需要时；

——初始创建 MIC 编码时间；

——最近一次修改 MIC 编码时间；

——状态：有效，修订，删除；

——注释：帮助用户对修订理解和交易的识别所附加的有意义的信息。

参 考 文 献

[1] GB/T 23696—2009 证券和相关金融工具 交易所和市场识别码

ICS 35.040
L 71

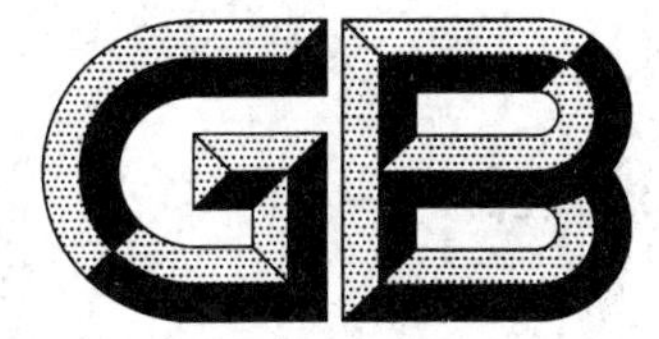

中华人民共和国国家标准

GB/T 23704—2017
代替 GB/T 23704—2009

二维条码符号印制质量的检验

Two-dimensional bar code symbol print quality test

(ISO/IEC 15415:2011, Information technology—Automatic identification and data capture techniques—Bar code symbol print quality test specification—Two-dimensional symbols, MOD)

2017-12-29 发布　　2018-07-01 实施

中华人民共和国国家质量监督检验检疫总局
中国国家标准化管理委员会　发布

前　言

本标准按照 GB/T 1.1—2009 给出的规则起草。

本标准代替 GB/T 23704—2009《信息技术　自动识别与数据采集技术　二维条码符号印制质量的检验》，与 GB/T 23704—2009 相比，主要变化如下：

——将标准名称改为《二维条码符号印制质量的检验》；

——增加了 ISO/IEC 19762、GB/T 18284、GB/T 21049、GB/T 35402、ISO/IEC 16022、ISO/IEC 16023 和 ISO/IEC 24778(见第 2 章)；

——增加了"模校调制比"的术语和定义(见 3.12)；

——通过一次扫描测量得到符号的等级，不要求对符号进行 5 次测量(见 7.4)；

——增加反差均匀性、模校调制比参数的定义，增加了"模块调制比""码字调制比""符号调制比""模块的模校调制比""码字的模校调制比"和"符号的模校调制比"的概念(见 7.8.4)；

——将"对于每个参数，每个码字的临时参数等级为该码字所有扫描获得的参数等级的最高值。"修改为"对于每个参数，每个码字的临时参数等级为所有扫描该码字而获得的参数等级的最高值。"(见 6.2.5)；

——将有关 Data Matrix 码和快速响应矩阵码的用于符号分级的各码制的专有参数不再详述，仅给出包含这些参数的码制标准(见附录 D)；

——增加"模校调制比""格式信息""版本信息"质量参数(见附录 G)。

本标准使用重新起草法修改采用 ISO/IEC 15415:2011《信息技术　自动识别和数据采集技术　条码符号印制质量检验规范　二维符号》。

本标准与 ISO/IEC 15415:2011 的技术性差异及其原因如下：

——关于规范性引用文件，本标准做了具有技术性差异的调整，以适应我国的技术条件，调整的情况集中反映在第 2 章"规范性引用文件"中，具体调整如下：

- 用修改采用国际标准的 GB/T 14258 代替 ISO/IEC 15416；
- 用修改采用国际标准的 GB/T 11186.2 代替 ISO 7724-2:1984；
- 用新修订的 ISO/IEC 19762 代替 ISO/IEC 19762-1 和 ISO/IEC 19762-2；
- 增加了 GB/T 2828.1、GB/T 6378.1、GB/T 12905、GB/T 18284、GB/T 21049、GB/T 35402、ISO/IEC 16022、ISO/IEC 16023 和 ISO/IEC 24778(见第 2 章)。

——用项目的方式表述矩阵式二维条码检测过程(见 7.1)；

——修改了各等级分级表中等级对应的参数范围的表示方式，例如：将表 2 中等级 3 对应的参数范围改为 $0.64 \leqslant CY < 0.71$，ISO/IEC 15415:2011 表 2 中，用 $\geqslant 64\%$ 表示的参数范围是不准确的(见表 2、表 3、图 2、表 5、表 6、表 8、表 9、表 10、表 11)；

——将"每个参数(调制比、缺陷度和可译码度)的临时码字等级为那个参数所有扫描所获等级的最高值"修改为"对于每个参数，每个码字的临时参数等级为所有扫描该码字而获得的参数等级的最高值"(见 6.2.5)；

——增加了"模块调制比""码字调制比""符号调制比""模块的模校调制比""码字的模校调制比"和"符号的模校调制比"的概念(见 7.8.4)。

本标准还做了下列编辑性修改和结构性调整：

——对 ISO/IEC 15415:2011 标准中附录的次序作了调整，附录 A 为 ISO/IEC 15415:2011 的附录

D,附录 B 为 ISO/IEC 15415:2011 的附录 F,附录 C 为 ISO/IEC 15415:2011 的附录 B,附录 D 为 ISO/IEC 15415:2011 的附录 A,附录 E 为 ISO/IEC 15415:2011 的附录 C,附录 F 为 ISO/IEC 15415:2011 的附录 E。

——增加了附录 G(资料性附录)"二维条码符号检验报告示例"。

本标准由全国物流信息管理标准化技术委员会(SAC/TC 267)提出并归口。

本标准起草单位:中国物品编码中心、上海市质量和标准化研究院、福建省标准化研究院、国家条码质量监督检验中心、山东省标准化研究院、中国自动识别技术协会、北京交通大学、北京网路畅想科技发展有限公司。

本标准主要起草人:刘伟、鄢若韫、苏航、苑静、胡敏、杨子龙、严风、王毅、吴宏、刘彦、王隆、董腾、赵莹、张永沛、唐成、张芃、张铎、侯汉平、张秋霞。

引　言

条码技术是基于编码图形的标识技术。根据规则将字符转换为一定尺寸的条、空或模块阵列构成的条码符号图形，这种规则被称为码制规范。

条码可分为一维条码和二维条码，二维条码又可以分为层排式(堆积式)二维条码和矩阵式二维条码。由一维条码部分和二维条码部分组合形成的、表示一组信息或相关数据的条码称为复合码，其中二维条码部分的位置与一维条码部分的位置保持特定关系。

层排式二维条码符号是由一系列行垂直排列形成的矩形符号，以表示一整段数据信息。其中每行由表示数据和前缀部分的符号字符构成。每个符号字符具有一维条码符号字符的特征，每行也同样具有一维条码符号的特征。因此，每行可以通过一维扫描技术进行识读，但在整段信息传送到应用软件前，符号中所有行的数据都需识读。

矩阵式二维条码符号通常是由深色和浅色模块构成的矩形符号，模块的中心位于网格的交点。为了识读矩阵式二维条码符号，需要知道每个模块的坐标，在译码前应以二维的方式对符号进行分析。点码是矩阵式二维条码的一个子集，点码的单个模块和其他邻近的模块不直接相接，它们之间用空分开。

除非另有说明，本标准中“符号”是指这两种类型的二维条码符号。

作为机器识读的数据载体，条码符号的印制需保证在其使用时能够被识读。

为了客观评价条码符号的质量，条码设备制造、条码符号制作和使用需要一个共同标准的测试规范，作为开发设备、制定应用标准或评价符号质量的依据。本标准可作为条码设备制造、条码符号制作和使用的过程控制和质量评价的基础。

检测条码符号的检测设备的性能可按照 GB/T 26228.1 以及 ISO/IEC 15426-2 的内容。

本标准遵循一维条码符号印制质量检验标准 GB/T 14258 的一般原则，其质量评价结果和 GB/T 14258 具有一定的可比性。本标准的应用需结合被测条码符号的码制规范，码制规范提供了应用中所需要的符号的具体细节。层排式二维条码符号的检测是根据 GB/T 14258 的方法进行的，在第 6 章对其中的修改进行了说明；对于矩阵式二维条码，所用的参数和方法有所不同。

目前，在符号制作的不同阶段评价条码符号质量有多种方法。本标准给出的方法为符号制作者和贸易伙伴提供了一个在二维条码符号制作后进行质量评估的通用的标准化的手段，不替代现有的其他质量控制方法。应根据适用的码制规范需要，将参考译码算法以及其他测量细则对本标准所描述的过程给予补充，强制性的码制规范和应用标准也可以对这些过程进行变更或替代。

各参与方可以通过协商采用其他的质量评价方法，或将之作为应用标准的一部分。

二维条码符号印制质量的检验

1 范围

本标准规定了层排式和矩阵式二维条码符号的检验、分级以及符号整体质量评价的方法，给出了造成偏离最佳等级的可能原因及相应的纠错措施。

本标准适用于二维条码码制规范已给出参考译码算法的二维条码符号印制质量的检验，其方法也可部分或全部适用于其他码制二维条码符号的检验。

2 规范性引用文件

下列文件对于本文件的应用是必不可少的。凡是注日期的引用文件，仅注日期的版本适用于本文件。凡是不注日期的引用文件，其最新版本(包括所有的修改单)适用于本文件。

GB/T 2828.1 计数抽样检验程序 第1部分：按接收质量限(AQL)检索的逐批检验抽样计划(GB/T 2828.1—2012，ISO 2859-1：1999，IDT)

GB/T 6378.1 计量抽样检验程序 第1部分：按接收质量限(AQL)检索的对单一质量特性和单个AQL的逐批检验的一次抽样方案(GB/T 6378.1—2008，ISO 3951-1：2005，IDT)

GB/T 11186.2 漆膜颜色的测量方法 第二部分：颜色测量(GB/T 11186.2—1989，idt ISO 7724-2：1984)

GB/T 12905 条码术语

GB/T 14258 信息技术 自动识别和数据采集技术 条码符号印制质量的检验(GB/T 14258—2003，ISO/IEC 15416：2000，MOD)

GB/T 18284 快速响应矩阵码(GB/T 18284—2000，neq ISO/IEC 18004：2000)

GB/T 21049 汉信码

GB/T 35402 零部件直接标记二维条码符号的质量检验(GB/T 35402—2017，ISO/IEC TR 29158：2011，MOD)

ISO/IEC 16022 信息技术 自动识别和数据采集技术 Data Matrix条码码制规范(Information technology—Automatic identification and data capture techniques—Data Matrix bar code symbology specification)

ISO/IEC 16023 信息技术 自动识别和数据采集技术 条码码制规范 MaxiCode(Information technology—Automatic identification and data capture techniques—Bar code symbology specification—MaxiCode)

ISO/IEC 19762 信息技术 自动识别和数据采集(AIDC)技术 协调的词汇(Information technology—Automatic identification and data capture(AIDC) techniques—Harmonized vocabulary)

ISO/IEC 24778 信息技术 自动识别和数据采集技术 条码码制规范 Aztec码码制规范(Information technology—Automatic identification and data capture techniques—Aztec Code bar code symbology specification)

3 术语和定义

GB/T 12905、GB/T 14258 和 ISO/IEC 19762 界定的以及下列术语和定义适用于本文件。

3.1

像素 pixel

在一个图像采集器件(如 CCD 或 CMOS 器件)的阵列中的单个光敏单元。

3.2

有效分辨率 effective resolution

测量仪器从被测符号表面采集图像的分辨率,以每毫米的像点数或每英寸的像点数表示。其计算方法为:图像采集元件的分辨率乘以测量仪器光学系统的放大系数。

3.3

纠错容量 error correction capacity

二维条码符号(或纠错块)中用来对拒读错误和替代错误进行纠正的码字数目减去用于探测错误的码字数目。

3.4

检测区 inspection area

包括被测二维条码及其空白区的整个矩形区域。

3.5

等级阈值 grade threshold

区分某一参数两等级的分界值,其值本身是上一等级的下限值。

3.6

模块错误 module error

在二值化图像中,模块深色或浅色的状态和设计的状态发生倒置的情况。

3.7

原始图像 raw image

在 X 和 Y 坐标中,由光敏阵列每个像素所对应的实际反射率值所构成的图像。

3.8

参考灰度图像 reference grey-scale image

在 X 和 Y 坐标中,用圆形的测量孔径对原始图像进行卷积得到的图像。

3.9

二值化图像 binarised image

用整体阈值对参考灰度图像进行处理而得到的黑白两色的图像。

3.10

采样斑 sample area

直径为 $0.8X$ 的圆形图像区域。X 的值为被测符号经参考译码算法计算得到的平均模块宽度。如果具体应用许可的 X 尺寸为一个取值范围时,则计算采样斑直径时 X 取其中的最小值。

3.11

扫描等级 scan grade

对矩阵式二维条码符号单次扫描获得的等级,其值为由参考灰度图像和二值化图像得到的参数等级中的最低值。

3.12

模校调制比　reflectance margin

用已知模块深浅性质的正确性校正的调制比。

4 符号和缩略语

下列符号和缩略语适用于本文件。

AN：轴向不一致性(Axial Nonuniformity)

DPM：零部件直接标记(Direct Part Marking)

E_{cap}：纠错容量。

e ：拒读错误的数目。

FPD：固有图形污损(Fixed Pattern Damage)

GN：网格不一致性(Grid Nonuniformity)

GT：整体阈值(Global Threshold)

MOD：调制比。

$MARGIN$：模块的模校调制比。

RM：模校调制比(Reflectance Margin)

R_{max}：最高反射率，在一次扫描反射率曲线中，各单元(包括空白区)的最高反射率值，或者在矩阵式二维条码符号中所有采样斑反射率的最高值。

R_{min}：最低反射率，在一次扫描反射率曲线中，各单元的最低反射率值，或者在矩阵式二维条码符号中所有采样斑反射率的最低值。

SC ：符号反差。($SC=R_{max}-R_{min}$)

t：替代错误数目。

UEC：未使用的纠错(Unused Error Correction)

5 质量分级

5.1 概述

检测二维条码符号可得出符号质量等级。该符号等级用于符号的质量判定和过程控制，并可预测在不同环境中的识读性能。

在实际应用中，由于使用条件不同，识读设备的类型不同，可接受的二维条码符号质量等级不同。应参见附录A中A.4的内容，按本标准规定的符号等级形式，定出所需的符号等级。

应根据统计上有效的样本数量从被测样本批次中抽样，并确定可接受的最低符号等级。如果在质量控制过程或在双方的协议中没有规定抽样方案，可按GB/T 2828.1或GB/T 6378.1选择适当的抽样方案。

5.2 参数的质量等级

参数的质量等级可用数字或字母两种形式表示。数字形式用4到0表示不同的质量等级，其中4代表最高等级，0表示失败等级。字母形式用字母A、B、C、D、F表示，其中F表示失败等级。

表1给出了数字等级和字母等级的对应关系。

表 1 参数数字等级和字母等级的对应关系

数字等级	字母等级
4	A
3	B
2	C
1	D
0	F

5.3 符号等级值

符号等级值按照 6.2.6 或 7.10 的规定进行计算。符号等级值保留一位小数，以 4.0 到 0.0 表示由高到低的质量等级。

符号等级值也可以用字母的形式表示。字母符号等级和数字符号等级的关系见图 1。例如，数字符号等级值域在［1.5，2.5）区间时，对应的字母等级为 C。

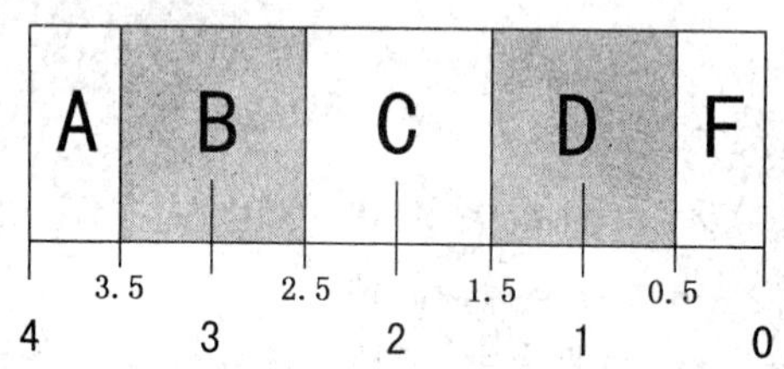

图 1 字母符号等级和数字符号等级的关系图

5.4 符号等级的表示形式

符号等级应与检测的光照条件及孔径相关联。它的表示形式为：等级/孔径/测量光波长/角度，其中：

——“等级”为 5.3 确定的符号等级值。

——“孔径”为孔径标号（一维扫描方式的孔径标号见 GB/T 14258，矩阵式二维条码的孔径标号见 7.3.3）。

——“测量光波长”为窄带照明光源峰值波长以纳米为单位的整数值，如果测量采用宽带照明光源（白光），用字母 W 表示，此时应明确规定此照明的光谱响应特性，或给出光源的规格。

——“角度”为测量光的入射角，缺省值为 45°。如果入射角不是 45°，那么入射角度应包含在符号等级的表示中。

注：除了默认照明角度为 45°外，还可选用 30°和 90°的照明角度。在 DPM 检测中照明角度需使用结合数字与字母的角度指示符，见 GB/T 35402。

对于矩阵式二维条码符号，在“等级”后面加有星号表示符号周围存在反射率极值。这种情况可能干扰符号的识读，见 7.7。

示例 1：

3.0/05/660 表示符号等级为 3.0，使用的孔径为 0.125 mm（孔径标号 05），测量光波长为 660 nm，入射角为 45°。

示例 2：

3.0/10/W/30 表示符号设计在宽带光照明条件下识读，测量光入射角为 30°，孔径为 0.250 mm（孔径标号 10）。此情况下，需要给出所引用的对用于测量的光谱特性进行规定的应用标准，或给出光谱的自身特性。

示例 3：

3.0*/10/670 表示符号等级是在孔径为 0.250 mm(孔径标号 10)、光源波长 670 nm 情况下测量的，并且符号周围存在有潜在干扰作用的反射率极值的情况。

6 层排式二维条码符号的检测方法

6.1 概述

6.2.2 和 6.3 规定了层排式二维条码符号质量评价方法，该方法基于 GB/T 14258 的规定。在符号码制适用的情况下，根据 6.2.3、6.2.4 和 6.2.5 中的方法导出符号等级。检测时应对环境光进行控制，确保其对检测结果不造成影响。测量时使用的波长和孔径应和适用的应用标准的要求一致。测量时，扫描线应和起始字符及终止字符中条的高度方向垂直，并尽量使扫描光束水平扫过行的中心，以避免跨行扫描造成的影响。在使用平面成像技术时，应通过一定的测量孔径对原始图像进行卷积，合成一定数量的、和条高方向垂直的并能足以覆盖符号中所有行的扫描线。

6.2 允许跨行扫描的符号

6.2.1 分级基础

允许跨行扫描符号的特点是扫描线出现跨行时数据仍能被识读。这类符号另一个特征是各行的起始符和终止符(或符号的等效图形，如微四一七条码的行指示符)相同，或这些图形中只有一个边的位置在相邻行间有小于 1X 的变化量。这些符号应根据以下几个方面进行分级：

——扫描反射率曲线分析(见 GB/T 14258 和 6.2.2)；

——码字读出率(见 6.2.3)；

——未使用的纠错(见 6.2.4)；

——码字印制质量(见 6.2.5)。

6.2.2 基于扫描反射率曲线分析的等级

符号的起始符、终止符或等效图形(如行指示符)根据 GB/T 14258 进行评价。对于数据内容所在的区域，按 6.2.3、6.2.4 和 6.2.5 所述的方法进行评价。在起始符和终止符的等级确定中应使用 GB/T 14258 标准中规定的所有参数。测量孔径的大小由适用的应用标准确定，或者取 GB/T 14258 标准中根据符号 X 尺寸给出的默认孔径。

扫描的次数应为 10 和符号的高度除以测量孔径所得的商(取整数部分)这两个数值中的较小者。应尽可能使扫描线在符号高度方向上均匀分布。例如，对于一个 20 行的符号，应按一定间隔对其进行 10 次扫描；对于一个两行的符号，对一个行可能需要在条的不同高度位置上进行多达 5 次扫描。针对扫描次数的选择，具体的码制规范可能会给出更详细的指导。

为了辨别条和空，每次扫描都应确定一个整体阈值。整体阈值等于最高反射率与最低反射率之和的 1/2。整体阈值以上的区域应认定为空(或空白区)，整体阈值以下的区域应认定为条。

单元边缘的位置位于扫描反射率曲线上邻接单元(包括空白区)最高反射率与最低反射率的中间点处。

应使用参考译码算法评价“参考译码”和“可译码度”参数。

每次扫描中各个参数等级的最低等级值作为该次扫描的等级。扫描反射率曲线的等级应为各次扫描等级的算术平均值。

为了生产过程控制，可能需要测量条宽的平均增减量。当印刷方向和起始符和终止符高度方向一致时，印刷增量较小。如果希望全面分析印刷增量的影响，宜分别在两种方向上印制和测试符号。

6.2.3 码字读出率的等级

码字读出率(*CY*)衡量一维扫描从层排式二维条码中识读数据的能力。码字读出率以有效译码的码字数目占应能够译码(在调整识读角度后)的码字最大数目的百分比来表示。如果某符号其他参数等级高，而码字读出率等级低，则表明在符号的高度方向上印刷质量存在问题(如附录E中表E.1所示)。

在完成"未使用的纠错"计算(见6.2.4)后，可以得出一个正确的符号字符值表。在下面确定正确译码码字的步骤中，此符号字符值表将被用作"最终译码字符值表"。

如果某一次扫描满足下面两条件之一时，便可被纳入到码字读出率的计算：

——此扫描没有包括符号顶行或底行。通过此次扫描，至少起始符/终止符(或行指示符)其中之一以及至少一个码字或另一个终止符/起始符(或行指示符)已经被成功译码。

——扫描线包含了符号顶行或底行的识读区域，此扫描中的起始和终止符应已被成功译码。

应注意到，符号参考译码算法需要有一个扩展，以便当与起始符/终止符相邻的码字都不能译码时，探测一对起始符和终止符并译码。例如，扫描时参考译码算法本身不对四一七条码符号的起始符和终止符或微四一七条码符号中一对匹配的行指示符译码，在对这两种图形的扫描搜索时，会需要这种扩展；这样，此扩展能将没有码字(匹配的尾部图形除外)被译码的扫描纳入码字识读率的计算。但是应注意到，如果一次扫描仅扫描译码出一个起始符或终止符，而同时没有相应的第二个起始或终止符、任何其他码字或行指示符被译码，这个扫描不能作为合格的扫描。

对整个符号译码并构建符号字符值表。

对于每一次合格的扫描，将实际译出的码字和符号"最终译码字符值表"中的码字作比较，记录匹配的码字数目。累计正确译码的码字的总数，更新符号中每一个码字已被译码的次数，以及每一个行已被探测的次数。同样要记录每次扫描探测到的跨行数目(如果一个扫描线同时出现正确译码的相邻行的码字，则称为跨行)。

在处理完每次扫描后，计算目前应能够被译码的码字的最大数目：合格扫描的数目乘以符号中列单元数的乘积(不包括固定的图形，例如四一七条码的起始符和终止符，以及微四一七条码中的行指示符)。

在满足以下三个条件前，应持续对整个符号进行扫描：

a) 已译码码字的最大数目至少是符号中码字数目的十倍；

b) 符号中最高和最低的可译码行(它们并不一定是第一行和最后一行)至少被扫描三遍；

c) 已被成功识读两遍以上的码字(数据码字或纠错码字)数至少为 $0.9n$ 个，其中 n 为符号中数据码字(非纠错码字)的个数。

示例：

一个四一七条码符号，6行16列，纠错等级为4，总码字数目为96个，其中数据码字为64个，纠错码字为32个。为了满足第一个条件，码字已被译码的最大数目至少为960。因为 n 等于64，为了满足第三个条件，至少应有58个码字被识读两次以上($0.9 \times 64 = 57.6$)。

如果有效译码的码字总数与探测到的跨行数之比小于10∶1，应放弃所得的测量结果，然后调整扫描线的角度以减少跨行，重复此测量步骤。如果有效译码的码字总数与探测到的跨行数之比大于或等于10∶1，要从能够识别的码字的最大数目中减去探测到的跨行数目，以补偿倾斜的影响。

码字读出率的分级方法见表2。

表 2　码字读出率的分级

码字读出率(CY)	等　级
$CY \geqslant 0.71$	4
$0.64 \leqslant CY < 0.71$	3
$0.57 \leqslant CY < 0.64$	2
$0.50 \leqslant CY < 0.57$	1
$CY < 0.50$	0

6.2.4　未使用的纠错的等级

持续扫描整个符号并译码，直至译码的码字数目趋于稳定。按下列公式计算出未使用的纠错(UEC)。

$$UEC = 1 - (e + 2t)/E_{cap}$$

式中：

e ——拒读错误数；

t ——替代错误数；

E_{cap}——符号的纠错容量。

如果没有使用任何纠错码字，且符号能够译码，则 $UEC=1$；如果$(e+2t)$大于 E_{cap}，则 $UEC=0$。如果一个符号中有多个纠错块，应分别计算每一个纠错块中的 UEC 值，用其中的最小值来进行等级判定。

未使用的纠错的分级方法见表 3。

表 3　未使用的纠错的分级

未使用的纠错(UEC)	等　级
$UEC \geqslant 0.62$	4
$0.50 \leqslant UEC < 0.62$	3
$0.37 \leqslant UEC < 0.50$	2
$0.25 \leqslant UEC < 0.37$	1
$UEC < 0.25$	0

6.2.5　码字印制质量的等级

本条款给出了评价可译码度、缺陷度、调制比参数的方法。该方法基于 GB/T 14258 中的扫描反射率曲线参数分级，同时考虑了纠错对符号质量参数可译码度、缺陷度、调制比的修正。修正方法参见附录 B。

使用以下过程对这三个参数中的每一个参数进行质量评价。如果符号中存在不止一个纠错块，对于每个纠错块，都应分别进行这一过程，其中的最小值用于符号分级。

持续扫描整个符号，直到 $0.9n$ 个码字(n 的含义见 6.2.3)已经被译码的次数大于 10，或可以确认，每一个码字至少被扫描了一次而没有受到跨行的干扰。在每次扫描中，可译码度、缺陷度和调制比参数应以符号字符为单位按照GB/T 14258的规定进行测量。以上三个参数的计算应基于该次扫描反射率曲线中$R_{\max}$和$R_{\min}$值所得出的符号反差值。对于每个参数，每个码字的临时参数等级为所有扫描该码字而获得的参数等级的最高值。

如果扫描行包括不被纠错的标头字符(除了起始符、终止符及其等效图形之外)，例如四一七条码的行指示符，对于每行，首先应结合此行的上下相邻行的相应字符，对这些标头字符进行评价。这六个(对于顶行或底行，为四个)字符中最高的临时码字的等级为标头等级，这个等级用于修正此行中临时的码字等级。如果一个数据码字的临时等级比得到的头部字符的等级高，应将这个数据码字的临时等级降低到标头字符的等级。然后按照下面的方法，对由此得到的这些临时参数等级进行修正，以便将纠错的影响考虑进去。

对于每个参数，按照4级至0级和不译码的次序分别统计各级别的码字数，并累计统计大于或等于各级别的码字总数。按照如下方法将这些数目和符号的纠错能力进行比较。

对于每一个参数等级，假定低于这个等级的所有符号字符都是拒读错误，按照6.2.4的方法，根据表3所给出的阈值，导出一个假定的未使用的纠错(*UEC*)的等级。临时的码字参数等级应为每一个等级与其对应的假定的*UEC*等级的较低值。符号最终的码字参数等级应为所有等级水平中临时的码字参数等级的最高值。

注1：此假定等级和根据6.2.4计算出的符号的未使用的纠错参数不相关，也对其不影响。错误纠正能力在一定程度上可以弥补符号缺陷的影响。这种假定等级标志着弥补的程度。如果一个符号比另一个符号的纠错能力高，那么高纠错能力的符号能容忍数目更多的、参数值有问题的码字。附录F对此方法有着更详尽的说明。

表4给出了码字参数分级的示例。此例中，符号包含100个符号字符(码字)，其中数据码字为68个，纠错码字为32个。纠错码字中3个码字用于错误探测，29个码字用于错误纠正，纠错能力为29。此符号最终的码字参数等级为1级(右边列中的最高值)。

注2：调制比、缺陷度和可译码度三个参数需分别进行此计算。

表4　允许跨行扫描的层排式二维条码符号码字印制质量参数的分级

调制比/缺陷度/可译码度参数等级 (a)	该等级的码字数	大于或等于该等级的码字总数 (b)	剩余码字数(按照拒读错误码字看待)[100−(b)] (c)	假定的未使用的纠错容量[29−(c)]	假定的*UEC*	假定的*UEC*的等级 (d)	临时的码字等级[(a)和(d)的较低者] (e)
4	40	40	60	超出纠错容量	<0	0	0
3	20	60	40	超出纠错容量	<0	0	0
2	10	70	30	超出纠错容量	<0	0	0
1	10	80	20	9	0.31	1	1
0	7	87	13	16	0.55	3	0
不能译码	13	100					
					最终的码字参数等级[(e)的最高值]		1

6.2.6　符号等级

符号等级为扫描反射率曲线的等级(6.2.2)、码字读出率等级(6.2.3)、未使用的纠错等级(6.2.4)以及码字印刷质量等级(6.2.5)中的最低值。符号等级评定流程见图2。

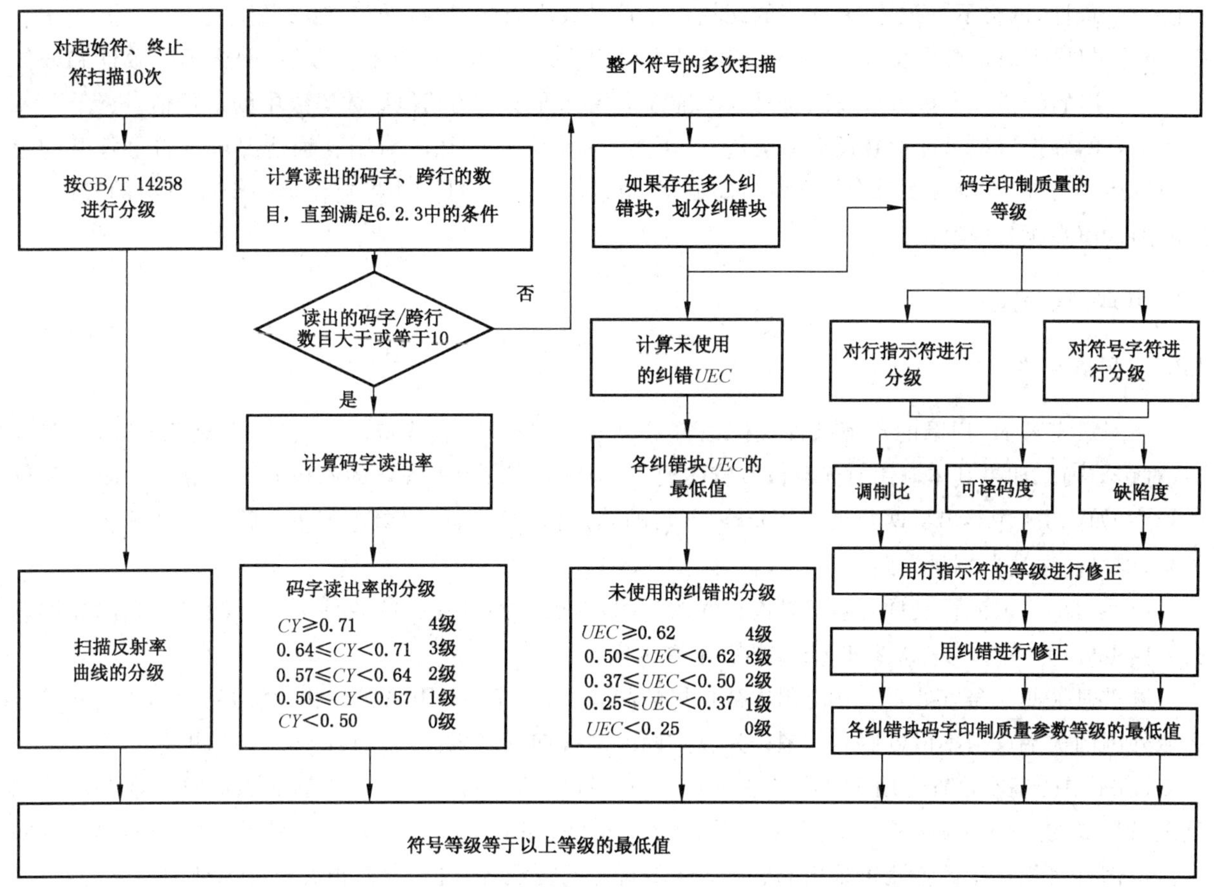

图 2　允许跨行扫描的层排式条码符号的分级流程

6.3　需要逐行扫描的符号

需要逐行扫描的符号要求扫描线从起始符到终止符或者从终止符到起始符扫过完整的一行，中间不能跨行。每一行都被看作是一个独立的一维条码符号，应用 GB/T 14258 进行评价。扫描线应扫过占每行高度 80%的中间检测带，以便尽量避免跨行的影响。扫描的次数取 10 和行高度除以扫描孔径直径之商两个值中的较小者。符号等级应为所有行等级中的最低值。

7　矩阵式二维条码的检测方法

7.1　概述

矩阵式二维条码的检测方法基于符号反射率的测量，同时考虑二维扫描系统所遇到的环境条件因素，以最大限度地提高各种印刷基底上符号反射率测量和尺寸测量的一致性。

矩阵式二维条码的检测过程如下：

a)　在一定的照明和采集视角条件下获取一个高分辨率的灰度原始图像；

b)　用合成的圆形孔径对此原始图像进行卷积运算，得到参考灰度图像；

c)　从参考灰度图像测量出符号反差、调制比和固有图形污损等参数值，并对这些参数进行分级；

d) 采用整体阈值将参考灰度图像转化为二值化图像，分析二值化图像，得出参考译码、轴向不一致性、网格不一致性、未使用的纠错以及符号或应用标准规定的其他参数值；

e) 扫描等级是符号反差、调制比、固有图形污损、参考译码、轴向不一致性、网格不一致性和未使用的纠错 7 个参数等级以及码制标准或应用标准规定的其他参数等级中的最低值。

符号的临近区域可能存在反射率极值，这可能干扰符号的识读。对于这种情况可在符号等级的报告中标注。另外，在符号的每个轴向宜对印刷增量或减量进行测量，并将它作为一个非分级的、过程控制的测量值在报告中给出。

7.2 获取测量图像

7.2.1 测量条件

在测量符号时，周围的环境条件应模拟符号典型的扫描环境，分辨率应足够高(见 7.3.3)，照明均匀，对焦准确。如果具体应用对光路没有特殊要求，应使用 7.3.4 中规定的参考测量光路。如果其他可选光路(如 7.3.4 中给出了两个可选的光路)所得的测量值可以和使用参考测量光路得出的测量值相互关联，则可使用这些测量光路。

应使用单峰值波长或具有确定光谱特性的光源，在已知测量孔径的条件下进行测量。光源和测量孔径应由应用标准或按 7.3.2 和 7.3.3 的要求来确定。

测量时被测符号宜处于实际应用中被扫描的状态。7.6、7.7 和附录 C 给出了测量方法，并防止符号区域外围的极端反射率值(例如，外围是开放空间或高镜向反射表面)影响符号反差的测量。

7.3.4 中的基本设置适用于许多开放应用。一些特殊的应用(如：对印刷基底表面进行雕刻或蚀刻处理所形成的符号的质量检测)需要对符号的照明角度、照明光颜色及采集符号图像的分辨率进行限定。零部件直接标记的检测可采用 GB/T 35402 规定的方法，同时要考虑相关应用标准的要求。

光路设计遵循两个原则。第一，测量图像的灰度应是标称线性的，不能以任何方式进行增强。第二，为保证测量的一致性，图像采集的分辨率应足够高以保证识读的一致性，见 7.3.3。

7.2.2 原始图像

原始图像是光敏阵列每个像素对应的实际反射率值组合起来形成的图像。从原始图像可以导出参考灰度图像和二值化图像，用于符号印制质量的评价。

7.2.3 参考灰度图像

用 7.3.3 所述的测量孔径对原始图像上各个像素反射率值进行卷积处理，得出参考灰度图像。参考灰度图像用于评价符号反差、调制比、模校调制比和固有图形污损。

7.2.4 二值化图像

按照 7.6 的规定，整体阈值为 R_{max} 和 R_{min} 的算术平均值。将此值作为深色和浅色的分界，将参考灰度图像转换为二值化图像。二值化图像用于评价参考译码、轴向不一致性、网格不一致性和未使用的纠错。

7.3 参考反射率的测量

7.3.1 基本要求

评价符号质量的设备应具备测量和分析印刷基底上检测区内各处反射率的能力。对矩阵式二维条码的所有测量均应在7.3.5中规定的检测区内进行。

反射率的测量值用百分比的形式表示。反射率量值可溯源到GB/T 11186.2中的硫酸钡或氧化镁(此两种物质的反射率为100%),或者溯源到国家计量基准。

7.3.2 光源

应用标准宜指定检测时测量光的峰值波长;对于设计上使用宽光谱照明的应用,应用标准宜指定测量光的参考光谱响应特性。如果在应用标准中对这些没有规定,那么测量应使用和实际应用最为接近的光源作为测量光。光源既可以为窄带光源或接近于单色光,也可以采用波长范围比较宽的光源,在后一种情况下,测量系统可通过在光路中安装窄带滤光片,将光谱响应限定在一个特定的峰值波长。

注:在宽光谱照明条件下测量时需特别注意,需设定好、匹配好测量和识读系统的整体光谱响应,以得到和应用系统相关的、精度和重复性较好的采样区灰度反射率的测量结果。整体光谱响应包含光源的光谱分布、探测器的响应以及各种相关滤光片的特性。

光源的选择指导参见附录A。

7.3.3 有效分辨率和测量孔径

在评价符号质量时,测量仪器的有效分辨率以及测量孔径可以由使用者的应用标准来指定,以便满足X尺寸和实际扫描环境的要求。对矩阵式二维条码符号分级时,应选用直径为$0.5X\sim0.8X$范围内的测量孔径。如果应用中X尺寸不固定,选用可能遇到的最小的X尺寸计算测量孔径。编制应用标准时,测量孔径选择请参见A.2。

依据本标准的检测仪的有效分辨率应足够高,以确保参数分级结果的一致性不受符号旋转的影响。有效的分辨率取决于光敏阵列的分辨率和与之相联系的光学系统放大率,并受光学系统像差的影响。参考的光学设置最低有效分辨率应达到每模块宽度跨越10个像素。

7.3.4 光路

测量反射率的参考光路包括:

——相互成90°角的四个泛光光源,分布于以检测区为中心的圆周上。此圆周所在平面与检测区所在的平面平行,位于检测区上方,其高度应能使照明光以和检测区平面成45°角入射到检测区的中央,均匀地照亮检测区。

——光接收装置,其光轴应与检测区所在的平面垂直并穿过检测区中心,并将被测符号成像到光敏阵列上。

采集检测区(见7.3.5)以及20Z的扩展区域(见7.7)的反射光并会聚在光敏阵列上。

具体检测设备可使用其他可选光路和组件,但所选光路和组件的性能应能和本节中定义的参考光路结构的性能相关联。图3和图4给出了参考光路的原理图,但这并不意味着实际设备即是如此;特别是此类设备的放大倍数很可能不是1∶1。另外,许多设备还包括调节光谱特性或限制无用光谱成分的滤光片。

参考光路为提高测量一致性提供基础,它有可能和具体扫描系统的光路不一致。正如7.2所述,一些特殊应用,特别是零部件直接标记(DPM),可能需要设置不同的测量光入射角度,如和符号平面成30°角。如果入射角度不是45°,入射角度值应作为符号等级表示形式的第四个参数,见5.4。

DPM二维条码符号的质量检测规定了更多的照明选项,见GB/T 35402。

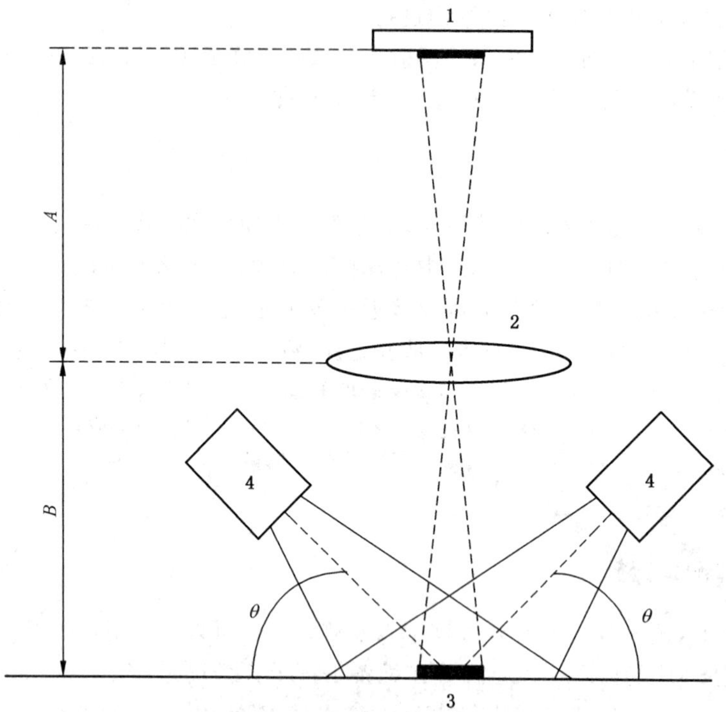

说明：

1——光敏阵列；

2——提供光学系统放大比为 1∶1 的透镜（距离 A＝距离 B）；

3——检测区；

4——光源；

θ——入射光相对于符号平面的角度（默认为 45°，可选 30° 或 90°漫反射照明）。

图 3　参考光路——侧视图

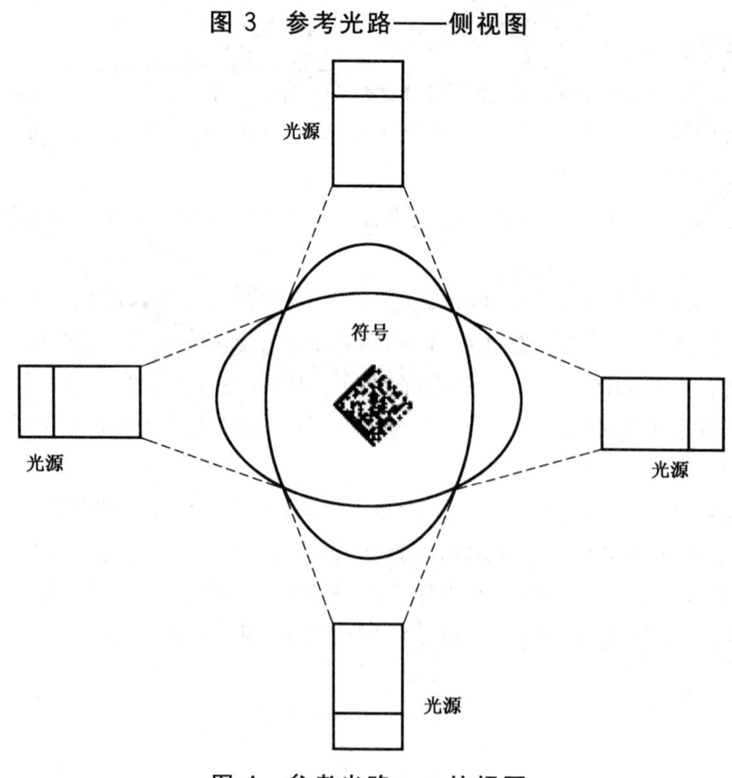

图 4　参考光路——俯视图

7.3.5 检测区

检测区为包含整个符号及空白区的区域。检测区的中心应和视场的中心重合。

注：检测区和检测仪的视场不相同，后者要足够大，至少能包含整个符号以及如7.7所述的20Z的扩展区域。

7.4 扫描要求

符号平面与成像系统光轴垂直，通过一次扫描测量得到符号的等级。

如果符号的基底或表面对不同方位照明光的漫反射存在不一致，导致符号等级的评价存在能够影响质量判定的显著性差异，此类符号的检验宜依据GB/T 35402。

7.5 扫描分级

通过对参考灰度图像和由参考灰度图像导出的二值化图像的测量，以及应用参考译码算法得出的参数与等级来评价矩阵式二维条码符号的质量(见7.8)。在给定测量条件下，这些参数的等级为符号质量提供了一个相对的量度。应对每一个参数进行测量和分级，等级从4到0递降，4级代表最高级，0级代表失败等级。

7.6 分级过程

符号分级流程图参见附录C。符号分级步骤如下：

a) 将符号放置到检测仪的视场中央。

b) 采集原始图像(见7.2.2)。

c) 将最亮的0.005%的像素的亮度值用其周围包括自己9个像素的亮度值的中值代替。

d) 用7.3.3中规定的孔径将原始图像转换为参考灰度图像。

e) 在参考灰度图像中央的、直径为孔径20倍的圆形区域中寻找R_{min}和R_{max}的初始值。使用这两个值确定符号的初始整体阈值，将参考灰度图像转化为二值化图像(见7.2.4)。在二值化图像中搜索符号并进行初步译码。

f) 符号被译码后，在参考灰度图像的整个符号检测区范围内(包括空白区)确定修正后的R_{min}和R_{max}，再重新计算整体阈值，这些值将用于重新计算模块的中心。创建一个新的二值化图像。再次进行译码，并计算符号所有参数的等级。在此基础上，确定该图像的扫描等级。

7.7 在扩展区域内对反射率的附加测量

如果调制比、译码和寻像图形污损的等级都大于或等于1，按下列步骤再次测量反射率：

a) 在符号每个边空白区向外扩展$20Z$的区域内测量R_{min}和R_{max}。视场足够大，应包含扩展区域中的所有点。

b) 如果扩展区域的R_{min}小于修正后的R_{min}或扩展区域的R_{max}大于修正后的R_{max}，那么重新测量调制比和寻像图形的污损。如果测量的调制比或寻像图形污损的等级为零，这时，符号等级后面加一个星号，表示符号周围有极端反射率区域，可能会干扰识读。

注：此反射率的再次测量并不改变符号最后得出的等级。也不改变符号反差、调制比或寻像图形污损等级的报告值。

如果应用标准规定的符号的印刷条件和应用条件允许扩展区域中存在反射率极值，则反射率的再次测量可以省略。这时检测仪的视场可以仅包括符号和符号关联的空白区。

7.8 图像评价的参数和分级

7.8.1 参考译码算法的使用

检测应使用码制规范规定的参考译码算法。为了简化处理过程，检测仪在参考译码算法的基础上假定待检符号大致处于仪器视场的中央。在对随后的符号质量参数进行测量时，参考译码算法执行以下 6 个主要步骤：

a) 在图像中定位和划定被测符号区域；

b) 通过符号的固有图形确定参考点，用于构建测量网格不一致性的理想网格；

c) 创建一个与数据模块标称中心对应的采样网格图；

d) 确定符号每个轴向上的标称网格交叉点的间距(符号的 X 尺寸)；

e) 进行纠错，并确定纠正符号污损使用了多少纠错码字；

f) 对符号译码。

7.8.2～7.8.9 各参数的测量是在上述 6 个步骤中实现的。应按照本标准对 7.8.2～7.8.9 中的图像参数进行评价。

7.8.2 参考译码

参考译码是衡量使用参考译码算法是否能成功识读符号的参数，只有通过和不通过两种情况。用参考译码算法不能对图像进行译码，则参考译码等级为 0，反之为 4。

7.8.3 符号反差

符号反差(*SC*)是衡量符号中深浅两种反射状态的差异是否足够明显的参数。

在符号的参考灰度图像中测量检测区内的 R_{max} 和 R_{min}。符号反差为参考灰度图像中最高反射率和最低反射率值之差，即：$SC=R_{max}-R_{min}$。在此所用的反射率值是按 7.6 中规定的修正后的 R_{max} 和 R_{min}。

应按表 5 对符号反差分级。

表 5 符号反差的分级

符号反差(*SC*)	等　级
$SC \geqslant 70\%$	4
$55\% \leqslant SC < 70\%$	3
$40\% \leqslant SC < 55\%$	2
$20\% \leqslant SC < 40\%$	1
$SC < 20\%$	0

7.8.4 调制比及相关测量

7.8.4.1 调制比

调制比(*MOD*)是反映深色模块或浅色模块的反射率一致性的参数。印刷增量、相对于网格交叉点模块位置的错误摆放、印刷基底的光学特征、印刷的不均匀度都会降低模块反射率与整体阈值之差的绝对值。如果调制比不足，会增加错误辨别深色或浅色模块的可能性。获得符号调制比等级的步骤如下：

a) 计算模块调制比的值

将参考译码算法处理二值化图像得到的网格放置到符号的参考灰度图像上，测量符号各个模块的反射率值，按下列公式计算每一个模块的调制比 *MOD*：

$$MOD = \frac{2|R - GT|}{SC}$$

式中：

MOD ——模块的调制比；

R ——模块的反射率；

GT ——整体阈值；

SC ——符号反差。

b) 模块调制比的等级

按照表 6，得出每一个模块调制比的等级值。

表 6 模块调制比和模块的模校调制比的分级

模块调制比和模块的模校调制比的值	码 字 等 级
≥0.50	4
≥0.40，<0.50	3
≥0.30，<0.40	2
≥0.20，<0.30	1
<0.20	0

c) 码字调制比的等级

对于每个码字，选择码字中所有模块调制比的最低的等级值作为码字调制比的等级值。根据调制比计算公式的绝对值性质，由表 6 得出的调制比的等级值不能充分确定码字是否能被正确译码。在这一点上，调制比区别于模校调制比，见 7.8.4.3。

d) 符号调制比的等级

符号调制比的等级由符号中各码字调制比和符号的纠错能力综合而成，参与符号质量的等级评定。符号的调制比等级的计算过程如下：

达到每一个等级的码字调制的统计数应和符号的纠错能力做以下对比：

——对于每一个等级，假定所有低于这个等级的码字都是替代错误，按 7.8.8 所述导出一个假定的未使用的纠错的等级。在这个等级和假定的未使用的纠错的等级中取较低的值。

注：这个假定等级和根据 7.8.8 计算出的符号未使用的纠错的等级无关，对后者也没有影响。它只是体现符号纠错修正符号质量问题的一个手段。如果一个符号比另一个符号的纠错能力强，那么纠错能力强的符号要比纠错能力弱的符号能容忍更多的调制比低的码字。有关此方法的更进一步解释参见附录 B。

——符号调制比等级应为所有码字等级所导出的值的最高值。如果符号包含多个纠错块，应分别对每个纠错块进行评价。符号的调制比等级应取各个纠错块调制比等级的最低值。

表 7(A)给出了一个示例。示例中，只有一个纠错块，符号共 120 个码字，其中有 60 个纠错码字，最多可纠正 30 个替代错误，最终的符号调制比等级为 2 级[表 7(A)最右边列中的最大值]。其中一些码字可能包含错误，但不影响计算结果。

表 7(A) 矩阵式二维条码的符号调制比分级示例

码字调制比的等级 (a)	处于该等级的码字数	达到或超过该等级的码字累计数 (b)	剩余码字数(按照错误码字对待)[120－(b)] (c)	假定的未使用的纠错能力[30－(c)]	假定的未使用的纠错 *UEC*	假定的未使用的纠错的等级 (d)	(a)和(d)中的较低值 (e)
4	25	25	95	(超出范围)	<0	0	0
3	75	100	20	10	33.3%	1	1
2	15	115	5	25	83.3%	4	2
1	3	118	2	28	93.3%	4	1
0	2	120	0	30	100%	4	0
					调制比等级[(e)中的最大值]:		2

7.8.4.2 反差均匀性

反差均匀性是用于测量局部反射率变化的过程控制的参数。反差均匀性是一个可选的参数,不参与符号分级。

反差均匀性定义为符号数据区内模块调制比的最小值,模块调制比的计算方法见 7.8.4.1 的 a)。

7.8.4.3 模校调制比

模校调制比(*RM*)是用于衡量每一个模块在和整体阈值比较后能被正确判断为深色模块或浅色模块的可辨识度的参数。印刷增益、模块相对于网格交叉点的位置错误(网格不一致性)、印刷载体的光学特性、墨色不均匀程度等引起的编码错误,都可能降低甚至消除模块反射率和整体阈值之间的容错的余量。模校调制比低说明模块深浅性质判断的出错率高。获得符号的模校调制比及模校调制比等级的步骤如下:

a) 模块的模校调制比

将参考译码算法处理二值化图像得到的网格放置到符号的参考灰度图像上,测量符号中每个码字的每个模块的反射率值。

由于译码后每个模块深浅的正确性是已知的,对于任何出现深浅错误的模块,模块的模校调制比的值为 0。计算公式如下:

对于深浅设定为浅色的模块:

$R \geqslant GT$ 时,$MARGIN=\dfrac{2(R-GT)}{SC}$

$R<GT$ 时,$MARGIN=0$

对于深浅设定为深色的模块:

$R<GT$ 时,$MARGIN=\dfrac{2(GT-R)}{SC}$

$R \geqslant GT$ 时,$MARGIN=0$

式中:

MARGIN ——模块的模校调制比;

R ——模块的反射率;

GT ——整体阈值;

SC ——符号反差。

从以上公式可以看出,模块的模校调制比是模块深浅性质正确时的模块调制比,是经模块深浅性质正确性校正的模块的调制比。

b) 模块的模校调制比的等级

按照表 6,得出每一个模块模校调制比的等级值。

c) 码字的模校调制比的等级

对于每个码字,选择码字中所有模块的模校调制比最低的等级值作为码字的模校调制比的等级。

d) 符号的模校调制比的等级

符号的模校调制比等级由符号中各码字的模校调制比和符号的纠错能力综合而成,参与符号质量的等级评定。符号的模校调制比等级的计算过程如下:

达到每一个等级码字的统计数应和符号的纠错能力做以下对比:

——对于每一个等级,假定所有低于这个等级的码字都是替代错误,按 7.8.8 所述导出一个假定的未使用的纠错的等级。在这个等级和假定的未使用的纠错的等级中取较低的值。

注:这个假定等级和根据 7.8.8 计算出的符号未使用的纠错的等级无关,对后者也没有影响。它只是体现符号纠错修正符号质量问题的一个手段。如果一个符号比另一个符号的纠错能力强,那么纠错能力强的符号要比纠错能力弱的符号能容忍更多的模校调制比低的码字。有关此方法的更进一步解释参见附录 B。

——符号的模校调制比的等级应为所有等级所导出的值的最高值。如果符号包含多个纠错块,应分别对每个纠错块进行评价。符号的模校调制比等级应取各个纠错块模校调制比等级的最低值。

表 7(B)给出了一个示例。示例中,只有一个纠错块,符号共 120 个码字,其中有 60 个纠错码字,最多可纠正 30 个替代错误,最终的符号模校调制比为 1 级[表 7(B)最右边列中的最大值]。

表 7(B) 矩阵式二维条码的符号模校调制比分级示例

码字模校调制比的等级 (a)	处于该等级的码字数	达到或超过该等级的码字累计数 (b)	剩余码字数(按照错误码字对待)[120−(b)] (c)	假定的未使用的纠错能力[30−(c)]	假定的未使用的纠错 *UEC*	假定的未使用的纠错的等级 (d)	(a)和(d)中的较低值 (e)
4	15	15	105	(超出范围)	<0	0	0
3	70	85	35	(超出范围)	<0	0	0
2	15	100	20	10	33.3%	1	1
1	5	105	15	15	50%	3	1
0	15	120	0	30	100%	4	0
					模校调制比等级[(e)中的最大值]:		1

此示例的值与表 7(A)的值来自同一符号。然而在此示例中,10 个等级为 4 的码字以及 5 个等级为 3 的码字中存在和整体阈值比较后模块深浅错误的情况,这些码字是错误的,这些码字的模校调制比的等级被当作 0 来处理,因此得到的符号模校调制比的等级就与符号调制比等级不同。

7.8.5 固有图形污损

固有图形污损(FPD)是衡量寻像图形、空白区、定位图形、校正图形以及其他固有图形的污损情况是否严重影响参考译码算法对视场中探测和识读符号能力的参数。这种污损是由于一个或多个模块由深到浅或由浅到深的反转造成的。这些需考虑的特殊图形以及和各种等级阈值对应的污损量的大小,应根据具体码制规范的规定。

固有图形污损的评价基于在参考灰度图像中这类图形(或图形中的一部分)出现的模块错误(即:模块的颜色是否有反转错误)数。符号一般包含若干个此类明显的图形(如寻像图形、定位图形)。对每种图形的评价应分别进行,其中最差的值用于分级。

对于每种码制,应使用相应的阈值进行固有图形污损的分级,见附录D和具体的码制规范。如果两者的规定不一致,以码制规范为准。

7.8.6 轴向不一致性

组成矩阵式二维条码符号数据区域的模块在理想情况下位于一个正多边形的网格中。采用参考译码算法译码时应正确绘制出模块的中心位置。轴向不一致性(AN)测量和分级的对象是每个网格轴向上的相邻模块中心点的间距。模块中心点即采样点,是参考译码算法对二值化图像进行处理后得到的网格的交叉点。轴向不一致性衡量符号轴向尺寸不均匀的程度。在某些视角上,这种尺寸不均匀可能妨碍识读。

相邻取样点之间的间距按多边形每个轴向分别处理,计算沿每个轴向的平均间距 X_{AVG} 和 Y_{AVG}。轴向不一致性衡量了一个轴和另一个轴之间采样点的间隔的差异量。轴向不一致性的计算见下列公式。

$$AN=\frac{2\left|X_{AVG}-Y_{AVG}\right|}{X_{AVG}+Y_{AVG}}$$

式中:

AN ——轴向不一致性;

X_{AVG} ——取样点 X 轴向的平均间距;

Y_{AVG} ——取样点 Y 轴向的平均间距。

如果符号的主轴多于两个,则轴向不一致性用其中差别最大的两个平均间距进行计算。

轴向不一致性的分级方法见表8。

表8 轴向不一致性的分级

轴向不一致性(AN)	等　级
$AN \leqslant 0.06$	4
$0.06 < AN \leqslant 0.08$	3
$0.08 < AN \leqslant 0.10$	2
$0.10 < AN \leqslant 0.12$	1
$AN > 0.12$	0

7.8.7 网格不一致性

网格不一致性(GN)是衡量网格交叉位置偏离于其理想位置的最大矢量偏差的参数。网格交叉位置可通过使用参考译码算法对给定符号的二值化图像进行处理后得出。

使用符号的参考译码算法,在符号数据区域内将所有的网格交叉位置画出来。将这些位置和同等尺寸理想符号的理论位置进行比较。对于所有交叉位置,实际的交叉位置和理论的交叉位置之间的距离的最大值应以 X 尺寸为单位表示,并用于分级。应通过参考译码算法确定最少数量的固有图形,由固有图形的参考数据构建理论上的等间距网格。

网格不一致性分级方法见表9。

表9 网格不一致性的分级

网格不一致性(GN)	等级
$GN \leqslant 0.38$	4
$0.38 < GN \leqslant 0.50$	3
$0.50 < GN \leqslant 0.63$	2
$0.63 < GN \leqslant 0.75$	1
$GN > 0.75$	0

7.8.8 未使用的纠错

未使用的纠错(UEC)是衡量为纠正符号局部或点的各种错误所消耗的纠错容量的参数。

用参考译码算法对二值化图像进行译码。未使用的纠错按下列公式计算。

$$UEC = 1 - (e + 2t)/E_{cap}$$

式中：

UEC ——未使用的纠错；

e ——拒读错误的数目；

t ——替代错误的数目；

E_{cap} ——符号的纠错容量。

如果对符号没有使用纠错且对符号成功译码，未使用的纠错值为1。如果$(e+2t)$大于E_{cap}，那么，未使用的纠错$UEC=0$。对于含有多个纠错模块，各模块的纠错参数分别计算，在这些值中取最低值参加分级。

未使用的纠错应按表10进行分级。

表10 未使用的纠错的分级

未使用的纠错(UEC)	等 级
$UEC \geqslant 0.62$	4
$0.50 \leqslant UEC < 0.62$	3
$0.37 \leqslant UEC < 0.50$	2
$0.25 \leqslant UEC < 0.37$	1
$UEC < 0.25$	0

7.8.9 附加的分级参数

码制规范或应用标准可以规定其他参与符号分级的附加参数。在计算符号等级时，可以将这些参数的等级考虑进去。

注：例如，一些应用要求 X 尺寸在一定范围内。

7.9 扫描分级

每次扫描的等级应为按7.8.2～7.8.9对该扫描进行测量而得出的所有参数的等级的最低值。

为了确定质量等级低的原因，有必要检查扫描中每一个有关参数的等级，参见附录E。

矩阵式二维条码符号各质量参数和分级见表11。

表11 测量参数和值

<table>
<tr><th>参数等级</th><th>参考译码</th><th>符号反差
(SC)</th><th>固有图形污损
(FPD)</th><th>轴向不一致性
(AN)</th><th>网格不一致性
(GN)</th><th>符号的调制比及模校调制比
(MOD),(RM)</th><th>未使用的纠错
(UEC)</th></tr>
<tr><td>4(A)</td><td>通过</td><td>$SC \geqslant 70\%$</td><td rowspan="5">关于等级阈值见码制规范或附录D</td><td>$AN \leqslant 0.06$</td><td>$GN \leqslant 0.38$</td><td rowspan="5">见7.8.4</td><td>$UEC \geqslant 0.62$</td></tr>
<tr><td>3(B)</td><td></td><td>$55\% \leqslant SC < 70\%$</td><td>$0.06 \leqslant AN < 0.08$</td><td>$0.38 \leqslant GN < 0.50$</td><td>$0.50 \leqslant UEC < 0.62$</td></tr>
<tr><td>2(C)</td><td></td><td>$40\% \leqslant SC < 55\%$</td><td>$0.08 \leqslant AN < 0.10$</td><td>$0.50 \leqslant GN < 0.63$</td><td>$0.37 \leqslant UEC < 0.50$</td></tr>
<tr><td>1(D)</td><td></td><td>$20\% \leqslant SC < 40\%$</td><td>$0.10 \leqslant AN < 0.12$</td><td>$0.63 \leqslant GN < 0.75$</td><td>$0.25 \leqslant UEC < 0.37$</td></tr>
<tr><td>0(F)</td><td>不通过</td><td>$SC < 20\%$</td><td>$AN > 0.12$</td><td>$GN > 0.75$</td><td>$UEC < 0.25$</td></tr>
</table>

7.10 符号等级

符号等级为单个参数等级的最低值。如果译码的数据不正确,不论其他参数等级是什么值,符号等级应为0.0。符号等级的表示见5.3。

7.11 印刷增量

印刷增量衡量构成符号的图形相对于标称尺寸增大或减小的程度。印刷增量严重时会妨碍识读,尤其是在识读条件比测量条件更差的环境中。印刷增量标志着图形的深色与浅色模块边界扩张的程度,它是符号生成过程中与识读性能有关的质量控制参数。可以在多个轴向对印刷增量分别进行测量和评价,例如确定水平增量和垂直增量。印刷增量不分级,可在检测报告中给出,用于生产过程质量控制。

从二值化图像入手,识别符号在每个轴上最能代表印刷增量的图形结构。这些结构通常为固定的结构和独立的图形。根据码制规范和参考译码算法,以模块为单位,在每个轴上为每种图形结构确定其标称尺寸 D_{NOM}。

使用参考译码算法可以确定网格线。沿符号轴上每一个待测图形结构,通过在网格线上对像素进行计数,确定该图形结构两个边缘之间实际的 D 尺寸(以 X 为单位)。

在对符号的每次扫描中,应计算出每个轴向上的印刷增量,其值为所有 $(D-D_{NOM})$ 的算术平均值。如果其结果为负值,则表示印刷的实际尺寸比设计尺寸小。

8 复合码的检测方法

对复合码的一维部分和二维部分应分别测量和分级。对一维部分的测量和分级依据GB/T 14258。当二维部分为层排式二维条码时,应使用第6章的方法测量和分级;当二维部分为矩阵式二维条码时,应使用第7章的方法测量和分级。检测报告中应同时给出一维部分的等级和二维部分的等级,以满足只识读一维部分的用户和识读整个符号的用户的需求。

9 印刷基底特性

可能影响反射率测量的因素有:基底的光泽、透明性、印制在纸张等材料上的符号上面的覆盖层,以及符号直接刻印在物品上时,物品表面的质地和对刻印方法的适应性等。如果有这些因素存在,可参见附录F推荐的方法。

附 录 A
（资料性附录）
应用标准选择分级参数指南

A.1 测量波长的选择

A.1.1 概述

第6章和7章要求检测光在特性上和预定识读设备使用的光保持一致。如果应用标准没有指定光源，应通过判断以确定识读时最可能用到的光源，以便保证测量的有效性以及确保检测的结果能够反映在此应用中符号可能具备的扫描性能。

为了最大限度地提高相关性，不仅要考虑到光源（包括其中可以影响光谱分布的各种滤光片），还要考虑到探测器的光谱灵敏度。这是因为在一个给定的波长段，反射率是光发射强度和探测器接收灵敏度的函数。本附录未就探测器灵敏度作进一步论述。

A.1.2 光源

在条码扫描应用中，光源通常分为两类：

——在可见光谱或红外光谱中的窄带照明；

——覆盖大部分可见光谱的宽带照明。有时候尽管它偏向于某种颜色上，人们仍称其为“白光”；有一小部分应用要求使用特殊光源，例如识读荧光材料印制的符号时需要采用紫外光源。

层排式二维条码识读设备大多使用窄带的可见光，其光源的峰值波长在620 nm～700 nm之间的红色光谱范围内。某些识读设备使用峰值波长在720 nm～940 nm之间的红外光源。

识读矩阵式二维条码符号的照明条件有多种，最常见的为白光。还有一些手持式识读器，使用和扫描一维条码符号以及层排式二维条码符号相同的红色光谱波段。

检测中最常使用的光源为：

a） 窄带光源

   1） 氦氖激光（633 nm）（只用于层排式二维条码符号）；

   2） 发光二极管（接近单色光，峰值波长在可见光和红外光波段）；

   3） 固态激光管（大多数为660 nm和670 nm）（仅用于层排式二维条码符号）。

b） 宽带光源

   1） 白炽灯（白光，色温在2 800 K～3 200 K之间）；

   2） 荧光灯（白光，色温在3 200 K～5 500K之间）；

   3） 发光二极管（白光，色温在7 000 K的范围之内）；

   4） 卤素灯（白光，色温在2 800 K～3 200 K之间）；

   5） 气体放电灯（其光的特性有多种）。

这些光源的主要特性如下。

a） 氦氖激光器是能够发出高相干性单色光的气体激光管，其峰值波长为632.8 nm（通常取整为633 nm），处于光谱可见光部分的红光区。

b） 发光二极管是低功率的固体元件，它常用于光笔或CCD识读器。在可见光谱中，其工作波长位于620 nm～680 nm之间，最常见的是633/640 nm或者在660 nm附近。在红外光谱中，其工作波长通常位于880 nm～940 nm之间。

c) 激光管也是一个低功率的固体元件,常用于手持激光识读设备和某些固定式识读器。它能发出相干性高的单色光。到本标准颁布之时,在可见光谱中它的典型工作波长为 650 nm～670 nm,在红外光谱中,它的常见波长为 780 nm。

相对于一维扫描技术而言,宽带光源更常用于二维条码符号成像以及图像处理技术的系统。

白炽灯的光功率分布覆盖了可见光谱的大部分以及近红外光谱。它的光学特性用色温比用峰值波长更容易定义。这是因为在宽带光源的功率分布中,波长范围太宽,相对来说也不存在一个清晰的峰值波长。这种宽的光功率分布意味着从符号测量出来的符号反差值可能随着色温的变化而改变,这种变化程度要比窄带光源在相同色温变化情况下符号反差的变化量要小得多。

卤素灯(准确地讲为卤钨灯)是白炽灯的改进型,它具有更高的色温和平滑的光谱功率分布,并能很好地延伸到近红外区。

荧光灯也产生白光,并具有宽的光功率分布特性。和白炽灯比较起来,它更偏于可见光谱中的蓝端,并含有相当多的紫外光成分,其光谱分布中存在许多峰状波形。一般情况下,这种光的色温在 3 200 K～5 500 K。荧光灯具有管状的物理结构。它可以被弯曲成各种形状。以识读设备光轴为中心的环状灯管可以提供一个较理想的泛光照明。

具有白光特性的发光二极管可以发出"冷色"白光,其色温一般在 7 000 K 左右。这些光源的实际光谱可能存在多个位于蓝色、黄色和桔黄色区域的峰状波形。

气体放电灯的光谱分布可能含有多个尖峰状波形。这要取决于所用气体的精确混合。例如,钠蒸汽发出黄橘色光,其峰值波长在 580 nm 附近;汞蒸汽发出绿蓝光,其峰值波长在 520 nm 附近。

照明系统的光谱分布常使用滤光片进行修正。例如,当使用 Wratten 26 滤光片时,色温为 2 856 K 的光源特性会接近于 620 nm～633 nm 的光源。红外和紫外吸收滤光片在识读系统中也常使用。通过使用滤光片有可能改变呈现出来的色温。

注:以上所述的波长和色温会随着技术发展而有所变化。

A.1.3 波长改变的效果

印刷基底或条码符号单元的反射率随入射光波长的变化而变化。黑色、蓝色或绿色的印刷区域会强烈吸收可见光中的红光成分(因此呈低反射率),而白色、红色、或橘黄色的区域会反射大部分的红光。在红外光谱中,单元的反射率由使用颜料的性质(如碳含量的比率)决定,和单元的颜色无关。例如:以波长为 633 nm 测得的反射率作为参照,如果用波长 660 nm 或 680 nm 的光测量,结果会有很大差别,进而可能影响符号等级一到两个单位。如果是打印到一些热敏纸上的条码符号,影响还会更大。

然而,在宽带光源照明的情况下,在光谱功率的分布中存在多个波长的光意味着在来自多个白光光源下测量得出的黑色油墨的反射率值不会有很大区别;而在基于染料(非碳基)的油墨的情况下,如果照明光源含有大量的红外成分,测量得出的黑色油墨的反射率值可能出现一些变化(反射率会增加)。对于彩色油墨,差别会更大。在光路中插入滤光片将会使光谱呈峰状分布,识读器的光谱响应曲线需要更好地和该光源匹配。在光学系统中同时包含吸收红外和吸收紫外的滤光片的情形是常见的。

A.1.4 宽带光源的选择

根据定义,宽带光源发射的光具有一定的带宽,光谱没有明显的尖峰状。不过,在不同的波长上发出的光的强度是不同的。色温在 3 000 K 左右的光被称作暖光。此类光的光谱分布中,在红光和红外谱段集中了比较强的光辐射。色温在 6 500 K 左右的光被称作冷光,它的光谱分布偏向于光谱中的蓝紫区域,并延伸到紫外区域。更高色温的光比低色温的光会在蓝色油墨上产生更多的反射。而对于红色油墨,则是相反。

通过在照明光路中插入适当的滤光片,有可能修改光源的色温。

为了提高二维条码符号质量评价的精度,同样有可能通过将光谱中三个窄带波长(即红、绿和蓝的波长范围,这里假设所有红外光和紫外光都被设定好的滤光片滤掉)的反射率测量结合起来,并通过在每个波长上施加修正对此结果进行修正,对应用中的光谱响应特性进行匹配,以拟合不同宽带光源的特性。

A.2 孔径的选择

孔径大小的选择非常重要。为了使符号等级的测量具有一致性,应按照 7.3.3 的要求确定孔径。应用标准应对要使用的孔径做出规定。按照 5.4 的要求,孔径的大小应连同符号等级以及照明条件在测量结果中给出,以指明测量条件。

测量孔径的大小决定了测量过程中孔径是否能对符号中疵点的影响具有一定的消减能力。因此,应根据模块标称尺寸的范围以及预定的识读环境来选择测量孔径。如果孔径过小,孔径不能消减在直接刻印的符号上单元间随机的污点或间隔的影响,从而导致等级降低或译码失败。另一方面,孔径过大会造成识读出的模块模糊,调制比降低,也会导致符号译码失败。

在本标准中,通常选择孔径尺寸为所允许的最小模块尺寸的 50%～80%。对于包括一系列标称模块尺寸(如范围为 0.25 mm～0.40 mm)的应用,应用标准可指定一个可应用于所有情况的测量孔径。这就是说,测量每一个符号不需要考察符号的模块尺寸的大小。例如,如果孔径大小被规定为最小模块宽度 0.25 mm 的 80%,即 0.20 mm,那么在此应用中,包括模块尺寸为 0.40 mm 的所有符号应在 0.20 mm 的孔径下测量。在应用中应指定并使用唯一的测量孔径,不能随意改动。

如果在应用标准中使用了一系列的模块尺寸,那么应注意测量孔径会限制可接受的疵点、污点的最大尺寸。一般来讲,孔径越大,可以接受的疵点、污点尺寸越大;如果孔径过大,最小模块尺寸的符号的调制比会不足。与之相反,孔径越小,能识读的模块尺寸也越小。因此,一个好的应用标准在选择的一个测量孔径时,应能够预测对最小和最大模块尺寸的符号的识读性能。

使用唯一的测量孔径将确保对所有符号使用统一的测量条件,而这种测量条件能够反映特定识读条件下的识读性能。在一些情况下,应用识读环境中通用的识读设备会影响到测量孔径的选择。相应地,识读设备也会受标准中测量孔径的影响。在这两种情况下,为了使符号质量等级能很好地反映识读性能,识读环境和检测技术应相互匹配。

用户的应用规范宜指定测量孔径的标称直径以适应特定的扫描环境,或参考表 A.1。如果在应用中测量孔径没有指定,宜用表 A.1 作为一个参考。如果应用中 X 尺寸有一个变化范围,所有测量应基于能遇到的最小的 X 尺寸。

注:应用规范可以指定不同于表 A.1 的一系列 X 尺寸范围,并指定一个不同于表 A.1 推荐的测量孔径尺寸。

表 A.1 测量孔径直径选择指南

X 尺寸/mm	孔径直径/mm	孔径参考标号
$0.100 \leqslant X < 0.150$	0.05	02
$0.150 \leqslant X < 0.190$	0.075	03
$0.190 \leqslant X < 0.250$	0.125	05
$0.250 \leqslant X < 0.500$	0.200	08
$0.500 \leqslant X < 0.750$	0.400	16
$0.750 \leqslant X$	0.500	20
注:孔径参考标号为以 mil 为单位孔径直径的取整值,此孔径参考标号和标准 GB/T 14258 保持一致。		

A.3 照明角度的选择

默认的45°照明角度能很好地适用于印刷符号以及那些刻印在没有镜向反射平整表面的符号。对于这些符号，在入射角或接收角变化时，其漫反射光的变化不大。然而许多零部件直接标记二维条码符号为达到最佳的识读性能需要调整入射角。因此，相对于照明的光谱特性，对于采用刻印方法生成的符号，入射光和接收光的角度可能更重要一些。光源的摆放方式应使图像采集设备探测到的反差和应用中识读符号的过程具有相关性。

由于在具体应用中，表面特性和刻印技术不同，光源的光谱特性可能对印制符号的反差产生影响。如果应用规范要求使用和识读符号同样的光源检测，通过检测可以增进对识读器识读性能的预测。标准GB/T 35402规定的修正方法可以为零部件直接标记提供一个选择合适照明角度更好的方法。

A.4 最小可接受等级的选择

在应用标准中，最小可接受等级应综合考虑印制更高等级的符号可能增加的成本、提高符号等级所能改进的识读性能以及应用对数据完整性的要求。

对符号等级要求高可能限制了以下的符号生产商的选择：

——印制符号的油墨和载体(例如，要提高符号反差，就需要印刷基底具有高的反射率以及印刷油墨具有低反射率，这就限制了颜色的选择)；

——印制技术(即：那些对印制点分布不能很好控制的方法可能会被排斥在外)。

这可能需要降低印制速度、更高的质量控制水平或导致废品率上升，所有这些可能导致产品单价的提高。

另一方面，符号等级提高后，符号的使用者会获得较高的符号识读率，使其在选择识读技术方面有更大的余地。

如果指定了一个低的符号等级，符号的接收者可能会承受以下成本：

——安装性能更好的识读设备。

——接受更低的识读率。

——重新处理识读失败的符号。

许多应用要求最小等级为1.5(C)，这个等级对于这些应用条件来讲，在印制成本和识读性能方面很好地实现了平衡。

识读率不但和成本有关，还和数据完整性要求有关。识读率要求越高，规定的符号质量等级就越高。

附 录 B
（资料性附录）
应用于二维条码符号中的参数等级的修正

由于码字和模块质量对识读性能的影响受到了符号纠错能力和识读器对符号固有图形模块错误容忍度的制约，符号的等级不能仅取决于某一个或某几个码字或模块的等级。考察码字等级和固有图形污损对标志着识读性能的符号等级的影响应综合符号纠错能力和识读设备对固有图形模块错误的容忍度。本附录介绍了这种综合、修正的方法。

本方法针对参数的每一个等级水平，假定只有达到或超过该参数的这个等级水平的模块或码字才实际上能识读，然后基于未使用的纠错或功能性图形污损，评价在该等级以下的、被假定为错误的码字或模块数目可以导出此参数的一个假定等级。

符号的可识读性应将在每一个等级水平上的码字和模块的可识读性考虑在内，并且要将使用了纠错以及对一些定位图形污损的容忍情况所带来的识读符号的能力考虑进去。

具体过程如下：

a） 在每一个等级水平对码字的数目进行计数（包括更高的等级水平），假设所有余下来的码字为拒读错误，确定未使用的纠错或固有图形污损等级。

b） 对于每一个等级水平，取与相关的未使用的纠错或定位图形污损等级相比的较低的等级。

c） 从 b）得出的数值中选择最高的值作为此参数的等级。

最后得到的等级能够保证符号等级反映了识读器的识读性能。这是因为识读器识读该等级或高于该等级的码字或模块后，纠错或定位图形污损在该等级上的容许范围仍然能够覆盖低于此等级的码字或模块数目。

这种方法可以反映对缺陷有容忍能力的符号的缺陷情况。实际上，这种方法对纠错能力强、识读更为容易的符号有利一些。这种方法也使一维条码符号的印制质量的测量方法和二维条码的方法保持一致。从某种意义上讲，一维条码符号的方法是以上规则中没有纠错情况下的一个线性逼近。在这种没有纠错能力的情况下，最低等级的码字指标应避免为 0。如果最低等级码字参数等级为 1，那么符号等级为 1，尽管所有其他码字的参数等级可能为 4。

注：在此计算中使用的假设的未使用的纠错或定位图形污损等级对在 6.2.4、7.8.5、7.8.8 中的 *UEC* 或未使用的纠错不相关，对后者也不会造成影响。

附　录　C
（资料性附录）
矩阵式二维条码符号质量分级流程图

矩阵式二维条码符号质量分级的步骤见图 C.1。

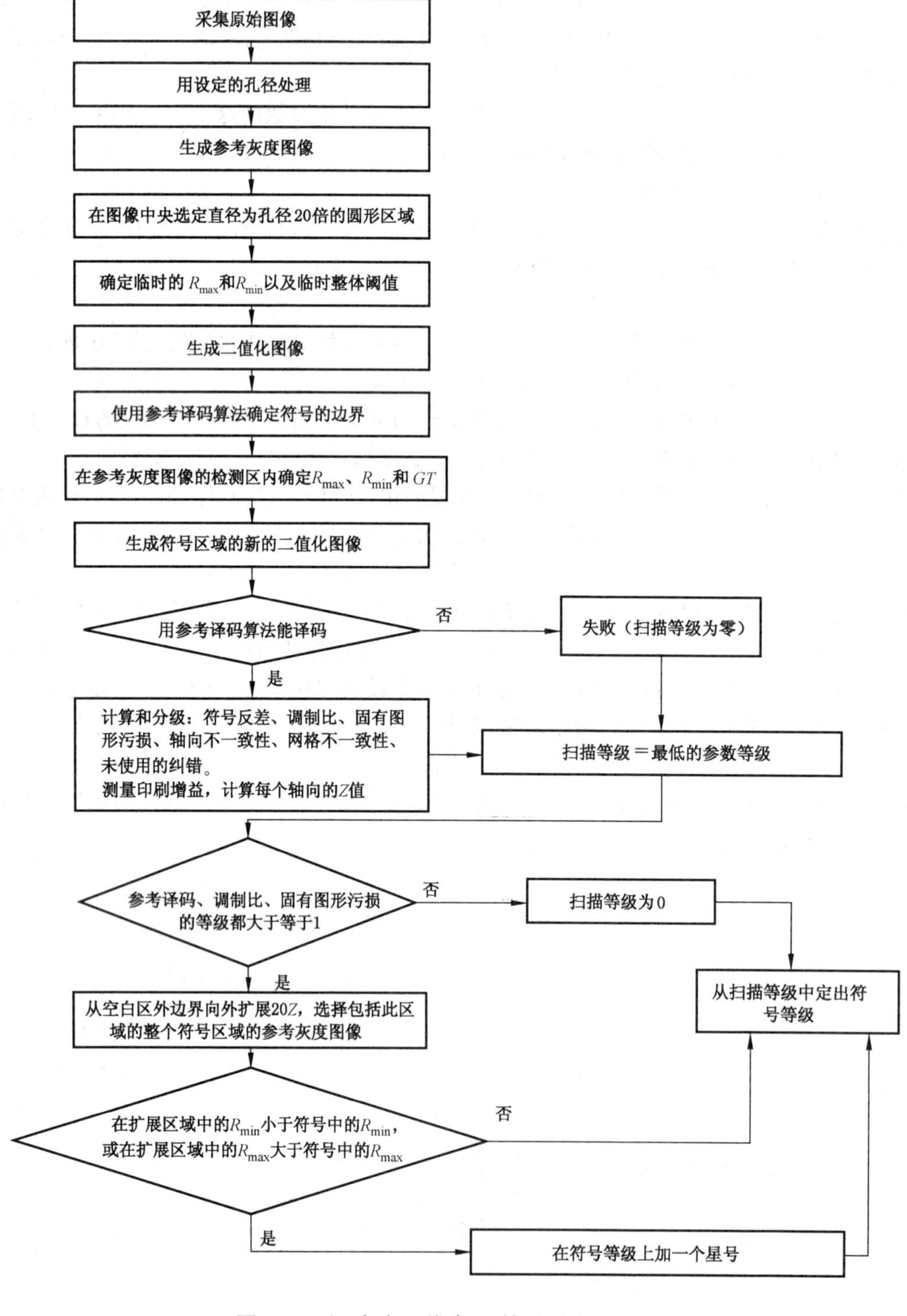

图 C.1　矩阵式二维条码符号分级流程图

附 录 D
（规范性附录）
用于符号分级的具体码制的专有参数

D.1 应用

由于符号结构以及符号参考译码算法的差异，本标准或码制规范针对每种码制应指定特定的分级方法（特别是对固有图形污损）。

本附录规定了 MaxiCode 固有图形污损的等级阈值（ISO/IEC 16023）。如果某个码制标准对这些参数指定了分级的基准，并明确引用本标准，则在此码制标准中的值将覆盖此附录所给出的值。

某些符号可能需要附加的参数，应根据 7.8.9 将这些参数加入质量评价。

D.2 Data Matrix 的固有图形污损

应根据 ISO/IEC 16022 评价 Data Matrix 的固有图形污损。

D.3 MaxiCode 的固有图形污损

D.3.1 待评价的特征

MaxiCode 的固有图形为一个位于符号中心三个间距相等的深色同心圆环以及 6 个围绕圆环放置的三模块定向图形，如图 D.1 所示。

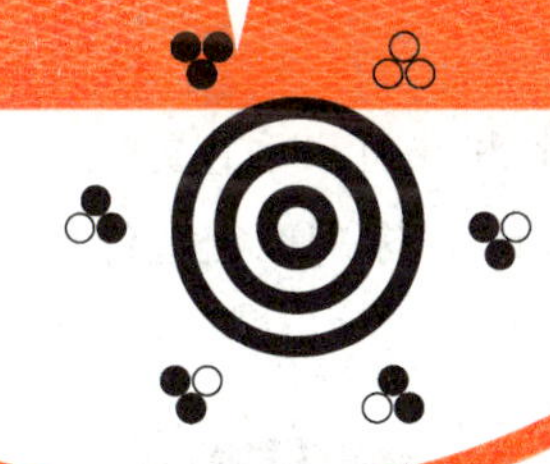

图 D.1 MaxiCode 中的固有图形

D.3.2 对寻像图形的分级

Maxi code 寻像图形不是由六角形数据模块排列而成，不能通过模块中心取样的方法对其进行分级，其质量评价从以下方面进行。

a) 环的连续性

在寻像图形中有三个深色环带以及两个相间隔的浅色环带，应沿着位于环带中央位置的圆形路经对每一个环带上的每一个像素位置进行取样，见图 D.2 中的点状线。对于中间浅色的圆形区域，也应沿着一个小的环状路经进行采样，该路径的半径为此区域标称的半径的 1/3，同样见图 D.2。

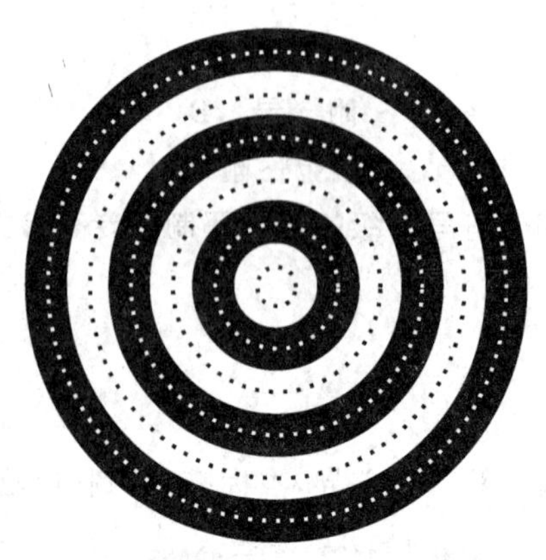

图 D.2 MaxiCode 寻像环连续性的采样路经

对于这 6 组采样点，沿着每组采样点的路经进行采样，根据采样颜色错误的数目占沿着环形路经采样的总数目的百分比，对每组采样点按表 D.1 分级。

表 D.1 环连续性的分级

错误采样数目的比率(SE)	等级
$SE=0$	4
$0<SE\leqslant 3\%$	3
$3\%<SE\leqslant 6\%$	2
$6\%<SE\leqslant 9\%$	1
$SE>9\%$	0

b） 环增益

应在准确穿过灰度图像圆环中心的水平方向和垂直方向(相对于符号方向)的路径上，测量扫描反射率曲线，如图 D.3 所示，并根据 GB/T 14258 标准确定边缘的位置。

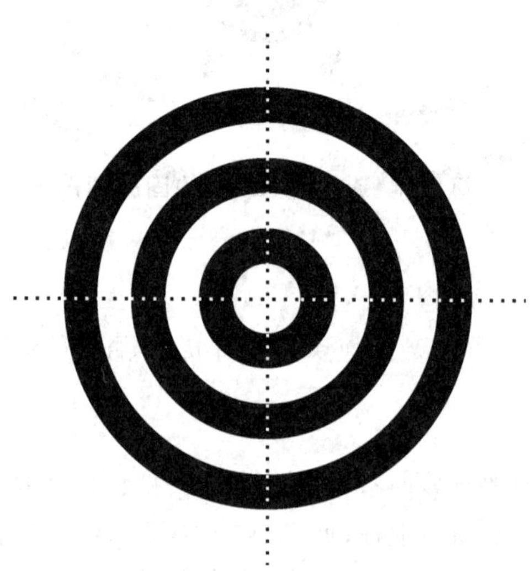

图 D.3 MaxiCode 寻像环的环增益采样路经

分别对每条扫描反射率曲线,按下列公式计算环增益:

$$RG=(S_{bar}-S_{space})/(S_{bar}+S_{space})$$

式中:

RG ——环增益;

S_{bar} ——条宽度的总和;

S_{space} ——空宽度的总和。

以上计算不包括最外部的深色环和中心的空。水平和垂直的环增益分别按表 D.2 进行分级。

表 D.2 环增益分级

RG	等级
$\|RG\|<0.10$	4
$0.10\leqslant\|RG\|<0.14$	3
$0.14\leqslant\|RG\|<0.17$	2
$0.17\leqslant\|RG\|<0.20$	1
$\|RG\|\geqslant0.20$	0

D.3.3 定向图形的分级

将 6 个定向图形组合在一起,成为一个共有 18 个模块的组,将他们作为数据区域的一部分进行采样。按照错误模块的数目进行分级,见表 D.3。

表 D.3 定向图形的分级

模块错误的数目	等级
0	4
1	3
2	2
3	1
≥4	0

D.3.4 固有图形污损的等级

Maxi code 固有图形污损的等级为 6 个环连续性等级、两个环增益等级以及定向图形等级中的最低值。

D.4 快速响应矩阵码的固有图形污损以及附加的参数

应根据 GB/T 18284 评价快速响应矩阵码的固有图形污损以及其他附加参数。

D.5 汉信码的功能性图形污损以及附加的参数

应根据 GB/T 21049 评价汉信码的功能性图形污损以及其他附加参数。

D.6 Aztec 码的固有图形污损以及附加的参数

应根据 ISO/IEC 24778 评价 Aztec 码的固有图形污损以及其他附加参数。

附　录　E
（资料性附录）
对扫描和符号等级的说明

本附录对层排式条码符号或矩阵式条码符号的等级低的可能原因作了说明。

表 E.1 列出了造成指定的参数等级低的一些因素，这些因素对于这两类不同的二维符号有可能相似也有可能不同。

表 E.1　造成等级低的可能原因

参数	层排式符号	矩阵式符号
符号反差	● 背底或浅色单元的反射率低，原因为： 　● 印刷基底不合适。例如对于红光识读的符号选用蓝纸。 　● 有光泽的覆膜或外包装。 　● 照明角度不对（直接刻印的符号）。 ● 深色单元的反射率高，原因为： 　● 油墨吸收入射光的能力低（配方或颜色不对）。 　● 油墨覆盖不足（例如，喷墨点不重叠）。 ● 照明角度不对（直接刻印的符号）	● 背底或浅色单元的反射率低，原因为： 　● 印刷基底不合适，例如对于红光识读的符号选用蓝纸。 　● 有光泽的压层或外包装。 　● 照明角度不对（直接刻印的符号）。 ● 深色单元的反射率高，原因为： 　● 油墨吸收入射光的能力低（配方或颜色不对）。 　● 油墨覆盖不足（例如，喷墨点不重叠）。 ● 照明角度不对（直接刻印的符号）
参考译码	● 多种因素-见本表中的其他参数。 ● 印制系统软件错误	● 多种因素-见本表中的其他参数。 ● 印制系统软件错误
未使用的纠错	● 物理损坏（磨损、撕裂、涂抹）。 ● 由于缺陷而产生的位错误。 ● 一个或两个轴上的印刷增益过大。 ● 局部变形。 ● 模块位置放错	● 物理损坏（磨损、撕裂、涂抹）。 ● 由于缺陷而产生的位错误。 ● 一个或两个轴上的印刷增益过大。 ● 局部变形。 ● 模块位置放错
最小反射率（R_{min}）	● 所有条的反射率大于 $0.5R_{max}$——可能的原因见符号反差	
最小边缘反差	● 印刷增益或减少过大。 ● 测量孔径过大。 ● 印刷基底反射率不规则。 ● 油墨覆盖低。 ● 透背	
调制比	● 印刷增益或减少。 ● 测量孔径过大。 ● 印刷基底反射率不规则。 ● 油墨覆盖低。 ● 透背	● 印刷增益或减少。 ● 测量孔径过大。 ● 模块位置放错。 ● 印刷基底反射率不规则。 ● 油墨覆盖低。 ● 透背

表 E.1（续）

参数	层排式符号	矩阵式符号
缺陷度	● 在背底上有墨点或其他深色标记。 ● 在印制区域中有疵点。 ● 打印头单元有问题。 ● 测量孔径太小	
可译码度	● 局部扭曲变形。 ● 印刷中像素错误。 ● 印刷中出现滑动。 ● 喷墨口堵塞。 ● 加热单元出故障	
码字读出率	● 扫描线过分倾斜。 ● Y 轴方向印刷增益。 ● 出现热托曳	
固有图形污损		● 喷墨口堵塞。 ● 加热单元出故障。 ● 物理损坏(磨损、撕裂、涂抹)
轴向不一致性		● 在印制中传送速度和符号尺寸不匹配。 ● 打印软件错误。 ● 检测仪的光轴和符号平面不平行
网格不一致性		● 在印刷中出现传送错误(加速、减速、振动、滑移)。 ● 打印头和印刷基底的距离有变化。 ● 检测仪的光轴和符号平面不平行
印刷增益或减少(非分级项目)	● 取决于印刷过程的因素。 ● 印刷基底的吸墨性。 ● 印点的大小(喷墨，点刻等)。 ● 热打印头的温度不正确	● 取决于印刷过程的因素。 ● 印刷基底的吸墨性。 ● 印点的大小(喷墨，点刻等)。 ● 热打印头的温度不正确

附　录　F
（资料性附录）
印刷基底的特性

F.1　基本原理

在一些条件下，如在含有条码符号印刷包装的设计和生产中，在按本标准对条码符号进行检验之前，应对印刷基底的承印能力及油墨颜色是否满足特定的条码应用进行评估。对于在识读和检测条码符号时存在的光泽的影响以及印刷基底不透明度低的问题，应参见 ISO/IEC TR 19782，以便得到进一步的指导。

F.2　基底不透明度

本标准的方法要求符号按照第 6 章的方法（对于层排式二维条码符号）和第 7 章（对于矩阵式二维条码符号）进行分级。测量分级时，符号的状态应为最终状态，即包装成型的状态。

如果在这种状态下无法对符号进行测量，按下面方法测量的印刷基底的不透明度为 0.85 或更大时，那么高对比的干扰图形透映的影响可以忽略。如果不透明度小于 0.85，测量符号时应在符号的底部衬上均匀的深色平面，衬底的表面反射率要小于 5%。

印刷基底的不透明度按下列公式计算：

$$不透明度 = R_2/R_1$$

式中：

R_1——印刷基底衬上一个反射率为 89% 或更高的白平面时的反射率；

R_2——印刷基底衬上一个反射率为 5% 或更低的黑平面时的反射率。

F.3　光泽

测量反射率所规定的标准照明条件应能最大限度地削弱镜向反射，并对条码符号和印刷基底的漫反射率给出有效的评价。对于光泽度高的材料以及那些漫反射特性随入射角和/或接收光角度的变化而变化的材料，如果不按照以 45°照明的参考光路进行测量，所获得的条码符号反射率的参数等级可能会出现不一致。因此，为了使测得的符号反差最大，7.3.4 给出了一些可选用的照明角。

F.4　覆膜

对于要加保护膜层的符号，符号应连同膜层一起测量和分级，对于层排式二维条码符号，应用第 6 章，对于矩阵式二维条码符号应用第 7 章。膜层（包括其粘结胶）的厚度应尽量小，以减少它对符号识读性能的影响。

F.5　静态反射率的测量

F.5.1　概述

在某些情况下，如条码符号印制前，通过测量条码色样或油墨印制的样品，可以获得印制基底材料样品的静态反射率。以下过程能够比较精确地预测条码符号印制后达到的、应用于实际扫描的状态。

静态反射率测量使用的波长、孔径尺寸以及光学条件应和具体的应用一致，如果测量层排式二维条码符号，还应和 GB/T 14258 保持一致。

如果没有符合本附录要求的测量设备，可以用标准的光密度计进行光密度的测量，这时候，要选择合适的光源以及将密度值转换为反射率值。密度(D)和反射率(R)的转换公式如下：

$$R = 100/10^{D}$$

注：要精确地预测符号反差是不可能的，特别对于边缘反差，这项指标只能在符号印刷后得到。所以在指定等级的最小值时需留有一定的余量。

F.5.2 预测符号反差

预测符号反差需要对能模拟出最终印制条码最高反射率(R_{max})和最低反射率(R_{min})区域的样品进行测量。

在许多条码符号中，R_{max}一般处在空白区内，因此，为了模拟空白区的条件，对待印条码的材料检测时应检测样品的中心区域，区域的大小至少为 10 个 X 尺寸。

一般情况下，R_{min}出现在符号中最宽的条上。因此，要模拟和实际一致的、得到 R_{min} 的条件，检测带域应选择 2 倍到 3 倍 X 尺寸的带状区域，并且所选区域的颜色要和将要印的条的颜色一致。

这样符号反差的预测值可以按下列公式计算：

$$SC' = R_{max} - R_{min}$$

对于不透明度满足不了测试的材料，为了预测符号反差 SC，测试的样品在测试时背底应衬垫上黑色均匀的表面，其反射率不高于 5%。然后再用反射率不低于 89%的均匀表面做衬垫，再进行同样的测量。在深色浅色背底上得出的静态反差的计算值都应大于或等于应用指定的最小等级所对应的反差。

附 录 G
（资料性附录）
二维条码符号检验报告示例

G.1 层排式二维条码符号检验报告

<table>
<tr><td>样品名称</td><td colspan="2">二维条码符号印制品</td><td>规格/包装</td><td>/</td></tr>
<tr><td>产品名称</td><td colspan="2"></td><td>商标</td><td>/</td></tr>
<tr><td>厂商</td><td colspan="2"></td><td>印刷载体</td><td>复印纸</td></tr>
<tr><td rowspan="2">客户名称</td><td colspan="2" rowspan="2">/</td><td>条码类型</td><td>四一七条码</td></tr>
<tr><td>供人识别字符</td><td>无</td></tr>
<tr><td>客户地址</td><td colspan="2">/</td><td>来样日期</td><td>2015.07.29</td></tr>
<tr><td>送 样 者</td><td colspan="2">/</td><td>检验日期</td><td>2015.07.29</td></tr>
<tr><td>检验依据</td><td colspan="4">GB/T 17172—1997 四一七条码
GB/T 23704—2009 信息技术 自动识别与数据采集技术 二维条码符号印制质量的检验</td></tr>
<tr><td rowspan="2">检验条件</td><td>温度</td><td>23 ℃</td><td>相对湿度</td><td>50%</td></tr>
<tr><td>测量孔径</td><td>0.25 mm</td><td>测量光波长</td><td>660 nm</td></tr>
<tr><td>检验结论</td><td colspan="4">按所依据的标准进行检验，该被检样品的符号等级为4.0/10/660。

签发日期:2015 年 7 月 30 日</td></tr>
<tr><td>备注</td><td colspan="4">/</td></tr>
</table>

批准： 审核： 主检：

检 验 结 果

1. 符号特征。

码制 Symbology	PDF417	行高 Row Height	1.155 mm	X 尺寸 X Dimension	0.373 mm
码字总数 Total Codewords	10	数据码字数 Data Codewords	8	纠错码字数 Error Correction Codewords	0
最高反射率 R_{max} R_{max}	79%	最低反射率 R_{min}	2%	/	/
数据内容 Data：	SZTMZJZPDF417				

2. 符号等级参数检测值。

参数	参数值	等级	参数		参数值	等级
参考译码 Decode	/	4.0	左侧空白区		>0.743 mm	4.0
未使用的纠错 *UEC*	100%	4.0	右侧空白区		>0.743 mm	4.0
符号反差 *SC*	77%	4.0	码字印制质量	调制比	/	4.0
码字读出率 *CY*	100%	4.0		缺陷度	/	4.0
起始符终止符等级	/	4.0		可译码度	/	4.0
符号等级 Overall Grade	4.0/10/660					

3. 具体应用标准、符号标准要求的参与分级的其他参数。

参数	参数值	等级	参数	参数值	等级
/	/	/	/	/	/
/	/	/	/	/	/
/	/	/	/	/	/

注：符号"/"表示无此项或此项不检。

G.2 矩阵式二维条码符号检验报告

<table>
<tr><td>样品名称</td><td colspan="2">二维条码符号印制品</td><td>规格/包装</td><td>/</td></tr>
<tr><td>产品名称</td><td colspan="2"></td><td>商标</td><td>/</td></tr>
<tr><td>厂商</td><td colspan="2">/</td><td>印刷载体</td><td>纸质不干胶标签</td></tr>
<tr><td rowspan="2">客户名称</td><td colspan="2" rowspan="2">/</td><td>条码类型</td><td>快速响应矩阵码</td></tr>
<tr><td>供人识别字符</td><td>无</td></tr>
<tr><td>客户地址</td><td colspan="2">/</td><td>来样日期</td><td>2016.04.12</td></tr>
<tr><td>送 样 者</td><td colspan="2">/</td><td>检验日期</td><td>2016.04.13</td></tr>
<tr><td>检验依据</td><td colspan="4">GB/T 18284—2000　快速响应矩阵码
GB/T 23704—2009　信息技术　自动识别与数据采集技术　二维条码符号印制质量的检验</td></tr>
<tr><td rowspan="2">检验条件</td><td>温度</td><td>23 ℃</td><td>相对湿度</td><td>47%</td></tr>
<tr><td>测量孔径</td><td>10(0.254 mm)</td><td>测量光波长</td><td>660 nm</td></tr>
<tr><td>检验结论</td><td colspan="4">按所依据的标准进行检验，该被检样品的符号等级为 3.0/10/660。

签发日期：2016 年　12　月　16　日</td></tr>
<tr><td>备注</td><td colspan="4">/</td></tr>
</table>

批准：　　　　　　　　审核：　　　　　　　　主检：

检 验 结 果

1. 符号特征。

码制 Symbology	快速响应矩阵码	矩阵尺寸 Matrix Size	29×29(模块)	*X* 尺寸 *X* Dimension	0.333mm
码字总数 Total Codewords	70	数据码字数 Data Codewords	55	纠错码字数 Error Correction Codewords	15
最高反射率 R_{max}	72%	最低反射率 R_{min}	4%	反差均匀性 Contrast Uniformity	34%
数据内容 Data	http://www.12365114.cn:81/w.aspx? u=6576&f=761440200643				

2. 符号等级参数检测值。

参数	测量值	等级	参数	测量值	等级
参考译码 Decode	/	4	轴向不一致性 ANU	0%	4
未使用的纠错 *UEC*	100%	4	网格不一致性 GNU	7%	4
符号反差 *SC*	68%	3	固有图形的污损 FPD	/	4
调制比 *MOD*	/	4	模校调制比 *RM*	/	4
符号等级 Overall Grade	3.0/10/660				

3. 具体应用标准、符号标准要求的参与分级的其他参数。

参数	测量值	等级	参数	测量值	等级
格式信息 Format Information	0	4	版本信息 Version Information	/	/
/	/	/	/	/	/
/	/	/	/	/	/

注：符号“/”表示无此项或此项不检。

——————报告结束——————

参 考 文 献

[1] ISO/IEC 15438 Information technology—Automatic identification and data capture techniques—Bare code symbology specifications—PDF417

[2] ISO/IEC 24728 Information technology—Automatic identification and data capture techniques—MicroPDF417 bar code symbology specification

[3] AIM ITS-SuperCode

[4] EN 12323 AID technologies—Symbology Specifications—Code 16K

[5] ANSI/AIM BC6-1995, USS-Code 49

[6] AIM USS Codablock F

[7] ISO/IEC 24724 Information technology—Automatic identification and data capture techniques—GS1 DataBar bar code symbology specification

[8] AIM USS-Code One

[9] AIM USS-Dot Code A

[10] ISO/IEC 24723 Information technology—Automatic identification and data capture techniques—GS1 Composite bar code symbology specification

[11] AIM ITS-Aztec Mesas

注 1：Specifications published by AIM Global-viz.AIM International Technical Specifications (ITS) and Uniform Symbology Specifications (USS)-are obtainable from AIM Inc., 634 Alpha Drive, Pittsburgh, PA 15238, USA

要得到国际 AIM 组织颁布的规范,即 AIM 国际技术规范(ITS)和通用符号规范,可以联系 AIM Inc. 地址:20399 Route 19, Suite 203, Cranberry Township, PA 16066, USA

注 2：这不是一个涵盖所有符号规范的列表

[12] ISO 2859-10 Sampling procedures for inspection by attributes—Part 10：Introduction to the ISO 2859 series of standards for sampling for inspection by attributes

[13] ISO 3951-1 Sampling procedures for inspection by variables—Part 1：Specification for single sampling plans indexed by acceptance quality limit (AQL) for lot-by-lot inspection for a single quality characteristic and a single AQL

[14] ISO 3951-2 Sampling procedures for inspection by variables—Part 2：General specification for single sampling plans indexed by acceptance quality limit (AQL) for lot-by-lot inspection of independent quality characteristics

[15] ISO 3951-3 Sampling procedures for inspection by variables—Part 3：Double sampling schemes indexed by acceptance quality limit (AQL) for lot-by-lot inspection

[16] ISO 3951-5 Sampling procedures for inspection by variables—Part 5：Sequential sampling plans indexed by acceptance quality limit (AQL) for inspection by variables (known standard deviation)

[17] ISO/IEC 15426-1 Information technology—Automatic identification and data capture techniques—Bar code verifier conformance specification—Part 1：Linear symbols

[18] ISO/IEC 15426-2 Information technology—Automatic identification and data capture techniques—Bar code verifier conformance specification—Part 2：Two-dimensional symbols

[19] ISO/IEC TR 19782 Information technology—Automatic identification and data capture techniques—Effects of gloss and low substrate opacity on reading of bar code symbols

---

ICS 27.070
K 82

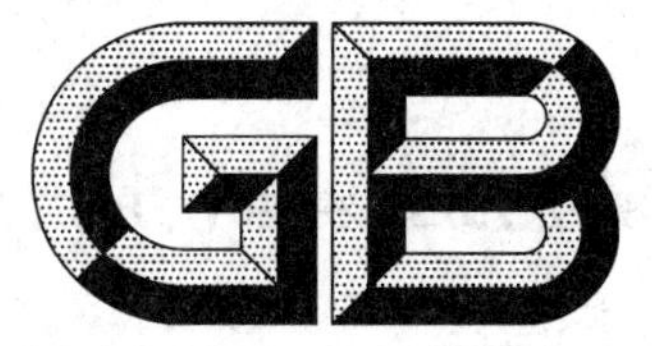

中华人民共和国国家标准

GB/T 23751.2—2017/IEC 62282-6-200:2012
代替 GB/T 23751.2—2009

微型燃料电池发电系统 第2部分:性能试验方法

Micro fuel cell power systems—Part 2:Performance test methods

(IEC 62282-6-200:2012,Fuel cell technologies—
Part 6-200:Micro fuel cell power systems—Performance test methods,IDT)

2017-07-12 发布　　　　2018-02-01 实施

中华人民共和国国家质量监督检验检疫总局
中国国家标准化管理委员会　发布

前　言

GB/T 23751《微型燃料电池发电系统》包括以下 3 个部分：

——第 1 部分：安全；

——第 2 部分：性能试验方法；

——第 3 部分：互换性。

本部分为 GB/T 23751 的第 2 部分。

本标准按照 GB/T 1.1—2009 给出的规则起草。

本部分代替 GB/T 23571.2—2009《微型燃料电池发电系统　第 2 部分：性能试验方法》。与 GB/T 23571.2—2009 相比，主要技术变化如下：

——将图 1 标题由“本部分所涉及范围的功能排列”改为“典型微型燃料电池发电系统的功能排列”，并对图 1 进行了更新(见第 1 章，2009 年版第 1 章)；

——新增规范性引用文件 GB/T 28816 和 ISO/IEC 17025(见第 2 章)；

——新增“待机状态”和“启动时间”2 个术语(见 3.3、3.4)；

——新增对环境条件的相关描述，并修改了相关参数(见 4.1)；

——增加了体积测量精度要求(见 4.2)；

——增加对仪器校准信息和仪器测试精度的要求(见 4.3)；

——对样品调节、测量仪器、测量时间和数据采集的要求(见 5.1)；

——修改了起动时间试验 b)项内容[见 5.2.1，2009 年版 5.2.1b)]；

——发电特性试验中增加了对各项试验起始状态的描述(见 5.2.2、5.2.3、5.2.4、5.2.5、5.2.6)；

——修改了燃料消耗率的计算方法(见 5.3，2009 年版见 5.3)；

——跌落试验增加对试验设备的描述，并新增 “表 1 跌落高度”(见 5.4.1)；

——振动试验增加“表 2 振动条件”(见 5.4.2)；

——更新了试验报告(见第 7 章表 3，2009 年版表 1)。

本部分采用翻译法等同采用 IEC 62282-6-200:2012《燃料电池技术　第 6-200 部分：微型燃料电池发电系统　性能试验方法》。

与本部分中规范引用的国际文件有一致性对应关系的我国文件如下：

——GB/T 2423.10—2008　电工电子产品环境试验　第 2 部分：试验方法试验 Fc：振动(正弦)(IEC 60068-2-6:1995，IDT)

——GB/T 4798.7—2007　电工电子产品应用环境条件　第 7 部分：携带和非固定使用(IEC 60721-3-7:2002，MOD)

本部分由中国电器工业协会提出。

本部分由全国燃料电池标准化技术委员会(SAC/TC 342)归口。

本部分负责起草单位：深圳市标准技术研究院、中国科学院大连化学物理研究所、机械工业北京电工技术经济研究所、武汉众宇动力系统科技有限公司、中国质量认证中心、上海神力科技有限公司、北京群菱能源科技有限公司、武汉理工大学、宁波拜特测控技术有限公司、上海市质量监督检验技术研究院、航天新长征电动汽车技术有限公司。

本部分主要起草人：王益群、孙公权、王刚、陈晨、齐志刚、张若谷、黄曼雪、王素力、黄平、林永清、詹志刚、李松丽、李赏、田洋、陈国芬、田超贺、靳殷实。

本部分所代替标准的历次版本发布情况为：

——GB/T 23751.2—2009。

微型燃料电池发电系统
第2部分:性能试验方法

1 范围

GB/T 23751 的本部分提供了用于便携式计算机、手机、个人数字助理(掌上电脑)、家用无线电器、电视广播摄像机以及自主型机器人等的微型燃料电池发电系统的性能评价的试验方法。

本部分介绍了输出不超过 60 V 直流以及 240 W 的微型燃料电池发电系统的功率特性、燃料消耗以及机械耐久性的性能试验方法。根据本部分评价的典型微型燃料电池发电系统的功能排列如图 1 所示。

本部分未涉及微型燃料电池发电系统的安全问题。

本部分未涉及微型燃料电池发电系统的互换性。

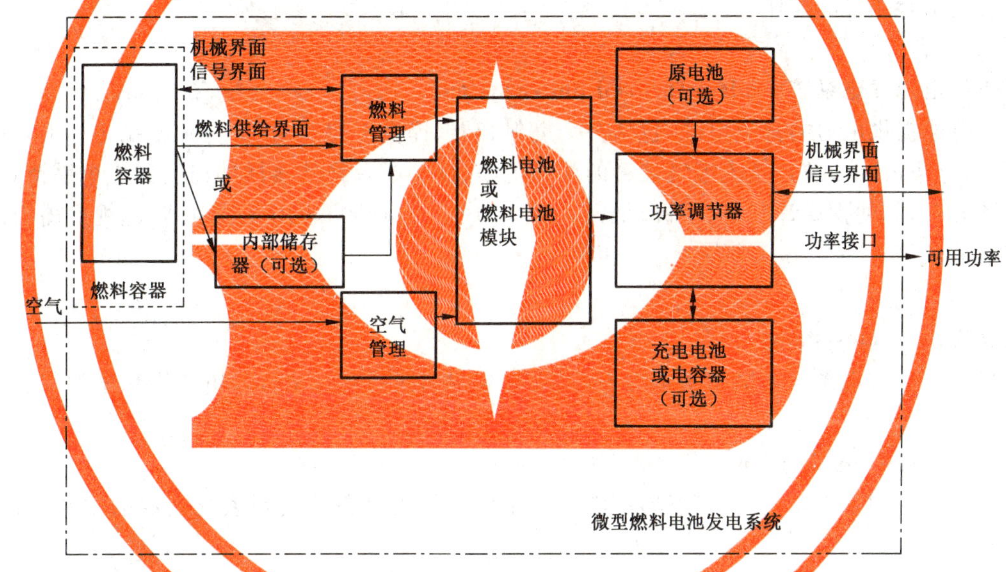

注:虚线表示概念上的边界,大于物理的边界。

图 1 典型微型燃料电池发电系统的功能排列

2 规范性引用文件

下列文件对于本文件的应用是必不可少的。凡是注日期的引用文件,仅注日期的版本适用于本文件。凡是不注日期的引用文件,其最新版本(包括所有的修改单)适用于本文件。

GB/T 28816—2012 燃料电池 第 1 部分:术语(IEC/TS 62282-1:2010,IDT)

IEC 60068-2-6 环境试验 第 2-6 部分:Fc 试验:振动(正弦)[Environmental testing—Part 2-6: Tests—Test Fc: Vibration (sinusoidal)]

IEC 60721-3-7 环境条件分类 第 3-7 部分:环境参数组及其严酷成度的分类-携带和非固定使用(Classification of environmental conditions—Part 3-7: Classification of groups of environmental parameters and their severities—Portable and non-stationary use)

ISO 4677-1 调节和试验用大气 相对湿度的测定 第1部分:吸入式湿度计法(Atmospheres for conditioning and testing—Determination of relative humidity—Part 1: Aspirated psychrometer method)

ISO 4677-2 调节和试验用大气 相对湿度的测定 第2部分:旋流式湿度计法(Atmospheres for Conditioning and Testing—Determination of Relative Humidity—Part 2: Whirling Psychrometer Method)

ISO/IEC 17025 实验室检测和校准能力的通用要求(General requirements for the competence of testing and calibration laboratories)

3 术语和定义

GB/T 28816—2012 界定的以及下列术语和定义适用于本文件。

3.1

初始化 conditioning

在性能试验之前,把处于待机状态的微型燃料电池发电系统放置在试验环境中一段时间,使该系统调整到规定的试验条件的操作。

3.2

微型燃料电池发电系统 micro fuel cell power system

用燃料电池提供电力的直流电源,包括一个燃料容器,提供不超过60 V直流输出电压和240 W输出功率,并通过集成到便携式直流电气装置的柔性电缆、插头或者终端接插件连接到一个手持式或者可携带的电子设备,如便携式计算机、手机、个人数字助理(掌上电脑)、家用无线电器、电视广播摄像机、以及自主型机器人等。

3.3

待机状态 standby state

微型燃料电池发电系统电输出功率为零,但能被立即切换到有大量有效电输出功率的状态。

3.4

起动时间 starting duration

连接到指定的恒定电阻后,微型燃料电池发电系统从待机状态转换到系统额定电压的±10%所需的时间。

4 总则

4.1 试验环境

除非另有规定,否则性能试验应在本部分规定的环境下进行。试验环境条件如下:

——温度:22 ℃±5 ℃;

——压力:83 kPa~106 kPa;

——相对湿度:60%±15%;

——氧气体积分数:18%≤$\varphi(O_2)$≤21%。

测量应在制造厂家规定的没有明显空气流动的空间进行。在试验过程中,环境条件应尽可能保持恒定,试验环境的参数应在试验报告中予以记录。

4.2 所要求的最小测量精度

本部分所要求的测量参数以及最小测量精度如下:

——电压：±1%；
——电流：±1%；
——时间：±1%；
——质量：±1%；
——温度：±2 ℃；
——湿度：±5 个百分点；
——压力：±5%；
——振动频率：±1 Hz(5 Hz<频率≤50 Hz)或者±2%(频率>50 Hz)；
——体积：±2%。

4.3 测量仪器

4.3.1 概述

测量仪器应根据要求的精度和被测数值的范围来确定。测量仪器应定期进行校准以保持 4.2 规定的精度水平。参照 ISO/IEC 17025，校准信息应在测试报告中加以描述。测电压和电流的仪器应能在整个测量过程中连续记录数值。

4.3.2 电压

应保证上述 4.2 规定的精度。电压测量仪器的内阻应大于或等于 1 MΩ。

4.3.3 电流

应保证上述 4.2 规定的精度。

4.3.4 时间

时间测量仪器应具有±1 s/h 或者更高的精度，以保证 4.2 规定的测量精度。

4.3.5 质量

应保证上述 4.2 规定的精度。质量的测量应按照相关国家标准、行业规范或者相关组织的规范进行。

4.3.6 温度

应保证上述 4.2 规定的精度。推荐的直接测量环境温度的仪器有：

a) 带传感器的热电偶；或
b) 带传感器的电阻温度计。

4.3.7 湿度

应保证上述 4.2 规定的精度。环境湿度的测量参照 ISO 4677-1 和 ISO 4677-2 的要求。

4.3.8 压力

应保证上述 4.2 规定的精度。压力的测量应按照相关国家标准、行业规范或者相关组织的规范进行。如果都不可用，相关组织应为该性能试验创建一个压力测量标准或规范。

4.3.9 振动频率

应保证上述 4.2 规定的精度。振动频率参照 GB/T 2423.10 要求。

4.3.10 体积

应保证上述4.2规定的精度。

5 试验

5.1 试验步骤

每个试验应在3个样品上进行。样品的初始化应在试验开始前至少进行2 h,以调整样品达到试验环境条件,初始化后应立即开始试验。除另有规定,微型燃料电池发电系统应与由制造商指定的电压表和负载连接,以使其能在额定功率或额定电流下运行;测量应持续1 h或按照制造商指定的时间,以观察微型燃料电池发电系统在实际运行中的特性。在整个测量过程中,应按照制造商规定的采样频率来记录数据。报告的试验测量数值,应为3个样品的平均测量值的平均值,其中每个样品的平均测量值均为样本记录数据的平均值。这些试验可以利用一组样品顺次进行,或者使用不同组样品并列进行。电气参数测量应在功率接口处获取。

5.2 发电特性

5.2.1 起动时间

a) 本实验的目的是确定微型燃料电池发电系统的起动时间。
b) 按照5.1的规定初始化后,应从功率接口电路电气连接到制造商指定的恒定电阻开始测量达到制造商规定的额定电压的±10%所需的时间。对于起动时间小于100 ms的微型燃料电池发电系统,精确测量可以跳过;当连接时,如果输出电压在制造商规定的额定电压的±10%之内的,该测试可以跳过。电阻值应在试验报告中予以记录。

5.2.2 额定功率试验和额定电压试验

a) 本试验的目的是确定微型燃料电池发电系统的额定功率和额定电压。
b) 试验开始时,样品内部贮存器或燃料容器应是满的。初始化和测量应按照5.1的规定进行。如果系统不能产生额定功率,则终止试验。
c) 数据收集和记录应按照5.1的规定进行。应监控输出电压,以确定其是否在制造商规定的额定电压的上限和下限范围内。制造商规定的额定电压范围应在试验报告中指明。连接的负载及测量的时间应在试验报告中予以记录。

5.2.3 停用后的发电试验

a) 本试验的目的是确定微型燃料电池发电系统在停用一段时间后的性能。
b) 在试验开始时,可充电电池或电容器(可选)应处于完全充满状态。样品应按照5.1的规定操作初始化,提前使用一段时间,然后置于待机状态。提前使用的时间最少应为1 h,停用的时间应为24 h。在停用开始时,内部贮存器或燃料容器应是满的,在测量开始时,内部贮存器或燃料容器应再次充满。停用后的输出电压应按照5.1的规定测量和记录。测量中连接的负载和测量的持续时间应在试验报告中予以记录。

5.2.4 低温和高温条件下的发电试验

a) 本试验的目的是确认微型燃料电池发电系统在低温和高温条件下的性能。
b) 试验温度应为制造商规定的最低运行温度和最高运行温度。在试验开始时,可充电电池或电容器(可选)应该处于完全充满状态,且样品的内部贮存器或燃料容器也应是满的。样品应按照 5.1 的规定,先在试验温度条件下进行初始化,然后测量输出电压。试验的温度、连接的负载和测量的持续时间应该在试验报告中予以记录。

5.2.5 低湿度和高湿度条件下的发电试验

a) 本试验的目的是确认微型燃料电池发电系统在低湿度和高湿度条件下的性能。

b) 试验的湿度应由制造商指定一个湿度水平低于 20% 的相对湿度和一个湿度水平高于 80% 的相对湿度。在试验开始时,可充电电池或电容器(可选)应该处于完全充满状态,且样品的内部贮存器或燃料容器也应是满的。样品应按照 5.1 的规定,先在试验湿度下进行初始化,然后测量输出电压。试验的湿度、连接的负载和测量时间应在试验报告中予以记录。

5.2.6 高度试验

a) 本试验的目的是确认微型燃料电池发电系统在降低的大气压力条件下的性能。

b) 试验压力应为 $68_{-10}^{\ 0}$ kPa,气压应尽可能接近 68 kPa。在试验开始时,可充电电池或电容器(可选)应处于完全充满状态,且样品的内部贮存器或燃料容器也应该是满的。样品应按照 5.1 的规定,先在试验压力下进行调节,然后测量输出电压。试验的压力、连接的负载和测量时间应在测试报告中予以记录。

注:68 kPa 是在航空器舱内的最低标准压力。

5.3 燃料消耗试验

a) 本试验的目的是测量微型燃料电池发电系统在额定电流或者额定功率条件下连续运行时,燃料容器所提供的以及微型燃料电池发电系统所消耗的燃料质量。

b) 微型燃料电池发电系统应在额定电流或者额定功率下运行。如果是在额定电流下运行,应按照 5.1 的规定来测量总体的燃料消耗、微型燃料电池发电系统的电压以及发电的持续时间;如果是在额定功率下运行,应测量总体的燃料消耗以及发电的持续时间。总体的燃料消耗应根据电测量过程中消耗的燃料质量或体积来测量。进行电测量时,系统应该在稳定状态下连续运行至少 2 h。如果期望或者要求增加测量的精确度,测量时样品可以按照制造商的规定运行更长的时间。单位时间的燃料消耗以及单位燃料量所产生的电能可以根据下面的公式进行计算:

燃料消耗率:

$$\text{每小时的燃料消耗量(g/h 或 mL/h)}=\frac{\text{所消耗燃料的量(g 或 mL)}}{h}$$

$$\text{每单位燃料量产生的电能(Wh/g 或 Wh/mL)}=\frac{P\times h}{\text{所消耗燃料量(g 或 mL)}}$$

式中:

$P=U\times I$ (额定电流下运行);

I ——额定电流;

U——所测得电压的平均值。

或

P ——额定功率(额定功率下运行);

h ——发电的小时数。

燃料的规格应在试验报告中予以记录。

5.4 机械耐久性试验

5.4.1 跌落试验

a) 本试验的目的是评价跌落冲击对微型燃料电池发电系统性能的影响。

b) 试验样品应从预定高度跌落到水平面板上，水平面板由至少 13 mm 厚的硬木板安装在两层厚度为 18 mm～20 mm 的胶合板上组成，并且都放置在混凝土或相当的非弹性地面上。跌落的高度应根据 IEC 60721-3-7 的要求，按照表 1 所示确定。在跌落时，微型燃料电池发电系统应保持在其预期运行位置并且平行于地板表面。

表 1 跌落高度

样品	级别		
	7M1[a] m	7M2[b] m	7M3[c] m
质量＜1 kg	0.025	0.25	1.0
1 kg≤质量＜10 kg	0.025	0.1	0.5
10 kg≤质量＜50 kg	0.025	0.05	0.25

[a] 7M1 级适用于在低程度振动或中等程度震动场所使用和直接运输的情况。产品的搬运和运输过程要谨慎小心。
[b] 除 7M1 所包括的条件外，7M2 适用于在高程度震动场所使用和直接运输的情况。产品的搬运和运输过程要较为小心。
[c] 除 7M2 所包括的条件外，7M3 适用于在有明显振动或高程度震动场所使用和直接运输的情况。产品的搬运和转移过程粗率。

c) 跌落后，输出电压应按照 5.1 的规定测量和记录。测量开始时，样品的内部贮存器或燃料容器应该是满的。跌落试验的高度、连接的负载以及测量时间应在试验报告中予以记录。

5.4.2 振动试验

a) 本试验的目的是评价振动对微型燃料电池发电系统的性能的影响。

b) 微型燃料电池发电系统应以预期运行位置安装在振动台上，在 15 min 内施加从 7 Hz 到 200 Hz，又从 200 Hz 减小到 7 Hz 的正弦波振动。将该循环重复进行 12 次。振动方向应垂直于微型燃料电池发电系统的固定水平面。振动条件应根据 IEC 60721-3-7 的要求，按照表 2 所示确定。

表 2 振动条件

样品	级别		
	7M1[a]	7M2[b]	7M3[c]
位移幅值	3.5 mm	3.5 mm	7.5 mm
加速度幅值	10 m/s^2	10 m/s^2	20 m/s^2
频率范围	7 Hz～9 Hz;9 Hz～200 Hz	7 Hz～9 Hz;9 Hz～200 Hz	7 Hz～8 Hz;8 Hz～200 Hz

[a] 7M1 级适用于在低程度振动或中等程度震动场所使用和直接运输的情况。产品的搬运和运输过程要谨慎小心。
[b] 除 7M1 所包括的条件外，7M2 适用于在高程度震动场所使用和直接运输的情况。产品的搬运和运输过程要较为小心。
[c] 除 7M2 所包括的条件外，7M3 适用于在有明显振动或高程度震动场所使用和直接运输的情况。产品的搬运和转移过程粗率。

c) 振动试验后,输出电压应按照5.1的规定测量和记录。测量开始时,样品内部贮存器或燃料容器应该是满的。振动测试的条件、连接的负载和测量时间应在测试报告中予以记录。

6 标志和标识

作为自我声明,制造商应在其微型燃料电池发电系统上给出标志和标识,指明符合本部分。该标志和标识应包括以下内容,并且应根据制造商的规范标记。

——制造商的名称;

——生产的年份和月份;

——引用标准编号(GB/T 23751.2—2017);

——额定电压和额定功率。

7 试验报告

微型燃料电池发电系统制造商可以利用本部分对其商业用途的产品的性能进行评价。试验报告的格式可参照表3给出的格式。

表3 微型燃料电池发电系统试验报告——性能试验

制造商名称和微型燃料电池发电系统的类型:		
制造年份和月份: 年 月		
引用标准编号:GB/T 23751.2—2017		
额定电压范围和额定功率:额定电压: V± V 额定功率: W± W		
是否存在原电池、可充电电池或电容器 [a]☐ 是 ☐ 否		
按照4.3的要求报告校准信息:		
4.1	试验环境	温度: ℃ 压力: kPa 相对湿度: % 氧体积分数: %
5.2.1	起动时间	[试验条件] 测量所连接的恒定电阻: Ω [试验结果] h min s ☐ 起动时间小于100 ms。 ☐ 根据5.2.1,当连接到恒定电阻时,输出电压保持在额定电压的±10%内。
5.2.2	额定功率试验和 额定电压试验	[试验条件] 测量过程中连接的负载: Ω、A或W 测量时间: h [试验结果] ☐ 系统能够提供额定功率。 ☐ 所测得的输出电压在额定电压的规范范围内。

表 3（续）

5.2.3	停用后的发电试验	[试验条件] 提前使用持续时间： h(超过 1 h) 停用时间：24 h 测量过程中连接的负载： Ω、A 或 W 测量时间： h [试验结果] 测量电压： V
5.2.4	低温和高温条件下的发电试验	(1) 低温条件下的发电试验 [试验条件] 温度： ℃ 测量过程中连接的负载： Ω、A 或 W 测量时间： h [试验结果] 测量电压： V (2) 高温条件下的发电试验 [试验条件] 温度： ℃ 测量过程中连接的负载： Ω、A 或 W 测量时间： h [试验结果] 测量电压： V
5.2.5	低湿度和高湿度条件下的发电试验	(1) 低湿度条件下的发电试验 [试验条件] 相对湿度： % 测量过程中连接的负载： Ω、A 或 W 测量时间： h [试验结果] 测量电压： V (2) 高湿度条件下的发电试验 [试验条件] 相对湿度： % 测量过程中连接的负载： Ω、A 或 W 测量时间： h [试验结果] 测量电压： V

表 3（续）

5.2.6	高空试验	[试验条件] 压力： kPa 测量过程中连接的负载： Ω、A 或 W 测量时间： h [试验结果] 测量电压： V
5.3	燃料消耗试验	[试验条件] 运行：□ 在额定电流下，□ 在额定功率下 测量过程中的输出功率： W 发电的持续时间： h 燃料规格(例如:98%乙醇)： [试验结果] 每小时燃料消耗量： g/h 或 mL/h 单位燃料量所提供的电力： Wh/g 或 Wh/mL
5.4.1	跌落试验	[试验条件] 跌落试验的高度： m 测量过程中连接的负载： Ω、A 或 W 测量持续时间： h [试验结果] 测量电压： V
5.4.2	振动试验	[试验条件] 振动频率：7 Hz～200 Hz 其他条件，如果必要的话： 测量过程中连接的负载： Ω、A 或 W 测量持续时间： h [试验结果] 测量电压： V

[a] 表中的“□”宜根据以下要求进行勾选：

5.2.1 □ 起动时间小于 100 ms：如果是，在□上打勾。

5.2.1 □ 根据 5.2.1，当连接到恒定电阻时，输出电压保持在额定电压的±10%内：如果是，在□上打勾。

5.2.2 □ 微型燃料电池系统能够提供额定功率：如果是，在□上打勾。

5.2.2 □ 所测得输出电压在额定电压的规定范围内：根据 5.2.2 b)以及 5.2.2 c)，应对输出电压进行连续测量。如果经确认输出电压保持在制造商规定的额定电压的上限和下限范围内，在□上打勾。

5.3 □ 在额定电流下，或者□在额定功率下：根据试验时的实际情况进行勾选。

ICS 03.080.99
A 20

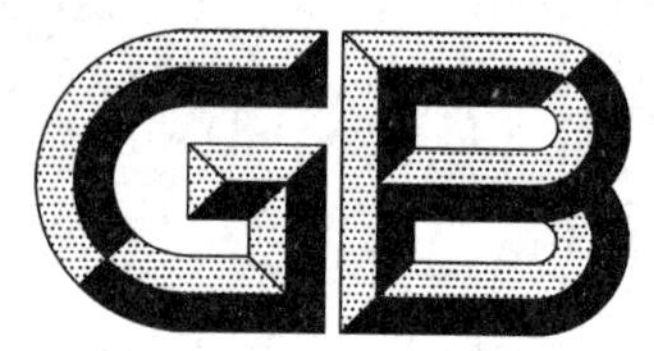

中华人民共和国国家标准

GB/T 23793—2017
代替 GB/T 23793—2009

合格供应商信用评价规范

Trustworthiness assessment norms for qualified suppliers

2017-07-31 发布　　2017-11-01 实施

中华人民共和国国家质量监督检验检疫总局
中国国家标准化管理委员会　发布

前　言

本标准按照 GB/T 1.1—2009 给出的规则起草。

本标准代替 GB/T 23793—2009《合格供应商信用评价规范》,与 GB/T 23793—2009 相比主要技术变化如下:

——修改了标准的适用范围(见第 1 章,2009 年版的第 1 章);

——增加了规范性引用文件(见第 2 章,2009 年版的第 2 章);

——修改了“合格供应商”的定义内容(见 3.1,2009 年版的 3.1);

——增加了“信用评价”“委托信用评价”和“主动信用评价”的术语和定义(见 3.2、3.4 和 3.5);

——删除了“评价对象”的术语和定义(2009 年版的 3.3);

——修改了评价内容(见 4.1,2009 年版的 4.1);

——修改了评价流程(见第 6 章,2009 年版的第 6 章)。

请注意本文件的某些内容可能涉及专利。本文件的发布机构不承担识别这些专利的责任。

本标准由全国社会信用标准化技术委员会(SAC/TC 470)提出并归口。

本标准起草单位:中国标准化研究院、中大信(北京)信用评价中心有限公司、安徽华电线缆集团有限公司、山东铸信企业征信有限公司、石横特钢集团有限公司、北京信构信用管理有限公司、辽宁省标准化研究院、福建安井食品股份有限公司、山东省标准化研究院、中实诚信信用评价有限公司、新疆标准化研究院、嘉善县新良友贝雕工艺品厂、厦门市永梅工贸有限公司、泰兴市双环服饰制造有限公司、浙江新城钮扣饰品有限公司、佛山市顺德区质量技术监督标准与编码所、山东东方海洋科技股份有限公司、烟台市技术监督信息研究所、烟台大维科技有限公司、北京匀加速科技有限公司。

本标准主要起草人:周莉、林竹盛、李向华、江洲、宋亮、王长生、孙毅、俞友金、吕妍妍、陈权、陈越、赵燕、孟翠竹、杨文俊、骆永宗、孙良泉、孙莹、马龙、郭新峰、殷奇明、杨钧、陈纪、李军生、聂玉声、包焕玲、王舒维、陈磊。

本标准所代替标准的历次版本发布情况为:

——GB/T 23793—2009。

引　言

供应商的信用状况直接影响着商品(服务)的供给质量和效率,因此,对供应商的信用状况进行评价,并通过评价结果对供应商实施信用风险管控,不仅对采购方意义重大,对政府监管部门也有参考价值。目前,各级政府采购监管部门、采购机构大多建立了内部的供应商管理体系,但对供应商信用状况的重视程度、考察方法及效果并不理想,供应商的失信行为仍然时有发生。为保护采购方的合法权益,保证公共资金的安全,提高公共采购效率和可持续性,确保应急物资储备社会化的需要,构建诚实守信的市场环境,建立规范的合格供应商信用评价机制非常必要。

本标准在GB/T 23793—2009《合格供应商信用评价规范》的基础上,将标准的适用范围拓展到各级各类公共采购,同时对信用评价指标进行了修改和完善。合格供应商的信用评价,除应考虑企业信用评价的共性指标外,还应从符合合格供应商信用特点的专项指标开展评价。本标准在GB/T 23794—2015《企业信用评价指标》提出的基本共性指标的基础上,结合供应商自身信用特点,从综合素质、财务实力、可持续供应能力、发展潜力、交易信用、社会责任等方面提出了合格供应商信用评价专项指标,旨在为开展合格供应商信用评价提供技术指导。

合格供应商信用评价规范

1 范围

本标准规定了合格供应商信用评价内容、信用等级与表示方法、评价流程、评价报告撰写要求以及信用评价数据、信息的建档及保密。

本标准适用于公共采购，非公共采购可参考使用。

2 规范性引用文件

下列文件对于本文件的应用是必不可少的。凡是注日期的引用文件，仅注日期的版本适用于本文件。凡是不注日期的引用文件，其最新版本(包括所有的修改单)适用于本文件。

GB/T 22116 企业信用等级表示方法

GB/T 22117 信用 基本术语

GB/T 23794 企业信用评价指标

3 术语和定义

GB/T 22116、GB/T 22117 和 GB/T 23794 界定的以及下列术语和定义适用于本文件。

3.1

合格供应商 qualified supplier

专业条件达到采购方要求的供应商组织或个人。

注：对于某些领域，专业条件还包括特定资质要求。

3.2

信用评价 trustworthiness assessment

诚信评价

对信用主体在某一时期的诚信状况进行记录、分析和评估，并用特定符号标明其诚信状况的活动。

注：本标准中，特指由专业机构，按照特定的方法和程序，对各类市场参与主体的履约意愿、能力和行为等进行综合分析和评估，并以规范的符号表示其信用等级的活动。履约范围包括法律法规和强制性标准规定的、合同条款等契约明确约定的、社会的合理期望等社会责任的内容。

3.3

评价主体 assessment subject

符合相关要求、从事信用评价的信用服务机构或其他组织。

3.4

委托信用评价 solicited trustworthiness assessment

被动信用评价

接受委托申请的信用评价。

3.5

主动信用评价 unsolicited trustworthiness assessment

不经被评主体委托或同意的信用评价。

4 评价内容与指标项

4.1 评价内容

合格供应商信用评价内容包括基本指标和专项指标。基本指标见 GB/T 23794,专项指标内容包括但不限于:

——综合素质;

——财务实力;

——可持续供应能力;

——发展潜力;

——交易信用;

——社会责任。

4.2 指标项

指标项名称及说明见附录 A。

5 信用等级与符号定义

5.1 合格供应商的信用等级与表示方法应遵照 GB/T 22116 的规定。

5.2 合格供应商的信用等级包括 AAA、AA、A 和 BBB 二等四级。

a) AAA:合格供应商履约意愿和能力极强,表现极好,信用风险极低。

b) AA:合格供应商履约意愿和能力很强,表现很好,信用风险很低。

c) A:合格供应商履约意愿和能力较强,表现较好,信用风险较低。

d) BBB:合格供应商履约意愿和能力一般,表现一般,信用风险一般。

5.3 评价对象的信用等级未达到 BBB 及以上级别时,用 NR 进行标识。

注:NR 表示未分级,是一种常用的信用等级表示方法。

6 评价流程

6.1 总则

6.1.1 评价主体应回避利益冲突,确保信用评价过程和结果公平、公正。

6.1.2 信用评价分为委托信用评价和主动信用评价,一般包括:

a) 委托信用评价流程:受理申请、初评、等级确定、等级通知、复评(提出异议时)、结果发布、结果跟踪;

b) 主动信用评价流程:初评、等级确定、结果发布、结果跟踪。

6.2 委托信用评价

6.2.1 受理申请

评价主体在接收评价申请并通过审核后,在回避利益冲突的基础上,签署合法的委托协议。

6.2.2 初评

评价主体应根据回避利益冲突的原则,以及行业分工和专业背景,组织人员成立信用评价项目组,项目组人员数量宜在 2 人以上，明确负责人 1 人。

项目组依据一定的评价规则对被评对象进行综合分析，撰写评价报告，并提出被评对象的信用等级建议。

6.2.3 等级确定

评价主体应设定信用评审委员会，宜有 3 人以上(应为单数)相关专业人员组成。

信用评审委员会应对项目组提交的信用评价报告及其相关资料进行审核，并提出评审意见，确定评价对象的信用等级。

信用评审委员会无法确定信用级别时，应暂停信用评审委员会工作，将信息反馈给项目组重新整理、核实相关数据，直到信用评审委员会能确定信用等级。

6.2.4 等级通知

评价主体应将信用等级结果告知被评对象。如有异议，被评对象可提出复评申请。

6.2.5 复评

根据被评对象提交的补充材料，信用评审委员会决定是否重新组织复评，重新审核，并确定最终结果。

注：复评机会只有 1 次。

6.2.6 结果发布

评价主体应根据国家法律法规及相关要求，以及委托协议的约定，发布信用评价结果及相关内容。

6.2.7 结果跟踪

信用评价结果发布之后，评价主体宜根据委托协议的约定，进行定期或不定期跟踪，对评价结果进行及时更新。

6.3 主动信用评价

6.3.1 初评

评价主体在遵守回避利益冲突原则的基础上，选择被评对象，并根据行业分工和专业背景成立信用评价项目组，项目组人员数量宜在 2 人以上。

项目组采取有效的数据获取方式，根据掌握的被评对象信用信息，依据一定的评价规则对被评对象进行综合分析，撰写评价报告，并提出被评对象的信用等级建议。

6.3.2 等级确定

评价主体应设定信用评审委员会，宜有 3 人以上(应为单数)相关专业人员组成。

信用评审委员会应对项目组提交的信用评价报告及其相关资料进行审核并提出评审意见，确定评价对象的信用等级。

信用评审委员会无法确定信用级别时，应暂停信用评审委员会工作，将信息反馈给项目组重新整理、核实相关数据，直到信用评审委员会能确定信用等级。

6.3.3 结果发布

评价主体在发布信用评价结果的同时，应向社会公示主动信用评价的方法与标准等，应就信用评价所依据的数据来源进行说明，并应对信用评价结果承担独立责任。

6.3.4 结果跟踪

信用评价结果发布之后，评价主体宜对信用评价结果进行定期跟踪，对评价结果进行及时更新。

7 报告撰写

7.1 基本要求

合格供应商信用评价报告应遵循真实性、完整性、简明性和易读性原则。对合格供应商的信用风险应当尽可能做定量分析，不宜定量分析的，应有针对性地做出定性描述，评价结果的标识应有明确的解释。

合格供应商信用评价报告应加盖评价主体有效签章。

7.2 报告内容

7.2.1 报告结构

合格供应商信用评价报告内容应包括封面、声明、概述、正文、附录等。

7.2.2 封面

报告封面应包括以下内容：

——报告编号；

——报告名称；

——评价对象名称；

——评价主体名称；

——报告出具日期；

——其他。

7.2.3 声明

报告声明应包括以下内容：

——表明报告内容公正、合规、免责的说明性文字；

——对跟踪评价的说明；

——自愿接受监管的声明；

——评价结果的有效期；

——其他。

7.2.4 概述

报告概述应包括以下内容：

——评价对象名称；

——信用等级；

——该信用等级说明；

——评价小组成员；

——评价主体名称；

——出具报告时间；

——其他。

7.2.5 正文

报告正文应包括以下内容：

——合格供应商综合素质；

——合格供应商财务实力；

——合格供应商可持续供应能力；

——合格供应商发展潜力；

——合格供应商交易信用；

——合格供应商社会责任；

——其他。

7.2.6 附录

报告附录应包括以下内容：

——信用等级与符号定义；

——信用评价方法与流程；

——评价数据说明；

——评价对象的相关资质和证明材料；

——评价对象的相关社会信用记录；

——其他需要附加的资料。

8 评价信息管理

8.1 评价主体应建立档案及其管理制度。对用于信用评价的数据和信息，包括复印件等资料进行分类、建档保存。

8.2 评价主体应严格保守其所获取的涉密信息，应对相关涉密信息单独存档，其数据库设施应达到政府监管部门要求的安全等级。

附 录 A
（规范性附录）
合格供应商信用评价专项指标及说明

合格供应商信用评价专项指标及说明见表 A.1。

表 A.1 合格供应商信用评价专项指标及说明

专项指标大类	专项指标小类	指标项说明
综合素质	资产状况	供应商提供资产凭证的动产、不动产、对外投资及无形资产价值(参考资产的账面净值、可变现净值及书面评估价值)情况
	分支机构情况	供应商分支机构的数量及地区分布对于满足供应商业务发展需要的情况
	信息化水平	供应商内部采用自动化办公系统情况，实行网络化管理情况，计算机数量满足业务需要情况；宣传网站的独立性，内容完善程度，商品交易功能和语言种类情况
财务实力	投资方情况	供应商投资人的资金实力状况
	外部融资渠道	供应商的融资渠道的畅通情况，包括银行授信额度
	平均营业收入	供应商主营业务收入的近 3 年平均数
	平均利润	供应商净利润的近 3 年平均数
可持续供应能力	产品或业务结构	供应商产品或业务的系列化、专业化或多样化程度
	产品质量状况	供应商产品(服务)的质量水平，达到技术与质量的符合性认证情况
	产品外部评价	客户对产品(服务)的评价，产品(服务)的质量违法、投诉情况等
	原材料供应质量评价	供应商原材料的来源、供货质量、供货条件等
	应急情况处理	供应商对采购方要求增、减订货给予配合的程度及对采购方零星或紧急订货的应对情况
	投保情况	供应商按规定或主动投保商业保险情况
	价格应对情况	供应商对原材料供应价格或产品采购价格变化引起的供给和需求弹性变化的应对情况
	政策适应情况	供应商对产业和监管政策变化的适应情况
	销售情况	供应商近 3 年不同产品(服务)销售量的变化情况、市场分布和份额等
	售后管理	供应商售后服务水平、客户对售后服务的评价、召回管理等
	安全管理	供应商安全制度建设及安全事故发生情况，以及对安全事故的有效处置能力等
	供给管理	供应商生产能力、开工率、应急状态的下的最大供应能力情况
	供应链管理	供应商在供应链上所处的位置，与上下游的联系和管理情况
发展潜力	行业产业政策	国家对产业的发展、扶持、维持、限制、淘汰、环境污染与治理等宏观政策情况
	企业行业地位	供应商所在行业的利润率，与其他行业的竞争力，以及供应商在本行业影响力大小等

表 A.1（续）

专项指标大类	专项指标小类	指标项说明
发展潜力	主要产品潜力	供应商主要产品(服务)的市场占有率增长趋势,目前所处的产品生命周期等
	品牌影响力	供应商品牌在市场竞争中体现出的影响力,以品牌价值测算结果等
	技术创新	供应商技术创新投入、产出与风险情况及新产品开发能力
	成长能力	供应商销售(营业)增长率、资本累积率、3 年资本平均增长率、3 年销售平均增长率和技术投入比率等,用于考察供应商的活力情况
	发展规划及措施	供应商 3 年～5 年规划、长远规划及保障措施等
交易信用	应付情况	供应商在近 3 年应付账款的执行情况,是否存在拖欠等
	结算方式	供应商采用的结算方式,如现金、汇票、支票等
	交易价格	供应商交易价格与市场价格的比较情况,是否存在价格欺诈等
	交货期情况	供应商交货期限与实际交货时间比较情况,是否存在拖延等
社会责任	质量责任	供应商在质量监管方面的情况(如是否存在质量监管部门的不良记录,监督检查不合格或违法违规情况等)
	纳税信用	供应商在依法纳税方面的情况(如是否存在税务部门的不良记录)
	安全检查	供应商在安全监管方面的情况(如是否存在安全监管部门的不良记录)
	环境保护	供应商在环境、资源保护方面的情况(如是否存在环保部门的不良记录)
	其他公共管理	供应商在其他公共管理方面的遵纪守法情况
	合同履约	供应商对合作供方和客户的合同履约情况
	公平竞争	供应商是否存在通过向采购方行贿影响、破坏公平竞争的情况
	纠纷解决情况	供应商对司法机构或调解部门结案结论的执行情况
	工资及支付	供应商发放的工资水平及拖欠情况
	劳动福利与社会保障	供应商与劳动者签订劳动合同和为劳动者实施劳动保护等情况
	社会贡献	供应商面向社会提供公益服务、捐助等情况

参 考 文 献

[1] GB/T 22118—2008 企业信用信息采集、处理和提供规范
[2] GB/T 30698—2014 电子商务供应商评价准则 优质制造商
[3] GB/T 31953—2015 企业信用评估报告编制指南
[4] 中华人民共和国政府采购法
[5] 关于印发政府购买服务管理办法(暂行)的通知(中华人民共和国财综〔2014〕96 号)
[6] 政府采购货物和服务招标投标管理办法(中华人民共和国财政部令第 18 号)
[7] 政府采购供应商投诉处理办法(中华人民共和国财政部令第 19 号)
[8] ISO 26000:2010 Guidance on social responsibility

ICS 71.060.50
G 12

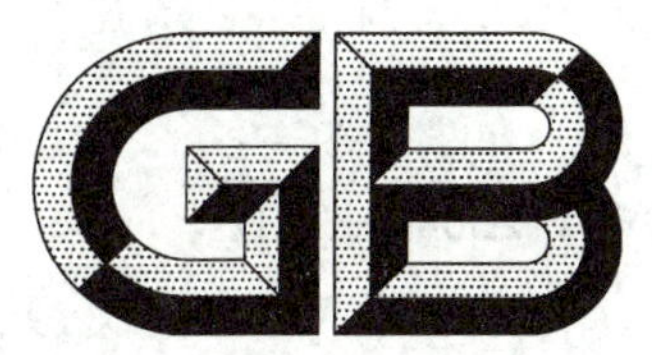

中华人民共和国国家标准

GB/T 23846—2017
代替 GB/T 23846—2009

电镀用氨基磺酸钴

Cobalt sulfamate for electroplating

2017-12-29 发布　　　　2018-07-01 实施

中华人民共和国国家质量监督检验检疫总局
中国国家标准化管理委员会　发布

前 言

本标准按照GB/T 1.1—2009给出的规则起草。

本标准代替GB/T 23846—2009《电镀用氨基磺酸钴》，与GB/T 23846—2009相比主要技术变化如下：

——删除了范围中分子式和相对分子质量的表述(见第1章，2009年版的第1章)；

——修改了要求中钠、硫酸盐和密度的指标值，删除了对硝酸盐的要求(见第3章，2009年版的第3章)；

——增加了试液的制备方法(见4.2)；

——增加了镍、铜、铁、铅、锌、锰、钠和铬含量的计算公式(见4.5、4.6、4.7、4.8、4.9、4.10、4.11和4.12，2009年版的4.2、4.3、4.4、4.5、4.6、4.7、4.8和4.9)；

——修改了硫酸盐、氯化物和密度的分析步骤(见4.13、4.14和4.16，2009年版的4.10、4.12和4.14)；

——修改了测定pH值的规定(见4.15，2009年版的4.13)；

——删除了硝酸盐含量的试验方法(见2009年版的4.11)；

——修改了检验规则的内容(见5.5，2009年版的5.5、5.6和5.7)；

——增加了“安全”的章条(见第7章)。

本标准由中国石油和化学工业联合会提出。

本标准由全国化学标准化技术委员会硫和硫酸分技术委员会(SAC/TC 63/SC 7)归口。

本标准起草单位：江西核工业兴中新材料有限公司、南化集团研究院。

本标准主要起草人：胡昌文、汤森进、邹文、曾昭崐、叶为辉、于金刚。

本标准所代替标准的历次版本发布情况为：

——GB/T 23846—2009。

电镀用氨基磺酸钴

警示——本标准中使用的部分试剂具有毒性或腐蚀性，部分操作具有危险性。本标准并未揭示所有可能的安全问题，使用者应严格按照有关规定正确使用，并有责任采取适当的安全和健康措施。

1 范围

本标准规定了电镀用氨基磺酸钴的要求、试验方法、检验规则、标志、包装、运输、贮存和安全。

本标准适用于以钴盐或金属钴为原料制得的电镀用氨基磺酸钴。

2 规范性引用文件

下列文件对于本文件的应用是必不可少的。凡是注日期的引用文件，仅注日期的版本适用于本文件。凡是不注日期的引用文件，其最新版本(包括所有的修改单)适用于本文件。

GB/T 601 化学试剂 标准滴定溶液的制备

GB/T 602 化学试剂 杂质测定用标准溶液的制备

GB/T 603 化学试剂 试验方法中所用制剂及制品的制备

GB/T 6678—2003 化工产品采样总则

GB/T 6682 分析实验室用水规格和试验方法

GB/T 8170 数值修约规则与极限数值的表示和判定

GB/T 9724 化学试剂 pH 值测定通则

3 要求

电镀用氨基磺酸钴的质量应符合表1的要求。

表 1

项目		指标
外观		红色，透明液体
钴(Co)含量/(g/L)	≥	150
镍(Ni)含量/(mg/L)	≤	50
铜(Cu)含量/(mg/L)	≤	5
铁(Fe)含量/(mg/L)	≤	10
铅(Pb)含量/(mg/L)	≤	10
锌(Zn)含量/(mg/L)	≤	5
锰(Mn)含量/(mg/L)	≤	5
钠(Na)含量/(mg/L)	≤	5
铬(Cr)含量/(mg/L)	≤	5

表 1（续）

项目		指标
硫酸盐（以 SO_4^{2-} 计）含量/(mg/L)	≤	500
氯化物（以 Cl^- 计）含量/(mg/L)	≤	5
pH 值		3.8～4.2
密度(20 ℃)/(g/mL)	≥	1.448

4 试验方法

4.1 一般规定

本标准中所用的试剂和水，在没有注明其他要求时，均指分析纯试剂和按 GB/T 6682 规定的三级水。试验中所用标准滴定溶液、杂质测定用标准溶液、制剂及制品，在没有注明其他要求时，均按 GB/T 601、GB/T 602、GB/T 603 的规定制备。

4.2 试液的制备

4.2.1 试液 A 的制备

量取 10.00 mL 试样于 100 mL 容量瓶中，移液管靠壁放置流 15 min，用水稀释至刻度，摇匀，此为试液 A。

4.2.2 试液 B 的制备

量取 100.00 mL 试样于 250 mL 容量瓶中，移液管靠壁放置流 15 min，用水稀释至刻度，摇匀，此为试液 B。

4.3 外观的测定

量取 50 mL 试样，注入 50 mL 比色管中，沿比色管直径对光目视测定。

4.4 钴含量的测定

4.4.1 原理

在碱性介质中，钴与乙二胺四乙酸二钠络合反应，以紫脲酸铵为指示剂，用乙二胺四乙酸二钠(EDTA)标准滴定溶液滴定，至溶液呈紫红色为终点。

4.4.2 试剂

4.4.2.1 氨-氯化铵缓冲溶液甲：pH≈10。

4.4.2.2 乙二胺四乙酸二钠(EDTA)标准滴定溶液：c(EDTA)＝0.05 mol/L。

4.4.2.3 紫脲酸铵混合指示剂。

4.4.3 分析步骤

量取 5.00 mL 试液 A（见 4.2.1）于 250 mL 锥形瓶中，加水至约 50 mL，摇匀。用乙二胺四乙酸二钠(EDTA)标准滴定溶液滴定至终点前 1 mL 时[根据取样量和乙二胺四乙酸二钠(EDTA)标准滴定溶液的浓度计算标准滴定溶液的量],加 10 mL 氨-氯化铵缓冲溶液甲、0.05 g～0.1 g 紫脲酸铵混合指示剂,继续滴定至溶液呈紫红色为终点。

4.4.4 结果计算

钴(Co)含量 X_1,数值以 g/L 表示,按式(1)计算:

$$X_1 = \frac{VcM}{5 \times 5/100} = \frac{VcM}{0.25} \quad \cdots\cdots(1)$$

式中:

V ——乙二胺四乙酸二钠(EDTA)标准滴定溶液的体积的数值,单位为毫升(mL);

c ——乙二胺四乙酸二钠(EDTA)标准滴定溶液的浓度的准确数值,单位为摩尔每升(mol/L);

M ——钴的摩尔质量的数值,单位为克每摩尔(g/mol)(M=58.933);

5 ——试料的体积的数值,单位为毫升(mL);

5/100 ——测定时量取试液体积与试液总体积的比值。

取平行测定结果的算术平均值为测定结果,平行测定结果的相对偏差应不大于 2%。

4.5 镍含量的测定

4.5.1 原理

处于气态的被测元素基态原子对该元素的原子共振辐射有强烈的吸收作用,基态镍原子对作为锐线光源的镍的空心阴极灯所辐射的单色光产生吸收,在一定浓度范围内,其吸光度与试样中该元素的浓度成正比。

4.5.2 试剂

4.5.2.1 盐酸溶液:1+9。

4.5.2.2 镍(Ni)标准溶液:0.1 mg/mL。

4.5.3 仪器

原子吸收分光光度计:具有镍空心阴极灯。

4.5.4 分析步骤

取四只 50 mL 容量瓶,分别向其中加入 1.00 mL 试液 B(见 4.2.2)、5 mL 盐酸溶液,再依次加入 0 mL、0.2 mL、0.4 mL、0.8 mL 的镍标准溶液(对应镍的质量为 0 mg、0.02 mg、0.04 mg、0.08 mg),用水稀释至刻度,摇匀。将原子吸收分光光度计调至最佳工作状态,点燃空气-乙炔火焰,以体积分数为 1% 的盐酸溶液调零,在波长为 232.0 nm 处,分别测定其吸光度。

4.5.5 结果计算

以加入的标准溶液中镍的质量为横坐标,相应吸光度为纵坐标,绘制曲线,将曲线反向延长与横坐标相交,交点的质量即为被测溶液中镍的质量。该质量也可根据测定的吸光度用回归方程法计算。

镍(Ni)含量 X_2,数值以 mg/L 表示,按式(2)计算:

$$X_2 = \frac{m}{100 \times 1/250 \times 10^{-3}} = 2\ 500m \quad \cdots\cdots(2)$$

式中:

m ——从曲线上查得的或用线性回归方程计算出的镍的质量的数值,单位为毫克(mg);

100 ——试料的体积的数值,单位为毫升(mL);

1/250——测定时量取试液体积与试液总体积的比值。

取平行测定结果的算术平均值为测定结果,平行测定结果的相对偏差应不大于10%。

4.6 铜含量的测定

4.6.1 原理

处于气态的被测元素基态原子对该元素的原子共振辐射有强烈的吸收作用,基态铜原子对作为锐线光源的铜的空心阴极灯所辐射的单色光产生吸收,在一定浓度范围内,其吸光度与试样中该元素的浓度成正比。

4.6.2 试剂

4.6.2.1 盐酸溶液:1+9。

4.6.2.2 铜(Cu)标准溶液:0.1 mg/mL。

4.6.3 仪器

原子吸收分光光度计:具有铜空心阴极灯。

4.6.4 分析步骤

取四只50 mL容量瓶,分别向其中加入10.00 mL试液B(见4.2.2)、5 mL盐酸溶液,再依次加入0 mL、0.1 mL、0.2 mL、0.3 mL的铜标准溶液(对应铜的质量为0 mg、0.01 mg、0.02 mg、0.03 mg),用水稀释至刻度,摇匀。将原子吸收分光光度计调至最佳工作状态,点燃空气-乙炔火焰,以体积分数为1%的盐酸溶液调零,在波长为324.8 nm处,分别测定其吸光度。

4.6.5 结果计算

以加入的标准溶液中铜的质量为横坐标,相应吸光度为纵坐标,绘制曲线,将曲线反向延长与横坐标相交,交点的质量即为被测溶液中铜的质量。该质量也可根据测定的吸光度用回归方程法计算。

铜(Cu)含量 X_3,数值以mg/L表示,按式(3)计算:

$$X_3=\frac{m}{100\times 10/250\times 10^{-3}}=250m \qquad \cdots\cdots(3)$$

式中:

m ——从曲线上查得的或用线性回归方程计算出的铜的质量的数值,单位为毫克(mg);

100 ——试料的体积的数值,单位为毫升(mL);

10/250——测定时量取试液体积与试液总体积的比值。

取平行测定结果的算术平均值为测定结果,平行测定结果的相对偏差应不大于25%。

4.7 铁含量的测定

4.7.1 原理

处于气态的被测元素基态原子对该元素的原子共振辐射有强烈的吸收作用,基态铁原子对作为锐线光源的铁的空心阴极灯所辐射的单色光产生吸收,在一定浓度范围内,其吸光度与试样中该元素的浓度成正比。

4.7.2 试剂

4.7.2.1 盐酸溶液:1+9。

4.7.2.2 铁(Fe)标准溶液:0.1 mg/mL。

4.7.3 仪器

原子吸收分光光度计:具有铁空心阴极灯。

4.7.4 分析步骤

取四只 50 mL 容量瓶,分别向其中加入 10.00 mL 试液 B(见 4.2.2)、5 mL 盐酸溶液,再依次加 0 mL、0.5 mL、1.0 mL、1.5 mL 的铁标准溶液(对应铁的质量为 0 mg、0.05 mg、0.10 mg、0.15 mg),用水稀释至刻度,摇匀。将原子吸收分光光度计调至最佳工作状态,点燃空气-乙炔火焰,以体积分数为 1% 的盐酸溶液调零,在波长为 248.3 nm 处,分别测定其吸光度。

4.7.5 结果计算

以加入的标准溶液中铁的质量为横坐标,相应吸光度为纵坐标,绘制曲线,将曲线反向延长与横坐标相交,交点的质量即为被测溶液中铁的质量。该质量也可根据测定的吸光度用回归方程法计算。

铁(Fe)含量 X_4,数值以 mg/L 表示,按式(4)计算:

$$X_4 = \frac{m}{100 \times 10/250 \times 10^{-3}} = 250m \qquad \cdots\cdots(4)$$

式中:

m ——从曲线上查得的或用线性回归方程计算出的铁的质量的数值,单位为毫克(mg);

100 ——试料的体积的数值,单位为毫升(mL);

10/250——测定时量取试液体积与试液总体积的比值。

取平行测定结果的算术平均值为报告结果,平行测定结果的相对偏差应不大于 25%。

4.8 铅含量的测定

4.8.1 原理

处于气态的被测元素基态原子对该元素的原子共振辐射有强烈的吸收作用,基态铅原子对作为锐线光源的铅的空心阴极灯所辐射的单色光产生吸收,在一定浓度范围内,其吸光度与样品中该元素的浓度成正比。

4.8.2 试剂

4.8.2.1 盐酸溶液:1+9。

4.8.2.2 铅(Pb)标准溶液:0.1 mg/mL。

4.8.3 仪器

原子吸收分光光度计:具有铅空心阴极灯。

4.8.4 分析步骤

取四只 50 mL 容量瓶,分别向其中加入 10.00 mL 试液 B(见 4.2.2)、5 mL 盐酸溶液,再依次加入 0 mL、0.5 mL、1.0 mL、1.5 mL 的铅标准溶液(对应铅的质量为 0 mg、0.05 mg、0.10 mg、0.15 mg),用水稀释至刻度,摇匀。将原子吸收分光光度计调至最佳工作状态,点燃空气-乙炔火焰,以体积分数为 1% 的盐酸溶液调零,在波长为 283.3 nm 处,分别测定其吸光度。

4.8.5 结果计算

以加入的标准溶液中铅的质量为横坐标，相应吸光度为纵坐标，绘制曲线，将曲线反向延长与横坐标相交，交点的质量即为被测溶液中铅的质量。该质量也可根据测定的吸光度用回归方程法计算。

铅(Pb)含量 X_5，数值以 mg/L 表示，按式(5)计算：

$$X_5 = \frac{m}{100 \times 10/250 \times 10^{-3}} = 250m \qquad \cdots\cdots(5)$$

式中：

m ——从曲线上查得的或用线性回归方程计算出的铅的质量的数值，单位为毫克(mg)；

100 ——试料的体积的数值，单位为毫升(mL)；

10/250——测定时量取试液体积与试液总体积的比值。

取平行测定结果的算术平均值为测定结果，平行测定结果的相对偏差应不大于25%。

4.9 锌含量的测定

4.9.1 原理

处于气态的被测元素基态原子对该元素的原子共振辐射有强烈的吸收作用，基态锌原子对作为锐线光源的锌的空心阴极灯所辐射的单色光产生吸收，在一定浓度范围内，其吸光度与试样中该元素的浓度成正比。

4.9.2 试剂

4.9.2.1 盐酸溶液：1+9。

4.9.2.2 锌(Zn)标准溶液：0.1 mg/mL。

4.9.3 仪器

原子吸收分光光度计：具有锌空心阴极灯。

4.9.4 分析步骤

取四只50 mL容量瓶，分别向其中加入10.00 mL试液B(见4.2.2)、5 mL盐酸溶液，再依次加入0 mL、0.1 mL、0.2 mL、0.3 mL的锌标准溶液(对应锌的质量为0 mg、0.01 mg、0.02 mg、0.03 mg)，用水稀释至刻度，摇匀。将原子吸收分光光度计调至最佳工作状态，点燃空气-乙炔火焰，以体积分数为1%的盐酸溶液调零，在波长为213.9 nm处，分别测定其吸光度。

4.9.5 结果计算

以加入的标准溶液中锌的质量为横坐标，相应吸光度为纵坐标，绘制曲线，将曲线反向延长与横坐标相交，交点的质量即为被测溶液中锌的质量。该质量也可根据测定的吸光度用回归方程法计算。

锌(Zn)含量 X_6，数值以 mg/L 表示，按式(6)计算：

$$X_6 = \frac{m}{100 \times 10/250 \times 10^{-3}} = 250m \qquad \cdots\cdots(6)$$

式中：

m ——从曲线上查得的或用线性回归方程计算出的锌的质量的数值，单位为毫克(mg)；

100 ——试料的体积的数值，单位为毫升(mL)；

10/250——测定时量取试液体积与试液总体积的比值。

取平行测定结果的算术平均值为测定结果，平行测定结果的相对偏差应不大于25%。

4.10 锰含量的测定

4.10.1 原理

处于气态的被测元素基态原子对该元素的原子共振辐射有强烈的吸收作用，基态锰原子对作为锐线光源的锰的空心阴极灯所辐射的单色光产生吸收，在一定浓度范围内，其吸光度与试样中该元素的浓度成正比。

4.10.2 试剂

4.10.2.1 盐酸溶液：1+9。

4.10.2.2 锰(Mn)标准溶液：0.1 mg/mL。

4.10.3 仪器

原子吸收分光光度计：具有锰空心阴极灯。

4.10.4 分析步骤

取四只 50 mL 容量瓶，分别向其中加入 10.00 mL 试液 B(见 4.2.2)、5 mL 盐酸溶液，再依次加入 0 mL、0.2 mL、0.4 mL、0.6 mL 的锰标准溶液(对应锰的质量为 0 mg、0.02 mg、0.04 mg、0.06 mg)，用水稀释至刻度，摇匀。将原子吸收分光光度计调至最佳工作状态，点燃空气-乙炔火焰，以体积分数为 1% 的盐酸溶液调零，在波长为 279.5 nm 处，分别测定其吸光度。

4.10.5 结果计算

以加入的标准溶液中锰的质量为横坐标，相应吸光度为纵坐标，绘制曲线，将曲线反向延长与横坐标相交，交点的质量即为被测溶液中锰的质量。该质量也可根据测定的吸光度用回归方程法计算。

锰(Mn)含量 X_7，数值以 mg/L 表示，按式(7)计算：

$$X_7 = \frac{m}{100 \times 10/250 \times 10^{-3}} = 250m \qquad \cdots\cdots (7)$$

式中：

m ——从曲线上查得的或用线性回归方程计算出的锰的质量的数值，单位为毫克(mg)；

100 ——试料的体积的数值，单位为毫升(mL)；

10/250——测定时量取试液体积与试液总体积的比值。

取平行测定结果的算术平均值为测定结果，平行测定结果的相对偏差应不大于 25%。

4.11 钠含量的测定

4.11.1 原理

处于气态的被测元素基态原子对该元素的原子共振辐射有强烈的吸收作用，基态钠原子对作为锐线光源的钠的空心阴极灯所辐射的单色光产生吸收，在一定浓度范围内，其吸光度与试样中该元素的浓度成正比。

4.11.2 试剂

4.11.2.1 盐酸溶液：1+9。

4.11.2.2 钠(Na)标准溶液：0.1 mg/mL。

4.11.3 仪器

原子吸收分光光度计：具有钠空心阴极灯。

4.11.4 分析步骤

取四只 50 mL 容量瓶，分别向其中加入 10.00 mL 试液 B(见 4.2.2)、5 mL 盐酸溶液，再依次加入 0 mL、0.5 mL、1.0 mL、1.5 mL 的钠标准溶液(对应钠的质量为 0 mg、0.05 mg、0.10 mg、0.15 mg)，用水稀释至刻度，摇匀。将原子吸收分光光度计调至最佳工作状态，点燃空气-乙炔火焰，以体积分数为 1% 的盐酸溶液调零，在波长为 589.0 nm 处，分别测定其吸光度。

4.11.5 结果计算

以加入的标准溶液中钠的质量为横坐标，相应吸光度为纵坐标，绘制曲线，将曲线反向延长与横坐标相交，交点的质量即为被测溶液中钠的质量。该质量也可根据测定的吸光度用回归方程法计算。

钠(Na)含量 X_8，数值以 mg/L 表示，按式(8)计算：

$$X_8 = \frac{m}{100 \times 10/250 \times 10^{-3}} = 250m \qquad \cdots\cdots(8)$$

式中：

m ——从曲线上查得的或用线性回归方程计算出的钠的质量的数值，单位为毫克(mg)；

100 ——试料的体积的数值，单位为毫升(mL)；

10/250——测定时量取试液体积与试液总体积的比值。

取平行测定结果的算术平均值为测定结果，平行测定结果的相对偏差应不大于 25%。

4.12 铬含量的测定

4.12.1 原理

处于气态的被测元素基态原子对该元素的原子共振辐射有强烈的吸收作用，基态铬原子对作为锐线光源的铬的空心阴极灯所辐射的单色光产生吸收，在一定浓度范围内，其吸光度与试样中该元素的浓度成正比。

4.12.2 试剂

4.12.2.1 硫酸溶液：1+9。

4.12.2.2 硫酸钠溶液：110 g/L。

4.12.2.3 铬(Cr)标准溶液：0.1 mg/mL。

4.12.3 仪器

原子吸收分光光度计：具有铬空心阴极灯。

4.12.4 分析步骤

取四只 50 mL 容量瓶，分别向其中加入 10.00 mL 试液 B(见 4.2.2)，依次加入 0 mL、0.5 mL、1.0 mL、1.5 mL 的铬标准溶液(对应铬的质量为 0 mg、0.05 mg、0.10 mg、0.15 mg)，再各加 5 mL 硫酸溶液、5 mL 硫酸钠溶液，用水稀释至刻度，摇匀。将原子吸收分光光度计调至最佳工作状态，点燃空气-乙炔火焰，以体积分数为 1%的盐酸溶液调零，在波长为 357.9 nm 处，分别测定其吸光度。

4.12.5 结果计算

以加入的标准溶液中铬的质量为横坐标，相应吸光度为纵坐标，绘制曲线，将曲线反向延长与横坐标相交，交点的质量即为被测溶液中铬的质量。该质量也可根据测定的吸光度用回归方程法计算。

铬(Cr)含量 X_9，数值以 mg/L 表示，按式(9)计算：

$$X_9 = \frac{m}{100 \times 10/250 \times 10^{-3}} = 250m \qquad \cdots\cdots(9)$$

式中：

m ——从曲线上查得的或用线性回归方程计算出的铬的质量的数值，单位为毫克(mg)；

100 ——试料的体积的数值，单位为毫升(mL)；

10/250——测定时量取试液体积与试液总体积的比值。

取平行测定结果的算术平均值为测定结果，平行测定结果的相对偏差应不大于 25%。

4.13 硫酸盐含量的测定

4.13.1 原理

硫酸根与钡离子在酸性介质中生成白色的硫酸钡沉淀，在乙醇溶液中形成浑浊液，与标准浑浊液进行目视比浊。

4.13.2 试剂

4.13.2.1 无水乙醇。

4.13.2.2 盐酸溶液：1+4。

4.13.2.3 氯化钡溶液：250 g/L。

4.13.2.4 硫酸盐(以 SO_4^{2-} 计)标准溶液：0.1 mg/mL。

4.13.3 分析步骤

4.13.3.1 不含硫酸根的氨基磺酸钴溶液的制备

量取 20.00 mL 试液 A(见 4.2.1)于 100 mL 容量瓶中，加入 20 mL 无水乙醇、2 mL 盐酸溶液，在不断摇动下滴加 10 mL 氯化钡溶液，用水稀释至刻度，摇匀，放置 12 h～18 h，过滤，收集滤液。

4.13.3.2 试液的制备

量取 20.00 mL 试液 A(见 4.2.1)于 100 mL 容量瓶中，用水稀释至刻度，摇匀，此为溶液 B。分取 10.00 mL 溶液 B 于 25 mL 比色管中，加入 5 mL 无水乙醇，1 mL 盐酸溶液，在不断摇动下滴加 2.5 mL 氯化钡溶液，用水稀释至刻度，摇匀。

4.13.3.3 标准比对溶液的制备

取 10 mL 不含硫酸根的氨基磺酸钴溶液(见 4.13.3.1)于 25 mL 比色管中，加入 0.5 mL 的硫酸盐标准溶液、3 mL 无水乙醇、0.8 mL 盐酸溶液，在不断摇动下滴加 1.5 mL 氯化钡溶液，用水稀释至刻度，摇匀，与同体积试样溶液同时同样处理。

4.13.3.4 测定

将试液与标准比对溶液同时放置 10 min 进行目视比浊，试液所呈浊度不得大于标准比对溶液。

4.14 氯化物含量的测定

4.14.1 原理

氯离子与银离子在酸性介质中生成白色的氯化银沉淀，对此浑浊液进行目视比浊。

4.14.2 试剂

4.14.2.1 硝酸溶液：1＋3。

4.14.2.2 硝酸银溶液：17 g/L。

4.14.2.3 氯化物（以 Cl^- 计）标准溶液：0.1 mg/mL。

4.14.2.4 氯化物（以 Cl^- 计）标准溶液：0.01 mg/mL。

量取 10.00 mL 氯化物标准溶液（见 4.14.2.3）置于 100 mL 容量瓶中，用水稀释至刻度，摇匀。此溶液使用时现配。

4.14.3 分析步骤

4.14.3.1 不含氯化物的氨基磺酸钴溶液的制备

量取 10.00 mL 试样于 100 mL 容量瓶中，移液管靠壁放置流 15 min，加入 10 mL 硝酸溶液、5 mL 硝酸银溶液，用水稀释至刻度，摇匀，放置 12 h～18 h，过滤，收集滤液。

4.14.3.2 试液的制备

量取 20.00 mL 试液 A（见 4.2.1）于 25 mL 比色管中，加 2 mL 硝酸溶液，1 mL 硝酸银溶液，稀释至刻度，摇匀。

4.14.3.3 标准比对溶液的制备

取 10 mL 不含氯化物的氨基磺酸钴溶液（见 4.14.3.1）于 25 mL 比色管中，加入 0.5 mL 的氯标准溶液（见 4.14.2.4）、1 mL 硝酸溶液、0.5 mL 硝酸银溶液，稀释至刻度，摇匀，与同体积试样溶液同时同样处理。

4.14.3.4 测定

将试液与标准比对溶液同时放置 10 min 进行目视比浊，试液所呈浊度不得大于标准比对溶液。

4.15 pH 值的测定

按 GB/T 9724 中的规定对试样直接测定。

4.16 密度（20 ℃）的测定

4.16.1 原理

不同密度的液体，密度计浸入液体的高度不同，根据不同的高度，确定液体的密度。

4.16.2 仪器

4.16.2.1 玻璃密度计：1.40 g/mL～1.50 g/mL，分度值 0.001。

4.16.2.2 温度计：0 ℃～50 ℃，分度值为 0.5 ℃。

4.16.2.3 恒温水浴锅。

4.16.3 测定

用试样洗涤量筒和密度计，取一定量的试样置于量筒中，放入密度计和温度计，再将量筒放入 20 ℃±1 ℃的恒温水浴锅中，当量筒内样品保持在 20 ℃±1 ℃，读出密度计的读数。

5 检验规则

5.1 出厂的产品应由生产企业的质量监督部门进行检验，产品按批检验，产品以灌装前，经同一混合设备，最后一次混合的液体所生成的匀质产品为一批。生产厂应保证每批出厂的产品符合本标准的要求。每批出厂的产品应附有质量证明书，内容包括：产品名称、生产企业名称、生产企业地址、批号或生产日期和本标准编号。

5.2 本标准要求中的全部指标项目为型式检验项目，其中外观、钴含量、pH 值、密度为出厂检验项目。正常情况下每个季度进行一次型式检验，有下列情况之一也应进行型式检验：

a) 原辅材料来源发生变化，可能影响产品质量时；

b) 停产三个月，恢复生产时；

c) 国家质量监督机构提出进行型式检验的要求时。

5.3 检验用的样品，由质检部门专人随机采样，采样应符合 GB/T 6678—2003 中 7.6 的规定。取样总量不少于 1 000 mL。

5.4 将取得的样品充分混匀，分别装入两个清洁、干燥、带磨口塞的瓶中，密封。瓶上贴标签，注明生产企业名称、产品名称、批号、采样日期和采样者。一瓶用于检验，另一瓶作为保留样保存三个月。

5.5 检验结果按 GB/T 8170 中规定的修约值比较法判定是否符合本标准。若检验结果如有指标不符合本标准的要求，应重新自两倍量的包装单元中采样进行复验，复验结果即使有一项指标不符合本标准的要求，则整批产品为不合格。

6 标志、包装、运输、贮存

6.1 出厂产品的外包装上应有明显牢固的标志，内容包括：产品名称、生产企业名称、生产企业地址、批号或生产日期、净含量、本标准编号等。

6.2 产品采用高密度聚乙烯(HDPE)塑料桶包装，每桶净重 30 kg、300 kg，或按用户要求包装。

6.3 产品运输时包装要密闭，运输过程中，防止受热和雨淋。

6.4 产品应贮存在阴凉、通风、干燥处。贮存期为 12 个月。

7 安全

7.1 本标准规定的氨基磺酸钴为氨基磺酸钴的水溶液，暗红色液体，浓稠，可与水以任意比例混合，其性质稳定，遇火不燃烧，偏酸性，其主要危害为钴的重金属污染。

7.2 如不慎误食，请立即诱导呕吐，或喝肥皂水或者浓盐水，直到呕吐干净为止，并看医生确诊(当误食者出现抽搐或意识不清状况时，请勿诱导呕吐或给其喝任何东西)。如不慎入眼，请立即用大量清水冲洗眼睛至少 15 min，并看医生确诊。如若不慎接触皮肤，请用大量清水冲洗。

7.3 请勿将流出的液体冲入下水道。如溢出，请用苏打或石灰覆盖污染区域，它将形成一层浓稠的碱性浆液，并将浆液盛入钢制或聚乙烯容器内，按照对重金属残余物处理的相关规定，对其进行安全处理。

ICS 71.060.50
G 12

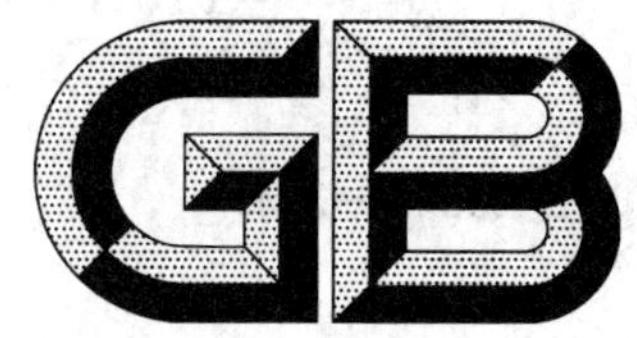

中华人民共和国国家标准

GB/T 23847—2017
代替 GB/T 23847—2009

电镀用氨基磺酸镍

Nickel sulfamate for electroplating

2017-12-29 发布　　2018-07-01 实施

中华人民共和国国家质量监督检验检疫总局
中国国家标准化管理委员会　发布

前　言

本标准按照 GB/T 1.1—2009 给出的规则起草。

本标准代替 GB/T 23847—2009《电镀用氨基磺酸镍》，与 GB/T 23847—2009 相比主要技术变化如下：

——删除了范围中分子式和相对分子质量的表述(见第 1 章，2009 年版的第 1 章)；

——修改了要求中钴、钙、镁、硫酸盐和密度的指标值，删除了对硝酸盐、游离氨的要求(见第 3 章，2009 年版的第 3 章)；

——增加了钴、铜、铁、铅、锌、锰、钙、镁和铬含量的计算公式(见 4.5.5、4.6.5、4.7.1.5、4.7.2.5、4.8.1.5、4.8.2.5、4.9.1.5 和 4.9.2.5，2009 年版的 4.2、4.3、4.4、4.5、4.6、4.7、4.8、4.9 和 4.10)；

——修改了铁含量的试验方法(见 4.5，2009 年版的 4.4)；

——修改了硫酸盐和氯化物的分析步骤(见 4.10 和 4.11，2009 年版的 4.11 和 4.13)；

——修改了测定 pH 值的规定(见 4.12，2009 年版的 4.15)；

——删除了硝酸盐含量和游离氨含量的试验方法(见 2009 年版的 4.12 和 4.14)；

——修改了密度的测定方法(见 4.13，2009 年版的 4.16)；

——修改了检验规则的内容(见 5.5，2009 年版的 5.5、5.6 和 5.7)；

——增加了“安全”的章条(见第 7 章)。

本标准由中国石油和化学工业联合会提出。

本标准由全国化学标准化技术委员会硫和硫酸分技术委员会(SAC/TC 63/SC 7)归口。

本标准起草单位：江西核工业兴中新材料有限公司、南化集团研究院、精细化学品集团有限公司。

本标准主要起草人：汤森进、胡昌文、蒋良华、王宙晖、龙长江、陈小娟、何莹莹、范金星。

本标准所代替标准的历次版本发布情况为：

——GB/T 23847—2009。

电镀用氨基磺酸镍

警示——本标准中使用的部分试剂具有毒性或腐蚀性，部分操作具有危险性。本标准并未揭示所有可能的安全问题，使用者应严格按照有关规定正确使用，并有责任采取适当的安全和健康措施。

1 范围

本标准规定了电镀用氨基磺酸镍的要求、试验方法、检验规则、标志、包装、运输、贮存和安全。

本标准适用于以镍盐或金属镍为原料制得的电镀用氨基磺酸镍。

2 规范性引用文件

下列文件对于本文件的应用是必不可少的。凡是注日期的引用文件，仅注日期的版本适用于本文件。凡是不注日期的引用文件，其最新版本(包括所有的修改单)适用于本文件。

GB/T 601 化学试剂 标准滴定溶液的制备

GB/T 602 化学试剂 杂质测定用标准溶液的制备

GB/T 603 化学试剂 试验方法中所用制剂及制品的制备

GB/T 6678—2003 化工产品采样总则

GB/T 6682 分析实验室用水规格和试验方法

GB/T 8170 数值修约规则与极限数值的表示和判定

GB/T 9724 化学试剂 pH 值测定通则

3 要求

电镀用氨基磺酸镍的质量应符合表1的要求。

表 1

项目		指标	
		优等品	一等品
外观		深绿色，透明液体	深绿色，透明液体
镍(Ni)含量/(g/L)	≥	180	180
铁(Fe)含量/(mg/L)	≤	10	15
锰(Mn)含量/(mg/L)	≤	5	10
钴(Co)含量/(mg/L)	≤	20	50
铜(Cu)含量/(mg/L)	≤	5	10
铅(Pb)含量/(mg/L)	≤	10	15
锌(Zn)含量/(mg/L)	≤	5	10
钙(Ca)含量/(mg/L)	≤	10	100

表 1（续）

项　目		指　标	
		优等品	一等品
镁(Mg)含量/(mg/L)	≤	5	50
铬(Cr)含量/(mg/L)	≤	5	10
硫酸盐(以 SO_4^{2-} 计)含量/(mg/L)	≤	500	700
氯化物(以 Cl^- 计)含量/(mg/L)	≤	5	50
pH 值		4.0～4.8	4.0～4.8
密度(20 ℃)/(g/mL)	≥	1.538	1.538

4　试验方法

4.1　一般规定

本标准中所用的试剂和水，在没有注明其他要求时，均指分析纯试剂和符合 GB/T 6682 规定的三级水。试验中所用标准滴定溶液、杂质测定用标准溶液、制剂及制品，在没有注明其他要求时，均按 GB/T 601、GB/T 602、GB/T 603 的规定制备。

4.2　试液的制备

4.2.1　试液 A 的制备

量取 10.00 mL 试样于 100 mL 容量瓶中，移液管靠壁放置流 15 min，用水稀释至刻度，摇匀，此为试液 A。

4.2.2　试液 B 的制备

量取 100.00 mL 试样于 250 mL 容量瓶中，移液管靠壁放置流 15 min，用水稀释至刻度，摇匀，此为试液 B。

4.3　外观的测定

量取 50 mL 试样，注入 50 mL 比色管中，沿比色管直径对光目视测定。

4.4　镍含量的测定

4.4.1　原理

在碱性介质中，镍与乙二胺四乙酸二钠络合反应，以紫脲酸铵为指示剂，用乙二胺四乙酸二钠(EDTA) 标准滴定溶液滴定，至溶液呈蓝紫色为终点。

4.4.2　试剂

4.4.2.1　氨-氯化铵缓冲溶液甲：pH≈10。

4.4.2.2　乙二胺四乙酸二钠(EDTA)标准滴定溶液：c(EDTA)=0.05 mol/L。

4.4.2.3　紫脲酸铵混合指示剂。

4.4.3 分析步骤

量取 10.00 mL 试液 B(见 4.2.2)于 100 mL 容量瓶中,用水稀释至刻度,摇匀,此为试液 C。

量取 10.00 mL 试液 C 于 250 mL 锥形瓶中,加水至约 70 mL,摇匀。加 10 mL 氨-氯化铵缓冲溶液甲及 0.05 g～0.1 g 紫脲酸铵混合指示剂,用乙二胺四乙酸二钠(EDTA)标准滴定溶液,滴定至溶液呈蓝紫色为终点。

4.4.4 结果计算

镍(Ni)含量 X_1,数值以 g/L 表示,按式(1)计算:

$$X_1 = \frac{VcM}{100 \times 10/250 \times 10/100} = \frac{VcM}{0.4} \qquad \cdots\cdots (1)$$

式中:

V ——乙二胺四乙酸二钠(EDTA)标准滴定溶液的体积的数值,单位为毫升(mL);

c ——乙二胺四乙酸二钠(EDTA)标准滴定溶液的浓度的准确数值,单位为摩尔每升(mol/L);

M ——镍的摩尔质量的数值,单位为克每摩尔(g/mol)(M=58.693);

100 ——试料的体积的数值,单位为毫升(mL);

10/250——测定时量取溶液体积与试液 B 总体积的比值;

10/100——测定时量取溶液体积与试液 C 总体积的比值。

取平行测定结果的算术平均值为测定结果,平行测定结果的相对偏差应不大于 2%。

4.5 铁含量的测定

4.5.1 原理

在 6 mol/L 的盐酸溶液中,用乙酸乙酯萃取溶液中的铁,用盐酸羟胺溶液反萃取,并将三价铁离子还原为二价铁离子,在 pH 值为 2～9 时,二价铁离子与 1,10-菲啰啉生成橙红色络合物。在最大吸收波长 510 nm 处,用分光光度计测量其吸光度。

4.5.2 试剂

4.5.2.1 盐酸。

4.5.2.2 乙酸乙酯。

4.5.2.3 盐酸溶液:1+1。

4.5.2.4 盐酸羟胺溶液:100 g/L。

4.5.2.5 乙酸铵溶液:200 g/L。

4.5.2.6 乙二胺四乙酸二钠(EDTA)溶液:50 g/L。

4.5.2.7 乙酸-乙酸钠缓冲溶液:pH≈4.5。

4.5.2.8 1,10-菲啰啉溶液:1 g/L。

称取 0.10 g 1,10-菲啰啉,加少量水振摇至溶解,用水稀释至 100 mL,避光保存。

4.5.2.9 铁(Fe)标准溶液:100 μg/mL。

4.5.2.10 铁(Fe)标准溶液:10 μg/mL。

量取 10.00 mL 铁标准溶液(见 4.5.2.9)置于 100 mL 容量瓶中,用水稀释至刻度,摇匀。此溶液使用时配制。

4.5.3 仪器

分光光度计:具有 3 cm 比色皿。

4.5.4 分析步骤

4.5.4.1 工作曲线的绘制

取五只 50 mL 容量瓶，分别加入铁标准溶液（见 4.5.2.10）0 mL、0.50 mL、1.00 mL、1.50 mL、2.00 mL。对每只容量瓶中的溶液做下述处理：加水至约 20 mL，依次加入 1 mL 盐酸羟胺溶液、10 mL 乙酸-乙酸钠缓冲溶液、10 mL 1,10-菲啰啉溶液，用水稀释至刻度，摇匀，放置 15 min～30 min。

在分光光度计 510 nm 波长处，用 3 cm 吸收池，以不加铁标准溶液的空白溶液作参比，测量溶液的吸光度。

以上述溶液中铁的质量（单位为微克）为横坐标，对应的吸光度值为纵坐标，绘制工作曲线，或根据所得吸光度值计算出线性回归方程。

4.5.4.2 测定

量取 10.00 mL 试液 A（见 4.2.1），置于 125 mL 分液漏斗中，加 10 mL 盐酸、20 mL 乙酸乙酯，振摇 1 min，静止分层后弃去水相。向有机相中加入 10 mL 盐酸溶液，振摇 1 min，静止分层后弃去水相。向有机相中加入 10 mL 盐酸羟胺溶液，振摇 1 min，静止分层后将水相移入 100 mL 烧杯中，加 5 mL 乙酸铵溶液、1 mL 乙二胺四乙酸二钠（EDTA）溶液，摇匀后加热煮沸，取下，趁热加入 10 mL 1,10-菲啰啉溶液，冷却后移入 50 mL 容量瓶中，用水稀释至刻度，摇匀。

在分光光度计 510 nm 波长处，用 3 cm 吸收池，以不加铁标准溶液的空白溶液作参比，测量溶液的吸光度。

4.5.5 结果计算

铁（Fe）含量 X_2，数值以 mg/L 表示，按式（2）计算：

$$X_2 = \frac{m \times 10^{-3}}{10 \times 10/100 \times 10^{-3}} = m \qquad \cdots\cdots(2)$$

式中：

m ——从曲线上查得的或用线性回归方程计算出的铁的质量的数值，单位为微克（μg）；

10 ——试料的体积的数值，单位为毫升（mL）；

10/100 ——测定时量取试液体积与试液总体积的比值。

取平行测定结果的算术平均值为测定结果，平行测定结果的相对偏差应不大于 35%。

4.6 锰含量的测定

4.6.1 原理

处于气态的被测元素基态原子对该元素的原子共振辐射有强烈的吸收作用，基态锰原子对作为锐线光源的锰的空心阴极灯所辐射的单色光产生吸收，在一定浓度范围内，其吸光度与试样中锰的浓度成正比。

4.6.2 试剂

4.6.2.1 盐酸溶液：1+9。

4.6.2.2 锰（Mn）标准溶液：0.1 mg/mL。

4.6.3 仪器

原子吸收分光光度计：具有锰空心阴极灯。

4.6.4 分析步骤

取四只 50 mL 容量瓶，分别向其中加入 10.00 mL 试液 B(见 4.2.2)、5 mL 盐酸溶液，再依次加入 0 mL、0.2 mL、0.4 mL、0.6 mL 的锰标准溶液(对应锰的质量为 0 mg、0.02 mg、0.04 mg、0.06 mg)，用水稀释至刻度，摇匀。将原子吸收分光光度计调至最佳工作状态，点燃空气-乙炔火焰，以体积分数为 1%的盐酸溶液调零，在波长为 279.5 nm 处，分别测定其吸光度。

4.6.5 结果计算

以加入的标准溶液中锰的质量(单位为毫克)为横坐标，相应吸光度为纵坐标，绘制曲线，将曲线反向延长与横坐标相交，交点的质量即为被测溶液中锰的质量。该质量也可根据测定的吸光度用回归方程法计算。

锰(Mn)的含量 X_3，数值以 mg/L 表示，按式(3)计算：

$$X_3=\frac{m}{100\times V/250\times 10^{-3}}=2\ 500m/V \qquad (3)$$

式中：

m ——从曲线上查得的或用线性回归方程计算出的锰的质量的数值，单位为毫克(mg)；

V ——测定时量取试液的体积的数值，单位为毫升(mL)；

100 ——试料的体积的数值，单位为毫升(mL)；

250 ——试液总体积的数值，单位为毫升(mL)。

取平行测定结果的算术平均值为测定结果，平行测定结果的相对偏差应不大于 25%。

4.7 钴、铜、铅和锌含量的测定

4.7.1 原子吸收标准加入法　仲裁法

4.7.1.1 原理

处于气态的被测元素基态原子对该元素的原子共振辐射有强烈的吸收作用，基态金属原子对作为锐线光源的金属元素的空心阴极灯所辐射的单色光产生吸收，在一定浓度范围内，其吸光度与试样中该元素的浓度成正比。为了消除样品基体的影响，在待测溶液中，加入一系列已知浓度含待测元素的标准溶液，分别测得吸光度，倒推至零吸光度计算出溶液中待测元素的浓度。

4.7.1.2 试剂

4.7.1.2.1 盐酸溶液：1+9。

4.7.1.2.2 钴(Co)标准溶液：0.1 mg/mL。

4.7.1.2.3 铜(Cu)标准溶液：0.1 mg/mL。

4.7.1.2.4 铅(Pb)标准溶液：0.1 mg/mL。

4.7.1.2.5 锌(Zn)标准溶液：0.1 mg/mL。

4.7.1.3 仪器

原子吸收分光光度计：具有钴、铜、铅、锌空心阴极灯。

4.7.1.4 分析步骤

4.7.1.4.1 钴含量的测定

取四只 50 mL 容量瓶，分别向其中加入 1.00 mL 试液 B(见 4.2.2)、5 mL 盐酸溶液，再依次加入

0 mL、0.2 mL、0.4 mL、0.6 mL 的钴标准溶液(对应钴的质量为 0 mg、0.02 mg、0.04 mg、0.06 mg),用水稀释至刻度,摇匀。将原子吸收分光光度计调至最佳工作状态,点燃空气-乙炔火焰,以体积分数为1%的盐酸溶液调零,在波长为 240.7 nm 处,分别测定其吸光度。

4.7.1.4.2 铜含量的测定

取四只 50 mL 容量瓶,分别向其中加入 10.00 mL 试液 B(见 4.2.2)、5 mL 盐酸溶液,再依次加入0 mL、0.1 mL、0.2 mL、0.3 mL 的铜标准溶液(对应铜的质量为 0 mg、0.01 mg、0.02 mg、0.03 mg),用水稀释至刻度,摇匀。将原子吸收分光光度计调至最佳工作状态,点燃空气-乙炔火焰,以体积分数为1%的盐酸溶液调零,在波长为 324.8 nm 处,分别测定其吸光度。

4.7.1.4.3 铅含量的测定

取四只 50 mL 容量瓶,分别向其中加入 10.00 mL 试液 B(见 4.2.2)、5 mL 盐酸溶液,再依次加入0 mL、0.5 mL、1.0 mL、1.5 mL 的铅标准溶液(对应铅的质量为 0 mg、0.05 mg、0.10 mg、0.15 mg),用水稀释至刻度,摇匀。将原子吸收分光光度计调至最佳工作状态,点燃空气-乙炔火焰,以体积分数为1%的盐酸溶液调零,在波长为 283.3 nm 处,分别测定其吸光度。

4.7.1.4.4 锌含量的测定

取四只 50 mL 容量瓶,分别向其中加入 10.00 mL 试液 B(见 4.2.2)、5 mL 盐酸溶液,再依次加入0 mL、0.1 mL、0.2 mL、0.3 mL 的锌标准溶液(对应锌的质量为 0 mg、0.01 mg、0.02 mg、0.03 mg),用水稀释至刻度,摇匀。将原子吸收分光光度计调至最佳工作状态,点燃空气-乙炔火焰,以体积分数为1%的盐酸溶液调零,在波长为 213.9 nm 处,分别测定其吸光度。

4.7.1.5 结果计算

以加入的标准溶液中待测元素的质量(单位为毫克)为横坐标,相应吸光度为纵坐标,绘制曲线,将曲线反向延长与横坐标相交,交点的质量即为被测溶液中待测元素的质量。该质量也可根据测定的吸光度用回归方程法计算。

钴(Co)的含量 X_4、铜(Cu)的含量 X_5、铅(Pb)的含量 X_6、锌(Zn)的含量 X_7,数值以 mg/L 表示,按式(4)计算:

$$X_4 \text{ 或 } X_5 \text{ 或 } X_6 \text{ 或 } X_7 = \frac{m}{100 \times V/250 \times 10^{-3}} = 2\,500m/V \quad \cdots\cdots (4)$$

式中:

m ——从曲线上查得的或用线性回归方程计算出的待测元素的质量的数值,单位为毫克(mg);

V ——测定时量取试液的体积的数值,单位为毫升(mL);

100 ——试料的体积的数值,单位为毫升(mL);

250 ——试液总体积的数值,单位为毫升(mL)。

取平行测定结果的算术平均值为测定结果。

钴含量平行测定结果的相对偏差应不大于 10%;铜、铅和锌平行测定结果的相对偏差应不大于 25%。

4.7.2 原子吸收标准曲线法

4.7.2.1 原理

处于气态的被测元素基态原子对该元素的原子共振辐射有强烈的吸收作用,基态金属原子对作为锐线光源的金属元素的空心阴极灯所辐射的单色光产生吸收，在一定浓度范围内，其吸光度与试样中该元素的浓度成正比。

4.7.2.2 试剂

4.7.2.2.1 盐酸溶液：1+9。

4.7.2.2.2 钴(Co)标准溶液：0.1 mg/mL。

4.7.2.2.3 铜(Cu)标准溶液：0.1 mg/mL。

4.7.2.2.4 铅(Pb)标准溶液：0.1 mg/mL。

4.7.2.2.5 锌(Zn)标准溶液：0.1 mg/mL。

4.7.2.3 仪器

原子吸收分光光度计：具有钴、铜、铅、锌空心阴极灯。

4.7.2.4 分析步骤

4.7.2.4.1 工作曲线的绘制

取五只 100 mL 容量瓶，分别按表 2 加入钴、铜、铅、锌标准溶液，再加入 10 mL 盐酸溶液，用水稀释至刻度，摇匀。

在原子吸收分光光度计上，按仪器工作条件，用空气-乙炔火焰，以不加入待测元素标准溶液的空白溶液调零，于表 2 所示的相应波长处测量溶液的吸光度。

表 2

项目	测定波长 nm	量取标准溶液的体积 mL	相应的元素浓度 μg/mL
钴	240.7	0	0
		0.10	0.1
		0.20	0.2
		0.30	0.3
		0.40	0.4
铜	324.8	0	0
		0.10	0.1
		0.20	0.2
		0.30	0.3
		0.40	0.4
铅	283.3	0	0
		0.50	0.5
		1.00	1.0
		1.50	1.5
		2.00	2.0

表 2（续）

项目	测定波长 nm	量取标准溶液的体积 mL	相应的元素浓度 μg/mL
锌	213.9	0	0
		0.10	0.1
		0.20	0.2
		0.30	0.3
		0.40	0.4

以上述溶液中待测元素的质量(单位为毫克)为横坐标,对应的吸光度值为纵坐标,绘制工作曲线,或根据所得吸光度值计算出线性回归方程。

4.7.2.4.2 测定

量取 20.00 mL 试液 B(见 4.2.2)于 100 mL 容量瓶中,加入 10 mL 盐酸溶液,用水稀释至刻度,摇匀。

按 4.7.2.4.1 中第二段的规定测量溶液的吸光度。从工作曲线上查出或根据线性回归方程计算出被测溶液中待测元素的质量。

4.7.2.5 结果计算

钴(Co)的含量 X_4、铜(Cu)的含量 X_5、铅(Pb)的含量 X_6、锌(Zn)的含量 X_7,数值以 mg/L 表示,按式(5)计算:

$$X_4 \text{ 或 } X_5 \text{ 或 } X_6 \text{ 或 } X_7 = \frac{m}{100 \times 20/250 \times 10^{-3}} = 125m \qquad \cdots\cdots (5)$$

式中:

m ——从曲线上查得的或用线性回归方程计算出的待测元素的质量的数值,单位为毫克(mg);

100 ——试料的体积的数值,单位为毫升(mL);

20/250——测定时量取试液体积与试液总体积的比值。

取平行测定结果的算术平均值为测定结果,平行测定结果的相对偏差应不大于 10%。

4.8 钙和镁含量的测定

4.8.1 原子吸收标准加入法 仲裁法

4.8.1.1 原理

处于气态的被测元素基态原子对该元素的原子共振辐射有强烈的吸收作用,基态金属原子对作为锐线光源的金属元素的空心阴极灯所辐射的单色光产生吸收,在一定浓度范围内,其吸光度与试样中该元素的浓度成正比。为了消除样品基体的影响,在待测溶液中,加入一系列已知浓度含待测元素的标准溶液,分别测得吸光度,倒推至零吸光度计算出溶液中待测元素的浓度。

4.8.1.2 试剂

4.8.1.2.1 盐酸溶液:1+9。

4.8.1.2.2 钙(Ca)标准溶液:0.1 mg/mL。

4.8.1.2.3 镁(Mg)标准溶液:0.1 mg/mL。

4.8.1.3 仪器

原子吸收分光光度计:具有钙、镁空心阴极灯。

4.8.1.4 分析步骤

4.8.1.4.1 钙含量的测定

取四只 50 mL 容量瓶,分别向其中加入 10.00 mL 试液 B(见 4.2.2)[一等品加入 2.50 mL 试液 A(见 4.2.1)]、5 mL 盐酸溶液,依次加入 0 mL、0.5 mL、1.0 mL、1.5 mL 的钙标准溶液(对应钙的质量为 0 mg、0.05 mg、0.10 mg、0.15 mg),再每份分别加入 0.5 mL 氯化镧溶液,用水稀释至刻度,摇匀。

另取一只 50 mL 容量瓶,加入 5 mL 盐酸溶液、0.5 mL 氯化镧溶液,用水稀释至刻度,摇匀,此为空白溶液 A。

将原子吸收分光光度计调至最佳工作状态,点燃空气-乙炔火焰,以空白溶液 A 调零,在波长为 422.7 nm 处,分别测定其吸光度。

4.8.1.4.2 镁含量的测定

取四只 50 mL 容量瓶,分别向其中加入 10.00 mL 试液 B(见 4.2.2)[一等品加入 2.50 mL 试液 A(见 4.2.1)]、5 mL 盐酸溶液,依次加入 0 mL、0.25 mL、0.50 mL、0.75 mL 的镁标准溶液(对应镁的质量为 0 mg、0.025 mg、0.05 mg、0.075 mg),再每份分别加入 0.5 mL 氯化镧溶液,用水稀释至刻度,摇匀。将原子吸收分光光度计调至最佳工作状态,点燃空气-乙炔火焰,以空白溶液 A 调零,在波长为 285.2 nm 处,分别测定其吸光度。

4.8.1.5 结果计算

以加入的标准溶液中待测元素的质量(单位为毫克)为横坐标,相应吸光度为纵坐标,绘制曲线,将曲线反向延长与横坐标相交,交点的质量即为被测溶液中待测元素的质量。该质量也可根据测定的吸光度用回归方程法计算。

钙(Ca)的含量 X_8、镁(Mg)的含量 X_9,数值以 mg/L 表示,按式(6)计算:

$$X_8 \text{ 或 } X_9 = \frac{m}{100 \times 10/250 \times 10^{-3}} = 250m \qquad (6)$$

式中:

m ——从曲线上查得的或用线性回归方程计算出的待测元素的质量的数值,单位为毫克(mg);

100 ——试料的体积的数值,单位为毫升(mL);

10/250——测定时量取试液体积与试液总体积的比值。

取平行测定结果的算术平均值为测定结果,平行测定结果的相对偏差应不大于 25%。

4.8.2 原子吸收标准曲线法

4.8.2.1 原理

处于气态的被测元素基态原子对该元素的原子共振辐射有强烈的吸收作用,基态金属原子对作为锐线光源的金属元素的空心阴极灯所辐射的单色光产生吸收,在一定浓度范围内,其吸光度与试样中该元素的浓度成正比。

4.8.2.2 试剂

4.8.2.2.1 盐酸溶液:1+9。

4.8.2.2.2 钙(Ca)标准溶液:0.1 mg/mL。

4.8.2.2.3 镁(Mg)标准溶液:0.1 mg/mL。

4.8.2.3 仪器

原子吸收分光光度计:具有钙、镁空心阴极灯。

4.8.2.4 分析步骤

4.8.2.4.1 工作曲线的绘制

取五只100 mL容量瓶,分别加入钙标准溶液和镁标准溶液0 mL、0.10 mL、0.20 mL、0.30 mL、0.40 mL,再加入10 mL盐酸溶液和1 mL氯化镧溶液,用水稀释至刻度,摇匀。

在原子吸收分光光度计上,按仪器工作条件,用空气-乙炔火焰,以不加入待测元素标准溶液的空白溶液调零,在波长422.7 nm处测定钙标准系列溶液的吸光度,在波长285.2 nm处测定镁标准系列溶液的吸光度。

以上述溶液中待测元素的质量(单位为毫克)为横坐标,对应的吸光度值为纵坐标,绘制工作曲线,或根据所得吸光度值计算出线性回归方程。

4.8.2.4.2 测定

量取20.00 mL试液B(见4.2.2)于100 mL容量瓶中,加入10 mL盐酸溶液和1 mL氯化镧溶液,用水稀释至刻度,摇匀。

按4.8.2.4.1中第二段的规定测定溶液的吸光度。

从工作曲线上查出或根据线性回归方程计算出被测溶液中待测元素的质量。

4.8.2.5 结果计算

钙(Ca)的含量X_8、镁(Mg)的含量X_9,数值以mg/L表示,按式(7)计算:

$$X_8 \text{ 或 } X_9 = \frac{m}{100 \times 20/250 \times 10^{-3}} = 125m \quad \cdots\cdots\cdots\cdots (7)$$

式中:

m ——从曲线上查得的或用线性回归方程计算出的待测元素的质量的数值,单位为毫克(mg);

100 ——试料的体积的数值,单位为毫升(mL);

20/250——测定时量取试液体积与试液总体积的比值。

取平行测定结果的算术平均值为测定结果,平行测定结果的相对偏差应不大于10%。

4.9 铬含量的测定

4.9.1 原子吸收标准加入法 仲裁法

4.9.1.1 原理

处于气态的被测元素基态原子对该元素的原子共振辐射有强烈的吸收作用,基态铬原子对作为锐线光源的铬的空心阴极灯所辐射的单色光产生吸收,在一定浓度范围内,其吸光度与试样中铬的浓度成正比。为了消除样品基体的影响,在待测溶液中,加入一系列已知浓度含铬的标准溶液,分别测得吸光度,倒推至零吸光度计算出溶液中铬的浓度。

4.9.1.2 试剂

4.9.1.2.1 硫酸溶液:1+9。

4.9.1.2.2 硫酸钠溶液:110 g/L。

4.9.1.2.3 铬(Cr)标准溶液:0.1 mg/mL。

4.9.1.3 仪器

原子吸收分光光度计:具有铬空心阴极灯。

4.9.1.4 分析步骤

取四只 50 mL 容量瓶,分别向其中加入 10.00 mL 试液 B(见 4.2.2),依次加入 0 mL、0.5 mL、1.0 mL、1.5 mL 的铬标准溶液(对应铬的质量为 0 mg、0.05 mg、0.10 mg、0.15 mg),再各加 5 mL 硫酸溶液、5 mL 硫酸钠溶液,用水稀释至刻度,摇匀。

另取一只 50 mL 容量瓶,加入 5 mL 硫酸溶液、5 mL 硫酸钠溶液,用水稀释至刻度,摇匀,此为空白溶液 B。

将原子吸收分光光度计调至最佳工作状态,点燃空气-乙炔火焰,以空白溶液 B 调零,在波长为 357.9 nm 处,分别测定其吸光度。

4.9.1.5 结果计算

以加入的标准溶液中铬的质量(单位为毫克)为横坐标,相应吸光度为纵坐标,绘制曲线,将曲线反向延长与横坐标相交,交点的质量即为被测溶液中铬的质量。该质量也可根据测定的吸光度用回归方程法计算。

铬(Cr)含量 X_{10},数值以 mg/L 表示,按式(8)计算:

$$X_{10}=\frac{m}{100\times 10/250\times 10^{-3}}=250m \qquad \cdots\cdots(8)$$

式中:

m ——从曲线上查得的或用线性回归方程计算出的铬的质量的数值,单位为毫克(mg);

100 ——试料的体积的数值,单位为毫升(mL);

10/250 ——测定时量取试液体积与试液总体积的比值。

取平行测定结果的算术平均值为测定结果,平行测定结果的相对偏差应不大于 25%。

4.9.2 原子吸收标准曲线法

4.9.2.1 原理

处于气态的被测元素基态原子对该元素的原子共振辐射有强烈的吸收作用,基态铬原子对作为锐线光源的铬的空心阴极灯所辐射的单色光产生吸收,在一定浓度范围内,其吸光度与试样中铬的浓度成正比。

4.9.2.2 试剂

4.9.2.2.1 硫酸溶液:1+9。

4.9.2.2.2 硫酸钠溶液:110 g/L。

4.9.2.2.3 铬(Cr)标准溶液:0.1 mg/mL。

4.9.2.3 仪器

原子吸收分光光度计:具有铬空心阴极灯。

4.9.2.4 分析步骤

4.9.2.4.1 工作曲线的绘制

取五只 100 mL 容量瓶，分别加入铬标准溶液 0 mL、0.10 mL、0.20 mL、0.30 mL、0.40 mL，再加入 10 mL 硫酸溶液、10 mL 硫酸钠溶液，用水稀释至刻度，摇匀。

在原子吸收分光光度计上，按仪器工作条件，用空气-乙炔火焰，以不加入铬标准溶液的空白溶液调零，在波长为 357.9 nm 处测定上述溶液的吸光度。

以上述溶液中待测元素的质量(单位为毫克)为横坐标，对应的吸光度值为纵坐标，绘制工作曲线，或根据所得吸光度值计算出线性回归方程。

4.9.2.4.2 测定

量取 20.00 mL 试液 B(见 4.2.2)于 100 mL 容量瓶中，加入 10 mL 硫酸溶液、10 mL 硫酸钠溶液，用水稀释至刻度，摇匀。

按 4.9.2.4.1 中第二段的规定测定溶液的吸光度。

从工作曲线上查出或根据线性回归方程计算出被测溶液中铬的质量。

4.9.2.5 结果计算

铬(Cr)含量 X_{10}，数值以 mg/L 表示，按式(9)计算：

$$X_{10}=\frac{m}{100\times 20/250\times 10^{-3}}=125m \qquad \cdots\cdots(9)$$

式中：

m ——从曲线上查得的或用线性回归方程计算出的铬的质量的数值，单位为毫克(mg)；

100 ——试料的体积的数值，单位为毫升(mL)；

20/250 ——测定时量取试液体积与试液总体积的比值。

取平行测定结果的算术平均值为测定结果，平行测定结果的相对偏差应不大于 10%。

4.10 硫酸盐含量的测定

4.10.1 原理

硫酸根与钡离子在酸性介质中生成白色的硫酸钡沉淀，在乙醇溶液中形成浑浊液，与标准浑浊液进行目视比浊。

4.10.2 试剂

4.10.2.1 无水乙醇。

4.10.2.2 氯化钡溶液：250 g/L。

4.10.2.3 盐酸溶液：1+4。

4.10.2.4 硫酸盐(以 SO_4^{2-} 计)标准溶液：0.1 mg/mL。

4.10.3 分析步骤

4.10.3.1 不含硫酸根的氨基磺酸镍溶液的制备

量取 10.00 mL 试液 A 于 100 mL 容量瓶中，加入 20 mL 无水乙醇、2 mL 盐酸溶液，在不断摇动下滴加 10 mL 氯化钡溶液，用水稀释至刻度，摇匀，放置 12 h～18 h，过滤，收集滤液。

4.10.3.2 试液的制备

量取 10.00 mL 试液 A 于 100 mL 容量瓶中，用水稀释至刻度，摇匀，此为试液 D。

量取 10.00 mL 试液 D 于 25 mL 比色管中，加入 5 mL 无水乙醇、1 mL 盐酸溶液，在不断摇动下滴加 2.5 mL 氯化钡溶液，用水稀释至刻度，摇匀。

4.10.3.3 标准比对溶液的制备

取 10 mL 不含硫酸根的氨基磺酸镍溶液(见 4.10.3.1)两份于 25 mL 比色管中，分别加入 0.5 mL、0.7 mL 硫酸盐标准溶液，加入 3 mL 无水乙醇、0.8 mL 盐酸溶液，在不断摇动下滴加 1.5 mL 氯化钡溶液，用水稀释至刻度，摇匀，与同体积试样溶液同时同样处理。

4.10.4 测定

将试液与标准比对溶液同时放置 10 min 进行目视比浊。

优等品试液所呈浊度不得大于含 0.5 mL 硫酸盐标准溶液的标准比对溶液，一等品试液所呈浊度不得大于含 0.7 mL 硫酸盐标准溶液的标准比对溶液。

4.11 氯化物含量的测定

4.11.1 原理

氯离子与银离子在酸性介质中生成白色的氯化银沉淀，对此混浊液进行目视比浊。

4.11.2 试剂

4.11.2.1 硝酸溶液：1+3。

4.11.2.2 硝酸银溶液：17 g/L。

4.11.2.3 氯化物(以 Cl^- 计)标准溶液：0.1 mg/mL。

4.11.2.4 氯化物(以 Cl^- 计)标准溶液：0.01 mg/mL。

量取 10.00 mL 氯化物标准溶液(见 4.11.2.3)置于 100 mL 容量瓶中，用水稀释至刻度，摇匀。此溶液使用时现配。

4.11.3 分析步骤

4.11.3.1 不含氯化物的氨基磺酸镍溶液的制备

量取 10.00 mL 试样于 100 mL 容量瓶中(移液管靠壁放置流 15 min)，加入 10 mL 硝酸溶液、5 mL 硝酸银溶液，用水稀释至刻度，摇匀，放置 12 h～18 h，过滤，收集滤液。

4.11.3.2 试液的制备

优等品量取 10.00 mL 试液 A(见 4.2.1)，一等品量取 1.00 mL 试液 A(见 4.2.1)，置于 25 mL 比色管中，加 2 mL 硝酸溶液、1 mL 硝酸银溶液，稀释至刻度，摇匀。

4.11.3.3 标准比对溶液的制备

取 10.00 mL 不含氯化物的氨基磺酸镍溶液(见 4.11.3.1)于 25 mL 比色管中，加入 0.5 mL 氯标准溶液，与同体积试样溶液同时同样处理。

4.11.3.4 测定

将试液与标准比对溶液同时放置 10 min 进行目视比浊，试液所呈浊度不得大于标准比对溶液。

4.12 pH 值的测定

按 GB/T 9724 中的规定对试样直接测定。

4.13 密度(20 ℃)的测定

4.13.1 原理

不同密度的液体,密度计浸入液体的高度不同,根据不同的高度,确定液体的密度。

4.13.2 仪器

4.13.2.1 玻璃密度计:1.50 g/mL～1.60 g/mL,分度值 0.001。
4.13.2.2 温度计:0 ℃～50 ℃,分度值为 0.5 ℃。
4.13.2.3 恒温水浴锅。

4.13.3 测定

先用试样洗涤量筒和密度计,取一定量的试样置于量筒中,放入密度计和温度计,再将量筒放入 20 ℃±1 ℃ 的恒温水浴锅中,当量筒内样品保持在 20 ℃±1 ℃,读出密度计的读数。

5 检验规则

5.1 出厂的产品应由生产企业的质量监督部门进行检验,产品按批检验,产品以灌装前,经同一混合设备,最后一次混合的液体所生成的匀质产品为一批。生产厂应保证每批出厂的产品符合本标准的要求。每批出厂的产品应附有质量证明书,内容包括:产品名称、生产企业名称、生产企业地址、等级、批号或生产日期和本标准编号。
5.2 本标准要求中的全部指标项目为型式检验项目,其中外观、镍含量、pH 值、密度为出厂检验项目。正常情况下每个季度进行一次型式检验,有下列情况之一也应进行型式检验:

a) 原辅材料来源发生变化,可能影响产品质量时;
b) 停产三个月,恢复生产时;
c) 国家质量监督机构提出进行型式检验的要求时。

5.3 检验用的样品,由质检部门专人随机采样,采样应符合 GB/T 6678—2003 中 7.6 的规定。取样总量不少于 1 000 mL。
5.4 将取得的样品充分混匀,分别装入两个清洁、干燥、带磨口塞的瓶中,密封。瓶上贴标签,注明生产企业名称、产品名称、等级、批号、采样日期和采样者。一瓶用于检验,另一瓶作为保留样保存三个月。
5.5 检验结果按 GB/T 8170 中规定的修约值比较法判定是否符合本标准。若检验结果如有指标不符合本标准的要求,应重新自两倍量的包装单元中采样进行复验,复验结果即使有一项指标不符合本标准的要求,则整批产品为不合格。

6 标志、包装、运输、贮存

6.1 出厂的产品的外包装上应有明显牢固的标志,内容包括:产品名称、等级、生产企业名称、生产企业地址、批号或生产日期、净含量、本标准编号等。
6.2 产品采用高密度聚乙烯(HDPE)塑料桶包装,每桶净重 30 kg、300 kg,或按用户要求包装。
6.3 产品运输时包装要密封,运输过程中,防止受热和雨淋。

6.4 产品应贮存在阴凉、通风、干燥处。贮存期为12个月。

7 安全

7.1 本标准的氨基磺酸镍是氨基磺酸镍的水溶液，深绿色液体，浓稠，可以和水以任意比例混合，其性质稳定，遇火不燃烧，pH值4.2左右，其主要危害为镍的重金属污染。

7.2 如不慎误食，请立即诱导呕吐，或喝肥皂水或者浓盐水，直到呕吐干净为止，并看医生确诊(当误食者出现抽搐或意识不清状况时，请勿诱导呕吐或给其喝任何东西)。如不慎入眼，请立即用大量清水冲洗眼睛至少15 min，并看医生确诊。如若不慎接触皮肤，请用大量清水冲洗。

7.3 请勿将流出的液体冲入下水道。如溢出，请用苏打或石灰覆盖污染区域，它将形成一层浓稠的碱性浆液，并将浆液盛入钢制或聚乙烯容器内，按照对重金属残余物处理的相关规定，对其进行安全处理。